JN446724

미적분학

강윤수 · 김권욱 · 송영무 · 신향근 · 양기열 · 정권수 지음

불법복사는 지적재산을 훔치는 범죄행위입니다.

저작권법 제136조(권리의 침해죄)에 따라 위반자는 5년 이하의 징역 또는 5천만원 이하의 벌금에 처하거나 이를 병과할 수 있습니다.

KM 경문사

머리말

일찍이 과학자이며, 수학자인 갈릴레오 갈릴레이는 "자연이란 위대한 저술은 수학의 언어로 쓰여 있다."고 했으며, 철학자 플라톤은 수학이 지도자로서의 두뇌 훈련에 매우 중요하다고 생각하였다. 특히 수학 중에서 미적분학은 수학의 기본으로써 자연과학, 사회과학 및 공학 등의 응용과학분야에서 여러 가지 현상이나 법칙들을 체계적으로 표현하거나 논리적으로 설명하는데 필수적인 도구로 알려져 있다.

이 책은 대수학과 기하학의 기초적인 지식을 갖춘 대학의 이공계열 학생들이 교양수학으로 1년간 이수하도록 구성된 미분학과 적분학에 관한 교과서이다. 원래 Calculus란 Differential calculus(미분학)와 Integral calculus(적분학)가 합쳐져서 줄어진 용어이다.

이 책의 구성은 미적분학의 기초적인 개념인 실수의 체계, 함수의 극한, 연속, 미분, 적분, 수열과 급수 등을 1학기 동안 이수하도록 짜여 있으며, 더 고급적인 미적분학의 개념인 벡터 개념, 다변수함수의 편미분, 중적분, 벡터해석 등을 2학기에 학습하도록 구성되어 있다.

특히, 미적분학의 기본적인 내용을 충실히 따르면서도 어려운 정리와 증명은 과감히 줄이고 학생들의 이해를 돕기 위하여 쉬운 예제들을 들어 설명하려고 노력했지만 여러 가지로 부족한 부분들이 많다. 앞으로 부족한 부분들은 수정・보완해서 좋은 교과서로 거듭 태어나도록 노력하겠다. 그리고 공부함에 있어 책의 질도 중요하지만 학생 자신의 노력이 더욱 요구됨을 잊지 말자.

끝으로 이 책을 펴는 데 직접 수고하신 여러 교수님들에게 감사드리며, 끝까지 노고를 아끼지 않은 경문사 여러분에게 깊은 감사의 뜻을 표한다.

2009년 2월

향림골　수학교재편집위원회 일동

차 례

Chapter 04 적분

Chapter 05 적분법

Chapter 06 수열과 급수

Chapter 07 벡터와 공간기하

Chapter 08 벡터함수

Chapter 09 편도함수

Chapter 10 다중적분

Chapter 11 벡터해석

미적분학

Chapter 01

실수와 함수의 연속성

1.1 실수의 기본성질

미적분학의 중요한 개념들은 실수의 성질에 기초를 두고 있다. 따라서 이 책에서 수라 하면 실수를 의미하기로 한다.

우리는 실수를 다음과 같이 유한소수 또는 무한소수로 이해하자.

$$\pm(a,\ b_1,\ b_2 \cdots\ b_n \cdots),$$

(a는 0 또는 자연수, b_n은 $0 \leq b_n \leq q$인 정수)

실수 전체의 집합을 $\mathbf{R}$로 표시하고, 실수의 부분집합 중 중요한 것을 표시기호와 함께 열거하면 다음과 같다.

$\mathbf{N} = \{1,\ 2,\ 3,\ \cdots\}$ (자연수의 집합)

$\mathbf{Z} = \{0,\ \pm 1,\ \pm 2,\ \cdots\}$ (정수의 집합)

$\mathbf{Q} = \left\{ \dfrac{p}{q} \,\middle|\, p\text{와 } q\text{는 정수, } q \neq 0 \right\}$ (유리수의 집합)

$\{x \mid x$는 유리수가 아닌 실수$\}$ (무리수의 집합)

유리수가 아닌 실수를 무리수라 하며, 그 예로는 $\sqrt{2}$, π, e 등이 있다.

실수들 사이에는 **순서**(order)가 주어져 있다. $a \neq b$이면 $a < b$이거나 아니면 $a > b$이다. a가 b보다 작거나 같으면, '$a \leq b$'로 표시하고, a가 b보다 크거나 같으면 '$a \geq b$'로 표시한다. 부등식에는 여러 가지 성질이 있음을 우리는 잘 알고 있다.

실수는 수평직선 위에 다음과 같은 방법으로 점으로서 표현될 수 있다. $a < b$이면, a에 대응하는 직선상의 점은 b에 대응하는 직선상의 점의 왼쪽에 있다(그림 1.1).

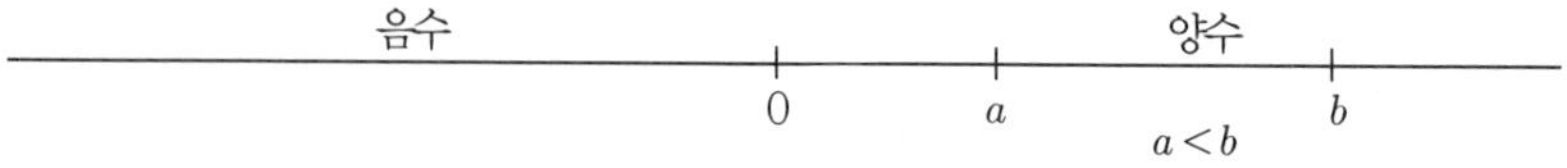

그림 1.1 실수직선

이러한 직선을 **실수직선** 또는 **수직선**이라 한다. 우리는 실수들을 수직선 위의 점으로 생각하고 역도 그렇다. 따라서 음수는 0의 왼쪽에 양수는 0의 오른쪽에 있다고 말한다.

실수의 부분집합인 **구간**(interval)은 다음과 같이 정의된다.

구간의 종류	기 호	서술적 표현
개구간	$(a,\ b)$	$a < x < b$인 모든 x
폐구간	$[a,\ b]$	$a \le x \le b$인 모든 x
반개구간	$(a,\ b]$	$a < x \le b$인 모든 x
반개구간	$[a,\ b)$	$a \le x < b$인 모든 x
개구간	$(a,\ \infty)$	$a < x$인 모든 x
개구간	$(-\infty,\ a)$	$x < a$인 모든 x
폐구간	$[a,\ \infty)$	$a \le x$인 모든 x
폐구간	$(-\infty,\ a]$	$x \le a$인 모든 x

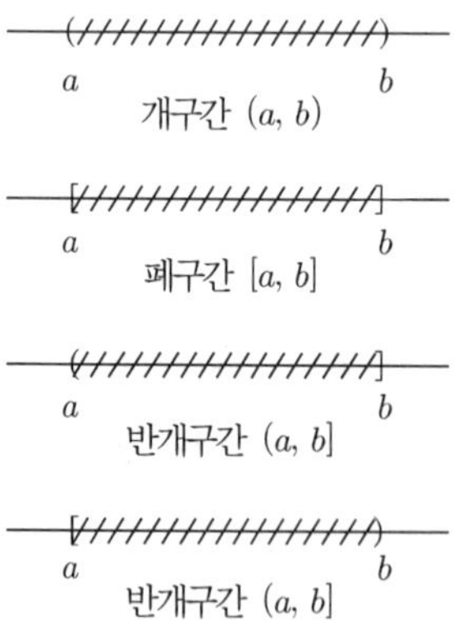

그림 1.2

그리고 $\mathrm{R} = (-\infty,\ \infty)$로 볼 수 있다.

구간 (a, b), $[a, b]$, $(a, b]$, $[a, b)$들은 **유계**(bounded)인 구간이고, a, b는 구간의 끝점이다. 구간 (a, ∞), $(-\infty, a)$, $[a, -\infty)$, $(-\infty, a]$, $(-\infty, \infty)$들은 **유계가 아닌**(unbounded)구간이고, a는 구간의 끝점이다. 구간의 끝점이 아닌 구간의 점을 그 구간의 **내점**(interior point)이라 한다.

정의 1.1 임의의 실수 b의 **절대값**(absolute value) $|b|$는

$$|b| = \begin{cases} b, & b \geq 0 \\ -b, & b < 0 \end{cases}$$

으로 정의된다. 정의로부터 $|a| = \sqrt{a^2}$ 이다.

정의 1.2 두 점 a, b가 수직선 상의 점일 때

$$|a-b|$$

를 a에서 b까지의 **거리**(distance)라고 한다.

예제 1 $|x| < b \iff -b < x < b$임을 보여라. $(b > 0)$

풀이 ($\Rightarrow$) $|x| < b$라 하자. $x \geq 0$일 때 $x < b$이므로 $0 \leq x < b$이고, $x < 0$일 때 $-x < b$, 즉 $-b < x$이므로 $-b < x < 0$이다. 그러므로 $-b < x < b$이다.
($\Leftarrow$) $-b < x < b$라 하자. $x \geq 0$일 때 $|x| = x$이고, $x < b$이므로 $|x| < b$이다. $x < 0$일 때는 $|x| = -x$이고, $-b < x$, 즉 $-x < b$이므로 $|x| < b$이다. ■

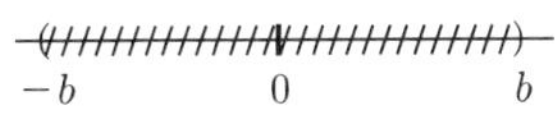

$|x| < b$

그림 1.3

예제 2 부등식 $|x-1| < 2$를 풀어라.

풀이 예제 1에 의하여

$$|x-1| < 2 \iff -2 < x-1 < 2 \iff -1 < x < 3$$

이다. 따라서 해는 $(-1, 3)$이다. ■

예제 1에 의하여 $|x-a| < \delta$인 모든 x값을 구하면

$$-\delta < x-a < \delta \text{ 또는 } a-\delta < x < a+\delta$$

이다. 즉 구간 $(a-\delta,\ a+\delta)$에 속하는 모든 점들의 집합이다. $(a-\delta,\ a+\delta)$를 a의 **δ-근방**(δ-neighborhood)이라 하고, $(a-\delta,\ a) \cup (a,\ a+\delta)$를 a의 **제외된 δ-근방**(deleted δ-neighborhood)이라 한다.

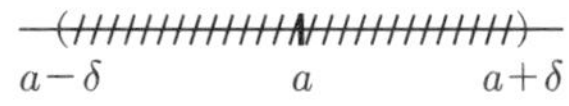

$|x-a|<\delta$

그림 1.4

연 습 문 제 1.1

1. $\sqrt{2}$가 무리수임을 보여라.

2. $|x|>c \iff x<-c$ 또는 $c<x$임을 보여라. $(c>0)$

3. 다음 부등식을 풀어라.
   (1) $|x-2|<4$
   (2) $0<|x-a|<d \ (d>0)$
   (3) $|x-a|>d \ (d>0)$
   (4) $-1<|4-2x|<1$

4. 삼각부등식 $|a+b| \leq |a|+|b|$가 성립함을 보여라.

1.2 함수와 역함수의 개념

[함수]

함수(function)는 수학의 모든 분야에서 가장 중요한 개념 중의 하나이다. 반경이 r인 원의 면적 A는 방정식 $A=\pi r^2$으로 주어진다. 이때 r에 의존하는 A를 r의 함수라고 한다. 일반적인 함수를 정의하기로 하자.

> **정의 1.3** 집합 A의 각 원소 x에 대하여 B의 원소 y를 꼭 하나씩 대응시키는 규칙을 A에서 B로의 함수라 한다.

함수는 일반적으로 기호 f, g, h, ϕ 등으로 나타낸다. 위에서 정의된 함수를 f라고 하면

$$f: A \to B$$

로 나타내고, A를 f의 **정의역**(domain), B를 f의 **공변역**(codomain)이라고 한다. A의 원소 x에 대응하는 B의 원소 y를 f에 의한 x의 **상**(image) 또는 f의 x에서의 **함수값**(value of function)이라 하고, $f(x)$로 나타낸다. 또한, 모든 $x \in A$에 대한 함수값 $y = f(x)$의 집합 $\{y \in B \mid y = f(x),\ x \in A\}$를 f의 **치역**(range)이라 하고, $f(A)$로 나타낸다.

미적분학에서는 주로 집합 A, B가 $\mathbf{R}$ 또는 $\mathbf{R}$의 부분집합인 경우를 다룬다.

함수의 몇 가지 예를 들어보자. f를 그 정의역이 모든 실수 집합 $\mathbf{R}$이고 임의의 실수 x에 실수 x^2을 대응시키는 규칙의 함수라 하자. 그러면

$$\text{모든 } x\text{에 대하여 } f(x) = x^2$$

으로 쓴다. g를 그 정의역이 3을 제외한 모든 실수집합이고, 그 집합의 각각의 수 x에 $\dfrac{x-1}{x-2}$를 대응시키는 함수라면 g를

$$g(x) = \frac{x-1}{x-2} \quad (x \neq 2)$$

로 쓴다.

함수의 규칙이 하나의 식이나 방정식으로 표시될 때 정의역의 수들을 규칙 뒤에 명시하는 것이 관례이다. 만약 정의역이 식이나 방정식이 의미를 가지게 되는 모든 실수들로 이루어지면 정의역의 설명은 생략할 수 있다. 따라서 f와 g를 정의역의 명시없이

$$f(x) = x^2, \qquad g(x) = \frac{x-1}{x-2}$$

로 쓸 수 있다.

예제 1 함수 $f(x) = 2x^2 + 1$에 대하여 $f(0)$, $f(1)$, $f(-1)$을 구하고, 정의역과 치역을 구하여라.

풀이 $f(0) = 1$, $f(1) = 2 \cdot 1^2 + 1 = 3$, $f(-1) = 2-(-1)^2 + 1 = 3$이고, f의 정의역은 $\mathbf{R}$이고, f의 치역은 $[1, \infty)$이다. ■■

예제 2 함수 $g(x) = \dfrac{x}{x^2 - x}$의 정의역을 구하여라.

풀이 $x^2 - x = x(x-1)$이므로 $x = 0, 1$에서 분모가 0이다. 따라서 g의 정의역은 0과 1을 제외한 모든 실수의 집합인 $\mathbf{R} - \{0, 1\}$이다. ■■

예제 3 함수 $h(x) = \sqrt{2 - x - x^2}$의 정의역을 구하여라.

풀이 h의 정의역은 $2-x-x^2 \geq 0$을 만족하는 모든 실수 x의 집합이다. $2-x-x^2 \geq 0$과 $x^2+x-2 \leq 0$은 동치이므로 $x^2+x-2=(x+2)(x-1) \geq 0$인 x를 구하면 $-2 \leq x \leq 1$이다. 따라서 h의 정의역은 $[-2, 1]$이다. ■■

이제 자주 사용하게 될 여러 가지 형태의 함수를 소개하겠다.

상수함수(constant functions) : 정의역이 $\mathbb{R}$이고 치역이 고정된 실수 c인 $f(x)=c$로 정의된 함수를 상수함수라고 한다.

멱함수(power functions) : $f(x)=x^a$ (a는 상수)로 정의된 함수를 멱함수라고 한다.

(a) $a=n$, n은 양의 정수

$$f(x)=x \text{ (항등함수)},\ f(x)=x^2,\ f(x)=x^3,\ \cdots$$

(b) $a=-1$,

$$f(x)=x^{-1}=\frac{1}{x}$$

(c) $a=\frac{1}{n}$, n은 양의 정수

$f(x)=x^{\frac{1}{n}}=\sqrt[n]{x}$를 **근함수**(root function)라고 한다. $\sqrt[n]{x}$의 값은 n이 홀수이면 $y^n=x$를 만족하는 유일한 수 y이고, n이 짝수이면 $y^n=x$를 만족하는 음이 아닌 수 y이다.

$$f(x)=x^{\frac{1}{2}}=\sqrt{x} \text{ (제곱근함수)},\ f(x)=x^{\frac{1}{3}}=\sqrt[3]{x} \text{ (세제곱근함수)},\ \cdots$$

다항식(polynomial) (또는 다항함수) : 함수 $p(x)=a_nx^n+a_{n-1}x^{n-1}+\cdots+a_2x^2+a_1x+a_0$를 다항식(또는 다항함수)라 한다. 단 $a_0, a_1, \cdots, a_n$은 실수이고 ($a_n \neq 0$이면 다항식의 차수라 불리는) n은 음이 아닌 정수이다.

$$p(x)=a_1x+a_0 \text{ (선형함수, 1차 다항식)},$$
$$p(x)=a_2x^2+a_1x+a_0 \text{ (2차 함수, 2차 다항식)},\ \cdots$$

유리함수(rational functions) : $f(x)=\frac{P(x)}{Q(x)}$ ($P(x)$, $Q(x)$: 다항식, $Q(x) \neq 0$)를 유리함수라고 한다.

예를 들면 $f(x) = \sqrt{3}x+1$, $g(x) = \dfrac{x^2+3x-2}{x-3}$, $\cdots$

대수적함수(algebraic functions) : 다항식들을 대수적 연산(덧셈, 뺄셈, 곱, 상, $\sqrt[n]{\ }$)을 사용하여 구성한 함수를 대수적 함수라고 한다.

예를 들면 $f(x) = \sqrt{x^2+1}$, $g(x) = \dfrac{x^2-4x}{x+\sqrt{x}} + x\sqrt[3]{x+1}$, $\cdots$

> **정의 1.4** 정의역이 $D(\subset \mathrm{R})$로 같은 두 함수 $f: D \longrightarrow \mathrm{R}$과 $g: D \longrightarrow \mathrm{R}$이 주어졌을 때, 정의역 D의 모든 원소 x에 대하여 $f(x) = g(x)$이면 '**f와 g는 같다**'라고 말하고, 이를 기호로 $f = g$로 나타낸다.

예를 들면, $f(x) = x^2 \ (x \geq -10)$, $g(x) = (x-1)^2 + 2x - 1 \ (x \geq -10)$이라 하면 $f = g$이다.

> **정의 1.5** 두 함수 f, g가 있을 때, f의 정의역을 D_1, g의 정의역을 D_2라 하고, c를 실수라 하자. 함수의 **합**(sum) $f+g$, **차**(difference) $f-g$, **곱**(product) fg는 $D = D_1 \cap D_2$를 정의역으로 하고, c**곱** cf는 $D = D_1$을 정의역으로 하여 다음과 같이 정의한다.
>
> $$(f+g)(x) = f(x) + g(x)$$
> $$(f-g)(x) = f(x) - g(x)$$
> $$(fg)(x) = f(x)g(x)$$
> $$(cf)(x) = cf(x)$$
>
> 또, $D = D_1 \cap D_2 \cap \{x \mid g(x) \neq 0\}$를 정의역으로 하여 함수의 **상**(quotient) $\dfrac{f}{g}$는
>
> $$\left(\frac{f}{g}\right)(x) = \frac{f(x)}{g(x)}$$
>
> 으로 정의한다.

예제 4 $f(x) = \dfrac{1}{x}$, $g(x) = \sqrt{x}$ 일 때 $f+g$를 구하여라.

풀이 f의 정의역은 $\mathrm{R} - \{0\}$이고, g의 정의역은 $\{x \in \mathrm{R} \mid x \geq 0\}$이다. 따라서 함수의

합 $f+g$는 $D=(\mathbf{R}-\{0\})\cap\{x\in\mathbf{R}\mid x\geq 0\}=\{x\in\mathbf{R}\mid x>0\}$가 정의역이고, $(f+g)(x)=f(x)+g(x)=\dfrac{1}{x}+\sqrt{x}$ 이다. ■■

> **정의 1.6** 두 함수 f, g가 있을 때, f의 정의역을 D_1, g의 정의역을 D_2라 하자. $D=\{x\in D_1\mid f(x)\in D_2\}$를 정의역으로 하는 f와 g의 **합성함수**(composition) $g\circ f$를
>
> $$(g\circ f)(x)=g(f(x))$$
>
> 로 정의한다.

예제 5 $f(x)=\sqrt{x-1}$, $g(x)=\dfrac{1}{x}$일 때 합성함수 $f\circ g$와 $g\circ f$를 구하여라.

풀이 f의 정의역은 $[1,\infty)$이고, g의 정의역은 $R-\{0\}$이다. $g\circ f$의 정의역 D를 구하면

$$D=\{x\in[1,\infty)\mid f(x)=\sqrt{x-1}\in\mathbf{R}-\{0\}\}=(1,\infty)$$

이고

$$(g\circ f)(x)=g(f(x))=g(\sqrt{x-1})=\frac{1}{\sqrt{x-1}}$$

이다. $f\circ g$의 정의역 D'을 구하면

$$D'=\left\{x\in R-\{0\}\mid g(x)=\frac{1}{x}\in[1,\infty)\right\}=(0,1]$$

이고

$$(f\circ g)(x)=f(g(x))=f\left(\frac{1}{x}\right)=\sqrt{\frac{1}{x}-1}$$

이다. ■■

나중에 사용될 합성함수의 응용으로서 함수 $x^{p/q}$를 소개한다. 여기서 p, q는 -1, 1 이외의 다른 공통인수를 갖지 않는 정수이고, $q>0$라 하자. 함수 $f(x)=x^p$, $g(x)=x^{1/q}$으로 두면, 그때 합성함수는 $x^{p/q}$는

$$x^{p/q} = (g \circ f)(x) = (x^p)^{1/q}$$

로 정의되고 $x^{p/q}$의 정의역은

$p > 0$, q가 홀수이면	실수 전체
$p > 0$, q가 짝수이면	음이 아닌 실수
$p < 0$, q가 홀수이면	영이 아닌 실수
$p < 0$, q가 짝수이면	양의 실수

가 된다.

실수의 집합 R의 성질로부터 함수 f, g, h에 대한 다음의 정리가 성립하는 것을 쉽게 알 수 있다.

정리 1.7 (a) $(f+g)+h = f+(g+h)$

(b) $f+g = g+f$

(c) $fg = gf$

(d) $f(g+h) = fg+fh$

(e) f의 치역 $\subseteq g$의 정의역, g의 치역 $\subseteq h$의 정의역이면

$$h \circ (g \circ f) = (h \circ g) \circ f.$$

그러나 일반적으로 $g \circ f \neq f \circ g$이다(예제 5 참고).

[역함수]

함수들의 어떤 쌍은 서로 '반대' 관계에 있다. 예를 들면, 섭씨온도를 화씨온도로 바꾸는 함수 f는 화씨온도를 섭씨온도로 바꾸는 함수 g와 반대관계에 있다. 등식 $f(x) = y$는 섭씨 x도의 온도는 화씨 y도의 온도와 같음을 의미한다. 이는 화씨 y도의 온도가 섭씨 x도의 온도와 같다. 즉 $g(y) = x$를 의미한다. 우리는 이러한 두 함수들 사이의 관계를 다루어 본다.

정의 1.8 f를 A에서 B로의 함수라 하자. 임의의 $x_1, x_2 \in A$에 대하여 $x_1 \neq x_2$이면 $f(x_1) \neq f(x_2)$이 성립할 때 f를 일대일 함수(one-to-one function)이라 한다.

➔ 예제 6 함수 $f(x) = x^3$이 일대일 함수인가를 판정하여라.

풀이 $x_1 \neq x_2$이면 $f(x_1) = x_1^3 \neq x_2^3 = f(x_2)$이므로 f는 일대일 함수이다. ■

예제 7 함수 $g(x) = x^2$이 일대일 함수인가를 판정하여라.

풀이 $-1 \neq 1$에 대하여 $g(-1) = 1 = g(1)$이므로 g는 일대일 함수가 아니다. ■

정의 1.9 f를 정의역 A로부터 치역 B로의 일대일 함수라 하자. 임의의 $y \in B$에 대하여

$$f^{-1}(y) = x \iff f(x) = y$$

을 만족하는 정의역 B로부터 치역 A로의 함수 f^{-1}를 함수 f의 역함수라 한다.

정의 1.9에 의하면

$$f^{-1}\text{의 정의역} = f\text{의 치역}$$
$$f^{-1}\text{의 치역} = f\text{의 정의역}$$

임을 알 수 있다.

주 $f^{-1}(x)$는 $[f(x)]^{-1}$과는 다르다. 따라서 함수 f^{-1}는 함수 $\dfrac{1}{f}$과는 다르다.

정리 1.10 f가 역함수 f^{-1}를 갖는다고 하면 다음이 성립한다.

(a) $f^{-1}(f(x)) = x$ (f의 정의역에 있는 모든 x에 대하여),

(b) $f(f^{-1}(x)) = x$ (f의 치역에 있는 모든 x에 대하여).

증명 정의 1.9에 의하여 f의 정의역에 있는 x와 치역의 y에 대하여

$$f^{-1}(y) = x \iff f(x) = y$$

가 성립한다.

(a) 따라서 $f^{-1}(f(x)) = f^{-1}(y) = x$이다.

(b) 위의 식에서 x와 y의 역할을 맞바꾸면

$$f^{-1}(x) = y \iff f(y) = x$$

이므로

$$f(f^{-1}(x)) = f(y) = x$$

이다.

예를 들면, 함수 $f(x) = x^3$의 역함수는 $f^{-1}(x) = x^{\frac{1}{3}}$이고

$$f^{-1}(f(x)) = f^{-1}(x^3) = (x^3)^{\frac{1}{3}} = x$$
$$f(f^{-1}(x)) = f(x^{\frac{1}{3}}) = (x^{\frac{1}{3}})^3 = x$$

이 성립함을 알 수 있다.

함수 f가 역함수를 갖는다는 것을 알고 있다면, 다음 방법에 의하여 역함수 식을 얻을 수 있다.

단계 1. $y = f(x)$의 형태로 쓴다.

단계 2. x를 y에 관하여 푼다.

단계 3. x와 y를 맞바꾼다. 구하는 f의 역함수는 $y = f^{-1}(x)$이다.

예제 8 섭씨온도를 화씨온도로 바꾸는 함수 f는

$$f(x) = \frac{9}{5}x + 32 \quad (x \geq -273.15)$$

로 표현된다. 화씨온도를 섭씨온도로 바꾸는 함수는 f의 역함수 f^{-1}이다. f^{-1}를 구하여라.

풀이 위에서의 단계를 따르면, 단계 1에서

$$y = \frac{9}{5}x + 32$$

이다. 단계 2에서 x를 y에 관하여 풀면

$$\frac{9}{5}x = y - 32, \quad x = \frac{5}{9}(y - 32)$$

이다. 단계 3에서 x와 y를 맞바꾸어 정리하면

$$y = \frac{5}{9}(x - 32),$$

$$f^{-1}(x) = \frac{5}{9}(x-32)$$

를 얻는다. f의 치역이 $[-459.67, \infty)$이므로 f^{-1}의 정의역은 $[-459.67, \infty)$이다. 따라서 구하는 f^{-1}는

$$f^{-1}(x) = \frac{5}{9}(x-32) \quad (x \geq -459.67)$$

이다. ■■

예제 9 함수 $f(x) = x^3 + 2$의 역함수를 구하여라.

풀이 $y = x^3 + 2$

$x^3 = y - 2, \quad x = \sqrt[3]{y-2}$

x와 y를 맞바꾸면

$$y = \sqrt[3]{x-2}$$

이다. 따라서

$$f^{-1}(x) = \sqrt[3]{x-2}$$

이다. ■■

연 습 문 제 1.2

1. 다음 함수의 정의역과 치역을 구하여라.

(1) $f(x) = \sqrt{1-x^2}$ (2) $g(x) = \dfrac{1}{x-1}$

2. **부호함수**(signum function)

$$\operatorname{sgn}(x) = \begin{cases} -1, & x < 0 \\ 0, & x = 0 \\ 1, & x > 0 \end{cases}$$

으로 정의된 함수의 정의역과 치역을 구하고, 이 함수의 그래프를 그려라.

3. 함수 $f(x)=x^n$ (n은 정수)의 정의역과 치역을 구하여라.

4. **디리클레**(Dirichelt) **함수**

$$f(x)=\begin{cases}0, & x\text{는 무리수}\\ 1, & x\text{는 유리수}\end{cases}$$

로 정의된 함수의 정의역과 치역을 구하여라.

5. 방정식 $|x|+|y|=1$의 그래프를 그리고, 함수가 되는지 안되는지를 조사하여라.

6. 두 함수 $f(x)=\dfrac{x-1}{x^2-1}$과 $g(x)=\dfrac{1}{x+1}$은 같은 함수인가?

7. $f(x)=\sqrt{x^2+1}-1$과 $g(x)=\dfrac{x^2}{1+\sqrt{x^2+1}}$에서
   (1) f와 g의 정의역을 구하여라.
   (2) $f=g$임을 보여라.

8. 다음의 두 함수 f, g의 합성함수 $f\circ g$, $g\circ f$를 구하여라.
   (1) $f(x)=x^2$, $g(x)=\sqrt{x}$
   (2) $f(x)=\dfrac{1}{x-1}$, $g(x)=\dfrac{1}{x+1}$

9. $(f\circ f)(x)=x$를 만족하는 함수 $f(x)$의 예를 들어라.

10. 다음 주어진 함수가 일대일 함수임을 보이고, 각각의 역함수를 구하여라.
   (1) $f(x)=4x+7$
   (2) $g(x)=5x-4x^3$
   (3) $h(x)=\sqrt{2+5x}$
   (4) $p(x)=\dfrac{x-1}{x+1}$

11. 다음 주어진 함수가 역함수를 갖는 구간을 구하여라.
   (1) $f(x)=x^2-4$
   (2) $g(x)=x^3-5x+1$

1.3 함수의 그래프

[함수의 그래프]

함수를 기술하는 방법으로 식을 사용하였다. 함수를 그림으로 표현하면 더욱 유용하게 사용할 수 있다. 함수의 그림 표현을 그래프라 하고 다음과 같이 정의한다.

> **정의 1.11** f를 정의역이 A인 함수라 하자. 순서쌍의 집합
>
> $$\{(x,\ f(x)) \mid x \in A\}$$
>
> 를 f의 **그래프**(graph)라 한다.

즉, f의 그래프는 x가 정의역인 점이고 $y = f(x)$인 좌표평면 위의 모든 점 $(x,\ y)$로 이루어져 있다. f의 그래프는 $x,\ y-$좌표축에 다음의 그림과 같이 그린다.

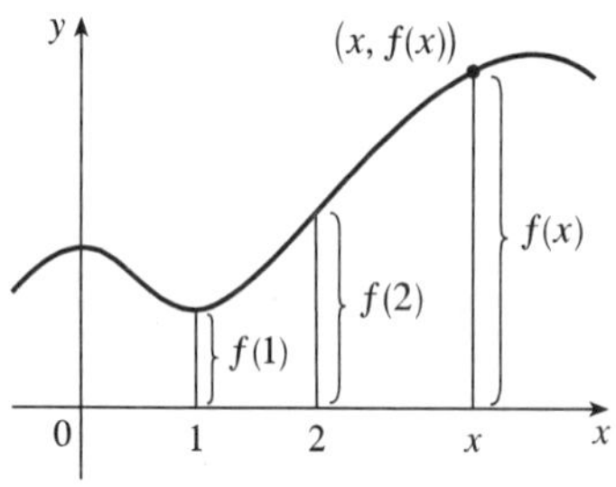

그림 1.5

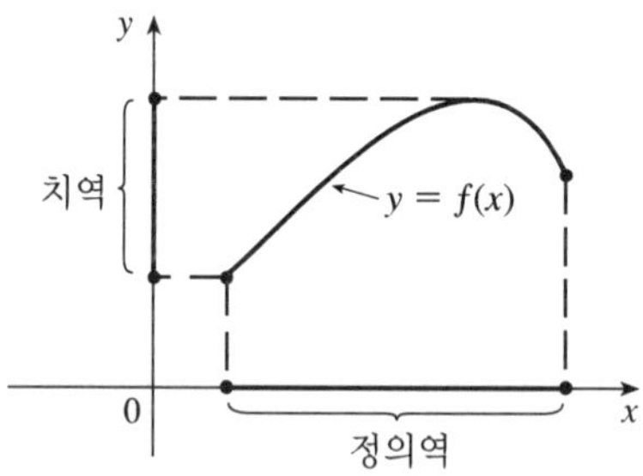

그림 1.6

예제 1 함수 $f(x) = x + 2$의 그래프를 그려라.

풀이 f의 그래프는 $y = x + 2$를 만족하는 평면 위의 모든 점 $(x,\ y)$의 집합으로 이루어져 있다. 표로 나타내고 그래프를 그리면 그림 1.7과 같다.

x	$\cdots$	-2	-1	0	1	2	$\cdots$
$f(x) = x+2$	$\cdots$	0	1	2	3	4	$\cdots$
$(x,\ x+2)$	$\cdots$	$(-2,\ 0)$	$(-1,\ 1)$	$(0,\ 2)$	$(1,\ 3)$	$(2,\ 4)$	$\cdots$

이것은 기울기가 1이고, y절편이 2인 직선이다.

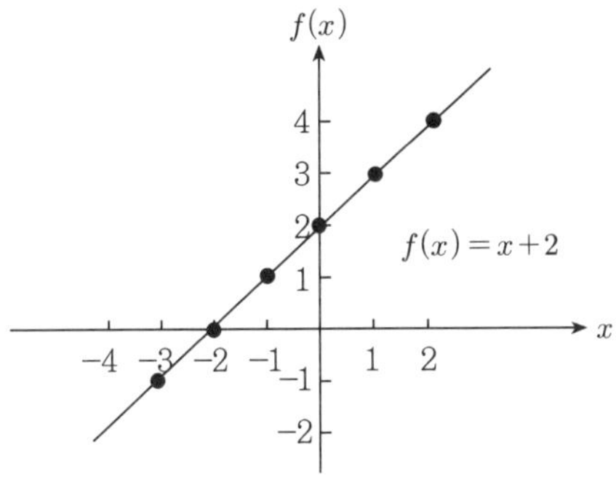

그림 1.7

예제 2 함수 $f(x) = x^3$의 그래프를 그려라.

풀이 표를 이용하여 그래프를 그리면 그림 1.8과 같다.

x	$\cdots$	0	$\frac{1}{2}$	1	2	$-\frac{1}{2}$	−1	−2	$\cdots$
$f(x) = x^3$	$\cdots$	0	$\frac{1}{8}$	1	8	$-\frac{1}{8}$	−1	−8	$\cdots$
$(x,\ x^3)$	$\cdots$	(0, 0)	$\left(\frac{1}{2}, \frac{1}{8}\right)$	(1, 1)	(2, 8)	$\left(-\frac{1}{2}, -\frac{1}{8}\right)$	(−1, −1)	(−2, −8)	$\cdots$

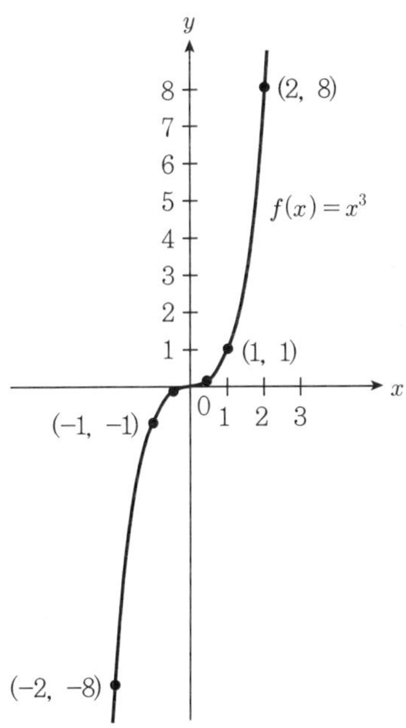

그림 1.8

예제 3 함수 $f(x)=\sqrt{x}$ 의 그래프를 그려라.

풀이 f의 정의역은 $\{x \mid x \geq 0\} = [0, \infty)$이다.

표를 이용하여 그래프를 그리면 그림 1.9과 같다.

x	0	1	2	3	$\cdots$
$f(x)=\sqrt{x}$	0	1	$\sqrt{2}$	$\sqrt{3}$	$\cdots$

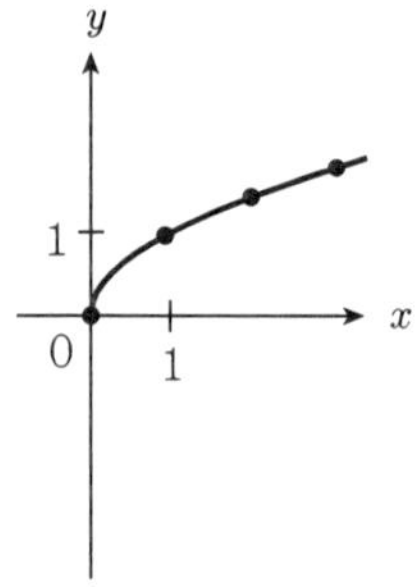

$f(x)=\sqrt{x}$

그림 1.9

예제 4 함수 f가 다음과 같이 정의되어 있다.

$$f(x)=\begin{cases} 1-x, & x \leq 1 \\ x, & x > 1 \end{cases}$$

$f(0)$, $f(1)$, $f(2)$의 값을 구하고, f의 그래프를 그려라.

풀이 $0 \leq 1$이므로 $f(0)=1-0=1$,

$1 \leq 1$이므로 $f(1)=1-1=0$,

$2 > 1$이므로 $f(2)=2$이다.

$x \leq 1$일 때 $f(x)=1-x$이므로 수직직선 $x=1$의 왼쪽편에 기울기가 -1이고 y절편이 1인 그래프를 그리고, $x>1$일 때 $f(x)=x$이므로 수직직선 $x=1$의 오른편에 기울기가 1이고 y절편이 0인 그래프를 그리면 그림 1.10과 같이 f의 그래프가 그려진다.

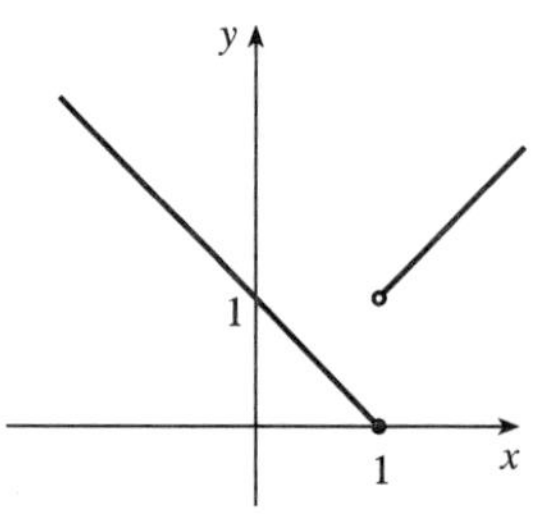

그림 1.10

예제 5 함수 $f(x)=|x|$의 그래프를 그려라.

풀이 절대값 함수의 정의에 의하여

$$|x|=\begin{cases} x, & x\ge 0 \\ -x, & x<0 \end{cases}$$

이므로 예제 4와 같은 방법으로 그래프를 그리면 그림 1.11과 같다.

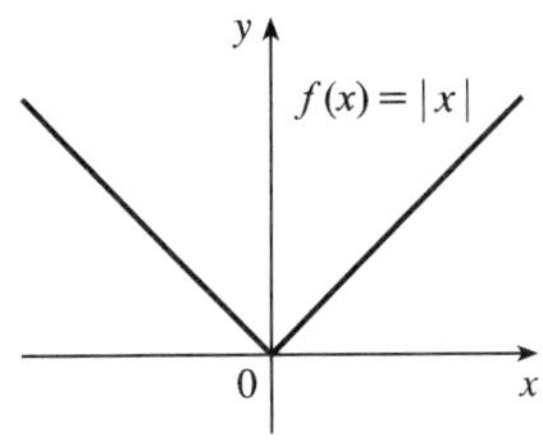

그림 1.11

■■

예제 6 다음과 같이 정의된 함수를 **계단함수**(step function)라 한다.

$$f(x)=[x],\text{ 단 }[x]\text{는 }x\text{보다 크지 않는 최대정수.}$$

f의 그래프를 그려라.

풀이 n이 정수일 때 $[n, n+1)$에 있는 모든 x에 대하여 $f(x)=[x]=n$이다. f의 그래프는 그림 1.12와 같다.

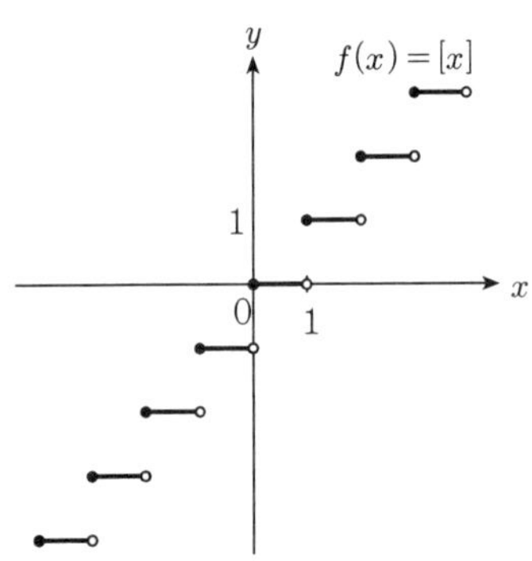

그림 1.12

■■

예제 7 함수 $g(x)=\dfrac{x^4-x^3}{x-1}$의 그래프를 그려라.

풀이 $g(x)$를 간단히 하면

$$g(x) = \frac{x^4 - x^3}{x - 1} = \frac{x^3(x-1)}{x-1} = x^3 \ (x \neq 1)$$

이다. 예제 2의 $f(x) = x^3$과 비교하여 보자. $x \neq 1$이면 $f(x) = g(x)$이고, $f(1) = 1$이지만 $g(1)$은 정의되지 않는다. 따라서 x축의 1 위에 있는 g의 그래프에 구멍을 남겨놓는 것 이외에는 f의 그래프와 같다. g의 그래프는 그림 1.13과 같다.

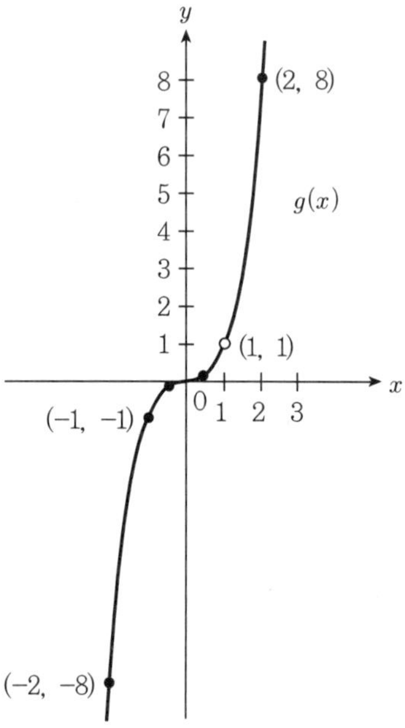

그림 1.13

그래프를 그릴 때 대칭과 평행이동의 성질을 이용하면 편리하게 그릴 수 있다. 다음은 그래프의 대칭이동에 관한 성질이다.

1. $y = f(x)$의 그래프를 x축에 관하여 대칭이동하면 $y = -f(x)$.
2. $y = f(x)$의 그래프를 y축에 관하여 대칭이동하면 $y = f(-x)$.

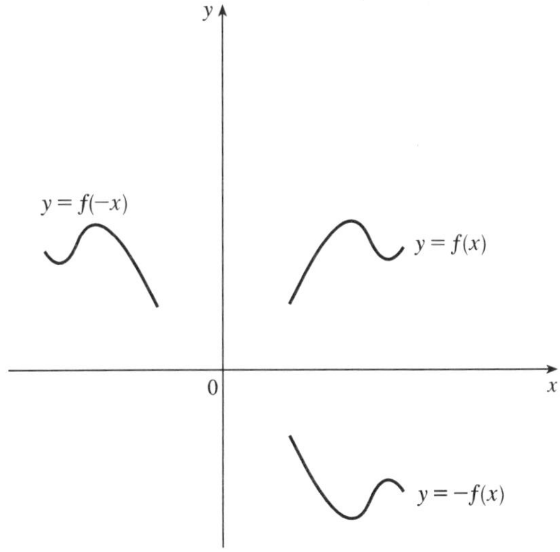

그림 1.14

다음은 그래프의 수평과 수직의 평행이동에 관한 성질이다. $(c > 0)$

1. $y = f(x)$의 그래프를 c만큼 오른쪽으로 수평평행이동하면 $y = f(x - c)$.
2. $y = f(x)$의 그래프를 c만큼 왼쪽으로 수평평행이동하면 $y = f(x + c)$.
3. $y = f(x)$의 그래프를 c만큼 위로 수직평행이동하면 $y = f(x) + c$.
4. $y = f(x)$의 그래프를 c만큼 아래로 수직평행이동하면 $y = f(x) - c$.

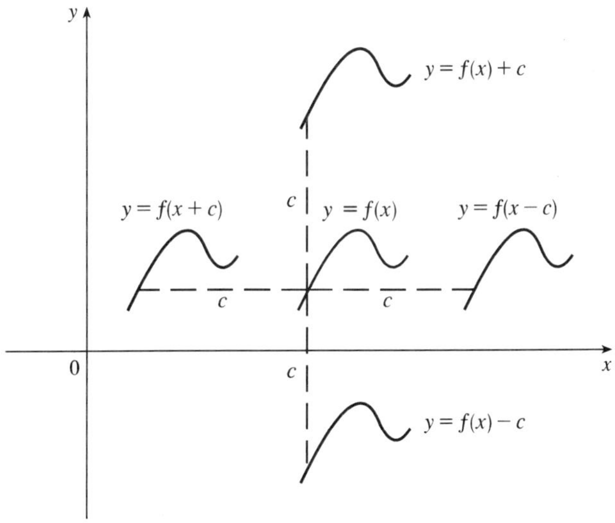

그림 1.15

다음은 $y = \sqrt{x}$ 의 그래프를 대칭 또는 평행이동을 이용하여 그린 그래프의 예이다.

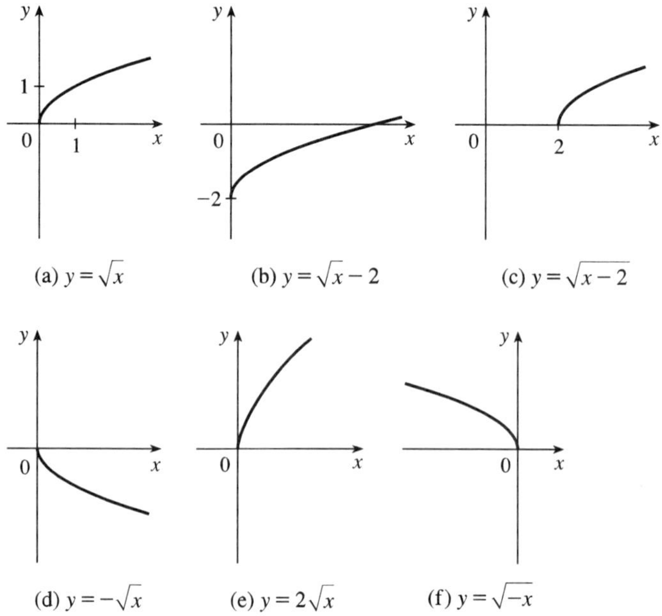

그림 1.16

[역함수의 그래프]

역함수의 그래프에 대하여 알아보자. 일반적으로 $(a,\ b)$가 f의 그래프 위에 있을 필요충분조건은 $(b,\ a)$가 f의 역함수 f^{-1}의 그래프 위에 있는 것이다. $(a,\ b)$와 $(b,\ a)$는 직선 $y = x$에 관하여 대칭이므로, f^{-1}의 그래프는 f의 그래프를 $y = x$에 대칭시킴으로써 간단히 얻을 수 있다.

예제 8 함수 $f(x) = 3x - 2$에 대하여 f와 그의 역함수 f^{-1}의 그래프를 그려라.

풀이

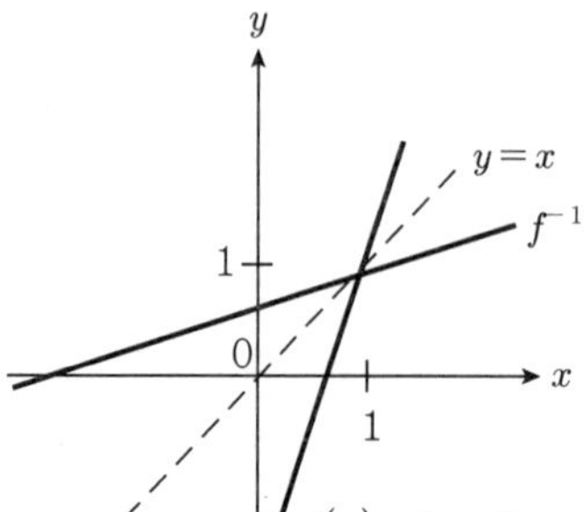

그림 1.17

■■

연 습 문 제 1.3

1. 다음과 같이 주어진 함수의 그래프를 그려라.

(1) $f(x) = \frac{9}{5}x + 32$ (2) $g(x) = x^2 + 1$

(3) $h(x) = \frac{1}{x}$

2. 다음과 같이 주어진 두 함수의 그래프를 그리고 비교하여라.

$$f(x) = x^2 + 1, \quad g(x) = \frac{x^3 - x^2 + x - 1}{x - 1}$$

3. 다음과 같이 주어진 함수의 그래프를 그려라.

(1) $f(x) = \sqrt{2x+1}$ (2) $g(x) = \sqrt{x^2 - 4}$

(3) $h(x) = |x| + x$ (4) $s(x) = x - [x]$

4. 다음과 같이 주어진 함수의 그래프를 그려라.

(1) $f(x) = \begin{cases} 0, & x \neq 0 \\ 1, & x = 0 \end{cases}$

(2) $g(x) = \begin{cases} -1, & x < -1 \\ 0, & -1 \leq x \leq 1 \\ 1, & x > 1 \end{cases}$

(3) $h(x) = \begin{cases} x+1, & 0 \leq x \leq 1 \\ 2-x, & 1 < x \leq 2 \\ 0, & x > 2 \end{cases}$

5. 다음과 같이 주어진 함수와 그의 역함수의 그래프를 그려라.

(1) $f(x) = 2x + 1$ (2) $g(x) = \sqrt{x-2}$

1.4 함수의 극한

함수의 극한을 엄밀하게 정의하기 전에 직관에 의한 함수의 극한의 개념을 파악하여 보자.

[직관적인 정의]

함수 $f(x)$가 실수 a를 포함하는 어떤 구간에서 a 이외의 모든 x에 대하여 정의되었다고 하자. x가 a에 한없이 가까이 접근함에 따라서 함수값 $f(x)$가 일정한 수 L에 한없이 가까이 갈 때, 함수 $f(x)$의 $x=a$에서의 **극한값**(limit)은 L이라 하고, 이것을

$$x \to a \text{일 때 } f(x) \to L, \text{ 또는 } \lim_{x \to a} f(x) = L$$

로 나타낸다.

먼저, 직관적인 정의를 사용하여 함수들의 극한값을 조사하여 보자.

예제 1 극한값 $\lim_{x \to 2}(2x-1)$을 구하여라.

풀이 x가 2에 한없이 가까이 접근하면 함수값 $2x-1$은 3에 한없이 접근함을 다음의 표에 의해 확인할 수 있다.

x	1.9	1.99	1.999	2	2.001	2.01	2.1
$2x-1$	2.8	2.98	2.998	3	3.002	3.02	3.2

따라서 $\lim_{x \to 2}(2x-1)=3$ ■■

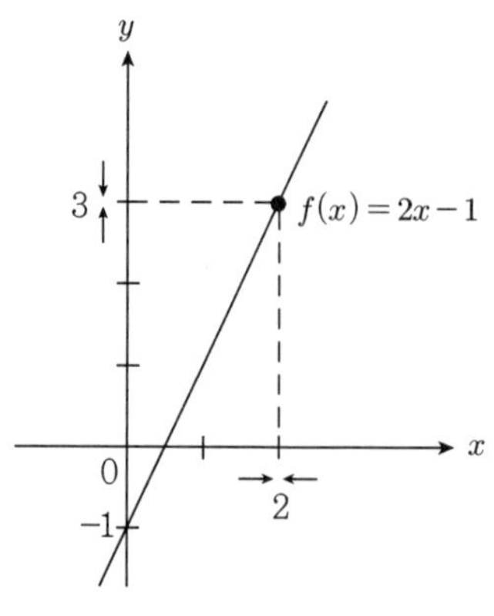

그림 1.18

예제 2 극한값 $\lim_{x \to 2} \frac{x^2-4}{x-2}$ 를 구하여라.

풀이 $f(x) = \frac{x^2-4}{x-2}$ 일 때 x가 2에 한없이 가까이 접근하면 $f(x)$의 값은 4에 한없이 접근함을 다음의 표에 의해 확인할 수 있다.

x	1.9	1.99	1.999	2	2.001	2.01	2.1
$f(x)$	3.9	3.99	3.999	존재안함	4.001	4.01	4.1

그러므로 $\lim_{x \to 2} \frac{x^2-4}{x-2} = 4$이다. $g(x) = x+2$라 하면 $x \neq 2$일 때

$$f(x) = \frac{x^2-4}{x-2} = \frac{(x+2)(x-2)}{x-2} = x+2 = g(x) \quad (x \neq 2)$$

이다. $g(x)$는 x가 2에 접근할 때 $f(x)$와 여전히 같은 극한값 4를 갖는다. ■■

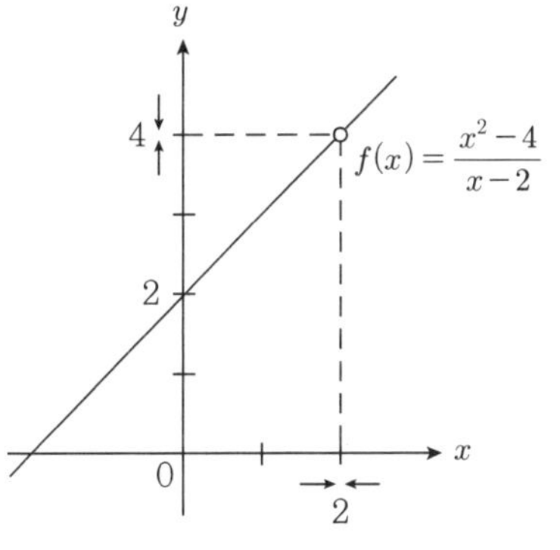

그림 1.19

예제 3 **다이빙 보오드 함수**

$$f(x) = \begin{cases} 0, & x < 0 \\ 1, & x \geq 0 \end{cases}$$

으로 정의된 함수에서 극한값 $\lim_{x \to 0} f(x)$를 구하여라.

풀이 x가 양수쪽에서 0에 접근하면 $f(x)$는 1에 접근하고, x가 음수쪽에서 접근하면 $f(x)$는 0에 접근한다. 따라서 $x \to 0$일 때 $f(x)$는 하나의 값에 접근하지 않는다. 그러므로 $x = 0$에서 극한값은 존재하지 않는다. ■■

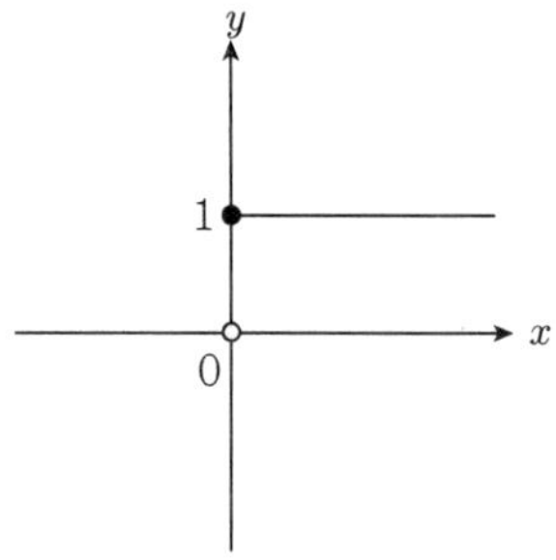

$$f(x)=\begin{cases}0, & x<0\\ 1, & x\geq 0\end{cases}$$

그림 1.20

지금부터는 직관적인 정의로부터 시작하여 수학적으로 엄밀한 정의를 하자. 직관적인 정의에서 $f(x)$가 L로 한없이 가까워진다는 것은 $|f(x)-L|$을 임의의 양수보다 작게할 수 있다는 것과 같은 뜻이므로 두 번째로 다음의 정의를 얻게 된다.

$$\lim_{x\to a} f(x)=L$$

$\Longleftrightarrow$ 임의의 $\epsilon>0$에 대하여, $x\neq a$이고 $|x-a|$가 충분히 작으면 $|f(x)-L|<\epsilon$이 되게 할 수 있다.

여기서 $|x-a|$가 충분히 작다는 것은 적당한 양수 δ가 존재하여 $|x-a|$가 δ보다 작다는 뜻이며, $x\neq a$이고 $|x-a|$가 δ보다 작다는 것은 $0<|x-a|<\delta$로 바꿔쓸 수 있으므로 다음의 $\epsilon-\delta$ 정의를 얻게 된다.

정의 1.12 임의의 $\epsilon>0$에 대하여 어떤 양수 δ가 존재하여

$$0<|x-a|<\delta\text{이면 } |f(x)-L|<\epsilon$$

이 성립할 때, L을 $x\to a$일 때의 $f(x)$의 **극한값**(limit)이라 하고

$$\lim_{x\to a} f(x)=L$$

로 나타낸다.

위의 정의를 논리기호로 나타내면 다음과 같다.

$$\lim_{x \to a} f(x) = L$$
$$\Longleftrightarrow [\forall \epsilon > 0,\ \exists \delta > 0 \text{ s.t. } 0 < |x-a| < \delta \Rightarrow |f(x)-L| < \epsilon]$$

$\lim_{x \to a} f(x) = L$에 대한 $\epsilon - \delta$ 정의를 설명하면, 임의의 $\epsilon > 0$에 대하여 $x \neq a$이고 $a-\delta < x < a+\delta$이면 $L-\epsilon < f(x) < L+\epsilon$을 성립하게 하는 양수 δ가 항상 존재한다는 뜻이다. 여기에서 중요한 것은 임의의 $\epsilon > 0$이 주어졌을 때 양수 δ가 존재하는 것을 보이는 것이고, δ는 일정한 수가 아니라, ϵ이 변함에 따라 δ도 변하게 된다.

이것을 함수의 그래프에 의해 설명하여 보자. 만약 $\lim_{x \to a} f(x) = L$이면 x가 구간 $(a-\delta, a+\delta)$ 내에 있고, $x \neq a$로 제한할 때 곡선 $y = f(x)$가 직선 $y = L-\epsilon$과 $y = L+\epsilon$의 사이에 놓이도록 δ을 구할 수 있다(그림 1.21 참조). 만약 이러한 δ을 구했다면 더 작은 임의의 δ에 대해서도 위의 성질이 당연히 만족될 것이다.

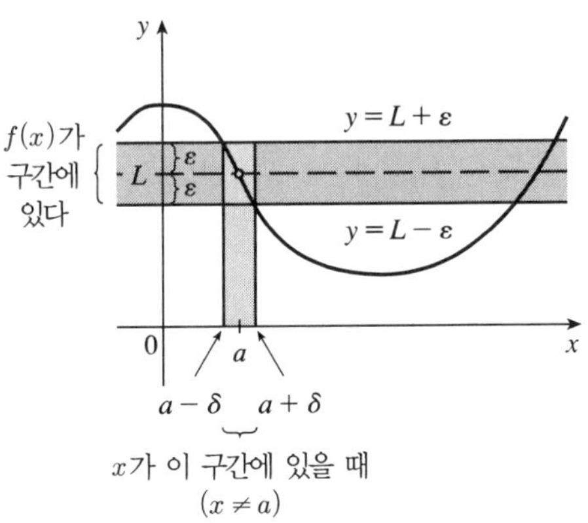

그림 1.21

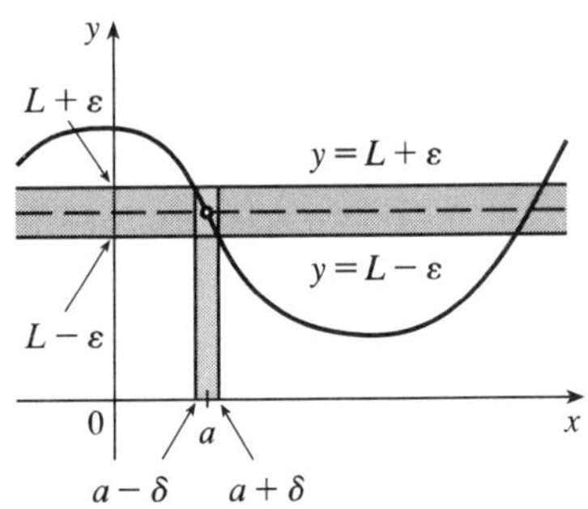

그림 1.22

그림 1.21과 1.22에서 설명된 과정은 양수 ϵ을 아무리 작게 선택한다 하더라도 성립되어야 한다는 것을 이해하는 것이 중요하다. 그림 1.22는 더 작은 ϵ이 선택되면 더 작은 δ가 요구될 수 있음을 보여준다.

극한의 $\epsilon - \delta$ 정의는 19세기에 많은 수학자들의 오랜 노력으로 확립된 것이어서 이해하기가 쉽지는 않다. 따라서 이해를 돕기 위하여 여러 예제들을 들어보자.

예제 4 $\lim_{x \to 3} (4x-5) = 7$임을 보여라.

풀이 임의의 양수 ϵ에 대하여

$$0 < |x-3| < \delta \text{이면 } |(4x-5)-7| < \epsilon$$

을 만족하는 양수 δ가 존재함을 보이면 된다.

$$|(4x-5)-7|=|4x-12|=|4(x-3)|=4|x-3|<\epsilon$$

이 되게 하려면 $|x-3|$을 $\frac{\epsilon}{4}$보다 작게 선택하면 되므로 $\delta=\frac{\epsilon}{4}$으로 잡으면 된다. 즉 임의의 $\epsilon>0$에 대하여

$$0<|x-3|<\delta=\frac{\epsilon}{4} \Rightarrow |(4x-5)-7|<\epsilon$$

이 성립한다. (이때 δ를 $\frac{\epsilon}{4}$보다 작은 $\frac{\epsilon}{5}$, $\frac{\epsilon}{6}$, $\cdots$ 등을 선택하여도 된다.) ■■

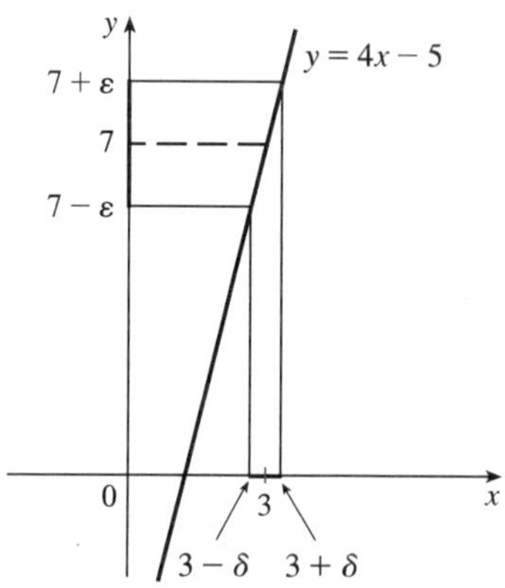

그림 1.23

예제 5 다음 극한이 성립함을 보여라.

(a) $\lim_{x \to a} c = c$

(b) $\lim_{x \to a} x = a$

풀이 (a) 임의의 $\epsilon>0$에 대하여 $\delta>0$를 어떻게 잡더라도

$$0<|x-a|<\delta \Longrightarrow |c-c|=0<\epsilon$$

이 성립한다.

(b) 임의의 $\epsilon>0$에 대하여

$$0<|x-a|<\delta \Longrightarrow |x-a|<\epsilon$$

을 만족하는 $\delta>0$가 존재함을 보이면 된다. 따라서 $\delta=\epsilon$이라 놓으면 성립한다(그림 1.24).

■■

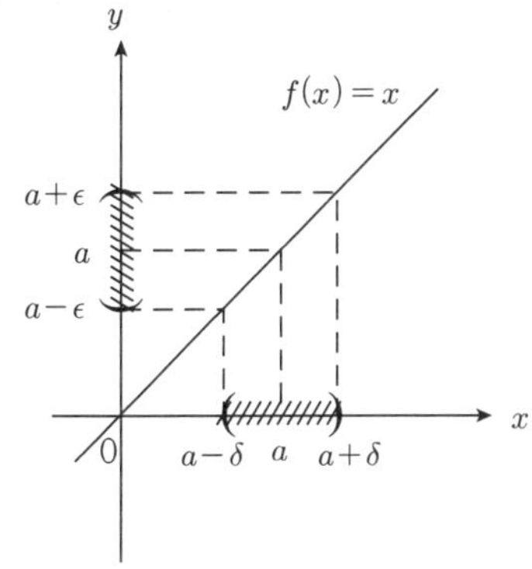

그림 1.24

예제 6 $\lim_{x \to 1} x^2 = 1$임을 보여라.

풀이 임의의 $\epsilon > 0$에 대하여

$$0 < |x-1| < \delta \Longrightarrow |x^2-1| < \epsilon$$

을 만족하는 $\delta > 0$가 존재함을 보이면 된다. 그런데

$$\begin{aligned} 0 < |x-1| < \delta \Longrightarrow |x^2-1| &= |x-1||x+1| \\ &= |x-1||(x-1)+2| < \delta(\delta+2) \end{aligned}$$

이므로 $|x^2-1| < \epsilon$이 되도록 하려면 $\delta(\delta+2) \le \epsilon$이 되도록 δ를 잡으면 된다. 편의상 $\delta \le 1$이라 하자. 그러면

$$|x^2-1| < \delta(\delta+2) \le 3\delta \le \epsilon$$

을 만족하는 δ는 $0 < \delta \le \frac{\epsilon}{3}$이다. 따라서 $\delta = \min\left\{1, \frac{\epsilon}{3}\right\}$ $\left(\text{또는 } \delta = \frac{\epsilon}{3+\epsilon}\right)$으로 놓으면

$$0 < |x-1| < \delta = \min\left\{1, \frac{\epsilon}{3}\right\} \Longrightarrow |x^2-1| < \epsilon$$

이 성립한다. ■■

삼각함수에서 각은 보통 **라디안**(radian)으로 표시한다. 1라디안은 원에 있어서 원호

의 길이를 반경과 같이 잡았을 때 그 중심각의 크기로 정의한다. 따라서 $360^\circ = 2\pi$ 라디안이고, 1라디안$= \dfrac{180^\circ}{\pi} \fallingdotseq 57.2958^\circ$ 이며 각을 라디안으로 표시할 때는 단위를 생략한다.

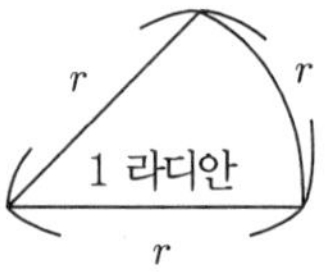

그림 1.25

예제 7 다음의 극한이 성립함을 보여라.

(a) $\lim\limits_{x \to 0} \sin x = 0$

(b) $\lim\limits_{x \to 0} \cos x = 1$

풀이 (a) 반경이 1인 원의 $\dfrac{1}{4}$ 부분을 나타낸 그림 1.26에서

$$0 \le \sin x \le |DA| \le x, \ 0 \le x < \frac{\pi}{2}$$

이므로

$$|\sin x| \le |x|, \ 0 \le x < \frac{\pi}{2}$$

이다. $|\sin(-x)| = |-\sin x| = |\sin x|$이므로

$$|\sin x| \le |x|, \ -\frac{\pi}{2} < x \le 0$$

이다. 따라서

$$|\sin x| \le |x|, \ -\frac{\pi}{2} < x < \frac{\pi}{2}$$

가 성립한다. 임의의 $\epsilon > 0$에 대하여 $\delta = \min\left\{\epsilon, \dfrac{\pi}{2}\right\}$라 놓으면

$$0 < |x - 0| < \delta \Longrightarrow |\sin x - 0| \le |x| < \delta \le \epsilon$$

이 성립한다.

(b) 그림 1.26에서

$$|\cos x - 1| = |AB| \le |AD| \le |x|,\ 0 \le x < \frac{\pi}{2}$$

이다. $\cos(-x) = \cos x$이므로

$$|\cos x - 1| \le |x|,\ -\frac{\pi}{2} < x < \frac{\pi}{2}$$

가 성립한다. 임의의 $\epsilon > 0$에 대하여 $\delta = \min\left\{\epsilon, \frac{\pi}{2}\right\}$이라 놓으면

$$0 < |x - 0| < \delta \Longrightarrow |\cos x - 1| \le |x| < \epsilon$$

성립한다. ■■

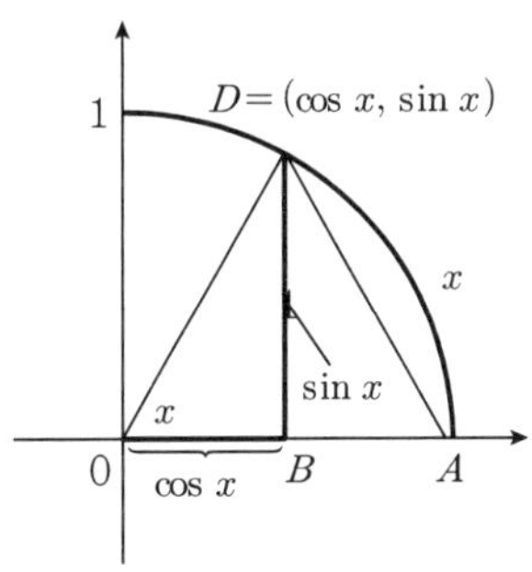

그림 1.26

[한쪽 극한]

1.4절의 예제 3에서 (다이빙 보오드) 함수

$$f(x) = \begin{cases} 0, & x < 0 \\ 1, & x \ge 0 \end{cases}$$

는 $x = 0$에서 극한값을 갖지 않음을 보였다. 그러나 x가 양수쪽에서 0에 접근하면 $f(x)$는 1에 접근하고, x가 음수쪽에서 0에 접근하면 $f(x)$는 0에 접근한다. 이때 1을 $f(x)$의 $x = 0$에서의 우극한, 0을 $f(x)$의 $x = 0$에서의 좌극한이라고 한다. 그리고

$$\lim_{x \to 0^+} f(x) = 1,\ \lim_{x \to 0^-} f(x) = 0$$

으로 나타낸다. 기호 $x \to 0^+$는 0보다 큰 x의 값에 대해서만 생각하고 $x \to 0^-$는 0보다 작은 x의 값에 대해서만 생각한다는 것을 의미한다.

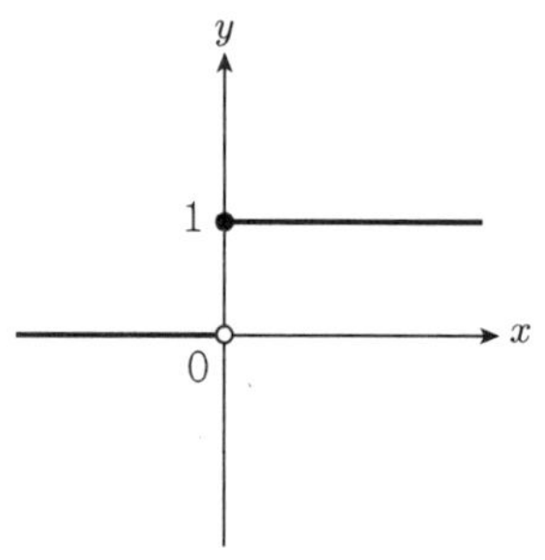

그림 1.27

이와 같은 직관적인 개념을 $\epsilon - \delta$를 사용하여 엄밀하게 정의하면 다음과 같다.

정의 1.13 (a) 함수 $f(x)$가 개구간 (a, c)에서 정의되어 있다고 하자. 임의의 $\epsilon > 0$에 대하여 $\delta > 0$가 존재하여

$$0 < x - a < \delta \Longrightarrow |f(x) - L| < \epsilon$$

이 성립할 때 L을 $x = a$에서의 함수 $f(x)$의 **우극한**(right-hand limit)이라 하고

$$\lim_{x \to a^+} f(x) = L$$

로 나타낸다.

(b) 함수 $f(x)$가 개구간 (c, a)에서 정의되어 있다고 하자. 임의의 $\epsilon > 0$에 대하여 $\delta > 0$가 존재하여

$$-\delta < x - a < 0 \Longrightarrow |f(x) - L| < \epsilon$$

이 성립할 때 L을 $x = a$에서의 함수 $f(x)$의 **좌극한**(left-hand limit)이라 하고

$$\lim_{x \to a^-} f(x) = L$$

로 나타낸다.

우극한과 좌극한을 **한쪽 극한**(one-sided limit)이라 부르고, 일반적으로 극한이라 하면 **양쪽 극한**(two-sided limit)을 말한다.

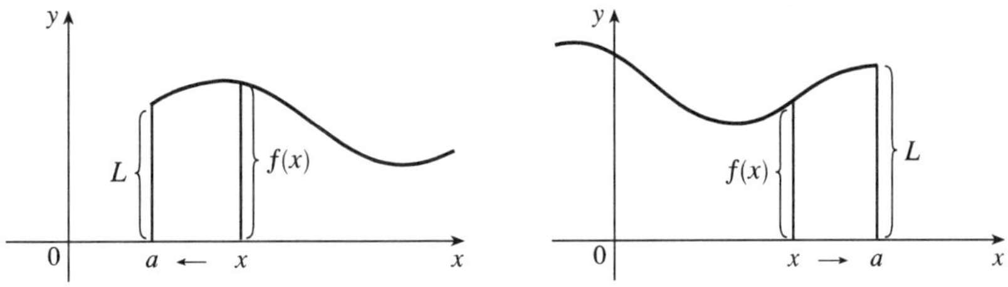

(a) $\lim_{x \to a^+} f(x) = L$ (b) $\lim_{x \to a^-} f(x) = L$

그림 1.28

예제 8 함수 $f(x) = [x]$ (x보다 크지 않는 최대정수)일 때, n이 정수이면

$$\lim_{x \to n^+} [x] = n, \quad \lim_{x \to n^-} [x] = n - 1$$

이다. ■■

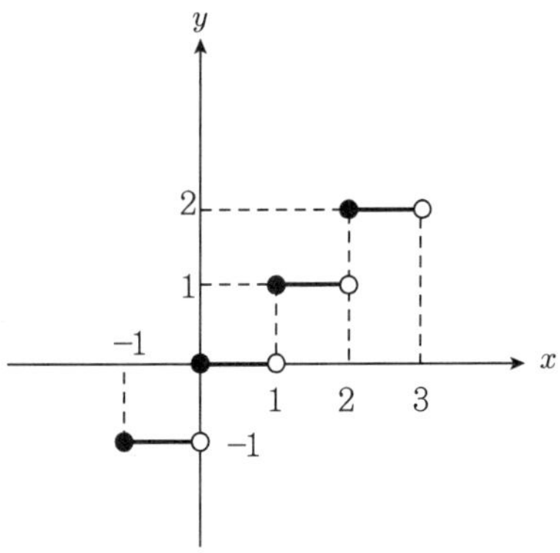

그림 1.29

예제 9 $\lim_{x \to 0^+} \sqrt{x} = 0$임을 보여라.

풀이 임의의 $\epsilon > 0$에 대하여

$$0 < x < \delta \Longrightarrow |\sqrt{x} - 0| < \epsilon$$

을 만족하는 $\delta > 0$가 존재함을 보이면 된다. $\sqrt{x} < \epsilon$이 되도록 하려면 양변에 제곱을 취해서 $x < \epsilon^2$을 만족하면 된다. 따라서 $\delta = \epsilon^2$으로 선택하면, 임의의 $\epsilon > 0$에 대하여

$$0 < x < \delta \Longrightarrow |\sqrt{x} - 0| = \sqrt{x} < \sqrt{\delta} = \sqrt{\epsilon^2} = \epsilon$$

이 성립한다. ■■

정리 1.14 함수 $f(x)$가 a를 포함하는 어떤 개구간에서 a 이외의 모든 x에 대하여 정의되어 있다고 하자. 그러면

$$\lim_{x \to a} f(x) = L \Longleftrightarrow \lim_{x \to a^+} f(x) = \lim_{x \to a^-} f(x) = L$$

증명 연습문제로 넘긴다.

예제 10 $f(x) = \begin{cases} 2x+1, & x < 2 \\ x+3, & x > 2 \end{cases}$

로 정의된 함수 $f(x)$에 대하여 $\lim_{x \to 2} f(x)$를 구하여라.

풀이 $\lim_{x \to 2}(2x+1) = 5$이고, $\lim_{x \to 2}(x+3) = 5$이므로 정리 1.14에 의하여 $\lim_{x \to 2^-} f(x)$ $= \lim_{x \to 2^-}(2x+1) = 5$이고, $\lim_{x \to 2^+} f(x) = \lim_{x \to 2^+}(x+3) = 5$이다. 다시 정리 1.14에 의하여

$$\lim_{x \to 2} f(x) = 5$$

■■

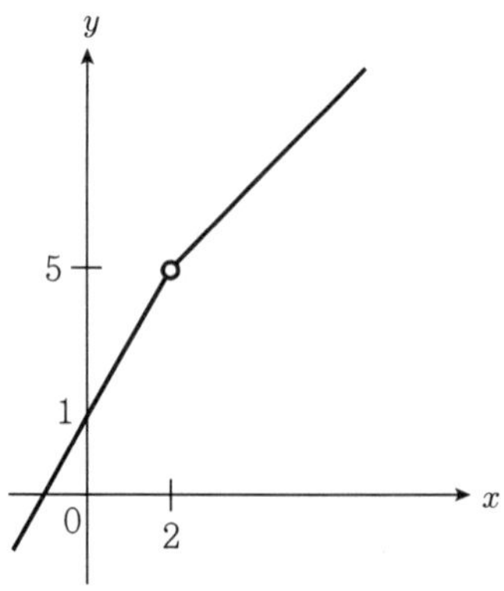

$f(x) = \begin{cases} 2x+1, & x < 2 \\ x+3, & x > 2 \end{cases}$

그림 1.30

예제 11 함수 $\operatorname{sgn}(x) = \begin{cases} -1, & x < 0 \\ 0, & x = 0 \\ 1, & x > 0 \end{cases}$

에 대하여 $\lim_{x \to 0} \operatorname{sgn}(x)$가 존재하지 않음을 보여라.

풀이 $\lim_{x \to 0^+} \operatorname{sgn}(x) = 1$, $\lim_{x \to 0^-} \operatorname{sgn}(x) = -1$이다. 따라서 우극한과 좌극한이 다르므로 정리 1.14에 의하여 $\lim_{x \to 0} \operatorname{sgn}(x)$는 존재하지 않는다. ■■

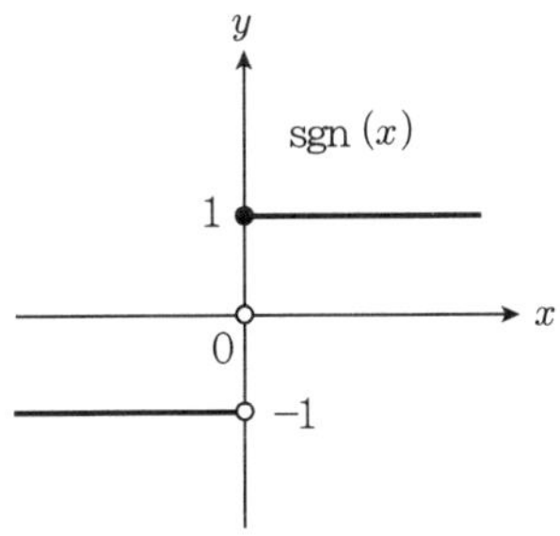

그림 1.31

여기에서 $\lim_{x \to 0} \frac{1}{x^2}$의 값을 구해보자. x가 0에 접근할 때 x^2이 0에 접근하게 되고, 따라서 $\frac{1}{x^2}$은 매우 커짐을 표에서 알 수 있다. 사실, 그림 1.32에서 주어진 함수 $f(x) = \frac{1}{x^2}$의 그래프는 x가 0에 충분히 가까이 가면 $f(x)$의 값들은 임의로 커지도록 만들 수 있다. $f(x)$의 값이 어떤 수에 접근하지 않으므로, $\lim_{x \to 0} \frac{1}{x^2}$은 존재하지 않는다.

x	± 1	± 0.5	± 0.2	± 0.1	± 0.05	± 0.01	± 0.001
$\frac{1}{x^2}$	1	4	25	100	400	10,000	1,000,000

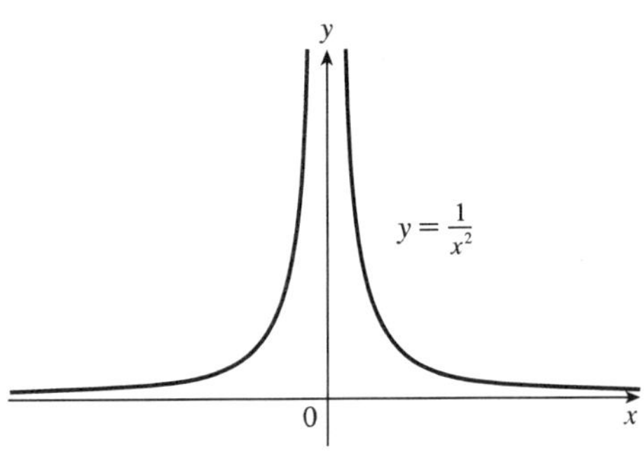

그림 1.32

위에서 주어진 그래프의 움직임을 나타내기 위하여 기호

$$\lim_{x \to 0} \frac{1}{x^2} = \infty$$

를 사용한다. 이것은 ∞를 수로 간주한다는 의미도 아니며, 극한값이 존재한다는 것도 아니다. 이는 단지 극한값이 존재하지 않는 특수한 경우에 대한 표면이다. x가 0에 충분히 가까이 가면, $\dfrac{1}{x^2}$은 원하는 만큼 크게 만들 수 있다.

일반적으로, x가 a에 충분히 가까워질수록 $f(x)$의 값이 점점 더 크게(혹은 '상한이 없이 증가')되는 것을 나타내기 위하여 기호로

$$\lim_{x \to a} f(x) = \infty$$

를 사용한다.

무한 극한값에 대한 엄밀한 정의는 다음과 같다.

정의 1.15 함수 $f(x)$가 어떤 개구간 $(a,\ c)$에서 정의되어 있다고 하자.

(a) 임의의 (양수) N에 대하여 $\delta > 0$가 존재하여

$$0 < x - a < \delta \Longrightarrow f(x) > N$$

이 성립할 때 $x = a$에서의 함수 $f(x)$의 우극한은 ∞ (infinite : 무한)이라 하고

$$\lim_{x \to a^+} f(x) = \infty$$

으로 나타낸다(그림 1.33의 (a)).

(b) 임의의 (음수) N에 대하여 $\delta > 0$가 존재하여

$$0 < x - a < \delta \Longrightarrow f(x) < N$$

이 성립할 때 $x = a$에서의 함수 $f(x)$의 우극한은 $-\infty$이라 하고

$$\lim_{x \to a^+} f(x) = -\infty$$

으로 나타낸다(그림 1.33의 (b)).

(c) $\lim_{x \to a^+} f(x) = \infty$ 또는 $\lim_{x \to a^+} f(x) = -\infty$이면 수직선 $x = a$를 f의 그래프의 **수직 점근선**(vertical asymptote)이라 하고, f는 a에서 무한 우극한을 갖는다고 한다.

같은 방법으로 하면

$$\lim_{x \to a^-} f(x) = \infty, \quad \lim_{x \to a^-} f(x) = -\infty$$

도 정의할 수 있다(그림 1.33의 (c), (d)).

$\lim_{x \to a^+} f(x) = \lim_{x \to a^+} f(x) = \infty$ 이면 $\lim_{x \to a} f(x) = \infty$ 로 나타내고, $x = a$에서 $f(x)$의 극한값이 ∞ 라고 한다. 이때 $f(x)$는 a에서 무한(infinite) 극한을 갖는다고 한다(그림 1.34의 (a)).

∞ 대신 $-\infty$에 대하여도 같은 방법으로 표현할 수 있다(그림 1.34의 (b)).

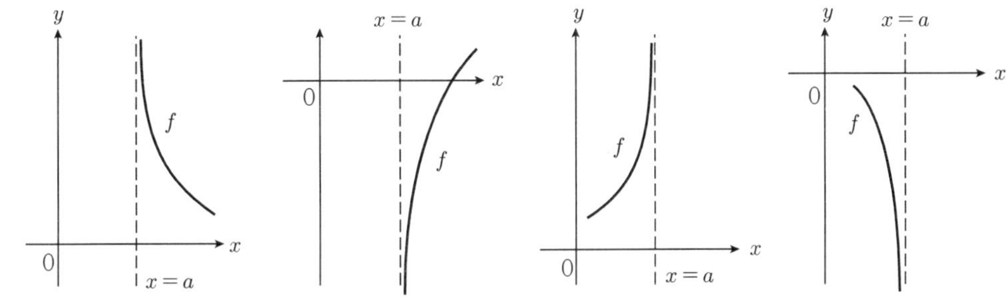

$\lim_{x \to a^+} f(x) = \infty$ (a)

$\lim_{x \to a^+} f(x) = -\infty$ (b)

$\lim_{x \to a^-} f(x) = \infty$ (c)

$\lim_{x \to a^-} f(x) = -\infty$ (d)

그림 1.33

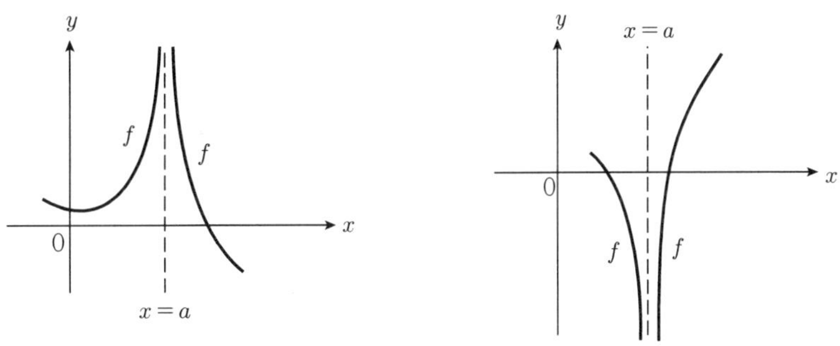

$\lim_{x \to a} f(x) = \infty$ (a)

$\lim_{x \to a} f(x) = -\infty$ (b)

그림 1.34

예제 12 $\lim_{x \to 0^+} \frac{1}{x} = \infty$, $\lim_{x \to 0^-} \frac{1}{x} = -\infty$ 임을 보이고, 직선 $x = 0$가 $\frac{1}{x}$의 그래프의 수직점근선임을

보여라.

풀이 임의의 $N>0$에 대하여

$$0<x<\frac{1}{N} \Longrightarrow \frac{1}{x}>N$$

이므로

$$\lim_{x\to 0^+}\frac{1}{x}=\infty$$

이다. 이때 직선 $x=0$가 $\frac{1}{x}$의 그래프의 수직점근선이다.

같은 방법으로 하면, 임의의 $N<0$에 대하여

$$\frac{1}{N}<x<0 \Longrightarrow \frac{1}{x}<N$$

이므로

$$\lim_{x\to 0^-}\frac{1}{x}=-\infty$$

이다. ■■

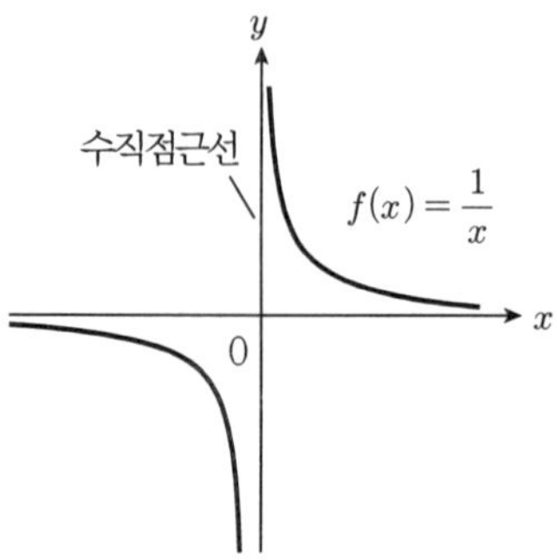

그림 1.35

예제 13 함수 $f(x)=\dfrac{(x-2)(x+3)}{x(x-\pi)(x-4)(x+1)^2}$에 대하여 f의 그래프의 수직점근선을 구하여라.

풀이 유리함수 $f(x)=\dfrac{p(x)}{q(x)}$ ($p(x)$, $q(x)$는 다항식)을 생각하자. $p(a)\neq 0$이고,

$q(a) = 0$이면, $x = a$가 f 그래프의 수직점근선이 됨을 알 수 있다. 따라서 주어진 함수 $f(x)$의 수직점근선은 $x = 0$, $x = \pi$, $x = 4$, $x = -1$이다. ■■

정의 1.16 (a) 함수 $f(x)$가 어떤 개구간 (a, ∞)에서 정의되어 있다고 하자. 임의의 $\epsilon > 0$에 대하여 (양수)M이 존재하여

$$x > M \Longrightarrow |f(x) - L| < \epsilon$$

이 성립할 때, L을 $x \to \infty$일 때 $f(x)$의 극한값이라 하고

$$\lim_{x \to \infty} f(x) = L$$

로 나타낸다.

(b) 함수 $f(x)$가 어떤 개구간 $(-\infty, a)$에서 정의되어 있다고 하자. 임의의 $\epsilon > 0$에 대하여 (음수)M이 존재하여

$$x < M \Longrightarrow |f(x) - L| < \epsilon$$

이 성립할 때, L을 $x \to -\infty$일 때 $f(x)$의 극한값이라 하고

$$\lim_{x \to -\infty} f(x) = L$$

로 나타낸다.

(c) $\lim_{x \to \infty} f(x) = L$ 또는 $\lim_{x \to -\infty} f(x) = L$이면 수평선 $y = L$을 f의 그래프의 **수평점근선**(horizontal asymptote)이라고 한다(그림 1.36).

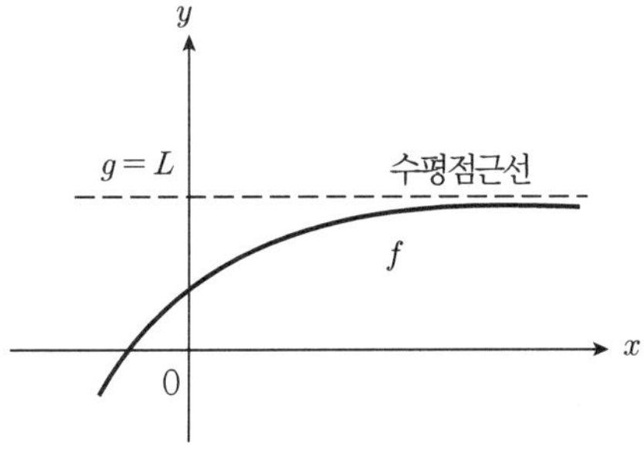

$$\lim_{x \to \infty} f(x) = L$$

그림 1.36

예제 14 $\lim_{x \to \infty} \frac{1}{x} = 0$, $\lim_{x \to -\infty} \frac{1}{x} = 0$임을 보여라.

풀이 임의의 $\epsilon > 0$에 대하여

$$x > M \Longrightarrow \left| \frac{1}{x} - 0 \right| = \left| \frac{1}{x} \right| < \epsilon$$

이 성립하는 $M > 0$이 존재함을 보이자. $x > \frac{1}{\epsilon}$이면 $\left| \frac{1}{x} \right| < \epsilon$이므로 $M = \frac{1}{\epsilon}$로 놓으면 성립한다. 그러므로

$$\lim_{x \to \infty} \frac{1}{x} = 0.$$

$\lim_{x \to -\infty} \frac{1}{x} = 0$임을 보이기 위해 $M = -\frac{1}{\epsilon}$로 놓으면, $M < 0$이고

$$x < M \Longrightarrow \left| \frac{1}{x} - 0 \right| = \left| \frac{1}{x} \right| = -\frac{1}{x} < -\frac{1}{M} = \epsilon$$

이 성립한다. 그러므로

$$\lim_{x \to -\infty} \frac{1}{x} = 0 \text{ (그림 1.37)}$$ ■■

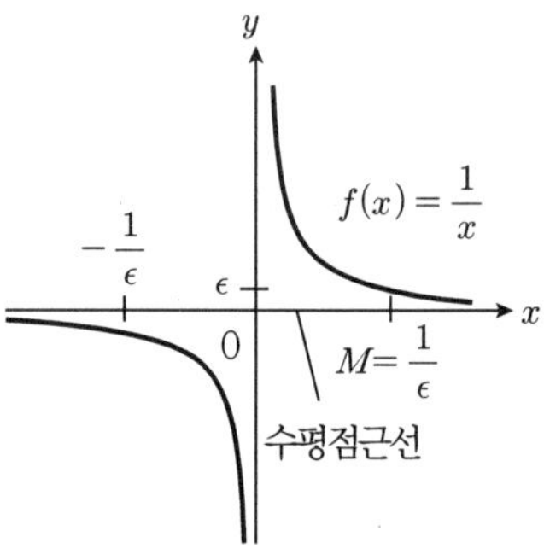

그림 1.37

> **정의 1.17** 함수 $f(x)$가 어떤 개구간 (a, ∞)에서 정의되었다고 하자. 임의의 (큰 수) N에 대하여 어떤 수 M이 존재하여
>
> $$x > M \Longrightarrow f(x) > N$$

이 성립하면, $x \to \infty$ 일 때 $f(x)$의 극한이 ∞ 라고 하고

$$\lim_{x \to \infty} f(x) = \infty$$

로 나타낸다(그림 1.38).

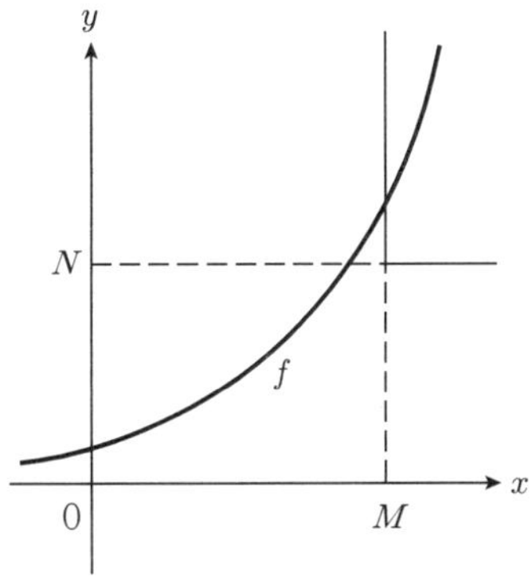

$\lim_{x \to \infty} f(x) = \infty$

그림 1.38

같은 방법으로 $\lim_{x \to \infty} f(x) = -\infty$, $\lim_{x \to -\infty} f(x) = \infty$, $\lim_{x \to -\infty} f(x) = -\infty$ 도 정의할 수 있다.

예제 15 $\lim_{x \to \infty} x^7 = \infty$ 임을 보여라.

풀이 임의의 (큰 수) N에 대하여

$$x > M \Longrightarrow x^7 > N$$

이 성립하는 수 M이 존재함을 보이자. $x > 1$이면 $x^7 > x$이다. 따라서 $M > 1$이고, $M > N$인 M을 택하면

$$x > M \Longrightarrow x^7 > x > M > N$$

이 되어 정의 1.17에 의하여

$$\lim_{x \to \infty} x^7 = \infty$$

이다. ■■

연 습 문 제 1.4

1. (1) $f(x)=\begin{cases} 1, & x \neq 0 \\ 2, & x=0 \end{cases}$ 으로 정의된 함수에 대하여 극한값 $\lim_{x\to 0} f(x)$를 구하여라.

(2) $f(x)=\begin{cases} \sqrt{x-4}, & x>4 \\ 8-2x, & x<4 \end{cases}$ 으로 정의된 함수에 대하여 극한값 $\lim_{x\to 4} f(x)$를 구하여라.

2. 다음의 극한값을 구하여라.

(1) $\lim_{x\to 2}(-x^2+3)$

(2) $\lim_{x\to 0}\frac{x^2-3x}{x}$

(3) $\lim_{x\to 0}\frac{\sqrt{x^2+9}-3}{x^2}$

3. 다음 극한이 성립함을 $\epsilon-\delta$정의를 사용하여 보여라.

(1) $\lim_{x\to 1}(3x+2)=5$

(2) $\lim_{x\to a}\sqrt{x}=\sqrt{a} \quad (a>0)$

(3) $\lim_{x\to 0}x^2=0$

(4) $\lim_{x\to a}|x|=|a|$

(5) $\lim_{x\to 3}(x^2+x-10)=2$

(6) $\lim_{x\to a}x^3=a^3$

(7) $\lim_{x\to 0}x\sin\frac{1}{x}=0$

4. 다음의 극한값을 구하여라.

(1) $\lim_{x\to 3^+}\frac{2x}{x-3}$

(2) $\lim_{x\to 0^+}\frac{4}{x^3}$

5. 다음 함수의 그래프의 수직, 수평점근선을 구하여라.

(1) $f(x)=-\frac{1}{x+3}$

(2) $g(x)=\frac{x+2}{x-1}$

(3) $h(x)=\tan x$

(4) $l(x)=\frac{x^2+3x-4}{x^2-1}$

6. 다음의 극한을 정의하여라.

(1) $\lim_{x \to a^-} f(x) = \infty$

(2) $\lim_{x \to a^-} f(x) = -\infty$

(3) $\lim_{x \to \infty} f(x) = -\infty$

(4) $\lim_{x \to -\infty} f(x) = -\infty$

7. 정리 1.14를 증명하여라.

1.5 극한정리

1.4절에서 본 바와 같이 극한을 계산할 때마다 $\epsilon-\delta$방법을 사용하는 것은 매우 복잡한 일이다. 그러므로 이 절에서는 극한을 계산할 때 도움을 줄 수 있는 일반적인 정리를 다루어 보자.

> **정리 1.18** (극한정리)
>
> $\lim_{x \to a} f(x)$와 $\lim_{x \to a} g(x)$가 존재하고 c를 실수라 하자. 그러면
>
> (a) $\lim_{x \to a} [f(x) + g(x)] = \lim_{x \to a} f(x) + \lim_{x \to a} g(x)$
>
> (b) $\lim_{x \to a} cf(x) = c\lim_{x \to a} f(x)$
>
> (c) $\lim_{x \to a} f(x)g(x) = \lim_{x \to a} f(x) \cdot \lim_{x \to a} g(x)$
>
> (d) $\lim_{x \to a} g(x) \neq 0$이면 $\lim_{x \to a} \dfrac{f(x)}{g(x)} = \dfrac{\lim_{x \to a} f(x)}{\lim_{x \to a} g(x)}$

위의 정리의 증명은 $\epsilon-\delta$방법을 사용하며 복잡하므로 부록 1-1로 넘긴다.

이제 정리 1.18과 앞 절의 예제, 연습문제의 결과를 사용하여 극한값을 구해보자.

예제 1 다음의 극한값을 구하여라.

(a) $\lim_{x \to 0} (\sin x + 2)$

(b) $\lim_{x \to 1} 2x^2$

(c) $\lim_{x \to 0} \dfrac{x \cos x}{\sqrt{x} + \cos x}$

풀이 (a) $\lim_{x \to 0}(\sin x + 2) = \lim_{x \to 0} \sin x + \lim_{x \to 0} 2 = 0 + 2 = 2$

(b) $\lim_{x \to 1} 2x^2 = 2 \lim_{x \to 1} x^2 = 2 \lim_{x \to 1} x \cdot \lim_{x \to 1} x = 2 \cdot 1 \cdot 1 = 2$

(c) $\lim_{x \to 0} \dfrac{x \cos x}{\sqrt{x} + \cos x} = \dfrac{\lim_{x \to 0} x \cos x}{\lim_{x \to 0}(\sqrt{x} + \cos x)} = \dfrac{\lim_{x \to 0} x \cdot \lim_{x \to 0} \cos x}{\lim_{x \to 0} \sqrt{x} + \lim_{x \to 0} \cos x} = \dfrac{0 \cdot 1}{0 + 1} = 0$ ■■

따름정리 1.19 $\lim_{x \to a} f(x)$, $\lim_{x \to a} g(x)$가 존재하면,

$$\lim_{x \to a}(f - g)(x) = \lim_{x \to a} f(x) - \lim_{x \to a} g(x)$$

이다.

증명 $\lim_{x \to a}(f - g)(x) = \lim_{x \to a}(f(x) - g(x)) = \lim_{x \to a}(f(x) + (-g(x)))$

$$= \lim_{x \to a} f(x) + \lim_{x \to a}(-g(x))$$

$$= \lim_{x \to a} f(x) - \lim_{x \to a} g(x)$$

따름정리 1.20 $\lim_{x \to a} f_1(x)$, $\lim_{x \to a} f_2(x)$, $\cdots$, $\lim_{x \to a} f_n(x)$가 존재하면

(1) $\lim_{x \to a}(f_1(x) + f_2(x) + \cdots + f_n(x)) = \lim_{x \to a} f_1(x) + \lim_{x \to a} f_2(x) + \cdots + \lim_{x \to a} f_n(x)$

(2) $\lim_{x \to a}(f_1(x) \cdot f_2(x) \cdot \cdots \cdot f_n(x)) = \lim_{x \to a} f_1(x) \cdot \lim_{x \to a} f_2(x) \cdot \cdots \cdot \lim_{x \to a} f_n(x)$

증명 정리의 증명은 연습문제로 남긴다.

예제 2 다음의 극한이 성립함을 보여라.

(a) $\lim_{x \to a} x^n = a^n$ (n은 양의 정수)

(b) 다항식 $f(x) = c_n x^n + c_{n-1} x^{n-1} + \cdots + c_1 x + c_0$ ($c_n, c_{n-1}, \cdots, c_1, c_0$들은 임의의 실수, n은 음이 아닌 정수)에 대하여

$$\lim_{x \to a} f(x) = f(a).$$

(c) 유리함수 $f(x)=\dfrac{f(x)}{g(x)}$ ($f(x)$, $g(x)$는 다항식, $g(x)\neq 0$)에 대하여

$$\lim_{x\to a} h(x)=h(a) \quad (\text{단, } g(a)\neq 0\text{일 때}).$$

풀이 극한의 기본정리를 사용하여 구한다.

(a) $\displaystyle\lim_{x\to a} x^n = \underbrace{\lim_{x\to a} x\cdot\lim_{x\to a} x\cdot\ \cdots\ \cdot\lim_{x\to a} x}_{n} = \underbrace{a\cdot a\cdot\ \cdots\ \cdot a}_{n} = a^n$

(b) $$\begin{aligned}\lim_{x\to a} f(x) &= \lim_{x\to a}(c_n x^n + c_{n-1}x^{n-1}+\cdots+c_1x+c_0)\\ &= c_n\lim_{x\to a} x^n + c_{n-1}\lim_{x\to a} x^{n-1}+\cdots+c_1\lim_{x\to a} x+\lim_{x\to a} c_0\\ &= c_na^n+c_{n-1}a^{n-1}+\cdots+c_1a+c_0\\ &= f(a)\end{aligned}$$

(c) $\displaystyle\lim_{x\to a} h(x)=\lim_{x\to a}\frac{f(x)}{g(x)}=\frac{\lim_{x\to a} f(x)}{\lim_{x\to a} g(x)}=\frac{f(a)}{g(a)}=h(a)\quad (g(a)\neq 0)$ ■

예제 3 $\displaystyle\lim_{x\to -1}(4x^3-6x^2-9x)$를 구하여라.

풀이 $$\begin{aligned}\lim_{x\to -1}(4x^3-6x^2-9x) &= 4(-1)^3-6(-1)^2-9(-1)\\ &= -4-6+9=-1\end{aligned}$$ ■

예제 4 다음의 극한값을 구하여라.

(a) $\displaystyle\lim_{x\to 2}\frac{x^2+4}{x+2}$ (b) $\displaystyle\lim_{x\to 3}\frac{x^2-9}{x-3}$

풀이 (a) $\displaystyle\lim_{x\to 2}\frac{x^2+4}{x+2}=\frac{2^2+4}{2+2}=2$

(b) $\displaystyle\lim_{x\to 3}(x-3)=0$이므로, 정리 1.18의 (d) 또는 예제 2의 (c)를 직접 이용할 수는 없다.

$x\neq 3$이면 $\dfrac{x^2-6}{x-3}=\dfrac{(x+3)(x-3)}{x-3}=x+3$이므로

$$\lim_{x\to 3}\frac{x^2-6}{x-3}=\lim_{x\to 3}(x+3)=6$$

이다. ■

예제 5 다음의 극한이 성립함을 보여라.

(a) $\lim_{x \to a} \sin x = \sin a$

(b) $\lim_{x \to a} \cos x = \cos a$ (a는 임의의 실수)

풀이 (a) 삼각함수의 성질에 의하여

$$\sin(a+h) = \sin a \cos h + \sin h \cos a$$

이다.

$$\begin{aligned}\lim_{h \to 0} \sin(a+h) &= \lim_{h \to 0} (\sin a \cos h + \sin h \cos a) \\ &= \sin a \lim_{h \to 0} \cos h + \cos a \lim_{h \to 0} \sin h \\ &= \sin a \cdot 1 + \cos a \cdot 0 \\ &= \sin a\end{aligned}$$

이므로 $h = x - a$라 놓으면

$$\lim_{x \to a} \sin x = \sin a$$

이다.

(b) 삼각함수의 성질에 의하여

$$\cos(a+h) = \cos a \cos h - \sin h \sin a$$

이다.

$$\begin{aligned}\lim_{h \to 0} \cos(a+h) &= \lim_{h \to 0} (\cos a \cos h - \sin a \sin h) \\ &= \cos a \lim_{h \to 0} \cos h - \sin a \lim_{h \to 0} \sin h \\ &= \cos a \cdot 1 - \sin a \cdot 0 \\ &= \cos a\end{aligned}$$

이므로 $h = x - a$라 놓으면

$$\lim_{x \to a} \cos x = \cos a$$

이다. ■

참고 $\lim_{x \to a} g(x) \neq 0$이라고 하면, 즉 $\lim_{x \to a} g(x) > 0$이거나 $\lim_{x \to a} g(x) < 0$이다. 이때 $\lim_{x \to a} g(x) > 0$이면 a에 충분히 가까운 모든 x에 대하여 $g(x) > 0$이고, $\lim_{x \to a} g(x) < 0$이면 a에 충분히 가까운 모든 x에 대하여 $g(x) < 0$임을 알 수 있다.

정리 1.21 $\lim_{x \to a} f(x) = c$이고 a를 포함하는 어떤 개구간에서 a 이외의 모든 x에 대하여 $f(x) \neq c$이며 $\lim_{y \to c} g(y)$가 존재하면

$$\lim_{x \to a} g(f(x)) = \lim_{y \to c} g(y)$$

이다.

증명 부록 1-2로 넘긴다.

예제 6 $\lim_{x \to 0} \sqrt{1-x^2}$을 구하여라.

풀이 $y = 1 - x^2$이라 한다. 그러면 $\lim_{x \to 0} y = \lim_{x \to 0} (1-x^2) = 1$.

$g(y) = \sqrt{y}$라 하면 $\lim_{y \to 1} g(y) = \lim_{y \to 1} \sqrt{y} = 1$. 그러므로

$$\lim_{x \to 0} \sqrt{1-x^2} = \lim_{y \to 1} \sqrt{y} = 1$$

이다. ■■

정리 1.22 (Squeezing 정리)
실수 a를 포함하는 어떤 개구간에서 a 이외의 모든 x에 대하여 $f(x) \leq g(x) \leq h(x)$이고, $\lim_{x \to a} f(x) = \lim_{x \to a} h(x) = L$이면

$$\lim_{x \to a} g(x) = L$$

이다.

증명 부록 1-3으로 넘긴다.

예제 7 $\lim_{x \to 0} \dfrac{\sin x}{x} = 1$임을 보여라.

풀이 그림 1.39에서 $0 < x < \dfrac{\pi}{2}$일 때

$$\triangle OAD\text{의 넓이} = \frac{1}{2}|OA||BD| = \frac{1}{2} \cdot 1 \cdot \sin x = \frac{\sin x}{2}$$

$$\text{부채꼴 } OAD\text{의 넓이} = \frac{1}{2} \cdot 1^2 \cdot x = \frac{x}{2}$$

$$\triangle OAC\text{의 넓이} = \frac{1}{2}|OA||AC| = \frac{1}{2} \cdot 1 \cdot \tan x = \frac{1}{2} \cdot \frac{\sin x}{\cos x}$$

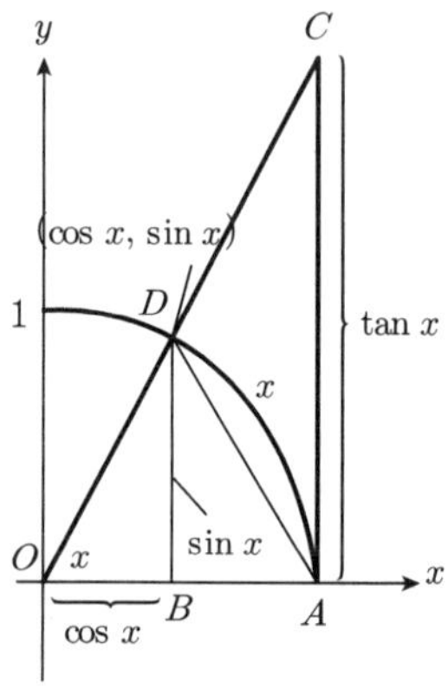

그림 1.39

위의 면적을 비교하면, $0 < x < \dfrac{\pi}{2}$일 때

$$\frac{\sin x}{2} \le \frac{x}{2} \le \frac{1}{2} \cdot \frac{\sin x}{\cos x},\ \text{즉 } \sin x \le x \le \frac{\sin x}{\cos x}$$

$0 < x < \dfrac{\pi}{2}$일 때 $\sin x\ (> 0)$로 나누고 역수를 취하면

$$\cos x \le \frac{\sin x}{x} \le 1$$

$-\dfrac{\pi}{2} < x < 0$일 때도 $t = -x$라 하면 $0 < t < \dfrac{\pi}{2}$이므로

$$\cos x = \cos(-t) = \cos t \le \frac{\sin t}{t} = \frac{\sin(-x)}{-x} = \frac{\sin x}{x} \le 1$$

이 성립한다. 즉 $0 < |x| < \frac{\pi}{2}$에 대하여

$$\cos x \le \frac{\sin x}{x} \le 1$$

이다. $\lim_{x \to 0} \cos x = \lim_{x \to 0} 1 = 1$이므로 정리 1.22(Squeezing 정리)에 의하여

$$\lim_{x \to 0} \frac{\sin x}{x} = 1$$

■■

한쪽 극한에 대하여도 정리 1.18, 1.21, 1.22와 같은 형태의 정리들을 얻을 수 있다. 이것을 이용하여 다음의 예제를 풀어보자.

예제 8 $\lim_{x \to 0^+} \frac{x^{\frac{3}{2}} - 3x + 2}{x - 2\sqrt{x} + 1}$를 구하여라.

풀이 $\lim_{x \to 0^+} \sqrt{x} = 0$이므로 $\lim_{x \to 0^+} x^{\frac{3}{2}} = \lim_{x \to 0^+} (\sqrt{x})^3 = 0$이고, 앞에서 설명한 정리들을 이용하면

$$\lim_{x \to 0} \frac{x^{\frac{3}{2}} - 3x + 2}{x - 2\sqrt{x} + 1} = \frac{0 - 0 + 2}{0 - 0 + 1} = 2$$

이다. ■■

정리 1.18(극한정리)는 a 대신 ∞ 또는 $-\infty$인 경우에도 성립한다. 이것을 이용하여 다음의 예제를 풀어 보자.

예제 9 $\lim_{x \to \infty} \frac{x^2 + 2x - 5}{2x^2 - 6x - 1}$를 구하여라.

풀이 $$\lim_{x \to \infty} \frac{x^2 + 2x - 5}{2x^2 - 6x - 1} = \lim_{x \to \infty} \frac{\frac{x^2}{x^2} + \frac{2x}{x^2} - \frac{5}{x^2}}{\frac{2x^2}{x^2} - \frac{6x}{x^2} - \frac{1}{x^2}} = \lim_{x \to \infty} \frac{1 + \frac{2}{x} - \frac{5}{x^2}}{2 - \frac{6}{x} - \frac{1}{x^2}}$$

$$= \frac{1 + 0 - 0}{2 - 0 - 0} = \frac{1}{2}$$

■■

연 습 문 제 1.5

1. 다음의 극한값을 구하여라.

(1) $\lim_{y \to 4} \sqrt{y}(-y^2+2y-7)$

(2) $\lim_{x \to -2} \dfrac{x^3+2x^2-x-2}{x^2-4}$

(3) $\lim_{x \to \frac{\pi}{3}} \cos\left(x+\dfrac{\pi}{6}\right)$

(4) $\lim_{x \to a} x^{\frac{p}{q}}$ ($a \neq 0$, p, q는 정수, $q>0$)

(5) $\lim_{x \to 0} \dfrac{\cos x - 1}{x}$

(6) $\lim_{x \to 1} \dfrac{x^n - 1}{x-1}$ (n은 자연수)

2. 다음의 극한값을 구하여라.

(1) $\lim_{x \to 1^+} (x+[x])$

(2) $\lim_{x \to \infty} \dfrac{3x^2+2x+1}{x^2+3x-4}$

(3) $\lim_{x \to \infty} (\sqrt{x^2+4x}-x)$

(4) $\lim_{x \to -\infty} \dfrac{x^2}{4x^3-9}$

3. 따름정리 1.20을 증명하여라.

4. (극한의 유일성) $x=a$에서 함수 $f(x)$의 극한값이 존재하면 유일함을 보여라. 즉 $\lim_{x \to a} f(x) = L$이고, $\lim_{x \to a} f(x) = M$이면 $L=M$임을 보여라.

1.6 함수의 연속성

함수가 연속이라는 것은 직관적으로 볼 때 그의 그래프가 모든 점에서 연결되어 있음을 의미한다. 이 그래프는 펜을 종이로부터 떼지 않고 그릴 수 있다. 연속이 아닌 경우를 불연속이라는 용어를 사용한다.

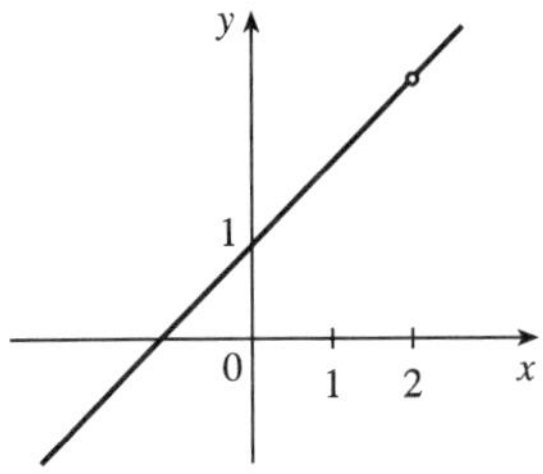

(a) $f(x) = \dfrac{x^2 - x - 2}{x - 2}$

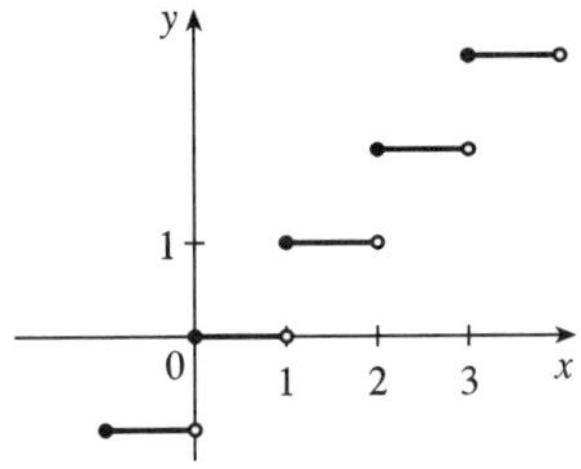

(b) $g(x) = [\![x]\!]$

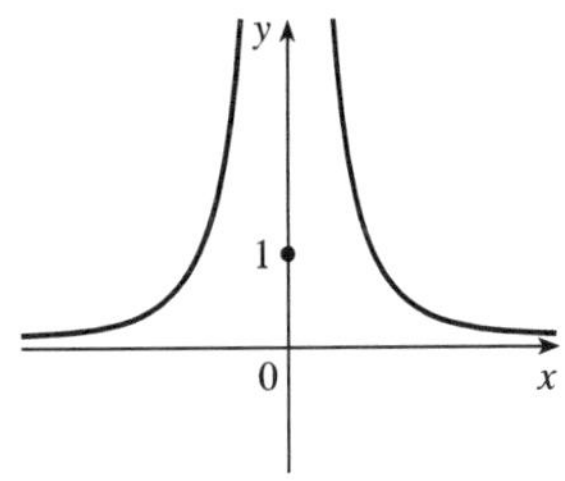

(c) $h(x) = \begin{cases} 1/x^2, & x \neq 0 \\ 1 \quad, & x = 0 \end{cases}$

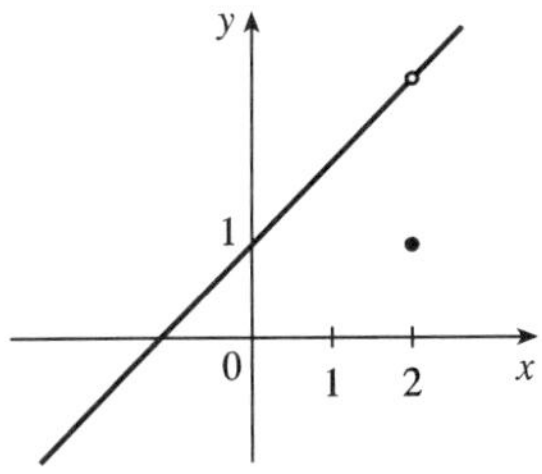

(d) $l(x) = \begin{cases} \dfrac{x^2 - x - 2}{x - 2}, & x \neq 2 \\ 1 \quad, & x = 2 \end{cases}$

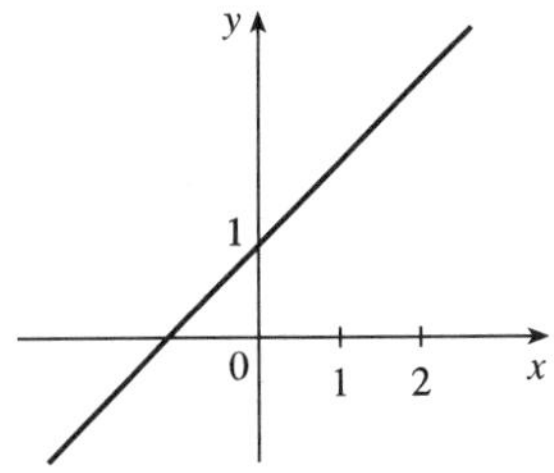

(e) $m(x) = x+1$

그림 1.40

위의 그림의 그래프에서 (a), (b), (c) 그리고 (d)의 그래프들은 구멍, 절단 또는 도약이 있기 때문에, 종이에서 펜을 떼지 않고 그릴 수 없다. (a)와 (d)에서 설명된 종류의 불연속성은 **제거 가능**하다고 하는데 그 이유는 2에서 함수값을 다시 정의함으로써 불연속성을 없앨 수 있기 때문이다. (c)에 나오는 불연속성은 **무한 불연속성**이라 부른다. (b)에 나오는 불연속성은 **도약 불연속**이라 부르는데 함수가 한 값에서 다른 값으로 도약하기 때문이다. 좀더 자세하게 살펴보면 $x = 2$에서 (a), (b) 그리고 (d)는 불연속이다. (a)는 $f(2)$가 존재하지 않고, (b)는 $\lim\limits_{x \to 2} g(x)$가 존재하지 않고, (d)는 $l(2) = 1 \neq 3 = \lim\limits_{x \to 2} l(x)$인 경우이다. (c)의 경우는 $x = 0$에서 불연속이고 $\lim\limits_{x \to 0} h(x) = \infty$이다. (e)의 경우는 $x = 2$에서 연속이고 $m(2) = 3 = \lim\limits_{x \to 2}(x+1) = \lim\limits_{x \to 2} m(x)$이다.

위의 사실로부터 함수 f의 $x = a$에서의 연속성에 대한 정의를 얻을 수 있다. 다음 정의는 19세기초 코시(Cauchy)에 의해 주어졌다.

정의 1.23 함수 $f(x)$가 $x=a$를 포함하는 적당한 구간에서 정의되어

$$\lim_{x \to a} f(x) = f(a)$$

일 때, 즉 $x=a$에서 함수의 극한값이 존재하여 $x=a$에서의 함수값과 일치할 때 $f(x)$는 $x=a$에서 **연속**(continuous at $x=a$)이라고 한다.

위의 정의를 $\epsilon-\delta$ 정의를 써서 기호로 나타내면 다음과 같다.

$$\begin{aligned} &f\text{가 } x=a\text{에서 연속} \\ &\Longleftrightarrow [\forall \epsilon > 0,\ \exists \delta > 0,\ |x-a| < \delta \\ &\qquad \Longrightarrow |f(x)-f(a)| < \epsilon]. \end{aligned}$$

함수 $f(x)$가 정의역 내의 모든 점에서 연속일 때, $f(x)$는 그 정의역에서 **연속함수**(continuous function)라 한다.

함수 $f(x)$가 $x=a$에서 연속이 아닐 때에는 $x=a$에서 **불연속**(f is discontinuous at $x=a$)이라 한다.

예제 1 (a) 다항식 $f(x)=c_n x^n + c_{n-1}x^{n-1} + \cdots + c_1 x + c_0$ ($c_n, c_{n-1}, \cdots, c_1, c_0$들은 임의의 실수, n은 음이 아닌 정수)가 연속함수임을 보여라.

(b) 유리함수 $h(x)=\dfrac{f(x)}{g(x)}$ ($f(x)$, $g(x)$는 다항식, $g(x) \neq 0$)가 연속함수임을 보여라.

(c) $f(x)=\sin x$, $g(x)=\cos x$가 연속함수임을 보여라.

풀이 (a), (b)는 1.5절의 예제 2에 의하여 연속함수이고, (c)는 1.5절의 예제 5에 의하여 연속함수이다. ■

예제 2 함수 $f(x)=\dfrac{x^2-5x+4}{x^2-9}$의 연속성을 조사하여라.

풀이 $x^2-9=(x+3)(x-3)$이므로 $f(-3)$, $f(3)$이 존재하지 않는다. 따라서 예제 1의 (b)에 의하여 $x=-3$과 3을 제외한 모든 x에서 함수 f는 연속이다. ■

정리 1.24 두 함수 f와 g가 $x=a$에서 연속이면 함수 $f+g$, cf (c : 상수), fg, $\frac{f}{g}$ ($g(a)\neq 0$)도 $x=a$에서 연속이다.

증명 정리 1.18(극한정리)와 연속함수의 정의를 이용하면

$$\begin{aligned}\lim_{x\to a}(f+g)(x) &= \lim_{x\to a}(f(x)+g(x)) \\ &= \lim_{x\to a}f(x)+\lim_{x\to a}g(x) \\ &= f(a)+g(a)=(f+g)(a)\end{aligned}$$

이다. 그러므로 $f+g$는 $x=a$에서 연속이다.

cf, fg, $\frac{f}{g}$도 같은 방법으로 증명하면 된다.

예제 3 $f(x)=x\sin x+1$의 연속성을 조사하여라.

풀이 x, $\sin x$, 1은 모든 x에 대하여 연속이다. 따라서 정리 1.24에 의하여 $x\sin x$, $f(x)=x\sin x+1$도 모든 실수 x에 대하여 연속이다. ■

정리 1.25 함수 $f(x)$는 $x=a$에서 연속이고, $g(y)$도 $y=f(a)$에서 연속이다. 그러면

$$\lim_{x\to a}g(f(x))=g(f(a)).$$

즉 $g\circ f$는 $x=a$에서 연속이다.

증명 $g(y)$가 $f(a)$에서 연속이므로, 정리 1.21을 $c=f(a)$에 대하여 적용하면

$$\lim_{x\to a}g(f(x))=g(f(a))$$

이다. 즉 $g\circ f$가 $x=a$에서 연속이다.

예제 4 함수 $h(x)=\sqrt{x-1}$이 $x=2$에서 연속임을 보여라.

풀이 $f(x)=x-1$, $g(y)=\sqrt{y}$로 놓자. 그러면 $h=g\circ f$이다. $f(x)$가 $x=2$에서 연속이고, $g(y)$는 $f(2)=1$에서 연속(연습문제 1.4절의 3의 (2))이므로 정리 1.25에 의하여 $h(x)$는 $x=2$에서 연속이다. ■

예제 5 함수 $f(x)=\dfrac{\sin x}{x}$에 대하여 $x=0$에서 연속이 되게 함수값을 정의하여라.

풀이 $\lim\limits_{x\to 0} f(x)=\lim\limits_{x\to 0}\dfrac{\sin x}{x}=1$이므로 $f(0)=1$로 정의하면 $f(x)$는 $x=0$에서 연속이 된다. ■■

> **정의 1.26** (a) $\lim\limits_{x\to a^+} f(x)=f(a)$가 성립하면 함수 $f(x)$는 $x=a$에서 **오른쪽 연속**(continuous from the right)이라 한다.
> (b) $\lim\limits_{x\to a^-} f(x)=f(a)$가 성립하면 함수 $f(x)$는 $x=a$에서 **왼쪽 연속**(continuous from the left)이라 한다.

정리 1.14에 의하여 [$f(x)$가 $x=a$에서 연속 $\Longleftrightarrow$ $f(x)$가 $x=a$에서 오른쪽 연속이고 왼쪽 연속]임을 알 수 있다.

예제 6 함수 $f(x)=\begin{cases}0, & x<0\\ 1, & x\ge 0\end{cases}$의 $x=0$에서 연속성을 조사하여라.

풀이 $\lim\limits_{x\to 0^+} f(x)=1=f(0)$이므로 $x=0$에서 오른쪽 연속이다. 그런데 $\lim\limits_{x\to 0^-} f(x)=0\ne f(0)$이므로 $x=0$에서 왼쪽 연속은 아니다. 따라서 $x=0$에서 연속은 아니다(그림 1.41). ■■

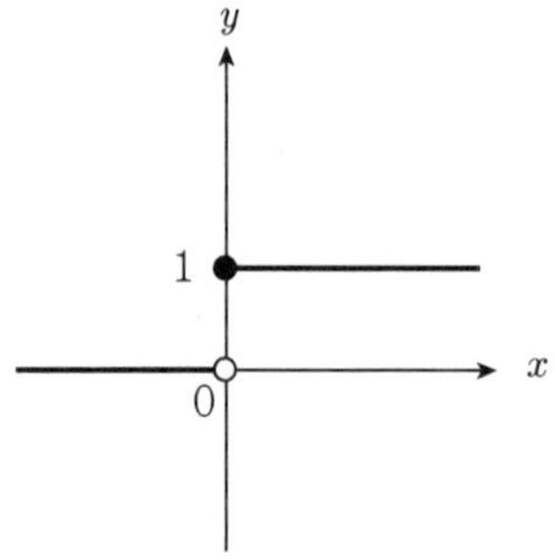

(다이빙 보오드 함수)

그림 1.41

정의 1.27 (a) 함수 $f(x)$가 개구간 $(a,\ b)$ 내의 모든 점에서 연속일 때, $f(x)$는 개구간 $(a,\ b)$에서 연속이라고 한다.
(b) 함수 $f(x)$가 개구간 $(a,\ b)$ 내의 모든 점에서 연속이고, $x=a$에서 오른쪽 연속이고 $x=b$에서 왼쪽 연속일 때, $f(x)$는 폐구간 $[a,\ b]$에서 연속이라고 한다.

정리 1.28 (중간값 정리)
함수 $f(x)$가 폐구간 $[a, b]$에서 연속이라 하자. $f(a) \le p \le f(b)$ 또는 $f(b) \le p \le f(a)$라면 $f(c)=p$를 만족하는 c가 $[a,\ b]$ 안에 적어도 하나 존재한다(그림 1.42).

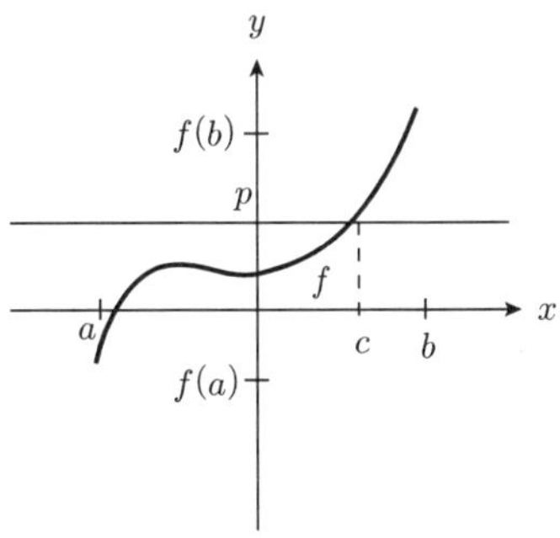

그림 1.42

위 정리는 실수집합 R에 대한 여러 가지 성질을 이용하여 증명되나 증명과정이 정도가 높으므로 증명은 생략한다.

예제 7 방정식 $x^4-7x+3=0$은 구간 $(0,\ 1)$에서 적어도 하나의 실근이 존재함을 보여라.

풀이 함수 $f(x)=x^4-7x+3$은 폐구간 $[0,\ 1]$에서 연속이고

$$f(0)=3>0,\ \ f(1)=-3<0$$

이다. 중간값 정리에 의하여 $f(c)=0$인 c가 구간 $(0,\ 1)$에서 적어도 하나 존재한다.

■■

연 습 문 제 1.6

1. f와 g가 $f(3)=5$를 가지고 $\lim_{x \to 3}[2f(x)-g(x)]=4$인 연속함수라면 $g(3)$을 구하여라.

2. 다음 함수의 연속성을 조사하여라.

(1) $f(x)=\dfrac{x^2}{x+1}$

(2) $g(x)=\sqrt{x-1}$

(3) $h(x)=\cot x$

(4) $l(x)=\tan\dfrac{x^2-1}{x+1}$

(5) $m(x)=|x|$

(6) $n(x)=\begin{cases} 1, & x\text{는 유리수} \\ 0, & x\text{는 무리수} \end{cases}$

(7) $p(x)=\begin{cases} \dfrac{1}{x^2}, & x \neq 0 \\ 1, & x=0 \end{cases}$

(8) $g(x)=1-\sqrt{1-x^2}$

3. 다음 함수의 $x=0$에서 연속성을 조사하여라.

(1) $f(x)=\begin{cases} x\sin\dfrac{1}{x}, & x \neq 0 \\ 0, & x=0 \end{cases}$

(2) $g(x)=\begin{cases} \sin\dfrac{1}{x}, & x \neq 0 \\ 0, & x=0 \end{cases}$

4. 다음 함수의 불연속점을 구하여라.

(1) $f(x)=[x]+[-x]$

(2) $g(x)=x-[x]$

Chapter 02 미적분학

미분

이 장에서는 미분법의 중심 개념인 도함수가 어떻게 정의되는가를 살펴보는 것으로 시작하여 도함수를 구하는 방법인 미분법, 도함수의 도함수를 구하는 고계 도함수, 역함수와 음함수의 도함수, 변화율, 미분과 근사값 등을 다룬다.

2.1 도함수

주어진 함수의 도함수를 정의하기 위해서는 곡선의 한 점에 접하는 접선의 의미를 알아야 한다.

[접선]

평면 상의 두 점 (a_1, b_1), (a_2, b_2)를 지나는 직선의 기울기는

$$\frac{y\text{값의 증가량}}{x\text{값의 증가량}} = \frac{b_2 - b_1}{a_2 - a_1}$$

이다. 일반적으로 f가 임의의 함수일 때, f의 그래프 상의 두 점 $(a, f(a))$와 $(x, f(x))$를 지나는 직선의 기울기는

$$\frac{f(x) - f(a)}{x - a}$$

로 나타낼 수 있다. 이 경우에 $x \to a$일 때, 이 기울기들은 다음 그림에서 직선 $l_1, l_2, l_3, \cdots$의 기울기가 됨을 알 수 있다(그림 2.1).

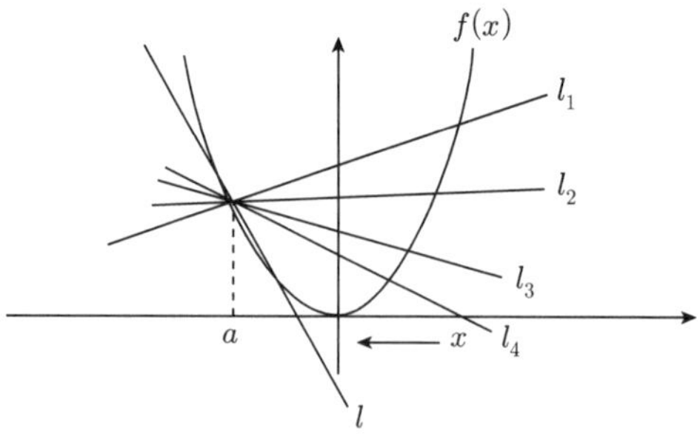

그림 2.1

> **정의 2.1** 함수 $f(x)$가 $x=a$를 포함하는 어떤 구간에서 정의되었다고 하자. 이때
>
> $$\lim_{x \to a} \frac{f(x)-f(a)}{x-a}$$
>
> 가 존재하면, 함수 $f(x)$의 그래프는 점 $(a,\ f(a))$에서 이 극한값을 기울기로 갖는 **접선**(tangent line)을 갖는다고 한다. 실제로 점 $(a,\ f(a))$을 지나고 위의 극한값을 기울기로 갖는 직선은 점 $(a,\ f(a))$에서 f의 그래프에 접하는 직선이 됨을 알 수 있다.
> 한편,
>
> $$\lim_{x \to a} \frac{f(x)-f(a)}{x-a} = \infty \qquad \text{또는} \qquad \lim_{x \to a} \frac{f(x)-f(a)}{x-a} = -\infty$$
>
> 일 때, f의 그래프는 점 $(a,\ f(a))$에서 y축과 평행한 접선을 갖게 되는데 이때 f의 그래프는 점 $(a,\ f(a))$에서 **수직접선**(vertical tangent line)을 갖는다고 하고 y축과 평행한 직선 $x=a$를 이 점에서 f의 그래프의 접선이라 한다.

[접선과 법선의 방정식]

정의 2.1의 극한값이 존재하면 그것을 m_a라 표시하자. 즉

$$m_a = \lim_{x \to a} \frac{f(x)-f(a)}{x-a}$$

이다. m_a는 점 $(a,\ f(a))$에 접하는 접선의 기울기이므로, 점 $(a,\ f(a))$에서 f의 그래프의 접선의 방정식은

$$y-f(a) = m_a(x-a)$$

이다. 점 $(a, f(a))$를 지나고 접선과 수직인 직선을 점 $(a, f(a))$에서 f의 그래프의 **법선**(normal line)이라고 한다. 그러면 이 점에서 법선의 기울기는 $-\dfrac{1}{m_a}$이고, 방정식은

$$y-f(a)=-\frac{1}{m_a}(x-a)$$

임을 알 수 있다.

예제 1 곡선 $f(x)=x^3-1$ 위의 점 $(1, 0)$에서 접선과 법선의 방정식을 구하여라.

풀이 점 $(1, 0)$에서 접선의 기울기를 구하면

$$\begin{aligned}\lim_{x\to1}\frac{f(x)-f(1)}{x-1} &= \lim_{x\to1}\frac{(x^3-1)-(1^3-1)}{x-1}=\lim_{x\to1}\frac{x^3-1}{x-1}\\ &=\lim_{x\to1}\frac{(x-1)(x^2+x+1)}{x-1}\\ &=\lim_{x\to1}(x^2+x+1)=3\end{aligned}$$

이다. 그러므로 점 $(1, 0)$에서 접선의 방정식은

$$y-0=3(x-1) \quad \text{또는} \quad y=3x-3$$

이고, 법선의 방정식은

$$y-0=-\frac{1}{3}(x-1) \quad \text{또는} \quad y=-\frac{1}{3}x+\frac{1}{3}$$

이다(그림 2.2). ■■

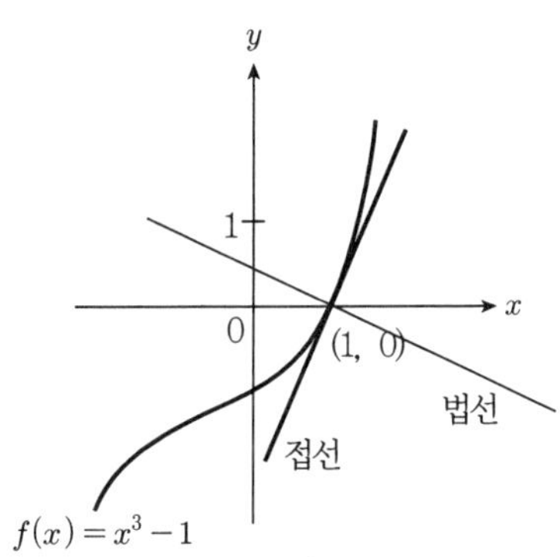

그림 2.2

예제 2 곡선 $f(x)=x^{\frac{1}{3}}$ 위의 점 $(0, 0)$에서의 접선과 법선의 방정식을 구하여라.

풀이 함수 $f(x)=x^{\frac{1}{3}}$은 $x=0$에서 연속이고

$$\lim_{x\to 0}\frac{f(x)-f(0)}{x-0}=\lim_{x\to 0}\frac{x^{\frac{1}{3}}-0}{x-0}=\lim_{x\to 0}x^{-\frac{2}{3}}=\infty$$

이므로 점 $(0, 0)$에서 f의 그래프는 수직접선(y축)을 갖고, 이때 접선의 방정식은 $x=0$이다. 법선의 방정식은 $y=f(0)=0$이다(그림 2.3). ■■

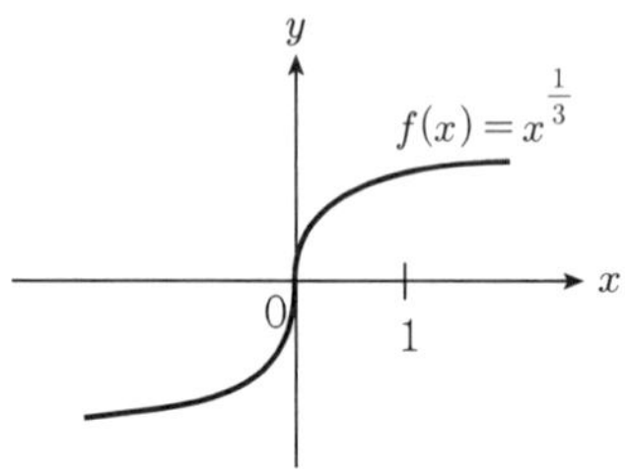

그림 2.3

이제 도함수를 정의해보자.

정의 2.2 함수 $f(x)$가 $x=a$를 포함하는 어떤 구간에서 정의되었다고 하자. 극한값

$$\lim_{x\to a}\frac{f(x)-f(a)}{x-a}$$

가 존재하면 이 극한값을 $x=a$에서의 **미분계수**(differential coefficient)라 하고, $f'(a)$로 표시한다. 이 값은 극한값이므로 함수 $f(x)$에 따라 그 값이 존재할 수도 있고, 존재하지 않을 수도 있다. 만약 $x=a$에서 미분계수 $f(a)$가 존재하면 함수 $f(x)$는 $x=a$에서 **미분가능**(differentiable at a)하다고 한다.

함수 $f(x)$의 정의역에 속하는 점들 중에서 $f(x)$가 미분가능한 점들을 모두 모아서 만든 집합을 D라고 하면, 집합 D를 정의역으로 하고 D의 각 원소에 그 점에서의 미분계수를 대응시키는 함수를 생각할 수 있다. 즉 R을 실수 전체의 집합이라고 할 때,

$$D \;\to\; R\left(a\mapsto f'(a)=\lim_{x\to a}\frac{f(x)-f(a)}{x-a}\right)$$

는 함수가 된다. 대개 f'로 표현되는 이 함수를 f의 **도함수**(derivative of f)라 한다. 즉 f의 도함수 f'는

$$f'(x)=\lim_{t\to x}\frac{f(t)-f(x)}{t-x}$$

이다. 이 식에서 $t=x+h$로 놓으면 위의 식은

$$f'(x)=\lim_{h\to 0}\frac{f(x+h)-f(x)}{h}$$

가 된다. 도함수를 나타내는 기호는

$$y',\ f(x),\ \frac{dy}{dx},\ \frac{df(x)}{dx},\ D_xy,\ D_xf(x)$$

등이 있는데 $\frac{dy}{dx}$, $\frac{df(x)}{dx}$는 각각 $\frac{d}{dx}y$, $\frac{d}{dx}f(x)$의 의미이므로 발음할 때 분수형태로 읽어서는 안되며 '디엑스디 와이' 등으로 읽어야 한다.
주어진 함수의 도함수를 구하는 것을 그 함수를 **미분한다**고 하며, 여러 가지 함수를 미분하는 방법을 **미분법**이라 한다.

예제 3 함수 $f(x)=x^2+1$의 도함수를 구하고, $x=0$에서의 미분계수를 구하여라.

풀이

$$\begin{aligned} f'(x) &= \lim_{t\to x}\frac{f(t)-f(x)}{t-x}=\lim_{t\to x}\frac{(t^2+1)-(x^2+1)}{t-x} \\ &= \lim_{t\to x}\frac{t^2-x^2}{t-x}=\lim_{t\to x}\frac{(t+x)(t-x)}{t-x} \\ &= \lim_{t\to x}(t+x)=2x \end{aligned}$$

이다. 따라서 $x=0$에서의 미분계수는 $f'(0)=0$이고 이것은 원점에서 이 함수의 그래프가 기울기가 0인 접선(x축)을 갖는다는 것을 의미한다. ■■

예제 4 $f(x)=\sqrt{x}\ (x>0)$의 도함수를 구하여라.

풀이

$$\begin{aligned} f'(x) &= \lim_{t\to x}\frac{f(t)-f(x)}{t-x}=\lim_{t\to x}\frac{\sqrt{t}-\sqrt{x}}{t-x} \\ &= \lim_{t\to x}\frac{(\sqrt{t}-\sqrt{x})(\sqrt{t}+\sqrt{x})}{(t-x)(\sqrt{t}+\sqrt{x})}=\lim_{t\to x}\frac{t-x}{(t-x)(\sqrt{t}+\sqrt{x})} \end{aligned}$$

$$= \lim_{t \to x} \frac{1}{\sqrt{t} + \sqrt{x}} = \frac{1}{2\sqrt{x}}$$ ■■

$\lim_{h \to 0} \frac{\sin h}{h} = 1$과 $\lim_{h \to 0} \frac{\cos h - 1}{h} = 0$이라는 사실을 이용하면 $f(x) = \sin x$와 $g(x) = \cos x$의 도함수를 구할 수 있다.

$f(x) = \sin x$일 때 도함수의 정의에 의하여

$$\begin{aligned} f'(x) &= \lim_{h \to 0} \frac{\sin(x+h) - \sin x}{h} \\ &= \lim_{h \to 0} \frac{(\sin x \cos h + \cos x \sin h) - \sin x}{h} \\ &= \lim_{h \to 0} \left(\frac{\sin x (\cos h - 1)}{h} + \frac{\cos x \sin h}{h} \right) \\ &= \sin x \lim_{h \to 0} \frac{\cos h - 1}{h} + \cos x \lim_{h \to 0} \frac{\sin h}{h} \\ &= (\sin x) \cdot 0 + (\cos x) \cdot 1 \\ &= \cos x \end{aligned}$$

이다. 즉

$$\boxed{\frac{d}{dx} \sin x = \cos x}$$

$g(x) = \cos x$일 때

$$\begin{aligned} g'(x) &= \lim_{h \to 0} \frac{\cos(x+h) - \cos x}{h} \\ &= \lim_{h \to 0} \frac{(\cos x \cos h - \sin x \sin h) - \cos x}{h} \\ &= \lim_{h \to 0} \left(\frac{\cos x (\cos h - 1)}{h} - \frac{\sin x \sin h}{h} \right) \\ &= \cos x \lim_{h \to 0} \frac{\cos h - 1}{h} - \sin x \lim_{h \to 0} \frac{\sin h}{h} \\ &= (\cos x) \cdot 0 - (\sin x) \cdot 1 \\ &= -\sin x \end{aligned}$$

이다. 즉

$$\frac{d}{dx}\cos x = -\sin x$$

정의 2.3 함수 f가 정의역 내의 모든 점에서 미분가능할 때 함수 f를 **미분가능함수**(differentiable function)라고 한다.

정리 2.4 함수 f가 a에서 미분가능하면 f는 a에서 연속이다. 즉

$$\lim_{t\to a} f(t) = f(a).$$

증명 $\lim_{t\to a} f(t) - f(a) = \lim_{t\to a}(f(t) - f(a))$이므로 $\lim_{t\to a}(f(t) - f(a)) = 0$임을 보이면 된다. 가정에서 $f'(a)$가 존재하므로

$$\begin{aligned}\lim_{t\to a}(f(t)-f(a)) &= \lim_{t\to a}\frac{f(t)-f(a)}{t-a}(t-a) \\ &= \lim_{t\to a}\frac{f(t)-f(a)}{t-a}\cdot\lim_{t\to a}(t-a) \\ &= f'(a)\cdot 0 \\ &= 0\end{aligned}$$

이다.

일반적으로 위 정리의 역은 성립하지 않는다. 다시 말하면, 함수 f가 $x=a$에서 연속이라고 해서 항상 $f'(a)$가 존재하는 것은 아니다. 그 예를 들어보자.

예제 5 $f(x) = |x|$는 $x = 0$에서 연속이지만 미분가능하지 않다.

풀이 $\lim_{x\to 0}|x| = |0|$이므로 $x = 0$에서 f는 연속이다.

$$f'(0) = \lim_{x\to 0}\frac{f(x)-f(0)}{x-0} = \lim_{x\to 0}\frac{|x|}{x}$$

그런데 $\lim_{x\to 0^+}\frac{|x|}{x} = 1$, $\lim_{x\to 0^-}\frac{|x|}{x} = -1$이므로 $f'(0)$가 존재하지 않는다. 즉 $x = 0$에서 f

는 미분가능하지 않다. ■■

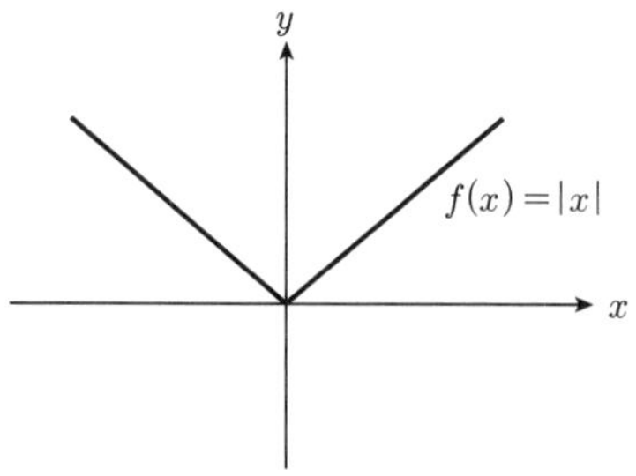

그림 2.4

연 습 문 제 2.1

1. 다음 각 곡선에서 주어진 점을 지나는 접선과 법선의 방정식을 구하여라.
   (1) $f(x)=4-3x$, $(0,\ 4)$
   (2) $g(x)=\sin x$, $(0,\ 0)$
   (3) $h(x)=1-5x^{\frac{3}{5}}$, $(0,\ 1)$

2. 다음 각 함수에서 도함수 $f'(x)$와 미분계수 $f'(8)$을 구하여라.
   (1) $f(x)=\dfrac{1}{x}$ (2) $f(x)=\sqrt[3]{x}$

3. $f(x)=3x^2-5x$일 때, $f'(2)$를 구하고 이것을 이용해서 포물선 $y=3x^2-5x$ 위의 점 $(2,\ 2)$에서 접선의 방정식을 구하여라.

4. f와 g가 $f(a)=g(a)$인 함수라 하고 $f'(a)$와 $g'(a)$가 존재한다고 가정하자. 이때 $f'(a)=g'(a)$가 성립하는지를 설명하여라.

2.2 미분법

앞 절에서는 주어진 함수의 도함수를 구할 때 직접 도함수의 정의를 사용하였다. 하지만 주어진 함수가 조금만 복잡해져도 정의에 의해 도함수를 구하는 방법은 매우 어려운 일이다. 그래서 이 절에서는 좀더 효과적으로 도함수를 구하기 위하여 몇 가지 정리를 증명하고 그 결과를 이용하여 복잡해 보이는 함수의 도함수를 구하는 방법을 설명하기로 한다.

정리 2.5 $f(x)=c$ (상수함수)이면 $f'(x)=0$이다.

증명 도함수의 정의에 의하여

$$f'(x)=\lim_{t\to x}\frac{f(t)-f(x)}{t-x}=\lim_{t\to x}\frac{c-c}{t-x}=\lim_{t\to x}0=0$$

이다.

위의 정리에 의하면, 상수함수의 변화율은 0이며 이는 모든 점에서 상수함수 그래프의 접선이 x축과 평행하다는 것을 의미한다.

다음으로, n이 양의 정수일 때, 함수 $f(x)=x^n$의 도함수를 생각해보자. 만약 $n=1$이면, $f(x)=x$의 그래프는 직선 $y=x$이고 이것의 기울기는 모든 점에서 1이다. 따라서

$$\frac{d}{dx}(x)=1$$

이다. 실제로 도함수의 정의로부터 위의 식을 확인할 수 있다. $n=2,\ n=3,\ n=4,\ \cdots$인 경우에는 간단한 인수분해 공식을 이용하면 도함수의 정의를 써서 도함수를 구할 수 있다.

실제로 $n=3$일 때, 도함수의 정의에 의해 $f(x)=x^3$의 도함수를 구해보면,

$$\begin{aligned}f'(x)&=\lim_{t\to x}\frac{f(t)-f(x)}{t-x}=\lim_{t\to x}\frac{t^3-x^3}{t-x}\\&=\lim_{t\to x}\frac{(t-x)(t^2+tx+x^2)}{t-x}\\&=\lim_{t\to x}(t^2+tx+x^2)=3x^2\end{aligned}$$

이 된다. 이러한 방법에 의해, 다음을 확인할 수 있다.

$$\frac{d}{dx}(x^2)=2x,\ \ \frac{d}{dx}(x^3)=3x^2,\ \ \frac{d}{dx}(x^4)=4x^3,\ \cdots$$

이것을 일반화해서 다음 정리를 얻을 수 있다.

정리 2.6 $f(x) = x^n$ (n은 양의 정수)이면 $f'(x) = nx^{n-1}$이다.

증명 $f(x) = x^n$이면

$$t^n - x^n = (t-x)(t^{n-1} + t^{n-2}x + t^{n-3}x^2 + \cdots + tx^{n-2} + x^{n-1})$$

이다. 도함수의 정의에 의하여

$$\begin{aligned} f'(x) &= \lim_{t \to x} \frac{t^n - x^n}{t - x} \\ &= \lim_{t \to x} \frac{(t-x)(t^{n-1} + t^{n-2}x + t^{n-3}x^2 + \cdots + tx^{n-2} + x^{n-1})}{t-x} \\ &= \lim_{t \to x} (t^{n-1} + t^{n-2}x + \cdots + tx^{n-2} + x^{n-1}) \\ &= x^{n-1} + x^{n-2} \cdot x + \cdots + x \cdot x^{n-2} + x^{n-1} \\ &= nx^{n-1} \end{aligned}$$

이다.

$$\frac{d}{dx} x^n = nx^{n-1} \quad (n\text{은 양의 정수})$$

예제 1 정육면체에서 한 변의 길이에 대한 체적의 변화율을 구하여라.

풀이 정육면체의 한 변의 길이를 s라 하고, 체적을 V라 하자. 그러면

$$V = s^3$$

이다. 정리 2.6을 이용하면, 변화율은

$$\frac{dV}{ds} = 3s^2$$

이다. ■

두 함수 f, g가 정의된 영역에서 $(f+g)(x) = f(x) + g(x)$와 같이 정의된 두 함수의 합 $(f+g)(x)$의 도함수는 f와 g의 도함수에 의해 구할 수 있다. 다음 정리는 함수들의 합

의 도함수는 도함수들의 합과 같음을 말해준다.

정리 2.7 두 함수 f와 g가 미분가능하면, $f+g$도 미분가능하고 다음이 성립한다.

$$(f+g)'(x)=f'(x)+g'(x)$$

증명 극한정리를 사용하면

$$\begin{aligned}(f+g)'(x)&=\lim_{t\to x}\frac{(f+g)(t)-(f+g)(x)}{t-x}\\&=\lim_{t\to x}\left(\frac{f(t)-f(x)}{t-x}+\frac{g(t)-g(x)}{t-x}\right)\\&=\lim_{t\to x}\frac{f(t)-f(x)}{t-x}+\lim_{t\to x}\frac{g(t)-g(x)}{t-x}\\&=f'(x)+g'(x).\end{aligned}$$

$$\frac{d}{dx}(f(x)+g(x))=\frac{d}{dx}f(x)+\frac{d}{dx}g(x)$$

예제 2 $f(x)=x^4+\sin x$일 때 $\dfrac{d}{dx}f(x)$를 구하여라.

풀이 $\dfrac{d}{dx}f(x)=\dfrac{d}{dx}x^4+\dfrac{d}{dx}\sin x=4x^3+\cos x$ ■■

정리 2.7을 확장하면 다음과 같다. 함수 $f_1(x)$, $f_2(x)$, $\cdots$, $f_n(x)$가 미분가능하면, $(f_1+f_2+\cdots+f_n)(x)$도 미분가능하고

$$(f_1+f_2+\cdots+f_n)'(x)=f_1{}'(x)+f_2{}'(x)+\cdots+f_n{}'(x)$$

이다.

함수 $f(x)$가 미분가능하면 $(cf)(x)=cf(x)$로 정의되는 함수 $(cf)(x)$도 미분가능하다. 즉 다음이 성립한다.

정리 2.8 함수 f가 미분가능하고 c는 임의의 실수라 하면, 함수 cf도 미분가능하다. 즉

$$(cf)'(x) = cf'(x)$$

증명 미분 정의에 의하여

$$\begin{aligned}(cf)'(x) &= \lim_{t \to x} \frac{(cf)(t) - (cf)(x)}{t - x} = \lim_{t \to x} \frac{cf(t) - cf(x)}{t - x} \\ &= c \lim_{t \to x} \frac{f(t) - f(x)}{t - x} = cf'(x).\end{aligned}$$

$$\boxed{\frac{d}{dx}(cf)(x) = c\frac{d}{dx}f(x)}$$

예제 3 $f(x) = 4\sqrt{x}$ 일 때 $\frac{d}{dx}f(x)$를 구하여라.

풀이 $$\frac{d}{dx}f(x) = \frac{d}{dx}(4\sqrt{x}) = 4\frac{d}{dx}\sqrt{x} = 4 \cdot \frac{1}{2\sqrt{x}} = \frac{2}{\sqrt{x}}$$ ■■

정리 2.7, 정리 2.8을 이용하면

$$\begin{aligned}(f-g)'(x) &= (f + (-g))'(x) = f'(x) + (-g)'(x) \\ &= f'(x) + (-1)g'(x) = (f' - g')(x)\end{aligned}$$

임을 알 수 있다.

정리 2.7과 정리 2.8의 결과를 이용하면 모든 다항식 함수의 도함수를 구할 수 있다. 다음 예제가 이를 증명해준다.

예제 4 다항식 $f(x) = c_n x^n + c_{n-1}x^{n-1} + \cdots + c_1 x + c_0$의 도함수 $\frac{d}{dx}f(x)$를 구하여라.

풀이 앞의 정리들을 이용하면

$$\begin{aligned}\frac{d}{dx}f(x) &= \frac{d}{dx}(c_n x^n + c_{n-1}x^{n-1} + \cdots + c_1 x + c_0) \\ &= \frac{d}{dx}(c_n x^n) + \frac{d}{dx}(c_{n-1}x^{n-1}) + \cdots + \frac{d}{dx}(c_1 x) + \frac{d}{dx}(c_0)\end{aligned}$$

$$= c_n \frac{d}{dx}x^n + c_{n-1}\frac{d}{dx}x^{n-1} + \cdots + c_1\frac{d}{dx}(x) + 0$$

$$= nc_n x^{n-1} + (n-1)c_{n-1}x^{n-2} + \cdots + c_1.$$ ■■

예제 5 $\left.\frac{d}{dx}\left(\frac{1}{3}x^3 - \frac{1}{2}x^2 + x - 1\right)\right|_{x=1}$ 을 구하여라.

풀이 $$\frac{d}{dx}\left(\frac{1}{3}x^3 - \frac{1}{2}x^2 + x - 1\right) = \frac{1}{3}(3x^2) - \frac{1}{2}(2x) + 1 + 0 = x^2 - x + 1$$

$$\left.\frac{d}{dx}\left(\frac{1}{3}x^3 - \frac{1}{2}x^2 + x - 1\right)\right|_{x=1} = 1^2 - 1 + 1 = 1$$ ■■

두 함수 f, g가 정의된 영역에서 $(fg)(x) = f(x)g(x)$와 같이 정의된 함수 $(fg)(x)$의 도함수는 두 함수 $f(x)$, $g(x)$의 도함수에 의해 구할 수 있다. 즉 다음 정리가 성립한다.

정리 2.9 함수 f와 g가 $x = a$미분가능하면, fg도 $x = a$에서 미분가능하고 다음이 성립한다.

$$(fg)'(a) = f'(a)g(a) + f(a)g'(a)$$

증명 부록 2-1

$$\frac{d}{dx}(fg)(x) = \left(\frac{d}{dx}f(x)\right) \cdot g(x) + f(x)\left(\frac{d}{dx}g(x)\right)$$

예제 6 $f(x) = (4x^2 - 1)(7x^3 + x)$일 때 $\frac{d}{dx}f(x)$를 구하여라.

풀이 $$\frac{d}{dx}f(x) = \left(\frac{d}{dx}(4x^2 - 1)\right)(7x^3 + x) + (4x^2 - 1)\frac{d}{dx}(7x^3 + x)$$

$$= 8x(7x^3 + x) + (4x^2 - 1)(21x^2 + 1)$$ ■■

정리 2.9를 확장하면 다음과 같다.

$$\begin{aligned}(f_1 \cdot f_2 \cdot \cdots \cdot f_n)'(x) = \ & f_1'(x)f_2(x)\cdots f_n(x) \\ & + f_1(x)f_2'(x)f_3(x)\cdots f_n(x) + \cdots \\ & + f_1(x)f_2(x)\cdots f_n'(x)\end{aligned}$$

예제 7 $f(x) = x^2 \sin x \cos x$일 때 $f'(x)$를 구하여라.

풀이 $f'(x) = (x^2)' \sin x \cos x + x^2 (\sin x)' \cos x + x^2 \sin x (\cos x)'$

$= 2x \sin x \cos x + x^2 \cos^2 x - x^2 \sin^2 x$ ■

함수의 곱셈과 마찬가지로, 두 함수 f, g가 정의된 영역에서 $\left(\frac{f}{g}\right)(x) = \frac{f(x)}{g(x)}$와 같이 정의된 함수 $\left(\frac{f}{g}\right)(x)$의 도함수도 두 함수 $f(x)$, $g(x)$의 도함수에 의해 구할 수 있다. 즉 다음 정리가 성립한다.

정리 2.10 함수 f와 g가 $x = a$에서 미분가능하고 $g(x) \neq 0$이면 $\frac{f}{g}$도 $x = a$에서 미분가능하고 다음이 성립한다.

$$\left(\frac{f}{g}\right)'(a) = \frac{f'(a)g(a) - f(a)g'(a)}{[g(a)]^2}$$

증명 부록 2-2

$$\frac{d}{dx}\left(\frac{f}{g}\right)(x) = \frac{\left(\frac{d}{dx}f(x)\right)g(x) - f(x)\frac{d}{dx}g(x)}{[g(x)]^2}$$

예제 8 $f(x) = \frac{9x^7}{x^2+1}$에서 $f'(x)$를 구하여라.

풀이 $f'(x) = \frac{(9x^7)'(x^2+1) - 9x^7(x^2+1)'}{(x^2+1)^2} = \frac{63x^6(x^2+1) - 9x^7(2x)}{(x^2+1)^2}$

$= \frac{45x^8 + 63x^6}{(x^2+1)^2}$ ■

정리 2.10을 이용하면 $\tan x$과 $\sec x$의 도함수를 구할 수 있다.

예제 9 $f(x) = \tan x$의 도함수를 구하여라.

풀이 $f(x) = \tan x = \frac{\sin x}{\cos x}$이므로

$$\frac{d}{dx}\tan x = \frac{d}{dx}\left(\frac{\sin x}{\cos x}\right) = \frac{\left(\frac{d}{dx}\sin x\right)\cos x - \sin x\frac{d}{dx}\cos x}{\cos^2 x}$$

$$= \frac{\cos x\cos x - \sin x(-\sin x)}{\cos^2 x}$$

$$= \frac{\cos^2 x + \sin^2 x}{\cos^2 x}$$

$$= \frac{1}{\cos^2 x} = \sec^2 x.$$

■■

$$\boxed{\frac{d}{dx}\tan x = \sec^2 x}$$

정리 2.10에서 $f(x)=1$인 상수함수이면

$$\left(\frac{1}{g}\right)'(x) = \frac{-g'(x)}{[g(x)]^2}$$

를 얻는다. 즉

$$\frac{d}{dx}\left(\frac{1}{g(x)}\right) = -\frac{1}{[g(x)]^2}\cdot\frac{d}{dx}g(x)$$

이다. 이 사실을 이용하면 $\sec x$의 도함수를 좀더 쉽게 구할 수 있다.

예제 10 $f(x)=\sec x$의 도함수를 구하여라.

풀이 $f(x)=\sec x=\dfrac{1}{\cos x}$이므로

$$\frac{d}{dx}\sec x = \frac{d}{dx}\left(\frac{1}{\cos x}\right) = \frac{-(-\sin x)}{\cos^2 x}$$

$$= \frac{1}{\cos x}\cdot\frac{\sin x}{\cos x}$$

$$= \sec x\tan x$$

이다. ■■

$$\frac{d}{dx}\sec x = \sec x \tan x$$

마찬가지 방법으로, 다음이 성립함을 확인할 수 있다.

$$\frac{d}{dx}\csc x = -\csc x \cot x, \quad \frac{d}{dx}\cot x = -\csc^2 x$$

예제 11 $f(x) = \dfrac{\sec x}{1+\tan x}$를 미분하여라. 어떤 x에 대해 f의 그래프가 수평접선을 갖는가?

풀이 몫의 공식을 이용하면

$$\begin{aligned} f'(x) &= \frac{(1+\tan x)\frac{d}{dx}(\sec x) - \sec x \frac{d}{dx}(1+\tan x)}{(1+\tan x)^2} \\ &= \frac{(1+\tan x)\sec x \tan x - \sec x \cdot \sec^2 x}{(1+\tan x)^2} \\ &= \frac{\sec x(\tan x + \tan^2 x - \sec^2 x)}{(1+\tan x)^2} \\ &= \frac{\sec x(\tan x - 1)}{(1+\tan x)^2} \end{aligned}$$

이다. 답을 간단히 하기 위해 등식 $\tan^2 x + 1 = \sec^2 x$를 이용했다. $\sec x$는 결코 0이 되지 않으므로, $\tan x = 1$일 때 $f'(x) = 0$임을 알 수 있고, 이것은 n이 정수일 때, $x = n\pi + \dfrac{\pi}{4}$일 때 성립한다(그림 2.5). ■■

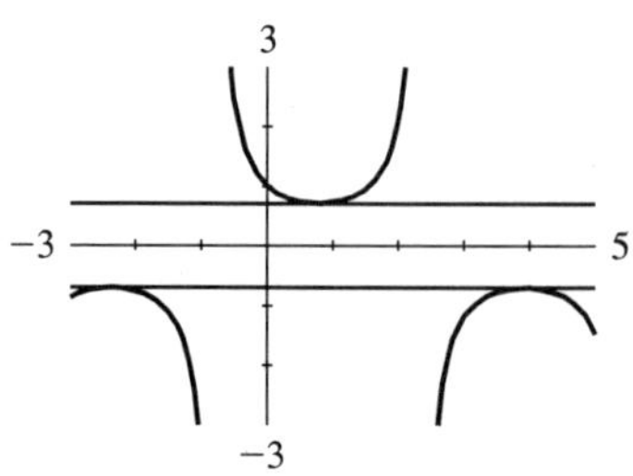

그림 2.5

분수함수의 도함수 공식을 이용하면 임의의 정수 n에 대한 $f(x)=x^n$의 도함수를 구할 수 있다.

예제 12 $f(x)=x^n$에서 $f'(x)=nx^{n-1}$ (n은 임의의 정수)임을 보여라.

풀이 $n>0$인 경우는 정리 2.6에서 보였으므로, $n=0$, $n<0$인 경우를 보이면 된다.

(a) $n<0$인 경우

$m=-n$으로 놓으면 $m>0$이다.

$$\begin{aligned}\frac{d}{dx}x^n=\frac{d}{dx}x^{-m}&=\frac{d}{dx}\left(\frac{1}{x^m}\right)\\&=-\frac{mx^{m-1}}{(x^m)^2}=(-m)\frac{x^{m-1}}{x^{2m}}\\&=(-m)x^{-m-1}=nx^{n-1}\end{aligned}$$

(b) $n=0$인 경우

$$\frac{d}{dx}(x^0)=\frac{d}{dx}(1)=0=0\cdot x^{0-1}$$ ■■

$$\frac{d}{dx}x^n=nx^{n-1},\quad n\text{은 임의의 정수}$$

다음은 합성함수의 도함수에 관한 정리이다. 증명은 부록 2-3으로 넘긴다.

함수 g가 함수 f의 치역에서 정의되어 있으면 $(g\circ f)(x)=g(f(x))$와 같이 정의된 f와 g의 합성함수 $g\circ f$를 생각할 수 있다. 이렇게 정의된 합성함수 $g\circ f$의 도함수도 f와 g의 도함수에 의해 구할 수 있다.

정리 2.11 (연쇄법칙(chain rule))

함수 f가 $x=a$에서 미분가능하고, 함수 g가 $f(a)$에서 미분가능하다고 하자. 그러면 $g\circ f$는 $x=a$에서 미분가능하고 다음이 성립한다.

$$(g\circ f)'(a)=g'(f(a))f'(a)$$

$u=f(x)$라 놓으면 $y=g(f(x))=g(u)$이며

$$\frac{dy}{dx} = \frac{dy}{du} \cdot \frac{du}{dx}$$

예제 13 함수 $h(x) = \sqrt{x^2+1}$ 에 대하여 $h'(x)$를 구하여라.

풀이 방법 1 : $g(u) = \sqrt{u}$ 와 $f(x) = x^2+1$ 라 놓으면,

$$g'(u) = \frac{1}{2}u^{-\frac{1}{2}} = \frac{1}{2\sqrt{u}} \text{이고 } f'(x) = 2x$$

이므로

$$h'(x) = f'(g(x))g'(x)$$

$$= \frac{1}{2\sqrt{x^2+1}} \cdot 2x = \frac{x}{\sqrt{x^2+1}}$$

이다.

방법 2 : $u = x^2+1$, $y = \sqrt{u}$ 라고 하면,

$$h'(x) = \frac{dy}{du}\frac{du}{dx} = \frac{1}{2\sqrt{u}}(2x)$$

$$= \frac{1}{2\sqrt{x^2+1}}(2x) = \frac{x}{\sqrt{x^2+1}}$$

이다. ■■

예제 14 $y = (2x+1)^5(x^3-x+1)^4$을 미분하여라.

풀이 이 예제는 연쇄법칙을 이용하기 전에 먼저 곱의 공식을 이용해야 한다.

$$\frac{dy}{dx} = (2x+1)^5\frac{d}{dx}(x^3-x+1)^4 + (x^3-x+1)^4\frac{d}{dx}(2x+1)^5$$

$$= (2x+1)^5 \cdot 4(x^3-x+1)^3\frac{d}{dx}(x^3-x+1)$$

$$+ (x^3-x+1)^4 \cdot 5(2x+1)^4\frac{d}{dx}(2x+1)$$

$$= 4(2x+1)^5(x^3-x+1)^3(3x^2-1) + 5(x^3-x+1)^4(2x+1)^4 \cdot 2$$

이고, 이것을 인수분해하면

$$\frac{dy}{dx}=2(2x+1)^4(x^3-x+1)^3(17x^3+6x^2-9x+3)$$

이다. ■■

연 습 문 제 2.2

1. 다음 주어진 함수의 도함수를 구하여라.
   (1) $f(x)=3x^2-4x+2$
   (2) $f(x)=(2x-3)(x+5)$
   (3) $g(x)=-3x^2+\dfrac{3}{x^6}$
   (4) $g(x)=-4x^{-3}+2\cos x$
   (5) $h(x)=\dfrac{-2x}{\sin x}$

2. 다음 주어진 삼각함수의 도함수를 구하여라.
   (1) $f(x)=\cot x$
   (2) $g(x)=\operatorname{cosec} x$

3. 다음 주어진 함수의 도함수를 구하여라.
   (1) $f(x)=2(x^2-4)^3$
   (2) $f(x)=(1-x^2)^6$
   (3) $g(x)=\tan^3\left(\dfrac{x}{2}\right)$
   (4) $g(x)=\sin^2(\cos^2 x)$

4. 함수 $f(x)=\dfrac{1}{3}x^3-\dfrac{3}{2}x^2+2x$에서 미분계수가 0이 되는 점을 찾아라.

5. 곡선 $f(x)=\dfrac{1-x}{1+x}$ 위의 점 $\left(2,\ -\dfrac{1}{3}\right)$에서의 접선과 법선의 방정식을 구하여라.

6. 곡선 $y=ax^2+bx$가 점 $(1,5)$에서 기울기가 8인 접선을 가질 때 a, b의 값을 정하여라.

7. 곡선 $y=x^2+k$가 직선 $y=2x$를 접선으로 갖도록 k의 값을 정하여라.

2.3 고계 도함수

[제2계 도함수]

함수 $f(x)$가 어떤 구간에서 미분가능하다고 하면 이 구간에 속하는 임의의 점 $x=a$에 대해 미분계수 $f'(a)$가 존재한다. 이때 극한값

$$\lim_{x \to a} \frac{f'(x)-f'(a)}{x-a}$$

가 존재하면, 이 극한값을 $x=a$에서 f'의 미분계수(differential coefficient)라 하고, $f''(a)$로 표시한다. 이 값은 극한값이므로 함수 $f(x)$에 따라 그 값이 존재할 수도 있고 존재하지 않을 수도 있다. 미분계수 $f''(a)$가 존재하는 점들을 모두 모아서 만든 집합을 D라고 하면, 집합 D를 정의역으로 하고 D의 각 원소에 그 점에서 f'의 미분계수를 대응시키는 함수를 생각할 수 있다. 즉 R을 실수 전체의 집합이라고 할 때,

$$D \;\to\; R\left(a \mapsto f''(a) = \lim_{x \to a} \frac{f'(x)-f'(a)}{x-a}\right)$$

는 함수가 된다. 대개 f''로 표현되는 이 함수를 f의 **제2계 도함수**(second derivative of f)라 한다. 즉 f의 제2계 도함수 f''는

$$f''(x) = \lim_{t \to x} \frac{f'(t)-f'(x)}{t-x}$$

이다. $y=f(x)$의 도함수와 비슷하게 $y=f(x)$의 2계 도함수는

$$\frac{d}{dx}\left(\frac{dy}{dx}\right) = \frac{d^2y}{dx^2},\ f''(x),\ D^2f(x)$$

등으로 표현된다.

예제 1 $f(x)=x\cos x$일 때, $f''(x)$를 구하고 이를 설명하여라.

풀이 곱셈 공식을 이용하면,

$$\begin{aligned} f'(x) &= x\frac{d}{dx}(\cos x) + \cos x\frac{d}{dx}(x) \\ &= -x\sin x + \cos x \end{aligned}$$

를 얻는다. $f''(x)$를 구하기 위해 $f'(x)$를 미분한다.

$$\begin{aligned} f''(x) &= \frac{d}{dx}(-x\sin x+\cos x) \\ &= -x\frac{d}{dx}(\sin x)+\sin x\,\frac{d}{dx}(-x)+\frac{d}{dx}(\cos x) \\ &= -x\cos x-\sin x-\sin x \\ &= -x\cos x-2\sin x \end{aligned}$$

f, f'과 f''의 그래프가 그림 2.6에 그려져 있다.
$f''(x)$를 점 $(x, f'(x))$에서의 곡선 $y=f'(x)$의 기울기로 설명할 수 있다. 다시 말하면, 이것은 본래 곡선 $y=f(x)$의 기울기의 변화율이다.
그림 2.6으로부터 $y=f'(x)$가 수평접선을 갖기만 하면 $f''(x)=0$임을 알 수 있다. 또한 $y=f'(x)$가 양의 기울기를 가지면 $f''(x)$는 양이고, $y=f'(x)$가 음의 기울기를 가지면 $f''(x)$는 음이다. 따라서 그래프를 보면 우리가 한 계산을 점검해볼 수 있다. ■■

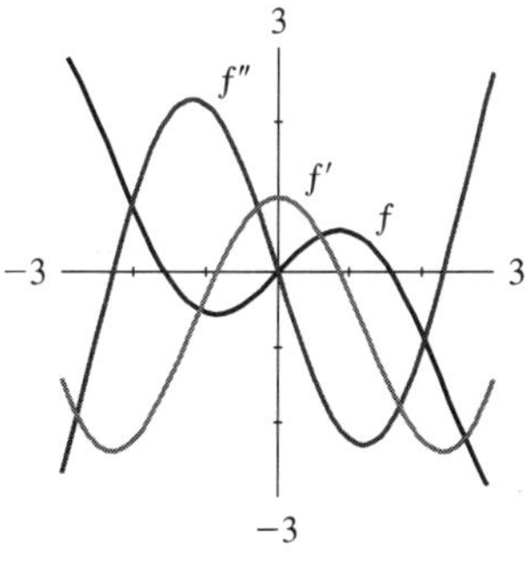

그림 2.6 함수 $f(x)=x\cos x$와 이것의 1계와 2계 도함수의 그래프

[제 n 계 도함수]

양의 정수 $n \geq 3$에 대하여 f의 **제 n계 도함수**(nth derivative) $f^{(n)}(x)$를 같은 방법으로 정의한다. 즉

$$f^{(n)}(x)=\lim_{t\to x}\frac{f^{(n-1)}(t)-f^{(n-1)}(x)}{t-x} \quad \text{또는}$$

$$f^{(n)}(x)=\lim_{h\to 0}\frac{f^{(n-1)}(x+h)-f^{(n-1)}(x)}{h}$$

이다.

[고계 도함수]

제2계 도함수 이상을 **고계 도함수**(higher derivative)라 한다. f의 정의역 내의 모든 x에 대하여 $f''(x)$가 존재하면 f는 **2번 미분가능하다**고 하고, $f^{(n)}(x)$가 존재하면 n**번 미분가능하다**고 한다.

예제 1 $f(x) = x^5 - 3x^4 + 2x - 1$의 제$n$계 도함수를 구하여라.

풀이

$$f'(x) = 5x^4 - 12x^3 + 2$$
$$f''(x) = 20x^3 - 36x^2$$
$$f'''(x) = 60x^2 - 72x$$
$$f^{(4)}(x) = 120x - 72$$
$$f^{(5)}(x) = 120$$
$$f^{(6)}(x) = 0$$
$$\vdots$$
$$f^{(n)}(x) = 0, \quad (n > 6)$$

■■

예제 2 $f(x) = \dfrac{1}{1+x}$의 제n계 도함수를 구하여라.

풀이

$$f'(x) = \frac{-1}{(1+x)^2}$$
$$f''(x) = \frac{(-1)(-2(1+x))}{(1+x)^4} = \frac{(-1)(-2)}{(1+x)^3}$$
$$f'''(x) = (-1)(-2)\frac{(-3(1+x)^2)}{(1+x)^6} = \frac{(-1)(-2)(-3)}{(1+x)^4}$$
$$\vdots$$
$$f^{(n)}(x) = (-1)^n \frac{n!}{(1+x)^{n+1}}$$

■■

예제 3 $f(x) = \sin x$의 제n계 도함수를 구하여라.

풀이

$$f'(x) = \cos x = \sin\left(x + \frac{\pi}{2}\right)$$
$$f''(x) = \cos\left(x + \frac{\pi}{2}\right) = \sin\left(x + \frac{\pi}{2} + \frac{\pi}{2}\right) = \sin\left(x + 2 \cdot \frac{\pi}{2}\right)$$
$$f'''(x) = \cos\left(x + 2 \cdot \frac{\pi}{2}\right) = \sin\left(x + 2 \cdot \frac{\pi}{2} + \frac{\pi}{2}\right) = \sin\left(x + 3 \cdot \frac{\pi}{2}\right)$$

$$\vdots$$

$$f^{(n)}(x) = \sin\left(x + \frac{n\pi}{2}\right)$$

■

연 습 문 제 2.3

1. 다음 주어진 함수의 제2계 도함수를 구하여라.

(1) $f(x) = x^3 + 3x + 2$ (2) $f(x) = \dfrac{x+1}{x-1}$

(3) $g(x) = x \tan 2x$ (4) $g(x) = \sec x$

2. 다음 주어진 함수의 제n계 도함수를 구하여라.

(1) $f(x) = x^n$ (n은 자연수) (2) $f(x) = \cos x$

(3) $g(x) = \sin ax$ (4) $g(x) = \sin^2 x$

(5) $h(x) = \dfrac{1}{x}$ (6) $h(x) = \dfrac{1}{1-x^2}$

2.4 역함수와 음함수 미분법

[역함수]

일반적으로 함수를 $y = f(x)$와 같이 표현하는 것은 함수의 정의역과 공역을 생략하고 대응규칙만으로 함수를 표현하는 것이다. 예를 들어, 함수 $y = 3x + 2$는 정의역과 공역을 실수의 집합으로 갖고 정의역의 각 원소 x에 공역의 원소 $3x + 2$를 대응시키는 대응규칙이다. 즉 함수

$$f : \boldsymbol{R} \to \boldsymbol{R}\,(x \mapsto 3x + 2)$$

를 간단하게 $y = 3x + 2$와 같이 표현한 것이다. 그런데, 이 함수처럼 주어진 함수가 1–1 함수인 경우에는 역으로 대응되는 대응규칙을 생각할 수 있다. 즉 $3x + 2$를 다시 x로 대응시키는 규칙을 생각해보면, 원래의 함수가 '~에 3배한 후에 2를 더한' 규칙을 활용했으므로 다시 되돌리기 위해서는 '~에 2를 뺀 후에 3으로 나눈' 규칙을 활용한 함수가 된다. 다시 말해서, 함수

$$g: \boldsymbol{R} \to \boldsymbol{R}\left(x \mapsto \frac{1}{3}(x-2)\right)$$

를 생각하면 $g(f(x)) = g(3x+2) = \frac{1}{3}((3x+2)-2) = x$가 되어 함수 g는 함수 f에 의해 대응된 함숫값을 다시 되돌려 주는 함수가 된다. 이러한 함수 g를 원래의 함수 f의 역함수라 하고 f^{-1}로 표현한다. 따라서 주어진 함수의 정의역과 공역을 적당히 조정해주면,

$$f(f^{-1}(x)) = x = f^{-1}(f(x))$$

를 만족하는 역함수 f^{-1}를 정의할 수 있다.

정리 2.12 함수 f가 역함수를 갖고 개구간 I에서 연속이라고 하자. f가 구간 I에서 미분가능하고 $f(x) = y$라 하면 f^{-1}도 미분가능하고 다음이 성립한다.

$$(f^{-1})'(y) = \frac{1}{f'(x)}$$

증명 f가 역함수를 가지므로 $t \neq x$인 I 내의 모든 t에 대하여 $f(t) \neq f(x)$이다. 또, f가 I에서 연속이므로 f^{-1}도 $y = f(x)$에서 연속이다. 그러므로

$$\begin{aligned}
(f^{-1})'(y) &= \lim_{u \to y} \frac{f^{-1}(u) - f^{-1}(y)}{u - y} \\
&= \lim_{t \to x} \frac{f^{-1}(f(t)) - f^{-1}(f(x))}{f(t) - f(x)} \\
&= \lim_{t \to x} \frac{t - x}{f(t) - f(x)} = \frac{1}{\lim_{t \to x} \frac{f(t) - (x)}{t - x}} \\
&= \frac{1}{f'(x)}.
\end{aligned}$$

$y = f(x)$ 그리고 f가 역함수를 갖는다면 $x = f^{-1}(y)$이다. 그러면 $\frac{dy}{dx}$는 x에 관한 y의 도함수이고, $\frac{dx}{dy}$는 y에 관한 x의 도함수이므로 이 기호를 이용하여 위의 결과를 다시 쓰면 다음과 같다.

$$\frac{dx}{dy} = \frac{1}{\frac{dy}{dx}}$$

[함수 e^x 의 도함수]

함수 e^x 은 $\ln x$ 의 역함수라는 사실과 위의 식으로부터

$$\frac{d}{dx}e^x = \frac{1}{\frac{d}{dy}\ln y} = \frac{1}{\frac{1}{y}} = y = e^x$$

또는 간단히

$$\frac{d}{dy}e^x = e^x$$

가 된다. 한편, h가 미분가능함수일 때 $e^{h(x)}$ 형태의 함수가 자주 나온다. 이것은 연쇄법칙에 의하여

$$\frac{d}{dx}e^{h(x)} = h'(x)e^{h(x)}$$

가 된다.

[함수 a^x 의 도함수]

다음과 같이 정의된 **지수함수**(exponential function) a^x 의 도함수를 구해보자.

$$a^x = e^{x \ln a}$$

함수 a^x 의 도함수는 연쇄법칙에 의한 $e^{x \ln a}$ 의 미분에서 구할 수 있다.

$$\frac{d}{dx}a^x = \frac{d}{dx}(e^{x \ln a}) = (e^{x \ln a})(\ln a) = (\ln a)a^x$$

간단히

$$\frac{d}{dx}a^x = (\ln a)a^x$$

이다. 한편, 다음과 같이 정의된 **멱함수**(power function) x^r의 도함수는 아래와 같이 구할 수 있다.

$$x^r = e^{r \ln x}$$

즉 함수 x^r의 도함수는 연쇄법칙에 의해 $e^{r \ln x}$를 미분하여 얻어진다.

$$\frac{d}{dx}x^r = \frac{d}{dx}(e^{r \ln x}) = e^{r \ln x}\left(\frac{r}{x}\right) = \frac{r}{x}x^r = rx^{r-1}$$

간단히

$$\frac{d}{dx}x^r = rx^{r-1}.$$

[음함수]

함수 $f: X \to Y$가 방정식 $y = f(x)$에 의하여 정의될 때 방정식 $y = f(x)$는 f를 **양적으로 정의한다**(define f explicitly)고 한다. 지금까지 우리가 사용한 대부분의 함수들은 양적으로 정의되었다. 예를 들면, $y = \frac{9x^2}{x^2+1}$, $y = \tan(\sin x^2)$, $\cdots$이다. 하지만 모든 함수가 위와 같이 양적으로만 정의되지는 않는다. 방정식 $g(x, y) = 0$이 주어졌을 때, x의 변역 X와 y의 변역 Y를 적당히 잡아주면 방정식 $g(x, y) = 0$을 대응규칙으로 하는 함수

$$f: X \to Y$$

가 정의된다고 하자. 이때 방정식 $g(x, y) = 0$은 함수 f를 **음적으로 정의한다**(define f implicitly)고 하며, 이때 방정식

$$g(x, y) = 0$$

을 **음함수**(implicit function)라 한다.

음함수의 예를 들어보자.

$$x^2 + y^2 - 1 = 0$$

을 대응규칙으로 하는 것은 함수가 아님을 그래프에 의하여 쉽게 알 수 있다(그림 2.7).

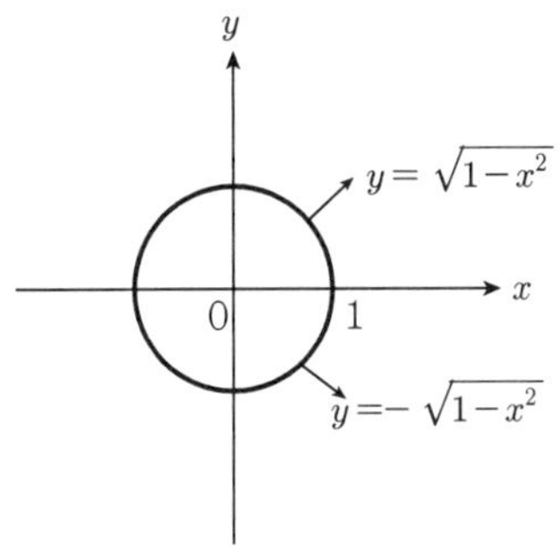

그림 2.7

그러나 $X=[-1, 1]$, $Y=[0, 1]$로 정해주면

$$f: X \to Y,\ f(x)=\sqrt{1-x^2}$$

은 방정식 $x^2+y^2-1=0$을 대응규칙으로 하는 함수가 된다. 따라서 방정식 $x^2+y^2-1=0$은 함수 f를 음적으로 정의한다. 즉

$$x^2+y^2-1=0$$

은 음함수이다.

[음함수 미분법]

음함수 $g(x, y)=0$에서 도함수 $\frac{dy}{dx}$는 y를 x로 나타내지 않고서도 간단히 구할 수 있다. y를 x의 함수로 생각하고, 주어진 방정식 $g(x, y)=0$의 양변을 x에 관하여 미분한 다음 $\frac{dy}{dx}$에 관하여 푼다. 이와 같은 미분법을 **음함수 미분법**(implicit differentiation)이라 한다.

예제 1 $x^3+y^3-3xy=0$에서 $\frac{dy}{dx}$를 구하여라.

풀이 음함수의 미분법에 의하여

$$\frac{d}{dx}(x^3+y^3-3xy)=\frac{d}{dy}(0)$$

$$3x^2+3y^2\frac{dy}{dx}-3\left(y+x\cdot\frac{dy}{dx}\right)=0$$

$$(3y^2-3x)\frac{dy}{dx}=3(y-x^2)$$

$$\frac{dy}{dx}=\frac{3(y-x^2)}{3(y^2-x)}=\frac{y-x^2}{y^2-x} \qquad (\text{단, } y^2-x\neq 0).$$ ■■

예제 2 $x^2+y^2=a^2$에서 y'와 y''를 구하여라.

풀이 음함수의 미분법에 의하여 양변을 x에 관하여 미분하면

$$2x+2yy'=0$$

$$y'=-\frac{2x}{2y}=-\frac{x}{y} \qquad (y\neq 0)$$

이다. y''를 구하기 위하여 분수함수 미분을 하면

$$y''=-\frac{y-xy'}{y^2}$$

이다. $y'=-\dfrac{x}{y}$이고, $x^2+y^2=a^2$이므로 다음과 같다.

$$y''=-\frac{\left(y-x\left(-\dfrac{x}{y}\right)\right)}{y^2}=-\frac{y^2+x^2}{y^3}=-\frac{a^2}{y^3}$$ ■■

예제 3 원의 방정식 $x^2+y^2=25$ 위의 점 $(3,\ 4)$에서 접선의 방정식을 구하여라.

풀이 **방법 1** : $\dfrac{dy}{dx}=-\dfrac{x}{y}$이므로 점 $(3,\ 4)$에서 원에 대한 접선의 방정식은

$$y-4=-\frac{3}{4}(x-3) \quad \text{또는} \quad 3x+4y=25$$

이다.

방법 2 : 방정식 $x^2+y^2=25$를 풀면 $y=\pm\sqrt{25-x^2}$을 얻는다. 한편 점 $(3,\ 4)$는 상반원 $y=\sqrt{25-x^2}$ 위에 있으므로 함수 $f(x)=\sqrt{25-x^2}$을 생각하자. 연쇄법칙을 이용하여 f를 미분하면

$$f'(x) = \frac{1}{2}(25-x^2)^{-\frac{1}{2}}\frac{d}{dx}(25-x^2)$$

$$= \frac{1}{2}(25-x^2)^{-\frac{1}{2}}(-2x)$$

$$= -\frac{x}{\sqrt{25-x^2}}$$

$$f'(3) = -\frac{3}{\sqrt{25-3^2}} = -\frac{3}{4}$$

을 얻는다. 그러므로 접선의 방정식은 $3x+4y=25$ 이다. ■■

예제 4 $y=x^n$ (n은 유리수)에서 $y'=nx^{n-1}$임을 보여라.

풀이 $n=\frac{p}{q}$ (p, q는 정수, $q \neq 0$)라 하면, $y=x^n=x^{\frac{p}{q}}$ 이므로

$$y^q = x^p$$

이다. 양변을 x에 관하여 미분하면, p, q는 정수이므로

$$qy^{q-1}y' = px^{p-1}$$

이다. 그러므로

$$y' = \frac{px^{p-1}}{qy^{q-1}} = \frac{p}{q}\frac{x^{p-1}}{\left(x^{\frac{p}{q}}\right)^{q-1}} = \frac{p}{q}x^{p-1-\frac{p}{q}(q-1)}$$

$$= \frac{p}{q}x^{\frac{p}{q}-1}$$

$$= nx^{n-1}$$

이다. ■■

예제 5 $y=\sqrt[3]{x^2}-x\sqrt{x}$ 에서 y'를 구하여라.

풀이 $y=x^{\frac{2}{3}}-x^{\frac{3}{2}}$ 이므로

$$y' = \frac{2}{3}x^{\frac{2}{3}-1} - \frac{3}{2}x^{\frac{3}{2}-1}$$

$$= \frac{2}{3}x^{-\frac{1}{3}} - \frac{3}{2}x^{\frac{1}{2}}$$

$$= \frac{2}{3\sqrt[3]{x}} - \frac{3\sqrt{x}}{2}.$$ ■■

[역삼각함수의 미분법]

여기서는 역삼각함수의 도함수를 구하는 과정을 설명한다. 모든 삼각함수는 정의역에서 일대일 함수가 아니므로 역함수가 없다. 그러나 이들 함수의 정의역을 제한함으로써 일대일 함수가 되게 할 수 있다. 그림 2.8의 (a)에서 함수 $y = \sin x$는 일대일 함수가 아니라는 것을 알 수 있다(수평선 판정법을 사용). 그러나 함수 $f(x) = \sin x$는 $-\frac{\pi}{2} \le x \le \frac{\pi}{2}$에서 일대일이다(그림 2.8의 (b) 참조). 이 제한된 구간에서 f의 역함수는 존재하며 $\sin^{-1}$이나 arcsin으로 표기한다. 이 함수를 **역 사인(sine)함수** 또는 아크사인(arcsine)함수라고 한다.

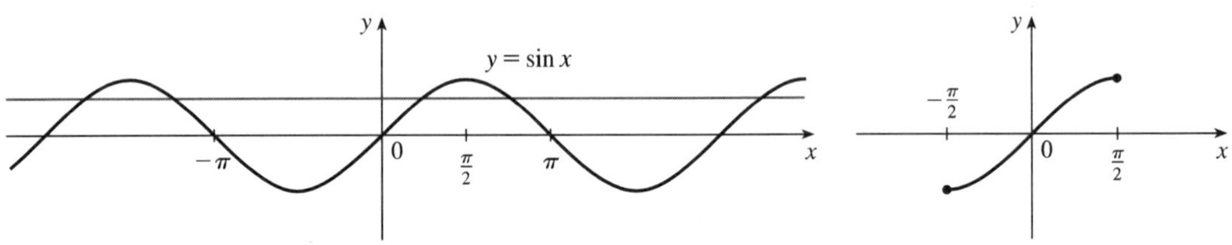

(a)　　(b) $y = \sin x,\ -\frac{\pi}{2} \le x \le \frac{\pi}{2}$

그림 2.8

역함수의 정의에 따라

$$f^{-1}(x) = y \iff f(y) = x$$

이므로

$$\boxed{\sin^{-1}x = y \iff \sin y = x \text{이고 } -\frac{\pi}{2} \le y \le \frac{\pi}{2}}$$

따라서 $-1 \le x \le 1$에서 $\sin^{-1}x$는 사인값이 x인 $-\frac{\pi}{2}$와 $\frac{\pi}{2}$ 사이의 값이다.

주 $\sin^{-1}x \ne \frac{1}{\sin x}$

예제 6 (a) $\sin^{-1}\frac{1}{2}$과 (b) $\tan\left(\arcsin\frac{1}{3}\right)$을 계산하여라.

풀이 (a) $\sin\frac{\pi}{6} = \frac{1}{2}$이고, $\frac{\pi}{6}$는 $-\frac{\pi}{2}$와 $\frac{\pi}{2}$ 사이에 있으므로

$$\sin^{-1}\frac{1}{2} = \frac{\pi}{6}$$

(b) $\theta = \arcsin\frac{1}{3}$, 즉 $\sin\theta = \frac{1}{3}$로 그림 2.9처럼 각 θ를 갖는 직각삼각형을 그릴 수 있으며, 피타고라스의 정리를 이용하여 밑변의 길이를 구하면, $\sqrt{9-1} = 2\sqrt{2}$이다. 따라서 이 직각삼각형으로부터

$$\tan\left(\arcsin\frac{1}{3}\right) = \tan\theta = \frac{1}{2\sqrt{2}}$$

을 얻는다. ■■

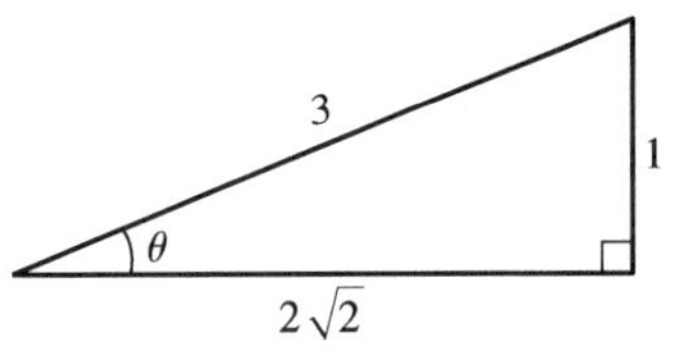

그림 2.9

역함수에 대한 소거방정식은 다음과 같다.

$$-\frac{\pi}{2} \le x \le \frac{\pi}{2}\text{에 대하여, } \sin^{-1}(\sin x) = x$$
$$-1 \le x \le 1\text{에 대하여, } \sin(\sin^{-1}x) = x$$

사인함수의 역함수 $\sin^{-1}$의 정의역은 $[-1, 1]$이고, 치역은 $\left[-\frac{\pi}{2}, \frac{\pi}{2}\right]$이며, 이 역함수의 그래프(그림 2.10 참조)는 제한된 사인함수의 그래프(그림 2.8의 (a) 참조)를 직선 $y = x$에 대칭시킴으로서 얻을 수 있다.

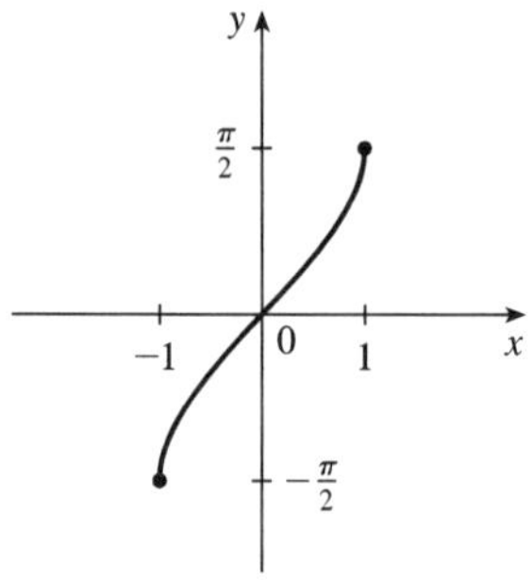

그림 2.10 $y = \sin^{-1} x = \arcsin x$

사인함수 f는 연속이므로 역 사인함수도 연속이다. 또한 사인함수가 미분가능하므로 역함수 $\sin^{-1}$도 미분가능하다. $\sin^{-1}$는 미분가능하므로 아래와 같이 음함수 미분법을 이용하여 쉽게 도함수를 구할 수 있다.

$y = \sin^{-1} x$라고 놓으며, $\sin y = x$이고, $-\frac{\pi}{2} \leq y \leq \frac{\pi}{2}$이다. $\sin y = x$를 x에 관하여 미분하면,

$$\cos y \frac{dy}{dx} = 1, \quad \frac{dy}{dx} = \frac{1}{\cos y}$$

$-\frac{\pi}{2} \leq y \leq \frac{\pi}{2}$에서 $\cos y \geq 0$이므로

$$\cos y = \sqrt{1 - \sin^2 y} = \sqrt{1 - x^2}$$

이고, 따라서

$$\frac{dy}{dx} = \frac{1}{\cos y} = \frac{1}{\sqrt{1 - x^2}}$$

이다. 그러므로 다음과 같다.

$$\frac{d}{dx}(\sin^{-1} x) = \frac{1}{\sqrt{1 - x^2}}, \quad -1 < x < 1$$

역 코사인(cosine)함수는 역 사인함수와 비슷한 방법으로 얻을 수 있다. $f(x) = \cos x$에서 정의역을 $0 \leq x \leq \pi$로 제한하면 $f(x)$는 일대일 함수이다(그림 2.11 참조). 그러므로 $f(x)$는 $\cos^{-1}$ 또는 arccos 으로 표기하는 역함수를 갖는다.

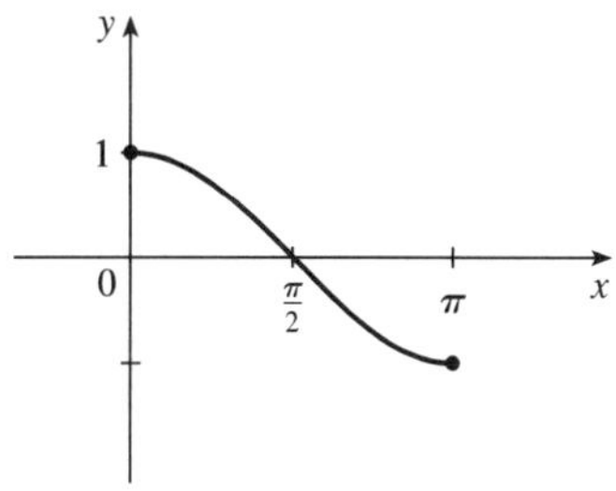

그림 2.11 $y=\cos x,\ 0 \le x \le \pi$

$$\cos^{-1} x = y \iff \cos y = x \text{이고 } 0 \le y \le \pi$$

소거방정식은 다음과 같다.

$$0 \le x \le \pi \text{에 대하여, } \cos^{-1}(\cos x) = x$$
$$-1 \le x \le 1 \text{에 대하여, } \cos(\cos^{-1} x) = x$$

역 코사인함수, 즉 $\cos^{-1}$의 정의역은 $[-1,\ 1]$이고 치역은 $[0,\ \pi]$이며, 연속함수로써 이 함수의 그래프는 그림 2.12와 같다. 이 함수의 도함수는 다음과 같이 주어진다.

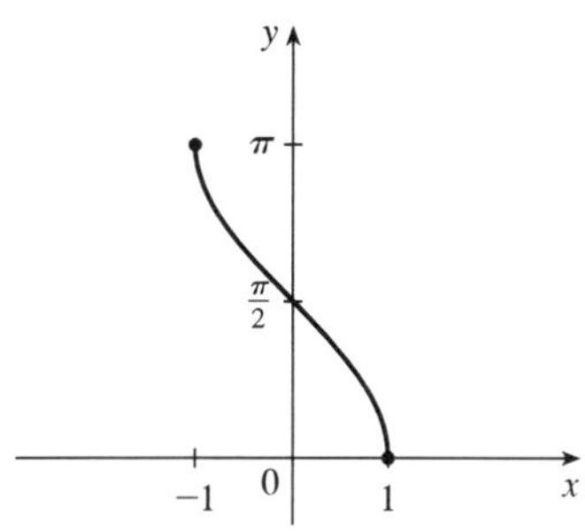

그림 2.12 $y=\cos^{-1} x = \arccos x$

$$\frac{d}{dx}(\cos^{-1} x) = -\frac{1}{\sqrt{1-x^2}}, \quad -1 < x < 1$$

[역 탄젠트함수]

탄젠트(tangent)함수의 역함수를 정의하기 위하여 이 함수를 $\left(-\frac{\pi}{2},\ \frac{\pi}{2}\right)$로 제한하면 역

탄젠트(arctangent)함수라 불리는 역함수를 얻는다. 편의상 x에서의 함수값을 $\arctan x$ 또는 $\tan^{-1} x$로 쓴다.

$$\text{arctant } x = y \iff \tan y = x$$
$$x\text{는 임의의 실수, } -\frac{\pi}{2} < y < \frac{\pi}{2}$$

예를 들면

$$\arctan 0 = 0,\ \arctan 1 = \frac{\pi}{4},\ \arctan(-\sqrt{3}) = -\frac{\pi}{3}$$

이고 역 탄젠트함수의 그래프는 그림 2.13과 같다.

$x = \tan y$이면

$$\sec^2 y = \tan^2 y + 1 = x^2 + 1$$

이므로

$$\frac{d}{dx}\arctan x = \frac{1}{\frac{d}{dy}\tan y} = \frac{1}{\sec^2 y} = \frac{1}{x^2+1}$$

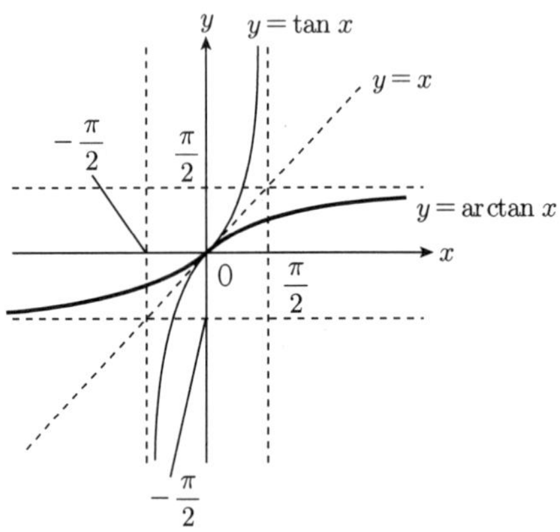

그림 2.13

이다. 다시 쓰면 다음과 같다.

$$\frac{d}{dx}\arctan x = \frac{1}{x^2+1}$$

다른 역삼각함수들은 자주 이용되지 않으나 요약하면 다음과 같다.

$$y=\csc^{-1}x\ (|x|\ge 1) \iff \csc y = x,\ y\in\left(0,\ \frac{\pi}{2}\right]\cup\left(\pi,\ \frac{3\pi}{2}\right]$$

$$y=\sec^{-1}x\ (|x|\ge 1) \iff \sec y = x,\ y\in\left[0,\ \frac{\pi}{2}\right)\cup\left[\pi,\ \frac{3\pi}{2}\right)$$

$$y=\cot^{-1}x\ (x\in\mathbb{R}) \iff \cot y = x,\ y\in(0,\ \pi)$$

위에서 설명한 역삼각함수의 도함수들을 정리하면 다음과 같다.

역삼각함수의 도함수 표

$$\frac{d}{dx}(\sin^{-1}x)=\frac{1}{\sqrt{1-x^2}} \qquad \frac{d}{dx}(\csc^{-1}x)=-\frac{1}{x\sqrt{x^2-1}}$$

$$\frac{d}{dx}(\cos^{-1}x)=-\frac{1}{\sqrt{1-x^2}} \qquad \frac{d}{dx}(\sec^{-1}x)=\frac{1}{x\sqrt{x^2-1}}$$

$$\frac{d}{dx}(\tan^{-1}x)=\frac{1}{1+x^2} \qquad \frac{d}{dx}(\cot^{-1}x)=-\frac{1}{1+x^2}$$

위의 각각 공식들은 연쇄법칙과 결합될 수 있다. 예를 들어 u가 x의 미분가능한 함수라면

$$\frac{d}{dx}(\sin^{-1}u)=\frac{1}{\sqrt{1-u^2}}\frac{du}{dx}\text{ 이고, }\frac{d}{dx}(\tan^{-1}u)=\frac{1}{1+u^2}\frac{du}{dx}$$

예제 7 다음을 미분하여라.

(a) $y=\dfrac{1}{\sin^{-1}x}$　　　(b) $f(x)=x\tan^{-1}\sqrt{x}$

풀이 (a) $$\frac{dy}{dx}=\frac{d}{dx}(\sin^{-1}x)^{-1}=-(\sin^{-1}x)^{-2}\frac{d}{dx}(\sin^{-1}x)$$

$$=-\frac{1}{(\sin^{-1}x)^2\sqrt{1-x^2}}$$

(b) $$f'(x)=\tan^{-1}\sqrt{x}+x\frac{1}{1+(\sqrt{x})^2}\frac{1}{2}x^{-\frac{1}{2}}$$

$$=\tan^{-1}\sqrt{x}+\frac{\sqrt{x}}{2(1+x)}$$

■■

[쌍곡선함수와 역 쌍곡선함수의 미분법]

지수함수 e^x과 e^{-x}을 적당히 결합하여 얻은 함수들은 수학이나, 응용분야에서 자주 이용되기 때문에 이들 함수에 특별한 명칭을 부여할 가치가 있다. 이들 함수들은 삼각함수와 많은 점에서 비슷하다. 삼각함수가 원과 관계가 있는 것처럼 이들은 쌍곡선과 관련이 있다. 이런 이유에서 이들을 **쌍곡선함수**, 개별적으로는 쌍곡선 사인(hyperbolic sine) 함수, 쌍곡선 코사인(hyperbolic cosine)함수 등으로 부른다.

정의 2.13 쌍곡선함수의 정의

$$\sinh x = \frac{e^x - e^{-x}}{2} \qquad \operatorname{csch} x = \frac{1}{\sinh x}$$

$$\cosh x = \frac{e^x + e^{-x}}{2} \qquad \operatorname{sech} x = \frac{1}{\cosh x}$$

$$\tanh x = \frac{\sinh x}{\cosh x} \qquad \coth x = \frac{\cosh x}{\sinh x}$$

쌍곡선 사인과 쌍곡선 코사인함수의 그래프는 그림 2.14 및 그림 2.15와 같다. sinh의 정의역과 치역은 모두 $\mathbf{R}$이다. 반면에 cosh의 정의역은 $\mathbf{R}$이고 치역은 $[1, \infty)$이다. tanh의 그래프는 그림 2.16과 같으며 그의 수평점근선은 $y = \pm 1$이다.

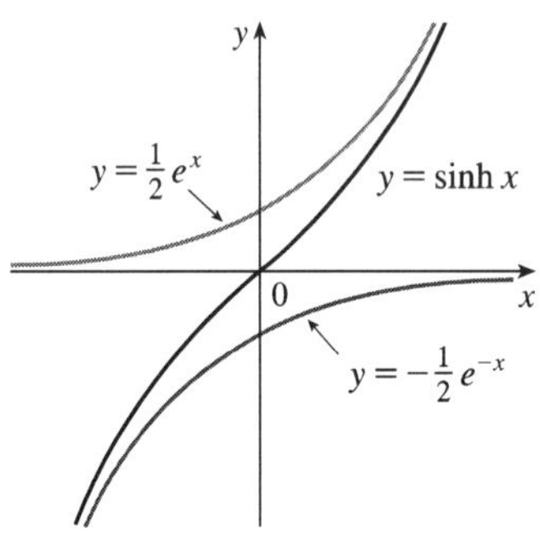

그림 2.14 $y = \sinh x = \frac{1}{2}e^x - \frac{1}{2}e^{-x}$

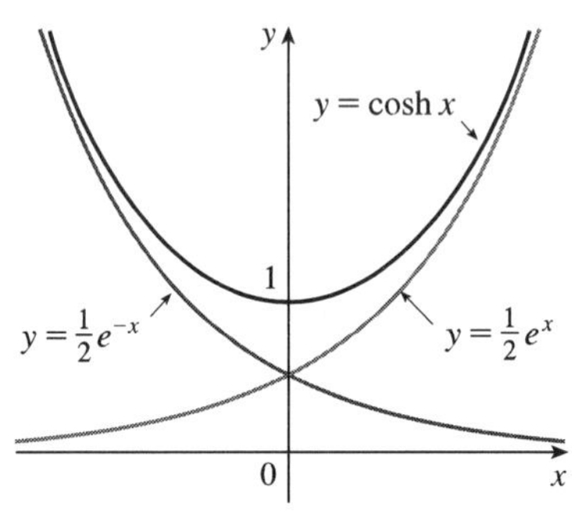

그림 2.15 $y = \cosh x = \frac{1}{2}e^x + \frac{1}{2}e^{-x}$

쌍곡선함수의 과학과 공학에의 응용은 빛, 속도, 전기, 방사능 같은 실체가 점진적으로 흡수되거나 소멸되는 경우에 일어난다. 그 이유는 붕괴 현상이 쌍곡선함수에 의하여 표현될 수 있기 때문이다. 가장 유명한 응용은 걸쳐 있는 전선의 형태를 묘사하기 위하여 쌍곡선 코사인의 사용이다. 무겁고 유연하게 휘어진 전선(전화선이나 전력선 등)이 같은 높이의 두 점 사이에 걸쳐 있다면, 그 곡선은 방정식 $y = c + a\cosh\frac{x}{a}$로 표현되는 곡선 모양임이 입증될 수 있으며, 그 곡선을 현수선이라 한다(그림 2.17 참조).

쌍곡선함수들은 삼각함수들의 항등식과 비슷한 항등식을 갖는다.

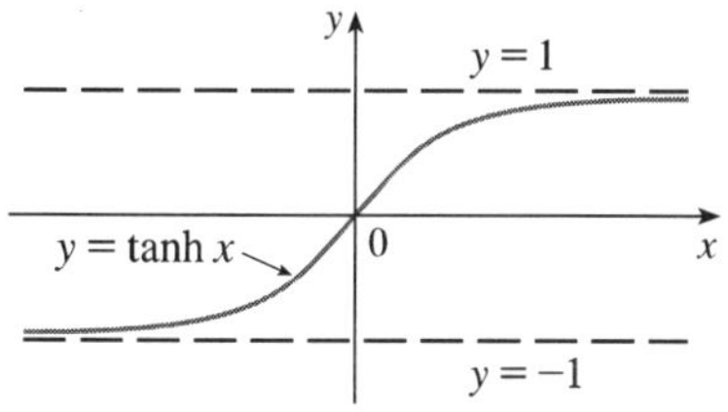

그림 2.16 $y=\tanh x$

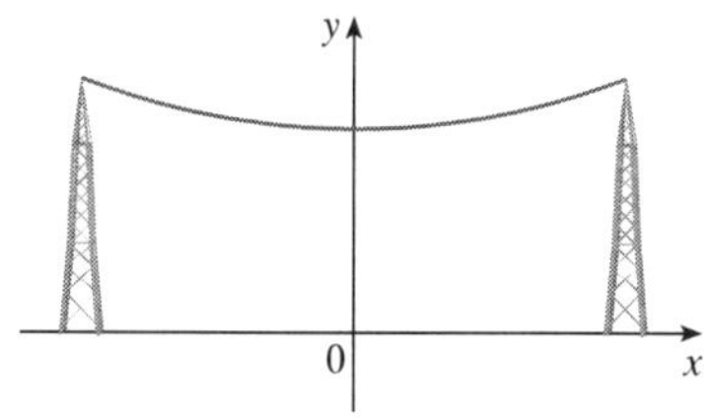

그림 2.17 $y=c+a\cosh\frac{x}{a}$

쌍곡선함수의 항등식

$\sinh(-x)=-\sinh x,\qquad \cosh(-x)=\cosh x$

$\cosh^2 x-\sinh^2 x=1,\qquad 1-\tanh^2 x=\operatorname{sech}^2 x$

$\sinh(x+y)=\sinh x\cosh y+\cosh x\sinh y$

$\cosh(x+y)=\cosh x\cosh y+\sinh x\sinh y$

예제 8 다음을 증명하여라.

(a) $\cosh^2 x-\sinh^2 x=1$ (b) $1-\tanh^2 x=\operatorname{sech}^2 x$

풀이 (a) $$\cosh^2 x-\sinh^2 x=\left(\frac{e^x+e^{-x}}{2}\right)^2-\left(\frac{e^x-e^{-x}}{2}\right)^2$$

$$=\frac{e^{2x}+2+e^{-2x}}{4}-\frac{e^{2x}-2+e^{-2x}}{4}$$

$$=\frac{4}{4}=1$$

(b) (a)로부터 $\cosh^2 x-\sinh^2 x=1$이므로 양변을 $\cosh^2 x$로 나누면,

$$1-\frac{\sinh^2 x}{\cosh^2 x}=\frac{1}{\cosh^2 x}\quad \text{또는}\quad 1-\tanh^2 x=\operatorname{sech}^2 x$$ ■■

예제 1의 (a)에서 증명된 항등식은 쌍곡선함수라는 명칭의 타당성에 대한 실마리를 준다.

만약 t가 임의의 실수라면, 점 $P(\cos t,\ \sin t)$는 $\cos^2 t+\sin^2 t=1$을 만족하므로 단

위원 $x^2+y^2=1$ 위에 놓여 있다. 사실상 t는 그림 2.18에서 $\angle POQ$의 라디안 단위로 측정된 값이다. 그러한 이유로 삼각함수를 때때로 원함수라고도 한다.

마찬가지로 임의의 실수 t에 대하여 점 $P(\cosh t,\ \sinh t)$는 $\cosh^2 t-\sinh^2 t=1$과 $\cosh t\geq 1$를 만족하므로 쌍곡선 $x^2-y^2=1$의 오른쪽 분지에 놓여 있다(그림 2.19 참조). 이 경우에 t는 각의 라디안 값은 아니다. 그러나 t는 그림 2.19의 빗금 친 쌍곡선 영역의 넓이의 두 배이다. 마찬가지로 삼각함수인 경우에도 t는 그림 2.18의 빗금 친 부채꼴 영역의 넓이의 두 배이다.

쌍곡선함수들의 도함수는 쉽게 계산된다. 예를 들어 다음과 같다.

$$\frac{d}{dx}(\sinh x)=\frac{d}{dx}\left(\frac{e^x-e^{-x}}{2}\right)=\frac{e^x+e^{-x}}{2}=\cosh x$$

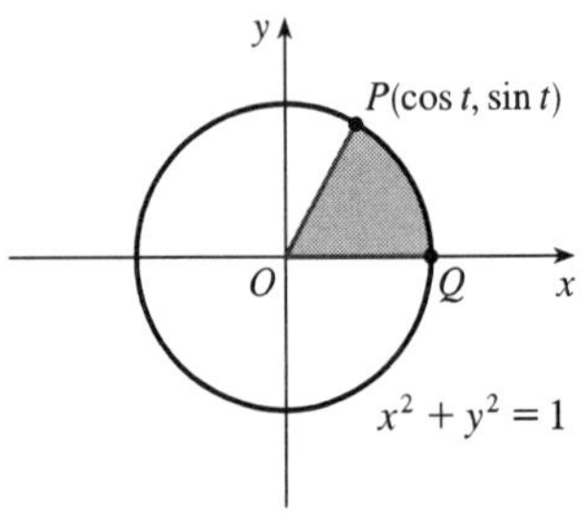

그림 2.18

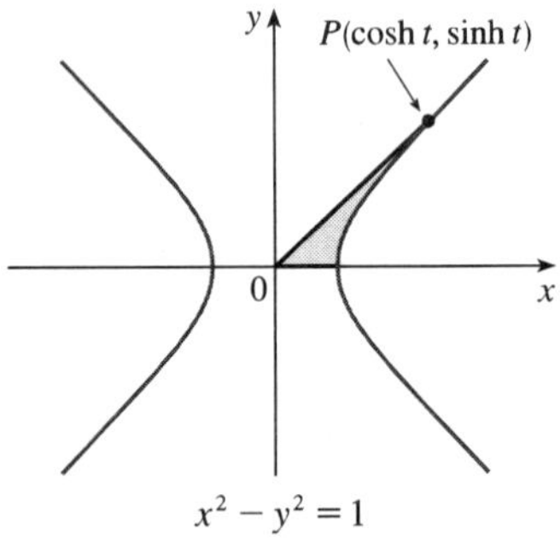

그림 2.19

쌍곡선함수의 도함수는 아래와 같다. 삼각함수들에 대한 미분 공식과 유사하지만 부호에 있어서 좀 다르다는 것을 유의하여라.

쌍곡선함수들의 도함수

$$\frac{d}{dx}(\sinh x)=\cosh x \qquad \frac{d}{dx}(\operatorname{csch} x)=-\operatorname{csch} x\coth x$$

$$\frac{d}{dx}(\cosh x)=\sinh x \qquad \frac{d}{dx}(\operatorname{sech} x)=-\operatorname{sech} x\tanh x$$

$$\frac{d}{dx}(\tanh x)=\operatorname{sech}^2 x \qquad \frac{d}{dx}(\coth x)=-\operatorname{csch}^2 x$$

예제 9 위의 공식들은 연쇄법칙과 결합되어 응용될 수 있다. 예를 들면

$$\frac{d}{dx}(\cosh\sqrt{x})=\sinh\sqrt{x}\cdot\frac{d}{dx}\sqrt{x}=\frac{\sinh\sqrt{x}}{2\sqrt{x}}$$

■■

[역 쌍곡선함수]

그림 2.14와 그림 2.16에서 보듯이 sinh, tanh는 일대일 함수이므로 각각 $\sinh^{-1}$, $\tanh^{-1}$로 표기되는 역함수를 갖는다. 그림 2.15에서 cosh은 일대일 함수가 아님을 알 수 있다. 그러나 정의역을 $[0, \infty)$로 제한하면 일대일 함수가 된다. 역 쌍곡선 코사인함수는 이 제한된 함수의 역함수로 정의된다.

$$y = \sinh^{-1} x \iff \sinh y = x$$
$$y = \cosh^{-1} x \iff \cosh y = x \text{이고 } y \geq 0$$
$$y = \tanh^{-1} x \iff \tanh y = x$$

나머지 역 쌍곡선함수도 비슷하게 정의된다.

그림 2.14, 2.15, 2.16을 이용하여 그림 2.20, 2.21, 2.22에서 보는 것처럼 $\sinh^{-1}$, $\cosh^{-1}$, $\tanh^{-1}$의 그래프를 그릴 수 있다.

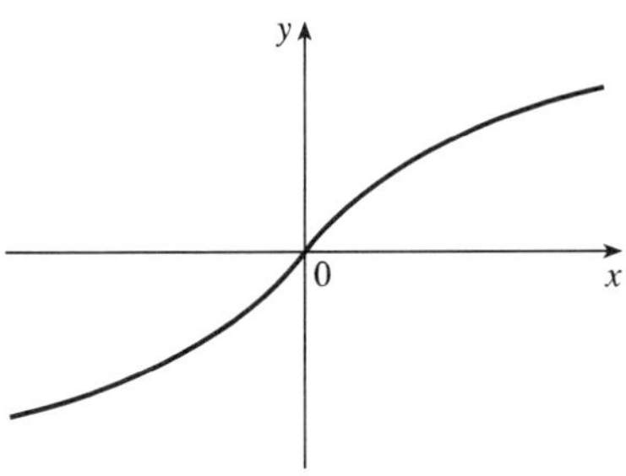

그림 2.20

$y = \sinh^{-1}x$

정의역$=\mathbf{R}$, 치역$=\mathbf{R}$

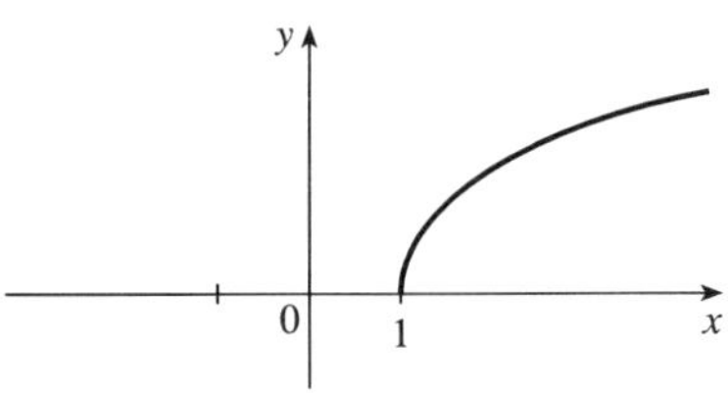

그림 2.21

$y = \cosh^{-1}x$

정의역$=[1, \infty)$, 치역$=[0, \infty)$

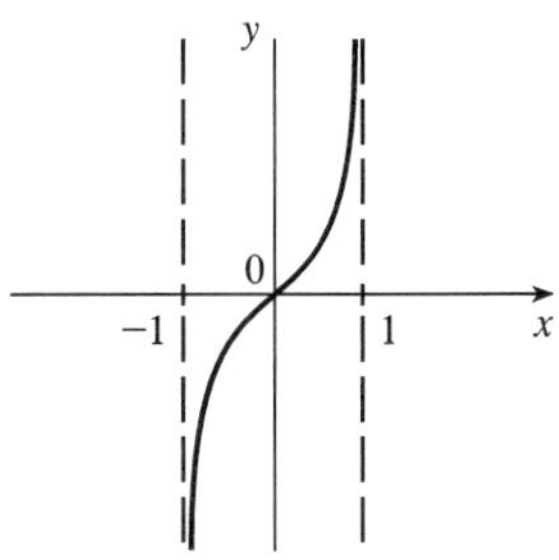

그림 2.22

$y = \tanh^{-1}x$

정의역$=(-1, 1)$, 치역$=\mathbf{R}$

쌍곡선함수들은 지수함수에 의하여 정의되므로 그의 역함수 역시 로그함수로 표현될 수 있다는 사실은 놀랄 만한 일이 아니다.

$$\sinh^{-1} x = \ln(x + \sqrt{x^2 + 1}), \quad x \in \mathbf{R}$$
$$\cosh^{-1} x = \ln(x + \sqrt{x^2 - 1}), \quad x \geq 1$$
$$\tanh^{-1} x = \frac{1}{2} \ln\left(\frac{1+x}{1-x}\right), \quad -1 < x < 1$$

예제 10 $\sinh^{-1} x = \ln(x + \sqrt{x^2+1})$임을 보여라.

풀이 $y = \sinh^{-1} x$라 놓으면

$$x = \sinh y = \frac{e^y - e^{-y}}{2}$$

그러므로 $e^y - 2x - e^{-y} = 0$이고 양변에 e^y를 곱하면 $e^{2y} - 2xe^y - 1 = 0$이다. 이것은 e^y에 관한 이차방정식이다. 즉

$$(e^y)^2 - 2x(e^y) - 1 = 0$$

이다. 근의 공식에 의하여

$$e^y = \frac{2x \pm \sqrt{4x^2+4}}{2} = x \pm \sqrt{x^2+1}$$

여기서 $e^y > 0$이다. 그런데 $x < \sqrt{x^2+1}$이므로 $x - \sqrt{x^2+1} < 0$이다. 따라서

$$e^y = x + \sqrt{x^2+1}$$

이다. 그러므로 $y = \ln(e^y) = \ln(x + \sqrt{x^2+1})$이다. ■

역 쌍곡선함수의 도함수

$$\frac{d}{dx}(\sinh^{-1} x) = \frac{1}{\sqrt{1+x^2}} \qquad \frac{d}{dx}(\operatorname{csch}^{-1} x) = -\frac{1}{|x|\sqrt{x^2+1}}$$

$$\frac{d}{dx}(\cosh^{-1} x) = \frac{1}{\sqrt{x^2-1}} \qquad \frac{d}{dx}(\operatorname{sech}^{-1} x) = -\frac{1}{x\sqrt{1-x^2}}$$

$$\frac{d}{dx}(\tanh^{-1} x) = \frac{1}{1-x^2} \qquad \frac{d}{dx}(\coth^{-1} x) = \frac{1}{1-x^2}$$

주 $\tanh^{-1} x$와 $\coth^{-1} x$의 도함수는 동일하나 이 함수들의 정의역은 공통부분을 가지지 않는다. 즉 $\tanh^{-1} x$는 $|x| < 1$ 위에서 $\coth^{-1} x$는 $|x| > 1$위에서 각각 정의된다.

쌍곡선함수가 미분가능하므로 역 쌍곡선함수도 미분가능하다. 위의 공식은 역함수에 대한 방법 또는 로그함수의 미분법에 의하여 증명할 수 있다.

예제 11 $\dfrac{d}{dx}(\sinh^{-1}x) = \dfrac{1}{\sqrt{1+x^2}}$ 을 증명하여라.

풀이 방법 1 : $y=\sinh^{-1}x$ 라 놓으면, $\sinh y = x$ 이다. 음함수의 미분법에 의하여 이 식을 x 에 관하여 미분하면,

$$\cosh y \frac{dy}{dx} = 1$$

$\cosh^2 y - \sinh^2 y = 1$ 이고 $\cosh y \ge 0$ 이므로 $\cosh y = \sqrt{1+\sinh^2 y}$ 이다. 따라서

$$\frac{dy}{dx} = \frac{1}{\cosh y} = \frac{1}{\sqrt{1+\sinh^2 y}} = \frac{1}{\sqrt{1+x^2}}$$

방법 2 : 로그함수의 미분법에 의하여

$$\begin{aligned}\frac{d}{dx}(\sinh^{-1}x) = \frac{d}{dx}\ln(x+\sqrt{x^2+1}) &= \frac{1}{(x+\sqrt{x^2+1})}\frac{d}{dx}(x+\sqrt{x^2+1}) \\ &= \frac{1}{x+\sqrt{x^2+1}}\left(1+\frac{x}{\sqrt{x^2+1}}\right) \\ &= \frac{\sqrt{x^2+1}+x}{(x+\sqrt{x^2+1})\sqrt{x^2+1}} \\ &= \frac{1}{\sqrt{x^2+1}}\end{aligned}$$

■■

연 습 문 제 2.4

1. 다음 함수의 도함수 $\dfrac{dy}{dx}$ 를 구하여라.

(1) $x^2 + x^2y^2 + y^3 - 3 = 0$

(2) $(x+y)^2 - 2ay = 0$

(3) $\sqrt{x} + \sqrt{y} = \sqrt{a}$

(4) $\sec y - \tan x = 0$

(5) $y - \cos(xy^2) = 0$

2. x, y가 t의 미분가능한 함수라고 하자. 주어진 함수에서 $\dfrac{dy}{dt}$를 x, y, $\dfrac{dx}{dt}$로 나타내어라.

(1) $y^2 - x^2 = 4$ (2) $y - \cos xy^2 = 0$

3. 곡선 $x^3 + y^3 = 9$ 위의 점 (1, 2)에서 접선과 법선의 방정식을 구하여라.

4. $y = xf(x)$이면 $\dfrac{d^n y}{dx^n} = xf^{(n)}(x) + nf^{(n-1)}(x)$임을 보여라.

5. 다음 함수가 역함수를 갖는 구간을 구하여라.

(1) $f(x) = x^2 - 4$ (2) $f(x) = x^3 - 5x + 1$

(3) $f(x) = \dfrac{1}{1+u^2}$ (4) $f(x) = \tan x$

6. 다음 함수들의 $\dfrac{dx}{dy}$를 구하여라.

(1) $y = x^9 + 7x$ (2) $y = \ln(x^3 + 1)$

(3) $y = \sin x$, $\left(-\dfrac{\pi}{2} < x < \dfrac{\pi}{2}\right)$ (4) $y = x + \cos x$

7. 다음 함수들의 도함수를 구하여라.

(1) $f(x) = e^{4x}$ (2) $f(x) = a^x \sin bx$

(3) $f(x) = 3^{5x-7}$ (4) $f(x) = \arccos(-3x)$

(5) $f(x) = \operatorname{arcsec}(\ln x)$, $x > e$ (6) $f(x) = \operatorname{sech}\sqrt{x}$

(7) $f(x) = \sinh^2 \sqrt{1-x^2}$

2.5 변화율

한 물체가 직선 L을 따라 운동을 하고 있다고 하자. 직선 L 상에 좌표계를 도입하여 시간이 0일 때 물체의 위치를 원점 O로 잡고, 시간이 t만큼 경과했을 때 물체의 위치의 좌표를 $f(t)$라 표시하자(그림 2.23).

그림 2.23

$$\frac{f(t_1)-f(t_0)}{t_1-t_0}$$

를 물체의 $t=t_0$에서 $t=t_1$까지의 **평균속도**(average velocity)라 한다.

> **정의 2.14** 한 직선을 따라 물체가 움직일 때 시간 t에서의 물체의 좌표를 $f(t)$로 나타내자. 만약 극한값
>
> $$\lim_{t \to t_0} \frac{f(t)-f(t_0)}{t-t_0}$$
>
> 가 존재하면, 이 값을 $v(t_0)$로 표시하고 시간 t_0에서 물체의 **속도**(velocity)라고 한다. 즉
>
> $$v(t_0)=f'(t_0)$$
>
> 이다. 또한, 속도의 절대값을 **속력**(speed)이라고 한다.

> **정의 2.15** 한 직선을 따라 물체가 움직일 때 시간 t에서의 물체의 속도를 $v(t)$라 하자. 만약 극한값
>
> $$\lim_{t \to t_0} \frac{v(t)-v(t_0)}{t-t_0}$$
>
> 가 존재하면, 이 값을 $a(t_0)$로 표시하고 시간 t_0에서의 물체의 **가속도**(acceleration)라 한다. 즉
>
> $$a(t_0)=v'(t_0)$$
>
> 이다.

위의 속도와 가속도에서 도함수는 변화율을 나타냄을 알 수 있다. 사실 f가 점 a에서 미분가능한 임의의 함수라면 $f'(a)$는 a에서 f의 변화율로 생각할 수가 있다.

예제 1 $f(t)=t^3-3t-5$에서 $t=2$일 때의 속도, 가속도를 구하여라.

풀이 속도는 $v(t)=f'(t)=3t^2-3$이므로, $v(2)=3\cdot 2^2-3=9$이다. 가속도는 $a(t)=v'(t)=6t$이므로, $a(2)=12$이다. ■■

한 물체가 중력의 힘만을 받는다고 하자. 시간 $t=0$초일 때 물체의 높이는 지면으로부터 $h_0$ft 위에 있고, 그때 속도는 v_0 ft/sec라 하면, 시간 t초일 때 물체의 지면으로부터의 높이 $h(t)$는 다음의 식으로 주어진다.

$$h(t)=-16t^2+v_0t+h_0$$

여기서, $t=0$에서 물체가 위로 움직이면 $v_0>0$이고, 아래로 움직이면 $v_0<0$이다.

예제 2 지상으로부터 400 ft인 건물의 옥상에서 공을 떨어뜨린다고 하자. 3초 후, 공의 속도와 가속도를 구하여라.

풀이 시간 $t=0$일 때 높이 $h_0=400$ (ft), 속도 $v_0=0$ (ft/sec)이므로 지상으로부터 물체의 높이는

$$h(t)=-16t^2+0\mathrm{t}+400=400-16\mathrm{t}^2\,(\mathrm{ft})$$

로 주어진다. 속도 $v(t)=h'(t)=-32t$이므로

$$v(3)=-96\ (\mathrm{ft/sec})$$

이다. $v(3)<0$이므로 공의 운동방향이 아래로 향한다는 것을 알 수 있다. 가속도는 $a(t)=v'(t)=-32$이므로

$$a(3)=-32\ (\mathrm{ft/sec^2})$$

이다. ■■

예제 3 높이 96 ft인 건물의 옥상에서 초속 80 ft/sec로 위로 공을 던졌을 때

(a) 최고점에 도달하는 데 걸리는 시간

(b) 최고점까지의 높이

(c) 공이 지면에 닿는 순간의 속도

를 구하여라.

풀이 $t=0$일 때 높이 $h_0=96\ (\mathrm{ft})$, 속도 $v_0=80\ (\mathrm{ft/sec})$이므로 지면으로부터 높이는

$$h(t)=-16t^2+80t+96$$

이다. t초 경과했을 때의 속도는

$$v(t)=-32t+80$$

이다.

(a) 최고점에서는 $v=0$이므로, $v(t)=-32t+80=0$인 t를 구하면 $t=\frac{80}{32}=\frac{5}{2}\ (\mathrm{sec})$이다.

(b) $t=\frac{5}{2}$일 때 지면으로부터 높이는 $h\left(\frac{5}{2}\right)=-16\cdot\left(\frac{5}{2}\right)^2+80\cdot\frac{5}{2}+96=196\ (\mathrm{ft})$이고, 옥상으로부터의 높이는 100 ft이다.

(c) 지면으로부터 높이 $h(t)=0$이면 공이 지면에 닿는다. $h(t)=-16t^2+80t+96=0$인 t를 구하면, $t-5t-6=0$ 또는 $(t-6)(t+1)=0$이어야 하므로 $t=6,\ -1$이다. $t>0$이므로 $t=6$에서의 속도 $v(6)$을 구하면 된다. 따라서 공이 지면에 닿는 순간의 속도는 $v(6)=(-32)\cdot 6+80=-112\ (\mathrm{ft/sec})$이다. $v(6)<0$인 것은 공의 운동 방향이 아래로 향한다는 것을 의미한다. ■■

만약 두 개 이상의 시간에 관한 변수가 다시 함수관계를 갖고 있다면, 그 변수들의 시간에 대한 변화율도 자연히 함수관계를 갖게 된다. 이제 도함수를 이용하여 그러한 문제를 다루어보자.

예제 4 기구(spherical balloon)에 매분마다 10(cubic inch)의 공기를 넣어 부풀리고 있다. 기구의 반경이 5(inches)일 때 반경의 증가율을 구하여라.

풀이 시간 t분에서의 기구의 반경을 r, 부피를 V라 하면

$$V=\frac{4}{3}\pi r^3$$

이다. 양변을 t에 관하여 미분하면

$$\frac{dV}{dt}=4\pi r^2\frac{dr}{dt} \quad \text{또는} \quad \frac{dr}{dt}=\frac{1}{4\pi r^2}\frac{dV}{dt}$$

이다. 가정에 의하여 $\frac{dV}{dt} = 10$ (cubic inch/min)이므로, $r = 5$ (inches)일 때 시간 $t = t_0$ 에서

$$\left.\frac{dr}{dt}\right|_{t=t_0} = \frac{1}{4\pi \cdot 5^2} \cdot 10 = \frac{1}{10\pi} \text{ (inch/min)}$$

이다. 그러므로 반경이 5 (inches)일 때 반경은 분당 $\frac{1}{10\pi}$ (inch)의 비율로 증가하고 있다.

■■

예제 5 13 ft 길이의 사다리가 건물벽에 그림 2.24와 같이 기대어 있다. 만약 사다리의 땅에 닿아 있는 다리가 벽으로부터 매초 3 ft의 속도로 계속 멀어져 간다면, 사다리의 다리가 벽으로부터 5 ft 떨어져 있을 때 사다리의 꼭지점은 얼마나 빠른 속도로 아래로 미끄러지고 있는가?

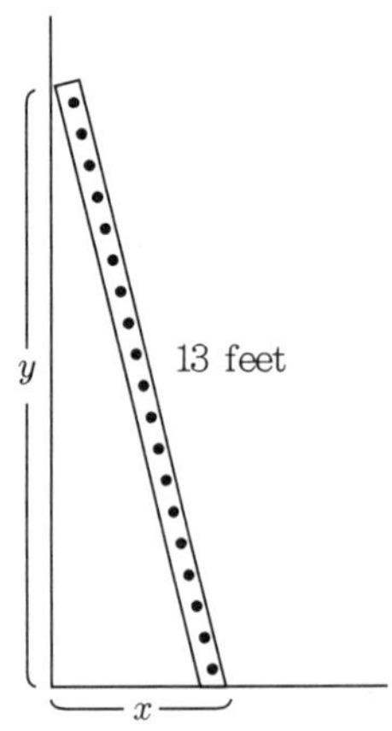

그림 2.24

풀이 임의의 시간 t에 대하여 벽과 사다리의 다리 사이의 거리를 x라 하고, 사다리의 꼭지점의 높이를 y라고 하자. 피타고라스 정리에 의하여

$$x^2 + y^2 = 13^2 = 169$$

이다. 양변을 t에 관하여 미분하면

$$2x\frac{dx}{dt} + 2y\frac{dy}{2t} = 0$$

을 얻는다. $\frac{dy}{dt}$를 구하면

$$\frac{dy}{dt}=\left(-\frac{x}{y}\right)\frac{dx}{dt}$$

이다. $x=5$일 때 y값을 구해보면

$$y^2=169-x^2=169-5^2=144$$

이므로, $y=12\ (y>0)$이다. 가정에 의하여 $\frac{dx}{dt}=3$ (ft/sec)이므로 $x=5$일 때 시간 $t=t_0$에서

$$\left.\frac{dy}{dt}\right|_{t=t_0}=\left(-\frac{5}{12}\right)\cdot(3)=-\frac{5}{4}\ \text{(ft/sec)}$$

이다. 그러므로 다리가 벽으로부터 5 (ft)거리일 때 사다리의 꼭지점은 $\frac{5}{4}$ (ft/sec)의 속도로 아래로 미끄러지고 있다. ■■

예제 6 그림 2.25와 같이 직원뿔의 종이컵에 $\frac{2}{3}$ (cubic inch/sec)의 속도로 물이 들어가고 있다. 컵의 높이는 6 (inches)이고, 컵의 윗면의 반경은 2 (inches)라고 하자. 물의 깊이가 4 (inches)일 때 물의 상승하는 속도를 구하여라.

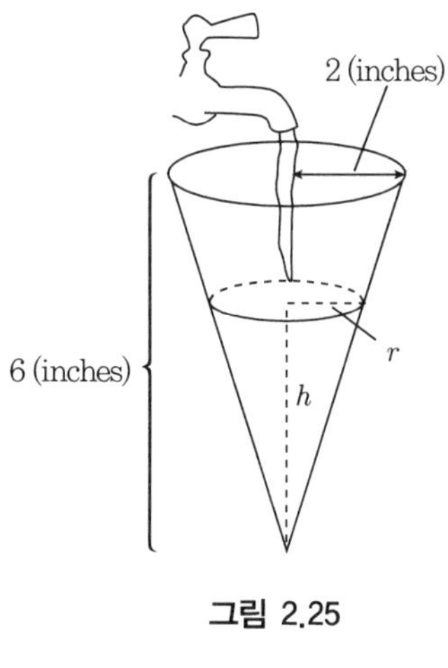

그림 2.25

풀이 시간 t에 대하여 물의 높이를 h라 하고, 물의 부피를 V, 물의 윗면의 반경을 r이라 하자. 직원뿔의 부피 V는

$$V=\frac{1}{3}\pi r^2 h$$

이다. 삼각형의 닮음비에 의하여

$$\frac{r}{h}=\frac{2}{6}$$

이므로 $r=\frac{h}{3}$이다. V를 h에 의한 식으로 바꿔주면

$$V=\frac{1}{3}\pi r^2 h=\frac{1}{3}\pi\left(\frac{h}{3}\right)^2 h=\frac{\pi}{27}h^3$$

이다. t에 관하여 양변을 미분하면

$$\frac{dV}{dt}=\frac{\pi}{27}(3h^2)\frac{dh}{dt}=\frac{\pi h^2}{9}\frac{dh}{dt}$$

$$\frac{dh}{dt}=\frac{9}{\pi h^2}\frac{dV}{dt}$$

를 얻는다. 따라서 $\frac{dV}{dt}=\frac{2}{3}$, $h=4$일 때

$$\frac{dh}{dt}=\frac{9}{\pi\cdot 4^2}\cdot\frac{2}{3}=\frac{3}{8\pi}$$

이다. 그러므로 물의 길이가 4 (inches)일 때 물의 높이는 매초 $\frac{3}{8\pi}$ (inches)의 비율로 상승한다. ■■

예제 7 20 ft 높이의 전주에 가로등이 걸려 있다. 지금 어떤 사람이 5 ft/sec의 속도로 가로등을 향해 걸어오고 있다. 사람의 키가 6 ft라면, 전주의 밑으로부터 24 ft인 지점을 지날 때 그림자의 길이의 변화율을 구하여라.

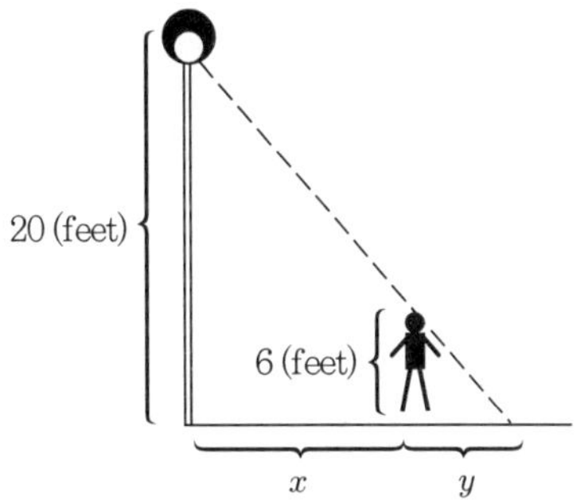

그림 2.26

풀이 사람과 전주와의 거리를 x라 하고 사람의 그림자 길이를 y라고 하자(그림 2.26). $x=24$일 때의 시간 $t=t_0$에서

$$\left.\frac{dy}{dt}\right|_{t=t_0}$$

를 구하면 된다. 삼각형의 닮음비에 의하여

$$\frac{x+y}{20}=\frac{y}{6}$$
$$6x+6y=20y$$
$$y=\frac{3}{7}x$$

이다. 양변을 t에 관하여 미분하면

$$\frac{dy}{dt}=\frac{3}{7}\frac{dx}{dt}$$

를 얻는다. 가정에 의하여 $\frac{dx}{dt}=-5$ (ft/sec)이므로

$$\frac{dy}{dt}=\frac{3}{7}(-5)=-\frac{15}{7}$$

이다. 그러므로 사람의 그림자의 길이는 $x=24$ (ft)일 때 시간 t_0에서 $\frac{15}{7}$ (ft/sec)의 속도로 줄어들고 있다. ■■

연 습 문 제 2.5

1. $f(t)=t^3-5t^2+5t-3$에서 $t=2$일 때의 속도, 가속도를 구하여라.

2. 두 물체의 시간 t에서의 위치가 각각 $f_1(t)=t^3-t$, $f_2(t)=6t^2-t^3$이다. 두 물체의 가속도가 같을 때 그들의 속도를 구하여라.

3. 수직상방 10000 ft까지 총알을 쏘아 올리는 데 필요한 초속을 구하여라.

4. 64ft의 높이에서 공 하나를 초속 24 ft/sec로 수직상방으로 던졌다. 또, 1초 후에 같은 높이에서 다른 공 하나를 떨어뜨릴 때 지상 몇 ft에서 두 공이 서로 만나겠느냐?

5. 기구(spherical balloon)를 부풀리고 있다. 부피 V가 10 (cubic inches)보다 더 클 때 기구는 분당 $\frac{8}{V}$ 비율로 부풀어지고 있다. 반경이 2 (inches)일 때 기구의 반경의 증가율은 얼마인가?

6. 기구의 반경이 $\frac{1}{2}$ inch/min의 속도로 줄어들고 있다. 반경이 4 (inches)일 때 부피의 변화율을 구하여라.

7. 반경이 3 m인 원 $x^2+y^2=9$ 위를 움직이는 점이 있다. 점 $(-\sqrt{3},\ \sqrt{6})$에서 x좌표는 2 m/sec의 속도로 증가한다. 이때 y좌표의 변화율을 구하여라.

8. 원의 넓이가 반경이 3 m일 때 5 m^2/sec로 줄어들고 있다. 이 순간에 반경이 줄어드는 속도를 구하여라. 또, 지름이 줄어드는 속도를 구해서 비교하여라.

9. 그림 2.27과 같은 직원뿔형 필터를 통해 부정한 액체를 여과하려고 한다. 이 직원뿔의 높이는 40 cm이며 윗면의 반경은 10 cm이다. 만약 여과된 액체가 밑으로 떨어지는 분속이 25 cm^3/min이면 액체면의 높이가 20 cm일 때 액체면이 내려가는 속도를 구하여라.

10. 그림 2.28에서 보는 바와 같이 발사된 로켓이 1200 m 높이에서 초속 260 (m/sec)로 수직으로 상승하고 있다면 카메라로부터 로켓까지의 거리는 그 순간에 어떤 초속으로 멀어져 가겠는가?

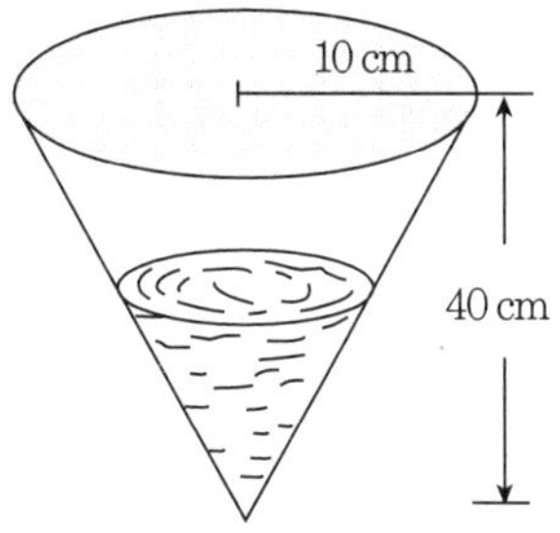

그림 2.27

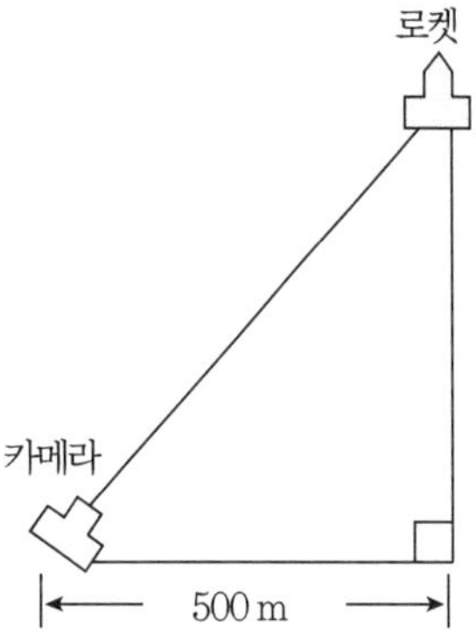

그림 2.28

2.6 미분과 근사값

접선과 도함수는 아주 밀접한 관계가 있다는 것을 2.1절에서 알 수 있었다. 정확한 함수값을 계산하기가 불가능하거나 어려운 경우에는 위의 관계를 이용하여 함수의 근사값을 구할 수 있다.

[접선 근사식]

함수 f가 a에서 미분가능하다고 하자. 그러면 함수 f가 $x=a$에서 미분계수 $f'(a)$를 갖게 된다. 그런데

$$\lim_{x\to a}\frac{f(x)-f(a)}{x-a}=f'(a)$$

이므로

$$x\to a\text{이면 }\frac{f(x)-f(a)}{x-a}\to f'(a)$$

이다. 즉

$$\begin{aligned} x\to a\text{이면 } & f(x)-f(a)\to f'(a)(x-a) \\ \text{또는 } & f(x)\to f(a)+f'(a)(x-a) \end{aligned}$$

이다. 따라서 x가 a에 매우 가깝게 접근할 때 $f(x)$는 근사적으로 $f(a)+f'(a)(x-a)$와 같게 된다. 이것을

$$f(x) \approx f(a) + f'(a)(x-a)$$

와 같이 나타낸다. 만약 $x = a + h$로 놓으면 $x \to a$일 때 $h \to 0$이므로 h가 충분히 0에 가깝게 접근하면

$$f(a+h) \approx f(a) + f'(a)h$$

이다. 이것을 **접선 근사식**(tangent line approximation)이라 한다(그림 2.29).

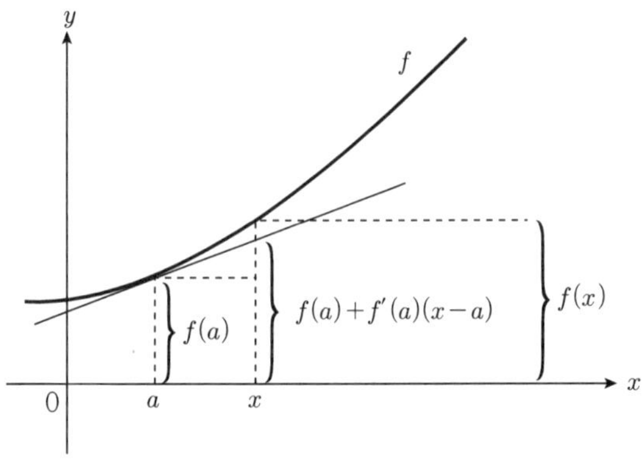

그림 2.29

접선 근사식은 주어진 함수의 특정한 점($x = a + h$)에서의 함수값($f(a+h)$)을 구하기 힘들 때 그 근방에 있는 점($x = a$)에서의 함수값 $f(a)$을 이용하여 $f(a+h)$의 근사값을 구하는데 유용하게 이용될 수 있다.

예제 1 접선 근사식으로 $\sqrt{8.5}$의 근사값을 구하여라.

풀이 $f(x) = \sqrt{x}$라 놓고 $f(8.5) = \sqrt{8.5}$를 구하자. $a = 9$, $h = -0.5$로 놓고 접선 근사식

$$f(a+h) \approx f(a) + f'(a)h$$

를 이용하자. 그러면

$$f(8.5) = f(9 + (-0.5)) \approx f(9) + f'(9)(-0.5)$$

이다. $f(9) = \sqrt{9} = 3$이고, $f'(x) = \dfrac{1}{2\sqrt{x}}$이므로 $f'(9) = \dfrac{1}{2\sqrt{9}} = \dfrac{1}{6}$이다. 그러므로

$$\sqrt{8.5} = f(8.5) \approx f(9) + f'(9)(-0.5) = 3 + \frac{1}{6}(-0.5) \approx 2.91667$$

을 얻는다. $\sqrt{8.5}$의 근사값 2.91667은 실제의 값 2.91548⋯과 소수 다섯째 자리까지만 비교하면 대략 0.00119의 오차만 갖는다. ■■

[미분]

함수 f가 미분가능한 함수라고 하자. 위에서 유도한 접선 근사식에서 a 대신 f의 정의역 내의 임의의 x로 바꿔주면

$$f(x+h) \approx f(x)+f'(x)h \text{ 또는 } f(x+h)-f(x) \approx f'(x)h$$

를 얻는다. x가 h만큼 변할 때 위의 식에서 $f(x+h)-f(x)$는 f의 실제로 변한 값을 나타낸다. 위의 식에서 $f'(x)h$를(증분 h를 갖는 x에서) f의 **미분**(differential of f)이라 하고, df로 나타낸다. 즉

$$df = f'(x)h$$

이다(그림 2.30). 만약 $g(x)=x$라 하면

$$dx = dg = g'(x)h = h$$

이다. 따라서 f의 미분 df를 다시 표현하면

$$df = f'(x)dx$$

가 되고 함수 $y=f(x)$라면

$$dy = f'(x)dx$$

가 된다.

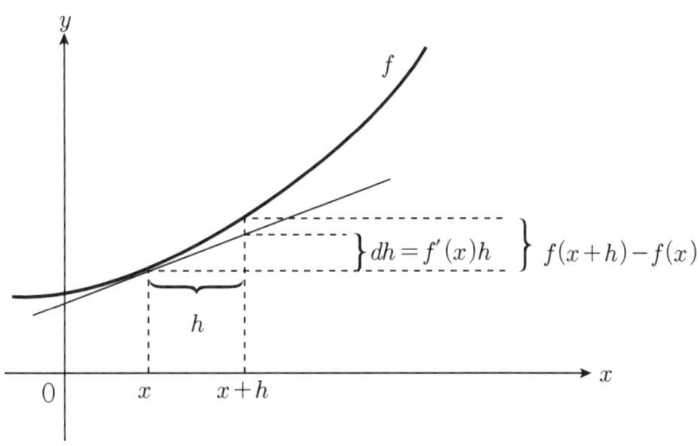

그림 2.30

u가 x에 의존하는 변수라면

$$du = u'(x)dx = \left(\frac{du}{dx}\right)dx$$

이다. u, v를 x에 대한 함수라고 하자. 즉 $u = f(x)$, $v = g(x)$라 하면, 미분의 정의에 의해

$$du = f'(x)dx, \quad dv = g'(x)dx$$

가 된다. 따라서

$$\begin{aligned} d(u+v) &= d(f(x)+g(x)) \\ &= (f(x)+g(x))'dx \\ &= (f'(x)+g'(x))\,dx \\ &= f'(x)dx + g'(x)dx \\ &= du + dv \end{aligned}$$

이다. 마찬가지 방법으로 다음이 성립함을 증명할 수 있다.

$$d(uv) = v\,du + u\,dv$$

$$d(cu) = c\,du$$

$$d\left(\frac{u}{v}\right) = \frac{v\,du - u\,dv}{v^2}$$

예제 2 다음의 미분을 구하여라.

(a) $u = x^2$ (b) $v = x\sin x$

풀이 (a) $du = 2x\,dx$

(b) $dv = (\sin x + x\cos x)\,dx$ ■■

미분의 기호를 써서 접선 근사식을 쓰면

$$f(x+h) \approx f(x) + df \quad 또는 \quad f(x+dx) \approx f(x) + df$$

이다.

예제 3 $\sin\dfrac{7\pi}{36}$의 근사값을 구하여라.

풀이 $f(x)=\sin x$라 하면 $f\left(\dfrac{\pi}{6}\right)$, $f'\left(\dfrac{\pi}{6}\right)$는 구하기가 쉽다. 따라서 $x=\dfrac{\pi}{6}$, $dx=\dfrac{\pi}{36}$로 놓고 접선 근사식

$$f(x+dx)\approx f(x)+df$$

를 이용하자. 미분 df를 계산하면

$$df=f'(x)dx=\left(\cos\frac{\pi}{6}\right)\left(\frac{\pi}{36}\right)=\frac{\sqrt{3}}{2}\cdot\frac{\pi}{36}\approx 0.075575$$

이다. 그러므로

$$\begin{aligned}\sin\frac{7\pi}{36}&=f\left(\frac{7\pi}{36}\right)=f\left(\frac{\pi}{6}+\frac{\pi}{36}\right)\approx f\left(\frac{\pi}{6}\right)+df\\&=0.5+df\approx 0.5+0.075575=0.575575\end{aligned}$$

이다. $\sin\dfrac{7}{36}\pi$의 실제값은 $0.573576\cdots$이므로 근사값 0.575575와의 오차는 대략 0.002보다 작다. ■■

연 습 문 제 2.6

1. 다음 함수의 미분을 구하여라.

(1) $f(x)=5x^3+2$　　(2) $g(x)=\sin(\cos x)$

(3) $u=\sqrt{1+x^4}$

2. 미분을 사용하여 다음의 근사값을 구하여라.

(1) $\sqrt[3]{1.1}$　　(2) $\sqrt{98}$

(3) $\cos\dfrac{11}{36}\pi$　　(4) $f(x)=x^4-2x^3+9x+7\,;\,f(1,\,997)$

미적분학

Chapter 03 미분의 응용

3.1 극대와 극소

수학, 특히 미적분학을 활용하여 해결할 수 있는 중요한 응용분야 중의 하나는 어떤 일을 하는 데 있어서 최적의 방법을 찾는 최적화 문제이다. 이러한 최적화 문제는 다양한 분야에서 제기될 수 있는데 몇 가지 살펴보면 다음과 같다.

- 길이가 정해진 가장 넓은 트랙을 만들기 위해서는 어떻게 해야 하는가?
- 가장 큰 이익을 남기기 위해서 물건의 판매가격을 어떻게 책정해야 하는가?
- 가속도의 영향에 효과적으로 대응해야 하는 우주비행사에게 중요한 우주왕복선의 최대 가속도는 무엇인가?
- 피를 끌어 올릴 때 심장에 의하여 소모되는 에너지를 최소화하기 위한 혈관지류의 각도는 얼마인가?

이러한 문제들은 대개 정해진 영역에서 어떤 함수의 최대값 혹은 최소값을 구하는 문제로 변환된다. 정해진 영역에서 함수 $f(x)$의 최대값과 최소값은 다음과 같이 정의된다.

> **정의 3.1** 함수 $f(x)$가 집합 I에서 정의되어 있고, I 내의 모든 x에 대하여 $f(x) \le f(d)$를 만족하는 d가 I 내에 존재하면 $f(d)$를 I 위에서 $f(x)$의 **최대값**(maximum value)이라 한다. 같은 방법으로, I 내의 모든 x에 대하여 $f(x) \ge f(c)$를 만족하는 c가 I 내에 존재하면 $f(c)$를 I 위에서 $f(x)$의 **최소값**(minimum value)이라 한다(그림 3.1).

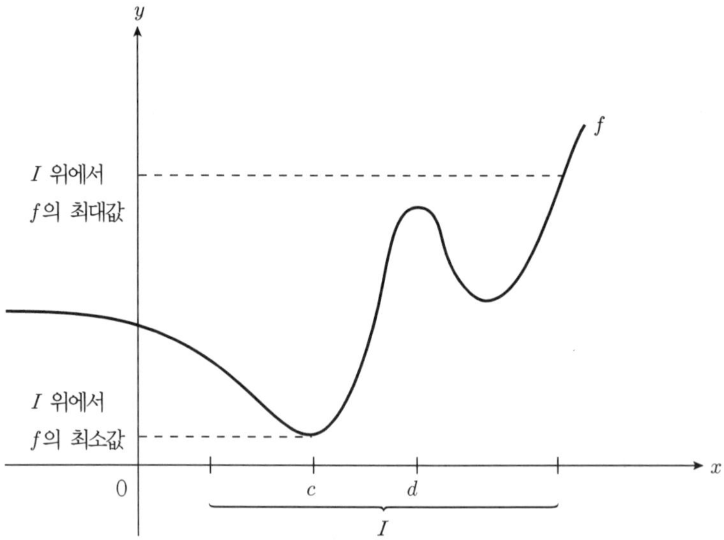

그림 3.1

I가 f의 정의역이면, I 위에서 f의 최대값을 f의 **최대값**이라 하고, I 위에서 f의 최소값을 f의 **최소값**이라 한다.

다음 예제는 모든 함수가 최대값이나 최소값을 갖는 것이 아님을 보여준다.

예제 1

$$f(x)=\begin{cases} x, & 0 \le x < 1 \\ \dfrac{1}{2}, & x=1 \end{cases}$$

으로 정의된 함수의 최대값과 최소값을 구하여라(그림 3.2).

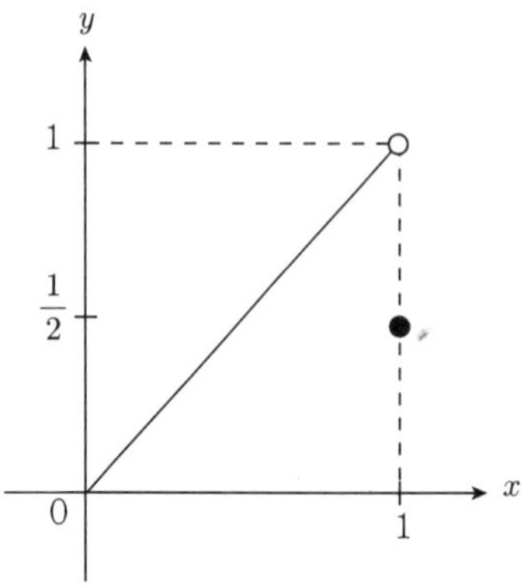

그림 3.2

풀이 함수 $f(x)$의 치역은 $[0, 1)$이므로 $f(x)$의 최소값은 0이고, 최대값은 존재하지 않는다. ■

다음 정리는 폐구간 I 위에서 연속인 함수의 중요한 성질을 나타내고 있다. 이 정리는 실수집합 $\mathbb{R}$의 성질을 이용하여 증명이 되지만 수준이 높으므로 증명은 생략한다.

> **정리 3.2** (최대-최소값 정리)
> 함수 $f(x)$가 폐구간 $[a, b]$에서 연속이라 하자. 그러면 f는 폐구간 $[a, b]$ 위에서 최대값과 최소값을 갖는다.

예를 들면 $f(x) = x - x^3$, $0 \le x \le 1$은 폐구간 $[0, 1]$에서 연속이다. 따라서 최대-최소값 정리에 의하여 폐구간 $[0, 1]$ 위에서 최대값과 최소값을 갖는다.

> **정리 3.3** 함수 $f(x)$가 폐구간 $[a, b]$에서 정의되었다고 하자. 개구간 (a, b) 내의 c에서 미분가능하고, c에서 폐구간 $[a, b]$ 위의 f의 최대값 또는 최소값을 갖는다면, $f'(c) = 0$이다.
> **증명** 부록 3-1

함수 $f(x) = \cos x$는 $x = 2n\pi$ (n : 정수)에 대해서 함수값이 1이 되어 최대값을 가지며 $x = (2n+1)\pi$ (n : 정수)에 대해서는 함수값이 -1이 되어 최소값을 갖는다. 그런데 $f'(x) = -\sin x$이므로 $f(x)$가 최대값이나 최소값을 갖는 점에서는 $f'(x) = 0$이 된다.

한편, $g(x) = |x|$는 $x = 0$에서 최소값을 갖지만 이 점에서 미분가능하지 않다. 즉 $g'(0)$이 존재하지 않는다. 이처럼 주어진 함수가 어떤 점에서 최대값이나 최소값을 갖는 것과 그 함수의 도함수값이 0이거나 존재하지 않는 것은 밀접한 관련이 있다. 그래서 이러한 점을 따로 정의한다.

> **정의 3.4** 함수 $f(x)$가 c를 포함하는 어떤 구간에서 정의되었다고 하자. $f'(c) = 0$이거나 $f'(c)$가 존재하지 않으면, c를 f의 **임계점**(critical point)이라고 한다.

함수 f가 $[a, b]$에서 정의되었다고 하자. f의 최대값과 최소값은 정리 3.3에 의하여 다음의 함수값 중에서 갖게 된다. 구간의 끝점 a, b에서의 함수값 $f(a)$, $f(b)$를 구하고, (a, b) 내의 모든 임계점에서 f의 함수값들을 구하여 놓으면 그 중에서 가장 큰 값이 최대값이고 가장 작은 값이 최소값이다.

예제 2 $[0, 1]$에서 $f(x) = x - x^3$의 최대값과 최소값을 구하여라.

풀이 $f(x)$가 [0, 1]에서 연속함수이므로, 최대-최소값 정리에 의하여 최대값과 최소값이 존재한다.

$$f'(x) = 1 - 3x^2$$

에서 $f'(x) = 0$을 만족하는 점은 $x = \pm\dfrac{\sqrt{3}}{3}$이다. 그런데 $-\dfrac{\sqrt{3}}{3} \notin [0, 1]$이므로 [0, 1]에서 f의 임계점은 $\dfrac{\sqrt{3}}{3}$이다.

$$f(0) = 0, \quad f(1) = 0$$

$$f\left(\frac{\sqrt{3}}{3}\right) = \frac{\sqrt{3}}{3} - \left(\frac{\sqrt{3}}{3}\right)^3 = \frac{\sqrt{3}}{3} - \frac{\sqrt{3}}{9} = \frac{2\sqrt{3}}{9}$$

이므로, [0, 1]에서 f의 최대값은 ($x = \dfrac{\sqrt{3}}{3}$에서) $\dfrac{2\sqrt{3}}{9}$이고, 최소값은 ($x = 0$, $x = 1$에서) 0이다(그림 3.3). ■■

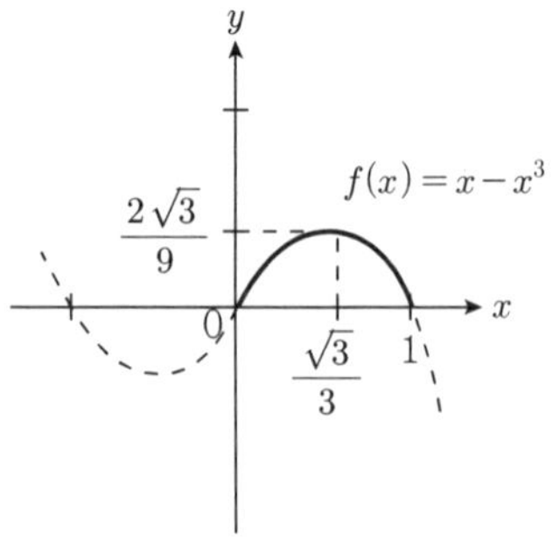

그림 3.3

예제 3 [−1, 1]에서 $f(x) = x^{\frac{2}{3}}$의 최대값과 최소값을 구하여라.

풀이 $f'(x) = \dfrac{2}{3}x^{-\frac{1}{3}} = \dfrac{2}{3\sqrt[3]{x}}$

이므로 $f'(x) = 0$인 x점은 없고, $x = 0$에서 f는 미분가능하지 않다. 따라서 $x = 0$는 f의 임계점이다.

$$f(-1) = 1$$
$$f(0) = 0$$
$$f(1) = 1$$

이므로, $[-1,\ 1]$에서 f의 최대값은 1이고, 최소값은 0이다(그림 3.4). ■■

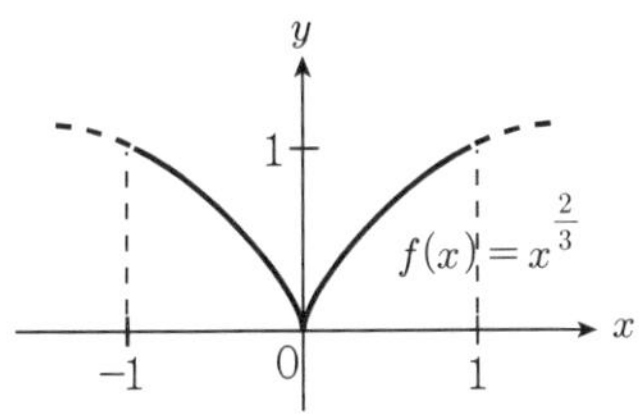

그림 3.4

위의 '예제 2', '예제 3'에서 최대값이나 최소값을 갖는 점은 그 점을 중심으로 하는 근방에서 함수값이 가장 작거나 가장 크다. 어떤 구간의 한 가운데 점에서의 함수값이 최대 혹은 최소가 되기 위해서는 그래프에서 그 점이 볼록하거나 오목한 점 혹은 뾰족한 점이 됨을 알 수 있다. 양 끝점을 제외하고는 이러한 점에서 최대, 최소가 존재하므로 이러한 점에서의 함수값을 다음과 같이 정의한다.

> **정의 3.5** $\delta > 0$이 존재하여 구간 $[c-\delta,\ c+\delta]$에서 f의 최대값이 $f(c)$이면 함수 f는 c에서 **극대값**(relative maximum value) $f(c)$를 갖는다고 한다. 같은 방법으로 $\delta > 0$이 존재하여 $[c-\delta,\ c+\delta]$에서 f의 최소값이 $f(c)$이면 함수 f는 c에서 **극소값**(relative minimum value) $f(c)$를 갖는다고 한다. 극대값과 극소값을 통틀어 **극값**(relative extreme value)이라 한다(그림 3.5).

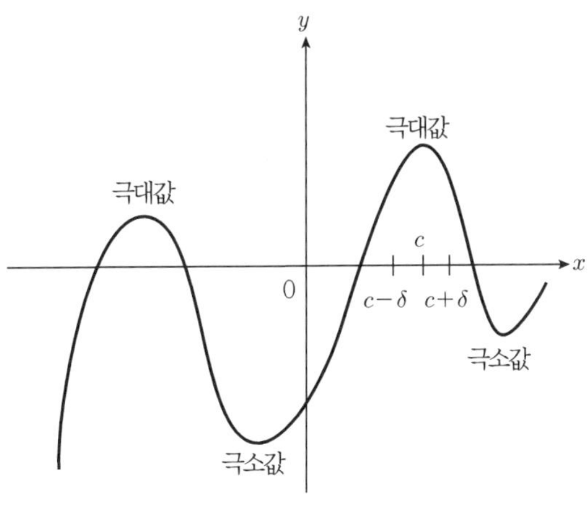

그림 3.5

정의 3.5에 의하여 f가 c에서 극대값 또는 극소값을 갖게 되면 f는 구간 $[c-\delta,\ c+\delta]$에서 정의되어 있다는 것을 알 수 있다. 또한, 정리 3.3과 정의 3.5에 의하여 f가 c에서 극대값 또는 극소값을 갖게 되면 c는 f의 임계점이다.

예제 4 함수 $f(x)=x^3-3x-2$의 극대값과 극소값을 구하여라.

풀이 모든 x에 대하여 $f'(x)$가 존재하므로 $f'(x)=0$을 만족하는 점에서 극값을 갖는다.

$$f'(x)=3x^2-3=3(x^2-1)=3(x-1)(x+1)$$

이므로 $f'(x)=0$인 점은 $x=1,\ -1$이다. f가 $x=1$에서 극대값 또는 극소값을 갖기 위해서는 $x=1$에서 최대값 또는 최소값을 갖는 1을 포함하는 구간이 존재함을 보여야 한다. $x=-1$에서도 같은 방법으로 한다. $x=1$을 포함하는 구간 [0, 2]를 택하면

$$f(0)=-2,\ f(1)=-4,\ f(2)=0$$

이므로 $f(1)=-4$는 [0, 2]에서 f의 최소값이다. 그러므로 $f(1)=-4$는 f의 극소값이다. 같은 방법으로 하면, $x=-1$을 포함하는 구간 [−2, 0]에서

$$f(-2)=-4,\ f(-1)=0,\ f(0)=-2$$

이므로 $f(-1)=0$은 [−2, 0]에서 f의 최대값이다. 그러므로 $f(-1)=0$은 f의 극대값이다. ■■

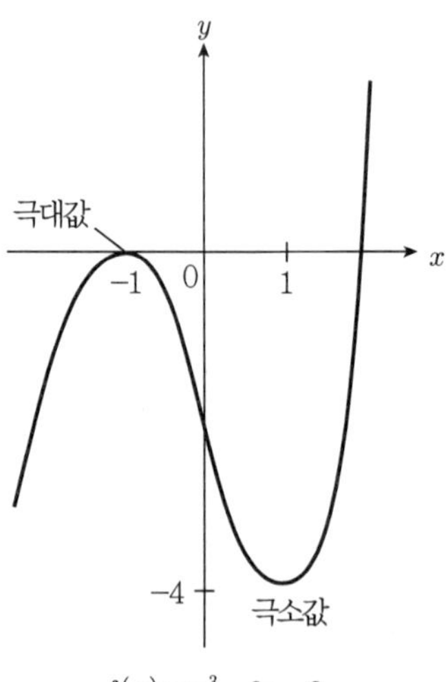

$f(x)=x^3-3x-2$

그림 3.6

연습문제 3.1

1. 다음 주어진 함수의 모든 임계점을 구하여라.

(1) $f(x) = x^2 + 4x + 6$　　(2) $g(x) = x + \dfrac{1}{x}$

(3) $h(x) = 3x^{\frac{2}{5}}$　　(4) $k(x) = x + \sin x$

2. 다음 주어진 함수의 주어진 구간에서 최대값, 최소값을 구하여라.

(1) $f(x) = x - x^3$; $[2, 4]$　　(2) $g(x) = x^3$; $[-1, 1]$

(3) $h(x) = -\dfrac{1}{2x}$; $(0, \infty)$　　(4) $k(x) = \sqrt{1+x^2}$; $[-2, 3]$

3. 다음 주어진 함수의 극대값, 극소값을 구하여라.

(1) $f(x) = x^3 - 3x^2$　　(2) $g(x) = x^5 - 20x$

(3) $h(x) = \sec \pi x$

3.2 평균값 정리와 응용

평균값 정리는 자체적으로도 여러 가지 응용문제를 해결하는데 활용될 수 있지만, 같은 도함수를 갖는 두 함수의 관계를 설명하는데 결정적인 역할을 해서 부정적분 개념을 도입하는데 핵심적인 역도함수를 정의하는 토대를 마련한다. 뿐만 아니라, 주어진 함수의 미분계수를 활용하여 함수값이 어떻게 변화하는지 확인하는 방법을 제공하여 함수 그래프의 개형을 파악할 수 있게 한다. 평균값 정리를 증명하기 위해서는 다음 정리가 필요하다.

정리 3.6 (롤의 정리)[1)]

함수 f가 폐구간 $[a, b]$에서 연속이고, 개구간 (a, b)에서 미분가능하다고 하자. $f(a) = f(b)$이면 (a, b) 내에 적어도 한 점 c가 존재하여

$$f'(c) = 0$$

이다.

1) 롤의 정리는 1691년 프랑스 수학자 Michel Rolle(1652~1719)에 의해 증명되어 그의 이름이 붙여졌다.

증명 f가 상수함수이면, $f'(x)=0$이므로 (a, b) 내의 모든 c에서 $f'(c)=0$이다. f가 상수함수가 아니라고 하자. 그러면 최대-최소값 정리에 의하여 최대값과 최소값이 서로 다르게 존재한다. $f(a)=f(b)$이므로 최대값과 최소값 중에서 적어도 하나는 (a, b) 내의 c에서 갖게 된다. 가정에서 f가 c에서 미분가능하므로 정리 3.3에 의하여 $f'(c)=0$이다.

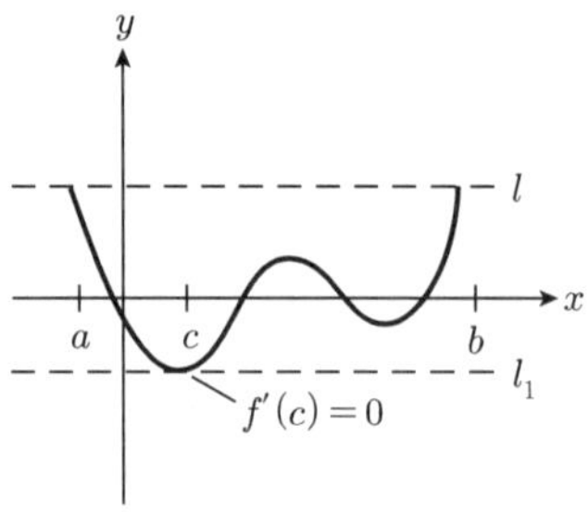

그림 3.7

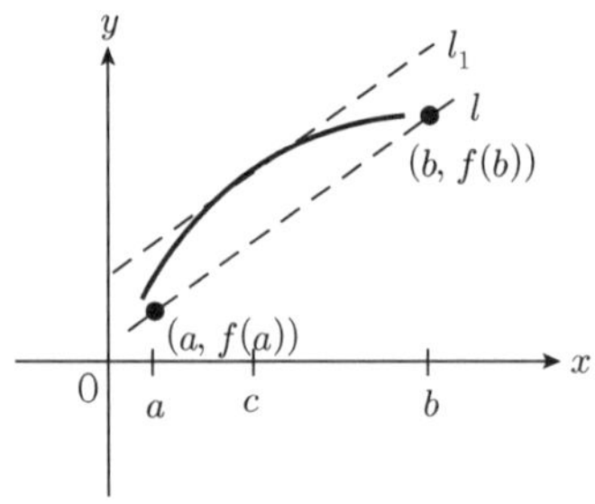

그림 3.8

롤의 정리는 f의 그래프 위에서 접선의 기울기가 0인 어떤 점 $(c, f(c))$가 존재함을 말한다. $(a, f(a))$, $(b, f(b))$를 지나는 직선을 l이라 하면, $f(a)=f(b)$이므로 l은 수평직선이다. c에서의 접선을 l_1이라고 하면 l과 l_1은 평행이다(그림 3.7).

여기에서 $f(a) \neq f(b)$인 경우를 생각해보자. 두 점 $(a, f(a))$, $(b, f(b))$를 지나는 직선을 l이라 할 때, l과 기울기가 같은 직선을 접선으로 갖는 점 c가 (a, b) 내에 존재할 것인가 (그림 3.8)? 이에 대한 답은 다음의 평균값 정리에 의하여 알 수 있다.

정리 3.7 (평균값 정리)[2)]

f가 $[a, b]$에서 연속이고, (a, b)에서 미분가능하다고 하면

$$f'(c)=\frac{f(b)-f(a)}{b-a}$$

를 만족하는 점 c가 (a, b) 내에 적어도 하나 존재한다.

증명 함수 $g(x)$를 다음과 같이 정의하자.

$$g(x)=f(x)-\left[f(a)+\frac{f(b)-f(a)}{b-a}(x-a)\right],\ a \leq x \leq b \text{ (그림 3.9)}$$

2) 평균값 정리는 프랑스 수학자 Joseph-Louis Lagrange(1736~1813)에 의하여 처음으로 주장되었으며 롤의 정리를 이용하여 증명할 수 있다. 이 정리는 롤의 정리와 마찬가지로, 어떤 성질을 만족하는 수가 존재한다는 사실을 보증하지만 그 수를 구하는 방법은 설명하지 않은 존재 정리라고 불리우는 정리의 한 예이다.

그러면 g는 함수 f와 상수함수들과 1차 함수의 결합으로 되어 있으므로 g는 $[a, b]$에서 연속이고, (a, b)에서 미분가능하다. $g(a) = g(b) = 0$이므로 롤의 정리에 의하여

$$g'(c) = 0$$

인 c가 (a, b) 내에 존재한다.

$$g'(x) = f'(x) - \frac{f(b) - f(a)}{b - a}, \quad a < x < b$$

이므로

$$0 = g'(c) = f'(c) - \frac{f(b) - f(a)}{b - a}$$

이다. 따라서

$$f'(c) = \frac{f(b) - f(a)}{b - a}$$

를 만족하는 c가 (a, b) 내에 존재한다.

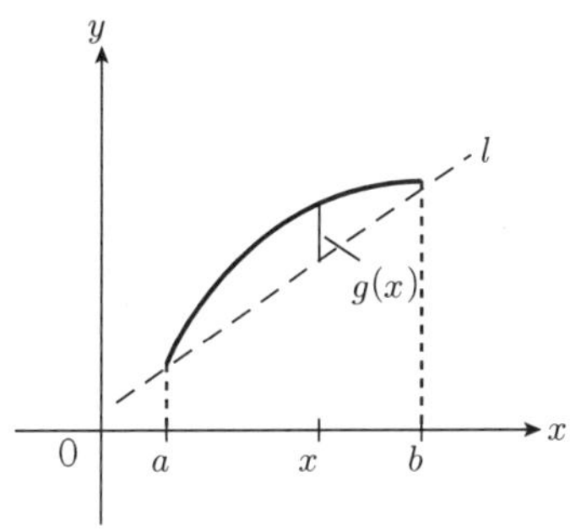

그림 3.9

예제 1 $f(x) = \frac{1}{3}x^3 + 2x$에서 $f'(c) = \frac{f(3) - f(0)}{3 - 0}$를 만족하는 (0, 3) 내의 점 c를 구하여라.

풀이 $f'(x) = x^2 + 2$이고 $\frac{f(3) - f(0)}{3 - 0} = \frac{15 - 0}{3 - 0} = 5$이다.

$c^2 + 2 = 5$이면 $c = \pm\sqrt{3}$ 인데 (0, 3) 내의 c는 $\sqrt{3}$ 이다. ■■

예제 2 어떤 물체가 위치함수 $s = f(t)$를 갖고 직선을 따라 움직이고 있다면 $t = a$와 $t = b$ 사이에

서의 평균속도는

$$\frac{f(b)-f(a)}{b-a}$$

이고 $t=c$에서의 속도는 $f'(c)$이다. 따라서 평균값 정리는 a와 b 사이의 어떤 시각 $t=c$에서의 순간속도 $f'(c)$는 평균속도와 같음을 말해주고 있다. 예를 들어, 자동차가 두 시간 동안 180km를 달렸다면 평균속도가 90km/h이므로 속도계기는 적어도 한 번은 90km/h를 나타내어야 한다. ■■

일반적으로, 평균값 정리는 순간변화율이 구간에서의 평균변화율과 같아지는 수가 있다는 것을 말하는 것으로 이해된다.

다음은 미적분학의 토대를 형성하는 기초적인 정리 중의 하나인데 평균값 정리를 활용하여 설명할 수 있다.

정리 3.8 (a) 함수 f가 구간 I에서 연속이라 하자. I의 모든 내점 x에 대하여 $f'(x)=0$이면 f는 I에서 상수함수이다.
(b) 함수 f와 g가 구간 I에서 연속이라 하자. I의 모든 내점 x에 대하여 $f'(x)=g'(x)$이면 $(f-g)$는 I에서 상수함수이다. 즉 I 내의 모든 x에 대해서

$$f(x)=g(x)+c$$

인 상수 c가 존재한다.

증명 (a) x와 z를 $x<z$인 I 내의 임의의 두 점이라 하자. 평균값 정리에 의하여 $(x,\ z)$ 내의 c가 존재하여

$$\frac{f(z)-f(x)}{z-x}=f'(c)$$

를 만족한다. 가정에 의하여 $f'(c)=0$이므로

$$f(z)-f(x)=0,\ 즉\ f(z)=f(x)$$

이다. I 내의 임의의 두 점 $x,\ z$에 대하여 위의 식이 성립하므로 f는 I에서 상수함수이다.
(b) $(f-g)$가 (a)의 조건을 만족한다. 따라서 $(f-g)$는 I에서 상수함수이다. 즉 I

내의 모든 x에 대하여

$$f(x) = g(x) + c$$

인 상수 c가 존재한다.

함수 f가 I에서 정의되었다고 하자. I 내의 모든 x에 대하여

$$F'(x) = f(x)$$

를 만족하는 $F(x)$를 f의 **역도함수**(antiderivative)라 한다. 예를 들면, $3x^2$의 역도함수는 x^3이다. 또한, 정리 3.8의 (b)에 의하여 $x^3 + c$ (c는 상수)도 모두 $3x^2$의 역도함수임을 알 수 있다.

예제 3 (a) $f(x) = x^2 - 4x$의 역도함수를 구하여라.

(b) $f'(x) = \cos x$, $f\left(\frac{\pi}{2}\right) = -1$인 $f(x)$를 구하여라.

풀이 (a) $\frac{1}{3}x^3$이 x^2의 역도함수이고, $-2x^2$이 $-4x$의 역도함수이므로 임의의 상수 c에 대해서 함수 $\frac{1}{3}x^3 - 2x^2 + c$는 모두 $f(x) = x^2 - 4x$의 역도함수가 된다.

(b) $\cos x$는 $\sin x$의 도함수이므로, $g(x) = \sin x$라 하면

$$g'(x) = \cos x = f'(x)$$

이다. 정리 3.8의 (b)에 의하여

$$f(x) = g(x) + c = \sin x + c \quad (c\text{는 상수})$$

이다. $f\left(\frac{\pi}{2}\right) = -1$이므로 $-1 = f\left(\frac{\pi}{2}\right) = \sin\frac{\pi}{2} + c = 1 + c$, 즉 $c = -2$이다. 그러므로 $f(x) = \sin x - 2$이다. ■■

다음은 주어진 함수의 그래프 개형을 그리는데 필요한 증가, 감소에 대한 정의로 이로부터 도함수를 활용하여 그래프 개형을 그리는 방법을 탐색할 수 있다.

정의 3.9 구간 I의 임의의 두 점 x, z에 대하여

$$x < z \text{일 때 } f(x) \le f(z)$$

이면, 함수 f는 구간 I에서 **증가**(increasing)한다고 한다. 또한, $x < z$일 때 $f(x) < f(z)$이면 함수 f는 구간 I에서 **강한증가**(strictly increasing)한다고 한다. 같은 방법으로 구간 I의 임의의 두 점 x, z에 대하여

$$x < z \text{일 때 } f(x) \ge f(z)$$

이면, 함수 f는 구간 I에서 **감소**(decreasing)한다고 한다. 또한 $x < z$일 때 $f(x) > f(z)$이면 함수 f는 구간 I에서 **강한감소**(strictly decreasing)한다고 한다. 기하학적으로 다음 그림 3.10과 그림 3.11과 같은 예를 들어 보면 쉽게 이해할 수 있다.

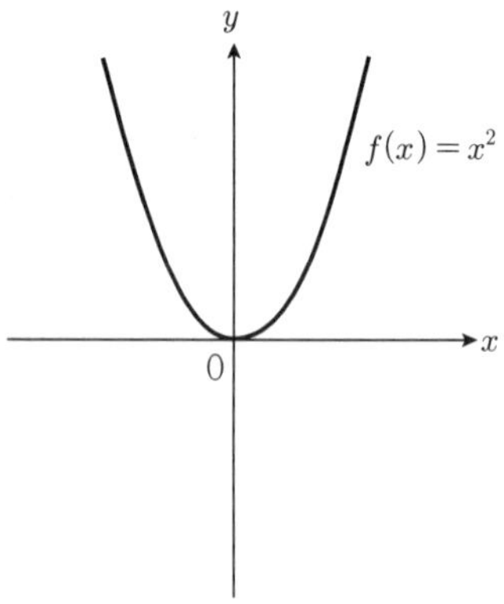

그림 3.10

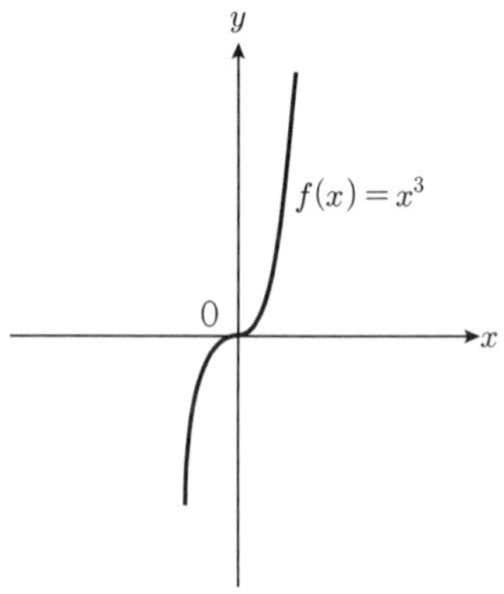

그림 3.11

정리 3.10 함수 f가 구간 I에서 연속이고, I의 각 내점에서 미분가능하다고 하자.

(a) I의 각 내점 x에서 $f'(x) \ge 0$이면, f는 I에서 증가한다. 그 위에, I 내의 많아야 유한 개의 점에서 $f'(x) = 0$이면 f는 I에서 강한증가한다.

(b) I의 각 내점 x에서 $f'(x) \le 0$이면, f는 I에서 감소한다. 그 위에, I 내의 많아야 유한 개의 점에서 $f'(x) = 0$이면 f는 I에서 강한감소한다.

증명 부록 3-2

예제 4 함수 $f(x) = 2x^3 + 3x^2 - 12x - 3$은 어떤 구간에서 (강한)증가 또는 (강한)감소하는가?

풀이 $f'(x) = 6x^2 + 6x - 12 = 6(x+2)(x-1)$

$(-\infty, -2]$와 $[-, \infty)$에서 $f'(x) \geq 0$이므로 f는 증가하고, $[-2, 1]$에서 $f'(x) \leq 0$이므로 f는 감소한다. $f'(x) = 0$을 만족하는 점은 $x = -2, 1$ 뿐이므로 정리 3.10에 의하여 f는 $(-\infty, -2]$와 $[1, \infty)$에서 강한증가하고, $[-2, 1]$에서 강한감소한다(그림 3.12).

■■

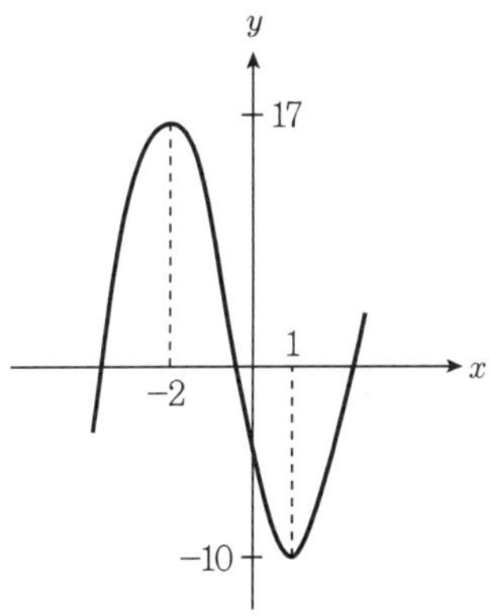

그림 3.12

연 습 문 제 3.2

1. 주어진 함수 f에 대하여 평균값 정리를 만족하는 (a, b) 내의 c를 모두 구하여라.
   (1) $f(x) = x^2 - 6x$; $a = 0, b = 4$
   (2) $g(x) = x^3 + 4$; $a = -2, b = 2$

2. 함수 $4x^2 + 6x - 1$의 역도함수를 구하여라.

3. 주어진 조건을 만족하는 함수를 구하여라.
   (1) $f'(x) = -2, \quad f(0) = 0$
   (2) $f''(x) = \sin x, \quad f'(\pi) = -2, \quad f(0) = 4$

4. 주어진 함수에서 (강한)증가 또는 (강한)감소하는 구간을 구하여라.
   (1) $f(x) = x^3 - x^2 + x - 1$
   (2) $g(x) = x^4 - 2x^3 + 1$
   (3) $h(x) = \sqrt{16 - x^2}$
   (4) $k(x) = 2\cos x - x$

3.3 극대 · 극소 판정법

최적화 문제는 대개 함수의 최대값 혹은 최소값을 구하는 문제로 변환되고 최대 · 최소값을 구하는 문제는 결국 극대 · 극소값을 구하는 문제로 귀착된다. 극대값 혹은 극소값은 정의에 의해 함수의 그래프가 볼록한 점이나 오목한 점에서 갖게 되는 것을 확인하였다. 그래프에서 볼록한 점은 함수값이 증가하다가 감소로 바뀌는 점이고 오목한 점은 함수값이 감소하다가 증가상태로 바뀌는 점이다. 그런데 '정리 3.10'에 의하면 도함수값의 부호에 의해 주어진 함수가 증가상태인지 감소상태인지를 확인할 수 있다. 다시 말하면, 도함수의 부호에 의해 극대값 혹은 극소값을 판정하는 것이 가능해진다. 이 절에서는 제1계 혹은 제2계 도함수의 부호를 활용하여 극대값 혹은 극소값을 판정하는 방법을 알아본다.

정의 3.11 (제1계 도함수 판정법)
함수 f가 구간 I에서 연속이고 c가 I 안에 있는 임계수라고 하자.

(a) f'의 부호가 c에서 양으로부터 음으로 변하면 f는 c에서 극대값 $f(c)$를 갖는다.

(b) f'의 부호가 c에서 음으로부터 양으로 변하면 f는 c에서 극소값 $f(c)$를 갖는다.

(c) 만약 f'의 부호가 c에서 변하지 않으면 f는 c에서 극대값 혹은 극소값을 갖지 않는다.

증명 (a) f'의 부호가 c에서 양으로부터 음으로 변하면 정리 3.10에 의하여 f는 c를 중심으로 증가상태에서 감소상태로 바뀐다. 다시 말해서 c의 왼쪽에서는 증가하므로 어떤 x에 대해서 $f(c)$가 $f(x)$보다 더 크게 된다. 반대로 c의 오른쪽에서는 감소하므로 어떤 x에 대해서도 $f(c)$가 $f(x)$보다 더 크게 된다. 따라서 이 구간에서는 $f(c)$가 최대값이 되므로 f는 c에서 극대값 $f(c)$를 갖는다.

(b) (a)의 경우와 마찬가지로 증명할 수 있다.

(c) 만약 f'의 부호가 c에서 변하지 않으면 f는 c를 중심으로 증가상태나 감소상태를 그대로 유지하게 되어 $f(c)$가 최대값 혹은 최소값이 되게 하는 구간을 잡을 수 없으므로 f는 c에서 극대값이나 극소값을 갖지 못한다.

제1계 도함수 판정법을 그래프를 이용하여 시각화하면 다음과 같다.

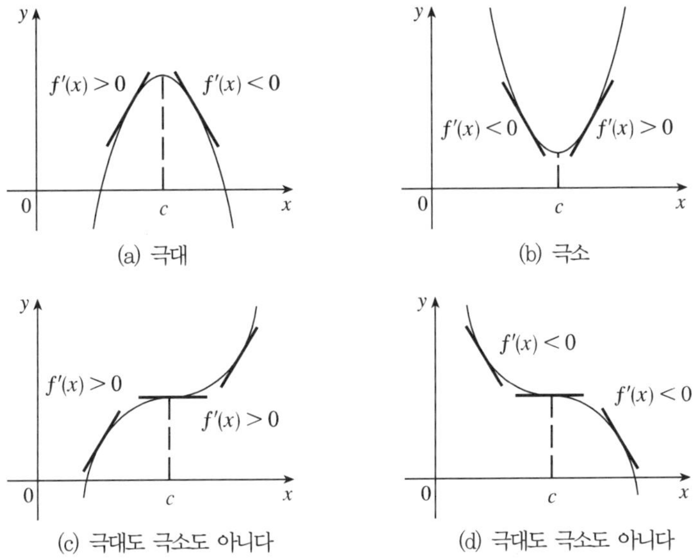

그림 3.13

제1계 도함수 판정법과 정리 3.10을 이용하면 함수 f의 대략적인 그래프를 그릴 수 있다. 즉 어떤 점을 중심으로 f'가 양에서 음으로 연속적으로 바뀌면 위로 볼록한 모양으로 그리면 되고, f'가 음에서 양으로 연속적으로 바뀌면 아래로 볼록한 모양으로 그리면 된다.

예제 1 $f(x) = (x-1)^2(x-3)^2$의 극값을 구하고, 대략적인 그래프를 그려라.

풀이

$$\begin{aligned} f'(x) &= 2(x-1)(x-3)^2 + (x-1)^2 2(x-3) \\ &= 2(x-1)(x-3)(x-3+x-1) \\ &= 4(x-1)(x-3)(x-2) \end{aligned}$$

이므로 $f'(x) = 0$인 점은 $x = 1, 2, 3$이다.

x		1		2		3	
$f'(x)$	$-$	0	$+$	0	$-$	0	$+$
$f(x)$	↘	극소값	↗	극대값	↘	극소값	↗

표에 의하여 $x = 1$에서 극소값 $f(1) = 0$, $x = 2$에서 극대값 $f(2) = 1$, $x = 3$에서 극소값 $f(3) = 0$를 갖는다(그림 3.14). ■■

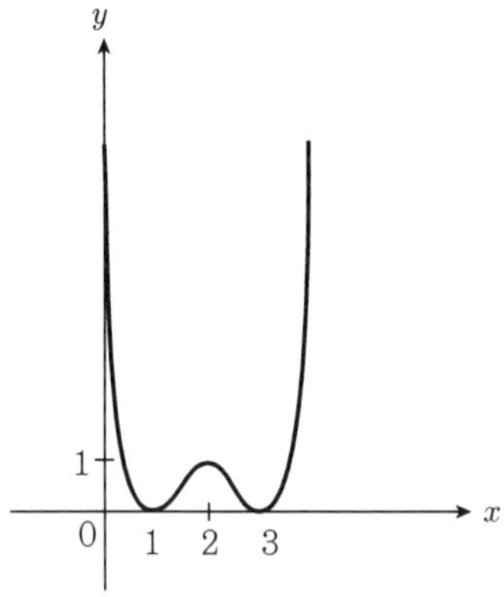

$f(x)=(x-1)^2(x-3)^2$

그림 3.14

함수 f가 c에서 미분가능하지 않을 때, 즉 $f'(c)$가 존재하지 않는 경우에도 제1계 도함수 판정법(정리 3.11)에 의하여 극값을 판정할 수 있다.

예제 2 $f(x)=x^{\frac{2}{3}}$의 극값을 구하여라.

풀이 $f'(x)=\dfrac{2}{3}x^{-\frac{1}{3}}=\dfrac{2}{3\sqrt[3]{x}} \quad (x\neq 0)$

이므로 $f'(x)=0$인 x는 존재하지 않는다. 하지만 f가 $x=0$에서 미분가능하지 않으므로, 즉 $f'(0)$가 존재하지 않으므로 $x=0$에서 극값을 조사하여 보자. $x<0$일 때 $f'(x)<0$이고, $x>0$일 때 $f'(x)>0$이다. 즉 f'의 부호가 0에서 음에서 양으로 변한다. f는 $(-\infty,\ \infty)$에서 연속이므로 제1계 도함수 판정법에 의하여 $f(0)=0$은 f의 극소값이 된다. ■■

정리 3.12 (제2계 도함수 판정법)
함수 f의 제2계 도함수 f''이 c근방에서 연속이라고 가정하자. 그러면 다음이 성립한다.

(a) $f'(c)=0$이고 $f''(c)>0$이면 f는 c에서 극소값을 갖는다.
(b) $f'(c)=0$이고 $f''(c)<0$이면 f는 c에서 극대값을 갖는다.

증명 (a) 이 정리는 제2계 도함수의 정의를 사용하여 엄밀하게 증명할 수 있지만 여기서는 제1계 도함수의 부호의 변화를 활용하여 직관적으로 설명하도록 하겠다. 가정에서 $f''(c)>0$이므로 c를 중심으로 한 작은 근방에서는 f'가 증가한다. 그런데 $f'(c)=0$이므로 f'가 c를 중심으로 한 작은 근방에서 연속적으로 증가하기 위해서는 c를 중심으로 f'의 부호가 음에서 양으로 바뀌어야 한다. 따라서 제1계 도함수 판정법에 의해 f는 c에서 극소값을 갖는다.
(b) (a)와 같은 방법으로 증명할 수 있다.

예제 3 $f(x) = x^3 - 3x - 2$의 극값을 구하여라.

풀이 $f'(x) = 3x^2 - 3 = 3(x-1)(x+1)$, $f''(x) = 6x$
이며 $f'(x) = 0$인 점은 $x = -1, 1$이다.

$$f''(-1) = -6 < 0, \ f''(1) = 6 > 0$$

이므로 f는 $x = -1$에서 극대값 $f(-1) = 0$을 갖고, $x = 1$에서 극소값 $f(1) = -4$를 갖는다(그림 3.15). ■■

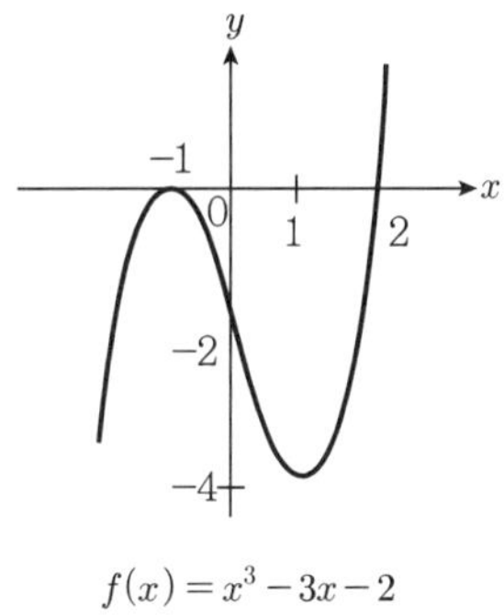

그림 3.15

주 $f'(c) = 0$이고 $f''(c) = 0$인 경우는 제2계 도함수 판정법을 사용할 수 없다. 이 경우는 f가 c에서 극소값 또는 극대값을 갖거나 둘 다 갖지 않을 수도 있다(그림 3.16 (a), (b), (c)).

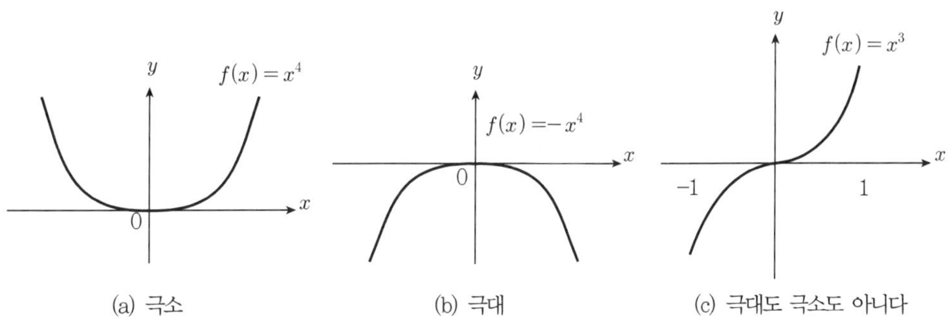

그림 3.16

예제 4 $f(x)=x^4$의 극값을 구하여라.

풀이 $f'(x)=4x^3$, $f''(x)=12x^2$

이며, $f'(x)$인 점은 $x=0$이다. 그러나 $f''(0)=0$이므로 제2계 도함수 판정법을 사용할 수 없다. 그러므로 제1계 도함수 판정법을 사용하자. f'의 부호에 따라 f의 증감을 표로 나타내자.

x		0	
$f'(x)$	−	0	+
$f(x)$	↘	극소값	↗

표에 의하여 f는 $x=0$에서 극소값 $f(0)=0$을 갖는다. ■■

예제 5 $f(x)=3x^4-4x^3$의 극값을 구하고, 대략적인 f의 그래프를 그려라.

풀이 $f'(x)=12x^3-12x^2=12x^2(x-1)$, $f''(x)=36x^2-24x$

으며, $f'(x)=0$인 점은 $x=0,\ 1$이다. $f''(1)=12>0$이므로 극소값 $f(1)=-1$을 갖는다. 그러나 $f''(0)=0$이므로 제2계 도함수 판정법은 사용할 수 없다. 따라서 제1계 도함수 판정법을 사용하자. $x<0$일 때 $f'(x)<0$이고, $0<x<1$일 때도 $f'(x)<0$이므로 f는 $x=0$에서 극값을 갖지 않는다. 사실, 0을 제외한 $(-\infty,\ 1)$에서 $f'(x)<0$이므로 f는 $(-\infty,\ 1)$에서 강한감소한다(그림 3.17). ■■

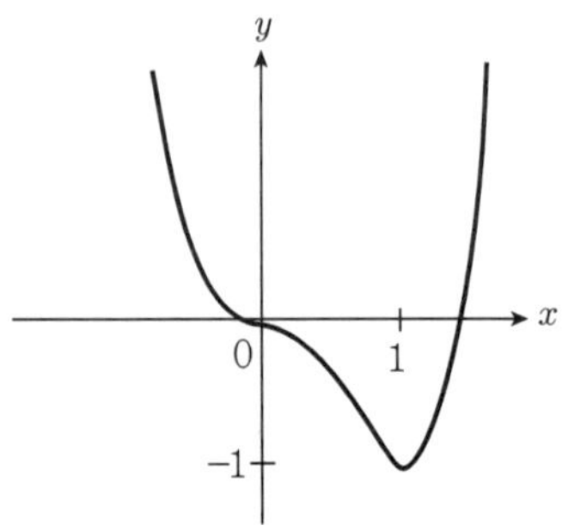

$f(x)=3x^4-4x^3$

그림 3.17

수학이나 수학의 응용분야에서 어떤 양의 최대값이나 최소값을 구해야 하는 문제가 나타난다. 이와 같은 응용문제들을 다루어보자.

우리는 최대-최소값 정리(정리 3.2)에서 f가 유계인 폐구간 $[a,\ b]$에서 연속함수일 때, f는 최대값과 최소값을 갖는다는 것을 알았다. 더군다나 이 값들은 구간의 끝점 $a,\ b$ 또는 $(a,\ b)$ 내의 임계점들에서만 나타난다는 것을 알 수 있었다.

예제 6 뚜껑이 없는 직육면체의 금속상자를 만들려고 한다. 한 변이 10인치(inches)인 정사각형의 금속판에서 네 귀를 정사각형으로 도려내어 만들고자 하는데, 높이를 얼마로 하면 최대의 부피를 갖는 상자를 만들 수 있겠는가?

풀이 x를 네 귀에서 잘라낼 정사각형의 한 변의 길이라 하자. 금속판의 한 변의 길이가 10인치이므로 $0 \le x \le 5$이다. 만들어진 상자의 높이는 x인치이고, 밑변의 한 변의 길이는 $10-2x$인치이다. V를 만들어진 상자의 부피라 하면

$$V = x(10-2x)^2 = 4x^3 - 40x^2 + 100x, \quad 0 \le x \le 5$$

[0, 5]에서 V의 최대값을 구하기 위하여 (0, 5)에서 V의 임계점을 구하자.

$$\begin{aligned} V'(x) &= 12x^2 - 80x + 100 = 4(3x^2 - 20x + 25) \\ &= 4(3x-5)(x-5) \end{aligned}$$

이므로 $x = \frac{5}{3}$, 5에서 $V'(x) = 0$이다. 따라서 (0, 5)에서 임계점은 $x = \frac{5}{3}$이다.

x		$\frac{5}{3}$	
V'	+	0	−
V	↗	극대값	↘

표에 의해서 극대값 $V\left(\frac{5}{3}\right) = \frac{5}{3}\left(\frac{20}{3}\right)^2 = \frac{2000}{27}$을 갖는다.

$$V(0) = 0, \quad V(5) = 0, \quad \text{극대값 } V\left(\frac{5}{3}\right) = \frac{2000}{27}$$

을 비교하면 $x = \frac{5}{3}$에서 V는 최대부피 $\frac{2000}{27}$을 갖는다. 그러므로 구하는 높이는 $\frac{5}{3}$인치이다(그림 3.18). ■■

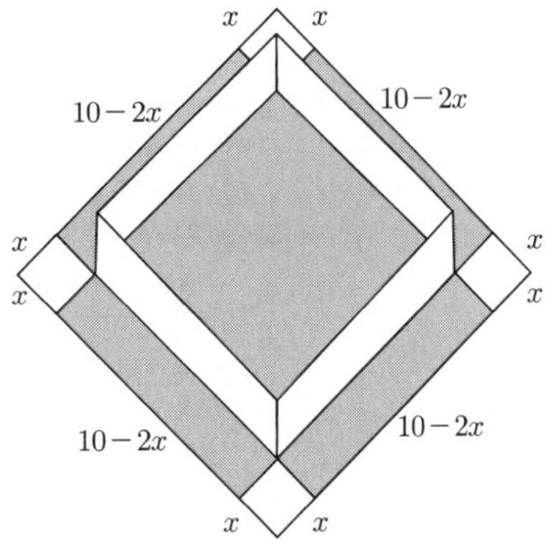

그림 3.18

예제 7 반경 r, 높이 h인 직원뿔에 내접하는 원기둥 중에서 체적이 가장 큰 것의 높이를 구하여라.

풀이 내접하는 원기둥의 반경과 높이를 각각 x, y라 하면 원기둥의 체적은

$$V = \pi x^2 y$$

이다. 삼각형의 닮음비를 이용하면

$$\frac{x}{r} = \frac{h-y}{h}, \text{ 즉 } y = \frac{h}{r}(r-x)$$

를 얻는다. 하나의 변수로 V를 나타내면

$$V = \pi x^2 y = \pi x^2\left(\frac{h}{r}(r-x)\right) = \frac{\pi h}{r}(rx^2 - x^3),\ \ 0 \le x \le r$$

이다. $[0, r]$에서 V의 최대값을 구하기 위하여 $(0, r)$에서 V의 임계점을 구하자.

$$V'(x) = \frac{\pi h}{r}(2rx - 3x^2) = \frac{\pi h}{r}x(2r - 3x)$$

이므로, $V'(x) = 0$인 점은 $x = 0$, $\frac{2}{3}r$이다. 따라서 $(0, r)$에서 임계점은 $\frac{2}{3}r$이다.

$$V''(x) = \frac{\pi h}{r}(2r - 6x),$$

$$V''\left(\frac{2}{3}r\right) = \frac{\pi h}{r}(2r - 4r) = -2\pi h < 0$$

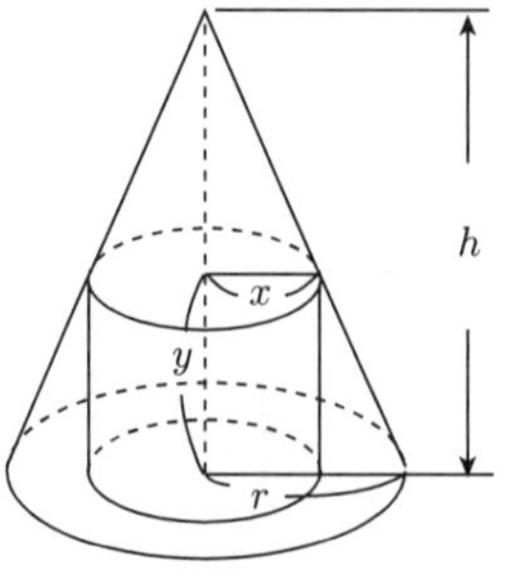

그림 3.19

이므로 $V\left(\frac{2}{3}r\right)$은 극대값이다. $0 \le x \le r$에서는 극대값 $V\left(\frac{2}{3}r\right)$이 최대값이 된다. 따라

서 $x = \dfrac{2}{3}r$에서 최대값을 가지므로 구하고자 하는 높이는 $y = \dfrac{h}{r}\left(r - \dfrac{2}{3}r\right) = \dfrac{h}{3}$이다(그림 3.19). ■■

구간 I가 폐구간이 아니거나 유계가 아니면, I에서 연속인 함수 f는 I에서 반드시 최대값(또는 최소값)을 갖지 않는다. 그러나 최대값(또는 최소값)이 존재하면 3.3절의 앞 부분에서 다룬 것들을 이용하여 구할 수 있다.

예제 8 그림 3.20과 같이 둘레의 길이가 440야드(yards)인 육상경기 트랙(track)을 만들려고 한다. 트랙으로 둘러싸인 경기장에서 직사각형 부분의 면적이 최대가 되게 하기 위하여 트랙의 치수를 얼마로 하면 되겠는가?

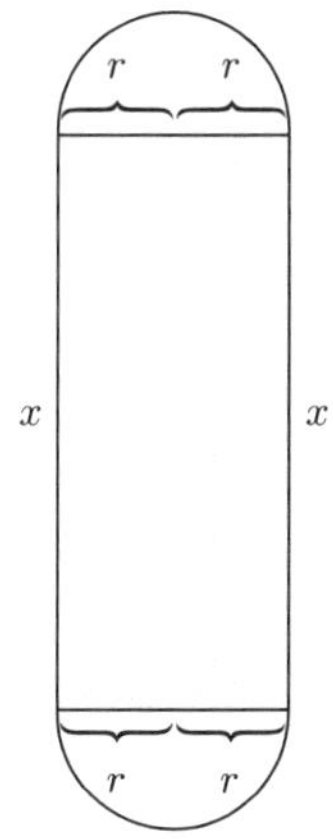

그림 3.20

풀이 두 반원의 반경을 $r(>0)$이라 하고, 경기장의 직사각형에서 길이를 x라 하자. 직사각형의 길이가 x이고, 폭이 $2r$이므로 직사각형의 넓이를 A라 하면

$$A = 2rx$$

이다. 트랙 둘레의 길이가 $2x + 2\pi r$이므로

$$2x + 2\pi r = 440, \text{ 즉 } x = 220 - \pi r$$

이다. 따라서

$$A = 2rx = 2r(220 - \pi r) = 440r - 2\pi r^2, \ 0 < r < \frac{220}{\pi}$$

$$A'(r) = 440 - 4\pi r = 4(110 - \pi r), \ A''(r) = -4\pi$$

를 얻는다. $A'(r) = 0$인 점은 $r = \dfrac{110}{\pi}$이고

$$A''\left(\frac{110}{\pi}\right) = -4\pi < 0$$

이므로, A는 $r = \dfrac{110}{\pi}$에서 극대값 $A\left(\dfrac{110}{\pi}\right)$을 갖는다. $0 < r < \dfrac{220}{\pi}$에서는 극대값 $A\left(\dfrac{110}{\pi}\right)$이 최대값이 된다. 이때 $x = 220 - \pi\left(\dfrac{110}{\pi}\right) = 110$이다. 그러므로 직사각형의 길이가 110야드이고, 반원들의 반경이 $\dfrac{110}{\pi}$야드인 트랙일 때 경기장에서 직사각형의 면적이 최대가 된다. ■■

예제 9 정오에 요트가 화물선의 20km 남쪽 지점에 위치하고 있다. 요트는 20km/h 속도로 동쪽으로 항해 중이고, 화물선은 40km/h 속도로 남쪽으로 항해 중이다. 시계거리가 10km라면 두 배 위의 사람들이 항해 중에 서로 볼 수 있겠는가?

풀이 시간 단위는 시(hour)로 한다. 시간을 t로 표시하고, 정오를 $t = 0$이라 하자. $t(\geq 0)$시간이 지나면 요트는 $20t$km를 항해하고, 화물선은 $40t$km를 항해한다. 그림 3.21로부터 t시에 두 배 사이의 거리 D는

$$D = \sqrt{(20t)^2 + (20 - 40t)^2}, \ t \geq 0$$

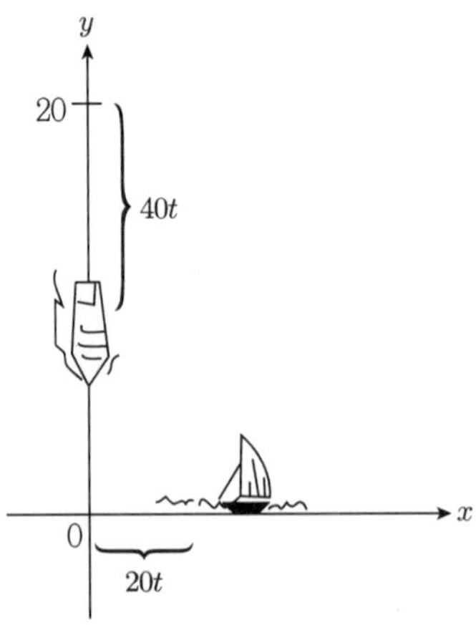

그림 3.21

으로 나타낼 수 있다. 여기에서 $D \leq 10$이 되는 t가 존재함을 보여야 하므로 D의 어떤 시간 t에서 D^2이 최소값을 가지면, 같은 시간 t에서 D도 최소값을 갖게 된다. $E = D^2$이라 하고, E가 최소값을 갖는 시간을 구하자.

$$E = (20t)^2 + (20 - 40t)^2, \ t \geq 0$$
$$E'(t) = 2(20t)(20) + 2(20 - 40t)(-40) = 4000t - 1600$$

이므로 $E'(t) = 0$인 t를 구하면

$$4000t - 1600 = 0, \text{ 즉 } t = \frac{2}{5}$$

이다.

$$E''(t) = 4000, \quad E''\left(\frac{2}{5}\right) = 4000 > 0$$

이므로 $t = \frac{2}{5}$에서 E는 극소값 $E\left(\frac{2}{5}\right)$를 갖는다. $0 \leq t$에서는 극소값 $E\left(\frac{2}{5}\right)$가 E의 최소값이 된다. 따라서 $t = \frac{2}{5}$에서 D도 최소값 $D\left(\frac{2}{5}\right)$를 갖게 된다.

$$D\left(\frac{2}{5}\right) = \sqrt{\left(20 \cdot \frac{2}{5}\right)^2 + \left(20 - 40 \cdot \frac{2}{5}\right)^2}$$
$$= \sqrt{8^2 + 4^2} = \sqrt{80} < 10$$

이므로 두 배 위의 사람들은 서로 바라볼 수 있다. 특히, 정오 이후 대략 $\frac{2}{5}$시간, 즉 오후 12시 24분경에 서로 바라볼 수 있다. ■■

연 습 문 제 3.3

1. 다음 각 함수의 극값을 구하여라.

(1) $f(x) = x^2 + 6x - 11$

(2) $f(x) = x^3 + 3x^2 + 4$

(3) $g(x) = x\sqrt{1 - x^2}$

(4) $g(x) = \dfrac{x}{16 + x^3}$

(5) $h(x) = (x^2 - 1)^2$

(6) $k(x) = \sin x + \cos x$

2. 합이 18이고, 곱이 최대가 되는 두 양수를 구하여라.

3. 곱이 64이고, 합이 최소가 되는 두 양수를 구하여라.

4. 점 (3, 0)에서 가장 가까운 곡선 $y=x^2$ 위의 점을 구하여라.

5. 점 (0, 3)과 (2, 0)을 연결한 선분 위의 점 (x, y)에서의 전위가 $P=3x^2+2y^2$이라 하자. 이 선분 위의 어느 점에서 전위가 최대로 되겠는가?

6. 빗변의 10cm인 직각삼각형 중에서 면적이 최대인 것의 다른 두 변의 길이를 구하여라.

7. 100m인 울타리의 재료를 가지고 긴 돌담을 따라서 그 담을 한 변으로 하고, 나머지 세 변만을 울타리를 쳐서 직사각형 모양의 울타리를 치려고 한다. 둘러막을 수 있는 가장 큰 땅의 면적은 얼마인가?

8. 타원 $\dfrac{x^2}{a^2}+\dfrac{y^2}{b^2}=1$에 내접하는 최대 직사각형의 면적을 구하여라.

9. 부피가 k인 직원기둥을 만드는데 높이와 밑면의 직경이 같으면 재료가 최소로 필요하게 됨을 보여라.

10. 반경 r인 구에 내접하는 직원뿔의 최대 부피와 최대 겉넓이를 구하여라.

3.4 함수 그래프의 오목성과 변곡점

정의 3.13 함수 f의 그래프가 구간 (a, b) 위의 각 점에서의 접선보다 위에 있을 때, f는 (a, b)에서 **위로 오목**(concave upward) 혹은 **아래로 볼록**이라 하고 f의 그래프가 구간 (a, b) 위의 각 점에서의 접선보다 아래에 있을 때, f는 (a, b)에서 **아래로 오목**(concave downward) 혹은 **위로 볼록**이라고 한다(그림 3.22).

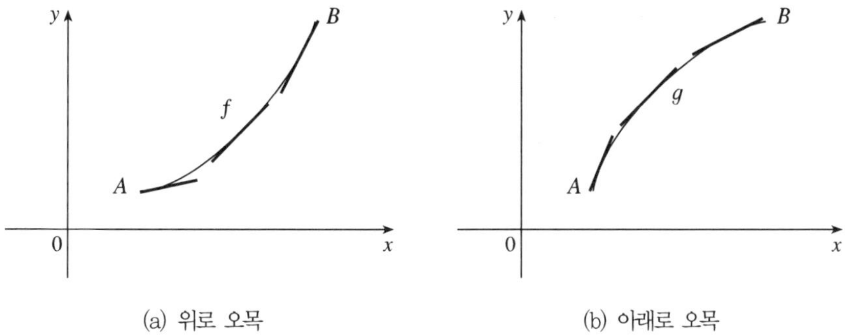

그림 3.22

그림 3.23은 구간 (b, c), (d, e), 그리고 (e, p)에서 위로 오목(약어 : CU)이고 구간 (a, b), (c, d), 그리고 (p, q)에서 아래로 오목(약어 : CD)인 함수의 그래프를 나타내고 있다.

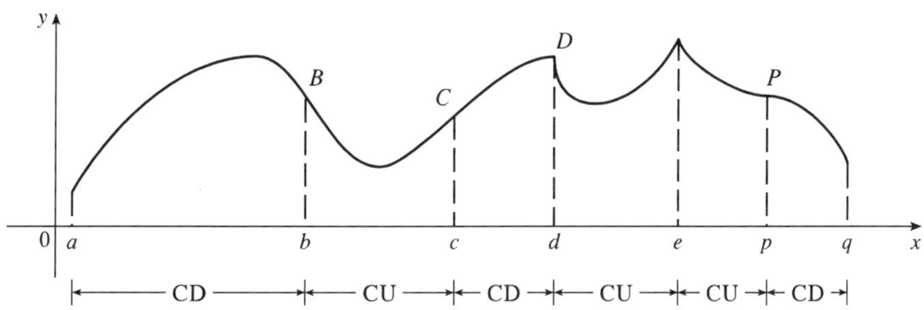

그림 3.23

이계도함수가 오목한 구간을 결정하는 데 도움을 주는지 알아보자. 그림 3.22의 (a)를 보자. 왼쪽에서 오른쪽으로 움직일 때 접선의 기울기가 증가하고 있음을 볼 수 있다. 이것은 도함수 $f'(x)$가 증가함수이고 따라서 이것의 도함수 f''이 양이 되는 것을 의미한다. 또한 그림 3.22의 (b)에서 접선의 기울기는 왼쪽에서 오른쪽으로 움직일 때 감소한다. 따라서 $f'(x)$는 감소함수이고 f''은 음이다. 이 논리는 역도 성립하고 다음 정리가 성립한다.

> **정리 3.14** 개구간 I에 f''가 존재한다고 하자.
> (a) I에 있는 모든 x에 대하여 $f''(x) > 0$이면, f의 그래프는 I에서 위로 오목하다.
> (b) I에 있는 모든 x에 대하여 $f''(x) < 0$이면, f의 그래프는 I에서 아래로 오목하다.

예제 1 $f(x) = 4x^3 - 6x^2 - 9x$가 어떤 구간에서 위로 오목 또는 아래로 오목한지 결정하고, 대략적인 그래프를 그려라.

풀이 f의 그래프의 오목성을 조사하자.

$$f'(x) = 12x^2 - 12x - 9, \quad f''(x) = 24x - 12 = 12(2x-1)$$

이므로, $f''(x) = 0$인 점은 $x = \frac{1}{2}$이다. $\left(-\infty, \frac{1}{2}\right)$에서 $f''(x) < 0$이므로 아래로 오목하고, $\left(\frac{1}{2}, \infty\right)$에서 $f''(x) > 0$이므로 위로 오목하다.

그래프를 그리기 위하여 극값을 구하자.

$$\begin{aligned} f'(x) &= 12x^2 - 12x - 9 = 3(4x^2 - 4x - 3) \\ &= 3(2x+1)(2x-3) = 0 \end{aligned}$$

이므로, $f'(x) = 0$인 점은 $x = -\frac{1}{2}, \frac{3}{2}$이다. 그런데

$$f''\left(-\frac{1}{2}\right) = -24 < 0, \quad f''\left(\frac{3}{2}\right) = 24 > 0$$

이므로, f는 $x = -\frac{1}{2}$에서 극대값 $f\left(-\frac{1}{2}\right) = \frac{5}{2}$를 갖고, $x = \frac{3}{2}$에서 극소값 $f\left(\frac{3}{2}\right) = -\frac{27}{2}$을 갖는다. 위의 사실을 종합하여 f의 그래프를 그리면 다음(그림 3.24)과 같다. ■

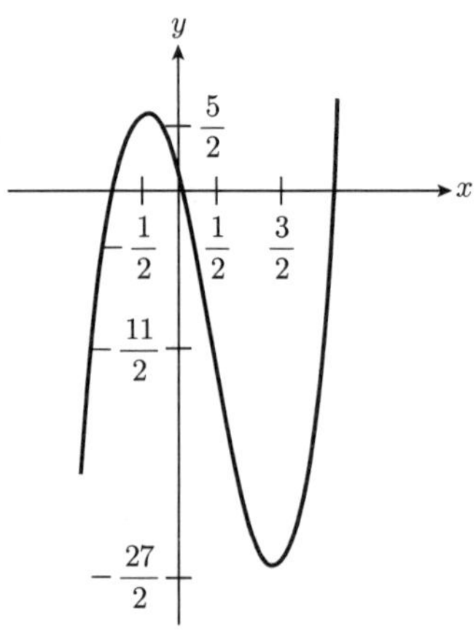

$f(x) = 4x^3 - 6x^2 - 9x$

그림 3.24

정의 3.15 곡선 위의 점 P에서 곡선이 아래로 오목에서 위로 오목, 또는 위로 오목에서 아래로 오목으로 변할 때 점 P를 변곡점이라고 한다. 즉 곡선의 오목선이 변하는 점을 변곡점이라고 한다.

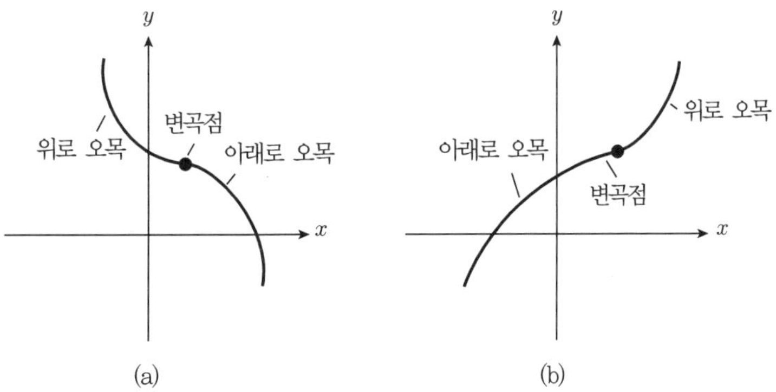

그림 3.25

$f'(c)$가 존재하고 c를 포함하는 개구간에서 f''가 존재할 때, c에서 f''의 부호가 변하면 점 $(c, f(c))$는 변곡점이다. 그 위에 $f''(c)$가 존재하고 f''가 c에서 연속이면 $f''(c)=0$이다. 따라서 변곡점을 구하려면 다음과 같이 하면 된다.

(1) $f''(x)=0$인 $x=c$를 찾는다.
(2) (1)에서 구한 각 c에서 f''의 부호가 변하는지를 조사한다.
(3) c에서 f''의 부호가 변하면 $(c, f(c))$는 변곡점이다.

예제 2 $f(x)=3x^4-4x^3$의 변곡점을 구하고, 대략적인 f의 그래프를 그려라.

풀이 3.3절의 예제 5에서

$$f'(x)=12x^3-12x^2, \quad f''(x)=36x^2-24x=12x(3x-2)$$

이고, $f(1)=-1$이 f의 극소값임을 보였다. 이제 변곡점을 구하자. $f''(x)=0$인 점을 구하면 $x=0,\ \frac{2}{3}$이다. $x<0$이면 $f''(x)>0$이고, $0<x<\frac{2}{3}$이면 $f''(x)<0$, 즉 $x=0$에서 f''의 부호가 변하므로 $(0, 0)$는 변곡점이다. 또한 $0<x<\frac{2}{3}$이면 $f''(x)<0$이고, $\frac{2}{3}<x$이면 $f''(x)>0$, 즉 $x=\frac{2}{3}$에서 f''의 부호가 변하므로 $\left(\frac{2}{3}, -\frac{16}{27}\right)$도 변곡점이다. 위의 사실을 종합하여 대략적인 f의 그래프를 그리면 다음(그림 3.26)과 같다. ■■

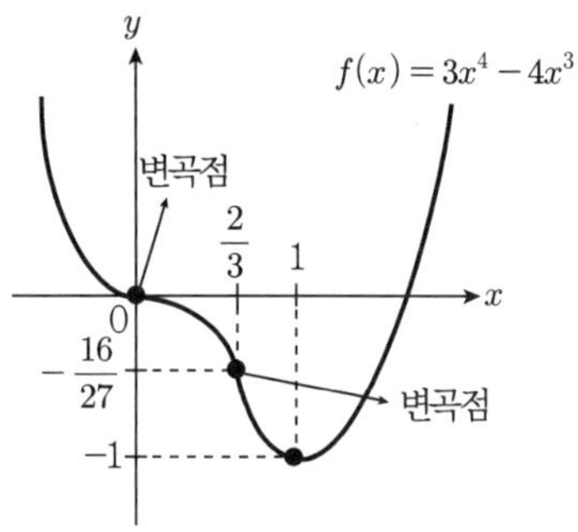

그림 3.26

예제 3 $f(x)=\sin x\ (-\pi \le x \le \pi)$의 극값과 변곡점을 구하여라.

풀이 $f'(x)=\cos x$, $f''(x)=-\sin x$

이므로, $(-\pi, \pi)$에서 $f'(x)=0$인 점은 $x=-\frac{\pi}{2}, \frac{\pi}{2}$이다.

$$f''\left(-\frac{\pi}{2}\right)=-\sin\left(-\frac{\pi}{2}\right)=1>0,$$
$$f''\left(\frac{\pi}{2}\right)=-\sin\frac{\pi}{2}=-1<0$$

이므로, $f\left(-\frac{\pi}{2}\right)=-1$은 극소값이고, $f\left(\frac{\pi}{2}\right)=1$은 극대값이다. 이제, 변곡점을 찾기 위하여 $(-\pi, \pi)$에서 $f''(x)=0$인 x를 구하면 $x=0$이다. 그런데 $(-\pi, 0)$에서 $f''(x)>0$이고, $(0, \pi)$에서 $f''(x)<0$이므로 $(0, 0)$는 f의 그래프의 변곡점이다. 이제, 대략적인 f의 그래프를 그리면 다음(그림 3.27)과 같다. ■■

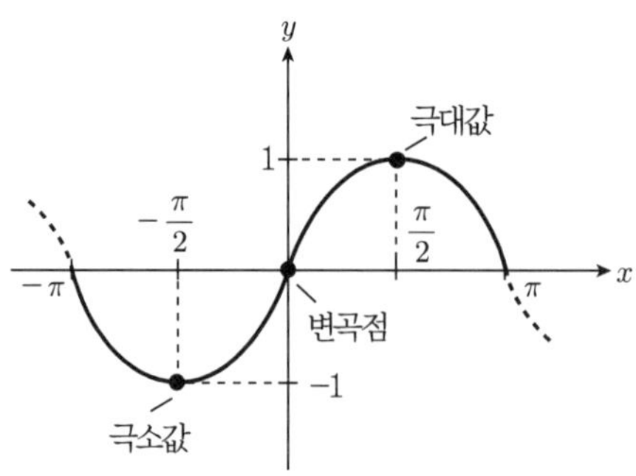

그림 3.27

앞에서 $f''(x)=0$인 x에서 변곡점을 찾아보았다. 그런데 f''가 존재하지 않는 점의 좌우에서 f''의 부호가 변하면 그 점도 변곡점이다.

예제 4 $f(x) = x^{\frac{5}{3}}$의 변곡점을 구하여라.

풀이 $f'(x) = \frac{5}{3}x^{\frac{2}{3}}$, $f''(x) = \frac{10}{9}x^{-\frac{1}{3}} = \frac{10}{9\sqrt[3]{x}} \quad (x \neq 0)$

이므로 $f''(x) = 0$인 점은 없고 f''가 존재하지 않는 점은 $x = 0$이다. 그런데 $x < 0$이면 $f''(x) < 0$이고, $x > 0$이면 $f''(x) > 0$이다. 따라서 $(0,\ 0)$는 f의 그래프의 변곡점이다. ■

연 습 문 제 3.4

1. 다음 주어진 함수의 어떤 구간에서 위로 오목 또는 아래로 오목한지 결정하여라.

   (1) $f(x) = x^3 + 8$ (2) $g(x) = x^4 - 4x$

   (3) $h(x) = x + \frac{1}{x}$

2. 다음 주어진 함수에서 변곡점을 구하여라.

   (1) $f(x) = x^3 + 3x^2 - 9x - 2$ (2) $g(x) = x\sqrt{x-1}$

   (3) $h(x) = \tan x$ (4) $k(x) = x^{\frac{1}{3}}$

3. 다음 주어진 함수에서 극값과 변곡점을 구하여라.

   (1) $f(x) = x^3 - 6x^2 + 12x - 4$ (2) $g(x) = (x-1)^{\frac{2}{3}}$

   (3) $h(x) = \frac{2}{3}x^{\frac{2}{3}} - \frac{3}{5}x^{\frac{5}{3}}$ (4) $k(x) = x + 2\cos x$

3.5 그래프 그리기

곡선 $y = f(x)$를 손으로 그리기 위해서는 다음 항목들이 지침이 될 것이다. 모든 항목들이 모든 함수에 다 관련되어 있는 것은 아니다(예를 들어, 어떤 주어진 곡선은 점근선을 갖지 않거나 대칭이 아닐 수도 있다). 그러나 이러한 지침들은 함수의 가장 중요한 점을 표현하기 위하여 필요한 모든 정보들을 제공한다.

A. 정의역 첫째 단계는 f의 정의역, 즉 $f(x)$가 정의되는 x들의 집합 D를 결정하는 것이다.

B. 절편 y 절편은 $f(0)$이고 곡선이 y축과 만나는 곳을 말하여 준다. x의 절편을 구하기 위하여 $y=0$이라 두고 x에 대하여 푼다(방정식의 해를 구하는 것이 어려우면 이 단계는 생략할 수 있다).

C. 대칭성

(i) 만약 모든 $x \in D$에 대하여 $f(-x)=f(x)$, 즉 곡선의 방정식이 x 대신 $-x$를 대입하여도 변하지 않을 때, f는 **우함수**이고 곡선은 y축에 관하여 대칭이다. 이것은 우리의 일을 반으로 줄임을 뜻한다. $x \geq 0$일 때 곡선을 알고 y축에 관하여 대칭시키기만 하면 된다[그림 3.28의 (a) 참조]. $y=x^2$, $y=x^4$, $y=|x|$, 그리고 $y=\cos x$가 이런 경우이다.

(ii) 모든 $x \in D$에 대하여 $f(-x)=-f(x)$일 때 f는 **기함수**이고, 곡선은 원점에 관하여 대칭이다. $x \geq 0$일 때의 곡선을 잘 알고 있다면 역시 완전한 곡선을 얻을 수 있다[원점을 중심으로 180° 회전 ; 그림 3.28의 (b) 참조].

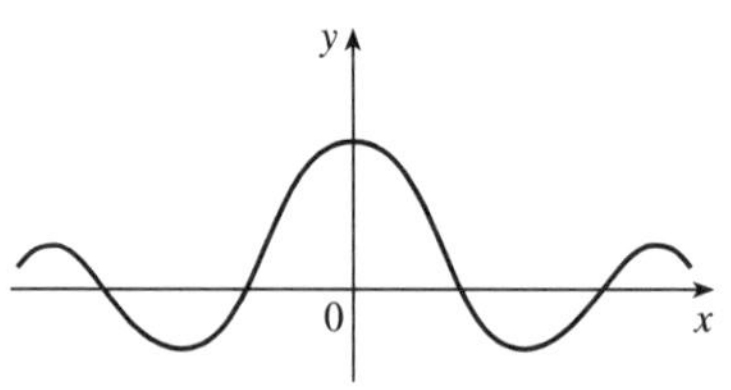

(a) 우함수 ; y축에 대하여 대칭

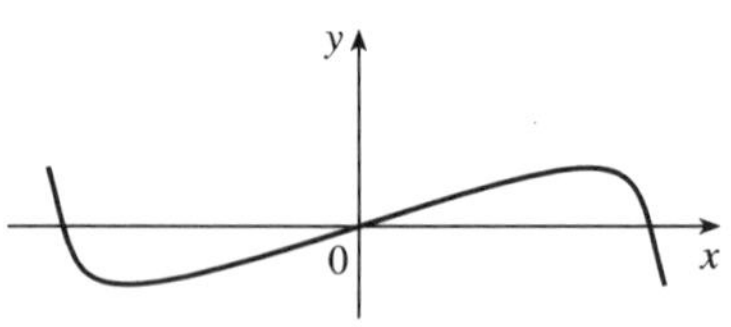

(b) 기함수 ; 원점에 대하여 대칭

그림 3.28

기함수의 간단한 예들은 $y=x$, $y=x^3$, $y=x^5$, 그리고 $y=\sin x$ 등이다.

(iii) 만약 모든 $x \in D$에 대하여 $f(x+p)=f(x)$, 여기서 p는 양의 상수일 때 함수 f를 **주기함수**라 하고 수 p를 주기라고 한다. 예를 들면, $y=\sin x$는 주기 2π를 갖고 $y=\tan x$는 주기 π를 갖는다. 길이가 p인 구간에서 함수의 그래프가 잘 알려져 있다면 완전한 그래프를 얻기 위해서는 평행이동을 이용하면 된다(그림 3.29 참조).

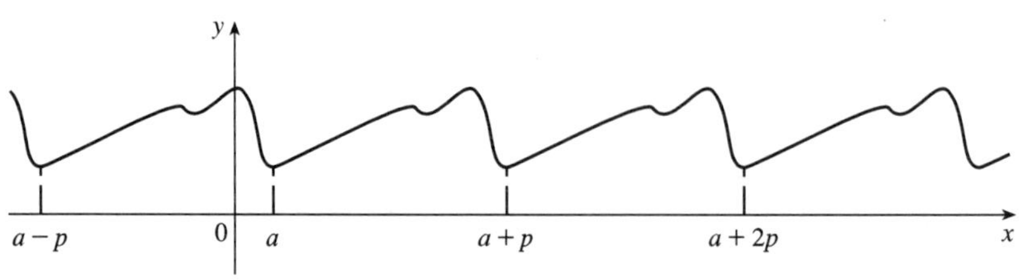

그림 3.29 주기함수

D. 점근선

(i) 수평점근선. $\lim_{x \to \infty} f(x) = L$ 또는 $\lim_{x \to -\infty} f(x) = L$이면 직선 $y = L$은 곡선 $y = f(x)$의 수평점근선이다. $\lim_{x \to \infty} f(x) = \infty$ (또는 $-\infty$)로 판명되면 오른쪽에 대한 점근선은 얻을 수 없지만 곡선을 그리는 데 있어서는 유용한 정보가 된다.

(ii) 수직점근선. 다음 중 적어도 하나를 만족하면 직선 $x = a$가 수직점근선이다.

$$\lim_{x \to a^+} f(x) = \infty, \quad \lim_{x \to a^-} f(x) = \infty, \quad \lim_{x \to a^+} f(x) = -\infty, \quad \lim_{x \to a^-} f(x) = -\infty$$

유리함수에 대해서는 공통인수를 제거한 후 분모를 0으로 둠으로써 수직점근선을 알 수 있지만 이 방법은 다른 함수에는 적용할 수 없다. 더욱이, 곡선을 그리는 데 있어서 위에 있는 사실들이 성립함을 정확히 하는 것이 매우 유용하다. 만약 $f(a)$는 정의되지 않지만 a가 f의 정의역에서 끝점이면 $\lim_{x \to a^-} f(x)$ 또는 $\lim_{x \to a^+} f(x)$를 구하여야 한다.

E. 증가 또는 감소 판정법을 이용한다. $f'(x)$를 계산하고 $f'(x)$가 양(f는 증가) 그리고 $f'(x)$가 음(f는 감소)이 되는 구간을 구한다.

F. 극소값과 극대값 f의 임계수[$f'(c) = 0$ 또는 $f'(c)$가 존재하지 않는 수 c]를 구한다. 그리고 일계도함수 판정법을 이용한다. 만약 f'이 임계수 c에서 양으로부터 음으로 변하면, $f(c)$는 극대값이다. 만약 f'이 c에서 음으로부터 양으로 변하면 $f(c)$는 극소값이다. 통상적으로 일계도함수 판정법을 사용하지만 만약 c가 $f''(c) \neq 0$인 임계수이면 이계도함수 판정법을 이용할 수도 있다. 이때 $f''(c) > 0$이면 $f(c)$는 극소값이고 반면 $f''(c) < 0$이면 $f(c)$는 극대값이다.

G. 오목성과 변곡점 $f''(x)$를 계산하고 오목성 판정법을 이용한다. $f''(c) > 0$이면 곡선은 위로 오목하고 $f''(c) < 0$이면 아래로 오목이다. 변곡점은 오목성의 방향이 바뀌는 점이다.

H. 곡선 그리기 A항에서 G항까지의 정보를 이용하여 그래프를 그려라. 점선으로 점근선을 그린다. 절편, 극대와 극소점, 그리고 변곡점을 표시한다. 이 점들을 지나면서 E에 의하여 올라가고 내려가고, G에 의하여 오목성을 참고하면서 점근선에 접근하는 곡선을 그린다. 어떤 점 가까이에서 좀더 정확성이 요구된다면 그 점에서 도함수의 값을 계산할 수 있다. 접선은 곡선이 진행하는 방향을 나타낸다.

예제 1 $f(x) = x^3 - 3x + 2$의 그래프를 그려라.

풀이 $f(0) = 2$이므로, y절편은 2이다. $f(x) = x^3 - 3x + 2 = (x-1)^2(x+2)$이므로, $f(x) = f(-2) = 0$이다. 즉 x절편은 1, -2이다.

$$f'(x) = 3x^2 - 3 = 3(x^2 - 1) = 3(x-1)(x+1), \quad f''(x) = 6x$$

에서 $f'(x)=0$인 점은 $x=-1, 1$이다.

x		-1		1	
$f'(x)$	+	0	−	0	+
$f(x)$	↗	극대값	↘	극소값	↗

표에 의하면 $x<-1$, $x>1$에 대하여 $f'(x)>0$이므로 $(-\infty, -1]$, $[1, \infty)$에서 f는 강한증가하고, $-1<x<1$에 대하여 $f'(x)<0$이므로 $[-1, 1]$에서 f는 강한감소한다. 따라서 $x=-1$에서 $f'(x)$의 부호가 +에서 −로 변하므로 $f(-1)=4$는 극대값이고, $x=1$에서 $f'(x)$의 부호가 −에서 +로 변하므로 $f(1)=0$은 극소값이다. $f''(x)=0$인 점을 구하면 $x=0$이다. $(-\infty, 0)$에서 $f''(x)<0$이므로 f의 그래프는 아래로 오목하고, $(0, \infty)$에서 $f''(x)>0$이므로 f의 그래프는 위로 오목하다. 그러므로 $(0, 2)$는 변곡점이다. 이상을 종합하여 그래프를 그리면 다음(그림 3.30)과 같다. ■

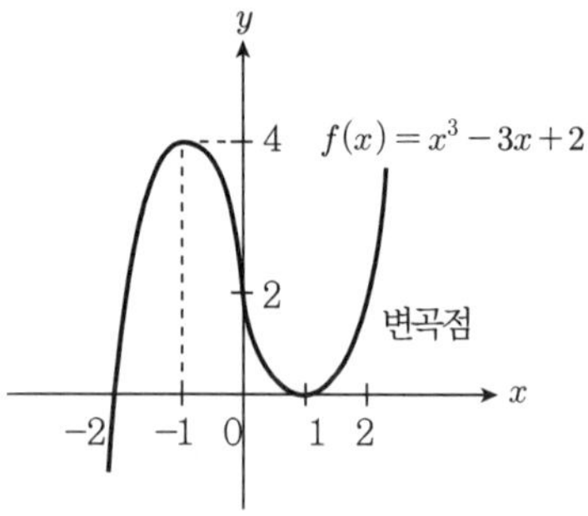

그림 3.30

예제 2 $f(x)=\dfrac{2}{1+x^2}$의 그래프를 그려라.

풀이 $f(0)=2$이므로, y절편은 2이다. 그러나 모든 x에 대하여 $f(x)>0$이므로, x절편은 없다. $f(-x)=f(x)$이므로 f의 그래프는 y축에 대칭이다.

$$f'(x)=\frac{-4x}{(1+x^2)^2},$$

$$f''(x)=\frac{-4(1+x^2)^2+4x(2)(1+x^2)(2x)}{(1+x^2)^4}=\frac{4(3x^2-1)}{(1+x^2)^3}$$

에서 $f'(x)=0$인 점은 $x=0$이다. $x<0$에 대하여 $f'(x)>0$이므로 $(-\infty, 0]$에서 f는 강한증가하고, $x>0$에 대하여 $f'(x)>0$이므로 $[0, \infty)$에서 f는 강한감소한다. 따라서 $x=0$에서 f'의 부호가 변하므로 $f(0)=2$는 극대값이다. 변곡점을 구하기 위하여

$f''(x)=0$인 점을 구하면, $x=\pm\frac{1}{\sqrt{3}}$이다. $\left(-\infty, -\frac{1}{\sqrt{3}}\right)$과 $\left(\frac{1}{\sqrt{3}}, \infty\right)$에서 $f''(x)>0$이므로 f의 그래프는 위로 오목하고, $\left(-\frac{1}{\sqrt{3}}, \frac{1}{\sqrt{3}}\right)$에서 $f''(x)<0$이므로 $f(x)$의 그래프는 아래로 오목하다. 그러므로 $\left(-\frac{1}{\sqrt{3}}, \frac{3}{2}\right)$, $\left(\frac{1}{\sqrt{3}}, \frac{3}{2}\right)$은 변곡점이다.

$$\lim_{x\to\infty}\frac{2}{1+x^2}=\lim_{x\to-\infty}\frac{2}{1+x^2}=0$$

이므로 $y=0$인 x축이 f의 그래프의 수평점근선이다. 이상을 종합하여 그래프를 그리면 다음(그림 3.31)과 같다. ■■

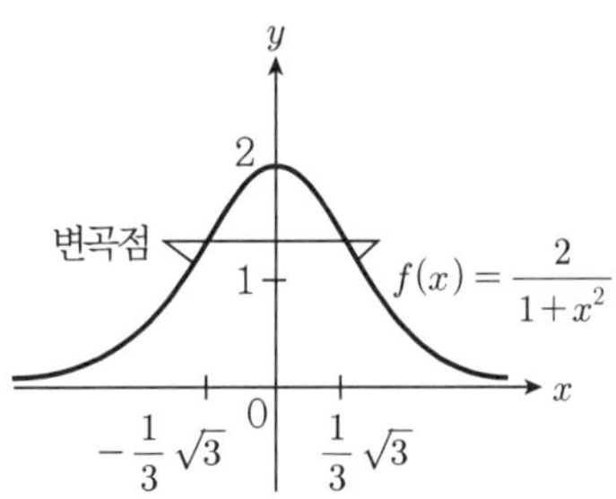

그림 3.31

예제 3 $f(x)=\frac{x}{(x+1)^2}$의 그래프를 그려라.

풀이 $x=0$일 때 $f(x)=0$, $f(x)=0$일 때 $x=0$이므로 x절편, y절편은 0이다. 즉 좌표축과의 교점은 원점뿐이다.

$$f(-x)=\frac{-x}{((-x)+1)^2}$$

이므로 $f(-x)\neq f(x)$, $f(-x)\neq -f(x)$이다. 따라서 y축 또는 원점에 관하여 대칭이 아니다.

$$f'(x)=\frac{(x+1)^2-2x(x+1)}{(x+1)^4}=\frac{1-x}{(x+1)^3},$$

$$f''(x)=\frac{(-1)(x+1)^3-(1-x)3(x+1)^2}{(x+1)^6}=\frac{2(x-2)}{(x+1)^4}$$

이므로 $f'(x)=0$인 점은 $x=1$이고, $f''(x)=0$인 점은 $x=2$이다. 또한, $x=-1$에서 $f(x)$, $f'(x)$, 그리고 $f''(x)$가 정의되지 않는다. $-1<x<1$에 대하여 $f'(x)>0$이므로 $[-1, 1]$에서 f는 강한증가하고, $x<-1$과 $x>1$에 대하여 $f'(x)<0$이므로 $(-\infty, -1]$과 $[1, \infty)$에서 f는 강한감소한다. 따라서 $f(1)=\frac{1}{4}$은 극대값이다. $(-\infty, -1)$과 $(-1, 2)$에서 $f''(x)<0$이므로 f의 그래프는 아래로 오목하고, $(2, \infty)$에서 $f''(x)>0$이므로 f의 그래프는 위로 오목하다. 그러므로 $\left(2, \frac{2}{9}\right)$는 변곡점이다. 다음은 점근선을 찾아보자.

$$\lim_{x\to\infty}\frac{x}{(x+1)^2}=\lim_{x\to-\infty}\frac{x}{(x+1)^2}=0$$

이므로 직선 $y=0$은 수평점근선이고

$$\lim_{x\to-1}\frac{x}{(x+1)^2}=-\infty$$

이므로 직선 $x=-1$은 수직점근선이다. 이상을 종합하여 $f(x)$의 그래프를 그리면 다음(그림 3.32)과 같다. ■■

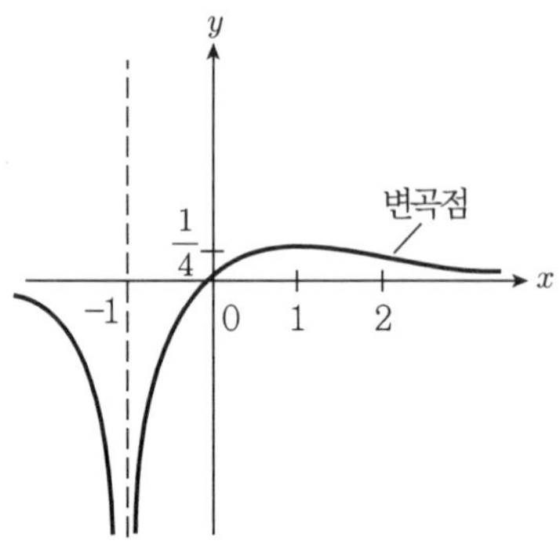

그림 3.32

연 습 문 제 3.5

1. 다음 주어진 함수의 그래프를 그려라.

(1) $f(x)=x^3-x^2-2x$

(2) $f(x)=x^4+8x^3+36x^2-3$

(3) $g(x)=x+\dfrac{4}{x}$

(4) $g(x)=\dfrac{8}{x^2+4}$

(5) $h(x)=\dfrac{x^2}{x^2-1}$

(6) $h(x)=\dfrac{x^2-1}{x^3}$

(7) $k(x)=\sqrt[3]{x}$

(8) $k(x)=(x-4)^{\frac{2}{3}}$

(9) $u(x)=\sqrt{3}\sin x+\cos x$

(10) $u(x)=\sin^2 x$

3.6 로피탈 법칙

극한에 관한 기본정리에 의하면, 어떤 점에서의 극한값이 각각 존재하는 두 함수에 의해 정의된 분수함수의 극한은 두 함수의 극한의 상으로 계산될 수 있다. 즉

$$\lim_{x\to a}\frac{f(x)}{g(x)}=\frac{\lim\limits_{x\to a}f(x)}{\lim\limits_{x\to a}g(x)}$$

임을 보였다. 하지만 이 경우는 $\lim\limits_{x\to a}g(x)\neq 0$이라는 가정이 필요하였다. 다시 말해서, $\lim\limits_{x\to a}g(x)=0$인 경우에는 이 공식을 적용할 수 없다. 그러나 비록 $\lim\limits_{x\to a}g(x)=0$이지만 함수 $\dfrac{f}{g}$가 a에서 극한을 갖는 예가 많이 있다. 간단한 예로 $\dfrac{\sin x}{x}$를 들 수 있다. $a=0$일 때 비록 분모의 극한값이 0일지라도

$$\lim_{x\to 0}\frac{\sin x}{x}=1$$

이다. 이 절에서는 분모가 0에 접근할 때 분수식의 극한을 계산하는 방법에 대하여 살펴보자. 이를 위해 다음 정리가 필요하다.

정리 3.16 (일반화된 평균값 정리)
f와 g가 $[a, b]$에서 연속이고, (a, b)에서 미분가능이라고 하자. $a < x < b$에 대해 $g'(x) \neq 0$이면 다음을 만족하는 수 c가 (a, b)에 존재한다.

증명 부록 3-3

$$\frac{f(b)-f(a)}{g(b)-g(a)} = \frac{f'(c)}{g'(c)} \tag{1}$$

여기서 $g(x) = x \ (a \leq x \leq b)$라 놓으면 식 (1)은

$$\frac{f(b)-f(a)}{b-a} = \frac{f(b)-f(a)}{g(b)-g(a)} = \frac{f'(c)}{g'(c)} = \frac{f'(c)}{1} = f'(c)$$

가 되어 평균값 정리가 된다. 그런 이유에서 이 정리를 일반화된 평균값 정리라 하는데, 로피탈(L'Hôpital)의 법칙을 증명하는 데 중요한 역할을 한다.

$\left[\text{부정형 } \frac{0}{0}\right]$

$\lim_{x\to a^+} f(x) = 0 = \lim_{x\to a^+} g(x)$이면 $\lim_{x\to a^+} \frac{f(x)}{g(x)}$는 부정형 $\frac{0}{0}$을 갖는다고 한다. 우선 부정형 $\frac{0}{0}$의 극한에 관한 로피탈의 법칙을 알아보자.

정리 3.17 (로피탈의 법칙)
(a) f와 g가 (a, b)에서 미분가능이고, $a < x < b$에 대하여 $g'(x) \neq 0$이라고 하자.

$$\lim_{x\to a^+} f(x) = 0 = \lim_{x\to a^+} g(x), \quad \lim_{x\to a^+} \frac{f'(x)}{g'(x)} = L$$

이면

$$\lim_{x\to a^+} \frac{f(x)}{g(x)} = L = \lim_{x\to a^+} \frac{f'(x)}{g'(x)}$$

이다.
(b) f와 g가 (a, ∞)에서 미분가능이고, $x > a$에 대하여 $g'(x) \neq 0$이라고 하자.

$$\lim_{x\to \infty} f(x) = 0 = \lim_{x\to \infty} g(x), \quad \lim_{x\to \infty} \frac{f'(x)}{g'(x)} = L$$

이면

$$\lim_{x\to\infty}\frac{f(x)}{g(x)}=L=\lim_{x\to\infty}\frac{f'(x)}{g'(x)}$$

이다.

증명 부록 3-4 참고

예제 1 $\displaystyle\lim_{x\to\frac{\pi}{2}^-}\frac{\cos x}{\sin x-1}$ 를 구하여라.

풀이 $\displaystyle\lim_{x\to\frac{\pi}{2}^-}\cos x=0=\lim_{x\to\frac{\pi}{2}^-}(\sin x-1)$

이므로 로피탈의 법칙 (a)를 적용하자.

$$\lim_{x\to\frac{\pi}{2}^-}\frac{\cos x}{\sin x-1}=\lim_{x\to\frac{\pi}{2}^-}\frac{-\sin x}{\cos x}=\lim_{x\to\frac{\pi}{2}^-}(-\tan x)=-\infty$$

■■

다음 예제는 로피탈의 법칙을 계속해서 두 번 적용하여 극한을 구할 수 있음을 보여준다.

예제 2 $\displaystyle\lim_{x\to 0}\frac{e^x-x-1}{x^2}$ 을 구하여라.

풀이 $\displaystyle\lim_{x\to 0}(e^x-x-1)=0=\lim_{x\to 0}x^2$

이므로 로피탈의 법칙에 의해 얻어지는 다음 식

$$\lim_{x\to 0}\frac{e^x-x-1}{x^2}=\lim_{x\to 0}\frac{e^x-1}{2x}$$

에서 $\displaystyle\lim_{x\to 0}(e^x-1)=0=\lim_{x\to 0}2x$ 이므로, 로피탈의 법칙을 다시 적용하여

$$\lim_{x\to 0}\frac{e^x-1}{2x}=\lim_{x\to 0}\frac{e^x}{2}=\frac{1}{2}$$

을 얻는다.

■■

[부정형 $\frac{\infty}{\infty}$]

이제, $\lim_{x \to a^+} f(x) = \infty$ 또는 $-\infty$이고, $\lim_{x \to a^+} g(x) = \infty$ 또는 $-\infty$일 때 $\lim_{x \to a^+} \frac{f(x)}{g(x)}$는 부정형 $\frac{\infty}{\infty}$를 갖는다고 한다. 부정형 $\frac{\infty}{\infty}$의 극한을 포함한 로피탈의 법칙 두 번째 내용을 알아보자. 증명은 생략하기로 한다.

정의 3.18 (로피탈의 법칙)

(a) f와 g가 (a, b)에서 미분가능이고, $a < x < b$에 대해 $g'(x) \neq 0$이라고 하자.

$$\lim_{x \to a^+} f(x) = \infty \text{ 또는 } -\infty, \quad \lim_{x \to a^+} g(x) = \infty \text{ 또는 } -\infty, \quad \lim_{x \to a^+} \frac{f'(x)}{g'(x)} = L$$

이면

$$\lim_{x \to a^+} \frac{f(x)}{g(x)} = L = \lim_{x \to a^+} \frac{f'(x)}{g'(x)}$$

이다.

(b) f와 g가 (a, ∞)에서 미분가능이고, $x > a$에 대해 $g'(x) \neq 0$이라고 하자.

$$\lim_{x \to \infty} f(x) = \infty \text{ 또는 } -\infty, \quad \lim_{x \to \infty} g(x) = \infty \text{ 또는 } -\infty, \quad \lim_{x \to \infty} \frac{f'(x)}{g'(x)} = L$$

이면

$$\lim_{x \to \infty} \frac{f(x)}{g(x)} = L = \lim_{x \to \infty} \frac{f'(x)}{g'(x)}$$

이다.

(a)에서 $\lim_{x \to a^+}$ 대신 $\lim_{x \to b^-}$ 또는 $\lim_{x \to c}$ $(c \in (a, b))$를, (b)에서 $\lim_{x \to \infty}$ 대신 $\lim_{x \to -\infty}$를 적용시켜도 결과는 같다.

예제 3 $\lim_{x \to 0^+} \frac{\frac{1}{x}}{e^{\frac{1}{x^2}}}$을 구하여라.

풀이 $\lim_{x\to 0^+} \frac{1}{x} = \infty = \lim_{x\to 0^+} e^{\frac{1}{x^2}}$

이므로 로피탈의 법칙 (a)에 의하여

$$\lim_{x\to 0^+} \frac{\frac{1}{x}}{e^{\frac{1}{x^2}}} = \lim_{x\to 0^+} \frac{\frac{-1}{x^2}}{e^{\frac{1}{x^2}}\left(-\frac{2}{x^3}\right)} = \lim_{x\to 0^+} \frac{x \cdot e^{-\frac{1}{x^2}}}{2} = \frac{0 \cdot 0}{2} = 0.$$

■■

예제 4 $\lim_{x\to\infty} \frac{e^x}{x^2}$을 구하여라.

풀이 $\lim_{x\to\infty} e^x = \infty = \lim_{x\to\infty} x^2$이므로 로피탈의 법칙 (b)에 의하여

$$\lim_{x\to\infty} \frac{e^x}{x^2} = \lim_{x\to\infty} \frac{e^x}{2x} = \lim_{x\to\infty} \frac{e^x}{2} = \infty$$

임을 알 수 있다. 비슷한 방법으로 다음을 증명할 수 있다.

$$\lim_{x\to\infty} \frac{e^x}{x^n} = \infty$$

■■

[그 밖의 부정형 ; $0 \cdot \infty$, 0^0, 1^∞, $\infty - \infty$]

이제, $0 \cdot \infty$, 0^0, 1^∞ 그리고 $\infty - \infty$와 같은 여러 형태의 부정형은 부정형 $\frac{0}{0}$ 또는 $\frac{\infty}{\infty}$로 고쳐서 로피탈의 법칙을 적용하여 구할 수 있다.

예제 5 $\lim_{x\to 0^+} x \ln x$를 구하여라.

풀이 $\lim_{x\to 0^+} x = 0$이고 $\lim_{x\to 0^+} \ln x = -\infty$

이므로 $0 \cdot \infty$형(정확히 $0 \cdot (-\infty)$)이다. 그러나 이것을 다음과 같이 부정형 $\frac{\infty}{\infty}$로 고칠 수 있다.

$$\lim_{x\to 0^+} \frac{\ln x}{\frac{1}{x}}$$

이제, 로피탈의 법칙을 적용하면

$$\lim_{x\to 0^+}\frac{\ln x}{\frac{1}{x}}=\lim_{x\to 0^+}\frac{\frac{1}{x}}{\frac{-1}{x^2}}=\lim_{x\to 0^+}(-x)=0$$

이므로 $\lim_{x\to 0^+} x\ln x = 0$ 이다. ■■

예제 6 $\lim_{x\to 0^+} x^x$ 을 구하여라.

풀이 이 극한은 부정형 0^0 이다. 정의에 의하여 $x^x = e^{x\ln x}$ 이므로

$$\lim_{x\to 0^+} x^x = \lim_{x\to 0^+} e^{x\ln x}$$

이고, 지수함수는 연속이므로 $\lim_{x\to 0^+} e^{x\ln x} e^{\lim_{x\to 0^+} x\ln x}$ 이다.

예제 5에서 $\lim_{x\to 0^+} x\ln x = 0$ 이므로

$$\lim_{x\to 0^+} x^x = \lim_{x\to 0^+} e^{x\ln x} = e^0 = 1.$$ ■■

예제 7 $\lim_{x\to\infty}\left(1+\frac{1}{x}\right)^x = e$ 임을 보여라.

풀이 우리는 좌변에 로그를 취한 극한을 구함으로써 문제를 간단히 할 수 있다. 이것은

$$\lim_{x\to\infty}\ln\left(1+\frac{1}{x}\right)^x = b$$

라고 하면, 원래의 극한에 대한 답은 e^b 임을 말해준다.

$$\lim_{x\to\infty}\ln\left(1+\frac{1}{x}\right)^x = \lim_{x\to\infty} x\ln\left(1+\frac{1}{x}\right) = \lim_{x\to\infty}\frac{\ln\left(1+\frac{1}{x}\right)}{\frac{1}{x}}$$

이므로 마지막 극한은 로피탈의 법칙을 필요로 한다. 그 결과

$$\lim_{x\to\infty}\frac{\ln\left(1+\dfrac{1}{x}\right)}{\dfrac{1}{x}}=\lim_{x\to\infty}\frac{\dfrac{1}{\left(1+\dfrac{1}{x}\right)}\left(-\dfrac{1}{x^2}\right)}{-\dfrac{1}{x^2}}$$

$$=\lim_{x\to\infty}\frac{1}{1+\dfrac{1}{x}}=\frac{1}{1+0}=1$$

를 얻는다. $b=1$이므로

$$\lim_{x\to\infty}\left(1+\frac{1}{x}\right)^x=e^1=e.$$

■■

연 습 문 제 3.6

1. 로피탈의 법칙을 이용하여 다음 극한을 구하여라.

(1) $\lim_{x\to 0}\dfrac{\cos x-1}{x}$

(2) $\lim_{x\to 0}\dfrac{(e^{\frac{1}{x}}-1)}{\dfrac{1}{x}}$

(3) $\lim_{x\to \frac{\pi}{2}^-}\dfrac{\tan x}{\sec x+1}$

(4) $\lim_{x\to\infty}\dfrac{x}{\ln x}$

(5) $\lim_{x\to 0}\dfrac{\tan 4x}{\tan 2x}$

(6) $\lim_{x\to 0^+}\dfrac{1-\cos\sqrt{x}}{\sin x}$

(7) $\lim_{x\to 0}\dfrac{\tanh x-\sinh x}{x^2}$

(8) $\lim_{x\to 0^+}\left(\ln\dfrac{1}{x}\right)^x$

(9) $\lim_{x\to\infty}x\sin\dfrac{1}{x}$

(10) $\lim_{x\to\infty}\dfrac{\ln(x^2+1)}{\ln x}$

(11) $\lim_{x\to\infty}\left(1-\dfrac{1}{x}\right)^x$

(12) $\lim_{x\to\infty}x^2\left(1-x\sin\dfrac{1}{x}\right)$

미적분학

Chapter 04

적분

4.1 정적분

면적 문제를 해결하는 것을 시도하면서 시작하자. a에서부터 b까지 곡선 $y=f(x)$의 아래에 놓여 있는 영역 S의 면적을 구하여라. 그림 4.1에서와 같이 S는 연속함수 $f[f(x) \geq 0]$의 그래프, 수직선 $x=a$와 $x=b$, 그리고 x축으로 유계되어 있음을 의미한다.

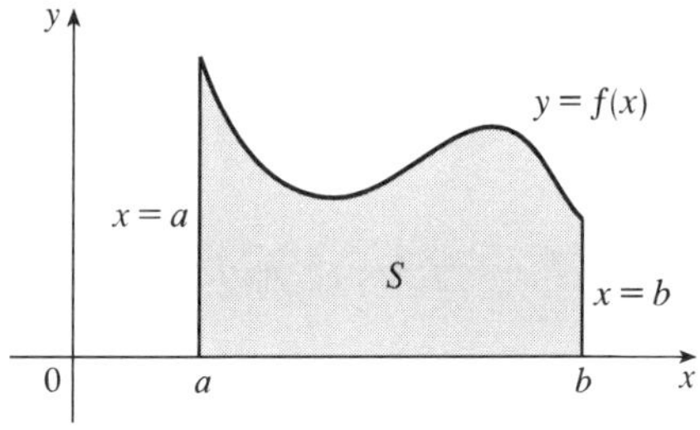

그림 4.1

면적 문제를 해결하는 데 있어서 곧은 직선으로 된 변을 갖는 영역에 대해서는 쉽게 답할 수 있다. 직사각형에 대해서 면적은 세로와 가로의 길이의 곱으로 정의된다. 삼각형의 면적은 밑변에 높이를 곱한 것의 절반이다. 다각형의 면적은 그것을 삼각형들로 분할하여 삼각형들의 면적을 합함으로써 구하게 된다.

그러나 곡선으로 된 둘레를 갖는 한 영역의 문제를 구하는 것은 그렇게 쉬운 일이 아니다. 우리는 영역의 면적이 무엇인가라는 직관적인 개념을 가지고 있다. 그러나 면적 문제의 한 부분은 면적의 정확한 정의를 줌으로써 이러한 직관적인 개념을 명확하게 만드는 것이다.

접선을 정의할 때 우리는 먼저 접선의 기울기를 할선들의 기울기에 의하여 근사화하였으며, 그 다음에 근사값들의 극한으로 택하였다는 사실을 회상하여라. 우리는 면적에 대해서도 유사한 개념을 추구한다. 우리는 먼저 영역 S를 직사각형들에 의하여 근사화하고 그 다음에 이들 직사각형들의 개수를 증가시킴으로써 직사각형들의 면적의 극한을 영역 S의 면적으로 택한다. 다음 예제는 이러한 과정을 설명해주고 있다.

예제 1 직사각형들을 이용하여 $x = 0$으로부터 $x = 1$까지 포물선 $y = x^2$의 아래에 있는 평면도형(그림 4.2에 그려진 영역 S)의 면적을 어림잡아 계산하여라.

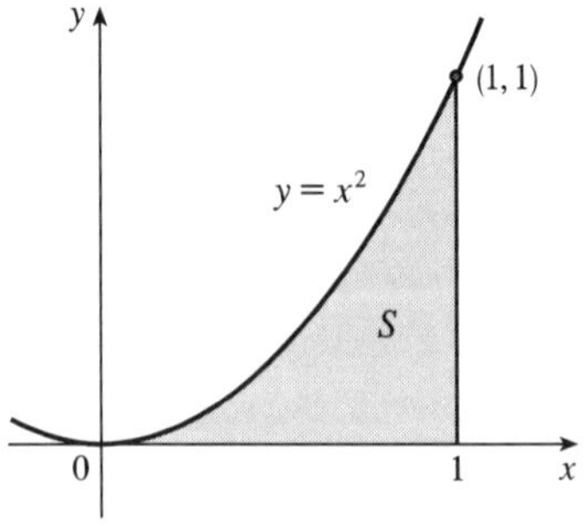

그림 4.2

풀이 평면도형 S가 한 변의 길이가 1인 정사각형 안에 포함되기 때문에 S의 면적은 0과 1 사이에 있는 어떤 값이어야만 된다는 사실을 인지할 수 있다. 그러나 우리는 그 값보다 더욱 확실한 값을 찾을 수 있다. 우리는 S를 그림 4.3의 (a)에서와 같이 수직선 $x = \frac{1}{4}$, $x = \frac{1}{2}$, 그리고 $x = \frac{3}{4}$을 그려서 네 개의 길고 가느다란 조각 S_1, S_2, S_3, 그리고 S_4로 나눈다고 가정하자.

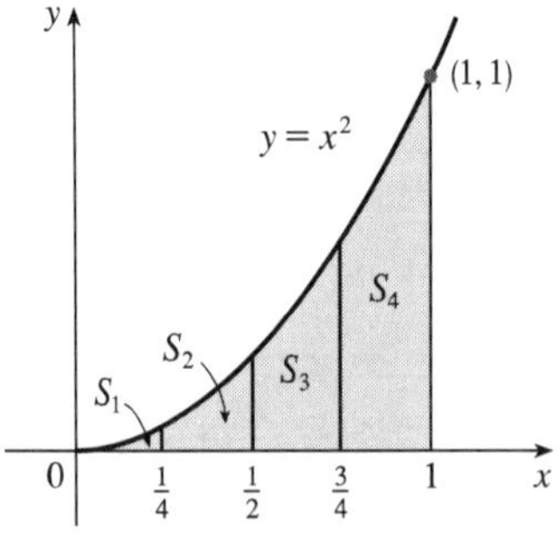

(a)

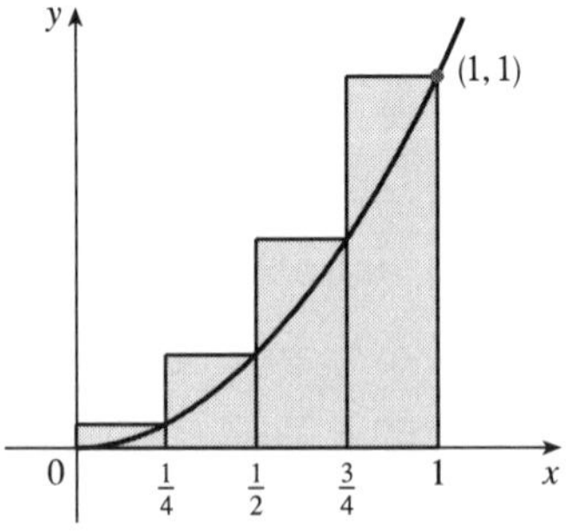

(b)

그림 4.3

우리는 각각의 길고 가느다란 조각을 이것의 밑변과 같은 밑변을 갖고 이것의 오른쪽 변의 길이와 같은 높이를 갖는 직사각형으로 근사화시킬 수 있다(그림 4.3의 (b)를 참고하여라). 다시 말하면, 이들 직사각형들의 높이는 부분구간 $\left[0,\ \frac{1}{4}\right]$, $\left[\frac{1}{4},\ \frac{1}{2}\right]$, $\left[\frac{1}{2},\ \frac{3}{4}\right]$과 $\left[\frac{3}{4},\ 1\right]$의 오른쪽 끝점에서 함수 $f(x) = x^2$의 값이다. 각각의 직사각형은 폭이 $\frac{1}{4}$이고 높이가 $\left(\frac{1}{4}\right)^2$, $\left(\frac{1}{2}\right)^2$, $\left(\frac{3}{4}\right)^2$ 그리고 1^2인 값들을 갖는다. 만약 R_4를 이들 근사직사각형들의 면적의 합이라고 한다면, 우리는

$$R_4 = \frac{1}{4} \cdot \left(\frac{1}{4}\right)^2 + \frac{1}{4} \cdot \left(\frac{1}{2}\right)^2 + \frac{1}{4} \cdot \left(\frac{3}{4}\right)^2 + \frac{1}{4} \cdot 1^2 = \frac{15}{32} = 0.46875$$

를 얻는다. 그림 4.3의 (b)로부터 S의 면적 A는 R_4보다 작다는 것을 알 수 있으므로

$$A < 0.46875$$

이다.

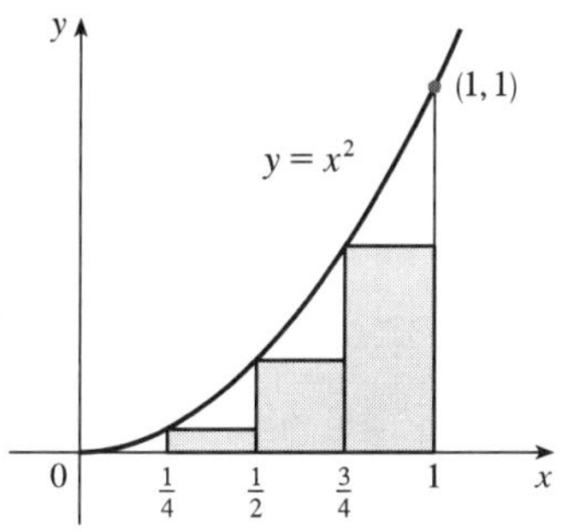

그림 4.4

그림 4.3의 (b)에서와 같은 직사각형들을 이용하는 대신에 우리는 부분 구간들의 왼쪽 끝점에서 함수 f의 값들을 높이로 갖는 그림 4.4에서와 같이 더 작은 직사각형들을 사용할 수 있다(맨 왼쪽에 있는 직사각형은 그 높이가 0이므로 나타나지 않는다).

$$L_4 = \frac{1}{4} \cdot 0^2 + \frac{1}{4} \cdot \left(\frac{1}{4}\right)^2 + \frac{1}{4} \cdot \left(\frac{1}{2}\right)^2 + \frac{1}{4} \cdot \left(\frac{3}{4}\right)^2 = \frac{7}{32} = 0.21875$$

S의 면적 A는 L_4보다 크므로 다음 관계식이 성립한다.

$$0.21875 < A < 0.46875$$

우리는 길고 가느다란 조각들의 수를 더 늘려가면서 이러한 과정을 반복할 수 있다.
평면도형 S를 같은 폭을 갖는 8개의 길고 가느다란 조각들로 나눌 때 어떤 일이 일어나는지

를 그림 4.5에서 보여주고 있다.

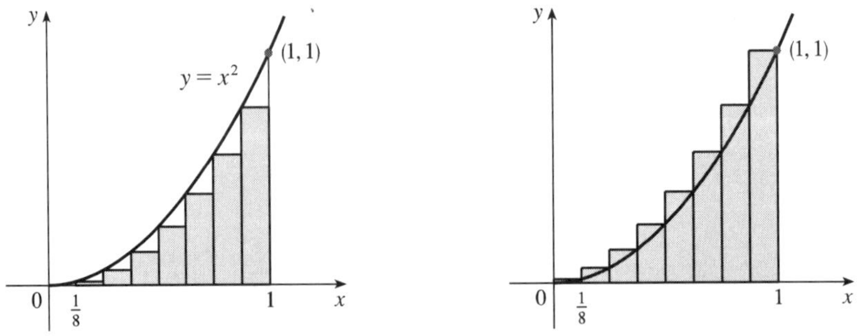

(a) 왼쪽 끝점 사용　　　(b) 오른쪽 끝점 사용

그림 4.5

n	L_n	R_n
10	0.2850000	0.3850000
20	0.3087500	0.3587500
30	0.3168519	0.3501852
50	0.3234000	0.3434000
100	0.3283500	0.3383500
1000	0.3328355	0.3338335

더 작은 직사각형들의 면적들의 합(L_8)과 더 큰 직사각형들의 면적들의 합(R_8)을 계산함으로써 우리는 A에 대해 더 좋은 아래 추정값과 위 추정값들을 얻는다.

$$0.2734375 < A < 0.3984375$$

따라서 이 문제에 대해 가능한 답은 S의 실제 면적 A가 0.2734375와 0.3984375 사이에 있는 어떤 값이 된다는 것이다.
우리는 길고 가느다란 조각들의 개수를 늘림으로써 더 좋은 추정값을 얻을 수 있다. ■■

그림 4.1에 있는 일반적인 영역 S에 예제 1에서의 개념을 적용하여 보자. 우리는 그림 4.6에서와 같이 동일한 폭을 갖는 n개의 길고 가느다란 조각 $S_1, S_2, \cdots, S_n$으로 영역 S를 분할하자. 구간 $[a, b]$의 폭은 $b-a$이고, 따라서 n개의 길고 가느다란 조각들 중에서 각각의 폭은

$$\Delta x = \frac{b-a}{n}$$

이다. 길고 가느다란 조각들은 구간 $[a, b]$를 n개의 부분구간들로 분할한 것이다.

$$[x_0, x_1],\ [x_1, x_2],\ [x_2, x_3],\ \cdots,\ [x_{n-1}, x_n]$$

여기에서 $x_0 = a$이고 $x_n = b$이다. 부분구간들의 오른쪽 끝점들은

$$x_1 = a + \Delta x,\ x_2 = a + 2\Delta x,\ x_3 = a + 3\Delta x,\ \cdots$$

이다.

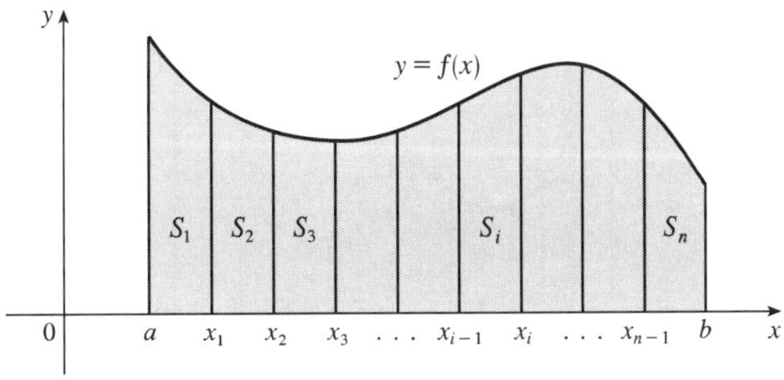

그림 4.6

i번째 길고 가느다란 조각 S_i를 폭이 Δx이고 높이가 $f(x_i)$인 한 직사각형으로 근사화하자. 여기에서 $f(x_i)$는 부분구간이 오른쪽 끝점 x_i에서의 함수 f의 값이다(그림 4.7 참조). 그러면 i번째 직사각형의 면적은 $f(x_i)\Delta x$이다. 우리가 영역 S의 면적으로써 직관적으로 생각하고 있는 것은 이들 직사각형의 면적들의 총합으로 근사시키며, 그것은 다음과 같다.

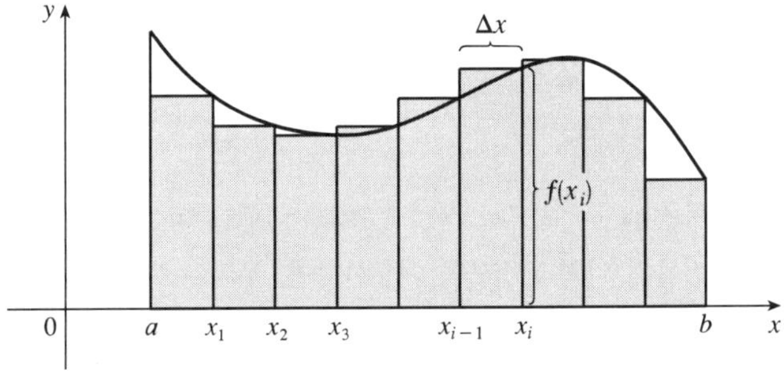

그림 4.7

$$R_n = f(x_1)\Delta x + f(x_2)\Delta x + \cdots + f(x_n)\Delta x$$

그림 4.8에서는 $n=2,\ 4,\ 8$, 그리고 12인 경우에 대한 근사화를 보여주고 있다. 이 근사화는 길고 가느다란 조각들의 개수를 증가시킬 때, 즉 $n \to \infty$ 일 때 점점 더 좋은 근사화가 됨을 보여주고 있다.

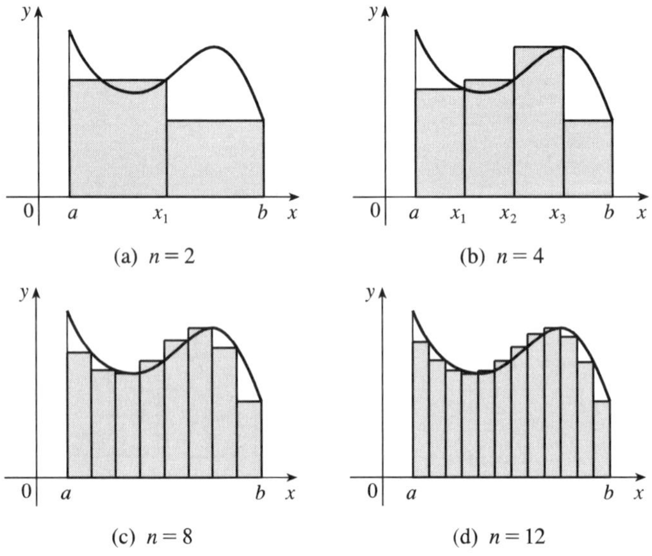

그림 4.8

그러므로 우리 영역 S의 면적 A를 다음과 같은 방법으로 정의한다.

정의 4.1 연속함수 f의 그래프 아래에 놓여 있는 영역 S의 **면적** A는 근사직사각형들의 면적들의 총합의 극한이다.

$$A = \lim_{n\to\infty} R_n = \lim_{n\to\infty} [f(x_1)\Delta x + f(x_2)\Delta x + \cdots + f(x_n)\Delta x]$$

함수 f가 연속함수이므로 정의 4.1에서 극한은 항상 존재함을 증명할 수 있다. 만약 우리가 부분구간들의 왼쪽 끝점들을 이용한다면, 우리는 동일한 값을 얻는다는 사실을 보여줄 수 있다.

$$A = \lim_{n\to\infty} L_n = \lim_{n\to\infty} [f(x_0)\Delta x + f(x_1)\Delta x + \cdots + f(x_{n-1})\Delta x] \tag{1}$$

실제로, 부분구간들의 왼쪽 끝점이나 오른쪽 끝점들을 이용하는 대신에, 우리는 i번째 직사각형의 높이를 i번째 부분구간 $[x_{i-1},\ x_i]$ 안에 있는 임의의 점 x_i^*에서 함수 f의 값으로 선택할 수 있다. 우리는 수 $x_1^*, x_2^*, \cdots, x_n^*$를 **표본점**이라고 일컫는다. 그림 4.9에서는 표본점들이 부분구간들의 끝점들이 아닌 경우에 근사직사각형들을 보여주고 있다. 따라서 영역 S의 면적에 대한 일반적인 수식은

$$A = \lim_{n\to\infty}[f(x_1^*)\Delta x + f(x_2^*)\Delta x + \cdots + f(x_n^*)\Delta x] \tag{2}$$

이다.

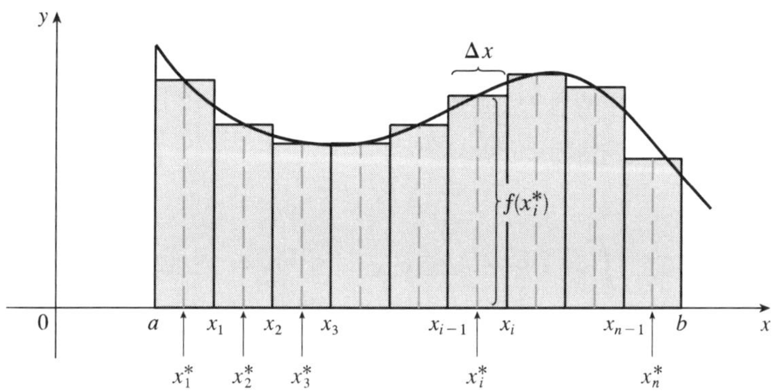

그림 4.9

우리는 시그마(sigma) 기호를 사용하여 $A = \lim_{n\to\infty}\sum_{i=1}^{n} f(x_i^*)\Delta x$로 표현할 수 있다.

> **정의 4.2** 함수 f 구간 $[a, b]$ 위에서 정의된 연속함수일 때, 구간 $[a, b]$를 동일한 폭 $\Delta x = \dfrac{b-a}{n}$를 갖는 n개의 부분구간들로 분할하자. 부분구간들의 끝점을 $x_0(=a), x_1, x_2, \cdots, x_n(=b)$로 놓자. 이 부분구간들에서 표본점 x_i^*가 i번째 부분구간 $[x_{i-1}, x_i]$에 속하도록 **표본점**들 $x_1^*, x_2^*, \cdots, x_n^*$를 선택하자. 그러면 **$a$로부터 b까지 f의 정적분**은
>
> $$\int_a^b f(x)\,dx = \lim_{n\to\infty} f(x_i^*)\,\Delta x$$
>
> 이다.

우리는 함수 f가 연속함수라고 가정하였기 때문에, 정적분의 정의에 있는 극한은 항상 존

재하고 우리가 표본점들 $x_i{}^*$를 어떻게 선택하더라도 동일한 값이 된다는 사실을 증명할 수 있다. 만약 우리가 표본점들을 오른쪽 끝점들로 선택한다면, $x_i{}^* = x_i$이며, 적분의 정의는

$$\int_a^b f(x)\,dx = \lim_{n\to\infty}\sum_{i=1}^{n} f(x_i)\,\Delta x \tag{3}$$

이다. 만약 우리가 표본점들을 왼쪽 끝점들로 선택한다면, $x_i{}^* = x_{i-1}$이며, 적분의 정의는

$$\int_a^b f(x)\,dx = \lim_{n\to\infty}\sum_{i=1}^{n} f(x_{i-1})\,\Delta x$$

이다. 또 다른 방법으로 우리는 부분구간의 이등분점이거나, x_{i-1}와 x_i 사이의 다른 어떤 점을 $x_i{}^*$로 선택할 수 있다.

주1 기호 $\int$는 라이프니츠(Leibniz)에 의하여 소개되었으며, 이것은 **적분기호**라고 일컫는다. 이 기호는 S를 늘려놓은 형태이며 적분이 합의 극한이기 때문에 이와 같이 선택되었다. 기호 $\int_a^b f(x)\,dx$에서 $f(x)$를 **피적분함수**, a와 b를 적분의 **한계**라 한다. 즉 a는 **하한**, b는 **상한**이라 한다. 기호 dx는 그 자체로 의미를 갖고 있지 않으며 $\int_a^b f(x)\,dx$가 전체로써 하나의 기호를 의미한다. 적분을 계산하는 과정을 **적분법**이라 한다.

주2 정적분 $\int_a^b f(x)\,dx$는 수이다. 이것은 x에 의존하지 않는다. 실제로 x 대신에 임의의 다른 문자를 사용하여도 적분값은 변하지 않는다.

$$\int_a^b f(x)\,dx = \int_a^b f(t)\,dt = \int_a^b f(r)\,dr$$

주3 정의에 있는 총합

$$\sum_{i=1}^{n} f(x_i{}^*)\Delta x$$

를 독일의 수학자 리만(Bernhard Riemann, 1826~1866)을 기리기 위하여 **리만 합**이라고 일컫는다. 우리는 만약 함수 f가 양의 값을 갖는다면, 리만 합은 직사각형의 면적들의 총합으로써 해석될 수 있다(그림 4.10 참조). 정의를 4.1절에 있는 면적의 정의와 비교함으로

써, 우리는 정적분 $\int_a^b f(x)\,dx$를 $x=a$로부터 $x=b$까지 곡선 $y=f(x)$의 아래에 있는 영역의 면적으로써 해석할 수 있다(그림 4.11 참조).

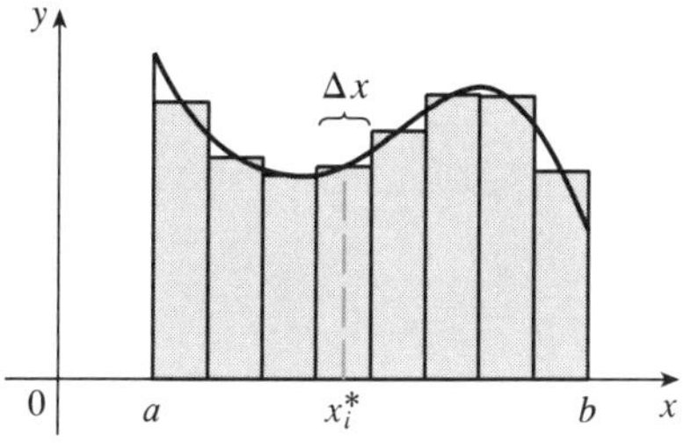

그림 4.10

$f(x) \geq 0$이면 리만 합 $\sum_{i=1}^{n} f(x_i^*)\Delta x$는 직사각형의 면적들의 총합이다.

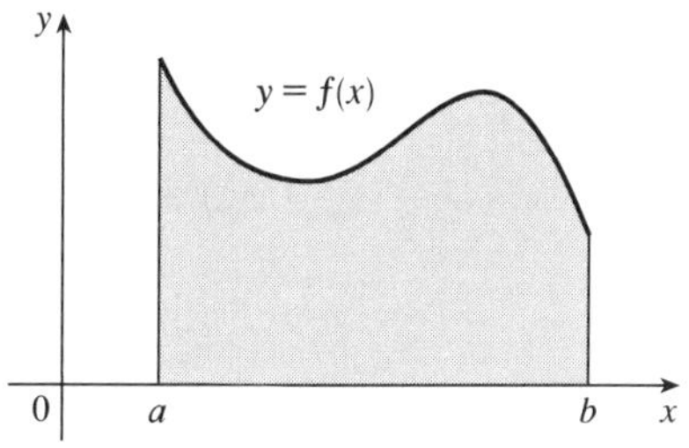

그림 4.11

$f(x) \geq 0$이면 적분 $\int_a^b f(x)dx$는 $x=a$로부터 $x=b$까지 곡선 $y=f(x)$의 아래에 있는 영역의 면적이다.

우리가 정적분의 정의를 사용하여 적분을 계산할 경우에 합을 계산하는 방법을 알 필요가 있다.

예제 2 $\int_a^b x\,dx = \frac{1}{2}(b^2-a^2)$임을 보여라.

풀이 구간 $[a, b]$를 동일한 폭 $\Delta x = \frac{b-a}{n}$를 갖는 n개의 부분구간들로 분할하자. 이때 $x_{i-1} < \frac{1}{2}(x_i + x_{i-1}) < x_i \ (1 \leq i \leq a)$이 성립한다(그림 4.12).

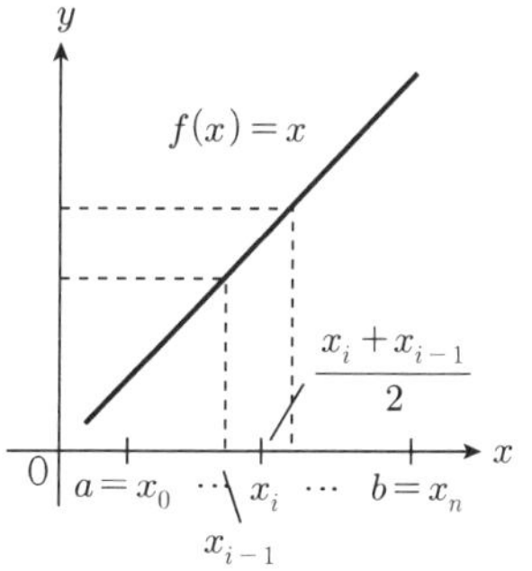

그림 4.12

먼저 부분구간들의 오른쪽 끝점을 이용한다면

$$\begin{aligned}R_n &= f(x_1)\Delta x + f(x_2)\Delta x + \cdots + f(x_n)\Delta x \\ &= x_1(x_1 - x_0) + x_2(x_2 - x_1) + \cdots + x_n(x_n - x_{n-1}) \\ &> \frac{1}{2}(x_1 + x_0)(x_1 - x_0) + \frac{1}{2}(x_2 + x_1)(x_2 - x_1) + \cdots + \frac{1}{2}(x_n + x_{n-1})(x_n - x_{n-1}) \\ &= \frac{1}{2}(x_1^2 - x_0^2) + \frac{1}{2}(x_2^2 - x_1^2) + \cdots + \frac{1}{2}(x_n^2 - x_{n-1}^2) \\ &= \frac{1}{2}(x_n^2 - x_0^2) = \frac{1}{2}(b^2 - a^2)\end{aligned}$$

이제 부분구간들의 왼쪽 끝점을 이용하면

$$\begin{aligned}L_n &= f(x_0)\Delta x + f(x_1)\Delta x + \cdots + f(x_{n-1})\Delta x \\ &= x_0(x_1 - x_0) + x_1(x_2 - x_1) + \cdots + x_{n-1}(x_n - x_{n-1}) \\ &< \frac{1}{2}(x_1 + x_0)(x_1 - x_0) + \frac{1}{2}(x_2 + x_1)(x_2 - x_1) + \cdots + \frac{1}{2}(x_n + x_{n-1})(x_n - x_{n-1}) \\ &= \frac{1}{2}(x_1^2 - x_0^2) + \frac{1}{2}(x_2^2 - x_1^2) + \cdots + \frac{1}{2}(x_n^2 - x_{n-1}^2) \\ &= \frac{1}{2}(x_n^2 - x_0^2) = \frac{1}{2}(b^2 - a^2)\end{aligned}$$

이다. 마지막으로 i번째 구간 $[x_{i-1}, x_i]$ 안에 있는 임의의 점 x_i^*를 그 구간의 중점 $\frac{1}{2}(x_i + x_{i-1})$로 택하여 리만 합을 구하면

$$\begin{aligned}\sum_{i=1}^{n} f(x_i^*)\Delta x &= \frac{1}{2}(x_1 + x_0)(x_1 - x_0) + \frac{1}{2}(x_2 + x_1)(x_2 - x_1) + \cdots \\ &\quad + \frac{1}{2}(x_n + x_{n-1})(x_n - x_{n-1}) \\ &= \frac{1}{2}(x_1^2 - x_0^2) + \frac{1}{2}(x_2^2 - x_1^2) + \cdots + \frac{1}{2}(x_n^2 - x_{n-1}^2) \\ &= \frac{1}{2}(x_n^2 - x_0^2) = \frac{1}{2}(b^2 - a^2)\end{aligned}$$

이 됨을 알 수 있다.
위 결과를 종합해보면

$$L_n < \sum_{i=1}^{n} f(x_i^*)\Delta x = \frac{1}{2}(b^2 - a^2) < R_n$$

이다. 따라서 정적분의 정의에 의하여

$$\int_a^b x\,dx = \frac{1}{2}(b^2 - a^2)$$

■■

정의 4.3 f가 $[a, b]$에서 연속이라고 하면

$$\int_a^a f(x)\,dx = 0, \quad \int_b^a f(x)\,dx = -\int_a^b f(x)\,dx$$

으로 정의된다.

위의 정의에서 $\int_a^a f(x)\,dx = 0$이라는 사실은 선분의 면적이 0임을 의미한다.

4.2 정적분의 성질

우리는 정적분 $\int_a^b f(x)\,dx$를 정의하였을 때, $a < b$임을 함축적으로 가정하였다. 그러나 $a > b$일 경우에도 리만 합의 극한으로써 그 정의는 의미가 있다. 만약 a와 b를 서로 바꾼다면 Δx는 $\frac{b-a}{n}$에서 $\frac{a-b}{n}$로 바뀐다. 그러므로

$$\int_b^a f(x)\,dx = -\int_a^b f(x)\,dx$$

만약 $a = b$이면 $\Delta x = 0$이며, 따라서

$$\int_a^a f(x)\,dx = 0$$

이제 우리는 간단한 방법으로 적분을 계산하는 데 도움을 주는 적분의 몇 가지 기본

적인 성질들을 논의할 것이다. 함수 f와 g는 연속함수라고 가정하자.

적분의 성질

1. $\int_a^b c\,dx = c(b-a)$, c는 임의의 상수
2. $\int_a^b [f(x)+g(x)]\,dx = \int_a^b f(x)\,dx + \int_a^b g(x)\,dx$
3. $\int_a^b cf(x)\,dx = c\int_a^b f(x)\,dx$, c는 임의의 상수
4. $\int_a^b [f(x)-g(x)]\,dx = \int_a^b f(x)\,dx - \int_a^b g(x)\,dx$

성질 1은 상수함수의 적분이 구간의 길이에 상수배한 것임을 나타내고 있다. 만약 $c>0$이고 $a<b$이라면, $c(b-a)$가 그림 4.13에서 색칠된 직사각형의 면적이기 때문에 이 사실은 예상되는 것이다.

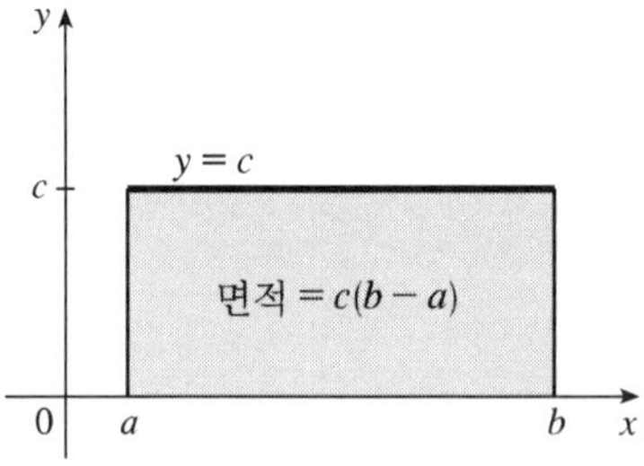

그림 4.13 $\int_a^b c\,dx = c(b-a)$

성질 2는 합의 적분이 적분의 합임을 나타내고 있다. 양수값을 갖는 함수들에 대하여 $f+g$ 아래의 면적은 f 아래의 면적에 g 아래의 면적을 합한 것임을 나타내고 있다. 일반적으로, 성질 2는 합의 극한은 극한들의 합이라는 사실로부터 얻어진다.

$$\begin{aligned}\int_a^b [f(x)+g(x)]\,dx &= \lim_{n\to\infty}\sum_{i=1}^{n}[f(x_i)+g(x_i)]\Delta x \\ &= \lim_{n\to\infty}\left[\sum_{i=1}^{n} f(x_i)\Delta x + \sum_{i=1}^{n} g(x_i)\Delta x\right] \\ &= \lim_{n\to\infty}\sum_{i=1}^{n} f(x_i)\Delta x + \lim_{n\to\infty}\sum_{i=1}^{n} g(x_i)\,\Delta x\end{aligned}$$

$$= \int_a^b f(x)\,dx + \int_a^b g(x)\,dx$$

유사한 방법으로 성질 3을 증명할 수 있으며, 그것은 함수에 상수배한 것의 적분은 그 함수의 적분에 상수배한 것과 같음을 나타내고 있다. 다시 말하면, 상수(그러나 단지 한 상수)는 적분기호 앞으로 나올 수 있다. $f-g=f+(-g)$로 표기하고 성질 2와 $c=-1$인 경우의 성질 3을 이용함으로써 성질 4를 증명할 수 있다.

다음의 성질은 이웃한 구간을 위에서 동일한 함수의 적분들을 결합하는 방법을 보여주고 있다.

5. $\int_a^c f(x)\,dx + \int_c^b f(x)\,dx = \int_a^b f(x)\,dx$

일반적으로 이것을 증명하는 것은 쉽지 않지만, $f(x) \geq 0$이고 $a<c<b$인 경우에 성질 5는 그림 4.14에서와 같이 기하학적인 해석으로 밝혀질 수 있다. a부터 c까지 $y=f(x)$의 아래의 면적에 c부터 b까지의 면적을 더한 것은 a부터 b까지의 면적과 같다.

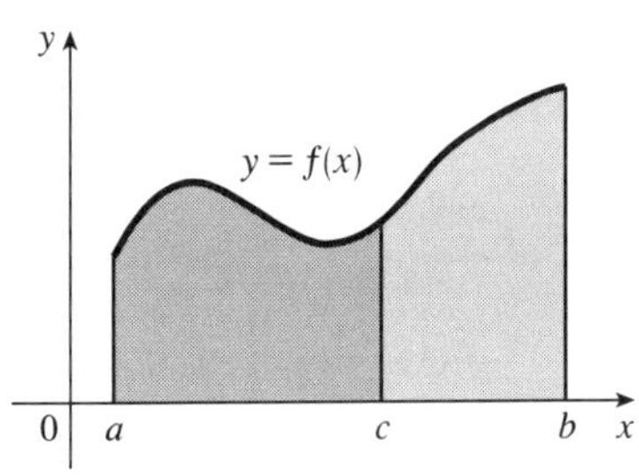

그림 4.14

예제 1 $\int_1^{-2} |x|\,dx$를 구하여라(그림 4.15).

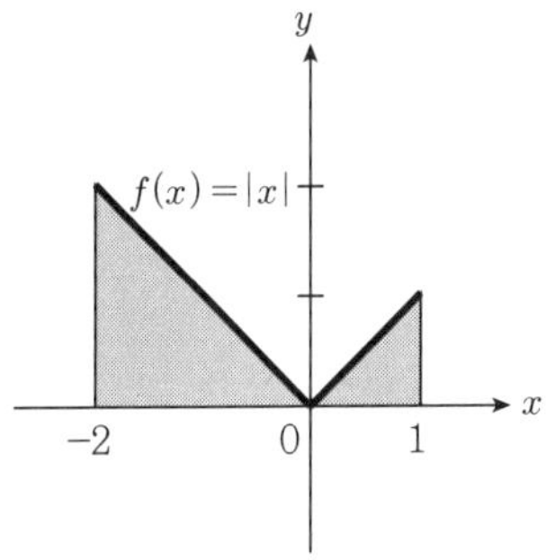

그림 4.15

풀이 성질 5와 정의 4.3에 의하여

$$\int_{1}^{-2}|x|\,dx = \int_{1}^{0}|x|\,dx + \int_{0}^{-2}|x|dx = \int_{1}^{0}x\,dx + \int_{0}^{-2}-x\,dx$$

$$= -\int_{0}^{1}x dx + \int_{-2}^{0}x\,dx$$

$$= -\frac{1}{2}(1^2-0^2) + \frac{1}{2}[0^2-(-2)^2]$$

$$= -\frac{5}{2}.$$

■■

$a<b$, $a=b$이거나 $a>b$인 어느 경우에도 성질 1~5는 참임을 주목하여라. 함수들의 크기와 적분들의 크기를 비교하는 다음의 성질들은 단지 $a \le b$인 경우에만 참이다.

적분의 비교 성질

6. 만약 $a \le x \le b$인 x에 대하여 $f(x) \ge 0$이면 $\int_a^b f(x)\,dx \ge 0$이다.
7. 만약 $a \le x \le b$인 x에 대하여 $f(x) \ge g(x)$이면 $\int_a^b f(x)\,dx \ge \int_a^b g(x)\,dx$이다.
8. 만약 $a \le x \le b$인 x에 대하여 $m \le f(x) \le M$이면,

$$m(b-a) \le \int_a^b f(x)\,dx \le M(b-a)$$

이다.

만약 $f(x) \ge 0$이면, $\int_a^b f(x)\,dx$는 f의 그래프 아래의 면적을 나타낸다. 그러므로 성질 6의 기하학적인 해석은 면적이 양수임을 의미한다. 그러나 이 성질은 적분의 정의로부터 증명될 수 있다. 성질 7은 더 큰 함수는 더 큰 적분을 갖는다는 것을 나타내고 있다. 이 성질은 $f-g \ge 0$이기 때문에 성질 6과 4로부터 얻어진다.

$f(x) \ge 0$인 경우에 성질 8은 그림 4.16에 의하여 설명된다. 만약 f가 연속함수이면, 구간 $[a, b]$ 위에서 f의 최소값과 최대값을 각각 m, M으로 선택할 수 있다. 이 경우에 성질 8은 f의 그래프 아래의 면적은 높이 m인 직사각형의 면적보다 크고, 높이 M인 직사각형의 면적보다 작음을 나타내고 있다.

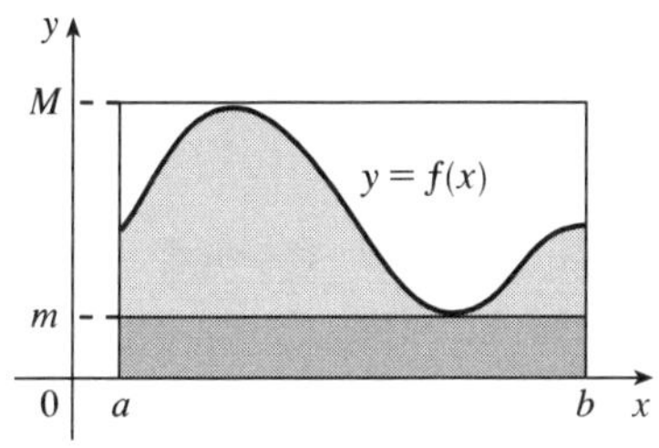

그림 4.16

성질 8을 증명하자. $m \le f(x) \le M$이므로 성질 7에 의하여

$$\int_a^b m\,dx \le \int_a^b f(x)\,dx \le \int_a^b M\,dx$$

이다. 성질 1을 이용하여 위 식의 좌변과 우변의 적분을 계산하면,

$$m(b-a) \le \int_a^b f(x)\,dx \le M(b-a)$$

임을 얻는다.

연 습 문 제 4.2

1. $\int_0^9 f(x)\,dx = 37$이고 $\int_0^9 g(x)\,dx = 16$일 때, 정적분 $\int_0^9 [2f(x)+3g(x)]\,dx$를 구하여라.

2. 만약 함수 f가 구간 $[a, b]$ 위에서 연속함수이면, 부등식

$$\left| \int_a^b f(x)\,dx \right| \le \int_a^b |f(x)|\,dx$$

이 성립함을 보여라. [도움말 : $-|f(x)| \le f(x) \le |f(x)|$]

4.3 미적분학의 기본정리

미적분학의 기본정리라는 명칭은 합당하게 붙여진 것이다. 왜냐하면 그것은 미적분학의 두 분야인 미분학과 적분학 사이에 연관성을 확립하고 있기 때문이다. 미분학은 접선문제로부터 탄생하였으며, 그 반면에 적분학은 겉으로는 관련이 없는 문제인 것처럼 보이는 면적 문제로부터 탄생하였다. 캠브리지 대학교의 뉴턴(Newton)의 스승인 아이작 배로우(Isaac Barrow, 1630~1677)는 이 두 가지 문제들이 실제로 밀접하게 관련되어 있음을 발견하였다. 실제로 그는 미분법과 적분법이 서로 역과정임을 깨달았다. 미적분학의 기본정리는 도함수와 적분 사이에 명백한 역관계가 있음을 보여주고 있다. 뉴턴과 라이프니츠(Leibniz)는 이러한 관계를 계발하고 그것을 이용하여 미적분학을 체계적인 수학적 방법으로 발전시켰다. 특별히, 그들은 미적분학의 기본정리를 이용하여 4.1절과 4.2절에서 행하였던 것과 같이 합의 극한으로써 면적과 적분을 계산하지 않고, 매우 쉽게 면적과 적분을 계산할 수 있음을 알았다.

미적분학의 기본정리에서 처음 부분은 공식

$$g(x) = \int_a^x f(t)\,dt \tag{1}$$

에 의하여 정의되는 함수들을 다루고 있다. 여기에서 함수 f는 구간 $[a, b]$ 위에서 연속함수이며 x는 a와 b 사이에서 움직인다. 함수 g는 적분에서 변화하는 상한으로 나타나는 x에만 의존하고 있음을 관찰하여라. 만약 x가 고정된 수라고 한다면, 정적분 $\int_a^x f(t)\,dt$는 일정한 수이다. 만약 우리가 x를 변하게 한다면, 정적분 $\int_a^x f(t)\,dt$, 또한 변하며 함수 $g(x)$로 표기되는 x의 함수로 정의된다.

$f(x) \geq 0$를 만족하는 임의의 연속함수 f를 생각하자. 그러면 $g(x) = \int_a^x f(t)\,dt$는 그림 4.17에서와 같이 a부터 x까지 함수 f의 그래프 아래에 있는 영역의 면적으로서 해석될 수 있다.

도함수의 정의로부터 $g'(x)$를 계산하기 위하여, 우리는 먼저 $h > 0$인 h에 대하여 $g(x+h) - g(x)$는 면적들을 빼줌으로써 얻어지며, 따라서 이것은 x부터 $x+h$까지 함수 f의 그래프 아래에 있는 영역(그림 4.17)의 면적임을 관찰하여라. 작은 h에 대하여 여러분은 그림으로부터 이 면적이 높이 $f(x)$이고 폭 h인 직사각형의 면적과 근사적으로 같음을 알 수 있다.

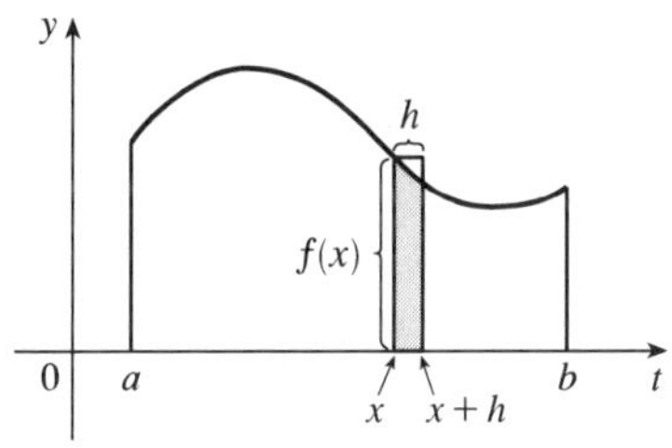

그림 4.17

따라서

$$g(x+h) - g(x) \approx hf(x)$$
$$\frac{g(x+h) - g(x)}{h} \approx f(x)$$

이다. 그러므로 우리는 직관적으로

$$g'(x) = \lim_{h \to 0} \frac{g(x+h) - g(x)}{h} = f(x)$$

가 성립함을 기대한다.

만약 함수 f가 필연적으로 양수값을 갖지 않을 경우에도, 이 사실이 참이다라는 사실은 미적분학의 기본정리의 처음 부분이다.

미적분학의 기본정리 1 만약 함수 f가 구간 $[a, b]$ 위에서 연속이면,

$$g(x) = \int_a^x f(t)\,dt, \qquad a \le x \le b$$

에 의하여 정의된 함수 g는 구간 $[a, b]$ 위에서 연속이고 구간 (a, b) 위에서 미분가능하며, $g'(x) = f(x)$이다.

증명 부록 4-1 참고

도함수에 대한 라이프니츠의 기호를 사용하여, 함수 f가 연속일 경우에 미적분학의 기본정리 1을 다음과 같이 표기할 수 있다.

$$\frac{d}{dx} \int_a^x f(t)\,dt = f(x) \tag{2}$$

다시 말하면, 공식 (2)는 만약 우리가 먼저 f를 적분한 다음에 그 결과를 미분한다면, 본래의 함수 f를 다시 얻는다는 사실을 의미하고 있다.

예제 1 함수 $g(x)=\int_0^x (t^2-2t+3)\,dt$의 도함수를 구하여라.

풀이 $f(t)=t^2-2t+3$은 연속함수이므로, 미적분학의 기본정리 1에 의하여

$$g'(x)=x^2-2x+3$$

이다. ■■

예제 2 $\frac{d}{dx}\int_2^{x^2}\cos t\,dt$를 계산하여라.

풀이 미적분학의 기본정리 1과 연쇄 법칙을 결합하여 $u=x^2$으로 놓자. 그러면

$$\begin{aligned}\frac{d}{dx}\int_2^{x^2}\cos t\,dt &= \frac{d}{dx}\int_2^{u}\cos t\,dt \\ &= \frac{d}{du}\left[\int_2^u \cos t\,dt\right]\frac{du}{dx} \quad \text{(연쇄 법칙에 의하여)} \\ &= \cos u\,\frac{du}{dx} \quad \text{(미적분학의 기본정리 1에 의하여)} \\ &= \cos(x^2)\cdot 2x \\ &= 2x\cos x^2\end{aligned}$$

■■

4.2절에서 우리는 적분계산을 리만 합의 극한으로써 적분의 정의에 의하여 계산하였으며, 이러한 과정이 때로는 지루하고 힘들다는 것을 알았다. 기본정리 1로부터 쉽게 얻어지는 미적분학의 기본정리 2는 적분계산을 위한 매우 간단한 방법을 제공한다.

미적분학의 기본정리 2 만약 f가 구간 $[a, b]$ 위에서 연속함수이면,

$$\int_a^b f(x)\,dx = F(b)-F(a)$$

이다. 여기에서 F는 임의의 f의 역도함수, 즉 $F'=f$를 만족하는 함수이다.

증명 $g(x)=\int_a^x f(t)\,dt$로 놓자. 기본정리 1로부터 $g'(x)=f(x)$이다. 즉 g는

f의 역도함수이다. 만약 F가 구간 $[a, b]$ 위에서 f의 임의의 다른 역도함수라면, 정리 3.8로부터 F와 g는 상수만큼 차이가 있다.

$$F(x) = g(x) + C \tag{3}$$

이다. 그러나 F와 g는 구간 $[a, b]$ 위에서 연속함수이므로 방정식 (3)의 양변에서 극한($x \to a^+$와 $x \to b^-$일 때)을 취함으로써 $x = a$와 $x = b$일 경우에도 이 방정식이 성립함을 알 수 있다.
만약 $g(x)$를 정의하는 공식에 $x = a$를 대입하면

$$g(a) = \int_a^a f(t)\,dt = 0$$

임을 얻는다. 그러므로 $x = b$와 $x = a$일 경우의 방정식 (3)을 이용함으로써

$$\begin{aligned} F(b) - F(a) &= [g(b) + C] - [g(a) + C] \\ &= g(b) - g(a) = g(b) = \int_a^b f(t)\,dt \end{aligned}$$

임을 얻는다.

기본정리 2는 만약 우리가 f의 한 역도함수 F를 안다면, 구간 $[a, b]$의 양 끝점들에서 F의 값들을 뺌으로써 정적분 $\int_a^b f(x)\,dx$를 간단하게 계산할 수 있음을 서술하고 있다. $a \le x \le b$인 모든 x에 대하여 $f(x)$의 모든 값들을 내포하고 있는 복잡한 과정에 의하여 정의되는 정적분 $\int_a^b f(x)\,dx$는 단지 두 점 a와 b에서 $F(x)$의 값을 알면 구해질 수 있다는 사실은 매우 놀라운 일이다.

예제 3 정적분 $\int_1^4 x^2 dx$를 구하여라.

풀이 함수 $f(x) = x^2$은 구간 [1, 4]에서 연속이며, f의 역도함수 F는 $F(x) = \frac{1}{3}x^3$임을 알 수 있다. 따라서 기본정리 2에 의하여

$$\int_1^4 x^2 dx = F(4) - F(1) = \frac{1}{3}(4)^3 - \frac{1}{3}(1)^3 = 21$$

■■

우리는 자주 다음과 같은 기호를 사용한다.

$$[F(x)]_a^b = F(b) - F(a)$$

따라서 미적분학의 기본정리 2에 있는 공식은 다음과 같이 표기될 수 있다.

$$\int_a^b f(x)\,dx = [F(x)]_a^b$$

여기에서 $F' = f$이다. 다른 통상적인 기호는 $F(x)|_a^b$와 $[F(x)]_a^b$이다.

연 습 문 제 4.3

1. 미적분학의 기본정리 1을 사용하여 다음 함수의 도함수를 구하여라.

(1) $f(x) = \int_0^x \sqrt{1+2t}\,dt$ (2) $f(x) = \int_1^x \frac{1}{t}dt \ \ (x > 0)$

(3) $f(y) = \int_2^y t^2 \sin t\,dt$ (4) $F(x) = \int_x^2 \cos(t^2)\,dt$

2. 미적분학의 기본정리 2를 사용하여 정적분을 계산하여라.

(1) $\int_{-3}^3 x^5 dx$ (2) $\int_1^3 x(2+x^5)dx$

(3) $\int_0^4 (3x+2)\,dx$ (4) $\int_0^{\frac{\pi}{4}} \sec^2 t\,dt$

4.4 부정적분과 적분법

미적분의 기본정리를 사용하여 정적분 $\int_a^b f(x)\,dx$를 구할 때, 기본적인 문제는 f의 역도함수를 찾는 것이다.

> **정의 4.4** f가 구간 I에서 역도함수를 갖는다고 하자. I에서 f의 역도함수를 f의 **부정적분**(indefinite integral)이라고 부르고, $\int f(x)\,dx$로 표기한다.

만약 F가 f의 부정적분이면 $(F+C)' = F' + C' = f$이므로, $F+C$도 f의 부정적분이다(C는 임의의 상수). 따라서 C의 선택에 따라 수많은 부정적분이 존재한다. 정리 3.8에 의하여 f의 부정적분은 $F+C$의 형태를 하고 있는 함수들이므로 다음과 같은 기호를 사용한다.

$$\int f(x)\,dx = F(x) + C$$

주 여러분들은 정적분과 부정적분을 조심스럽게 구별해야만 한다. 정적분 $\int_a^b f(x)\,dx$는 하나의 수인 반면, 부정적분 $\int f(x)\,dx$는 하나의 함수(또는 함수들의 모임)이다.

부정적분의 표

$\int cf(x)\,dx = c\int f(x)\,dx$	$\int [f(x)+g(x)]dx = \int f(x)dx + \int g(x)dx$
$\int k\,dx = kx + C$	$\int x^n dx = \dfrac{x^{n+1}}{n+1} + C, \quad (n \neq -1)$
$\int \sin x\,dx = -\cos x + C$	$\int \cos x\,dx = \sin x + C$
$\int \sec^2 x\,dx = \tan x + C$	$\int \csc^2 x\,dx = -\cot x + C$
$\int \sec x \tan x\,dx = \sec x + C$	$\int \csc x \cot x\,dx = -\csc x + C$

예제 1 부정적분 $\int (2x - 3\cos x)\,dx$를 구하여라.

풀이

$$\begin{aligned}\int (2x - 3\cos x)\,dx &= \int 2x\,dx - \int 3\cos x\,dx \\ &= 2\int x\,dx - 3\int \cos x\,dx \\ &= 2\left(\frac{1}{2}x^2\right) - 3\sin x + C \\ &= x^2 - 3\sin x + C\end{aligned}$$

우리는 이 답을 미분함으로써 이것을 검증할 수 있다.

예제 2 $\int_1^2 (x^4-3x^2+4x-2)\,dx$를 구하여라.

풀이

$$\int_1^2 (x^4-3x^2+4x-2)\,dx = \left[\frac{1}{5}x^5 - 3\left(\frac{1}{3}x^3\right) + 4\left(\frac{1}{2}x^2\right) - 2x\right]\Big|_1^2$$

$$= \frac{12}{5} - \left(-\frac{4}{5}\right) = \frac{16}{5}$$

예제 3 $\int_1^3 \frac{2x+1}{x^2}\,dx$를 구하여라.

풀이

$$\int_1^3 \frac{2x+4}{x^2}\,dx = \int_1^3 \left(\frac{2}{x} + \frac{4}{x^2}\right)dx$$

$$= 2\int_1^3 \frac{1}{x}\,dx + 4\int_1^3 \frac{1}{x^2}\,dx$$

$$= 2[\ln x]_1^3 + 4\left[-\frac{1}{x}\right]_1^3$$

$$= 2\ln 3 + \frac{8}{3}$$

연 습 문 제 4.4

1. 다음 부정적분을 구하여라.

(1) $\int (2x-7)\,dx$ (2) $\int (2x^{\frac{1}{3}} - 3x^{\frac{3}{4}} + x^{\frac{2}{5}})\,dx$

(3) $\int \left(\sqrt{y} + \frac{1}{\sqrt{y}}\right)dy$ (4) $\int (2\cos x - 5x)\,dx$

(5) $\int (2t-1)^2\,dt$

2. 다음 정적분을 구하여라.

(1) $\int_{\frac{\pi}{4}}^{\frac{\pi}{2}} (-7\sin x + 3\cos x)\,dx$ (2) $\int_{\frac{\pi}{3}}^{\frac{\pi}{4}} (3\sec^2 x + 3\csc^2 x)\,dx$

(3) $\int_{1}^{\frac{1}{3}} (3t+2)^3\, dt$

(4) $\int_{-1}^{1} (2x+5)(2x-5)\, dx$

(5) $\int_{4}^{7} |x-5|\, dx$

4.5 치환적분법

기본정리 때문에 역도함수를 구할 수 있다는 사실은 중요한 것이다. 그러나 역도함수를 찾는 공식으로 다음과 같은 적분을 계산하는 방법을 알 수는 없다.

$$\int 2x\sqrt{1+x^2}\, dx \tag{1}$$

이 적분을 계산하기 위하여 별도의 어떤 것을 소개하는 문제해결의 전략을 이용한다. 여기서 '별도의 어떤 것'이라 함은 새로운 변수이다. 우리는 변수 x를 새로운 변수 u로 바꾼다. u를 식 (1)에서 근호기호 안에 있는 양, 즉 $u = 1 + x^2$이라고 가정하자. 그러면 u의 미분은 $du = 2x\, dx$이다. 만약 한 적분기호 안에 있는 dx가 미분으로써 해석된다면, 미분 $2x\, dx$는 식 (1) 안에 있으며 따라서 형식적으로 우리의 계산이 타당함을 밝히지 않고, 우리는 다음과 같이 표기할 수 있다.

$$\begin{aligned} \int 2x\sqrt{1+x^2}\, dx &= \int \sqrt{1+x^2}\, 2x\, dx \\ &= \int \sqrt{u}\, du = \frac{2}{3}u^{\frac{3}{2}} + C \\ &= \frac{2}{3}(x^2+1)^{\frac{3}{2}} + C \end{aligned} \tag{2}$$

그러나 이제 우리는 연쇄 법칙을 이용하여 방정식 (2)의 마지막 함수를 미분함으로써 정확한 해답을 얻었는지를 검증할 수 있다.

$$\frac{d}{dx}\left[\frac{2}{3}(x^2+1)^{\frac{3}{2}} + C\right] = \frac{2}{3} \cdot \frac{3}{2}(x^2+1)^{\frac{1}{2}} \cdot 2x = 2x\sqrt{x^2+1}$$

일반적으로, 우리가 한 적분을 $\int f(g(x))\, g'(x)\, dx$ 형태로 표기할 수 있을 때는 언제나 이 방법을 이용할 수 있다. 만약 $F' = f$이면

$$\int F'(g(x))\,g'(x)\,dx = F(g(x)) + C \tag{3}$$

임을 인지하여라. 왜냐하면, 연쇄법칙에 의하여,

$$\frac{d}{dx}[F(g(x))] = F'(g(x))\,g'(x)$$

이 성립하기 때문이다.

만약 우리가 '변수변환'이나 '치환' $u = g(x)$를 이용한다면, 공식 (3)으로부터

$$\int F'(g(x))\,g'(x)\,dx = F(g(x)) + C = F(u) + C = \int F'(u)\,du$$

임을 얻는다. 또는 $F' = f$로 표기함으로써

$$\int f(g(x))\,g'(x)\,dx = \int f(u)\,du$$

임을 얻는다. 그러므로 우리는 다음의 법칙을 증명하였다.

> **치환법칙** 만약 $u = g(x)$가 미분가능한 함수이고, 그의 치역이 구간 I이며 f가 I 위에서 연속함수이면,
>
> $$\int f(g(x))\,g'(x)dx = \int f(u)\,du$$
>
> 이다.

예제 1 $\int (2x-1)^2\,dx$를 구하여라.

풀이 $u = 2x - 1$로 놓자. 그러면 $du = 2dx$이며, 따라서 $dx = \frac{1}{2}du$이다.

$$\int (2x-1)^2\,dx = \int u^2 \cdot \frac{1}{2}du = \frac{1}{2}\int u^2\,du$$

$$= \frac{1}{2}\cdot\frac{1}{3}u^3 + C = \frac{1}{6}(2x-1)^3 + C$$

■■

예제 2 $\int x \cos x^2\, dx$ 를 구하여라.

풀이 치환식 $u = x^2$ 으로 놓자. 왜냐하면, u의 미분은 $du = 2x\,dx$ 이며, 이것은 상수인 수 2를 제쳐 놓으면 적분기호 안에 있기 때문이다. 따라서 $x\,dx = \frac{du}{2}$ 와 치환법칙을 이용해서,

$$\int x \cos x^2\, dx = \int \cos u \cdot \frac{1}{2}\, du = \frac{1}{2}\int \cos u\, du$$

$$= \frac{1}{2}\sin u + C$$

$$= \frac{1}{2}\sin x^2 + C$$

를 얻는다. 마지막 단계에서 우리는 최초의 변수 x로 되돌려 놓아야만 함을 주의하여라.

■■

치환법칙에 내재된 의도는 상대적으로 복잡한 적분을 간단한 적분으로 바꾸고자 하는 것이다. 이것은 최초의 변수 x를 x의 함수인 새로운 변수 u로 바꿔줌으로써 성취된다. 이와 같이, 예제 2에서 적분 $\int x \cos x^2\, dx$를 간단한 적분 $\frac{1}{2}\int \cos u\, du$로 바꾸었다. 올바른 치환식을 찾는다는 것은 다소간의 기술이다. 잘못된 치환식을 생각하는 것도 항상 있는 일이다. 만약 여러분이 처음으로 생각한 치환식으로 해결이 잘 되지 않으면, 다른 치환식을 시행해 보아라.

예제 3 $\int x\sqrt{2x+1}\, dx$를 구하여라.

풀이 $u = 2x+1$이라 놓으면, $du = 2dx$이고 $x = \frac{1}{2}(u-1)$이 됨을 알 수 있다. 그러므로

$$\int x\sqrt{2x+1}\, dx = \int \frac{1}{2}(u-1)\cdot u^{\frac{1}{2}} \cdot \frac{1}{2}du = \frac{1}{4}\int (u^{\frac{3}{2}} - u^{\frac{1}{2}})du$$

$$= \frac{1}{4}\left(\frac{2}{5}u^{\frac{5}{2}} - \frac{2}{3}u^{\frac{3}{2}}\right) + C$$

$$= \frac{1}{10}(2x+1)^{\frac{5}{2}} - \frac{1}{6}(2x+1)^{\frac{3}{2}} + C$$

■■

위의 예제 3에서 $u=\sqrt{2x+1}$ 이라고 놓으면

$$x=\frac{1}{2}(u^2-1), \qquad du=\frac{1}{\sqrt{2x+1}}dx=\frac{1}{u}dx,$$
$$\text{즉 } u\,du=dx$$

이다. 그러므로

$$\begin{aligned}\int x\sqrt{2x+1}\,dx &= \int \frac{1}{2}(u^2-1)u^2\,du=\frac{1}{2}\int(u^4-u^2)\,du\\ &=\frac{1}{10}u^5-\frac{1}{6}u^3+C\\ &=\frac{1}{10}(2x+1)^{\frac{5}{2}}-\frac{1}{6}(2x+1)^{\frac{3}{2}}+C\end{aligned}$$

이다. 우리는 여기서 치환은 달리 했지만 같은 결과를 얻는다.

예제 4 $\int \sin^4 x\cos x\,dx$를 구하여라.

풀이 $u=\sin x$라 놓으면 $du=\cos x\,dx$이므로, 구하는 적분은

$$\begin{aligned}\int \sin^4 x\cos x\,dx &= \int (\sin x)^4\cos x\,dx\\ &=\int u^4\,du=\frac{1}{5}u^5+C=\frac{1}{5}\sin^5 x+C\end{aligned}$$

이다. ■■

> **정적분에 대한 치환법칙** 만약 g'이 구간 $[a, b]$ 위에서 연속함수이고, f가 $u=g(x)$의 치역 위에서 연속함수이면,
>
> $$\int_a^b f(g(x))\,g'(x)\,dx=\int_{g(a)}^{g(b)} f(u)\,du$$
>
> 이다.

예제 5 $\int_1^2 \frac{dx}{(3x-2)^2}$를 구하여라.

풀이 $u = 3x - 2$로 놓자. 그러면 $du = 3dx$이므로 $dx = \frac{du}{3}$이다. $x = 1$일 때 $u = 1$이고, $x = 2$일 때 $u = 4$이다. 그러므로

$$\begin{aligned}\int_1^2 \frac{dx}{(3x-2)^2} &= \frac{1}{3}\int_1^4 \frac{du}{u^2} \\ &= \frac{1}{3}\left[-\frac{1}{u}\right]_1^4 = \frac{1}{3}\left[-\frac{1}{4}+1\right] \\ &= \frac{1}{4}\end{aligned}$$

■■

연 습 문 제 4.5

1. 주어진 치환을 이용하여 적분을 구하여라.

(1) $\int \cos \pi x \, dx$; $u = \pi x$

(2) $\int x \cos x^2 \, dx$; $u = x^2$

(3) $\int \cos^{-4} t \sin t \, dt$; $u = \cos t$

(4) $\int \frac{2t-3}{(t^2-3t+1)^2} dt$; $u = t^2 - 3t + 1$

(5) $\int (x-1)\sqrt{x+1} \, dx$; $v = x + 1$

(6) $\int \sec x \tan x \sqrt{3 + \sec x} \, dx$; $u = 3 + \sec x$

2. 다음 적분을 구하여라.

(1) $\int x^3 (2 - 5x^4)^7 \, dx$

(2) $\int \sqrt{3x+7} \, dx$

(3) $\int \sin^6 t \cos t \, dt$

(4) $\int \sqrt{\sin 2x} \cos 2x \, dx$

(5) $\int_0^{\frac{\pi}{4}} \frac{\sin x}{\cos^2 x} dx$

(6) $\int \frac{1}{\sqrt{x}} \sec^2 \sqrt{x} \, dx$

4.6 적분에 의한 로그함수

미적분학의 기본정리 1은 f가 구간 I에서 연속이면 f의 부정적분 G가 다음 식으로 주어짐을 알려준다.

$$G(x) = \int_a^x f(t)\,dt \qquad x \in I,\ a \in I$$

이제, 다음과 같이 주어진 특별한 경우를 생각하자.

$$f(x) = \frac{1}{x} = x^{-1}$$

그러면 f는 $(0, \infty)$에서 연속이고, 그래서 $G(x) = \int_1^x \frac{1}{t}\,dt$, $x > 0$에 의한 함수 G를 정의할 수 있다. 미적분학의 기본정리 1에 의해 G는 $(0, \infty)$에서 미분가능이고 $G'(x) = \frac{1}{x}$을 얻는다.

정의 4.5 자연로그함수는 구간 $(0, \infty)$에서 다음과 같이 정의된 함수이다.

$$\ln x = \int_1^x \frac{1}{t}\,dt$$

$\int_1^1 \frac{1}{t}\,dt = 0$이므로 정의로부터 $\ln 1 = 0$임을 얻는다. 또, 미적분학의 기본정리 1로부터

$$\frac{d}{dx}\ln x = \frac{d}{dx}\left(\int_1^x \frac{1}{t}\,dt\right) = \frac{1}{x} \tag{1}$$

이므로, $\ln x$는 미분가능한 함수이고, $x > 0$에 대해 $\frac{1}{x} > 0$이므로, $\ln x$는 단조증가함수이다. 식 (1)의 부정적분의 형태는

$$\int \frac{1}{x}\,dx = \ln x + C \tag{2}$$

이다.

함수 $\ln x$의 정의역은 $(0, \infty)$이므로 $\ln(-x)$의 정의역은 $(-\infty, 0)$이다. 따라서 연쇄법칙에 의하여

$$\frac{d}{dx}\ln(-x) = \frac{1}{-x}(-1) = \frac{1}{x}$$

이므로 다음 식을 얻는다.

$$\int \frac{1}{x}dx = \ln|x| + C \tag{3}$$

이제, 치환을 이용하여 $\int \frac{f'(x)}{f(x)}dx$를 구해보자. $u = f(x)$라 놓으면 $du = f'(x)dx$이고 식 (3)에 의하여

$$\begin{aligned}\int \frac{f'(x)}{f(x)}dx &= \int \frac{1}{f(x)}f'(x)dx = \int \frac{1}{u}du \\ &= \ln|u| + C = \ln|f(x)| + C\end{aligned}$$

이다. 그러므로 다음 식을 얻는다.

$$\int \frac{f'(x)}{f(x)}dx = \ln|f(x)| + C \tag{4}$$

예제 1 $\int \frac{x^4}{x^5+1}dx$를 구하여라.

풀이 $u = x^5 + 1$라고 놓으면, $du = 5x^4dx$이므로

$$\begin{aligned}\int \frac{x^4}{x^5+1}dx &= \int \frac{1}{x^5+1}x^4dx = \int \frac{1}{u}\cdot\frac{1}{5}du \\ &= \frac{1}{5}\ln|u| + C = \frac{1}{5}\ln|x^5+1| + C\end{aligned}$$

이다. ■■

식 (4)는 기본적인 삼각함수의 적분을 구하는 데 유용하다. 예를 들면, $\int \tan x\,dx$를 구하기 위하여 $u = \cos x$라 하면, $du = -\sin x\,dx$이므로

$$\int \tan x\, dx = \int \frac{1}{\cos x} \sin x\, dx = \int \frac{1}{u}(-1)du$$
$$= -\ln|u| + C$$
$$= -\ln|\cos x| + C$$

이다. 따라서

$$\int \tan x\, dx = -\ln|\cos x| + C$$

이다. $\int \cot x\, dx$의 계산은 위와 비슷하나 $\int \sec x\, dx$, $\int \csc x\, dx$ 등은 간단하지 않다. $\int \sec x\, dx$를 생각하자.

$$(\tan x)' = \sec^2 x, \quad (\sec x)' = \sec x \tan x$$

이므로

$$(\sec x + \tan x)' = \sec x \cdot \tan x + \sec^2 x$$
$$= \sec x(\sec x + \tan x)$$

이다. 한편

$$\int \sec x\, dx = \int \frac{\sec x(\sec x + \tan x)}{\sec x + \tan x} dx$$

이므로, 식 (4)를 이용하기 위하여 $u = \sec x + \tan x$라고 하면

$$du = \sec x(\sec x + \tan x)\, dx$$

이다. 따라서 위 식은

$$\int \sec x\, dx = \int \frac{1}{u} du = \ln|u| + C = \ln|\sec x + \tan x| + C$$

이다. 그러므로

$$\int \sec x\, dx = \ln|\sec x + \tan x| + C \tag{5}$$

를 얻는다. $\int \csc x\, dx$의 계산도 비슷하다.

연 습 문 제 4.6

1. 다음 적분을 구하여라.

(1) $\displaystyle\int \frac{2}{1-4x}\,dx$ (2) $\displaystyle\int \frac{x}{x^2+4}\,dx$

(3) $\displaystyle\int \frac{\sin x}{3-\cos x}\,dx$ (4) $\displaystyle\int \frac{1}{\sqrt{x}\,(1+\sqrt{x}\,)}\,dx$

(5) $\displaystyle\int \frac{\ln x}{x}\,dx$ (6) $\displaystyle\int \cot x\,dx$

(7) $\displaystyle\int \csc x\,dx$ (8) $\displaystyle\int \frac{x+2}{x^2+4x-1}\,dx$

4.7 역삼각함수와 쌍곡선함수의 적분

1장에서 정의된 기본삼각함수에 대한 역함수의 정의와 역삼각함수의 도함수에 관한 식을 상기하자.

특히, $\displaystyle\frac{d}{dx}\arcsin x = \frac{1}{\sqrt{1-x^2}}, \quad -1 < x < 1$

$$\frac{d}{dx}\arctan x = \frac{1}{x^2+1} \tag{1}$$

으로부터 다음 형태의 적분을 구할 수 있다.

예제 1 $\displaystyle\int \frac{1}{\sqrt{9-x^2}}\,dx$를 구하여라.

풀이 분모를 $\sqrt{1-u^2}$의 형태로 고치기 위하여 근호 안을 변형하면

$$\int \frac{1}{\sqrt{9-x^2}}\,dx = \int \frac{1}{\sqrt{9\left(1-\dfrac{x^2}{9}\right)}}\,dx = \frac{1}{3}\int \frac{1}{\sqrt{1-\left(\dfrac{x}{3}\right)^2}}\,dx$$

가 된다. 여기에 $u = \dfrac{x}{3}$로 치환하면 $du = \dfrac{1}{3}\,dx$이므로 식 (1)에 의하여

$$\int \frac{1}{\sqrt{9-x^2}}\,dx = \frac{1}{3}\int \frac{1}{\sqrt{1-\left(\frac{x}{3}\right)^2}}\,dx = \frac{1}{3}\int \frac{1}{\sqrt{1-u^2}}\,3du$$

$$= \arcsin u + C = \arcsin\frac{x}{3} + C$$

이다. ■■

예제 1에 이용된 방법으로 다음 식을 얻는다.

$$\int \frac{1}{\sqrt{a^2-x^2}}\,dx = \arcsin\frac{x}{a} + C \qquad a>0 \tag{2}$$

예제 2 $\int \frac{1}{\sqrt{4x-x^2}}\,dx$를 구하여라.

풀이 분모를 $\sqrt{a^2-u^2}$의 형태로 고치기 위하여 완전제곱을 이용하여 근호 안을 변형하면

$$\int \frac{1}{\sqrt{4x-x^2}}\,dx = \int \frac{1}{\sqrt{4-(4-4x+x^2)}}\,dx$$

$$= \int \frac{1}{\sqrt{4-(x-2)^2}}\,dx$$

이다. 이제, $u = x-2$로 치환하면 $du = dx$이므로 식 (2)에 $a=2$를 대입하면

$$\int \frac{1}{\sqrt{4-(x-2)^2}}\,dx = \int \frac{1}{\sqrt{4-u^2}}\,du$$

$$= \arcsin\frac{u}{2} + C = \arcsin\frac{x-2}{2} + C$$

이다. 그러므로

$$\int \frac{1}{\sqrt{4x-x^2}} = \int \frac{1}{\sqrt{4-(x-2)^2}}\,dx$$

$$= \arcsin\frac{x-2}{2} + C$$

이다. ■■

예제 3 $\int \frac{1}{x^2+16}\,dx$를 구하여라.

풀이 분모를 u^2+1의 형태로 고치면

$$\int \frac{1}{x^2+16}\,dx = \int \frac{1}{16\left(\frac{x^2}{16}+1\right)}\,dx = \frac{1}{16}\int \frac{1}{\left(\frac{x}{4}\right)^2+1}\,dx$$

가 된다. $u = \frac{x}{4}$로 치환하면 $du = \frac{1}{4}dx$가 되어서

$$\begin{aligned}\int \frac{1}{x^2+16}\,dx &= \frac{1}{16}\int \frac{1}{\left(\frac{x}{4}\right)^2+1}\,dx \\ &= \frac{1}{16}\int \frac{1}{u^2+1}\,4du \\ &= \frac{1}{4}\arctan u + C = \frac{1}{4}\arctan\frac{x}{4} + C\end{aligned}$$

이다. ■■

일반적으로 $a>0$이면 다음 식을 얻는다.

$$\int \frac{1}{x^2+a^2}\,dx = \frac{1}{a}\arctan\frac{r}{a} + C \tag{3}$$

예제 4 $\int \frac{1}{2x^2+2x+1}\,dx$를 구하여라.

풀이 $\int \frac{1}{2x^2+2x+1}\,dx = \frac{1}{2}\int \frac{1}{x^2+x+\frac{1}{2}}\,dx = \frac{1}{2}\int \frac{1}{\left(x+\frac{1}{2}\right)^2+\left(\frac{1}{2}\right)^2}\,dx$

가 된다. $u = x+\frac{1}{2}$로 치환하면 $du = dx$가 되어서 식 (3)에 $a = \frac{1}{2}$을 대입하면

$$\begin{aligned}\int \frac{1}{2x^2+2x+1}\,dx &= \frac{1}{2}\int \frac{1}{u^2+\left(\frac{1}{2}\right)^2}\,du \\ &= \frac{\frac{1}{2}}{\frac{1}{2}}\arctan\frac{u}{\frac{1}{2}} + C\end{aligned}$$

$$= \arctan 2\left(x+\frac{1}{2}\right)+C$$

$$= \arctan(2x+1)+C$$

을 얻는다. ■■

그리고 아크 사인(arcsine)과 아크 탄젠트(arctangent) 함수에서 했던 같은 과정을 거쳐 다음 식을 얻는다($a>0$).

$$\int \frac{1}{\sqrt{a^2-x^2}}\,dx = -\operatorname{arccos}\frac{x}{a}+C \tag{4}$$

$$\int \frac{1}{x^2+a^2}\,dx = -\frac{1}{a}\operatorname{arccot}\frac{x}{a}+C \tag{5}$$

$$\int \frac{1}{x\sqrt{x^2-a^2}}\,dx = \frac{1}{a}\operatorname{arcsec}\left|\frac{x}{a}\right|+C \tag{6}$$

$$\int \frac{1}{x\sqrt{x^2-a^2}}\,dx = -\frac{1}{a}\operatorname{arccsc}\left|\frac{x}{a}\right|+C \tag{7}$$

[쌍곡선함수]

지수함수 e^x와 e^{-x}이 결합된 어떤 형태는 수학이나, 응용분야에서 자주 이용되는데 이들 함수들은 삼각함수와 많은 점이 비슷하다. 삼각함수가 원과 관계가 있는 것처럼 이들은 쌍곡선과 관련이 있다.

가장 중요한 두 개의 쌍곡선함수는 다음과 같이 정의한다.

$$\sinh x = \frac{e^x-e^{-x}}{2}, \quad \cosh x = \frac{e^x+e^{-x}}{2}$$

우리는 $\sinh x$를 쌍곡선 사인 x(hyperbolic sine) x, $\cosh x$를 쌍곡선 코사인 x (hyperbolic cosine x)라고 읽는다.

이들의 도함수는 쉽게 구할 수 있다.

$$\frac{d}{dx}\sinh x = \frac{e^x+e^{-x}}{2} = \cosh x \tag{8}$$

$$\frac{d}{dx}\cosh x = \frac{e^x-e^{-x}}{2} = \sinh x \tag{9}$$

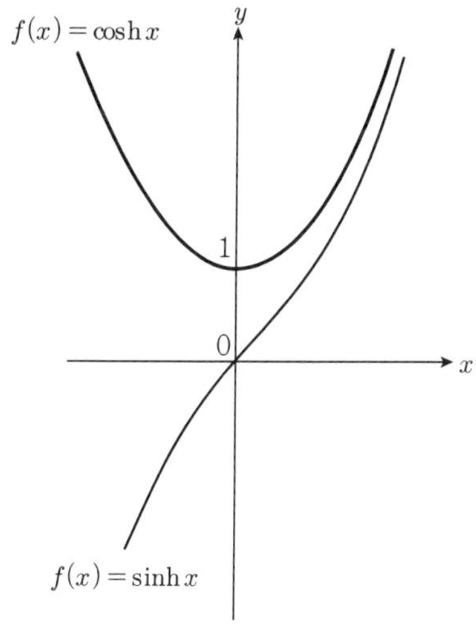

그림 4.18

또, 이들 쌍곡선함수의 그래프는 그림 4.18과 같다. 직접 계산에 의하여

$$\cosh^2 x - \sinh^2 x = \frac{e^{2x}+2+e^{-2x}}{4} - \frac{e^{2x}-2+e^{-2x}}{4} = 1$$

이므로

$$\cosh^2 x - \sinh^2 x = 1 \tag{10}$$

을 얻는데, 이 식은 삼각함수에서의 등식 $\sin^2 x + \cos^2 x = 1$과 아주 유사하다. 점 $(\cos t, \sin t)$는 단위원 상에 있고, 식 (10)은 $(\cosh t, \sinh t)$는 쌍곡선 $x^2 - y^2 = 1$(그림 4.19의 (b)) 상에 있음을 보여준다. 그리고 단위원과 쌍곡선과의 관계에서 빗금친 부분의 면적이 각각 $\frac{t}{2}$가 됨을 증명할 수 있다.

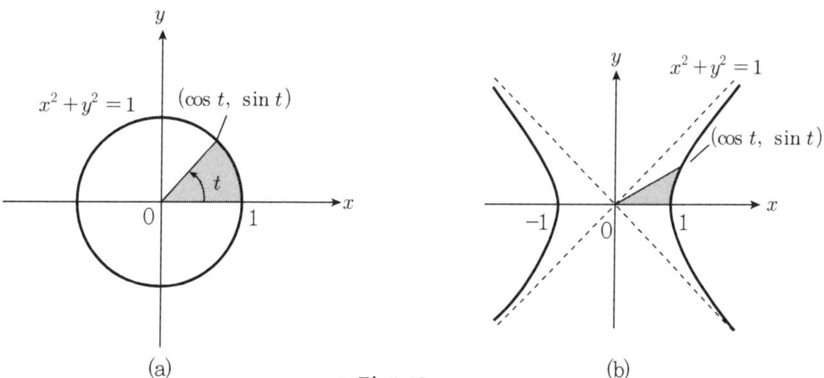

그림 4.19

이제, $\sinh x$와 $\cosh x$를 가지고 다른 4개의 쌍곡선함수를 다음과 같이 정의한다.

$$\tanh x = \frac{\sinh x}{\cosh x}, \quad \operatorname{csch} x = \frac{1}{\sinh x},$$
$$\coth x = \frac{\cosh x}{\sinh x}, \quad \operatorname{sech} x = \frac{1}{\cosh x}$$

그리고 쌍곡선함수는 다음과 같은 항등식을 갖는다.

$$\cosh^2 x - \sinh^2 x = 1, \qquad 1 - \tanh^2 x = \operatorname{sech}^2 x,$$
$$\sinh(-x) = -\sinh x, \qquad \cosh(-x) = \cosh x,$$
$$\sinh(x \pm y) = \sinh x \cosh y \pm \cosh x \sinh y,$$
$$\cosh(x \pm y) = \cosh x \cosh y \pm \sinh x \sinh y,$$
$$\tanh(x \pm y) = \frac{\tanh x \pm \tanh y}{1 \pm \tanh x \tanh y}$$

[역 쌍곡선 사인함수]

쌍곡선함수도 정의역을 적당히 제한하면 역함수를 갖는다. $\sinh x$는 $(-\infty, \infty)$에서 단조 증가이므로 $\sinh x$는 같은 정의역과 치역을 갖는 역함수를 갖는다. x에서의 역함수 값을 $\sinh^{-1}x$로 나타낸다.

$$\sinh^{-1}x = y \quad \Longleftrightarrow \quad \sinh y = x \quad x, y \in (-\infty, \infty)$$

$\sinh^{-1}x$에 대한 도함수를 구해보자.

$$\sinh y = \frac{e^y - e^{-y}}{2} = \frac{e^{2y} - 1}{2e^y}$$

이므로 $x = \sinh y$이면

$$2e^y x = e^{2y} - 1, \text{ 즉 } (e^y)^2 - 2xe^y - 1 = 0$$

이다. y를 x에 관한 함수로 쓰기 위하여 근(根)의 공식과 $e^y > 0$을 이용하면

$$e^y = x + \sqrt{x^2 + 1} \tag{11}$$

이다. 자연로그를 취하면 y를 얻는다.

$$y = \ln(x + \sqrt{x^2 + 1})$$

따라서

$$\sinh^{-1}x = \ln(x + \sqrt{x^2+1}) \qquad x \in (-\infty, \infty) \tag{12}$$

이다. 식 (12)를 미분하여 다음을 얻는다.

$$\frac{d}{dx}\sinh^{-1}x = \frac{1+\dfrac{2x}{2\sqrt{x^2+1}}}{x+\sqrt{x^2+1}} = \frac{1}{\sqrt{x^2+1}} \tag{13}$$

이와 관련된 부정적분은

$$\int \frac{1}{\sqrt{1+x^2}}\,dx = \sinh^{-1}x + C \tag{14}$$

이다.

예제 5 $\displaystyle\int_0^1 \frac{1}{\sqrt{1+x^2}}\,dx$를 구하여라.

풀이 식 (14)와 식 (12)로부터

$$\int_0^1 \frac{1}{\sqrt{1+x^2}}\,dx = \sinh^{-1}x\Big|_0^1 = \sinh^{-1}1 - \sinh^{-1}0$$
$$= \ln(1+\sqrt{2})$$

이다. ■

연습문제 4.7

1. 다음 적분을 구하여라.

(1) $\displaystyle\int \frac{1}{9x^2+16}\,dx$ (2) $\displaystyle\int \frac{1}{2x^2+4x+6}\,dx$

(3) $\displaystyle\int \frac{1}{\sqrt{9-4x^2}}\,dx$ (4) $\displaystyle\int \frac{1}{x\sqrt{4x^4-25}}\,dx$

(5) $\displaystyle\int \frac{e^x}{1+e^{2x}}\,dx$ (6) $\displaystyle\int \frac{\arctan 2x}{1+4x^2}\,dx$

(7) $\int \frac{\cos t}{9+\sin^2 t}\,dt$

(8) $\int_0^2 \frac{1}{\sqrt{16-x^2}}\,dx$

2. 다음 적분을 구하여라.

(1) $\int \operatorname{sech}^2 x\,dx$

(2) $\int_0^1 \frac{x}{\sqrt{1+x^4}}\,dx$

미적분학

Chapter 05

적분법

미적분학의 기본정리에 의하여 역도함수, 즉 부정적분을 알면 함수를 적분할 수 있다. 지금까지 배운 매우 중요한 적분들을 요약하면 다음과 같다.

$$\int x^n\,dx = \frac{x^{n+1}}{n+1} + C\ (n \neq -1) \qquad \int \frac{1}{x}\,dx = \ln|x| + C$$

$$\int e^x\,dx = e^x + C \qquad \int a^x\,dx = \frac{a^x}{\ln a} + C$$

$$\int \sin x\,dx = -\cos x + C \qquad \int \cos x\,dx = \sin x + C$$

$$\int \sec^2 x\,dx = \tan x + C \qquad \int \csc^2 x\,dx = -\cot x + C$$

$$\int \sec x \tan x\,dx = \sec x + C \qquad \int \csc x \cot x\,dx = -\csc x + C$$

$$\int \sinh x\,dx = \cosh x + C \qquad \int \cosh x\,dx = \sinh x + C$$

$$\int \tan x\,dx = \ln|\sec x| + C \qquad \int \cot x\,dx = \ln|\sin x| + C$$

$$\int \frac{1}{x^2+a^2}\,dx = \frac{1}{a}\tan^{-1}\left(\frac{x}{a}\right) + C \qquad \int \frac{1}{\sqrt{a^2-x^2}}\,dx = \sin^{-1}\left(\frac{x}{a}\right) + C$$

이 장에서는 기본적인 적분 공식을 사용하여 복잡한 함수들의 부정적분을 구하는 방법을 학습한다. 4.5절에서 매우 중요한 적분방법인 치환법칙을 배웠다. 또 다른 일반적인 기법인 부분적분법과 삼각함수와 유리함수와 같은 특수한 함수들의 적분방법을 배운다.

5.1 부분적분법

모든 미분법에는 그에 대응되는 적분법이 있다. 가령, 적분의 치환법칙은 미분법의 연쇄법칙(chain rule)과 대응된다. 미분법에서 곱셈 공식에 대응되는 규칙을 적분법에서는

부분적분법이라 한다.

만약 f와 g가 미분가능한 함수라면, 두 함수의 곱셈 공식은

$$\frac{d}{dx}[f(x)\,g(x)] = f(x)\,g'(x) + g(x)\,f'(x)$$

임을 말하며, 이 식을 부정적분으로 나타내면

$$\int [f(x)\,g'(x) + g(x)\,f'(x)]dx = f(x)\,g(x)$$

$$\int f(x)\,g'(x)\,dx + \int g(x)\,f'(x)\,dx = f(x)\,g(x)$$

가 된다. 이 식을 다시 쓰면,

$$\boxed{\int f(x)\,g'(x)\,dx = f(x)g(x) - \int f'(x)g(x)\,dx} \qquad (1)$$

가 된다. 식 (1)을 **부분적분법 공식**이라 하고, 다음과 같이 기억하면 쉬울 것이다.

$u = f(x)$, $v = g(x)$이고, $du = f'(x)dx$, $dv = g'(x)dx$이므로 치환법칙에 의하여

$$\boxed{\int u\,dv = uv - \int v\,du} \qquad (2)$$

가 된다.

예제 1 $\int x\cos x\,dx$를 구하여라.

풀이 **식 (1)을 사용한 풀이** $f(x) = x$와 $g'(x) = \cos x$로 놓으면, $f'(x) = 1$과 $g(x) = -\sin x$가 된다(g'의 어떤 역도함수라도 택할 수 있다). 식 (1)을 사용하면,

$$\begin{aligned}\int x\cos x\,dx &= f(x)\,g(x) - \int f'(x)\,g(x)\,dx \\ &= x\sin x - \int \sin x\,dx \\ &= x\sin x + \cos x + C\end{aligned}$$

일반적으로 얻어진 결과를 미분하여 답을 확인하는 것이 좋다. 위 결과를 미분하면 $x\sin x$가 됨을 알 수 있다.

식 (2)를 사용한 풀이 $u = x$, $dv = \cos x\,dx$라 하면

$$du = dx, \ v = \sin x$$

이다.

$$\int x\cos x\,dx = \int \overbrace{x}^{u}\overbrace{\cos x\,dx}^{dv} = \overbrace{x}^{u}\overbrace{(\sin x)}^{v} - \int \overbrace{(\sin x)}^{v}\overbrace{dx}^{du}$$

$$= x\sin x - \int \sin x\,dx$$

$$= x\sin x + \cos x + C$$

■■

주 부분적분을 쓰는 목적은 주어진 적분식보다 간편한 적분형태를 얻고자 함에 있다. 그러므로 예제 1에서 적분 $\int x\cos x\,dx$에서 시작하여 $\int \sin x\,dx$라는 적분형태를 얻었다. 일반적으로 u와 dv를 결정할 때 $dv = g'(x)\,dx$가 쉽게 적분되어 v를 얻을 수 있기만 하면 v는 미분하여 더 간단한 식으로 되든지, 아니면 적어도 더 복잡한 식으로는 되지 않도록 $u = f(x)$를 선택한다.

예제 2 $\int \ln x\,dx$를 구하여라.

풀이 우리는 $\ln x$를 $(\ln x)\cdot 1$로 쓸 수 있으므로, $u = \ln x$, $dv = 1\cdot dx = dx$라고 하면 $du = \frac{1}{x}dx$, $v = x$가 된다. 부분적분법에 의하여

$$\int \ln x\,dx = (\ln x)\cdot x - \int x\cdot\frac{1}{x}dx = x\ln x - \int 1\,dx$$

$$= x\ln x - x + C$$

이다. ■■

예제 3 $\int e^x\cos x\,dx$를 풀어라.

풀이 $u = e^x$, $dv = \cos x\,dx$로 놓으면, $du = e^x\,dx$, $v = \sin x$이다. 따라서, 부분적분법을 사용하면,

$$\int e^x\cos x\,dx = e^x\sin x - \int e^x\sin x\,dx \tag{3}$$

이다. $\int e^x\sin x\,dx$가 원래의 식과 같은 형태가 되도록 하기 위하여 다시 한 번 부분적분

법을 적용한다. 즉 $u = e^x$, $dv = \sin x\,dx$로 놓으면, $du = e^x\,dx$, $v = -\cos x$가 되고 부분적분법을 다시 적용하면,

$$\int e^x \sin x\,dx = -e^x \cos x + \int e^x \cos x \tag{4}$$

가 된다. 식 (4)를 식 (3)에 대입하면,

$$\int e^x \cos x\,dx = e^x \sin x + e^x \cos x - \int e^x \cos x\,dx$$

이다. $\int e^x \cos x\,dx$는 원래의 식과 같으므로 적분에 관한 방정식으로 간주하여 풀면,

$$2\int e^x \cos x\,dx = e^x \cos x + e^x \sin x$$

이다. 양변을 2로 나누고, 적분상수를 더하면,

$$\int e^x \cos x\,dx = \frac{1}{2}e^x(\sin x + \cos x) + C$$

이다. ■■

$\left[\int \sin^n x\,dx\right.$ 와 $\int \cos^n x\,dx$ 에 관한 점화공식$\left.\right]$

이제 $\int \sin^n x\,dx$ $(n \geq 2)$에 관한 식을 구하는 데 부분적분법을 사용하기 위하여 $\sin^n x = (\sin^{n-1} x)(\sin x)$로 쓰고, $u = \sin^{n-1} x$, $dv = \sin x\,dx$라 하자. 그러면

$$du = (n-1)\sin^{n-2} x \cos x\,dx,\quad v = -\cos x$$

가 되어

$$\begin{aligned}\int \sin^n x\,dx &= \int \sin^{n-1} x \sin x\,dx \\ &= (\sin^{n-1} x)(-\cos x) \\ &\quad - \int (-\cos x)(n-1)\sin^{n-2} x \cos x^2 dx \\ &= -\sin^{n-1} x \cos x + (n-1)\int \sin^{n-2} x \cos x\,dx \\ &= -\sin^{n-1} x \cos x\end{aligned}$$

$$+(n-1)\int \sin^{n-2}x(1-\sin^2 x)\,dx$$

$$=-\sin^{n-1}\cos x+(n-1)\int \sin^{n-2}x\,dx$$

$$-(n-1)\int \sin^n x\,dx$$

이다. $\int \sin^n x\,dx$ 항을 이항하면

$$n\int \sin^n x\,dx=-\sin^{n-1}x\cos x+(n-1)\int \sin^{n-2}x\,dx$$

를 얻는다. 그러므로

$$\int \sin^n x\,dx=-\frac{1}{n}\sin^{n-1}x\cos x+\frac{n-1}{n}\int \sin^{n-2}x\,dx \tag{5}$$

이다. 점화공식 (5)는 그 식을 반복적으로 사용해서 결국에는 $\int \sin x\,dx$ (n이 홀수일 경우), 또는 $\int (\sin x)^0 dx=\int dx$ (n이 짝수일 경우)로 $\int \sin^n x\,dx$를 표현할 수 있기 때문에 유용하다.

마찬가지 방법으로 $\int \cos^n x\,dx$에 대한 식은 다음과 같다.

$$\int \cos^n x\,dx=\frac{1}{n}\cos^{n-1}x\sin x+\frac{n-1}{n}\int \cos^{n-2}x\,dx \tag{6}$$

예제 4

$$\int \sin^2 x\,dx=\frac{1}{2}x-\frac{1}{4}\sin 2x+C \tag{7}$$

$$\int \cos^2 x\,dx=\frac{1}{2}x+\frac{1}{4}\sin 2x+C$$

임을 보여라.

풀이 식 (5)에 $n=2$를 취하면

$$\int \sin^2 x\,dx=-\frac{1}{2}\sin x\cos x+\frac{1}{2}\int 1\,dx$$

$$=-\frac{1}{2}\left(\frac{1}{2}\sin 2x\right)+\frac{1}{2}x+C$$

$$= \frac{1}{2}x - \frac{1}{4}\sin 2x + C$$

이다. 마찬가지로, 식 (6)에 $n = 2$를 대입하면

$$\int \cos^2 x\, dx = \frac{1}{2}\cos x \sin x + \frac{1}{2}\int 1\, dx$$

$$= \frac{1}{2}x + \frac{1}{4}\sin 2x + C$$

를 얻는다. ■■

연 습 문 제 5.1

1. 다음 적분을 구하여라.

(1) $\int x^2 \sin x\, dx$

(2) $\int x \ln x\, dx$

(3) $\int x \sec^2 x\, dx$

(4) $\int (\ln x)^2\, dx$

(5) $\int x^2 e^{4x} dx$

(6) $\int \frac{\sin x}{e^x} dx$

(7) $\int x \sinh x\, dx$

(8) $\int \arctan x\, dx$

(9) $\int \cos(\ln x)\, dx$

(10) $\int \sin^5 x\, dx$

5.2 삼각함수의 적분법

이 절에서는 삼각항등식을 이용하여 여러 삼각함수가 결합된 형태를 적분한다.

예제 1 $\int \cos^3 x\, dx$를 계산하여라.

풀이 항등식 $\sin^2 x + \cos^2 x = 1$을 이용하면

$$\cos^3 x = \cos^2 x \cdot \cos x = (1 - \sin^2 x)\cos x$$

이다. $u=\sin x$로 치환하면, $du=\cos x\,dx$이고 따라서,

$$\int \cos^3 x\,dx=\int \cos^2 x\cdot\cos x\,dx=\int (1-\sin^2 x)\cos x\,dx$$
$$=\int (1-u^2)du=u-\frac{1}{3}u^3+C$$
$$=\sin x-\frac{1}{3}\sin^3 x+C$$

일반적으로 사인이나 코사인 함수의 거듭제곱인 형태의 적분에서는 사인이나 코사인 인수를 남기고 항등식 $\sin^2 x+\cos^2 x=1$을 이용한다.

예제 2 $\int \sin^5 x\cos^4 x\,dx$를 구하여라.

풀이 여기서 $\sin x$의 거듭제곱이 홀수이므로 $\sin x$를 분리하여 식을 정리하면

$$\int \sin^5 x\cos^4 x\,dx=\int \sin^4 x\cos^4 x\sin x\,dx$$
$$=\int (\sin^2 x)^2\cos^4 x\sin x\,dx$$
$$=\int (1-\cos^2 x)^2\cos^4 x\sin x\,dx$$

이다. 이제, $u=\cos x$라 하면 $du=-\sin x\,dx$이므로

$$\int \sin^5 x\cos^4 x\,dx=\int (1-\cos^2 x)^2\cos^4 x\sin x\,dx$$
$$=-\int (1-u^2)^2u^4du=-\int (u^4-2u^6+u^8)du$$
$$=-\frac{1}{5}u^5+\frac{2}{7}u^7-\frac{1}{9}u^9+C$$
$$=-\frac{1}{5}\cos^5 x+\frac{2}{7}\cos^7 x-\frac{1}{9}\cos^9 x+C$$

이다.

사인과 코사인이 동시에 짝수제곱인 경우에는 반각 공식

$$\sin x \cos x = \frac{1}{2}\sin 2x,$$

$$\sin^2 x = \frac{1}{2}(1-\cos 2x), \qquad \cos^2 x = \frac{1}{2}(1+\cos 2x)$$

를 사용한다.

예제 3 $\int \sin^2 x \cos^4 x\, dx$를 구하여라.

풀이 위의 반각 공식을 이용하면

$$\begin{aligned}\int \sin^2 x \cos^4 x\, dx &= \int (\sin^2 x \cos^2 x)\cos^2 x\, dx \\ &= \int (\sin x \cos x)^2 \cos^2 x\, dx \\ &= \int \left(\frac{1}{2}\sin 2x\right)^2 \left(\frac{1+\cos 2x}{2}\right) dx \\ &= \frac{1}{8}\int \sin^2 2x\, dx + \frac{1}{8}\int \sin^2 2x \cos 2x\, dx\end{aligned}$$

이다. 우변의 첫 번째 적분에서 $u = 2x$라 하면 $du = 2dx$이고, 두 번째 적분에서 $v = \sin 2x$라 하면 $dv = 2\cos 2x\, dx$이므로

$$\begin{aligned}\int \sin^2 x \cos^4 x\, dx &= \frac{1}{8}\int \sin^2 2x\, dx + \frac{1}{8}\int \sin^2 2x \cos 2x\, dx \\ &= \frac{1}{8}\int (\sin^2 u)\frac{1}{2}du + \frac{1}{8}\int v^2 \cdot \frac{1}{2}dv \\ &= \frac{1}{16}\left(x - \frac{1}{4}\sin 2u\right) + \frac{1}{16}\left(\frac{1}{3}v^3\right) + C \\ &= \frac{1}{16}\left(x - \frac{1}{4}\sin 4x\right) + \frac{1}{48}\sin^3 2x + C\end{aligned}$$

이다. ■

이상을 요약하면 $m \geq 0$, $n \geq 0$이 정수일 때 $\int \sin^m x \cos^n x\, dx$인 형태의 적분은 다음과 같이 세 가지 경우로 나누어 적분할 수 있다.

$\int \sin^m x \cos^n x\,dx$ 의 적분법

(a) cos의 거듭제곱이 홀수($n = 2k+1$)이면, 한 개의 cos만 남겨두고 나머지 인수들은 $\cos^2 x = 1 - \sin^2 x$를 이용하여 $\sin x$로 나타낸다.

$$\int \sin^m x \cos^{2k+1} x\,dx = \int \sin^m x\,(\cos^2 x)^k \cos x\,dx$$
$$= \int \sin^m x\,(1 - \sin^2 x)^k \cos x\,dx$$

그런 다음 $u = \sin x$로 치환하여라.

(b) sin의 거듭제곱이 홀수($m = 2k+1$)이면, 한 개의 sin만 남겨두고 $\sin^2 x = 1 - \cos^2 x$를 이용하여 나머지 인수들을 $\cos x$로 나타낸다.

$$\int \sin^{2k+1} x \cos^n x\,dx = \int (\sin^2 x)^k \cos^n x \sin x\,dx$$
$$= \int (1 - \cos^2 x)^k \cos^n x \sin x\,dx$$

그런 다음 $u = \cos x$로 치환하여라.

(c) sin, cos 의 거듭제곱이 모두 짝수이면, 반각 공식

$$\sin^2 x = \frac{1}{2}(1 - \cos 2x), \quad \cos^2 x = \frac{1}{2}(1 + \cos 2x)$$

를 사용한다. 때로는 항등식

$$\sin x \cos x = \frac{1}{2}\sin 2x$$

도 도움이 된다.

$\int \tan^m x \sec^n x\,dx$ 형태의 적분계산도 마찬가지 방법으로 구할 수 있다. $\frac{d}{dx}\tan x = \sec^2 x$이므로 $\sec^2 x$를 분리시키고 시컨트(secant) 함수의 남은 짝수 거듭제곱은 $\sec^2 x = 1 + \tan^2 x$를 이용하여 탄젠트(tangent)를 포함한 식으로 나타낸다. 또는 $\frac{d}{dx}\sec x = \sec x \tan x$이므로 $\sec x \tan x$를 분리시키고 탄젠트의 남은 짝수 거듭제곱은 시컨트로 나타낸다.

예제 4 $\int \tan^3 x \sec^4 x\, dx$를 구하여라.

풀이 $\sec^2 x$로 분해하고 남은 $\sec^2 x$를 항등식 $\sec^2 x = 1 + \tan^2 x$로 나타내면

$$\begin{aligned}\int \tan^3 x \sec^4 x\, dx &= \int \tan^3 x \sec^2 x \sec^2 x\, dx \\ &= \int \tan^3 x (1+\tan^2 x)\sec^2 x\, dx\end{aligned}$$

이고, $u = \tan x$로 치환하면 $du = \sec^2 x\, dx$이므로

$$\begin{aligned}\int \tan^3 x \sec^4 x\, dx &= \int \tan^3 x (1+\tan^2 x)\sec^2 x\, dx \\ &= \int u^3 (1+u^2)\, du = \int (u^3 + u^5) du \\ &= \frac{1}{4}u^4 + \frac{1}{6}u^6 + C \\ &= \frac{1}{4}\tan^4 x + \frac{1}{6}\tan^6 x + C\end{aligned}$$

이다. ■■

예제 5 $\int \tan^3 x \sec^3 x\, dx$를 구하여라.

풀이 앞의 예제처럼 $\sec^2 x$를 분리시키면 $\sec x$가 남는데 이것은 tan로 쉽게 치환되지 않는다. $\tan x \sec x$로 분리시키면 $\tan x$의 짝수제곱만 남으므로 $\tan^2 x = \sec^2 x - 1$을 이용하여 sec만을 포함한 식으로 바꿀 수 있다.
우선, $\sec x \tan x$로 분해하여 정돈하면

$$\begin{aligned}\int \tan^3 x \sec^3 x\, dx &= \int (\tan^2 x \sec^2 x)\sec x \tan x\, dx \\ &= \int [(\sec^2 x - 1)\sec^2 x]\sec x \tan x\, dx\end{aligned}$$

이다. 여기서, $u = \sec x$로 치환하면 $du = \sec x \tan x\, dx$이므로

$$\begin{aligned}\int \tan^3 x \sec^3 x\, dx &= \int [(\sec^2 x - 1)\sec^2 x]\sec x \tan x\, dx \\ &= \int (u^2 - 1)u^2 du = \int (u^4 - u^2) du\end{aligned}$$

$$= \frac{1}{5}u^5 - \frac{1}{3}u^3 + C$$

$$= \frac{1}{5}\sec^5 x - \frac{1}{3}\sec^3 x + C$$

이다. ■■

앞의 예제들은 $\int \tan^m x \sec^n x\, dx$와 같은 형태의 적분은 두 가지 경우로 적분할 수 있음을 보여준다. 요약하면 아래와 같다.

$\int \tan^m x \sec^n x\, dx$의 적분법

(a) 시컨트의 거듭제곱이 짝수($n = 2k,\ k \geq 2$)이면, $\sec^2 x$의 한 인수만 남겨두고 $\sec^2 x = 1 + \tan^2 x$를 이용하여 나머지 인수들은 $\tan x$로 나타낸다.

$$\int \tan^m x \sec^{2k} x\, dx = \int \tan^m x (\sec^2 x)^{k-1} \sec^2 x\, dx$$

$$= \int \tan^m x (1 + \tan^2 x)^{k-1} \sec^2 x\, dx$$

그런 다음 $u = \tan x$로 치환하여라.

(b) 탄젠트의 거듭제곱이 홀수($m = 2k+1$)이면, $\sec x \tan x$의 한 인수만 남겨두고 $\tan^2 x = \sec^2 x - 1$을 이용하여 나머지 인수들은 $\sec x$로 나타낸다.

$$\int \tan^{2k+1} x \sec^n x\, dx = \int (\tan^2 x)^k \sec^{n-1} x \sec x \tan x\, dx$$

$$= \int (\sec^2 x - 1)^k \sec^{n-1} \sec x \tan x\, dx$$

그런 다음 $u = \sec x$로 치환하여라.

다른 경우에 대하여는 위의 요점정리만으로는 명확하지 않다. 부분적분법의 사용이 필요하기도 하고 때때로 작은 정교함이 필요하기도 하다. $\tan x$를 적분하기 위하여 다음과 같은 식이 필요할 때도 있다.

$$\int \tan x\, dx = \ln|\sec x| + C$$

또한 4.6절의 식 (5)에서 보였던 시컨트의 부정적분이 필요하기도 하다.

$$\int \sec x\,dx = \ln|\sec x + \tan x| + C$$

예제 6 $\int \sec^3 x\,dx$를 구하여라.

풀이 부분적분법을 이용하기 위해 $u = \sec x$, $dv = \sec^2 x\,dx$라 하면 $du = \sec x \tan x\,dx$, $v = \tan x$이므로

$$\begin{aligned}\int \sec^3 x\,dx &= \int \sec x \sec^2 x\,dx \\ &= \sec x \tan x - \int \tan x \sec x \tan x\,dx \\ &= \sec x \tan x - \int \sec x \tan^2 x\,dx \\ &= \sec x \tan x - \int (\sec x)(\sec^2 x - 1)\,dx \\ &= \sec x \tan x - \int \sec^3 x\,dx + \int \sec x\,dx\end{aligned}$$

이다. 위 식을 사용하여 주어진 적분을 풀면

$$\int \sec^3 x\,dx = \frac{1}{2}(\sec x \tan x + \ln|\sec x + \tan x|) + C$$

를 얻는다. ■

마지막으로 $\int \sin ax \cos bx\,dx$, $\int \sin ax \sin bx\,dx$ 그리고 $\int \cos ax \cos bx\,dx$ 형태의 적분을 구하기 위하여 다음 삼각항등식을 사용할 수도 있다.

(a) $\sin A \cos B = \frac{1}{2}[\sin(A-B) + \sin(A+B)]$

(b) $\sin A \sin B = \frac{1}{2}[\cos(A-B) - \cos(A+B)]$

(c) $\cos A \cos B = \frac{1}{2}[\cos(A-B) + \cos(A+B)]$

예제 7 $\int \sin 5x \cos 3x\,dx$를 구하여라.

풀이 위 식에 의하여 다음과 같이 풀 수 있다.

$$\int \sin 5x \cos 3x\, dx = \int \left(\frac{1}{2}\sin 2x + \frac{1}{2}\sin 8x\right) dx$$

$$= -\frac{1}{4}\cos 2x - \frac{1}{16}\cos 8x + C$$

■■

연 습 문 제 5.2

1. 다음 적분을 구하여라.

(1) $\int \sin^3 3x \cos 3x\, dx$

(2) $\int \sin^2 x \cos^2 x\, dx$

(3) $\int_0^{\frac{\pi}{2}} \sin^2 x \cos^5 x\, dx$

(4) $\int_0^{\frac{\pi}{4}} \frac{\sin^3 x}{\cos^2 x} dx$

(5) $\int \tan^5 x \sec^2 x\, dx$

(6) $\int \tan^3 x \sec x\, dx$

(7) $\int \tan^2 x\, dx$

(8) $\int \frac{\tan x}{\sec^2 x} dx$

(9) $\int_0^{\frac{2\pi}{3}} \sin x \cos 2x\, dx$

(10) $\int \frac{1}{1+\sin x} dx$

(11) $\int \frac{1+\cos x}{\sin x} dx$

(12) $\int \sin 2x \sin 3x\, dx$

5.3 삼각치환법

원이나 타원의 넓이를 구하는 문제에 있어서 $\int \sqrt{a^2 - x^2}\, dx\ (a > 0)$형의 적분이 나타난다. 만약 $\int x\sqrt{a^2 - x^2}\, dx$라면, 치환 $u = a^2 - x^2$이 효과적이지만 $\int \sqrt{a^2 - x^2}\, dx$ 그 자체로는 어렵다. 그러나 $x = a\sin\theta$로 치환함으로써 변수를 x에서 θ로 변환하면, 성질 $1 - \sin^2\theta = \cos^2\theta$에 의하여

$$\sqrt{a^2 - x^2} = \sqrt{a^2 - a^2\sin^2\theta} = \sqrt{a^2(1 - \sin^2\theta)} = \sqrt{a^2\cos^2\theta} = a|\cos\theta|$$

와 같이 근호를 제거할 수 있다.

다음 표는 삼각항등식을 이용하여 주어진 근호 식에 대한 효과적인 삼각치환을 보여준다. 이때 θ의 제한은 치환함수가 일대일함수로 정의되는 것을 보장해준다(이것은 역함수를 정의하는 데 사용된 구간과 일치한다).

삼각치환표

식	치 환	항등식
$\sqrt{a^2-x^2}$	$x=a\sin\theta,\ -\frac{\pi}{2}\le\theta\le\frac{\pi}{2}$	$1-\sin^2\theta=\cos^2\theta$
$\sqrt{a^2+x^2}$	$x=a\tan\theta,\ -\frac{\pi}{2}<\theta<\frac{\pi}{2}$	$1+\tan^2\theta=\sec^2\theta$
$\sqrt{x^2-a^2}$	$x=a\sec\theta,\ 0\le\theta\le\frac{\pi}{2}$ 또는 $\pi\le\theta<\frac{3\pi}{2}$	$\sec^2\theta-1=\tan^2\theta$

예제 1 $\int\frac{1}{x^2\sqrt{16-x^2}}dx$를 구하여라.

풀이 $\sqrt{16-x^2}=\sqrt{4^2-x^2}$ 이므로 $x=4\sin u$로 치환하면 $dx=4\cos u\,du$이다. 그러므로

$$\int\frac{1}{x^2\sqrt{16-x^2}}dx=\int\frac{1}{16\sin^2u\cdot4\sqrt{1-\sin^2u}}(4\cos u)\,du$$

$$=\frac{1}{16}\int\frac{\cos u}{\sin^2u\cos u}du=\frac{1}{16}\int\csc^2u\,du$$

$$=-\frac{1}{16}\cot u+C$$

이다. 이제, 원래의 변수 x로 쓰기 위하여 그림 5.1을 그려보면

$$\cot u=\frac{\sqrt{16-x^2}}{x}$$

이므로

$$\int\frac{1}{x^2\sqrt{16-x^2}}dx=-\frac{1}{16}\cot u+C$$

$$=-\frac{\sqrt{16-x^2}}{16x}+C$$

이다. ■■

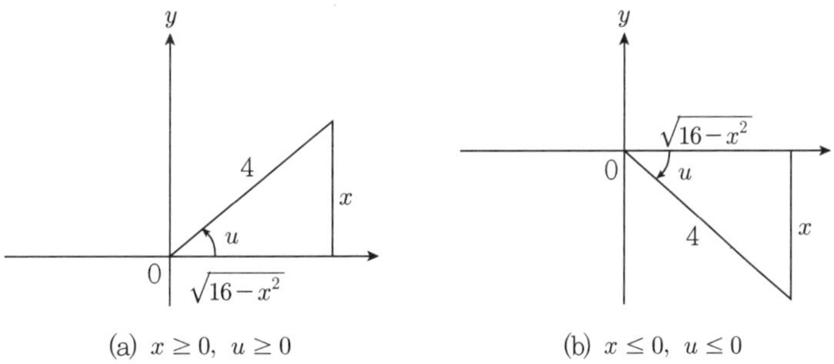

그림 5.1

예제 2 타원 $\dfrac{x^2}{a^2}+\dfrac{y^2}{b^2}=1$에 의하여 둘러싸인 도형의 넓이를 구하여라.

풀이 타원의 방정식을 y에 대하여 풀면,

$$\frac{y^2}{b^2}=1-\frac{x^2}{a^2}=\frac{a^2-x^2}{a^2} \quad \text{또는}\quad y=\pm\frac{b}{a}\sqrt{a^2-x^2}$$

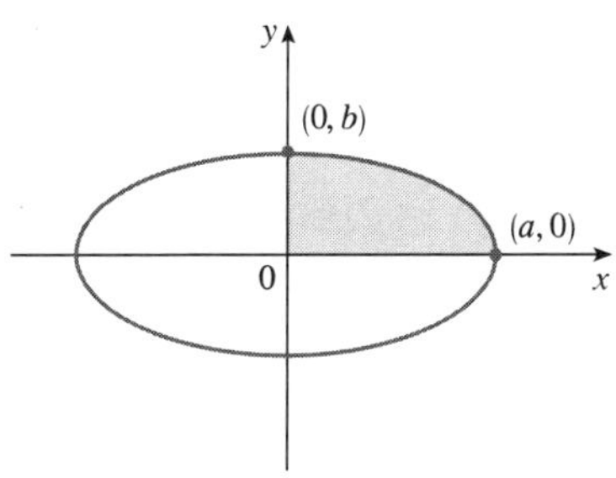

그림 5.2 $\dfrac{x^2}{a^2}+\dfrac{y^2}{b^2}=1$

을 얻는다. 타원은 두 좌표축에 관하여 대칭이므로 넓이 A는(그림 5.2 참조) 제1사분면에 있는 넓이의 4배이다. 제1사분면의 타원 부분은

$$y=\frac{b}{a}\sqrt{a^2-x^2},\ \ 0 \leq x \leq a$$

로 주어지고

$$\frac{1}{4}A=\int_0^a \frac{b}{a}\sqrt{a^2-x^2}\,dx$$

이다. 이 적분을 계산하기 위하여 $x = a\sin\theta$로 치환한다. 그러면 $dx = a\cos\theta\, d\theta$이다. 적분한계를 바꾸기 위하여 $x = 0$이라 놓으면 $\sin\theta = 0$, 즉 $\theta = 0$이고 $x = a$라 놓으면 $\sin\theta = 1$, 즉 $\theta = \frac{\pi}{2}$이다. 따라서 $0 \le \theta \le \frac{\pi}{2}$이므로

$$\sqrt{a^2 - x^2} = \sqrt{a^2 - a^2\sin^2\theta} = \sqrt{a^2\cos^2\theta} = a|\cos\theta| = a\cos\theta$$

이고

$$\begin{aligned} A &= 4\frac{b}{a}\int_0^a \sqrt{a^2 - x^2}\, dx = 4\frac{b}{a}\int_0^{\frac{\pi}{2}} a\cos\theta \cdot a\cos\theta\, d\theta \\ &= 4ab\int_0^{\frac{\pi}{2}} \cos^2\theta\, d\theta = 4ab\int_0^{\frac{\pi}{2}} \frac{1}{2}(1 + \cos 2\theta)\, d\theta \\ &= 2ab\left[\theta + \frac{1}{2}\sin 2\theta\right]_0^{\frac{\pi}{2}} = 2ab\left(\frac{\pi}{2} + 0 - 0\right) \\ &= \pi ab \end{aligned}$$

반축 a, b를 가지는 타원의 넓이가 πab임이 판명되었다. 특히, $a = b = r$일 때는 반지름 r인 원이고 그 원의 넓이는 πr^2임이 증명된다. ■■

주 예제 2에서는 적분이 정적분이므로 적분의 한계를 바꾸었고, 원래 변수 x로 되돌려놓을 필요는 없다.

예제 3 $\int \frac{1}{\sqrt{4 + 16x^2}}\, dx$를 구하여라.

풀이 $\sqrt{4 + 16x^2} = \sqrt{4(1 + 4x^2)} = 2\sqrt{1 + (2x)^2}$이므로 $2x = \tan u$, 즉 $x = \frac{1}{2}\tan u$로 치환하면 $dx = \frac{1}{2}\sec^2 u\, du$가 되어

$$\begin{aligned} \int \frac{1}{\sqrt{4 + 16x^2}}\, dx &= \int \frac{1}{2\sqrt{1 + (2x)^2}}\, dx \\ &= \int \frac{1}{2\sqrt{1 + \tan^2 u}}\left(\frac{1}{2}\sec^2 u\right) du \\ &= \int \frac{1}{2\sec u}\left(\frac{1}{2}\sec^2 u\right) du \end{aligned}$$

$$= \frac{1}{4}\int \sec u\, du$$

이다. 이제, 4.6절의 식 (5)를 이용하고, $\tan u = 2x$로부터 $\sec u = \sqrt{\tan^2 u + 1} = \sqrt{4x^2+1}$을 얻을 수 있으므로

$$\int \frac{1}{\sqrt{4+16x^2}}\,dx = \frac{1}{4}\int \sec u\, du$$

$$= \frac{1}{4}\ln|\sec u + \tan u| + C$$

$$= \frac{1}{4}\ln|\sqrt{4x^2+1} + 2x| + C$$

이다. ■■

예제 4 $\displaystyle\int \frac{dx}{\sqrt{x^2-a^2}}$, $a>0$를 계산하여라.

풀이 **방법 1** : $x = a\sec\theta$, $0<\theta<\frac{\pi}{2}$ 또는 $\pi<\theta<\frac{3\pi}{2}$라고 하자. 그러면,

$$dx = a\sec\theta\tan\theta\, d\theta$$

이고,

$$\sqrt{x^2-a^2} = \sqrt{a^2(\sec^2\theta - 1)} = \sqrt{a^2\tan^2\theta} = a|\tan\theta| = a\tan\theta$$

이다. 따라서

$$\int \frac{dx}{\sqrt{x^2-a^2}} = \int \frac{a\sec\theta\tan\theta}{a\tan\theta}\,d\theta$$

$$= \int \sec\theta\, d\theta = \ln|\sec\theta + \tan\theta| + C$$

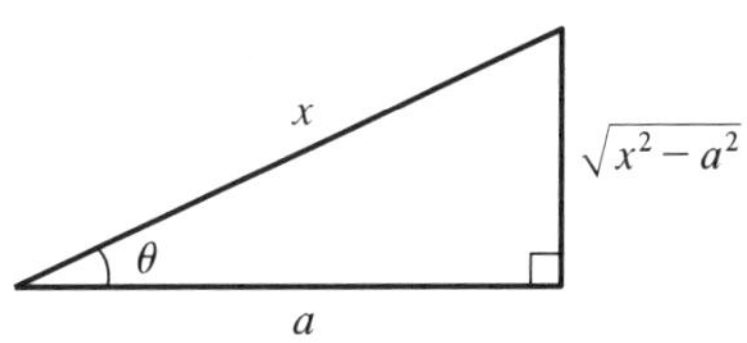

그림 5.3 $\sec\theta = \frac{x}{a}$

그림 5.3의 삼각형으로부터 $\tan\theta = \dfrac{\sqrt{x^2-a^2}}{a}$ 이므로

$$\int \frac{dx}{\sqrt{x^2-a^2}} = \ln\left|\frac{x}{a}+\frac{\sqrt{x^2-a^2}}{a}\right| + C$$

$$= \ln|x+\sqrt{x^2-a^2}| - \ln a + C$$

이다. $C_1 = C - \ln a$로 쓰면,

$$\int \frac{dx}{\sqrt{x^2-a^2}} = \ln|x+\sqrt{x^2-a^2}| + C_1 \tag{1}$$

을 얻는다.

방법 2 : $x>0$에 대하여 쌍곡선함수 치환 $x = a\cosh t$가 이용될 수도 있다. 항등식 $\cosh^2 y - \sinh^2 y = 1$을 이용하면

$$\sqrt{x^2-a^2} = \sqrt{a^2(\cosh^2 t - 1)} = \sqrt{a^2\sinh^2 t} = a\sinh t$$

이고, $dx = a\sinh t\,dt$이므로

$$\int \frac{dx}{\sqrt{x^2-a^2}} = \int \frac{a\sinh t\,dt}{a\sinh t} = \int dt = t + C$$

를 얻는다. 따라서 $\cosh t = \dfrac{x}{a}$이므로, $t = \cosh^{-1}\left(\dfrac{x}{a}\right)$이고

$$\int \frac{dx}{\sqrt{x^2-a^2}} = \cosh^{-1}\left(\frac{x}{a}\right) + C \tag{2}$$

이다. 식 (1)과 (2)는 서로 다르게 보이지만 두 식은 실제로 같은 식임을 보일 수 있다. ■■

주 예제 4가 시사하는 것처럼 쌍곡선함수 치환이 삼각치환 대신으로 사용될 수 있고 때로는 그것이 더 쉽게 해답을 줄 수도 있다. 그러나 삼각항등식이 쌍곡선함수의 항등식보다 익숙하기 때문에 일반적으로 삼각치환을 사용한다.

$\sqrt{bx^2+cx+d}$ 의 형태는 적당한 $a>0$에 대하여 피적분 함수의 근호 안을 먼저 완전제곱의 꼴로 만들어서 삼각치환에 적합하도록 변환시킬 수 있다.

예제 5 $\displaystyle\int \frac{1}{\sqrt{9x^2+6x+2}}\,dx$를 구하여라.

풀이 우선

$$\sqrt{9x^2+6x+2} = \sqrt{(3x+1)^2+1}$$

로 변형하여 $3x+1=\tan u$로 치환하면 $dx = \frac{1}{3}\sec^2 u\, du$가 된다.

그리고 $\sqrt{(3x+1)^2+1} = \sqrt{\tan^2 u+1} = \sec u$이므로 4.6절의 식 (5)를 이용하면

$$\begin{aligned}\int \frac{1}{\sqrt{9x^2+6x+2}}\,dx &= \int \frac{1}{\sqrt{(3x+1)^2+1}}\,dx \\ &= \int \frac{1}{\sec u}\left(\frac{1}{3}\sec^2 u\right)du \\ &= \frac{1}{3}\int \sec u\, du \\ &= \frac{1}{3}\ln|\sec u+\tan u|+C \\ &= \frac{1}{3}\ln|\sqrt{9x^2+6x+2}+3x+1|+C\end{aligned}$$

이다. ■

연 습 문 제 5.3

1. 다음 적분을 구하여라.

(1) $\displaystyle\int_0^{\frac{1}{2}} \sqrt{1-4x^2}\,dx$

(2) $\displaystyle\int \frac{1}{(9+x^2)^2}\,dx$

(3) $\displaystyle\int \frac{1}{(x^2+1)^{\frac{3}{2}}}\,dx$

(4) $\displaystyle\int \frac{1}{(9x^2-4)^{\frac{5}{2}}}\,dx$

(5) $\displaystyle\int \frac{1}{\sqrt{4x^2+4x+2}}\,dx$

(6) $\displaystyle\int_0^1 \frac{1}{2x^2-2x+1}\,dx$

(7) $\displaystyle\int \frac{x^2}{\sqrt{9x^2-1}}\,dx$

(8) $\displaystyle\int \frac{1}{x\sqrt{x^2+4}}\,dx$

(9) $\int \frac{x^2}{\sqrt{1+x^2}}\,dx$ (10) $\int \sqrt{x^2+6x+5}\,dx$

5.4 유리함수의 적분법

이 절에서는 임의의 유리함수(다항식들의 비)를 이미 적분방법을 알고 있는 간단한 분수식들의 합(이들을 부분분수라 한다)으로 나타냄으로써 유리함수를 적분하는 방법을 알아본다. 이 방법을 설명하기 위하여 분수식 $\frac{2}{x-1}$와 $\frac{1}{x+2}$의 공통 분모를 취하면

$$\frac{2}{x-1}-\frac{1}{x+2}=\frac{2(x+2)-(x-1)}{(x-1)(x+2)}=\frac{x+5}{x^2+x-2}$$

를 얻는다. 이 과정을 역으로 하면, 이 식의 오른쪽 함수를 적분하는 방법을 알 수 있다. 즉

$$\int \frac{x+5}{x^2+x-2}\,dx=\int\left(\frac{2}{x-1}-\frac{1}{x+2}\right)dx$$
$$=2\ln|x-1|-\ln|x+2|+C$$

이다. 일반적으로 부분분수를 분해하는 방법을 알기 위하여 유리함수

$$f(x)=\frac{P(x)}{Q(x)}$$

를 고찰하여 보자. 여기서 P, Q는 다항식이다. P의 차수가 Q의 차수보다 낮으면 f를 간단한 분수식의 합으로 나타낼 수 있다. 그러한 유리함수를 **진분수**라고 한다.

$$P(x)=a_nx^n+a_{n-1}x^{n-1}+\cdots+a_1x+a_0,\qquad a_n\neq 0$$

이면, P의 차수는 n이고 $\deg(P)=n$이라고 쓴다. 만약 f가 진분수가 아니라면, 즉 $\deg(P)\geq\deg(Q)$이면 나머지 $R(x)$가 $\deg(R)<\deg(Q)$가 성립할 때까지 P를 Q로 나누는 예비 단계를 거쳐야만 한다. 그러면 나눗셈에 의하여

$$f(x)=\frac{P(x)}{Q(x)}=S(x)+\frac{P(x)}{Q(x)} \tag{1}$$

을 얻고 여기서 S, R도 모두 다항식이다.

다음 예제가 보여 주듯이 때로는 이와 같은 예비 단계만이 필요한 경우도 있다.

예제 1 $\int \frac{x^3+x}{x+1}\,dx$를 구하여라.

풀이 분자의 차수가 분모의 차수보다 크기 때문에 먼저 나눗셈을 한다. 그러면

$$\begin{aligned}\int \frac{x^3+x}{x+1}\,dx &= \int \left(x^2-x+2-\frac{2}{x+1}\right)dx \\ &= \frac{x^3}{3}-\frac{x^2}{2}+2x-2\ln|x+1|+C\end{aligned}$$

이다. ■■

다음 단계는 분모 $Q(x)$를 가능한 정도까지 인수분해하는 것이다. 임의의 다항식 $Q(x)$는 일차 인수($ax+b$형)들과 기약인 이차 인수($ax^2+bx+c,\ b^2-4ac<0$)들의 곱으로 인수분해됨을 보일 수 있다. 예를 들어 $Q(x)=x^4-16$이면,

$$Q(x)=(x^2-4)(x^2+4)=(x-2)(x+2)(x^2+4)$$

와 같이 인수분해된다. 세 번째 단계는 진분수식 $\frac{R(x)}{Q(x)}$ (식 (1)로부터)를

$$\frac{A}{(ax+b)^i} \quad \text{또는} \quad \frac{Ax+B}{(ax^2+bx+c)^j}$$

형의 **부분분수**들의 합으로 나타내는 것이다. 대수학의 한 정리는 이렇게 하는 것이 항상 가능함을 보장해준다.

‖ 경우 1 ‖ 분모 $Q(x)$는 서로 다른 일차 인수들의 곱이다.

이것은 반복되는 인수가 없는 경우이므로

$$Q(x)=(a_1x+b_1)(a_2x+b_2)\cdots(a_kx+b_k)$$

와 같이 쓸 수 있음을 의미한다. 이 경우에 부분분수 분해정리는

$$\frac{R(x)}{Q(x)}=\frac{A_1}{a_1x+b_1}+\frac{A_2}{a_2x+b_2}+\cdots+\frac{A_k}{a_kx+b_k} \tag{2}$$

가 성립하는 상수 $A_1,\ A_2,\ \cdots,\ A_k$가 존재함을 보장해준다. 이들 상수는 다음 예제처럼 결

정될 수 있다.

예제 2 $\displaystyle\int \frac{3x^2-7x-2}{x^3-x}\,dx$를 구하여라.

풀이 분자의 차수가 분모의 차수보다 낮기 때문에 나눌 필요가 없다. 분모를

$$x^3-x=x(x^2-1)=x(x-1)(x+1)$$

처럼 인수분해하면 세 개의 다른 일차 인수가 존재하므로 피적분 함수의 부분분수 분해는

$$\frac{3x^2-7x-2}{x^3-x}=\frac{A}{x}+\frac{B}{x-1}+\frac{C}{x+1}$$

의 형태를 가진다. A, B, C의 값을 구하기 위하여 $x(x-1)(x+1)$을 이 식의 양변에 곱하면

$$3x^2-7x-2=A(x-1)(x+1)+Bx(x+1)+Cx(x-1)$$

을 얻는다. 우변을 전개하여 다항식의 기본형으로 쓰면

$$3x^2-7x-2=(A+B+C)x^2+(B-C)x-A$$

가 된다. 위 식은 항등식으로 그들의 계수가 같아야 하므로

$$\begin{aligned} A+B+C&=3\\ B-C&=-7\\ -A&=-2 \end{aligned}$$

이고, 이것을 풀면 $A=2$, $B=-3$, $C=4$를 얻는다. 따라서

$$\begin{aligned} \int \frac{3x^2-7x-2}{x^3-x}\,dx &= \int\left(\frac{2}{x}-\frac{3}{x-1}+\frac{4}{x+1}\right)dx \\ &= 2\ln|x|-3\ln|x-1|+4\ln|x+1|+C \end{aligned}$$

■■

‖ 경우 2 ‖ $Q(x)$는 일차 인수들의 곱으로 나타나며, 어떤 인수들을 반복한다.

먼저 일차 인수 (a_1x+b_1)이 r번 반복된다고 하자. 즉 $(a_1x+b_1)^r$이 $Q(x)$의 인수분해에 나타난다고 하면 식 (2)에서 단항 $\dfrac{A_1}{a_1x+b_1}$ 대신에

$$\frac{A_1}{a_1x+b_1}+\frac{A_2}{(a_1x+b_1)^2}+\cdots+\frac{A_r}{(a_1x+b_1)^r} \qquad (3)$$

를 사용해야 한다. 한 예로

$$\frac{x^3-x+1}{x^2(x-1)^3}=\frac{A}{x}+\frac{B}{x^2}+\frac{C}{x-1}+\frac{D}{(x-1)^2}+\frac{E}{(x-1)^3}$$

와 같이 쓸 수 있다.

예제 3 $\int \frac{5x^2+20x+6}{x^3+2x^2+x}\,dx$를 구하여라.

풀이 분모 $Q(x)=x^3+2x^2+x$를 인수분해하면

$$x^3+2x^2+x=x(x^2+2x+1)=x(x+1)^2$$

을 얻는다. 일차 인수 $(x+1)$이 두 번 나타나므로 부분분수 분해는

$$\frac{5x^2+20x+6}{x(x+1)^2}=\frac{A}{x}+\frac{B}{x+1}+\frac{C}{(x+1)^2}$$

이다. $x(x+1)^2$을 양변에 곱하면

$$\begin{aligned}5x^2+20x+6&=A(x+1)^2+Bx(x+1)+Cx\\&=(A+B)x^2+(2A+B+C)x+A\end{aligned}$$

가 된다. 따라서

$$A+B=5, \qquad 2A+B+C=20, \qquad A=6$$

이고, $A=6$, $B=-1$, $C=9$를 얻는다. 따라서

$$\begin{aligned}\int \frac{5x^2+20x+6}{x^3+2x^2+x}\,dx&=\int\left(\frac{6}{x}-\frac{1}{x+1}+\frac{9}{(x+1)^2}\right)dx\\&=6\ln|x|-\ln|x+1|-\frac{9}{x+1}+C\end{aligned}$$

이다. ■

‖ **경우 3** ‖ **$Q(x)$는 반복되지 않는 기약 이차 인수를 포함한다.**

$Q(x)$가 인수 ax^2+bx+c $(b^2-4ac<0)$를 가지면, 식 (2)와 (3)에 있는 부분분수에 첨가하여 $\dfrac{R(x)}{Q(x)}$에 관한 식은

$$\frac{Ax+B}{ax^2+bx+c}$$

같은 형의 항을 더 가지게 된다. 여기서 A, B는 결정되어야 할 상수이다. 분모를 완전제곱하고 치환하여 적분을

$$\int \frac{Cu+D}{u^2+a^2}\,du = C\int \frac{u}{u^2+a^2}\,du + D\int \frac{1}{u^2+a^2}\,du$$

와 같은 꼴로 바꾼다. 그러면 첫 번째 적분은 로그함수이고, 두 번째 적분은 $\tan^{-1}$로 나타난다.

‖ **경우 4** ‖ **$Q(x)$는 반복되는 기약 이차 인수를 포함한다.**

$Q(x)$가 인수 $(ax^2+bx+c)^r$ $(b^2-4ac<0)$을 가지면 단항 부분분수 대신에 합

$$\frac{A_1x+B_1}{ax^2+bx+c}+\frac{A_2x+B_2}{(ax^2+bx+c)^2}+\cdots+\frac{A_rx+B_r}{(ax^2+bx+c)^r}$$

이 $\dfrac{R(x)}{Q(x)}$의 부분분수 분해에 나타난다. 각각의 항은 먼저 완전제곱함으로써 적분될 수 있다.

예제 4 $\displaystyle\int \frac{1}{x(x^2+1)^2}\,dx$를 구하여라.

풀이 분모 $Q(x)$가 반복되는 이차 인수를 포함하므로

$$\frac{1}{x(x^2+1)^2}=\frac{A}{x}+\frac{Bx+C}{x^2+1}+\frac{Dx+E}{(x^2+1)^2}$$

가 되어

$$1=A(x^2+1)^2+(Bx+C)x(x^2+1)+(Dx+E)x$$

이다. $x=0$을 대입하면 $A=1$이다. $A=1$을 대입하고 같은 멱끼리 결합하면

$$1=(1+B)x^4+Cx^3+(2+B+D)x^2+(C+E)x+1$$

이 되어

$$\begin{aligned} &1+B=0 \quad \therefore\ B=-1 \\ &C=0 \\ &2+B+D=0 \quad \therefore\ D=-1 \\ &C+E=0 \quad \therefore\ E=0 \end{aligned}$$

이다. 각각 대입하여 다음 식을 얻는다.

$$\int \frac{1}{x(x^2+1)^2}\,dx=\int \frac{1}{x}\,dx-\int \frac{x}{x^2+1}\,dx-\int \frac{x}{(x^2+1)^2}\,dx$$

$u=x^2+1$로 치환하면, $du=2xdx$가 되므로

$$\begin{aligned} &-\int \frac{x}{x^2+1}\,dx-\int \frac{x}{(x^2+1)^2}\,dx \\ &=-\int \frac{1}{u}\cdot\frac{1}{2}\,du-\int \frac{1}{u^2}\cdot\frac{1}{2}\,du \\ &=-\frac{1}{2}\ln|u|+\frac{1}{2}\frac{1}{u}+C_1 \\ &=-\frac{1}{2}\ln(x^2+1)+\frac{1}{2}\cdot\frac{1}{x^2+1}+C_1 \end{aligned}$$

이다. 그러므로

$$\begin{aligned} \int \frac{1}{x(x^2+1)^2}\,dx&=\int \frac{1}{x}\,dx-\int \frac{1}{x^2+1}\,dx-\int \frac{x}{(x^2+1)^2}\,dx \\ &=\ln|x|-\frac{1}{2}\ln(x^2+1)+\frac{1}{2(x^2+1)}+C_2 \end{aligned}$$

이다. ■■

연 습 문 제 5.4

1. 다음 적분을 구하여라.

(1) $\displaystyle\int \frac{x^2}{x^2-1}\,dx$ (2) $\displaystyle\int \frac{x^2+4}{x(x-1)^2}\,dx$

(3) $\displaystyle\int_3^4 \frac{5}{(x-2)(x+3)}\,dx$ (4) $\displaystyle\int \frac{3t}{t^2-8t+15}\,dt$

(5) $\displaystyle\int \frac{x^2+x+1}{x^2+1}\,dx$ (6) $\displaystyle\int \frac{3x}{(x-2)^2}\,dx$

(7) $\displaystyle\int \frac{x^2}{(x+1)^2}\,dx$ (8) $\displaystyle\int \frac{1}{(1-x^2)^2}\,dx$

(9) $\displaystyle\int \frac{1}{1+e^x}\,dx$ (10) $\displaystyle\int \frac{x^2-1}{x^3+3x+4}\,dx$

5.5 특이적분

우리는 지금까지 정적분 $\displaystyle\int_a^b f(x)\,dx$를 정의할 때 유한구간 $[a,\ b]$에서 정의된 함수 f를 다루었고 더욱이 f가 $[a,\ b]$에서 유계라고 가정해왔다. 즉 $[a,\ b]$ 내의 모든 x에 대하여 $|f(x)| \le M$을 만족하는 상수 M이 존재한다.

이 절에서는 유계인 구간에서 유계가 아닌 함수($f \ge 0$)에 관련한 면적(그림 5.4)과 유계가 아닌 구간에서 함수($f \ge 0$)에 관련된 면적(그림 5.5)에 대하여 생각해보자.

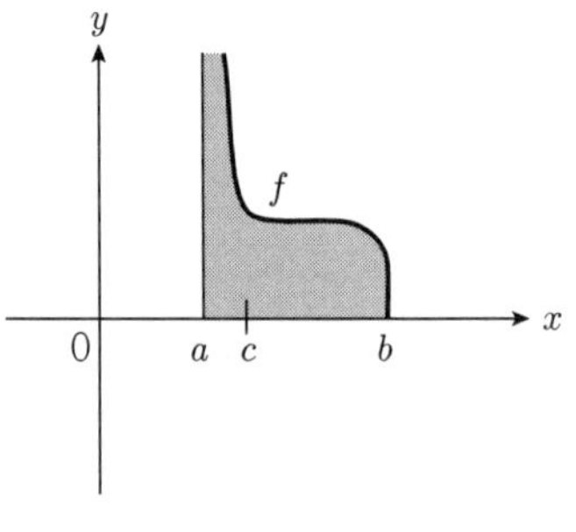

그림 5.4

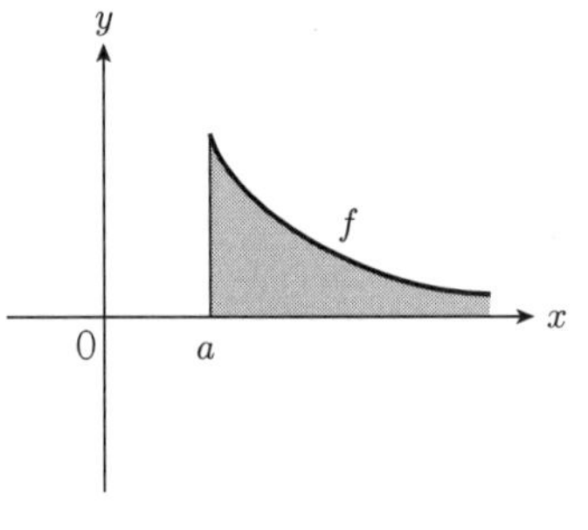

그림 5.5

이 경우 면적이 무한히 커질 수도 있지만 유한인 경우도 있다. 그래서 피적분함수 또는 적분구간이 유계가 아닐 때의 정적분을 **특이적분**(improper intergrals)이라고 부른다.

[유계가 아닌 피적분 함수를 가진 적분]

f가 $(a,\ b]$의 모든 점에서 연속이고, a근처에서 유계가 아니라고 하자(그림 5.6). 가정에 의하여 $(a,\ b)$ 내의 어떤 c에 대하여 $[c,\ b]$에서 연속이므로 $\int_c^b f(x)dx$가 정의된다.

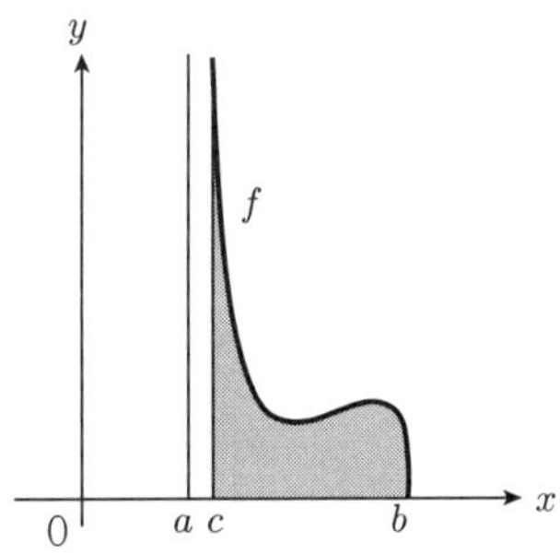

그림 5.6

만약, 한쪽 극한

$$\lim_{c \to a^+} \int_c^b f(x)\,dx$$

가 존재하면 $\int_a^b f(x)\,dx$를 그 극한으로 정의한다.

$$\int_a^b f(x)\,dx = \lim_{c \to a^+} \int_c^b f(x)\,dx$$

이 경우 특이적분은 수렴한다고 하며, 극한이 존재하지 않으면 발산한다고 한다.

예제 1 $\int_0^1 1/\sqrt{x}\,dx$가 수렴함을 보이고, 그 값을 구하여라.

풀이 이 적분은 $1/\sqrt{x}$이 $(0,\ 1]$의 모든 점에서 연속이고, 0의 근처에서 유계가 아니므로, $0 < c < 1$에 대하여

$$\int_c^1 \frac{1}{\sqrt{x}}\,dx = 2\sqrt{x}\,\Big|_c^1 = 2(1 - \sqrt{c})$$

이고,

$$\lim_{c \to 0^+} 2(1 - \sqrt{c}) = 2$$

이므로, $\int_0^1 1/\sqrt{x}\,dx$는 수렴하고 $\int_0^1 1/\sqrt{x}\,dx = 2$이다. 이것은 그림 5.7에서 빗금친 부분의 면적이 2임을 의미한다. ■■

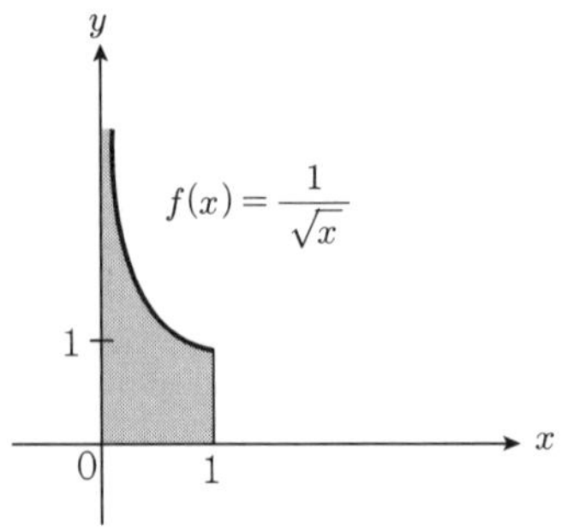

그림 5.7

만약 f가 $[a,\ b)$의 모든 점에서 연속이고 b근처에서 유계가 아니면 $(a,\ b)$ 내의 모든 c에서 $\int_a^c f(x)dx$는 정의된다.

극한

$$\lim_{c \to b^-} \int_a^c f(x)dx$$

가 존재하면 $\int_a^b f(x)$를 그 극한으로 정의한다.

$$\int_a^b f(x)dx = \lim_{c \to b^-} \int_a^b f(x)dx$$

예제 2 $\int_0^{\frac{\pi}{2}} \tan x\,dx$의 수렴성을 조사하여라.

풀이 피적분함수는 $\left[0,\ \frac{\pi}{2}\right)$에서 연속이고, $\frac{\pi}{2}$ 근처에서 유계가 아니므로

$0 < c < \frac{\pi}{2}$ 에 대하여

$$\int_0^c \tan x \, dx = -\ln(\cos x)\Big|_0^c = -\ln(\cos c) + \ln(\cos 0)$$
$$= -\ln(\cos c)$$

를 얻는다. $\lim_{c \to \frac{\pi}{2}^-} \cos c = 0$ 이므로

$$\lim_{c \to \frac{\pi}{2}^-} [-\ln(\cos c)] = \infty$$

이다. 그러므로 적분 $\int_0^{\frac{\pi}{2}} \tan x \, dx$ 는 발산한다(그림 5.8). ■■

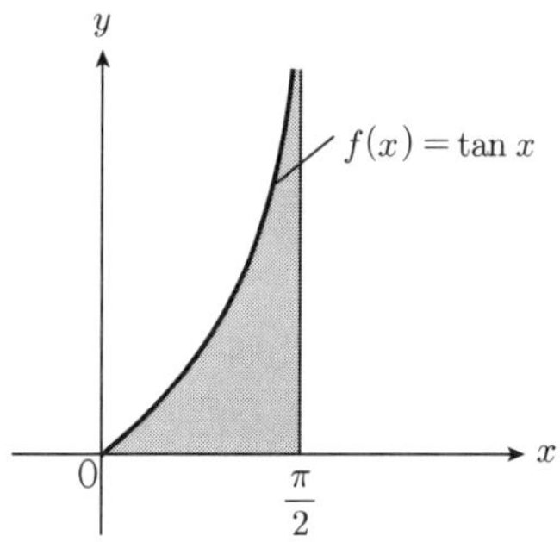

그림 5.8

만약 $a < c < b$ 인 c 에 대하여 f 가 c 에서 불연속이면

$$\int_a^b f(x) \, dx = \int_a^c f(x) \, dx + \int_c^b f(x) \, dx$$

이므로 $\int_a^c f(x) \, dx$ 와 $\int_c^b f(x) \, dx$ 가 모두 수렴할 때 $\int_a^b f(x) \, dx$ 는 이 두 극한의 합으로 수렴한다고 한다.

예제 3 $\int_0^3 \frac{dx}{x-1}$ 의 수렴성을 조사하여라.

풀이 $c = 1$ 에서 피적분함수가 불연속이므로

$$\int_0^3 \frac{dx}{x-1} = \int_0^1 \frac{dx}{x-1} + \int_1^3 \frac{dx}{x-1}$$

에서

$$\begin{aligned}\int_0^1 \frac{dx}{x-1} &= \lim_{c\to 1^-}\int_0^c \frac{dx}{x-1} = \lim_{c\to 1^-}[\ln|x-1|]_0^c \\ &= \lim_{c\to 1^-}(\ln|c-1| - \ln|-1|) \\ &= \lim_{c\to 1^-}\ln(1-c) = -\infty\end{aligned}$$

이므로 $\int_0^1 \frac{dx}{x-1}$는 발산한다. 이것은 $\int_0^3 \frac{dx}{x-1}$가 발산함을 의미한다. ■■

만약 $\int_0^3 \frac{dx}{x-1} = [\ln|x-1|]_0^3 = \ln 2 - \ln 1 = \ln 2$로 계산한다면 틀린 것이 된다.

[유계가 아닌 구간에서의 적분]

$\int_a^\infty f(x)\,dx$와 $\int_{-\infty}^b f(x)\,dx$ 형태의 적분도 특이적분이라고 한다. f가 $[a, \infty)$에서 연속이면 $b \geq a$에 대하여 $\int_a^b f(x)\,dx$는 보통의 적분이다 이때 $\lim_{b\to\infty}\int_a^b f(x)\,dx$가 존재하면 $\int_a^\infty f(x)\,dx$는 수렴한다고 한다. 즉

$$\int_a^\infty f(x)\,dx = \lim_{b\to\infty}\int_a^b (x)\,dx$$

특이적분 $\int_{-\infty}^b f(x)\,dx$도 같은 방법으로 취급한다.

예제 4 $\int_1^\infty \frac{1}{x^2}dx$가 수렴함을 보이고, 그림 5.9의 빗금친 부분의 넓이를 구하여라.

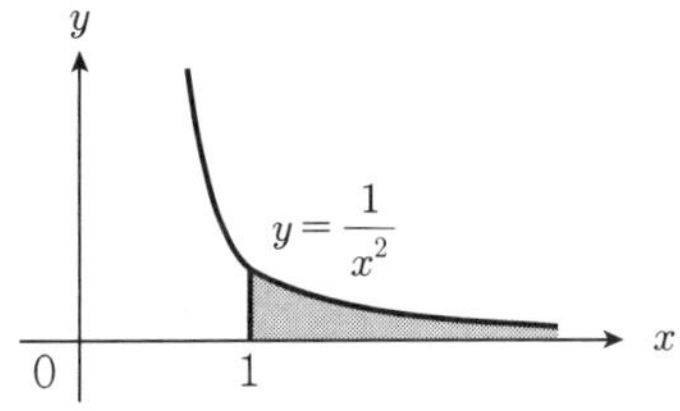

그림 5.9

풀이 정의에 의하여 $\lim_{b\to\infty}\int_1^b \frac{1}{x^2}dx$를 구하면 된다.

$$\int_1^\infty \frac{1}{x^2}dx = \lim_{b\to\infty}\int_1^b \frac{1}{x^2}dx = \lim_{b\to\infty}\left[-\frac{1}{x}\right]_1^b$$

$$= \lim_{b\to\infty}\left(-\frac{1}{b}+1\right) = 1$$

가 되어 빗금친 부분의 넓이는 1로 접근한다. ■■

만약 $\int_{-\infty}^a f(x)\,dx$와 $\int_a^\infty f(x)\,dx$가 모두 수렴할 때, $\int_{-\infty}^\infty f(x)\,dx$는 수렴한다고 말한다.

$$\int_{-\infty}^\infty f(x)\,dx = \int_{-\infty}^a f(x)\,dx + \int_a^\infty f(x)\,dx$$

예제 5 $\int_{-\infty}^\infty \frac{1}{x^2+1}dx$의 수렴성을 조사하여라.

풀이 $a=0$으로 두면 편리하다. 즉

$$\int_{-\infty}^\infty \frac{1}{x^2+1}dx = \int_{-\infty}^0 \frac{1}{x^2+1}dx + \int_0^\infty \frac{1}{x^2+1}dx$$

가 된다. 우선,

$$\int_{-\infty}^0 \frac{1}{x^2+1}dx = \lim_{c\to-\infty}\int_c^0 \frac{1}{x^2+1}dx = \lim_{c\to-\infty} \arctan x\Big|_c^0$$

$$= \lim_{c\to-\infty}(\arctan 0 - \arctan c) = \frac{\pi}{2}$$

이고, 비슷한 계산으로

$$\int_0^{\infty} \frac{1}{x^2+1} dx = \frac{\pi}{2}$$

임을 알 수 있다. 그러므로 주어진 적분은 수렴한다.

$$\int_{-\infty}^{\infty} \frac{1}{x^2+1} dx = \int_{-\infty}^{0} \frac{1}{x^2+1} dx + \int_0^{\infty} \frac{1}{x^2+1} dx$$

$$= \frac{\pi}{2} + \frac{\pi}{2} = \pi$$

$\frac{1}{x^2+1} > 0$이기 때문에 주어진 이상적분은 곡선 $y = \frac{1}{x^2+1}$의 아래와 x축 윗부분의 무한한 영역의 넓이로써 이해될 수 있다. ■■

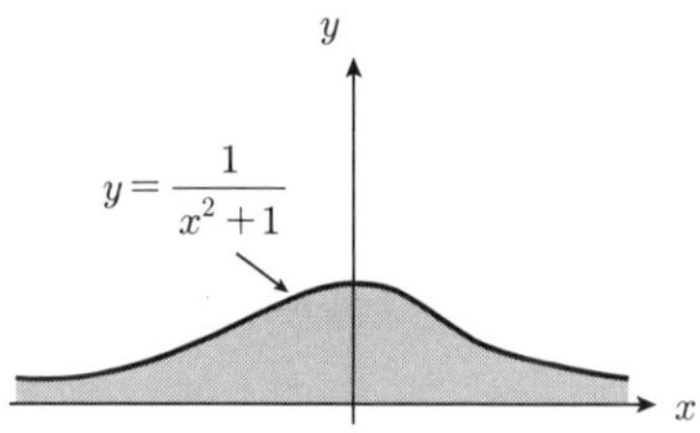

그림 5.10

연 습 문 제 5.5

1. 다음 특이적분의 수렴성을 조사하고, 수렴하면 그 값을 구하여라.

(1) $\int_1^{\infty} \frac{1}{x} dx$

(2) $\int_0^{\infty} \frac{1}{x^2} dx$

(3) $\int_0^{1} \frac{1-2x}{\sqrt{x-x^2}} dx$

(4) $\int_2^{5} \frac{1}{\sqrt{x-2}} dx$

(5) $\int_0^{\frac{\pi}{2}} \sec x \, dx$

(6) $\int_0^{\frac{\pi}{2}} \sec^2 x \, dx$

5.6 정적분의 응용

(1) 곡선 사이의 넓이

4장에서 함수의 그래프의 아래와 x축 위에 있는 영역의 넓이를 정의하고 계산하였다. 이 절에서는 적분을 이용하여 두 함수의 그래프 사이에 둘러싸인 영역의 넓이를 구하고자 한다.

두 곡선 $y = f(x)$, $y = g(x)$와 두 수직선 $x = a$, $x = b$로 둘러싸인 영역 S를 생각하자. 여기서 함수 f와 g는 폐구간 $[a, b]$ 안의 모든 x에 대하여 연속함수이고 $f(x) \geq g(x)$를 만족한다.

4.1절에서 곡선 아래와 x축 위에 있는 영역의 넓이를 구하였을 때와 같이, S를 같은 폭을 갖는 n개의 조각으로 나누고, 그 다음에 i번째 조각을 밑변 Δx와 높이 $f(x_i{}^*) - g(x_i{}^*)$인 직사각형으로 근사시킨다(그림 5.11 참조). 그러므로 리만 합

$$\sum_{i=1}^{n} [f(x_i{}^*) - g(x_i{}^*)]\Delta x$$

는 직관적으로 S의 넓이라고 생각되는 것에 대한 근사값이다.

이러한 근사값은 $n \to \infty$ 일 때 더욱 더 구하고자 하는 값에 근접하게 된다는 것을 보여준다. 그러므로 S의 **넓이** A를 이러한 근사직사각형들의 넓이의 합에 대한 극한값으로 정의한다.

$$A = \lim_{n \to \infty} \sum_{i=1}^{n} [f(x_i{}^*) - g(x_i{}^*)]\Delta x$$

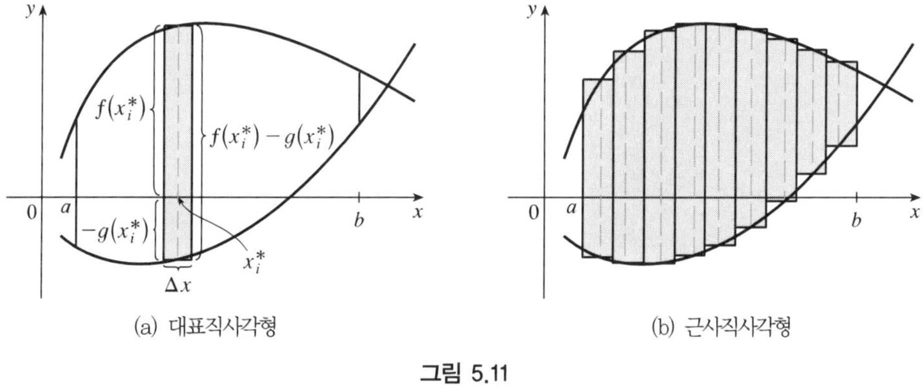

(a) 대표직사각형 (b) 근사직사각형

그림 5.11

위 식에서 극한을 $f - g$의 정적분으로 간주한다. 따라서 넓이에 대하여 다음과 같은 공식을

얻는다.

> 폐구간 $[a, b]$ 안의 모든 x에 대하여 f와 g가 연속이고, $f(x) \geq g(x)$일 때, 곡선 $y=f(x)$, $y=g(x)$와 직선 $x=a$, $x=b$로 둘러싸인 영역의 넓이 A는
>
> $$A = \int_a^b [f(x) - g(x)]dx \tag{1}$$
>
> 이다.

예제 1 $y=x^2-x-4$와 $y=x-1$의 그래프 사이의 넓이 A를 구하여라.

풀이 두 곡선이 만나는 x좌표를 결정하자.

$$x^2-x-4=x-1$$
$$x^2-2x-3=(x+1)(x-3)=0, \quad x=-1 \text{ 또는 } x=3$$

이고, $x \in [-1, 3]$에 대하여 $x-1 \geq x^2-x-4$이므로 식 (1)에 의하여

$$A = \int_{-1}^{3} [(x-1)-(x^2-x-4)]dx = \int_{-1}^{3} (-x^2+2x+3)dx$$
$$= \left(-\frac{1}{3}x^3+x^2+3x\right)\Big|_{-1}^{3} = \frac{32}{3}$$

이다. ■■

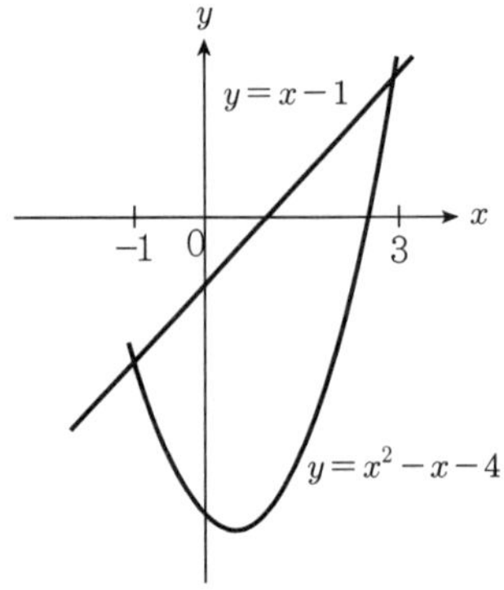

그림 5.12

x의 어떤 값에 대하여 $f(x) \geq g(x)$이지만 x의 다른 값에 대해서는 $g(x) \geq f(x)$인 경우에 곡선 $y = f(x)$와 $y = g(x)$ 사이에 있는 영역의 넓이를 구하려면 그림 5.13에서와 같이 주어진 영역 S를 여러 개의 영역 S_1, S_2, $\cdots$로 나누고 그들 각각의 넓이를 A_1, A_2, $\cdots$로 놓는다. 그 다음에 여역 S의 넓이를 더 작은 영역 S_1, S_2, $\cdots$의 합이 되도록, 즉 $A = A_1 + A_2 + \cdots$로 정의한다. 그런데,

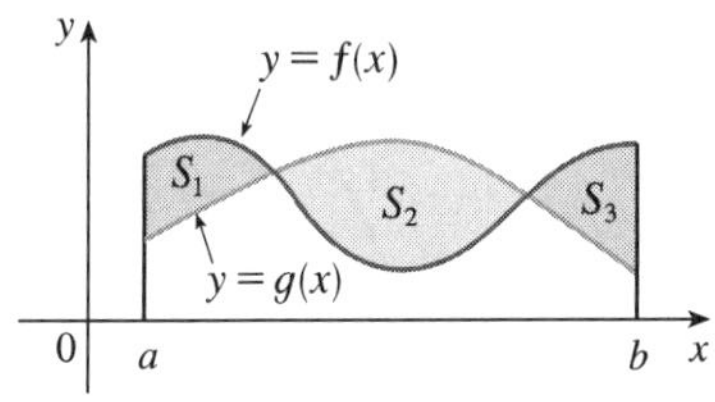

그림 5.13

$$|f(x) - g(x)| = \begin{cases} f(x) \geq g(x)\text{일 때} & f(x) - g(x) \\ g(x) \geq f(x)\text{일 때} & g(x) - f(x) \end{cases}$$

이므로 A에 대하여 다음과 같이 쓸 수 있다.

> 곡선 $y = f(x)$, $y = g(x)$와 $x = a$ 및 $x = b$로 둘러싸인 영역의 넓이는
>
> $$A = \int_a^b |f(x) - g(x)|\, dx \tag{2}$$
>
> 이다.

예제 2 포물선 $x = \frac{1}{2}y^2$과 직선 $y = 2x - 2$ 사이의 영역 R의 넓이를 구하여라.

풀이 두 곡선의 교점을 우선 구해보자.

$$x = \frac{1}{2}y^2 = 2x^2 - 4x + 2$$

$$2x^2 - 5x + 2 = (2x - 1)(x - 2) = 0$$

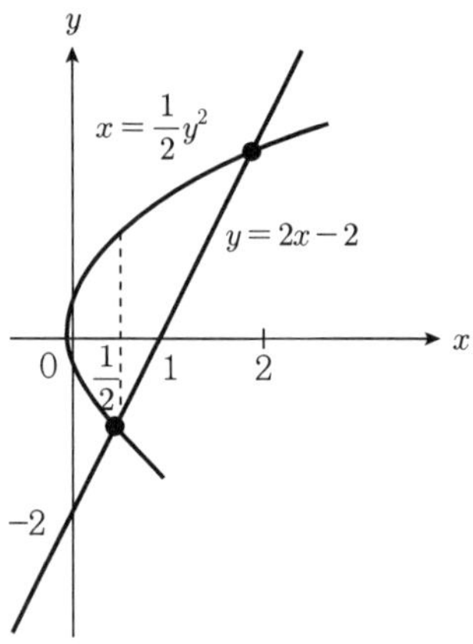

그림 5.14

이므로 $x=\frac{1}{2}$ 또는 $x=2$이다. 그림 5.14에서 보듯이 R은 x축 상의 $\left[0,\ \frac{1}{2}\right]$과 $\left[\frac{1}{2},\ 2\right]$의 두 부분으로 나누어 생각할 수 있다. $\left[0,\ \frac{1}{2}\right]$에서 R의 부분은 다음 두 함수의 그래프

$$f_1(x)=\sqrt{2x} \text{ 와 } g_1(x)=-\sqrt{2x}$$

사이이고, $\left[\frac{1}{2},\ 2\right]$에서는

$$f_2(x)=\sqrt{2x} \text{ 와 } g_2(x)=2x-2$$

사이이므로

$$\begin{aligned} A &= \int_0^{\frac{1}{2}} |f_1(x)-g_1(x)|\,dx + \int_{\frac{1}{2}}^{2} |f_2(x)-g_2(x)|\,dx \\ &= \int_0^{\frac{1}{2}} [\sqrt{2x}-(-\sqrt{2x})]dx + \int_{\frac{1}{2}}^{2} [\sqrt{2x}-(2x-2)]dx \\ &= \frac{4\sqrt{2}}{3}x^{\frac{3}{2}}\Big|_0^{\frac{1}{2}} + \left(\frac{2\sqrt{2}}{3}x^{\frac{3}{2}}-x^2+2x\right)\Big|_{\frac{1}{2}}^{2} = \frac{9}{4} \end{aligned}$$

이다. ■■

어떤 영역은 x를 y의 함수로써 간주하면 쉽게 처리된다. 만약 한 영역이 식 $x=f(y)$, $x=g(y)$, $y=c$ 및 $y=d$인 곡선으로 둘러싸여 있다면 그 영역의 넓이는 다음과 같다.

$$A=\int_c^d [f(y)-g(y)]dy$$

여기에서 f와 g는 연속이고 $c \le y \le d$에 대하여 $f(y) \ge g(y)$이다(그림 5.15 참조). 이때 그림 5.16에 나타나 있는 것처럼 만약 오른쪽 경계에 대하여 x_R, 왼쪽 경계에 대하여 x_L이라고 표시하면 다음과 같은 식을 얻는다.

$$A=\int_c^d (x_R-x_L)\,dy$$

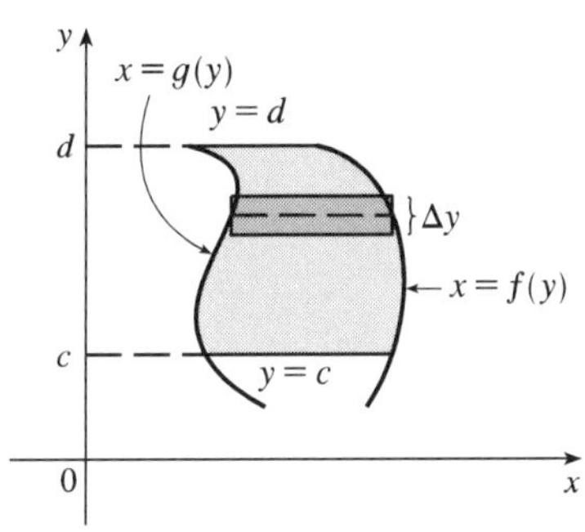

그림 5.15

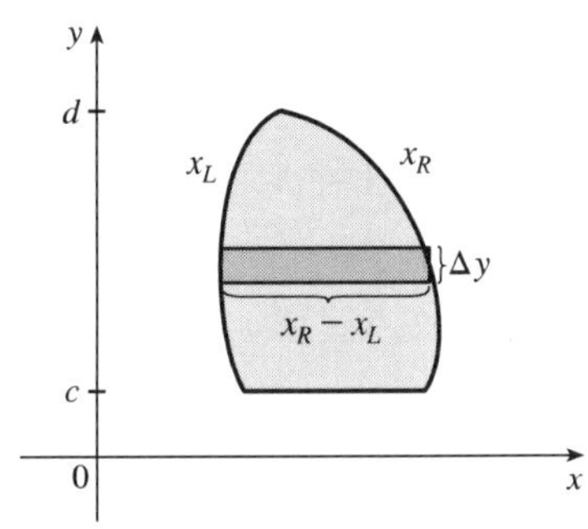

그림 5.16

여기서 대표 근사직사각형의 크기는 x_R-x_L과 Δy를 갖는다.

예제 3 포물선 $x=\frac{1}{2}y^2$과 직선 $y=2x-2$ 사이의 영역 R의 넓이를 구하여라(그림 5.14).

풀이 두 곡선의 교점이 y좌표는 $y=-1$ 또는 $y=2$이다. $-1 \le y \le 2$에서 $\frac{1}{2}(y+2) \ge \frac{1}{2}y^2$이므로

$$A=\int_{-1}^{2}\left[\frac{1}{2}(y+2)-\frac{1}{2}y^2\right]dy=\frac{1}{2}\int_{-1}^{2}(y+2-y^2)\,dy$$

$$=\frac{1}{2}\left(\frac{1}{2}y^2+2y-\frac{1}{3}y^3\right)\Big|_{-1}^{2}=\frac{9}{4}.$$

이다. ■■

예제 2에서의 넓이는 y 대신에 x에 대하여 적분을 함으로써 구할 수 있었으나 계산이 훨씬 더 복잡하다. 이것은 영역을 두 개로 나누어 넓이를 계산한다는 것을 의미하므로, 예제 3에서 이용했던 방법이 훨씬 쉽다.

연 습 문 제 5.6 (1)

1. 주어진 구간에서 f의 그래프와 x축 사이의 영역의 넓이를 구하여라.

(1) $f(x) = x^2 + 2x \,;\, [-1, 3]$　　(2) $f(x) = \cos x - \sin x \,;\, \left[0, \dfrac{\pi}{3}\right]$

(3) $f(x) = \ln x \,;\, \left[\dfrac{1}{2}, 2\right]$　　(4) $f(x) = \dfrac{x}{x^2 - 1} \,;\, [-1, 1]$

2. 두 함수의 그래프로 둘러싸인 영역의 넓이를 구하여라.

(1) $f(x) = \sqrt{x},\ g(x) = x^2$

(2) $f(x) = x^2 + 3,\ g(x) = 12 - x^2$

(3) $f(x) = x^2 + 1,\ g(x) = 2x + 9$

(4) $f(x) = 2x - 5,\ y = x - 4$

(5) $f(x) = x^2 + 4x,\ g(x) = x - 2 \,;\, [-3, 0]$

(2) 부피

입체 S와 하나의 평면이 만나는 부분은 S의 **절단면**(cross-section)이라고 불리는 평면영역이다. x축에 수직이며 $a \le x \le b$에 있는 임의의 점 x를 지나는 평면 P_x에 있는 S의 절단면의 넓이를 $A(x)$라고 하자(S를 점 x를 지나면서 칼로 절단한다고 생각하고 이 얇은 조각의 넓이를 계산한다고 하자). 절단면의 넓이 $A(x)$는 x가 a로부터 b까지 증가할 때 변할 것이다.

입체 S를 얇은 조각으로 자르는데(빵 덩어리를 얇게 자른 조각으로 생각하여라.), 평면 $P_{x_1}, P_{x_2}, \cdots$ 를 이용하여 S를 같은 폭 Δx를 갖는 n개의 '평판'(slab)으로 나누자. 만약 표본점 x_i^*를 폐구간 $[x_{i-1}, x_i]$에서 택하면, i번째 평판 S_i(평판 P_{xi-1}과 P_{xi} 사이에 놓인 S 부분)는 밑면의 넓이가 $A(x_i^*)$이고 높이가 Δx인 주면체로 근사시킬 수 있다(그림 5.17 참조).

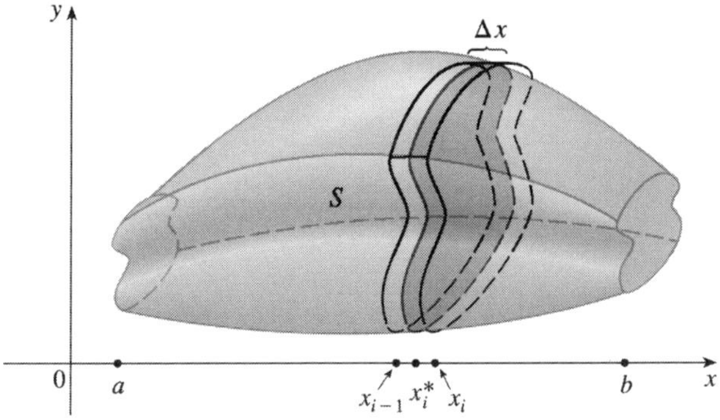

그림 5.17

이 주면체의 부피는 $A(x_i^*)\Delta x$ 이며 이것은 i 번째 평판 S_i의 부피에 대한 직관적인 개념에서 하나의 근사값이 된다. 즉 S_i의 근사 부피는

$$V(S_i) \approx A(x_i^*)\Delta x$$

이다. 이러한 평판들의 부피를 모두 합함으로써 직관적으로 부피라고 생각하고 있는 총 부피(total volume)에 대한 근사값을 얻는다.

$$V \approx \sum_{i=1}^{n} A(x_i^*)\Delta x$$

근사값은 $n \to \infty$ 일 때(얇은 조각이 점점 더 얇게 된다고 생각하라.) 더욱 더 구하고자 하는 값에 근접하게 된다. 그러므로 부피를 $n \to \infty$ 일 때 이러한 합들의 극한값으로 정의한다. 그러나 리만 합의 극한이 정적분임을 알고 있으므로 다음 정의를 얻는다.

부피의 정의 S를 $x = a$와 $x = b$ 사이에 놓인 입체도형이라 하자. x를 지나고 x축에 수직인 평면 P_x에 있는 S의 절단면의 넓이가 $A(x)$라면, S의 부피는

$$V = \lim_{n \to \infty} \sum_{i=1}^{n} A(x_i^*)\Delta x = \int_a^b A(x)dx \tag{1}$$

이다. 단, 여기서 A는 연속함수이다.

부피 공식 $V = \int_a^b A(x)\,dx$를 이용할 때 $A(x)$는 점 x를 지나면서 x축에 수직으로 얇게 잘라낸 임의의 절단면의 넓이임을 기억하는 것이 중요하다.

예제 1 $0 \le x \le 1$에 대하여 x에서 절단면이 반경이 x^2인 반원일 때 입체 D의 부피를 구하여라 (그림 5.18).

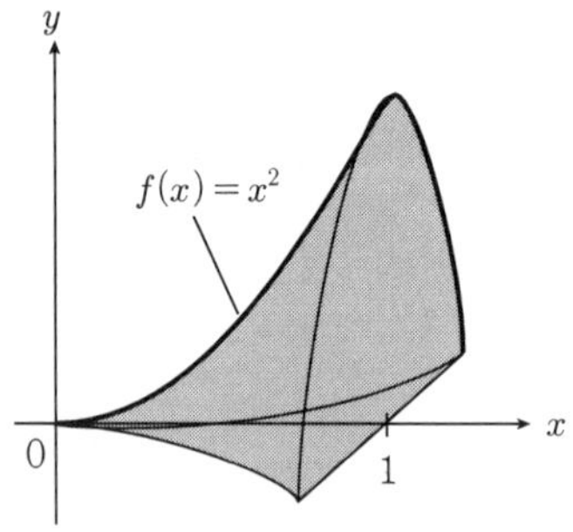

그림 5.18

풀이 반경 r인 반원의 면적은 $\frac{1}{2}\pi r^2$이므로 가정에 의하여 x에서의 단면적 $A(x)$는

$$A(x) = \frac{1}{2}\pi(x^2)^2 = \frac{1}{2}\pi x^4$$

이다. 식 (1)에 의하여

$$V = \int_0^1 A(x)\,dx = \int_0^1 \frac{1}{2}\pi x^4 dx = \frac{1}{10}\pi x^5 \Big|_0^1 = \frac{\pi}{10}$$

이다. ■■

$[a, b]$에서 연속인 함수 $f(\ge 0)$의 그래프를 x축에 관하여 회전하면 단면적이 원판인 입체가 만들어진다. x에서 단면의 반경은 $f(x)$이므로 $A(x) = \pi[f(x)]^2$이다. 따라서 식 (1)로부터 다음 식을 얻는다.

$$V = \pi\int_a^b [f(x)]^2 dx \tag{2}$$

이것에 의한 방법을 **원판(disc) 방법**이라고 부른다.

예제 2 반경이 r인 구(sphere)의 부피를 구하여라.

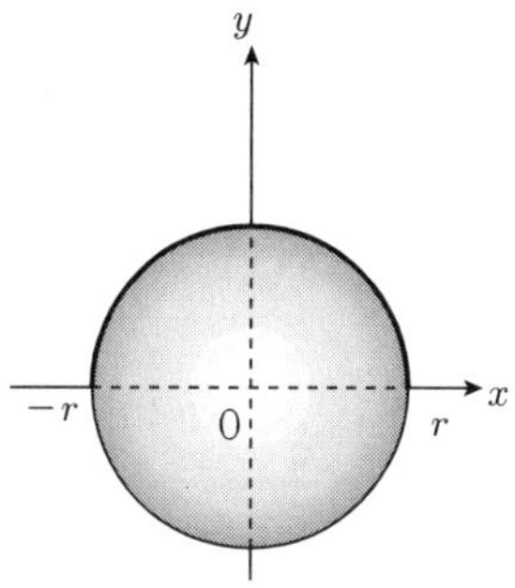

그림 5.19

풀이 구는 반원을 직경에 대하여 회전할 때 얻어진다(그림 5.19).
$f(x) = \sqrt{r^2 - x^2}\ (-r \le x \le r)$이라고 하면, 식 (2)로부터

$$V = \pi \int_{-r}^{r} (\sqrt{r^2 - x^2})^2\, dx = \pi \int_{-r}^{r} (r^2 - x^2)\, dx$$

$$= \pi\left(r^2 x - \frac{1}{3}x^3\right)\Big|_{-r}^{r} = \frac{4}{3}\pi r^3$$

이다. ■■

다음으로 그림 5.20과 같은 원뿔의 절단체에 관하여 알아보자. 절단체의 윗변을 따라 두 점을 지나는 직선의 방정식은

$$y = b + \frac{a-b}{h}x$$

이므로, 이 절단체의 부피는 식 (1)과 위 식에 의하여

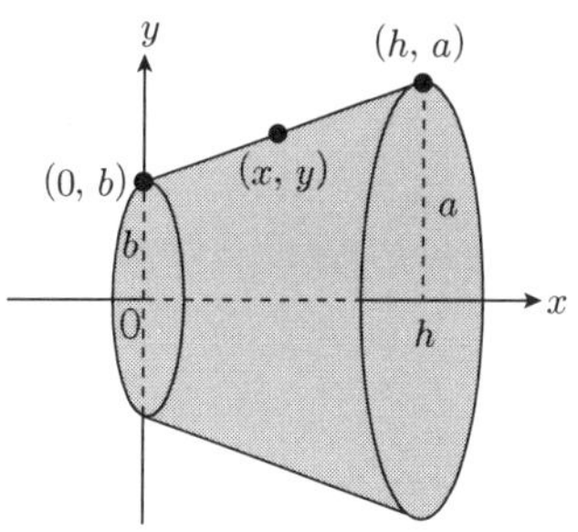

그림 5.20

$$V = \pi \int_0^h \left(b + \frac{a-b}{h}x\right)^2 dx$$

$$= \frac{\pi h}{3(a-b)}\left(b + \frac{a-b}{h}x\right)^3 \Bigg|_0^h = \frac{\pi h}{3(a-b)}(a^3 - b^3)$$

이다. 여기서 $b = 0$이면 직원뿔이 되어서 잘 알려진 다음 식이 된다.

$$V = \frac{1}{3}\pi a^2 h$$

마지막으로, 좀더 일반적인 영역을 x축으로 회전시킬 때 얻어지는 부피에 대하여 알아보자. f와 g가 $0 \le g(x) \le f(x)$, $a \le x \le b$를 만족하면 x축과 f의 그래프 사이의 영역은 f와 g의 그래프 사이와 g와 x축 사이의 부분으로 이루어진다. 따라서 $[a, b]$에서 f와 g의 그래프 사이의 영역을 회전하여 얻어지는 입체의 부피는 다음처럼 주어진다.

$$V = \pi \int_a^b [(f(x))^2 - (g(x))^2]\, dx \tag{3}$$

예제 3 $f(x) = 5x$, $g(x) = x^2$이라 하고, R을 $[0, 3]$에서 f와 g의 그래프 사이의 영역이라고 하면, R을 x축으로 회전시킬 때 얻어지는 입체의 부피를 구하여라(그림 5.21).

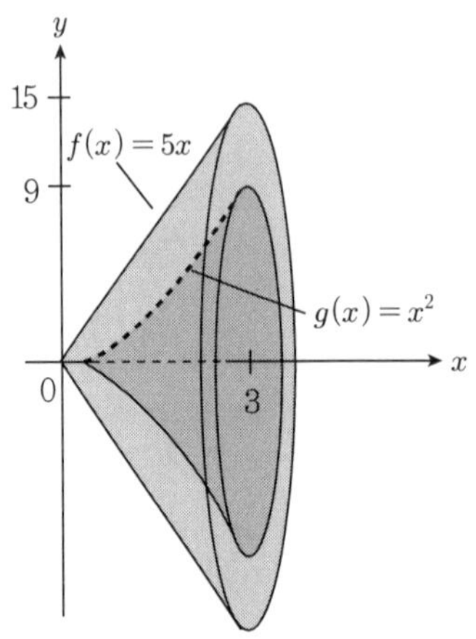

그림 5.21

풀이 $0 \le x \le 3$에서 $5x \ge x^2$이므로 식 (3)에 의하여

$$V=\pi\int_0^3(25x^2-x^4)dx=\pi\left(\frac{25}{3}x^3-\frac{1}{5}x^5\right)\Bigg|_0^3=\frac{882}{5}\pi$$

이다. ■■

어떤 부피를 구하는 문제들은 앞 절에서의 방법을 이용하여 답을 얻기가 매우 어렵다. 그러한 경우에 더 용이하게 사용하는 방법이 있는데, 그것을 **원주각**(cylindrical shell) **의 방법**이라고 부른다. 그림 5.22에서 내경이 r_1, 외경이 r_2, 그리고 높이가 h인 원주각을 볼 수 있다. 이 원주각의 부피 V는 외부의 원기둥의 부피 V_2로부터 내부의 원기둥의 부피 V_1을 뺌으로써 구해진다.

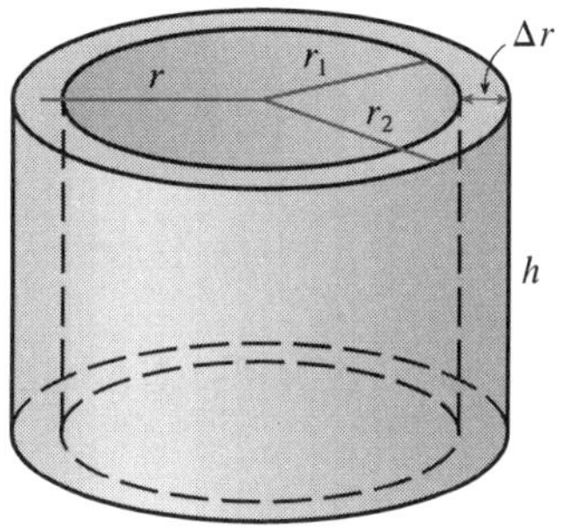

그림 5.22

$$\begin{aligned} V &= V_2 - V_1 \\ &= \pi r_2^2 h - \pi r_1^2 h = \pi(r_2^2 - r_1^2)h \\ &= \pi(r_2+r_1)(r_2-r_1)h \\ &= 2\pi\frac{r_2+r_1}{2}h(r_2-r_1) \end{aligned}$$

만약 $\Delta r = r_2 - r_1$ (원주각의 두께)이고 $r=\frac{1}{2}(r_2+r_1)$ (원주각의 평균반지름)으로 놓으면, 원주각의 부피에 대한 공식은 다음과 같다.

$$V = 2\pi rh\Delta r$$

이제 곡선 $y=f(x)$ $[y \geq f(x)]$와 직선 $y=0$, $x=a$ 및 $x=b$ (단, $b>a\geq 0$)로 둘러싸인 영역을 y축의 둘레로 회전시킬 때 생기는 입체를 S라고 하자. 폐구간 $[a, b]$를 같은

폭 Δx를 갖는 n개의 부분구간 $[x_{i-1}, x_i]$으로 분할하고 $\overline{x_i}$를 i번째 부분구간의 중점이라고 하자. 만약 밑변이 $[x_{i-1}, x_i]$이고 높이가 $f(\overline{x_i})$인 직사각형을 y축 둘레로 회전시킨다면, 평균반지름이 $\overline{x_i}$, 높이가 $f(\overline{x_i})$, 그리고 두께가 Δx인 원주각이 생긴다(그림 5.23 참조). 따라서 원주각의 부피는

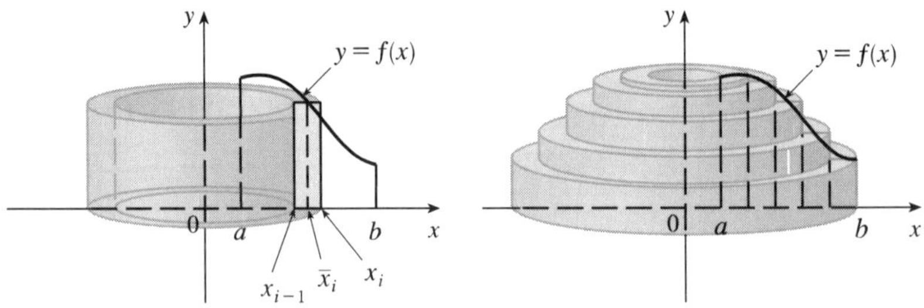

그림 5.23

$$V_i = (2\pi\overline{x_i})[f(\overline{x_i})]\Delta x$$

이다. 그러므로 이러한 원주각의 부피의 합은 다음과 같이 입체 S의 부피 V의 근사값이 된다.

$$V \approx \sum_{i=1}^{n} V_i = \sum_{i=1}^{n} 2\pi\overline{x_i} f(\overline{x_i})\Delta x$$

이 근사값은 $n \to \infty$ 일 때 구하고자 하는 값에 더욱 더 근접하게 된다. 정적분의 정의로부터

$$\lim_{n\to\infty} \sum_{i=1}^{n} 2\pi\overline{x_i} f(\overline{x_i})\Delta x = \int_a^b 2\pi x f(x)\,dx$$

임을 알 수 있다. 따라서 다음과 같은 사실을 얻게 된다.

> 곡선 $y = f(x)$와 $x = a$ 및 $x = b$로 둘러싸인 영역을 y축의 둘레로 회전시킬 때 생기는 그림 5.23에서의 입체의 부피 V는 다음 식과 같다.
>
> $$V = \int_a^b 2\pi x f(x)\,dx \qquad (0 \le a < b) \qquad (4)$$

공식 (4)를 기억하기 위한 가장 좋은 방법은 그림 5.24에서와 같이 반지름 x, 원둘레

$2\pi x$, 높이 $f(x)$, 두께 Δx(또는 dx)로 잘라낸 평평한 대표 원주각을 생각하는 것이다.

$$\int_a^b \underbrace{(2\pi x)}_{\text{원둘레}} \underbrace{[f(x)]}_{\text{높이}} dx$$

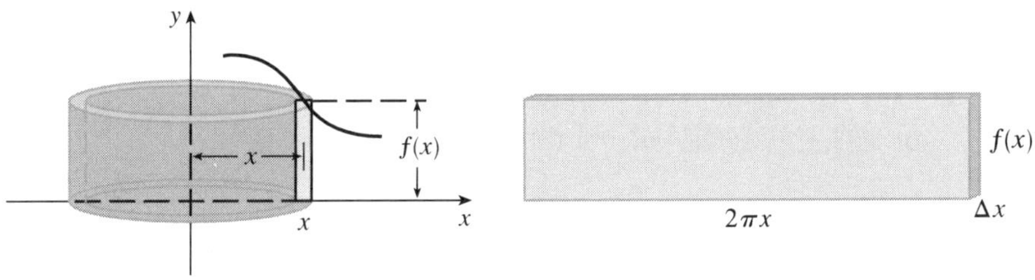

그림 5.24

예제 4 $[0, 2]$에서 방정식 $y = x^2$과 $y = 2x$의 그래프 사이의 영역을 R이라 하자. R을 다음 방법에 의하여 x축으로 회전할 때 얻어지는 입체의 부피를 구하여라(그림 5.25).

(a) 원주각법

(b) 원판방법

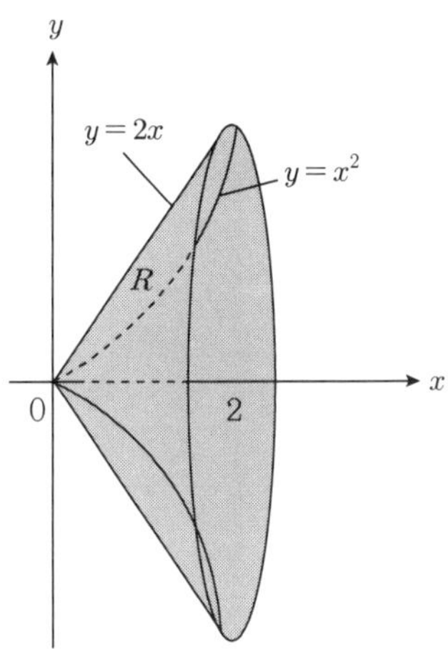

그림 5.25

풀이 (a) y에 관하여 적분하자. y 대신 x로 바꾸어 식 (4)를 이용하자. $x = \frac{1}{2}y$, $x = \sqrt{y}$이고 $0 \le y \le 4$에서 $\sqrt{y} \ge \frac{1}{2}y$이므로 다음과 같다.

$$V = 2\pi \int_0^4 y\left(\sqrt{y} - \frac{1}{2}y\right)dy$$

$$= 2\pi \int_0^4 \left(y^{\frac{3}{2}} - \frac{1}{2}y^2\right)dy$$

$$= 2\pi\left(\frac{2}{5}y^{\frac{5}{2}} - \frac{1}{6}y^3\right)\Bigg|_0^4 = \frac{64}{15}\pi$$

(b) x에 관하여 적분하고, 식 (3)을 이용하면 다음과 같다.

$$V = \pi \int_0^2 [(2x)^2 - (x^2)^2]dx = \pi \int_0^2 (4x^2 - x^4)dx$$

$$= \pi\left(\frac{4}{3}x^3 - \frac{1}{5}x^5\right)\Bigg|_0^2 = \frac{64}{15}\pi$$

이 문제에서는 원판방법이 더 간편하다. ■■

연 습 문 제 5.6 (2)

1. 주어진 곡선으로 둘러싸인 영역을 주어진 축의 둘레로 회전시킬 때 생기는 입체의 부피를 구하여라.

   (1) $y = x^2,\ x = 1,\ y = 0$; x축

   (2) $y = \dfrac{1}{x},\ x = 1,\ x = 2,\ y = 0$; x축

   (3) $y = x^2,\ 0 \le x \le 2,\ y = 4,\ x = 0$; y축

   (4) $y = x^2,\ y^2 = x$; x축

   (5) $y^2 = x,\ x = 2y$; y축

   (6) $y = x,\ y = \sqrt{x}$; $y = 1$

2. 원주각의 방법을 이용하여, 주어진 곡선들로 둘러싸인 영역을 y축($x = 0$) 둘레로 회전시킬 때 생기는 입체의 부피를 구하여라.

   (1) $y = \dfrac{1}{x},\ y = 0,\ x = 1,\ x = 2$

   (2) $y = x^2,\ 0 \le x \le 2,\ y = 0$

(3) 곡선의 길이

넓이와 부피의 개념을 정의할 때 전개했던 방식과 똑같이 한 곡선의 호의 길이에 대한 정확한 정의를 할 필요가 있다.

만약에 곡선이 다각형으로 주어지면, 다각형을 이루는 선분들의 길이를 직접 모두 더함으로써 주어진 곡선의 길이를 쉽게 구할 수 있다(각 선분의 끝점 간에 거리를 구하는데 두 점간에 거리 공식을 사용할 수 있다). 곡선에 한 다각형을 처음 근접시킨 후에 그 다각형의 선분의 개수를 늘려 나가는 것으로 극한을 취함으로써 곡선의 길이를 일반적으로 정의하려고 한다.

이제 한 곡선 C가 $y = f(x)$, 단 f는 연속이고 $a \le x \le b$로 정의된다고 하자.

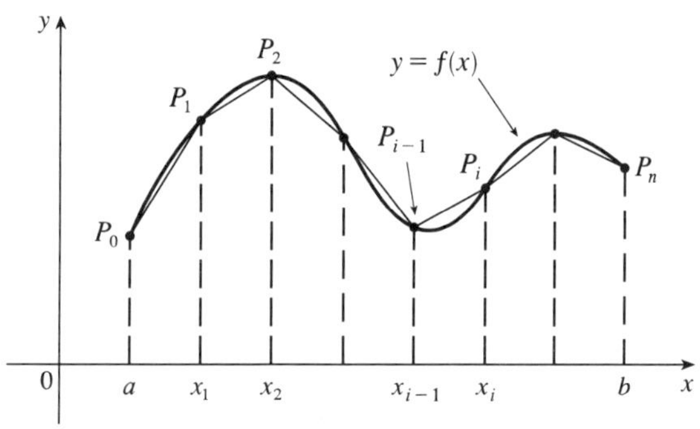

그림 5.26

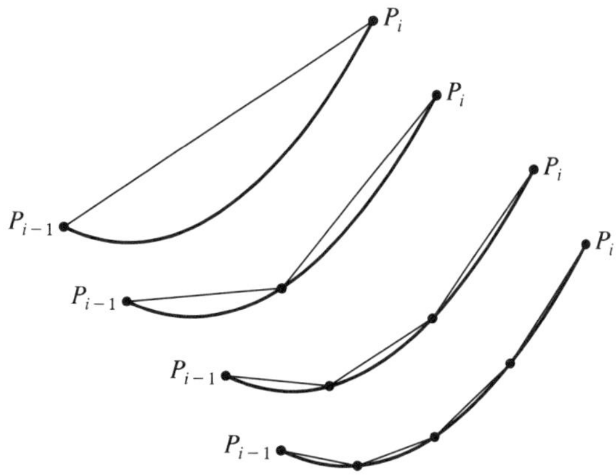

그림 5.27

폐구간 $[a, b]$를 $a = x_0 < x_1 < \cdots < x_n = b$로 동일한 폭 Δx를 갖도록 n 등분함으로써 C에 근접하는 다각형을 얻는다. $y_i = f(x_i)$라 두면, 점 $P_i(x_i, y_i)$는 C 위에 있고 그림

5.27에 나타나 있는 점 $P_0, P_1, \cdots, P_n$을 정점으로 하는 다각형은 C에 근접하게 된다. C의 길이는 이 다각형의 길이로 근접되며 n을 크게 잡을수록 더 근접하는 값을 얻게 된다(그림 5.27에 P_{i-1}과 P_i를 잇는 호가 확대되어 있고 Δx의 값을 계속 작게 함으로써 이 호에 근접함을 보여주고 있다). 따라서 곡선 $C: y=f(x),\ a \le x \le b$의 **길이** L을 이런 내접하는 다각형의 길이의 극한(만약 극한이 존재한다면)으로 정의한다. 즉

$$L = \lim_{n\to\infty}\sum_{i=1}^{n} |P_{i-1}P_i| \tag{1}$$

식 (1)로 주어진 호의 길이의 정의는 계산상 매우 불편하지만, f가 연속인 도함수를 가지는 경우에는 L을 적분형식으로 표시할 수 있다(이런 함수 f를 **매끄럽다**(smooth)라고 한다. 왜냐하면 x가 적게 변할 때 $f'(x)$도 적게 변하기 때문이다).

만약 $\Delta y_i = y_i - y_{i-1}$이라 놓으면,

$$|P_{i-1}P_i| = \sqrt{(x_i - x_{i-1})^2 + (y_i - y_{i-1})^2} = \sqrt{(\Delta x)^2 + (\Delta y_i)^2}$$

폐구간 $[x_{i-1}, x_i]$ 위에서 f에 평균값 정리를 적용하면,

$$f(x_i) - f(x_{i-1}) = f'(x_i^*)(x_i - x_{i-1})$$
$$\text{즉 } \Delta y_i = f'(x_i^*)\Delta x$$

인 x_i^*가 개구간 $(x_{i-1},\ x_i)$ 안에 존재한다.

그러므로,

$$\begin{aligned} |P_{i-1}P_i| &= \sqrt{(\Delta x)^2 + (\Delta y_i)^2} \\ &= \sqrt{(\Delta x)^2 + [f'(x_i^*)\Delta x]^2} \\ &= \sqrt{1 + [f'(x_i^*)]^2}\ \sqrt{(\Delta x)^2} \\ &= \sqrt{1 + [f'(x_i^*)]^2}\ \Delta x \qquad (\Delta x > 0\text{이므로}) \end{aligned}$$

이다. 따라서, 식 (1)에 의해

$$L = \lim_{n\to\infty}\sum_{i=1}^{n} |P_{i-1}P_i| = \lim_{n\to\infty}\sum_{i=1}^{n} \sqrt{1 + [f'(x_i^*)]^2}\ \Delta x$$

이고, 이 식은 정적분의 정의에 의해

$$\int_a^b \sqrt{1+[f'(x)]^2}\, dx$$

로 표시됨을 알 수 있다. $g(x)=\sqrt{1+[f'(x)]^2}$ 이 연속이기 때문에, 이 적분은 존재한다. 그러므로 다음 식을 얻는다.

> f'가 폐구간 $[a,\ b]$ 위에서 연속이면, 곡선 $y=f(x)$, $a \le x \le b$의 길이 L은 다음과 같이 정의된다.
>
> $$L=\int_a^b \sqrt{1+[f'(x)]^2}\, dx \qquad (2)$$

도함수에 대해 라이프니츠 기호를 사용하면, 호의 길이 공식을 다음과 같이 쓸 수 있다.

$$L=\int_a^b \sqrt{1+\left(\frac{dy}{dx}\right)^2}\, dx \qquad (3)$$

예제 1 $f(x)=x^{\frac{3}{2}}+2$, $0 \le x \le \frac{4}{3}$일 때 L을 구하여라(그림 5.28).

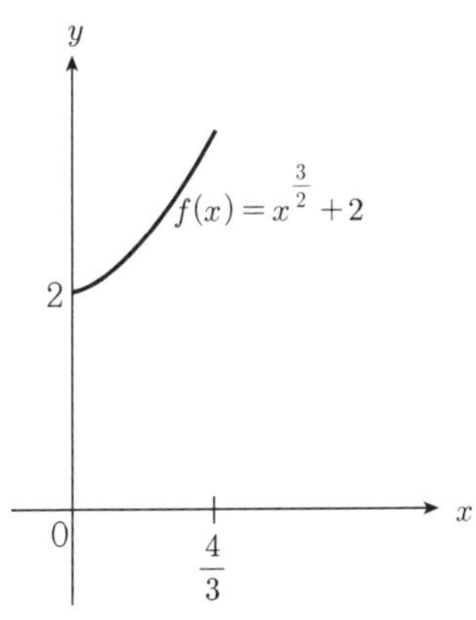

그림 5.28

풀이 $f'(x)=\frac{3}{2}x^{\frac{1}{2}}$ 이므로

$$L=\int_{0}^{\frac{4}{3}}\sqrt{1+\left(\frac{3}{2}x^{\frac{1}{2}}\right)^{2}}\,dx=\int_{0}^{\frac{4}{3}}\sqrt{1+\frac{9}{4}x}\,dx$$

이 적분을 계산하기 위하여 $u=1+\frac{9}{4}x$라고 놓으면 $du=\frac{9}{4}dx$가 되고, $x=0$이면 $u=1$, $x=\frac{4}{3}$이면 $u=4$이므로 다음과 같다.

$$\begin{aligned}L&=\int_{0}^{\frac{4}{3}}\sqrt{1+\frac{9}{4}x}\,dx\\&=\int_{1}^{4}\sqrt{u}\cdot\frac{4}{9}du=\frac{4}{9}\left(\frac{2}{3}u^{\frac{3}{2}}\right)\Big|_{1}^{4}=\frac{56}{27}\end{aligned}$$

■■

[매개방정식으로 주어진 곡선의 길이]

곡선 C가 다음과 같이 매개변수로 주어졌다고 하자.

$$x=f(t),\quad y=g(t),\quad a\le t\le b$$

그러면 앞의 전개에서

$$|P_{i-1}P_i|=\sqrt{(x_i-x_{i-1})^2+(y_i-y_{i-1})^2}=\sqrt{[f(t_i)-f(t_{i-1})]^2+[g(t_i)-g(t_{i-1})]^2}$$

폐구간 $[t_{i-1}, t_i]$ 위에서 f와 g에 평균값 정리를 적용하면

$$\begin{aligned}f(t_i)-f(t_{i-1})&=f'(t_i^*)(t_i-t_{i-1})\\g(t_i)-g(t_{i-1})&=g(t_i^{**})(t_i-t_{i-1})\end{aligned}$$

인 t_i^*, t_i^{**}가 개구간 (t_{i-1}, t_i) 안에 존재한다.
그러므로

$$\begin{aligned}|P_{i-1}P_i|&=\sqrt{[f'(t_i^*)\Delta t]^2+[g'(t_i^{**})\Delta t]^2}\\&=\sqrt{[f'(t_i^*)]^2+[g'(t_i^{**})]^2}\,\Delta t\qquad(\Delta t>0\text{이므로})\end{aligned}$$

따라서 식 (1)에 의해

$$L = \lim_{n\to\infty}\sum_{i=1}^{n} | P_{i-1}P_i | = \lim_{n\to\infty}\sum_{i=1}^{n}\sqrt{[f'(t_i^*)]^2 + [g'(t_i^{**})]^2}\,\Delta t$$

이다. 이 식은 정적분의 정의에 의해 C의 길이 L은 다음 식으로 정의된다.

$$L = \int_a^b \sqrt{[f'(t)]^2 + [g'(t)]^2}\,dt \tag{4}$$

예제 2 다음 매개방정식으로 주어진 사이클로이드(cycloid)의 한 호의 길이를 구하여라.

$$x = r(t - \sin t),\ \ y = r(1 - \cos t) \qquad (0 \le t \le 2\pi)$$

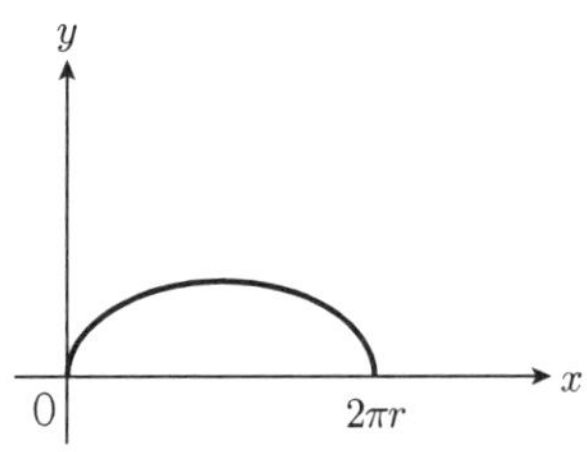

그림 5.29

풀이 우선

$$\frac{dx}{dt} = r - r\cos t,\ \ \frac{dy}{dt} = r\sin t$$

이므로, 식 (4)에 의하여

$$L = \int_0^{2\pi}\sqrt{(r - r\cos t)^2 + (r\sin t)^2}\,dt$$

$$= \int_0^{2\pi}\sqrt{2r^2 - 2r^2\cos t}\,dt = r\int_0^{2\pi}\sqrt{2(1-\cos t)}\,dt$$

이다. $\sin\frac{t}{2}$에 대한 반각공식에 의하여 $\sin^2\frac{t}{2} = \frac{(1-\cos t)}{2}$이므로

$\sqrt{2(1-\cos t)} = \sqrt{4\sin^2\frac{t}{2}}$가 되고, $0 \le t \le 2\pi$에서 $\sin\frac{t}{2} \ge 0$이므로

$$L = r\int_0^{2\pi}\sqrt{2(1-\cos t)}\,dt = r\int_0^{2\pi}\sqrt{4\sin^2\frac{t}{2}}\,dt$$

$$= 2r\int_0^{2\pi} \sin\frac{t}{2}\,dt = -4r\cos\frac{t}{2}\Big|_0^{2\pi} = 8r$$

이다. ■■

연 습 문 제 5.6 (3)

1. 다음 주어진 함수의 그래프의 길이 L를 구하여라.
   (1) $f(x) = 2x + 3;\ 1 \le x \le 5$
   (2) $f(x) = x^2 - \frac{1}{8}\ln x\ ;\ 2 \le x \le 3$

2. 다음 매개방정식으로 주어진 곡선의 길이 L를 구하여라.
   (1) $x = 2\cos t,\ y = 2\sin t;\ 0 \le t \le \frac{\pi}{2}$
   (2) $x = 1 - t^2,\ y = 1 + t^3\ ;\ 0 \le t \le 1$

(4) 표면적

간단한 곡면으로 시작해보자. 반지름이 r이고 높이가 h인 원기둥의 측면적은 그림 5.30에서처럼 원기둥을 잘라 펼치면 가로 $2\pi r$이고 세로 h인 직사각형을 얻을 수 있으므로 $A = 2\pi rh$이다.

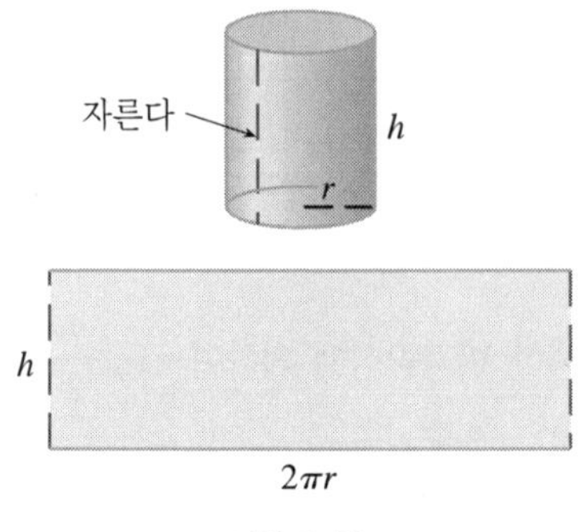

그림 5.30

마찬가지로, 밑면의 반지름이 r이고 비탈높이가 l인 원뿔을 그림 5.31의 점선을 따라 잘라 펼쳐서 반지름 l이고 중심각 $\theta = \dfrac{2\pi r}{l}$인 부채꼴을 만들 수 있다. 일반적으로 반지름이 l이고 중심각 θ인 부채꼴의 넓이가 $\dfrac{1}{2}l^2\theta$이므로

$$A = \frac{1}{2}l^2\theta = \frac{1}{2}l^2\left(\frac{2\pi r}{l}\right) = \pi rl$$

따라서 원뿔의 측면적 A를 $A = \pi rl$로 정의한다.

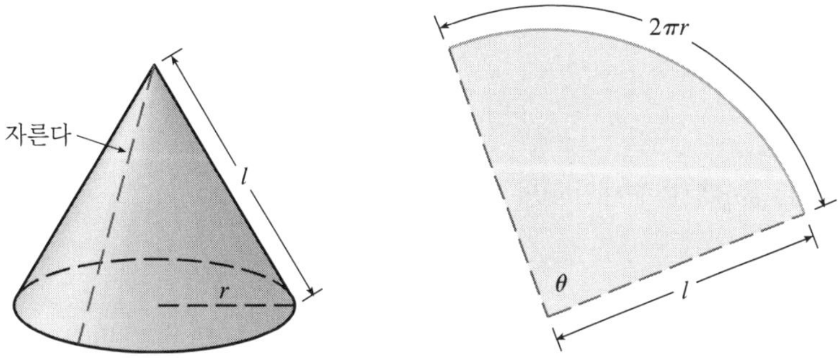

그림 5.31

그렇다면 더 복잡한 회전곡면의 경우에는 어떻게 할 것인가? 호의 길이를 구할 때 사용했던 기법을 따르면, 주어진 곡선에 다각형을 근접시킬 수 있는데 이 다각형을 축 주위로 회전시킬 때 더 간단한 곡면이 만들어지고 이 곡면의 넓이는 실제로 구해야 할 곡면의 넓이에 가까운 근사값이다. 극한을 취함으로써 정확한 곡면의 넓이를 얻을 수 있다. 이때 만들어지는 근사곡면은 많은 원뿔대로 이루어져 있는데, 각각의 원뿔대는 한 선분을 축주위로 회전시켰을 때 나온 것이다. 이런 각각의 원뿔대는 그림 5.32에 보여지는 것처럼 원뿔의 한 부분으로 생각할 수 있다.

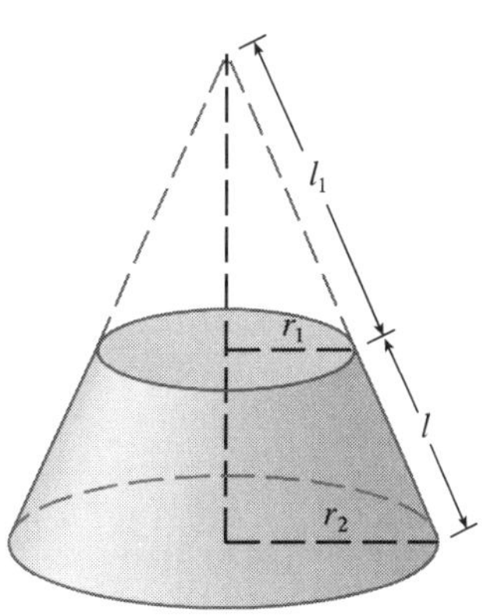

그림 5.32

그림 5.32에서 보여지는 비탈높이 l, 위 반지름이 r_1이고, 아래 반지름이 r_2인 원뿔대의 측면적은 두 원뿔의 측면적을 뺌으로써

$$A = \pi r_2(l_1 + l) - \pi r_1 l_1 = \pi[(r_2 - r_1)l_1 + r_2 l] \tag{1}$$

을 얻는다. 닮은 삼각형으로부터 다음을 얻는다.

$$\frac{l_1}{r_1} = \frac{l_1 + l}{r_2}$$

즉

$$r_2 l_1 = r_1 l_1 + r_1 l \text{ 또는 } (r_2 - r_1)l_1 = r_1 l$$

이것을 식 (1)에 대입하면, 다음을 얻는다.

$$A = \pi(r_1 l + r_2 l)$$

함수 $y = f(x) > 0$, $a \le x \le b$가 연속인 도함수를 가질 때, 이 곡선 $y = f(x)$를 x축 주위로 회전시킴으로써 얻어지는 곡면(그림 5.33 참조)을 생각한다. 이 곡면의 넓이를 정의하기 위하여 호의 길이를 정의할 때 했던 것처럼 폐구간 $[a, b]$를 $a = x_0 < x_1 < \cdots < x_n = b$로 동일한 폭 Δx를 갖도록 n 등분한다. $y_i = f(x_i)$라 두면, 점 $P_i(x_i, y_i)$는 주어진 곡선 위에 놓여 있게 된다. x_{i-1}과 x_i 사이의 부분곡면은 선분 $P_{i-1}P_i$를 x축 주위로 회전시킴으로써 근사화된다. 이때 나오는 결과가 비탈높이 $l = |P_{i-1}P_i|$이므로 공식 (1)에 의하여 그 곡면적은

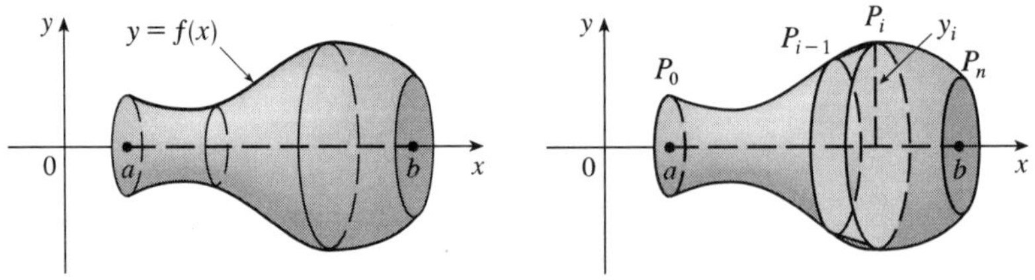

그림 5.33

$$\pi(y_{i-1} + y_i)|P_{i-1}P_i|$$

이다. 5.6 (3)절의 증명과정에서처럼 하면 다음을 얻는다. 즉

$$|P_{i-1}P_i| = \sqrt{1+[f'(x_i^*)]^2}\ \Delta x$$

단, $x_i^* \in [x_{i-1}, x_i]$이다.

한편, Δx가 작을 때, f가 연속이므로 $y_i = f(x_i) \approx f(x_i^*)$이고 $y_{i-1} = f(x_{i-1}) \approx f(x_i^*)$이다. 따라서

$$\pi(y_{i-1}+y_i)\,|P_{i-1}P_i| \approx 2\pi f(x_i^*)\sqrt{1+[f'(x_i^*)]^2}\ \Delta x$$

이므로, 완전한 회전곡면적의 근사값은

$$\sum_{i=1}^{n} 2\pi f(x_i^*)\sqrt{1+[f'(x_i^*)]^2}\ \Delta x$$

이다. 이 근사값은 $n \to \infty$ 일 때 더 좋은 값이 되며 함수 $g(x) = 2\pi f(x)\sqrt{1+[f'(x)]^2}$ 에 대한 리만 합으로 보면,

$$\lim_{n\to\infty}\sum_{i=1}^{n} 2\pi f(x_i^*)\sqrt{1+[f'(x_i^*)]^2}\ \Delta x = \int_a^b 2\pi f(x)\sqrt{1+[f'(x)]^2}\,dx$$

를 얻는다.

그러므로 함수 $f(>0)$가 연속인 도함수를 가지는 경우에 그 곡선 $y = f(x)$, $a \le x \le b$를 x축 주위로 회전시킴으로써 얻어지는 곡면의 **곡면적**(surface area)을

$$S = \int_a^b 2\pi f(x)\sqrt{1+[f'(x)]^2}\,dx \tag{2}$$

로 정의한다. 도함수에 대한 라이프니츠 기호를 쓰면, 이 공식은

$$S = \int_a^b 2\pi y\sqrt{1+\left(\frac{dy}{dx}\right)^2}\,dx \tag{3}$$

가 된다.

예제 1 곡선 $y = \sqrt{4-x^2}$, $-1 \le x \le 1$은 원 $x^2+y^2=4$의 호이다. 이 호를 x축 주위로 회전시켰을 때 생기는 곡면적을 구하여라(이 곡면은 반지름이 2인 구면의 일부분이다).

풀이 $\dfrac{dy}{dx} = \dfrac{1}{2}(4-x^2)^{-\frac{1}{2}}(-2x) = \dfrac{-x}{\sqrt{4-x^2}}$

이므로, 공식 (3)에 의해서 곡면적은 다음과 같다.

$$S = \int_{-1}^{1} 2\pi y \sqrt{1 + \left(\frac{dy}{dx}\right)^2}\, dx$$

$$= 2\pi \int_{-1}^{1} \sqrt{4 - x^2} \sqrt{1 + \frac{x^2}{4 - x^2}}\, dx$$

$$= 2\pi \int_{-1}^{1} \sqrt{4 - x^2} \frac{2}{\sqrt{4 - x^2}}\, dx$$

$$= 4\pi \int_{-1}^{1} 1\, dx = 4\pi(2) = 8\pi$$

■■

곡선이 $x = f(t),\ y = g(t)\ (a \le t \le b)$의 매개방정식으로 주어지면 표면적 S에 대한 대응식을 얻는다.

$$S = 2\pi \int_{a}^{b} g(t) \sqrt{[f'(t)]^2 + [g'(t)]^2}\, dt \qquad (4)$$

예제 2 반경 r인 구의 표면적을 구하여라.

풀이 구의 중심을 원점으로 하고 C가

$$x = r\cos t,\ y = r\sin t,\ 0 \le t \le \pi$$

에 의하여 정의된 반원이라고 하면 구는 C를 x축으로 회전하여 얻어지는 곡면이므로 식 (4) 로부터

$$S = 2\pi \int_{0}^{\pi} r\sin t \sqrt{(-r\sin t)^2 + (r\cos t)^2}\, dt$$

$$= 2\pi \int_{0}^{\pi} r\sin t \sqrt{r^2(\sin^2 t + \cos^2 t)}\, dt$$

$$= 2\pi \int_{0}^{\pi} r^2 \sin t\, dt = 2\pi r^2(-\cos t)\Big|_{0}^{\pi} = 4\pi r^2$$

이다.

■■

연 습 문 제 5.6 (4)

1. x축 주위로 곡선을 회전시킴으로써 얻어지는 곡면의 표면적을 구하여라.

   (1) $y = x^3$, $0 \le x \le 1$ (2) $y = \sqrt{x}$, $4 \le x \le 9$

2. 매개변수 표시로 주어진 곡선을 x축으로 회전할 때 생기는 곡면의 표면적을 구하여라.

   (1) $x = \dfrac{1}{2}t^2$, $y = t$, $\sqrt{3} \le t \le 2\sqrt{2}$

   (2) $x = r(t - \sin t)$, $y = r(1 - \cos t)$, $0 \le t \le 2\pi$

5.7 극좌표

(1) 극좌표계

지금까지 우리는 직교좌표계를 사용하였는데, 이 절에서는 뉴턴이 소개한 극좌표계를 소개한다. 평면에서 극점(또는 원점)이 아닌 어떤 점 P에 대하여 P와 원점 사이의 거리를 r이라 하자. 그리고 θ를 P와 원점을 잇는 선분이 x축의 양(극축)의 방향과 이루는 각이라 하면, 순서쌍 (r, θ)를 점 P에 대한 **극좌표**(polar coordinates)라 부른다. 만약 θ가 극축(또는 양의 x축)으로부터 반시계 방향으로 측정되면 θ는 양의 값이고, 시계 방향으로 측정되면 θ는 음의 값으로 정의한다.

극좌표 (r, θ)의 의미를 다음과 같이 정의함으로써 r이 음인 경우까지 확장시킨다. 점 $(-r, \theta)$와 점 (r, θ)가 극점 O를 지나는 같은 직선 위에 놓여 있고 극점 O로부터 똑같은 거리인 $|r|$에 있으나, 극점 O와 반대편에 위치한다. 직교좌표계에서 양의 축과 음의 축을 정의하는 방법과 같이 $(-r, \theta)$는 $(r, \theta + \pi)$와 같은 점으로 간주한다.

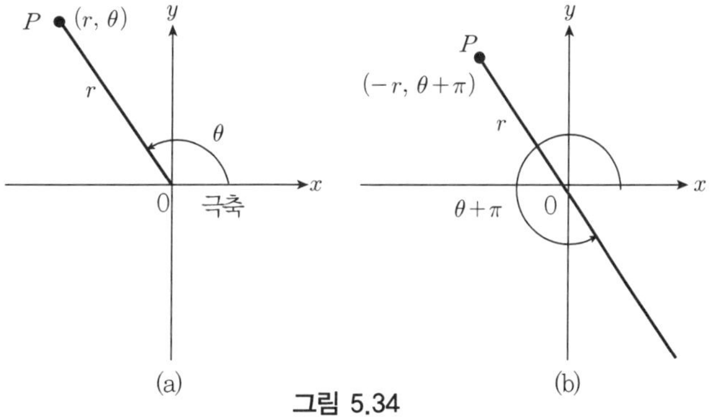

그림 5.34

$(r,\ \theta)$가 P에 대한 하나의 극좌표이면 그 밖의 다른 극좌표는 다음 중 하나가 될 것이다.

$$\begin{aligned}&(r,\ \theta+2n\pi) \quad n : \text{정수}\\ &(-r,\ \theta+(2n+1)\pi) \quad n : \text{정수}\end{aligned} \tag{1}$$

예를 들면, y축의 양의 방향으로 원점으로부터 단위점 1의 극좌표는 $\left(1,\ \frac{\pi}{2}\right)$이다. 식 (1)에 의하여 다른 극좌표들은 $\left(1,\ \frac{5\pi}{2}\right)$, $\left(-1,\ \frac{\pi}{2}+\pi\right)=\left(-1,\ \frac{3\pi}{2}\right)$이다(그림 5.35).

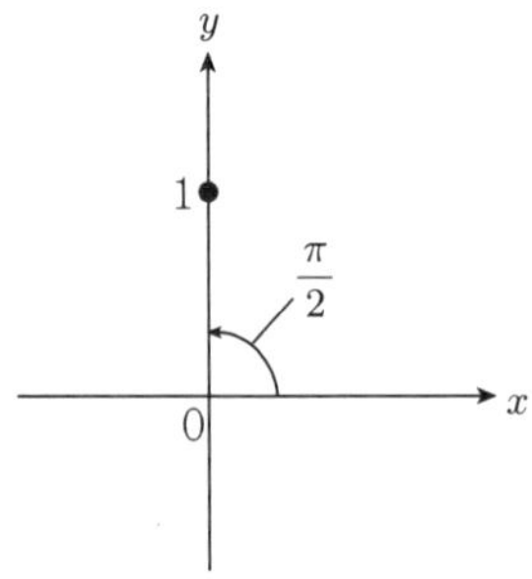

그림 5.35

이처럼 어떤 점 P에 대한 극좌표는 여러 가지가 있으나, $r>0$이고 $0 \le \theta < 2\pi$를 만족하는 극좌표 $(r,\ \theta)$는 꼭 한 가지 뿐이다. 그림 5.36은 평면상의 여러 점들의 극좌표를 보여준다.

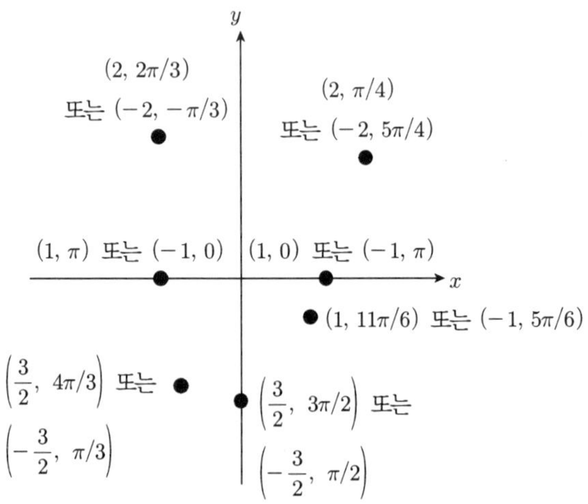

그림 5.36

평면상의 모든 점은 직교좌표와 극좌표를 가지므로 이들 좌표계를 서로 바꿀 수 있다.

점 P가 극좌표 $(r,\ \theta)$이고, 직교좌표 $(x,\ y)$이면 다음 관계식을 이끌어 낼 수 있다.

$$x = r\cos\theta,\ \ y = r\sin\theta \tag{2}$$

식 (2)로부터 $x,\ y$는 r과 θ에 의하여 유일하게 결정되므로

$$r^2 = x^2 + y^2,\ \ \tan\theta = \frac{y}{x} \quad (x \neq 0) \tag{3}$$

이 된다.

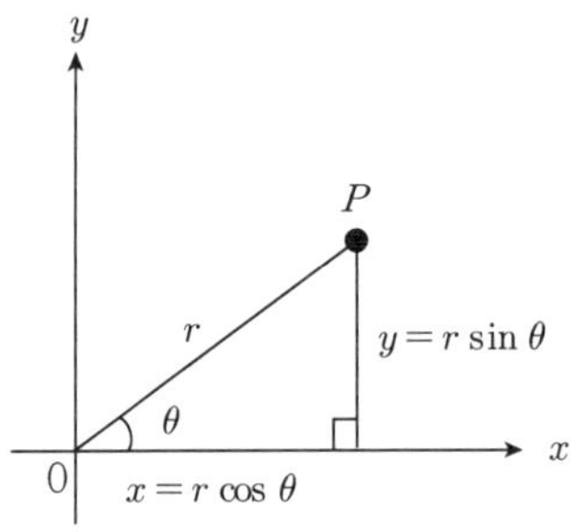

그림 5.37

예제 1 (a) 극좌표 $\left(3,\ \dfrac{23}{6}\pi\right)$를 갖는 점 P의 직교좌표를 구하여라.

(b) 직교좌표 $(-5,\ 5\sqrt{3})$을 갖는 점 P의 극좌표를 구하여라.

풀이 (a) 식 (2)로부터

$$x = 3\cos\frac{23}{6}\pi = 3\cos\left(-\frac{\pi}{6}\right) = 3\cos\frac{\pi}{6} = \frac{3\sqrt{3}}{2},$$

$$y = 3\sin\frac{23}{6}\pi = 3\sin\left(-\frac{\pi}{6}\right) = -3\sin\frac{\pi}{6} = -\frac{3}{2}$$

이다. 따라서 $\left(\dfrac{3\sqrt{3}}{2},\ -\dfrac{3}{2}\right)$이 P의 직교좌표이다.

(b) 우선, $r > 0,\ 0 \le \theta \le 2\pi$인 P에 대한 극좌표를 구하자.

$$r^2 = (-5)^2 + (5\sqrt{3})^2 = 100$$

따라서 $r = 10$이다. 식 (3)에 의하여

$$\tan\theta = \frac{5\sqrt{3}}{-5} = -\sqrt{3}$$

이다. 그런데 $(-5,\ 5\sqrt{3})$은 제2상한에 있으므로 $\theta = \frac{2}{3}\pi$가 된다. 그러므로 극좌표는 $\left(10,\ \frac{2}{3}\pi\right)$이다. 따라서 식 (1)에 의하여 P의 다른 극좌표는 다음 형태이다.

$$\left(10,\ \frac{2}{3}\pi + 2n\pi\right) \text{ 또는 } \left(-10,\ \frac{5\pi}{3} + 2n\pi\right),\quad n\text{은 정수}$$ ■■

주 $x = -5$, $y = 5\sqrt{3}$일 때 $r = 10$, $\theta = -\frac{\pi}{3}$도 식 (3)을 만족하지만 $(-5,\ 5\sqrt{3})$의 극좌표는 아니다. 이유는 점 $(-5,\ 5\sqrt{3})$은 제2상한에 있기 때문이다.

[극방정식과 그래프]

이제, 극좌표 r과 θ를 포함하는 방정식의 그래프를 그려보자. **극그래프**(polar graph)는 방정식을 만족하는 극좌표 $(r,\ \theta)$를 갖는 점들의 집합이다. 다음 예를 들어보자.

예제 2 (a) 원 $x^2 + y^2 = a^2$ $(a > 0)$, (b) 원 $x^2 + y^2 = ax$의 극방정식을 각각 구하여라.

풀이 (a) 식 (3)으로부터 $r^2 = a^2$ 또는 간단히 $r = a$를 얻는다.

(b) 식 (2), 식 (3)에서 $r^2 = ar\cos\theta$ 또는 $r = a\cos\theta$를 얻고, 이들에 대한 그래프는 다음과 같다.

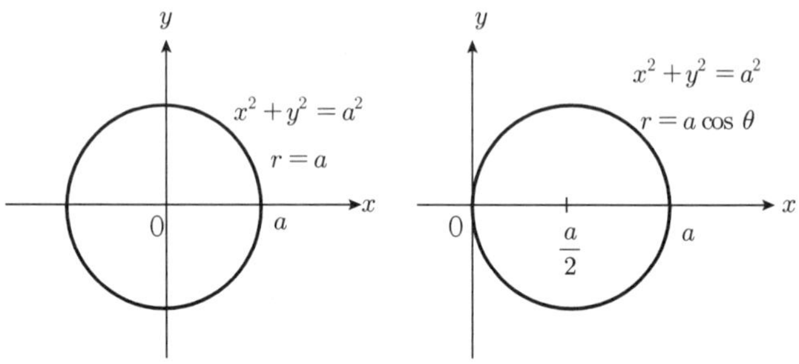

그림 5.38

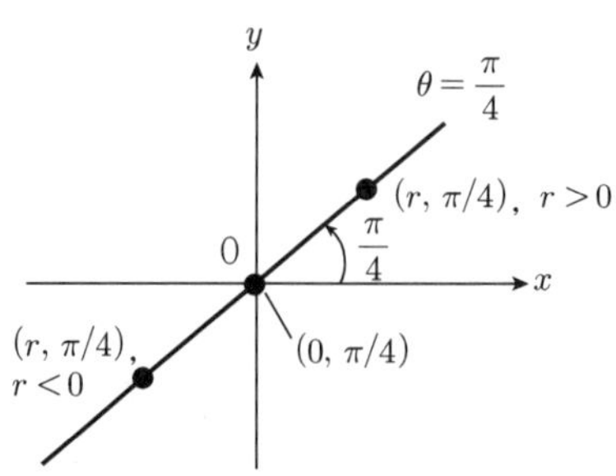

그림 5.39

또한, x축의 양의 방향과 θ_0의 각을 이루고 원점을 지나는 직선의 극방정식은 $\theta = \theta_0$로 주어진다.

직교좌표에 대한 대칭성을 극좌표의 그래프에 대하여 생각하면 다음 표와 같다.

대 칭	대 칭 조 건
x축	$(r,\ \theta)$가 방정식을 만족하면 $(r,\ -\theta)$ 또는 $(-r,\ \pi-\theta)$도 만족
y축	$(r,\ \theta)$가 방정식을 만족하면 $(-r,\ -\theta)$ 또는 $(r,\ \pi-\theta)$도 만족
원점	$(r,\ \theta)$가 방정식을 만족하면 $(r,\ -\theta)$ 또는 $(r,\ \theta+\pi)$도 만족

그러나 위의 조건을 만족하지 않아도 대칭이 되는 그래프가 가능하다. ■■

예제 3 $r = 1 + \sin\theta$의 개형을 그린다.

풀이 우선, $\sin(\pi-\theta) = \sin\theta$이므로 y축에 관하여 대칭이다. 따라서 $-\frac{\pi}{2}$와 $\frac{\pi}{2}$ 사이의 θ값에 대해서만 생각하자. 다음 표로부터 그림 5.40에 나타나는 몇 개의 점을 얻는다.

θ	$-\frac{\pi}{2}$	$-\frac{\pi}{6}$	0	$\frac{\pi}{6}$	$\frac{\pi}{2}$
$r = 1 + \sin\theta$	0	$\frac{1}{2}$	1	$\frac{3}{2}$	2

대칭성을 이용하여 심장형을 의미하는 '심장형(cardioid)'란 이름의 그래프를 얻는다. ■■

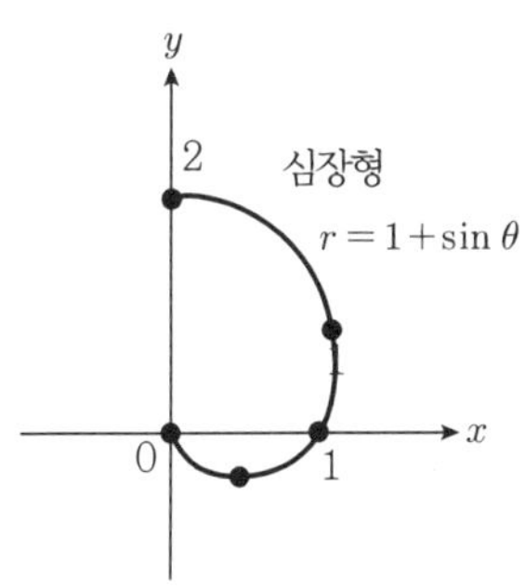

그림 5.40

예제 4 3엽 장미선 $r = \cos 3\theta$의 개형을 그려라.

풀이 $\cos(-3\theta) = \cos 3\theta$이므로 그래프는 x축에 관하여 대칭이다. 따라서 $0 \le \theta \le \pi$에 대한 $r = \cos 3\theta$의 그래프를 구하면 된다. 다음 표에 의하여 그림 5.41을 얻는다.

θ	0	$\frac{\pi}{3}$	$\frac{\pi}{2}$	$\frac{2\pi}{3}$	π
$r = \cos 3\theta$	1	−1	0	1	−1

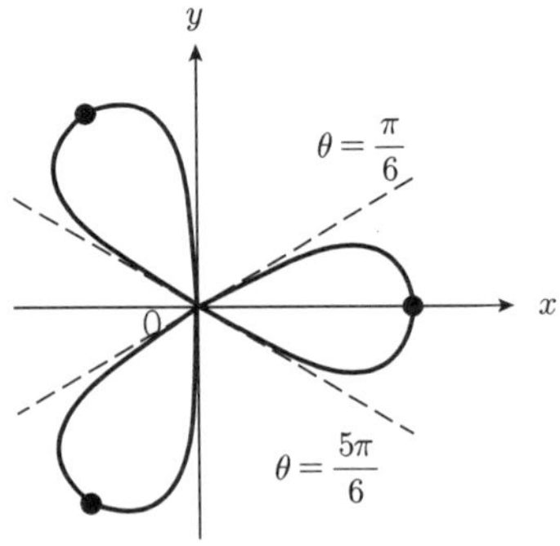

3엽 장미선 $r = \cos 3\theta$

그림 5.41

위의 표에서 θ가 0에서 $\frac{\pi}{3}$로 증가하면, r은 1에서 -1로 감소하는데 $\frac{\pi}{6} \leq \theta \leq \frac{\pi}{3}$에서 r은 음수이므로 제1상한에 대응되는 제3상한에 있게 된다. 마찬가지 방법과 대칭성에 의해 나머지를 완성하여 그림 5.41을 얻는다. ■■

연 습 문 제 5.7 (1)

1. 주어진 점을 극좌표인 것은 직교좌표로, 직교좌표인 것은 극좌표 집합으로 나타내어라.

(1) a. $\left(3,\ \frac{\pi}{4}\right)$ b. $\left(-2,\ \frac{\pi}{2}\right)$ c. $(5,\ 0)$ d. $\left(-2,\ -\frac{\pi}{6}\right)$

(2) a. $(3,\ 3)$ b. $(0,\ 5)$ c. $(-3,\ \sqrt{3})$ d. $(0,\ 0)$

2. 주어진 방정식이 극좌표인 것은 직교방정식으로, 직교좌표인 것은 극방정식으로 각각 나타내어라.

(1) $x^2 + 9y^2 = 1$ (2) $y^2 = 4x$

(3) $r = 5$ (4) $r = 3\cos\theta$

3. 다음 각 방정식의 그래프의 개형을 그려라.

(1) $r=\sin 2\theta$ (2) $r=3(\cos\theta+1)$

(3) $r\sin\theta=5$ (4) $r^2=4\cos 2\theta$

(2) 극좌표계에서 넓이와 길이

앞의 4장에서 직교좌표에 의한 면적을 구하는 개념을 이용하자. 우선 반경이 r, 중심각이 ϕ인 부채꼴의 면적 A는

$$A=\frac{\phi}{2\pi}(\pi r^2)=\frac{1}{2}r^2\phi \tag{1}$$

이다. 이제 $[\alpha, \beta]$에서 정의된 연속된 함수 $f(\geq 0)$를 생각하자. R을

$$0\leq r\leq f(\theta),\ \alpha\leq\theta\leq\beta$$

를 만족하는 극좌표의 모든 점들이 이루는 영역이라고 하고, $p=\{\theta_0, \theta_1, \cdots, \theta_n\}$을 $[\alpha, \beta]$의 임의의 분할이라고 하자. $1\leq k\leq n$에 대하여 $\Delta\theta_k=\theta_k-\theta_{k-1}$이고, t_k는 $[\theta_{k-1}, \theta_k]$ 내의 임의의 수라 하면 영역 R_k의 면적 A_k는 반경이 $f(t_k)$이고, 중심각이 $\Delta\theta_k$인 부채꼴의 넓이와 대략 같다(그림 5.42). 따라서 식 (1)에 의하여 A_k는 $\frac{1}{2}[f(t_k)]^2\Delta\theta_k$에 근사한다. R의 면적 A는 $A_1, A_2, \cdots, A_n$의 합 $\sum_{k=1}^{n}\frac{1}{2}[f(t_k)]^2\Delta\theta_k$와 대략 같게 되고, 이것은 $[\alpha, \beta]$에서 $\frac{1}{2}f^2$에 대한 리만 합이므로 A는 다음과 같이 주어진다.

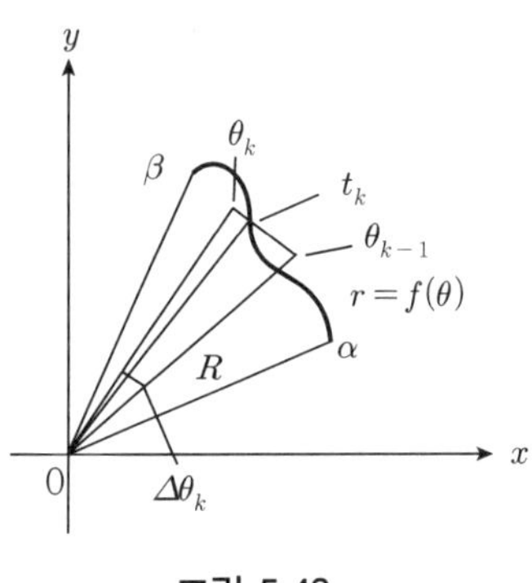

그림 5.42

$$A=\lim_{\|p\|\to 0}\sum_{k=1}^{n}\frac{1}{2}[f(t_k)]^2\Delta\theta_k$$

$$=\int_{\alpha}^{\beta}\frac{1}{2}[f(\theta)]^2d\theta=\frac{1}{2}\int_{\alpha}^{\beta}[f(\theta)]^2d\theta$$

그러므로 처음 조건을 만족하는 영역 R의 면적 A를 얻는다.

$$A=\frac{1}{2}\int_{\alpha}^{\beta}[f(\theta)]^2d\theta \tag{2}$$

예제 1 심장형 $r=1+\cos\theta$ (그림 5.43)에 의하여 이루어진 영역 R의 면적을 구하여라.

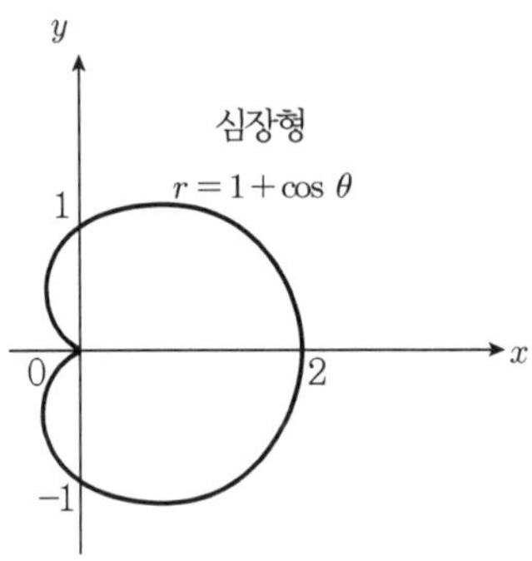

그림 5.43

풀이 $f(\theta)=1+\cos\theta$라 놓고 $\alpha=0$, $\beta=2\pi$라 하면 식 (2)에 의하여

$$A=\frac{1}{2}\int_{0}^{2\pi}[f(\theta)]^2d\theta=\frac{1}{2}\int_{0}^{2\pi}(1+\cos\theta)^2\,d\theta$$

$$=\frac{1}{2}\int_{0}^{2\pi}(1+2\cos\theta+\cos^2\theta)\,d\theta$$

$$=\frac{1}{2}\left(\theta+2\sin\theta+\frac{\theta}{2}+\frac{1}{4}\sin 2\theta\right)\Big|_{0}^{2\pi}=\frac{3}{2}\pi$$

이다. ■■

이때 f와 g가 $[\alpha,\ \beta]$에서 정의되고, $0\le g(\theta)\le f(\theta)$, $\alpha\le\theta\le\beta$라고 가정하자. $\theta=\alpha$와 $\theta=\beta$ 사이의 f와 g의 그래프 사이의 영역에 대한 면적 A는 식 (2)에 의하여 다

음 식으로 주어진다.

$$A = \frac{1}{2}\int_{\alpha}^{\beta}\{[f(\theta)]^2 - [g(\theta)]^2\}d\theta \tag{3}$$

예제 2 원 $r = 2\cos\theta$의 내부와 원 $r = 1$의 외부로 이루어진 영역의 면적을 구하여라.

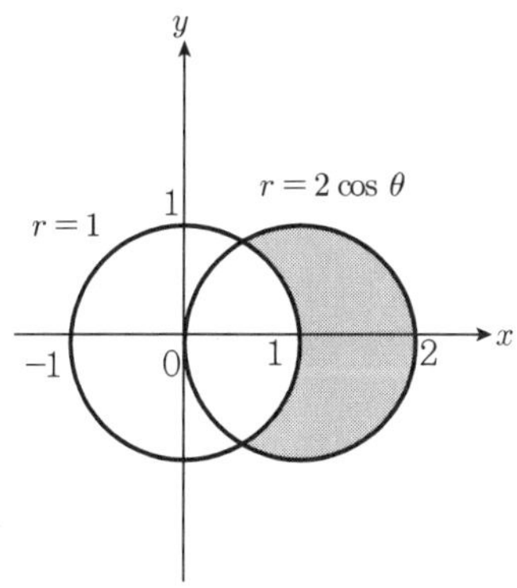

그림 5.44

풀이 먼저 교점을 구하자. $2\cos\theta = 1$이므로 $\cos\theta = \frac{1}{2}$이다. 따라서 $\theta = -\frac{\pi}{3}$ 또는 $\theta = \frac{\pi}{3}$를 얻는다. $\alpha = -\frac{\pi}{3}$, $\beta = \frac{\pi}{3}$라 놓고 식 (3)에서 $f(\theta) = 2\cos\theta$, $g(\theta) = 1$이라 하면

$$\begin{aligned} A &= \frac{1}{2}\int_{-\frac{\pi}{3}}^{\frac{\pi}{3}}(4\cos^2\theta - 1)\,d\theta = \frac{1}{2}(2\theta + \sin 2\theta - \theta)\Big|_{-\frac{\pi}{3}}^{\frac{\pi}{3}} \\ &= \frac{\sqrt{3}}{2} + \frac{\pi}{3} \end{aligned}$$

이다. ■

[호의 길이]

극곡선 $r = f(\theta)$, $(a \le \theta \le b)$의 길이를 구하기 위해 직교좌표계로 바꾸어 표현하면,
$x = r\cos\theta = f(\theta)\cos\theta$, $y = r\sin\theta = f(\theta)\sin\theta$가 된다.
그때 $\frac{dx}{d\theta} = \frac{dr}{d\theta}\cos\theta - r\sin\theta$, $\frac{dy}{d\theta} = \frac{dr}{d\theta}\sin\theta + r\cos\theta$이므로

$$\left(\frac{dx}{d\theta}\right)^2+\left(\frac{dy}{d\theta}\right)^2=\left(\frac{dr}{d\theta}\right)^2\cos^2\theta-2r\frac{dr}{d\theta}\cos\theta\sin\theta+r^2\sin\theta$$

$$+\left(\frac{dr}{d\theta}\right)^2\sin^2\theta+2r\frac{dr}{d\theta}\sin\theta\cos\theta+r^2\cos^2\theta$$

$$=\left(\frac{dr}{d\theta}\right)^2+r^2$$

를 이용하여 호의 길이는 다음과 같이 쓸 수 있다.

$$L=\int_a^b\sqrt{\left(\frac{dx}{d\theta}\right)^2+\left(\frac{dy}{d\theta}\right)^2}\,d\theta$$

$$=\int_a^b\sqrt{r^2+\left(\frac{dr}{d\theta}\right)^2}\,d\theta$$

예제 3 심장형 $r=1+\sin\theta$의 길이를 구하여라.

풀이 곡선의 전체 길이는 매개변수 구간이 $0\le\theta\le 2\pi$로 주어지므로

$$L=\int_0^{2\pi}\sqrt{r^2+\left(\frac{dr}{d\theta}\right)^2}\,d\theta=\int_0^{2\pi}\sqrt{2+2\sin\theta}\,d\theta=8$$

이다. ■■

연 습 문 제 5.7 (2)

1. 주어진 방정식의 그래프에 의하여 둘러싸인 영역의 면적 A와 호의 길이를 구하여라.

(1) $r=4$

(2) $r=3\sin\theta$ (단, $0\le\theta\le\frac{\pi}{3}$와 $\theta=\frac{\pi}{3}$일 때)

(3) $r=-2\cos\theta$

(4) $r=2+2\cos\theta$

(5) $r^2=25\cos\theta$

(6) $r=4+3\cos\theta$

2. 첫 번째 곡선의 내부와 두 번째 곡선의 외부로 이루어진 영역의 면적 A를 구하여라.

(1) $r=1,\ r=\sin\theta$

(2) $r=1,\ r^2=\cos 2\theta$

(3) $r=2+\cos\theta\ ,r=-\cos\theta$

(4) $r=\cos\theta,\ r=1-\cos\theta$

미적분학

Chapter 06

수열과 급수

6.1 수열

지금까지 생각한 함수는 대부분 정의구역이 실수의 한 구간이거나 또는 구간들의 합집합이었다. 여기서는 자연수 위에서 정의된 함수에 대하여 알아보자.

> **정의 6.1** 양의 정수를 정의구역으로 하는 함수를 **수열**(sequence)이라 한다. 일반적으로, $f(n) = a_n$ 이면 수열은 $a_1,\ a_2,\ \cdots$ 의 순서집합에 의하여 완전하게 결정되며 이 수열 f를 $\{a_n\}_{n=1}^{\infty}$ 로 나타낸다.

예제 1 어떤 수열은 n번째 항에 대한 공식으로 정의될 수 있다.

(1) $\left\{\dfrac{n}{n+1}\right\}_{n=1}^{\infty}$ $\quad a_n = \dfrac{n}{n+1}$ $\quad \left\{\dfrac{1}{2},\ \dfrac{2}{3},\ \dfrac{3}{4},\ \cdots,\ \dfrac{n}{n+1},\ \cdots\right\}$

(2) $\{\sqrt{n-3}\}_{n=3}^{\infty}$ $\quad a_n = \sqrt{n-3},\ n \ge 3$ $\quad \{0,\ 1,\ \sqrt{2},\ \sqrt{3},\ \cdots,\ \sqrt{n-3},\ \cdots\}$

수열 중에는 식으로 간단히 나타낼 수 없는 경우도 있다.

(3) 수열 $\{p_n\}$, p_n는 n해 1월 1일 현재 세계의 인구이다.

(4) a_n이 수 e의 소숫점 아래 n번째 자릿수의 숫자라 하면, 수열 $\{a_n\}$는 {7, 1, 8, 2, 8, 1, 8, 2, 8, 4, 5, …} 이다.

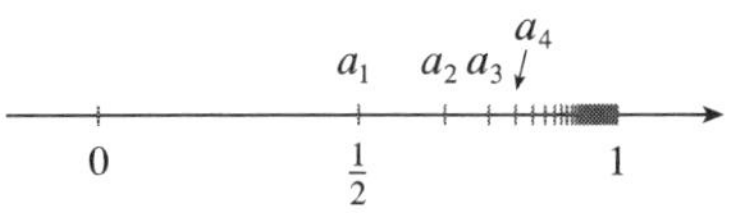

그림 6.1

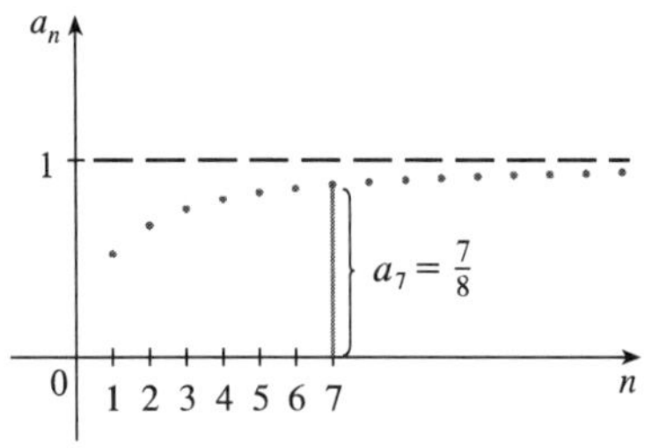

그림 6.2

예제 1의 (1)에서 수열 $a_n = \dfrac{n}{n+1}$은 그림 6.1과 같이 수직선 위에 각 항을 표시하거나 또는 그림 6.2와 같이 좌표평면 위에 그래프로 표시할 수 있다.

그림 6.1과 6.2로부터 n이 커짐에 따라, 수열 $a_n = \dfrac{n}{n+1}$의 각 항은 n이 커짐에 따라 1에 접근함을 실제로 차

$$1 - \frac{n}{n+1} = \frac{1}{n+1}$$

은 충분히 큰 n을 잡아 원하는 만큼 작게 만들 수 있다. 이것은

$$\lim_{n\to\infty} \frac{n}{n+1} = 1$$

과 같이 나타낼 수 있음을 암시한다.

정의 6.2 충분히 큰 n을 취하여 a_n이 L에 근접하게 만들 수 있다면 '수열 $\{a_n\}$은 **극한** L을 갖는다'고 하고 아래와 같이 쓴다.

$$\lim_{n\to\infty} a_n = L \text{ 또는 } n\to\infty \text{ 일 때 } a_n \to L$$

만약 $\lim_{n\to\infty} a_n = L$이 존재하면 수열 $\{a_n\}$은 **수렴**한다고 하고, 그렇지 않으면 수열 $\{a_n\}$은 **발산**한다고 한다.

그림 6.3은 극한 L을 갖는 두 수열의 그래프를 보여주어 정의 6.2를 입증한다. $\lim_{n\to\infty} a_n = L$과 $\lim_{x\to\infty} f(x) = L$의 차이는 단지 n은 정수라는 것 뿐이다.

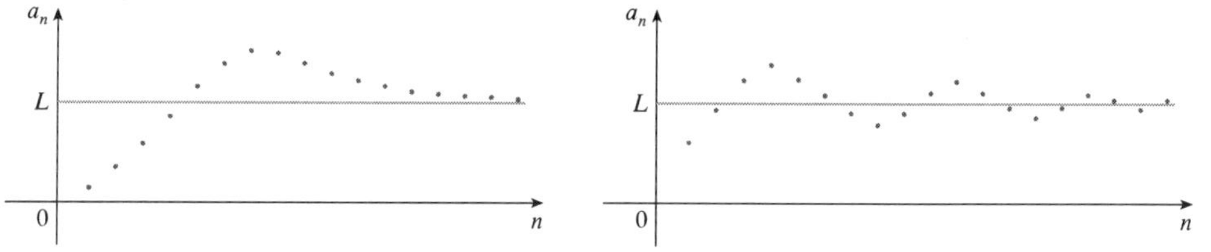

그림 6.3

예제 2 $r > 0$에 대하여 $f(x) = \dfrac{1}{x^r}$ $(x \geq 1)$이라면 $\lim_{x \to \infty} f(x) = 0$이므로 $\lim_{n \to \infty} \dfrac{1}{n^r} = 0$이다.

$\lim_{n \to \infty} a_n = \infty$라면, 특별한 경우를 제외하고 수열 $\{a_n\}$은 발산한다. 이때 '수열 $\{a_n\}$은 ∞로 발산한다'고 한다.

수열은 함수이므로 함수의 극한에서 성립하는 성질들은 수열의 극한에서도 성립한다; $\{a_n\}$과 $\{b_n\}$이 수렴하는 수열이고, c가 상수일 때

- $\lim_{n \to \infty} (a_n \pm b_n) = \lim_{n \to \infty} a_n \pm \lim_{n \to \infty} b_n$ (1)
- $\lim_{n \to \infty} ca_n = c \lim_{n \to \infty} a_n$ (2)
- $\lim_{n \to \infty} a_n b_n = \lim_{n \to \infty} a_n \lim_{n \to \infty} b_n$ (3)
- $\lim_{n \to \infty} b_n \neq 0$이면 $\lim_{n \to \infty} \dfrac{a_n}{b_n} = \dfrac{\lim_{n \to \infty} a_n}{\lim_{n \to \infty} b_n}$ (4)
- $\lim_{n \to \infty} a_n = \lim_{n \to \infty} b_n$이면 $a_n \leq c_n \leq b_n$인 수열 $\{c_n\}_{n=1}^{\infty}$는 수렴하고
  $\lim_{n \to \infty} c_n = \lim_{n \to \infty} a_n = \lim_{n \to \infty} b_n$ (5)

예제 3 $\lim_{n \to \infty} \dfrac{\ln n}{n} = 0$임을 보여라.

풀이 먼저 $n \geq 1$에 대하여 $0 \leq \dfrac{\ln n}{n} \leq \dfrac{2}{\sqrt{n}}$임을 보이자.

$t \geq 1$일 때 $\dfrac{1}{t} \leq \dfrac{1}{\sqrt{t}}$이므로

$$\ln n = \int_1^n \frac{1}{t}\,dt \leq \int_1^n \frac{1}{\sqrt{t}}\,dt = 2\sqrt{t}\,\Big|_1^n = 2(\sqrt{n} - 1) \leq 2\sqrt{n}$$

$$0 \le \frac{\ln n}{n} \le \frac{2\sqrt{n}}{n} = \frac{2}{\sqrt{n}}$$

이다. 그런데 $\lim_{n\to\infty} 0 = 0$이고, $\lim_{n\to\infty} \frac{2}{\sqrt{n}} = 0$이므로 (5)에 의하여

$$\lim_{n\to\infty} \frac{\ln n}{n} = 0.$$

■■

예제 4 수열 $a_n = (-1)^n$의 수렴 또는 발산을 조사하여라.

풀이 이 수열의 항들을 나열하면,

$$\{-1, 1, -1, 1, -1, 1, -1, \cdots\}$$

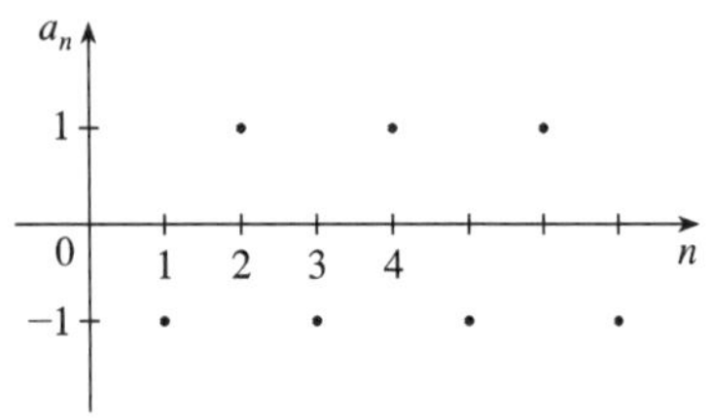

그림 6.4

이다. 그림 6.4는 이 수열의 그래프를 나타낸다. 이 수열의 각 항들이 1과 −1 사이에서 진동하므로 수열 $\{a_n\}$은 특정한 값에 수렴할 수 없다. 그러므로

$$\lim_{n\to\infty} (-1)^n$$

은 존재하지 않는다. 따라서 $\{(-1)^n\}$은 발산한다.

■■

수열의 극한에 대한 또 하나의 유용한 정리를 알아보자. 이 정리의 증명은 연습문제로 남긴다.

> **정리 6.3** $\lim_{n\to\infty} |a_n| = 0$이면 $\lim_{n\to\infty} a_n = 0$이다.

예제 5 $\lim_{n\to\infty} \frac{(-1)^n}{n}$이 존재하면 그 값을 구하여라.

풀이 $\lim_{n\to\infty}\left|\dfrac{(-1)^n}{n}\right| = \lim_{n\to\infty}\dfrac{1}{n} = 0$

그러므로 정리 6.3에 의해서

$$\lim_{n\to\infty}\frac{(-1)^n}{n} = 0$$

■■

예제 6 수열 $\{r^n\}$은 어떤 r의 값에 대하여 수렴하는가?

풀이 $a > 1$인 경우

$$\lim_{x\to\infty} a^x = \infty$$

이며, $0 < a < 1$인 경우

$$\lim_{x\to\infty} a^x = 0$$

임을 안다. 그러므로 $a = r$로 놓으면

$$\lim_{n\to\infty} r^n = \begin{cases} \infty, & r > 1 \\ 0, & 0 < r < 1 \end{cases}$$

이다. 한편, 명백하게

$$\lim_{n\to\infty} 1^n = 1, \quad \lim_{n\to\infty} 0^n = 0$$

이다. $-1 < r < 0$이면 $0 < |r| < 1$이므로

$$\lim_{n\to\infty} |r^n| = \lim_{n\to\infty} |r|^n = 0$$

이다. 그러므로 정리 6.3에 의해

$$\lim_{n\to\infty} r^n = 0$$

이다. $r = -1$인 경우는 예제 4에서 보았듯이 수열 $\{r^n\}$은 발산한다. 그림 6.5는 r의 여러 값에 대한 그래프이다($r = -1$인 경우는 그림 6.4에서 보였다). ■■

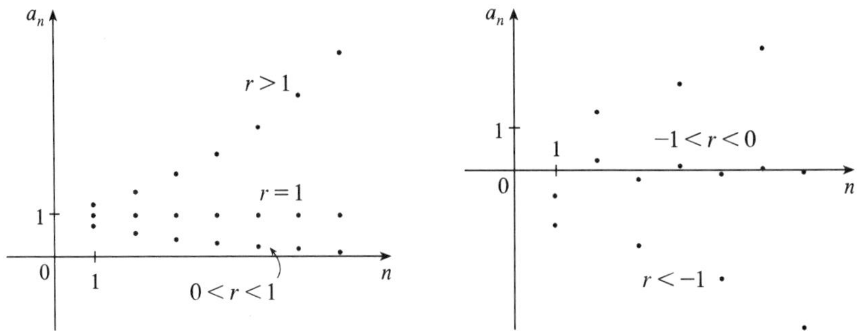

그림 6.5

예제 6의 결과를 요약하면 다음과 같다.

수열 $\{r^n\}$은 $-1<r\le 1$인 경우 수렴하고, 그 외의 r에 대해서는 발산한다. 즉

$$\lim_{n\to\infty} r^n = \begin{cases} 0, & -1<r<1 \\ 1, & r=1 \end{cases} \tag{6}$$

> **정의 6.4** $n \ge 1$인 모든 n에 대하여, $a_n \le a_{n+1}$일 때 수열 $\{a_n\}$은 **증가수열**이라 하며, 반면 $a_n \ge a_{n+1}$일 때 수열 $\{a_n\}$은 **감소수열**이라 한다. 수열 $\{a_n\}$이 증가수열이거나 감소수열일 때 **단조수열**이라 한다.

예제 7 수열 $a_n = \left\{\dfrac{n}{n^2+1}\right\}$이 감소수열임을 보여라.

풀이 $n \ge 1$인 모든 n에 대하여 $a_{n+1} \le a_n$, 즉

$$\frac{n+1}{(n+1)^2+1} \le \frac{n}{n^2+1}$$

임을 보이면 된다.

다음 부등식이 모두 동치이므로 수열 $\{a_n\}$이 감소수열임을 알 수 있다.

$$\begin{aligned} \frac{n+1}{(n+1)^2+1} \le \frac{n}{n^2+1} &\iff (n+1)(n^2+1) \le n[(n+1)^2+1] \\ &\iff n^3+n^2+n+1 \le n^3+2n^2+2n \\ &\iff 1 \le n^2+n \end{aligned}$$

이 성립하고, $n \ge 1$일 때 $n^2+n \ge 1$임이 분명하므로, $a_{n+1} < a_n$이고 수열 $\{a_n\}$은 감

소수열이다. ■■

[유계수열]

모든 실수 $n \geq 1$에 대하여 $|a_n| \leq M$인 실수 M이 존재하면 수열 $\{a_n\}_{n=1}^{\infty}$는 **유계**(bounded)라 하고(그림 6.6), 그렇지 않은 경우 **유계가 아니다**(unbounded)라고 한다. 예를 들어, 수열 $a_n = \dfrac{n}{n+1}$은 모든 n에 대하여 $0 < a_n < 1$이므로 유계이다. 유계인 수열이 반드시 수렴하는 것은 아니다. 수열 $a_n = (-1)^n$은 $-1 \leq a_n \leq 1$을 만족하지만 발산한다.

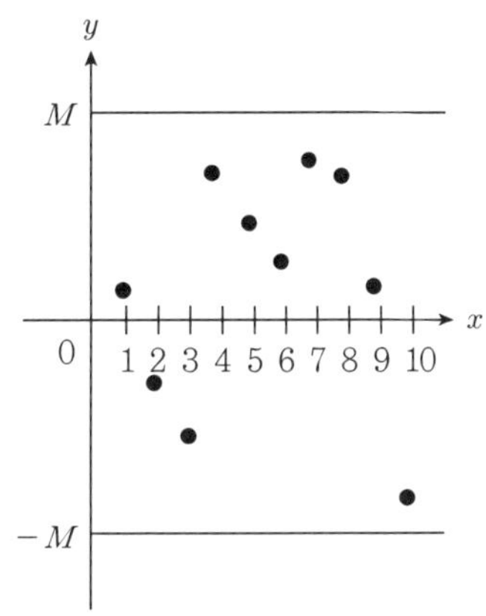

그림 6.6

> **정리 6.5** 수렴하는 수열은 유계이다.
>
> **증명** $\lim_{n\to\infty} a_n = L$이라 하자. 그러면 충분히 큰 n에 대하여 $|a_n - L| \leq 1$이 되게 만들 수 있다. 즉 $n \geq N$이면
>
> $$|a_n| = |a_n - L + L| \leq |a_n - L| + |L| \leq 1 + |L|$$
>
> 이다. 따라서 모든 n에 대하여
>
> $$|a_n| \leq \max\{|a_1|, |a_2|, \cdots, |a_{N-1}|, 1 + |L|\}$$
>
> 이 된다.

위의 정리의 대우를 생각하면

'유계가 아닌 수열은 발산한다.'

이다. 한편, 유계이면서 발산하는 수열은 존재한다. 예제 4에서 보인 수열 $\{(-1)^n\}_{n=1}^{\infty}$는 유계이고 발산하는 수열이다. 그러나 증가하거나 감소하는 유계수열은 수렴함을 보일 수 있다. 이 사실은 무한급수 문제에서 자주 사용된다. 증명은 부록 6-1을 참고하기 바란다.

> **정리 6.6** 증가하거나 감소하는 유계수열은 수렴한다. 즉 유계이고 단조인 수열은수렴한다.

예제 8 $a_n = 1 + \dfrac{1}{2^2} + \dfrac{1}{3^3} + \cdots + \dfrac{1}{n^n}$ $(n \geq 1)$이라 할 때 수열 $\{a_n\}_{n=1}^{\infty}$는 수렴함을 보여라.

풀이 $a_{n+1} = a_n + \dfrac{1}{(n+1)^{n+1}} > a_n$

이므로 주어진 수열은 증가한다. 임의의 자연수 k에 대하여

$$k! = k(k-1)\cdots 3 \cdot 2 \cdot 1 \leq \underbrace{k \cdot k \cdots k}_{k} = k^k$$

이므로

$$\frac{1}{k^n} \leq \frac{1}{k!}$$

이다. 따라서 연습문제 2번에 의하여

$$0 < a_n = 1 + \frac{1}{2^2} + \frac{1}{3^3} + \cdots + \frac{1}{n^n} < 1 + 1 + \frac{1}{2!} + \frac{1}{3!} + \cdots + \frac{1}{n!} < e$$

가 되어 유계이다. 그러므로 정리 6.6으로부터 증가하고 유계인 수열 $\{a_n\}_{n=1}^{\infty}$는 수렴한다.

■■

연습문제 6.1

1. 다음 수열이 수렴하는지 발산하는지를 결정하여라. 만약 수렴한다면 그 극한을 구하여라.

(1) $a_n = n(n-1)$

(2) $a_n = \sqrt[n]{c}\ \ (c > 0)$

(3) $a_n = \cos\dfrac{n}{2}$

(4) $\left\{\dfrac{(2n-1)!}{(2n+1)!}\right\}$

2. $\lim\limits_{n\to\infty}\left(1+1+\dfrac{1}{2!}+\dfrac{1}{3!}+\cdots+\dfrac{1}{n!}\right)$의 극한값을 구하여라.

3. $\lim\limits_{n\to\infty}|a_n| = 0$이면 $\lim\limits_{n\to\infty} a_n = 0$임을 증명하여라.

4. 수열 $\{nr^n\}$이 수렴하기 위한 r의 값을 구하여라.

5. 피보나치(Fibonacci) 수열은 조건 $f_1 = 1,\ f_2 = 1,\ f_n = f_{n-1} + f_{n-2}\ (n \geq 3)$에 의해 반복적으로 정의된 수열이다.

(1) $a_n = \dfrac{f_{n+1}}{f_n}$이라 할 때, $a_{n-1} = 1 + \dfrac{1}{a_{n-2}}$임을 보여라.

(2) $\{a_n\}$이 수렴할 때, 그 극한값을 구하여라.

6.2 급수

무한수열 $\{a_n\}_{n=1}^{\infty}$의 각 항을 합한 것을

$$a_1 + a_2 + a_3 + \cdots + a_n + \cdots$$

과 같이 표시하며 **무한급수**(infinite series) 또는 간단히 **급수**(series)라 부른다. 이것을 기호로 표시하면 다음과 같다.

$$\sum_{n=1}^{\infty} a_n \text{ 또는 } \sum a_n$$

그러나 무한히 많은 항들의 합에 관하여 언급한다는 것이 의미가 있을까?

급수

$$1+2+3+4+5+\cdots+n+\cdots$$

의 유한 합을 구하는 것은 불가능하다. 왜냐하면 각 항을 더해 가면 누적 합으로 만들어지는 수열

$$1,\ 3,\ 6,\ 10,\ 15,\ 21,\ \cdots,\ \frac{n(n+1)}{2},\ \cdots$$

을 얻는다. 이 수열은 발산하므로 유한 합을 얻을 수 없다.

반면 급수

$$\frac{1}{2}+\frac{1}{4}+\frac{1}{8}+\frac{1}{16}+\frac{1}{32}+\frac{1}{64}+\cdots+\frac{1}{2^n}+\cdots$$

의 항들을 더해 가면 수열

$$\frac{1}{2},\ \frac{3}{4},\ \frac{7}{8},\ \frac{15}{16},\ \frac{31}{32},\ \frac{63}{64},\ \cdots,\ 1-\frac{1}{2^n},\ \cdots$$

을 얻을 수 있다. 아래 표는 항들을 계속 더해 나가면 급수의 부분합은 1에 가까워진다는 것을 보여준다. 실제로 급수의 매우 많은 항들을 합하여 부분합이 1에 가깝게 만들 수 있다. 그래서 이 급수의 합은 1이라고 말할 수 있으며

$$\sum_{n=1}^{n}\frac{1}{2^n}=\frac{1}{2}+\frac{1}{4}+\frac{1}{8}+\frac{1}{16}+\frac{1}{32}+\frac{1}{64}+\cdots+\frac{1}{2^n}+\cdots=1$$

과 같이 쓸 수 있다.

n	Sum of first n terms
1	0.50000000
2	0.75000000
3	0.87500000
4	0.93750000
5	0.96875000
6	0.98437500
7	0.99218750
10	0.99902344
15	0.99996948
20	0.99999905
25	0.99999997

수열 $\{a_n\}_{n=1}^{\infty}$에 대하여

$$\begin{aligned}
s_1 &= a_1 \\
s_2 &= a_1 + a_2 \\
s_3 &= a_1 + a_2 + a_3 \\
s_4 &= a_1 + a_2 + a_3 + a_4 \\
&\vdots \\
s_n &= a_1 + a_2 + a_3 + \cdots + a_n = \sum_{i=1}^{n} a_i
\end{aligned}$$

을 얻을 수 있다. 이때 $s_n (n \geq 1)$을 무한급수 $\sum a_n$의 **부분합**(partial sums)이라 부른다. 이 부분합들은 새로운 수열 $\{s_n\}_{n=1}^{\infty}$을 만드는 데 이 수열 $\{s_n\}_{n=1}^{\infty}$은 수렴하거나 발산한다. 만약 $\lim\limits_{n\to\infty} s_n = s$ (유한값)이면 s를 급수 $\sum\limits_{n=1}^{\infty} a_n$의 합으로 사용하는 것은 자연스럽다.

> **정의 6.7** 급수 $\sum\limits_{n=1}^{\infty} a_n$에 대하여 수열 $\{s_n\}_{n=1}^{\infty}$이 수렴하고 $\lim\limits_{n\to\infty} s_n = s$ (유한값)일 때 급수 $\sum\limits_{n=1}^{\infty} a_n$은 **수렴**한다고 하며, 이것을
>
> $$a_1 + a_2 + \cdots + a_n + \cdots = s \text{ 또는 } \sum_{n=1}^{\infty} a_n = s$$
>
> 으로 나타난다.
>
> 이때 s를 급수의 합이라 부른다. 수열 $\{s_n\}_{n=1}^{\infty}$이 발산할 때 급수 $\sum\limits_{n=1}^{\infty} a_n$은 **발산**한다고 한다.

예제 1 무한급수 중에서 중요한 하나의 예가 **기하급수**이다.

$$a + ar + ar^2 + ar^3 + \cdots + ar^{n-1} + \cdots = \sum_{n=1}^{n} ar^{n-1}, \quad a \neq 0$$

을 **기하급수**라 한다. 각 항은 직전의 항에 공비 r을 곱하여 얻을 수 있다. $r = 1$이면 $s_n = na$이고 $\lim\limits_{n\to\infty} s_n = \pm\infty$임으로 주어진 기하급수는 이 경우에 발산한다. $r \neq 1$일 때

$$s_n = a + ar + ar^2 + \cdots + ar^{n-1}$$
$$rs_n = ar + ar^2 + \cdots + ar^{n-1} + ar^n$$

이므로

$$s_n - rs_n = a - ar^n$$
$$s_n = \frac{a(1-r^n)}{1-r} \tag{1}$$

여기서, $-1 < r < 1$인 경우, 6.1절의 식 (6)으로부터 $n \to \infty$ 일 때 $r^n \to 0$이므로

$$\lim_{n\to\infty} s_n = \lim_{n\to\infty} \frac{a(1-r^n)}{1-r} = \frac{a}{1-r} - \frac{a}{1-r}\lim_{n\to\infty} r^n = \frac{a}{1-r}$$

따라서 $|r| < 1$일 때 기하급수는 수렴하며 그 합은 $\dfrac{a}{1-r}$이다. 만약 $r \le -1$이거나 $r > 1$일 때 6.1절의 식 (6)에 의해서 수열 $\{r^n\}$이 발산하므로 식 (1)에서 $\lim_{n\to\infty} s_n$은 존재하지 않는다. 따라서 이 경우 주어진 기하급수는 발산한다. ■■

예제 1의 결과를 요약하면 다음과 같다.

$$\sum_{n=1}^{\infty} ar^{n-1} = \begin{cases} \dfrac{a}{1-r}, & |r| < 1 \\ \text{발산}, & |r| \ge 1 \end{cases} \tag{2}$$

예제 2 급수 $\sum_{n=0}^{\infty} \left(\frac{1}{4}\right)^n$은 $r = \frac{1}{4}$이므로 수렴하고 첫째 항이 $a = 1$이므로

$$\sum_{n=0}^{\infty} \left(\frac{1}{4}\right)^n = \frac{1}{1-\frac{1}{4}} = \frac{4}{3}$$

이다. ■■

예제 3 순환소수 $2.3\overline{17} = 2.31717\cdots$을 분수로 나타내어라.

풀이 $2.3171717\cdots = 2.3 + \dfrac{17}{10^3} + \dfrac{17}{10^5} + \dfrac{17}{10^7} + \cdots$

위의 첫째 항 다음의 급수는 초항이 $a=\frac{17}{10^3}$ 이고 공비가 $r=\frac{1}{10^2}$ 인 기하급수이다. 따라서

$$2.3\overline{17}=2.3+\frac{\frac{17}{10^3}}{1-\frac{1}{10^2}}=2.3+\frac{\frac{17}{1000}}{\frac{99}{100}}$$

$$=\frac{23}{10}+\frac{17}{990}=\frac{1147}{495}$$

이다. ■■

예제 4 $\displaystyle\sum_{n=1}^{\infty}\frac{1}{n(n+1)}$ 이 수렴함을 보이고 합을 구하여라.

풀이 주어진 급수는 기하급수가 아니므로 정의에 따라 부분합을 먼저 구해야 한다.

$$s_n=\sum_{i=1}^{n}\frac{1}{i(i+1)}=\frac{1}{1\cdot 2}+\frac{1}{2\cdot 3}+\frac{1}{3\cdot 4}+\cdots+\frac{1}{n(n+1)}$$

여기서 $\frac{1}{i(i+1)}$ 을 부분분수로 고치면 $\frac{1}{i}-\frac{1}{i+1}$ 이므로

$$s_n=\sum_{n=1}^{n}\frac{1}{i(i+1)}=\sum_{i=1}^{n}\left(\frac{1}{i}-\frac{1}{i+1}\right)$$

$$=\left(1-\frac{1}{2}\right)+\left(\frac{1}{2}-\frac{1}{3}\right)+\left(\frac{1}{3}-\frac{1}{4}\right)+\cdots+\left(\frac{1}{n}-\frac{1}{n+1}\right)$$

$$=1-\frac{1}{n+1}$$

이다. 따라서

$$\lim_{n\to\infty}s_n=\lim_{n\to\infty}\left(1-\frac{1}{n+1}\right)=1-0=1$$

이다. 그러므로 주어진 급수는 수렴하고

$$\sum_{n=1}^{\infty}\frac{1}{n(n+1)}=1$$

이다. ■■

예제 5 조화급수

$$\sum_{n=1}^{\infty}\frac{1}{n}=1+\frac{1}{2}+\frac{1}{3}+\frac{1}{4}+\cdots$$

이 발산함을 보여라.

풀이 $s_1=1$

$$s_2=1+\frac{1}{2}$$

$$s_4=1+\frac{1}{2}+\left(\frac{1}{3}+\frac{1}{4}\right)>1+\frac{1}{2}+\left(\frac{1}{4}+\frac{1}{4}\right)=1+\frac{2}{2}$$

$$\begin{aligned}s_8&=1+\frac{1}{2}+\left(\frac{1}{3}+\frac{1}{4}\right)+\left(\frac{1}{5}+\frac{1}{6}+\frac{1}{7}+\frac{1}{8}\right)\\&>1+\frac{1}{2}+\left(\frac{1}{4}+\frac{1}{4}\right)+\left(\frac{1}{8}+\frac{1}{8}+\frac{1}{8}+\frac{1}{8}\right)\\&=1+\frac{1}{2}+\frac{1}{2}+\frac{1}{2}=1+\frac{3}{2}\end{aligned}$$

$$\begin{aligned}s_{16}&=1+\frac{1}{2}+\left(\frac{1}{3}+\frac{1}{4}\right)+\left(\frac{1}{5}+\cdots+\frac{1}{8}\right)+\left(\frac{1}{9}+\cdots+\frac{1}{16}\right)\\&>1+\frac{1}{2}+\left(\frac{1}{4}+\frac{1}{4}\right)+\left(\frac{1}{8}+\cdots+\frac{1}{8}\right)+\left(\frac{1}{16}+\cdots+\frac{1}{16}\right)\\&=1+\frac{1}{2}+\frac{1}{2}+\frac{1}{2}+\frac{1}{2}=1+\frac{4}{2}\end{aligned}$$

같은 방법으로 $s_{32}>1+\frac{5}{2}$, $s_{64}>1+\frac{6}{2}$, 일반적으로

$$s_{2^n}>1+\frac{n}{2}$$

이다. 따라서 $n\to\infty$ 일 때 $s_{2^n}\to\infty$ 이므로 수열 $\{s_n\}$은 발산한다. 그러므로 주어진 조화급수는 발산한다. ■■

정리 6.8 (a) 급수 $\sum_{n=1}^{\infty}a_n$이 수렴하면 $\lim_{n\to\infty}a_n=0$이다.

(b) $\lim_{n\to\infty}a_n\neq 0$이면 $\sum_{n=1}^{\infty}a_n$은 발산한다.

증명 (a) $a_n = s_n - s_{n-1}$이고, $\lim_{n\to\infty} s_n = \lim_{n\to\infty} s_{n-1} = \sum_{n=1}^{\infty} a_n$이므로

$$\begin{aligned}\lim_{n\to\infty} a_n &= \lim_{n\to\infty} (s_n - s_{n-1}) \\ &= \lim_{n\to\infty} s_n - \lim_{n\to\infty} s_{n-1} \\ &= \sum_{n=1}^{\infty} a_n - \sum_{n=1}^{\infty} a_n = 0\end{aligned}$$

(b) (a)의 대우이다.

정리 6.8에서 (a)의 역은 일반적으로 성립하지 않는다. 예제 4에서 $a_n = \frac{1}{n}$이므로 $\lim_{n\to\infty} a_n = 0$이지만 $\sum_{n=1}^{\infty} \frac{1}{n}$은 발산함을 알 수 있다. (b)는 급수의 발산을 판정하는 좋은 도구인데 **발산판정법**이라고도 한다.

예제 6 $\sum_{n=1}^{\infty} \frac{n^2}{3n^2+2}$이 발산함을 보여라.

풀이 $\lim_{n\to\infty} a_n = \lim_{n\to\infty} \frac{n^2}{3n^2+2} = \lim_{n\to\infty} \frac{1}{3+\frac{2}{n^2}} = \frac{1}{3} \neq 0$

그러므로 주어진 급수는 발산한다. ■■

정리 6.9 두 급수 $\sum_{n=1}^{\infty} a_n$과 $\sum_{n=1}^{\infty} b_n$이 수렴하면 $\sum_{n=1}^{\infty} (a_n + b_n)$도 수렴하고

$$\sum_{n=1}^{\infty} (a_n \pm b_n) = \sum_{n=1}^{\infty} a_n \pm \sum_{n=1}^{\infty} b_n$$

또한, 상수 c에 대하여 $\sum_{n=1}^{\infty} ca_n$도 수렴하고

$$\sum_{n=1}^{\infty} ca_n = c\sum_{n=1}^{\infty} a_n$$

이다.

증명 $s_j = \sum_{n=1}^{j}(a_n + b_n)$, $s_j{}' = \sum_{n=1}^{j} a_n$, 그리고 $s_j{}'' = \sum_{n=1}^{j} b_n$이라면 $s_j = s_j{}' + s_j{}''$이므로

$$\sum_{n=1}^{\infty}(a_n + b_n) = \lim_{j\to\infty} s_j = \lim_{j\to\infty}(s_j{}' + s_j{}'')$$
$$= \lim_{j\to\infty} s_j{}' + \lim_{j\to\infty} s_j{}''$$
$$= \sum_{n=1}^{\infty} a_n + \sum_{n=1}^{\infty} b_n$$

이다. 같은 방법으로 $\sum_{n=1}^{\infty} ca_n = c\sum_{n=1}^{\infty} a_n$도 증명된다.

예제 7 급수 $\sum_{n=1}^{\infty}\left(\frac{4}{2^n} + \frac{2}{n(n+1)}\right)$는 수렴함을 보이고, 그 합을 구하여라.

풀이 급수 $\sum_{n=1}^{\infty}\frac{1}{2^n}$은 첫째 항이 $a = \frac{1}{2}$이고, $r = \frac{1}{2}$인 기하급수이므로

$$\sum_{n=1}^{\infty}\frac{1}{2^n} = \frac{\frac{1}{2}}{1-\frac{1}{2}} = 1$$

이다. 예제 4에서

$$\sum_{n=1}^{\infty}\frac{1}{n(n+1)} = 1$$

이었다. 따라서 주어진 급수는 정리 6.9에 의해 수렴하고

$$\sum_{n=1}^{\infty}\left(\frac{4}{2^n} + \frac{2}{n(n+1)}\right) = 4\sum_{n=1}^{\infty}\frac{1}{2^n} + 2\sum_{n=1}^{\infty}\frac{1}{n(n+1)}$$
$$= 4 \cdot 1 + 2 \cdot 1 = 6$$

이다. ■■

연 습 문 제 6.2

1. 다음 급수의 수렴, 발산을 판정하고, 수렴한다면 극한값을 구하여라.

(1) $\sum_{n=0}^{\infty} \frac{1}{n!}$ (2) $\sum_{n=1}^{\infty} 5\left(\frac{2}{3}\right)^{n-1}$

(3) $\sum_{n=1}^{\infty} \sqrt[n]{2}$ (4) $\sum_{n=1}^{\infty} \left(\frac{3}{n(n+3)} + \frac{5}{4^n}\right)$

2. 다음 순환소수를 정수의 비로 나타내어라.

(1) $0.\overline{2} = 0.2222\cdots$ (2) $3.\overline{417} = 3.417417417\cdots$

3. 급수 $\sum_{n=1}^{\infty} a_n$의 n번째 부분합이 $s_n = \frac{n-1}{n+1}$일 때 a_n과 $\sum_{n=1}^{\infty} a_n$을 구하여라.

4. 급수 $\sum_{n=1}^{\infty} \frac{x^n}{3^n}$이 수렴하는 x의 값을 구하고, 그때 급수의 합을 구하여라.

5. 2시와 3시 사이에 시계의 두 바늘이 겹치는 시각을 급수의 합으로 나타내고, 그때 급수의 합을 구하여라.

6.3 적분판정법

일반적으로 급수의 합을 구하는 것은 쉽지 않다. 다음 몇 개의 절을 통하여 부분합 s_n을 구하지 않고서도 무한급수가 수렴하는지 발산하는지를 판정할 수 있는 여러 가지 판정법들에 대해 알아보기로 한다.

다음과 같은 급수

$$\sum_{n=1}^{\infty} \frac{1}{n^2} = \frac{1}{1^2} + \frac{1}{2^2} + \frac{1}{3^2} + \frac{1}{4^2} + \frac{1}{5^2} + \cdots$$

을 생각하자. 부분합 s_n을 구하는 단순한 공식은 없지만 다음의 표로부터 $n \to \infty$ 일 때 부분합은 1.64 근처의 값에 접근하고 있음을 알 수 있다. 그래서 급수는 수렴하는 것처럼 보인다.

n	$s_n = \sum_{i=1}^{n} \frac{1}{i^2}$
5	1.4636
10	1.5498
50	1.6251
100	1.6350
500	1.6429
1000	1.6439
5000	1.6447

이것을 기하학적으로 확인해보자. 그림 6.7은 $y=\frac{1}{x^2}$의 곡선과 곡선 밑에 놓인 직사각형을 나타낸다. 각각의 직사각형의 밑변의 길이는 모두 1이고 높이는 $\frac{1}{n^2}$이다. 그래서 직사각형들의 넓이의 합은

$$\frac{1}{1^2}+\frac{1}{2^2}+\frac{1}{3^2}+\frac{1}{4^2}+\frac{1}{5^2}+\cdots=\sum_{n=1}^{\infty}\frac{1}{n^2}$$

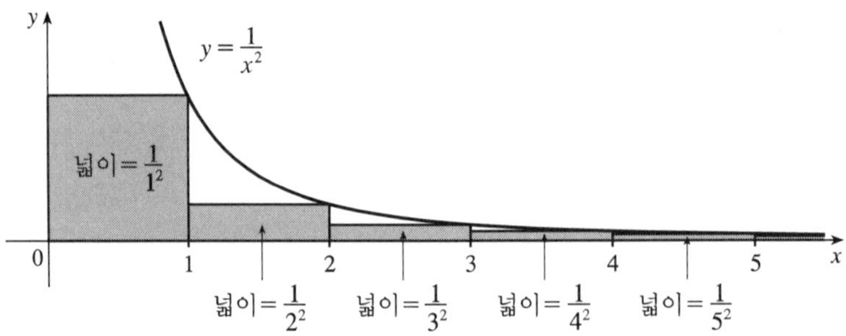

그림 6.7

이다. 첫 번째의 직사각형을 제외한 나머지 직사각형들의 넓이는 곡선 $y=\frac{1}{x^2}$, $x \geq 1$ 아래의 면적 $\int_1^{\infty}\frac{1}{x^2}dx$보다 적다. 5.5절에서 이 특이적분은 수렴하고 그 값이 1임을 보였다. 따라서 그림 6.7로부터 모든 부분합은

$$\frac{1}{1^2}+\int_1^{\infty}\frac{1}{x^2}dx=2$$

보다 적다는 것을 알 수 있다. 즉 부분합은 유계이다. 또 수열의 각 항이 양수이므로 부

분합은 당연히 증가수열이다. 따라서 단조수열 정리에 의해 부분합들은 수렴하므로 급수는 수렴하고, 급수의 합은 2보다 적다.

$$\sum_{n=1}^{\infty}\frac{1}{n^2}=\frac{1}{1^2}+\frac{1}{2^2}+\frac{1}{3^2}+\frac{1}{4^2}+\frac{1}{5^2}+\cdots<2$$

다음과 같은 급수

$$\sum_{n=1}^{\infty}\frac{1}{\sqrt{n}}=\frac{1}{\sqrt{1}}+\frac{1}{\sqrt{2}}+\frac{1}{\sqrt{3}}+\frac{1}{\sqrt{4}}+\frac{1}{\sqrt{5}}+\cdots$$

을 조사하여 보자. 아래 표에서 s_n은 특정한 값에 접근하지 않음을 알 수 있다. 따라서 급수는 발산할 것 같다. 이를 그림을 통하여 알아보자. 그림 6.8은 곡선 $y=\dfrac{1}{\sqrt{x}}$과 곡선 위쪽에 놓인 직사각형들을 나타낸다. 각각의 직사각형의 밑변의 길이는 1이고 높이는 $\dfrac{1}{\sqrt{x}}$이다. 따라서 모든 직사각형의 넓이의 합은

$$\frac{1}{\sqrt{1}}+\frac{1}{\sqrt{2}}+\frac{1}{\sqrt{3}}+\frac{1}{\sqrt{4}}+\frac{1}{\sqrt{5}}+\cdots=\sum_{n=1}^{\infty}\frac{1}{\sqrt{n}}$$

n	$s_n=\sum_{i=1}^{n}\frac{1}{\sqrt{i}}$
5	3.2317
10	5.0210
50	12.7524
100	18.5896
500	43.2834
1000	61.8010
5000	139.9681

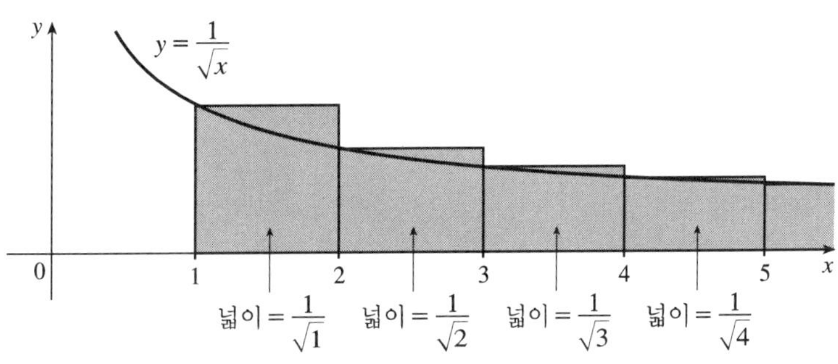

그림 6.8

이다. 직사각형들의 전체 넓이는 적분 $\int_1^\infty \frac{1}{\sqrt{x}}\,dx$ 보다 크다. 5.5절에서 이 특이적분은 발산함을 알 수 있고, 이는 곡선 아래의 면적이 무한임을 의미한다. 따라서 급수의 합은 무한히 크다. 즉 급수는 발산한다.

위의 두 예에서 사용한 기하학적인 설명은 다음 판정법을 증명하는데 사용된다.

정리 6.10 (**적분판정법**(integral test))

함수 f가 $[1, \infty)$에서 연속이고, 양의 값을 갖는 감소함수라 하고, $a_n = f(n)$이라 하자. 이때

(a) 특이적분 $\int_1^\infty f(x)\,dx$가 수렴하면, $\sum_{n=1}^\infty a_n$이 수렴하고

(b) 특이적분 $\int_1^\infty f(x)\,dx$가 발산하면, $\sum_{n=1}^\infty a_n$이 발산한다.

증명 그림 6.9에서 첫 번째 직사각형의 넓이는 [1, 2]의 오른쪽 끝점에서의 f의 값이다. 즉 $f(2) = a_2$. 따라서 직사각형의 넓이와 1부터 n까지의 $y = f(x)$ 아래의 넓이와 비교하면

$$a_2 + a_3 + \cdots + a_n \le \int_1^n f(x)dx \tag{1}$$

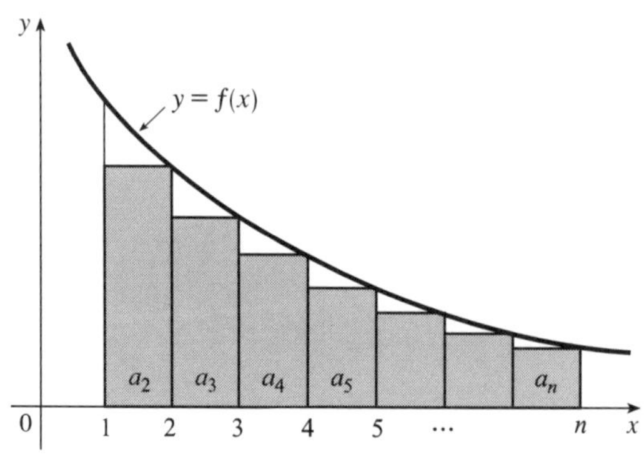

그림 6.9

이다(이 부등식은 f가 감소한다는 사실에 기인한다). 같은 방법으로, 그림 6.10에서

$$\int_1^n f(x)dx \le a_1 + a_2 + a_3 + \cdots + a_{n-1} \tag{2}$$

을 얻는다.

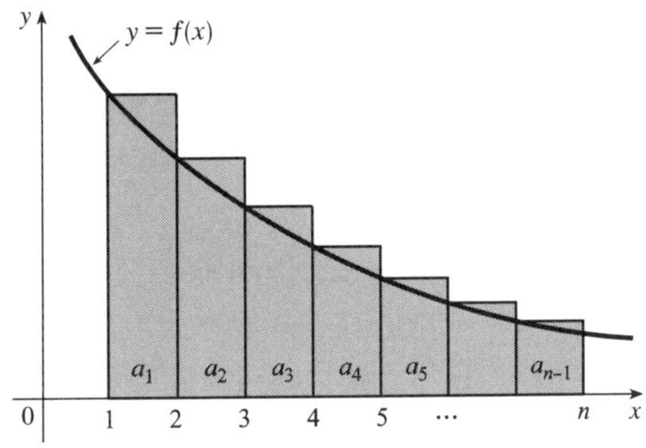

그림 6.10

(i) $\int_1^\infty f(x)dx$가 수렴하면, $f(x) \geq 0$이므로 (1)로부터

$$\sum_{i=2}^{n} a_i \leq \int_1^n f(x)dx \leq \int_1^\infty f(x)dx$$

를 얻는다. 그러므로

$$s_n = a_1 + \sum_{i=2}^{n} a_i \leq a_1 + \int_1^\infty f(x)dx$$

이다. 위의 부등식의 우변을 M이라 두면, 모든 n에 대하여 $s_n \leq M$이 성립하므로 수열 $\{s_n\}$은 위로 유계이다. 또한 $a_{n+1} = f(n+1) \geq 0$이므로

$$s_{n+1} = s_n + a_{n+1} \geq s_n$$

이다. 즉 $\{s_n\}$는 증가수열이고 동시에 유계이다. 따라서 6.1절의 정리 6.6으로부터 수열은 수렴하고 또한 급수 $\sum a_n$도 수렴한다.

(ii) 만약 $\int_1^\infty f(x)dx$가 발산한다면, $f(x) \geq 0$이므로 $\lim_{n\to\infty}\int_1^n f(x)dx = \infty$이다. 그러나 (2)로부터

$$\int_1^n f(x)dx \leq \sum_{i=1}^{n-1} a_i = s_{n-1}$$

이므로 $\lim_{n\to\infty} s_{n-1} = \infty$이다. 이로부터 $\lim_{n\to\infty} s_n = \infty$이다. 따라서 $\sum a_n$는 발산한다.

이때 무한급수의 합과 적분판정법에서의 특이적분 값이 같다는 의미는 아니므로 주의해야 한다. 일반적으로 $\sum_{n=1}^{\infty} a_n \neq \int_1^{\infty} f(x)dx$ 이다.

예제 1 급수 $\sum_{n=1}^{\infty} \frac{1}{n^2+1}$ 의 수렴 또는 발산을 조사하여라.

풀이 함수 $f(x) = \frac{1}{x^2+1}$ 은 $[1, \infty)$ 에서 연속이고 양이며 감소한다. 따라서 적분판정법을 이용하면

$$\int_1^{\infty} \frac{1}{x^2+1} dx = \lim_{t \to \infty} \int_1^t \frac{1}{x^2+1} dx = \lim_{t \to \infty} \left[\tan^{-1} x\right]_1^t$$

$$= \lim_{t \to \infty} \left(\tan^{-1} t - \frac{\pi}{4}\right) = \frac{\pi}{2} - \frac{\pi}{4} = \frac{\pi}{4}$$

그러므로 $\int_1^{\infty} \frac{1}{(x^2+1)} dx$ 는 수렴한다. 따라서 적분판정법에 의하여 $\sum \frac{1}{n^2+1}$ 은 수렴한다. ■■

예제 2 p-급수 $\sum_{n=1}^{\infty} \frac{1}{n^p}$ 이 수렴하는 p 의 값을 구하여라.

풀이 $p < 0$ 이면 $\lim_{n \to \infty} \frac{1}{n^p} = \infty$ 이다. 또 $p = 0$ 이면 $\lim_{n \to \infty} \frac{1}{n^p} = 1$ 이다.

두 경우 모두 $\lim_{n \to \infty} \frac{1}{n^p} \neq 0$ 이므로 이때 주어진 급수는 6.2절의 정리 6.8에 의하여 발산함을 알 수 있다.

$p > 0$ 이면, 함수 $f(x) = \frac{1}{x^p}$ 은 $[1, \infty)$ 에서 연속이고 양이며 감소함을 알 수 있다. 함수 극한에서

$$\int_1^{\infty} \frac{1}{x^p} dx \text{는 } p > 1 \text{이면 수렴하고 } p \leq 1 \text{이면 발산}$$

함을 보았다. 그러므로 적분판정법에 의하여 $p > 1$ 이면 $\sum \frac{1}{n^p}$ 은 수렴하고 $0 < p \leq 1$ 이면 발산한다($p = 1$ 인 경우 주어진 급수는 6.2절 예제 5에서 다룬 조화급수이다). ■■

예제 2의 결과를 요약하면 다음과 같다.

$$p\text{–급수 } \sum_{n=1}^{\infty} \frac{1}{n^p} \text{은 } p > 1\text{이면 수렴하고, } p \leq 1\text{이면 발산한다.} \tag{3}$$

예제 3 급수 $\sum_{n=1}^{\infty} \frac{\ln n}{n}$이 수렴하는지 발산하는지를 판정하여라.

풀이 로그함수는 연속이므로 함수 $f(x) = \frac{\ln x}{x}$는 $x > 1$일 때 연속이고 양이다. 그러나 $x > 1$일 때 f가 감소하는지 여부가 분명치 않으므로 도함수를 구하여 알아보기로 하자.

$$f'(x) = \frac{\left(\frac{1}{x}\right)x - \ln x}{x^2} = \frac{1 - \ln x}{x^2}$$

그러므로 $\ln x > 1$, 즉 $x > e$일 때 $f'(x) < 0$이다. 따라서 $f(x)$는 $[e, \infty)$에서 감소한다. 이제 적분판정법을 적용하면

$$\int_1^{\infty} \frac{\ln x}{x}\,dx = \lim_{t\to\infty} \int_1^t \frac{\ln x}{x}\,dx = \lim_{t\to\infty} \left[\frac{(\ln x)^2}{2}\right]_1^t$$

$$= \lim_{t\to\infty} \frac{(\ln t)^2}{2} = \infty$$

위의 특이적분이 발산하므로 급수 $\sum_{n=1}^{\infty} \frac{\ln n}{n}$은 발산한다. ■■

연 습 문 제 6.3

1. 다음 급수의 수렴, 발산을 판정하여라.

(1) $\sum_{n=1}^{\infty} \frac{1}{n^4}$　　(2) $\sum_{n=1}^{\infty} \frac{1}{3n+1}$

(3) $\sum_{n=1}^{\infty} \frac{5 - 2\sqrt{n}}{n^3}$　　(4) $\sum_{n=2}^{\infty} \frac{1}{n \ln n}$

2. 다음 급수가 수렴하는 p의 범위를 구하여라.

(1) $\displaystyle\sum_{n=2}^{\infty}\frac{1}{n(\ln n)^p}$　　　(2) $\displaystyle\sum_{n=1}^{\infty}n(1+n^2)^p$

6.4 비교판정법

비교판정법의 아이디어는 수렴과 발산에 대하여 알고 있는 급수를 주어진 급수와 비교하여 수렴 및 발산을 판정하는 것이다.

정리 6.11 (**비교판정법** : comparison test)

$\displaystyle\sum_{n=1}^{\infty}a_n$과 $\displaystyle\sum_{n=1}^{\infty}b_n$의 각 항들이 모두 양인 급수일 때,

(a) $\displaystyle\sum_{n=1}^{\infty}b_n$이 수렴하고, 모든 n에 대하여 $a_n \le b_n$이면

$$\sum_{n=1}^{\infty}a_n \text{은 수렴하고} \quad \sum_{n=1}^{\infty}a_n \le \sum_{n=1}^{\infty}b_n$$

(b) $\displaystyle\sum_{n=1}^{\infty}b_n$이 발산하고, 모든 n에 대하여 $a_n \ge b_n$이면

$$\sum_{n=1}^{\infty}a_n \text{은 발산한다.}$$

증명 (a) $s_j=\displaystyle\sum_{i=1}^{j}a_i$, $s_j'=\displaystyle\sum_{i=1}^{j}b_i$라 하자. $\displaystyle\sum_{n=1}^{\infty}b_n$이 수렴하므로 $\displaystyle\lim_{j\to\infty}s_j'=L$이라 놓자. 모든 n에 대하여 $a_n \le b_n$이므로, $\{s_j\}_{j=1}^{\infty}$와 $\{s_j'\}_{j=1}^{\infty}$는 증가하고, 모든 $j \ge 1$에 대하여

$$0 \le s_j \le s_j' \le L \tag{1}$$

즉 $\{s_j\}_{j=1}^{\infty}$가 증가하는 유계수열이므로, 정리 6.6에 의하여 $\displaystyle\lim_{j\to\infty}s_j$가 존재하여 $\displaystyle\sum_{n=1}^{\infty}a_n$이 수렴한다. 더 나아가 식 (1)로부터

$$\sum_{n=1}^{\infty} a_n = \lim_{j\to\infty} s_j \le L = \sum_{n=1}^{\infty} b_n.$$

(b) $\sum_{n=1}^{\infty} a_n$ 이 수렴한다면 (a)에 의해 $\sum_{n=1}^{\infty} b_n$ 이 반드시 수렴해야 하므로 가정에 모순이다. 따라서 $\sum_{n=1}^{\infty} a_n$ 은 발산해야 한다.

예제 1 다음 급수의 수렴 · 발산을 판정하여라.

(a) $\sum_{n=1}^{\infty} \frac{1}{2^n+1}$ (b) $\sum_{n=1}^{\infty} \frac{1}{2\sqrt{n}-1}$ (c) $\sum_{n=0}^{\infty} \frac{3\sin^2 n}{n!}$

풀이 (a) 모든 $n \ge 1$에 대하여

$$\frac{1}{2^n+1} \le \frac{1}{2^n}$$

이고, $\sum_{n=1}^{\infty} \frac{1}{2^n}$ 은 6.2절의 식 (2)에 의해 수렴하므로 비교판정법을 적용하면 $\sum_{n=1}^{\infty} \frac{1}{2^n+1}$ 은 수렴한다.

(b) 모든 $n \ge 1$에 대하여

$$\frac{1}{2\sqrt{n}-1} \ge \frac{1}{2\sqrt{n}}$$

이고, $\sum_{n=1}^{\infty} \frac{1}{\sqrt{n}}$ 은 $p = \frac{1}{2}$ 인 p급수로 발산한다. $\sum_{n=1}^{\infty} \frac{1}{2\sqrt{n}}$ 도 역시 발산하므로 비교판정법에 의하여 $\sum_{n=1}^{\infty} \frac{1}{2\sqrt{n}-1}$ 도 발산한다.

(c) 모든 $n \ge 0$에 대하여

$$\frac{3\sin^2 n}{n!} \le \frac{3}{n!}$$

이고, 6.2절의 연습문제 2번으로부터 $\sum_{n=1}^{\infty} \frac{1}{n!}$ 은 수렴하므로 주어진 급수도 수렴한다. ■■

급수 $\sum_{n=1}^{\infty} a_n$ 의 수렴 · 발산을 비교판정법으로 판정할 때는 조사하려는 급수의 항들이 비교하려는 수렴급수의 항들보다 작거나, 발산급수의 항들보다 커야만 된다. 만약 수렴급수의 항들보다 크거나 발산급수의 항들보다 작으면 비교판정법은 적용될 수 없다. 이러한 경우에는 다음 방법을 이용할 수 있다.

정리 6.12 (**극한비교판정법** : limt comparison test)

두 급수 $\sum_{n=1}^{\infty} a_n$과 $\sum_{n=1}^{\infty} b_n$의 항들이 모두 양이라 하자. $\lim_{n\to\infty} \frac{a_n}{b_n} = L\ (L > 0)$이라 할 때 $\sum_{n=1}^{\infty} b_n$이 수렴(발산)하면 $\sum_{n=1}^{\infty} a_n$이 수렴(발산)한다.

증명 $\lim_{n\to\infty} \frac{a_n}{b_n} = L$이므로 어떤 정수 N이 존재하여 $n \geq N$이면

$$\frac{1}{2}L \leq \frac{a_n}{b_n} \leq 2L,$$

즉

$$\frac{1}{2}Lb_n \leq a_n \leq 2Lb_n$$

이다. 따라서 비교판정법에 의하여 $\sum_{n=1}^{\infty} b_n$이 수렴하면 $\sum_{n=N}^{\infty} 2Lb_n$과 $\sum_{n=N}^{\infty} a_n$ 그리고 $\sum_{n=1}^{\infty} a_n$이 수렴하고, 마찬가지로 $\sum_{n=1}^{\infty} b_n$이 발산하면 $\sum_{n=N}^{\infty} \frac{1}{2}Lb_n$과 $\sum_{n=N}^{\infty} a_n$ 그리고 $\sum_{n=1}^{\infty} a_n$이 발산한다.

예제 2 급수 $\sum_{n=1}^{\infty} \frac{1}{2^n - 1}$의 수렴, 발산을 판정하여라.

풀이 $a_n = \frac{1}{2^{n-1}}$, $b_n = \frac{1}{2^n}$

이라 하고 극한비교판정법을 사용한다.

$$\lim_{n\to\infty} \frac{a_n}{b_n} = \lim_{n\to\infty} \frac{\frac{1}{(2^n - 1)}}{\frac{1}{2^n}} = \lim_{n\to\infty} \frac{2^n}{2^n - 1} = \lim_{n\to\infty} \frac{1}{1 - \frac{1}{2^n}} = 1 > 0$$

이고, $\sum \frac{1}{2^n}$ 은 수렴하는 기하급수이므로 주어진 급수는 극한비교판정법에 의해 수렴한다. ■

예제 3 $\sum_{n=1}^{\infty} \frac{1}{\sqrt[3]{8n^2-5n}}$ 의 수렴여부를 판정하여라.

풀이 분모에 있는 항들 중 n의 최고멱을 제외하고는 무시하여

$$\frac{1}{\sqrt[3]{8n^2}} = \frac{1}{2n^{2/3}}$$

을 얻어 주어진 급수를 $\sum_{n=1}^{\infty} \frac{1}{2n^{2/3}}$ 과 비교한다.

$\sum_{n=1}^{\infty} \frac{1}{n^{2/3}}$ 이 발산하는 p급수이므로 $\sum_{n=1}^{\infty} \frac{1}{2n^{2/3}}$ 이 발산한다.

$$\lim_{n\to\infty} \frac{\frac{1}{\sqrt[3]{8n^2-5n}}}{\frac{1}{\sqrt[3]{8n^2}}} = \lim_{n\to\infty} \sqrt[3]{\frac{8n^2}{8n^2-5n}} = 1$$

이므로 극한비교판정법에 의하여 주어진 급수는 발산한다. ■

연 습 문 제 6.4

1. 다음 급수의 수렴 · 발산을 판정하여라.

(1) $\sum_{n=1}^{\infty} \frac{5}{2n^2+4n+3}$ (2) $\sum_{n=1}^{\infty} \frac{4n-3}{n^3-5n+7}$

(3) $\sum_{n=1}^{\infty} \frac{2n^2+3n}{\sqrt{5+n^5}}$ (4) $\sum_{n=1}^{\infty} \frac{\cos^2 n}{n^2+1}$

(5) $\sum_{n=1}^{\infty} \frac{2^n}{1+3^n}$ (6) $\sum_{n=1}^{\infty} \frac{1}{1+\sqrt{n}}$

2. $\sum_{n=1}^{\infty} a_n$과 $\sum_{n=1}^{\infty} b_n$이 양수 항을 갖는 급수이고, $\lim_{n\to\infty} \frac{a_n}{b_n} = 0$이라 하자. 이때

(1) $\sum_{n=1}^{\infty} b_n$이 수렴하면 $\sum_{n=1}^{\infty} a_n$이 수렴함을 보여라.

(2) $\sum_{n=1}^{\infty} a_n$이 발산하면 $\sum_{n=1}^{\infty} b_n$이 발산함을 보여라.

(3) (1)과 (2)의 역이 성립하지 않음을 보여라.

6.5 교대급수와 절대수렴

[교대급수]

지금까지 살펴본 수렴판정은 단지 양수 항을 갖는 급수에만 적용을 하였다. 이 절에서는 양수 항을 갖지 않는 급수를 다룬다. 특히, 항의 부호가 교대로 바뀌는 급수는 매우 중요하다. 급수의 각 항의 부호가 교대로 나타나는 급수를 **교대급수**(alternating series)라 한다. 예를 들면

$$1-\frac{1}{2}+\frac{1}{3}-\frac{1}{4}+\frac{1}{5}-\cdots=\sum_{n=1}^{\infty}\frac{(-1)^{n+1}}{n}$$

$$-1+\frac{1}{2}-\frac{1}{6}+\frac{1}{24}-\frac{1}{120}+\cdots=\sum_{n=1}^{\infty}\frac{(-1)^{n}}{n!}$$

들은 교대급수이다. 교대급수에 대한 수렴여부를 판정하는 데는 다음의 정리가 유용하다.

정리 6.13 (교대급수판정법)

교대급수 $\sum_{n=1}^{\infty}(-1)^{n+1}a_n,\ a_n>0$ $\left(\sum_{n=1}^{\infty}(-1)^{n}a_n,\ a_n>0\right)$이 두 조건

(a) 모든 n에 대하여 $a_{n+1}\le a_n$

(b) $\lim_{n\to\infty} a_n=0$

을 만족하면 이 급수는 수렴한다.

증명 $\sum_{n=1}^{\infty}(-1)^{n}a_n=\sum_{n=1}^{\infty}-(-1)^{n+1}a_n$이므로 $\sum_{n=1}^{\infty}(-1)^{n+1}a_n$이 수렴함을 밝히면 $\sum_{n=1}^{\infty}(-1)^{n}a_n$도 수렴한다. 먼저, $\{s_j\}_{j=1}^{\infty}$를 $\sum_{n=1}^{\infty}(-1)^{n+1}a_n$의 부분합으로 된 수열이라고 하면

$$s_{2j+2} - s_{2j} = (a_1 - a_2 + \cdots + a_{2j-1} - a_{2j} + a_{2j+1} - a_{2j+2})$$
$$- (a_1 - a_2 + \cdots + a_{2j-1} - a_{2j})$$
$$= a_{2j+1} - a_{2j+2} \geq 0 \tag{1}$$

이므로, $\{s_{2j}\}_{j=1}^{\infty}$는 증가수열이다. 그런데

$$s_{2j} = a_1 \underbrace{- a_2 + a_3}_{\leq 0} \underbrace{- a_4 + a_5}_{\leq 0} - \cdots \underbrace{- a_{2j-2} + a_{2j-1}}_{\leq 0} \underbrace{- a_{2j}}_{\leq 0} \tag{2}$$

식 (1)과 식 (2)로부터 $0 < s_{2j} \leq a_1$이므로 $\{s_{2j}\}_{j=1}^{\infty}$는 유계수열이다. 같은 방법으로 $\{s_{2j+1}\}_{j=0}^{\infty}$는 감소하는 유계수열이다(그림 6.11).

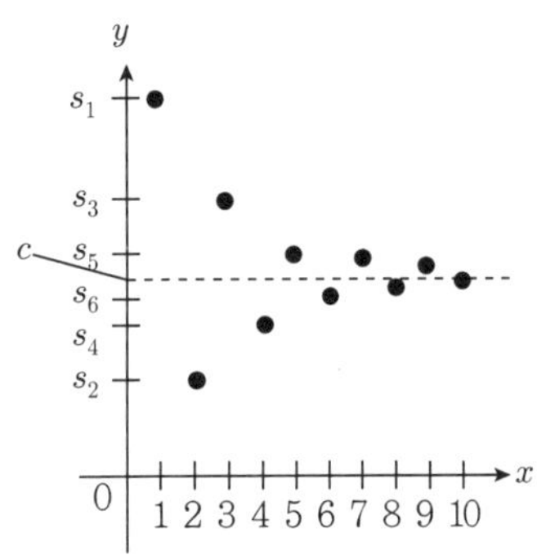

그림 6.11

정리 6.6에 의하여 $\{s_{2j}\}_{j=1}^{\infty}$와 $\{s_{2j+1}\}_{j=0}^{\infty}$는 모두 수렴하므로

$$c = \lim_{j\to\infty} s_{2j}, \quad d = \lim_{j\to\infty} s_{2j+1}$$

이라 하자. 이때

$$s_{2j+1} - s_{2j} = (a_1 - a_2 + \cdots - a_{2j} + a_{2j+1}) - (a_1 - a_2 + \cdots - a_{2j})$$
$$= a_{2j+1}$$

이고, 가정에 의해 $\lim_{j\to\infty} a_{2j+1} = 0$이므로

$$d - c = \lim_{j\to\infty} s_{2j+1} - \lim_{j\to\infty} s_{2j} = \lim_{j\to\infty} a_{2j+1} = 0$$

이다. 따라서 $d = c$이고, 결과적으로 $\lim_{j\to\infty} s_j$가 존재하여 $\sum_{n=1}^{\infty} (-1)^{n+1} a_n$이 수렴한다.

정리 6.13에 따르면 다음 급수들은 수렴함을 알 수 있다.

$$\sum_{n=1}^{\infty}(-1)^{n-1}\frac{1}{n}=\sum_{n=1}^{\infty}(-1)^{n+1}\frac{1}{n}=1-\frac{1}{2}+\frac{1}{3}-\frac{1}{4}+\cdots \qquad (3)$$

$$\sum_{n=2}^{\infty}\frac{(-1)^{n}}{\ln n}=\frac{1}{\ln 2}-\frac{1}{\ln 3}+\frac{1}{\ln 4}-\cdots$$

$\{a_n\}_{n=1}^{\infty}$가 양수 항을 갖는 감소수열이고, $\lim_{n\to\infty} a_n = 0$이면 $\sum_{n=1}^{\infty}(-1)^{n+1}a_n$은 수렴하므로 그 합을 s라 하고 $\sum_{j=1}^{n}(-1)^{j+1}a_j = s_n$이라 하자. 정리 6.13의 증명과정에서

$$|s-s_n| \le a_{n+1}$$

임을 알 수 있는데 s의 근사값으로 s_n을 취하면 오차는 a_{n+1}보다 작다.

[조건수렴과 절대수렴]

지금까지 조사한 수렴판정법으로 양수 항을 갖는 급수와 교대급수에 대한 수렴 · 발산을 판정할 수 있다. 그러나 각 항의 부호가 불규칙하게 바뀐다면 어떻게 될까? 그러한 급수 $\sum_{n=1}^{\infty} a_n$에 대한 기본절차는 원래 급수의 각 항에 절대값을 취한 급수 $\sum_{n=1}^{\infty}|a_n|$의 수렴여부를 조사하는 것이다. 이 급수는 양수 항을 갖는 급수이므로 수렴판정법을 적용할 수 있으며 다음 정리에서 보는 바와 같이 $\sum_{n=1}^{\infty}|a_n|$의 수렴성은 $\sum_{n=1}^{\infty}a_n$의 수렴성을 보장한다.

정리 6.14 $\sum_{n=1}^{\infty}|a_n|$이 수렴하면 $\sum_{n=1}^{\infty}a_n$은 수렴한다.

증명 $p_n=\begin{cases} a_n & (a_n \ge 0) \\ 0 & (a_n < 0)\end{cases}$, $\quad q_n=\begin{cases} 0 & (a_n \ge 0) \\ -a_n & (a_n < 0)\end{cases}$

라 하면, 모든 n에 대하여

$$0 \le p_n \le |a_n|, \quad 0 \le q_n \le |a_n|$$

$\sum_{n=1}^{\infty}|a_n|$이 수렴하므로, 비교판정법에 의해 $\sum_{n=1}^{\infty}p_n$과 $\sum_{n=1}^{\infty}q_n$도 수렴하고 따라서 $\sum_{n=1}^{\infty}(p_n-q_n)$도 수렴한다. 그런데 $a_n = p_n - q_n$이므로 $\sum_{n=1}^{\infty}a_n$은 수렴한다.

예제 1 $\sum_{n=1}^{\infty} \frac{\sin n}{n^3}$ 은 수렴함을 보여라.

풀이 모든 $n \geq 1$에 대하여 $|\sin n| \leq 1$이므로

$$\left| \frac{\sin n}{n^3} \right| \leq \frac{1}{n^3}$$

이고, $\sum_{n=1}^{\infty} \frac{1}{n^3}$ 은 수렴하는 p-급수이므로, 비교판정법에 의해 $\sum_{n=1}^{\infty} \left| \frac{\sin n}{n^3} \right|$ 은 수렴한다. 따라서 정리 6.14에 의하여 주어진 급수는 수렴한다. ■■

정의 6.15 급수 $\sum_{n=1}^{\infty} |a_n|$이 수렴할 때, 급수 $\sum_{n=1}^{\infty} a_n$은 **절대수렴**(absolutely convergent)한다고 하며, 급수 $\sum_{n=1}^{\infty} a_n$은 수렴하지만 절대수렴하지 않을 때 급수 $\sum_{n=1}^{\infty} a_n$은 **조건수렴**(conditionally convergent)한다고 한다.

정의에 의하면 $\sum_{n=1}^{\infty} \frac{\sin n}{n^3}$ 은 절대수렴하고, 교대조화급수 $\sum_{n=1}^{\infty} (-1)^{n+1} \frac{1}{n}$ 은 조건수렴한다. 물론 수렴하는 양항급수는 절대수렴한다. 정리 6.14에서 절대수렴하는 급수는 수렴함을 보여주는데, 일반적으로 그 역은 성립하지 않는다. 간단한 예로 교대조화급수

$$\sum_{n=1}^{\infty} (-1)^{n+1} \frac{1}{n}$$

은 수렴한다(식 (3) 참조). 그러나 $\sum_{n=1}^{\infty} \left| \frac{(-1)^{n+1}}{n} \right| = \sum_{n=1}^{\infty} \frac{1}{n}$ 은 조화급수로써 발산하므로 급수는 절대수렴하지 않는다.

다음 판정법은 주어진 급수의 절대수렴 여부를 결정하는 데 매우 유용하다.

정리 6.16 (**비판정법**(ratio test))

$\sum_{n=1}^{\infty} a_n$을 급수라 하자.

(a) $\lim_{n\to\infty}\left|\frac{a_{n+1}}{a_n}\right| = L < 1$이면, $\sum_{n=1}^{\infty} a_n$은 절대수렴한다. 따라서 수렴한다.

(b) $\lim_{n\to\infty}\left|\frac{a_{n+1}}{a_n}\right| = L > 1$이거나 $\lim_{n\to\infty}\left|\frac{a_{n+1}}{a_n}\right| = \infty$이면, $\sum_{n=1}^{\infty} a_n$은 발산한다.

(c) $\lim_{n\to\infty}\left|\frac{a_{n+1}}{a_n}\right| = 1$이면 $\sum_{n=1}^{\infty} a_n$의 수렴 또는 발산에 대한 어떤 결론도 내릴 수 없다.

증명 (a) 증명방법은 주어진 급수와 수렴하는 기하급수를 비교하는 것이다. $L<1$이므로 $L<r<1$인 r을 택할 수 있다.

$$L < r\text{이고 } \lim_{n\to\infty}\left|\frac{a_{n+1}}{a_n}\right| = L$$

이므로 극한비 $\lim_{n\to\infty}\left|\frac{a_{n+1}}{a_n}\right|$은 결국 r보다 작을 것이다. 따라서 적당한 N이 존재하여

$$n \ge N\text{일 때마다 } \left|\frac{a_{n+1}}{a_n}\right| < r$$

이다. 이 식을 변형하면

$$n \ge N\text{에 대하여 } |a_{n+1}| < |a_n| r \tag{4}$$

이다. 식 (4)에서 n 대신 연속적으로 $N,\ N+1,\ N+2,\ \cdots$를 대입하면

$$\begin{aligned} |a_{N+1}| &< |a_N| r \\ |a_{N+2}| &< |a_{N+1}| r < |a_N| r^2 \\ |a_{N+3}| &< |a_{N+2}| r < |a_N| r^3 \end{aligned}$$

이 성립한다. 일반적으로

$$k \ge 1\text{인 모든 } k\text{에 대하여 } |a_{N+k}| < |a_N| r^k$$

여기서 급수

$$\sum_{k=1}^{\infty} |a_N| r^k = |a_N| r + |a_N| r^2 + |a_N| r^3 + \cdots \tag{5}$$

는 $0 < r < 1$인 기하급수이므로 수렴한다.
따라서, 부등식 (5)에 비교판정법을 적용하면

$$\sum_{n=N+1}^{\infty} |a_n| = \sum_{k=1}^{\infty} |a_{N+k}| = |a_{N+1}| + |a_{N+2}| + |a_{N+3}| + \cdots$$

이 수렴하므로 $\sum_{n=1}^{\infty} |a_n|$ 도 수렴한다. 따라서 급수 $\sum_{n=1}^{\infty} a_n$은 절대수렴하므로 $\sum_{n=1}^{\infty} a_n$은 수렴한다.

(b) $\left|\frac{a_{n+1}}{a_n}\right| \to L > 1$이거나 $\left|\frac{a_{n+1}}{a_n}\right| \to \infty$이면, 비 $\left|\frac{a_{n+1}}{a_n}\right|$은 적당한 정수 N이 존재하여

$$n \geq N\text{일 때마다 } \left|\frac{a_{n+1}}{a_n}\right| > 1$$

이 성립한다. 이 사실로부터 $n \geq N$일 때 $|a_{n+1}| > |a_n|$이므로

$$\lim_{n\to\infty} a_n \neq 0$$

이다. 따라서 발산판정법에 따라 $\sum a_n$은 발산한다.

(c) 수렴하는 급수 $\sum_{n=1}^{\infty} \frac{1}{n^2}$과 발산하는 급수 $\sum_{n=1}^{\infty} \frac{1}{n}$에 대하여 이웃 항들의 비를 구해보면

$$\lim_{n\to\infty}\left|\frac{a_{n+1}}{a_n}\right| = \lim_{n\to\infty}\frac{\frac{1}{(n+1)^2}}{\frac{1}{n^2}} = \lim_{n\to\infty}\frac{1}{\left(1+\frac{1}{n}\right)^2} = 1$$

$$\lim_{n\to\infty}\left|\frac{a_{n+1}}{a_n}\right| = \lim_{n\to\infty}\frac{\frac{1}{n+1}}{\frac{1}{n}} = \lim_{n\to\infty}\frac{1}{1+\frac{1}{n}} = 1$$

이다. 그러므로 $\lim_{n\to\infty}\left|\frac{a_{n+1}}{a_n}\right| = 1$이면 주어진 급수는 수렴하기도 하고 발산하기도 한다. 이 경우, 비판정법을 이용할 수 없고, 다른 판정법을 이용해야 한다.

예제 2 급수 $\sum_{n=1}^{\infty} \frac{2^n}{n^2}$은

$$L = \lim_{n\to\infty} \left| \frac{a_{n+1}}{a_n} \right| = \lim_{n\to\infty} \frac{\frac{2^{n+1}}{(n+1)^2}}{\frac{2^n}{n^2}} = \lim_{n\to\infty} 2\left(\frac{n}{n+1}\right)^2 = 2$$

이므로 발산한다. ■

예제 3 급수 $\sum_{n=1}^{\infty} \frac{n!}{n^n}$은

$$L = \lim_{n\to\infty} \left| \frac{a_{n+1}}{a_n} \right| = \lim_{n\to\infty} \frac{\frac{(n+1)!}{(n+1)^{n+1}}}{\frac{n!}{n^n}} = \lim_{n\to\infty} (n+1)\frac{n^n}{(n+1)^{n+1}}$$

$$= \lim_{n\to\infty} \frac{1}{\left(1+\frac{1}{n}\right)^n} = \frac{1}{e}$$

이므로 수렴한다. ■

다음 판정법은 n제곱이 나오는 경우에 적용하면 편리하다. 증명은 비판정법의 증명과 유사하므로 연습문제로 남겨둔다.

정리 6.17 (**근판정법**(root test))

$\sum_{n=1}^{\infty} a_n$을 급수라 하자.

(a) $\lim_{n\to\infty} \sqrt[n]{|a_n|} = L < 1$이면, 급수 $\sum_{n=1}^{\infty} a_n$은 절대수렴한다(따라서 수렴한다).

(b) $\lim_{n\to\infty} \sqrt[n]{|a_n|} = L > 1$이거나 $\lim_{n\to\infty} \sqrt[n]{|a_n|} = \infty$이면, 급수 $\sum_{n=1}^{\infty} a_n$은 발산한다.

(c) 만약 $\lim_{n\to\infty} \sqrt[n]{|a_n|} = 1$이면 근판정법으로 결론을 내릴 수 없다.

예제 4 $\sum_{n=1}^{\infty}\left(\frac{\ln n}{1000}\right)^n$은

$$\lim_{n\to\infty}\sqrt[n]{|a_n|}=\lim_{n\to\infty}\left|\left(\frac{\ln n}{1000}\right)^n\right|^{\frac{1}{n}}=\lim_{n\to\infty}\frac{\ln n}{1000}=\infty$$

이므로 발산한다. ■■

예제 5 $\sum_{n=1}^{\infty}\frac{n}{2^n}$은

$$\lim_{n\to\infty}\sqrt[n]{|a_n|}=\lim_{n\to\infty}\sqrt[n]{\left|\frac{n}{2^n}\right|}=\lim_{n\to\infty}\frac{\sqrt[n]{|n|}}{2}=\frac{1}{2}$$

이므로 수렴한다. ■■

지금까지 급수의 수렴, 발산을 판정하는 여러 가지 방법들에 대하여 알아보았다. 그런데 문제는 주어진 급수의 수렴, 발산 판정을 위하여 어떤 판정법을 적용해야 하는가를 결정하는 것이다. 급수판정은 마치 함수들의 적분과 유사하다. 따라서 적분과 마찬가지로 급수들의 형태에 따라 적절히 분류하는 것이 급수판정을 효율적으로 할 수 있는 지름길이다.

1. 급수가 $\sum_{n=1}^{\infty}\frac{1}{n^p}$ 형태이면 p-급수이고, 이 급수는 $p>1$이면 수렴하고 $p\le 1$이면 발산한다.
2. 주어진 급수가 $\sum_{n=1}^{\infty}ar^{n-1}$이거나 $\sum_{n=1}^{\infty}ar^n$ 형태를 취하면 이 급수는 기하급수이고 공비 r의 크기에 따라서 $|r|<1$이면 수렴하고 $|r|\ge 1$이면 발산한다.
3. 주어진 급수가 p-급수나 기하급수와 비슷한 형태를 취한 경우에는 비교판정법을 적용하는 것을 고려해본다. 특히 a_n이 n에 관한 유리함수나 대수함수이면 그 급수는 p-급수와 비교될 수 있다. 비교판정법은 양인 항의 급수에만 적용할 수 있으나 $\sum_{n=1}^{\infty}a_n$이 음인 항을 포함하면 절대급수 $\sum_{n=1}^{\infty}|a_n|$에 비교판정법을 적용하면 된다.
4. $\lim_{n\to\infty}a_n\ne 0$이면 발산판정법에 따라 주어진 급수 $\sum_{n=1}^{\infty}a_n$은 발산한다.
5. 주어진 급수가 $\sum_{n=1}^{\infty}(-1)^{n-1}a_n$이거나 $\sum_{n=1}^{\infty}(-1)^n a_n$ 형태이면 분명히 교대급수판정법

적용이 가능하다.

6. 계승(Factorial)이나 여러 개의 곱을 포함한 급수는 종종 비판정법이 사용된다. 이 경우 $n \to \infty$ 일 때 $\left| \dfrac{a_{n+1}}{a_n} \right| \to 1$ 이면 비판정법을 사용할 수 없음에 유의하여라.
7. a_n 이 $(b_n)^n$ 형태이면 근판정법이 유용하다.
8. $\int_1^\infty f(x)dx$ 가 쉽게 구해지면 $a_n = f(n)$ 일 때 적분판정법이 효과적이다.

연 습 문 제 6.5

1. 다음 급수의 수렴 · 발산을 판정하여라.

(1) $\dfrac{4}{7} - \dfrac{4}{8} + \dfrac{4}{9} - \dfrac{4}{10} + \dfrac{4}{11} - \cdots$ (2) $\displaystyle\sum_{n=1}^{\infty} (-1)^n \frac{n^n}{n!}$

(3) $\displaystyle\sum_{n=1}^{\infty} \frac{(-1)^{n-1}}{\sqrt{n}}$ (4) $\displaystyle\sum_{n=1}^{\infty} (-1)^{n+1} \frac{n^2}{n^3+1}$

(5) $\displaystyle\sum_{n=1}^{\infty} \tan\left(\frac{1}{n}\right)$ (6) $\displaystyle\sum_{n=0}^{\infty} \frac{n!}{2 \cdot 5 \cdot 8 \cdot \cdots \cdot (3n+2)}$

2. 다음 급수가 절대수렴하는지, 조건수렴하는지 판정하여라.

(1) $\displaystyle\sum_{n=1}^{\infty} \frac{(-1)^{n+1}}{\sqrt[4]{n}}$ (2) $\displaystyle\sum_{n=1}^{\infty} \frac{1}{(2n)!}$

(3) $\displaystyle\sum_{n=1}^{\infty} \frac{\cos\left(\frac{n\pi}{3}\right)}{n!}$ (4) $\displaystyle\sum_{n=2}^{\infty} \frac{(-1)^n}{\ln n}$

3. (1) 모든 x 에 대하여 $\displaystyle\sum_{n=0}^{\infty} \frac{x^n}{n!}$ 가 수렴함을 보여라.

(2) 모든 x 에 대하여 $\displaystyle\lim_{n \to \infty} \frac{x^n}{n!} = 0$ 임을 보여라.

4. 다음 급수 중에서 비판정법으로 수렴 · 발산을 판정할 수 없는 급수는 어느 것인가?

① $\displaystyle\sum_{n=1}^{\infty} \frac{1}{n^3}$ ② $\displaystyle\sum_{n=1}^{\infty} \frac{n}{2^n}$ ③ $\displaystyle\sum_{n=1}^{\infty} \frac{(-3)^{n-1}}{\sqrt{n}}$ ④ $\displaystyle\sum_{n=1}^{\infty} \frac{\sqrt{n}}{1+n^2}$

5. $\sum_{n=1}^{\infty} \frac{x^n}{n}$은 $|x| < 1$이면 절대수렴, $x = -1$이면 조건수렴, $x = 1$이고 $|x| > 1$이면 발산함을 보여라.

6.6 멱급수

$$\sum_{n=0}^{\infty} c_n x^n = c_0 + c_1 x + c_2 x^2 + c_3 x^3 + \cdots \tag{1}$$

와 같은 형태의 급수를 **멱급수**(power series)라 한다. 여기서 x는 변수이고 c_n은 상수로 멱급수의 계수라 한다. 멱급수는 x가 어떤 값을 갖는가에 따라 수렴하기도 하고 발산하기도 한다. 멱급수 $\sum_{n=0}^{\infty} c_n x^n$의 합은 주어진 급수가 수렴하는 모든 x의 집합을 정의구역으로 하는 함수

$$f(x) = c_0 + c_1 x + c_2 x^2 + c_3 x^3 + \cdots + c_n x^n + \cdots$$

이다. 이 함수 f는 다항식의 형태이다. 다만 차이점은 f는 무한 개의 항을 가지고 있다는 것이다. 예를 들어, 모든 n에 대하여 $c_n = 1$이라 놓으면 멱급수는 기하급수가 된다. 즉

$$\sum_{n=0}^{\infty} x^n = 1 + x + x^2 + x^3 + \cdots + x^n + \cdots \tag{2}$$

이 급수는 $-1 < x < 1$일 때 $\frac{1}{1-x}$에 수렴하며 $|x| \geq 1$일 때 발산한다. 일반적으로

$$\sum_{n=0}^{\infty} c^n (x-a)^n = c_0 + c_1 (x-a) + c_2 (x-a)^2 + \cdots$$

과 같은 형태의 급수를 **a에 관한 멱급수**(a power series about a)라고 한다. 식 (1)과 식 (2)에서 $n = 0$일 때의 항은 $x = a$인 경우에도 $(x-a)^0 = 1$로 약속한다. 따라서 이 급수는 $x = a$일 때 $n \geq 1$인 n에 대한 모든 항이 0이고, 이때 식 (2)의 멱급수는 항상 수렴한다.

예제 1 (1) $\sum_{n=1}^{\infty} n! x^n$은 $x \neq 0$이면

$$\lim_{n\to\infty}\left|\frac{(n+1)!\,x^{n+1}}{n!\,x^n}\right| = \lim_{n\to\infty}|(n+1)x| = \infty$$

이므로, 비판정법에 의해 발산한다. 따라서 $x=0$인 경우에만 수렴한다.

(2) $\displaystyle\sum_{n=1}^{\infty}\frac{(x-3)^n}{n}$은

$$\lim_{n\to\infty}\left|\frac{a_{n+1}}{a_n}\right| = \lim_{n\to\infty}\left|\frac{\dfrac{(x-3)^{n+1}}{n+1}}{\dfrac{(x-3)^n}{n}}\right| = \lim_{n\to\infty}\left\{\frac{n}{n+1}|x-3|\right\} = |x-3|$$

이므로 비판정법에 의해, 주어진 급수는 $|x-3|<1$일 때 절대수렴, 즉 수렴하며 $|x-3|>1$일 때 발산한다. 한편 $|x-3|=1$일 때는 비판정법에 의해 결정할 수 없으므로 $x=2$와 $x=4$일 때는 분리해서 생각해야 한다. $x=4$일 때 주어진 멱급수는 조화급수 $\displaystyle\sum_{n=1}^{\infty}\frac{1}{n}$이 되므로 발산하고 $x=2$일 때 주어진 멱급수는 $\displaystyle\sum_{n=1}^{\infty}\frac{(-1)^n}{n}$이 되므로 교대급수 판정법에 의해 수렴하게 된다. 따라서 주어진 멱급수는 $2 \le x < 4$에서 수렴한다.

■■

멱급수가 큰 비중을 차지하는 이유는 수학, 물리학, 화학 등에서 나오는 가장 중요한 함수들 중 일부가 멱급수로 표현되기 때문이다. 지금까지 살펴본 멱급수들을 보면 멱급수가 수렴하는 x값 전체 집합은 항상 하나의 구간으로 나타내진다. 다음 정리는 이러한 사실이 일반적으로 타당하다는 것을 보여준다.

정리 6.18 멱급수 $\displaystyle\sum_{n=0}^{\infty}c_n(x-a)^n$은 반드시 다음 세 가지 중의 어느 하나에만 해당한다.

(a) $x=a$일 때만 수렴한다.

(b) 모든 x에 대하여 수렴한다.

(c) 적당한 양수 R이 존재하여 $|x-a|<R$이면 수렴하고, $|x-a|>R$이면 발산한다.

[수렴반경과 수렴구간]

멱급수가 정리 6.18에서 (c)의 경우에 해당될 때 R을 $\sum_{n=0}^{\infty} c_n(x-a)^n$의 **수렴반경**(radius of convergence)이라 한다. $\sum_{n=0}^{\infty} c_n(x-a)^n$이 정리 6.18에서 (a)를 만족하면 $R=0$이라 하고, 정리 6.18에서 (b)를 만족하면 $R=\infty$라 한다. 따라서 모든 멱급수는 수렴반경 R을 갖는다. $\sum_{n=0}^{\infty} c_n(x-a)^n$이 수렴하는 x값들의 집합을 $\sum_{n=0}^{\infty} c_n(x-a)^n$의 **수렴구간**(interval of convergence)이라고 한다. 정리 6.18의 (a)~(c)로부터 수렴구간은 다음 경우 중 하나가 됨을 알 수 있다(그림 6.12).

$$[a, a],\ (a-R,\ a+R),\ (a-R,\ a+R],$$
$$[a-R,\ a+R),\ [a-R,\ a+R],\ (-\infty,\ \infty)$$

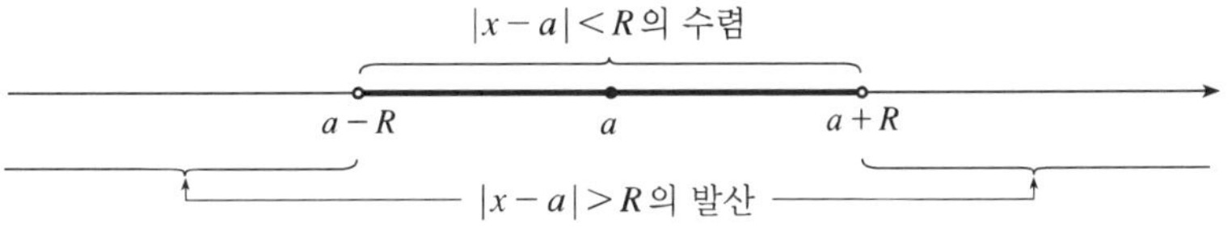

그림 6.12

예제 2 멱급수 $\sum_{n=1}^{\infty} nx^n$의 수렴반경과 수렴구간을 구하여라.

풀이 $x \neq 0$이면

$$\lim_{n\to\infty}\left|\frac{(n+1)x^{n+1}}{nx^n}\right| = \lim_{n\to\infty}\left|\frac{n+1}{n}x\right| = |x|$$

이므로, 비판정법에 의하여 급수는 $|x|<1$에서 수렴하고 $|x|>1$에서는 발산한다. 따라서 정리 6.18에 의해 수렴반경 R은 1이다. $|x|=1$인 경우를 검토하여 보자. $x=\pm 1$에서는 급수 $\sum_{n=1}^{\infty} n$과 $\sum_{n=1}^{\infty} (-1)^n n$ 둘 다 항들이 0에 수렴하지 않으므로 발산한다. 그러므로 수렴구간은 $(-1, 1)$이다. ■

멱급수의 합은 정의역이 그 멱급수의 수렴구간인 함수

$$f(x) = \sum_{n=0}^{\infty} c_n(x-a)^n$$

이다. 우리는 이러한 함수들을 미분하고 적분도 할 수 있기를 원하는데 다음 정리는 다항식과 마찬가지로 멱급수의 각 항들을 개별적으로 미분하거나 적분함으로써 그렇게 할 수 있음을 말해준다. 증명은 복잡하므로 부록 6–2, 6–3을 참고하여라.

정리 6.19 (멱급수의 미분과 적분)

멱급수 $\sum_{n=0}^{\infty} c_n(x-a)^n$의 수렴반경이 $R(>0)$일 때,

$$f(x)=c_0+c_1(x-a)+c_2(x-a)^2+\cdots=\sum_{n=1}^{\infty} c_n(x-a)^n$$

로 정의된 함수 f는 구간 $(a-R,\ a+R)$에서 미분 및 적분가능하고(따라서 연속이고), 또한

(a) $f'(x)=c_1+2c_2(x-a)+3c_3(x-a)^2+\cdots=\sum_{n=1}^{\infty} nc_n(x-a)^{n-1}$

(b) $\int f(x)dx=c+c_0(x-a)+c_1\frac{(x-a)^2}{2}+c_2\frac{(x-a)^3}{3}+\cdots$

$$=c+\sum_{n=0}^{\infty} c_n\frac{(x-a)^{n+1}}{n+1}$$

(a), (b)에서 얻어진 멱급수들의 수렴반경은 모두 R이다.

정리 6.19의 식 (a)와 (b)는 다음과 같이 바꾸어 쓸 수 있다.

(c) $\frac{d}{dx}\left\{\sum_{n=0}^{\infty} c_n(x-a)^n\right\}=\sum_{n=0}^{\infty}\frac{d}{dx}\{c_n(x-a)^n\}$

(d) $\int\left\{\sum_{n=0}^{\infty} c_n(x-a)^n\right\}dx=\sum_{n=0}^{\infty}\int\{c_n(x-a)^n\}dx$

주 정리 6.19에서 멱급수를 미분하거나 적분해도 역시 수렴반경은 변하지 않음을 알 수 있다. 그러나 수렴구간조차 변하지 않는다는 의미는 아니다. 예를 들면, $\sum_{n=1}^{\infty}\frac{x^n}{n}$의 수렴구간은 $[-1,\ 1)$이지만 그 도함수 $\sum_{n=1}^{\infty} x^{n-1}$의 수렴구간은 $(-1,\ 1)$이다.

➔ 예제 3 $\frac{d}{dx}\left(\sum_{n=0}^{\infty}\frac{x^n}{n!}\right)=\sum_{n=0}^{\infty}\frac{x^n}{n!}$임을 보여라.

풀이 비판정법을 사용하면 모든 실수에 대하여 $\sum_{n=0}^{\infty} \frac{x^n}{n!}$은 수렴하므로, 정리 6.19의 (a)에 의하여 $\sum_{n=1}^{\infty} \frac{nx^{n-1}}{n!}$도 수렴하고

$$\frac{d}{dx}\left(\sum_{n=0}^{\infty} \frac{x^n}{n!}\right) = \sum_{n=1}^{\infty} \frac{nx^{n-1}}{n!} = \sum_{n=1}^{\infty} \frac{x^{n-1}}{(n-1)!} = \sum_{n=0}^{\infty} \frac{x^n}{n!}.$$

■■

모든 x에 대하여 함수 f를

$$f(x) = \sum_{n=0}^{\infty} \frac{x^n}{n!}$$

으로 정의하면 예제 3으로부터 $f'(x) = f(x)$이다. 그런데 $f(0) = \sum_{n=0}^{\infty} \frac{0^n}{n!} = 1$이므로 $f(x) = e^x$이다. 따라서 e^x를 멱급수로 표시할 수 있다.

$$e^x = \sum_{n=0}^{\infty} \frac{x^n}{n!} = 1 + x + \frac{x^2}{2!} + \cdots$$

예제 4 (a) $|x| < 1$일 때 $\frac{1}{1-x} = \sum_{n=0}^{\infty} x^n$이므로 양변을 미분하면

$$\frac{1}{(1-x)^2} = \sum_{n=1}^{\infty} nx^{n-1}$$

n을 $n+1$로 대입하여 다시 쓰면

$$\frac{1}{(1-x)^2} = \sum_{n=0}^{\infty} (n+1)x^n$$

정리 6.19에 의해 미분한 급수의 수렴반경은 처음 급수의 수렴반경과 같이 $R = 1$이다.

(b) $\frac{1}{1-x} = \sum_{n=0}^{\infty} x^n$에서 x 대신 $-t$를 대입하면

$$\frac{1}{1+t} = \sum_{n=0}^{\infty} (-1)^n t^n, \quad |t| < 1 \tag{3}$$

이고, 양변을 적분하면

$$\ln(1+x)=\int_0^x \frac{1}{1+t}dt=\int_0^x\left(\sum_{n=0}^{\infty}(-1)^n t^n\right)dt$$

$$=\sum_{n=0}^{\infty}\frac{(-1)^n}{n+1}x^{n+1}, \qquad |x|<1$$

을 얻는다. 수렴반경은 처음 급수의 수렴반경과 같은 $R=1$이다. ■■

예제 5 $|x|<1$에 대하여 $\arctan x=\sum_{n=0}^{\infty}\frac{(-1)^n}{2n+1}x^{2n+1}$임을 보여라.

풀이 $|t|<1$이면 $|t^2|<1$이므로, 식 (3)에 t 대신 t^2을 대입하면

$$\frac{1}{1+t^2}=\sum_{n=0}^{\infty}(-1)^n t^{2n}, \qquad |t|<1$$

이 되고, 정리 6.19의 (b)를 사용하면

$$\arctan x=\int_0^x \frac{1}{1+t^2}dt=\int_0^x\left(\sum_{n=0}^{\infty}(-1)^n t^{2n}\right)dt$$

$$=\sum_{n=0}^{\infty}\frac{(-1)^n}{2n+1}x^{2n+1}, \qquad |x|<1$$

을 얻는다. ■■

주 $\ln(1+x)$에 관한 멱급수는 $x=1$일 때도 수렴(6.4절)함을 쉽게 보일 수 있고, $\arctan x$에 관한 멱급수도 증명이 쉽지는 않지만 역시 $x=1$에서 수렴한다. $x=1$에서 계산하면

$$\frac{\pi}{4}=\arctan 1=1-\frac{1}{3}+\frac{1}{5}-\frac{1}{7}+\cdots$$

이다. ■■

연 습 문 제 6.6

1. 다음 급수들의 수렴반경과 수렴구간을 구하여라.

(1) $\displaystyle\sum_{n=0}^{\infty} \frac{(-3)^n x^n}{\sqrt{n+1}}$　　(2) $\displaystyle\sum_{n=0}^{\infty} \frac{n(x+2)^n}{3^{n+1}}$

(3) $\displaystyle\sum_{n=2}^{\infty} (-1)^n \frac{x^n}{4^n \ln n}$　　(4) $\displaystyle\sum_{n=1}^{\infty} \frac{(-1)^{n-1} x^n}{n^3}$

2. 다음 함수들을 멱급수로 나타내고 수렴구간을 구하여라.

(1) $f(x) = \dfrac{x}{9+x^2}$　　(2) $f(x) = \dfrac{1}{1-x^3}$

3. e^x의 멱급수 전개를 사용하여 다음을 증명하여라.

(1) $\cosh x = \displaystyle\sum_{n=0}^{\infty} \frac{1}{(2n)!} x^{2n}$　　(2) $\sinh x = \displaystyle\sum_{n=0}^{\infty} \frac{1}{(2n+1)!} x^{2n+1}$

6.7 테일러 급수와 이항급수

앞 절에서는 몇 가지 특별한 종류의 함수들에 대해서만 멱급수 표현을 구할 수 있었다. 이 절에서는 더 일반적인 문제로 어떤 함수들이 멱급수 표현을 가지며 그러한 표현을 어떻게 구할 수 있는가에 관하여 공부하고자 한다.

이제 함수 f가 멱급수로 나타낼 수 있는 임의의 함수라 하고

$$f(x) = c_0 + c_1(x-a) + c_2(x-a)^2 + c_3(x-a)^3 + \cdots, \quad |x-a| < R \tag{1}$$

이라 놓는다. 각 계수 c_n을 f로 표현하도록 하자.

$f(a) = c_0$이고, 식 (1)을 항별로 미분하면

$$f'(x) = c_1 + 2c_2(x-a) + 3c_3(x-a)^2 + \cdots, \quad |x-a| < R$$

이므로 $f'(a) = c_1$이다. 같은 방법으로 계속해서 n번 미분하고 $x = a$를 대입하면

$$f^{(n)}(a) = 2 \cdot 3 \cdot 4 \cdots nc_n = n!c_n$$

을 얻고

$$c_n = \frac{f^{(n)}(a)}{n!}$$

를 얻게 된다. $0! = 1$이라 하고 $f^{(0)} = f$라 하면 위 식은 $n = 0$인 경우에도 성립한다. 따라서 다음 정리를 얻는다.

정리 6.20 함수 f가 a에서 멱급수로 전개되면, 즉

$$f(x) = \sum_{n=0}^{\infty} c_n (x-a)^n, \qquad |x-a| < R$$

이면, 그 멱급수의 계수들은

$$c_n = \frac{f^{(n)}(a)}{n!}$$

로 주어진다.

c_n에 대한 식을 대입함으로써 f가 a에서 멱급수 전개식을 갖는다면 다음 형태가 된다는 것을 알 수 있다.

$$\begin{aligned} f(x) &= \sum_{n=0}^{\infty} \frac{f^{(n)}(a)}{n!}(x-a)^n \qquad (2) \\ &= f(a) + \frac{f'(a)}{1!}(x-a) + \frac{f''(a)}{2!}(x-a)^2 + \frac{f'''(a)}{3!}(x-a)^3 + \cdots \end{aligned}$$

정의 6.21 식 (2)의 급수를 함수 f의 a에 대한 **테일러(Taylor) 급수**라 한다. 특별히 $a = 0$에 대한 테일러 급수

$$f(x) = \sum_{n=0}^{\infty} \frac{f^{(n)}(0)}{n!}x^n = f(0) + \frac{f'(0)}{1!}x + \frac{f''(0)}{2!}x^2 + \frac{f'''(0)}{3!}x^3 + \cdots$$

을 **매클로린(Maclaurin) 급수**라 부른다.

$f(x)=e^x$ 이면 $f^{(n)}(x)=e^x$ 이므로 모든 x에 대하여 $f^{(n)}(0)=e^0=1$이다. 그러므로 f의 매클로린 급수는

$$e^x=\sum_{n=0}^{\infty}\frac{f^{(n)}(0)}{n!}x^n=\sum_{n=0}^{\infty}\frac{x^n}{n!}=1+\frac{x}{1!}+\frac{x^2}{2!}+\frac{x^3}{3!}+\cdots \tag{3}$$

[테일러 다항식]

함수 f를 a에 대한 멱급수로 전개할 수 있다면 f는 그 테일러 급수의 합과 같음을 증명하였다. 그러나 그들의 테일러 급수의 합과 같지 않은 함수들이 존재한다. 그렇다면 어떤 조건에서 함수가 그의 테일러 급수의 합과 같아지는가? 다시 말해서 f가 무한 번 미분가능하다면, 언제

$$f(x)=\sum_{n=0}^{\infty}\frac{f^{(n)}(a)}{n!}(x-a)^n$$

이 성립하는가? 수렴하는 급수에서와 같이, 이것은 $f(x)$가 부분합으로 이루어진 수열의 극한임을 의미한다. 테일러 급수에서 부분합은

$$\begin{aligned}T_n(x)&=\sum_{i=0}^{n}\frac{f^{(i)}(a)}{i!}(x-a)^i\\&=f(a)+\frac{f'(a)}{1!}(x-a)+\frac{f''(a)}{2!}(x-a)^2+\cdots+\frac{f^{(n)}(a)}{n!}(x-a)^n\end{aligned}$$

이다. T_n은 n차 다항식으로 a에서 f의 n차 **테일러 다항식**이라 부른다. 예를 들어 식 (3)을 적용하여 $f(x)=e^x$의 0에서의 테일러 다항식의 처음 3개의 항을 나열하면 아래와 같다.

$$T_1(x)=1+x,\qquad T_2(x)=1+x+\frac{x^2}{2!},\qquad T_3(x)=1+x+\frac{x^2}{2!}+\frac{x^3}{3!}$$

이 지수함수의 그래프와 이들 3개의 테일러 다항식의 그래프는 그림 6.13에 그려져 있다.

일반적으로

$$f(x)=\lim_{n\to\infty}T_n(x)$$

이면 $f(x)$는 그의 테일러 급수의 합이다.

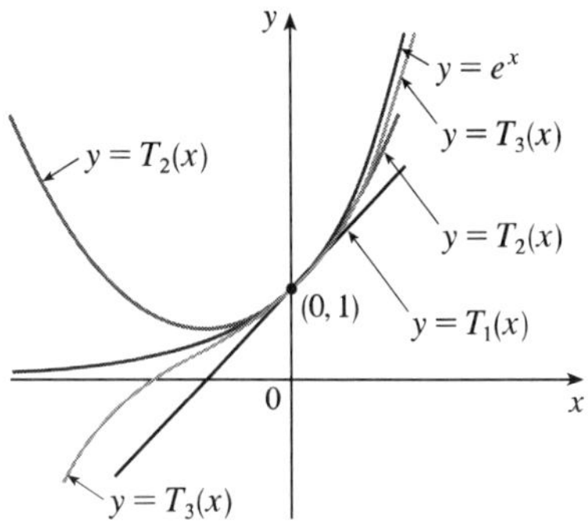

그림 6.13

$$f(x) = T_n(x) + R_n(x)$$

이 되도록

$$R_n(x) = f(x) - T_n(x)$$

라 놓고, $R_n(x)$를 그 테일러 급수의 **나머지**라 한다.

만약 어떻게 해서든지 $\lim_{n\to\infty} R_n(x) = 0$임을 보일 수만 있다면

$$\lim_{n\to\infty} T_n(x) = \lim_{n\to\infty}[f(x) - R_n(x)] = f(x) - \lim_{n\to\infty} R_n(x) = f(x)$$

가 성립함을 알 수 있다. 그러므로 아래의 정리가 증명되었다.

> **정리 6.22** T_n이 a에서 f의 n차 다항식일 때, $|x-a| < R$에 대하여
>
> $$f(x) = T_n(x) + R_n(x) \text{이고 } \lim_{n\to\infty} R_n(x) = 0$$
>
> 이면, f는 구간 $|x-a| < R$에서 테일러 급수의 합과 같다.

특별한 함수 f에 대하여 $\lim_{n\to\infty} R_n(x) = 0$임을 보이기 위해서 다음 정리를 자주 사용한다. 증명은 생략한다(부록 6-4 참조).

정리 6.23 (테일러 부등식)
$|x-a| \le d$에 대하여 $|f^{(n+1)}(x)| \le M$이면, 그 테일러 급수의 나머지 $R_n(x)$는 다음 부등식을 만족한다. 즉 $|x-a| \le d$에 대하여

$$|R_n(x)| \le \frac{M}{(n+1)!}|x-a|^{n+1}$$

이다.

정리 6.22와 6.23을 적용하려 할 때 다음 사실을 이용하면 도움이 된다.

$$\text{모든 실수 } x\text{에 대하여 } \lim_{n\to\infty}\frac{x^n}{n!}=0 \tag{4}$$

이는 비판정법에 의해 급수 $\sum_{n=0}^{\infty}\frac{x^n}{n!}$은 모든 x에 대하여 수렴하므로 그의 n번째 항이 0에 수렴한다는 사실로부터 알 수 있다.

예제 1 e^x가 매클로린 급수의 합과 같음을 보여라.

풀이 $f(x)=e^x$으로 놓으면, 모든 n에 대하여 $f^{(n+1)}(x)=e^x$이다. d가 임의의 양의 실수이고 $|x| \le d$이면 $|f^{(n+1)}(x)|=e^x \le e^d$이다. 따라서 테일러 부등식에서 $a=0$, $M=e^d$으로 놓으면

$$|x| \le d\text{에 대하여 } |R_n(x)| \le \frac{e^d}{(n+1)!}|x|^{n+1}$$

이다. 식 (4)로부터

$$\lim_{n\to\infty}\frac{e^d}{(n+1)!}|x|^{n+1}=e^d\lim_{n\to\infty}\frac{|x|^{n+1}}{(n+1)!}=0$$

이다. 압축 정리로부터 $\lim_{n\to\infty}|R_n(x)|=0$이므로 모든 x에 대하여 $\lim_{n\to\infty}R_n(x)=0$이다. 그러므로 정리 6.22에 의하여 e^x는 매클로린 급수의 합과 같다. 즉

$$\text{모든 } x\text{에 대하여, } e^x=\sum_{n=0}^{\infty}\frac{x^n}{n!} \tag{5}$$

이다. ■■

특히 식 (5)에서 $x=1$을 대입하면 수 e를 무한급수의 합으로 나타낸 다음 식을 얻는다.

$$e=\sum_{n=0}^{\infty}\frac{1}{n!}=1+\frac{1}{1!}+\frac{1}{2!}+\frac{1}{3!}+\cdots$$

예제 2 $\sin x$에 관한 매클로린 급수를 구하여라. 또 급수가 모든 x에 대하여 $\sin x$를 나타냄을 보여라.

풀이 아래와 같이 계산을 두 열로 정리하면

$$\begin{array}{ll}
f(x)=\sin x & f(0)=0 \\
f'(x)=\cos x & f'(0)=1 \\
f''(x)=-\sin x & f''(0)=0 \\
f'''(x)=-\cos x & f'''(0)=-1 \\
f^{(4)}(x)=\sin x & f^{(4)}(0)=0
\end{array}$$

도함수가 네 번째마다 반복되므로 매클로린 급수는 다음과 같다.

$$\begin{aligned}
&f(0)+\frac{f'(0)}{1!}x+\frac{f''(0)}{2!}x^2+\frac{f'''(x)}{3!}x^3+\cdots \\
&=x-\frac{x^3}{3!}+\frac{x^5}{5!}-\frac{x^7}{7!}+\cdots=\sum_{n=0}^{\infty}(-1)^n\frac{x^{2n+1}}{(2n+1)!}
\end{aligned}$$

이때 $f^{(n+1)}(x)$는 $\pm\sin x$이거나 $\pm\cos x$이므로, 모든 x에 대하여 $|f^{(n+1)}(x)|\le 1$이다.

$$|R_n(x)|\le\frac{M}{(n+1)!}|x^{n+1}|=\frac{|x|^{n+1}}{(n+1)!} \tag{6}$$

이 부등식의 우변은 식 (5)에 의하여 $n\to\infty$일 때 0에 수렴하므로 6.1절의 식 (5)에 의하여 $|R_n(x)|\to 0$이다. 따라서 $n\to\infty$일 때 $R_n(x)\to 0$이고 이때 정리 6.22를 적용하면 $\sin x$는 매클로린 급수의 합과 같다. ■

예제 2와 비슷한 방법으로

$$\cos x=1-\frac{x^2}{2!}+\frac{x^4}{4!}-\frac{x^6}{6!}+\cdots=\sum_{n=0}^{\infty}\frac{(-1)^n}{(2n)!}x^{2n}$$

임을 알 수 있다.

예제 3 $\frac{\pi}{6}$에 대한 $\sin x$의 테일러 급수를 구하고, 모든 x에 대하여 급수는 $\sin x$로 수렴함을 보여라.

풀이 $f(x)=\sin x \qquad f\left(\frac{\pi}{6}\right)=\frac{1}{2}$

$f'(x)=\cos x \qquad f'\left(\frac{\pi}{6}\right)=\frac{\sqrt{3}}{2}$

$f''(x)=-\sin x \qquad f''\left(\frac{\pi}{6}\right)=-\frac{1}{2}$

$f'''(x)=-\cos x \qquad f'''\left(\frac{\pi}{6}\right)=-\frac{\sqrt{3}}{2}$

$f^{(4)}(x)=\sin x \qquad f^{(4)}\left(\frac{\pi}{6}\right)=\frac{1}{2}$

이와 같이 계속하여 계산하면 $\frac{\pi}{6}$에 대한 $\sin x$의 테일러 급수는

$$\begin{aligned} f(x) &= \frac{1}{2}+\frac{\sqrt{3}}{2}\left(x-\frac{\pi}{6}\right)-\frac{1}{2}\frac{1}{2!}\left(x-\frac{\pi}{6}\right)^2-\frac{\sqrt{3}}{2}\frac{1}{3!}\left(x-\frac{\pi}{6}\right)^3+\cdots \\ &= \frac{1}{2}+\frac{\sqrt{3}}{2}\left(x-\frac{\pi}{6}\right)-\frac{1}{4}\left(x-\frac{\pi}{6}\right)^2-\frac{\sqrt{3}}{12}\left(x-\frac{\pi}{6}\right)^3+\cdots \end{aligned}$$

이다. 이 급수가 모든 x에 대하여 $\sin x$를 나타낸다는 것은 예제 2에서와 비슷한 방법으로 증명된다(식 (6)에 x 대신 $x-\frac{\pi}{6}$를 대입한다). ■■

테일러 급수가 중요한 한 가지 이유는 지금까지 우리가 적분할 수 없었던 함수들을 적분할 수 있게 해준다는 것이다. 실제로 뉴턴(Newton)은 적분이 어려운 함수를 멱급수로 전개한 후 항별 적분을 이용하여 적분하였다. 다음 예제는 뉴턴의 아이디어를 이용하여 $f(x)=e^{-x^2}$을 적분한 것이다.

예제 4 (a) $\int e^{-x^2}dx$를 멱급수를 이용하여 계산하여라.

(b) $\int_0^1 e^{-x^2}dx$를 오차가 0.001을 넘기지 않는 범위에서 계산하여라.

풀이 (a) 먼저 $f(x)=e^{-x^2}$의 매클로린 급수를 구하자. 직접적인 방법으로 구해도 되지

만 매클로린 급수표에 있는 e^x의 급수에 x 대신 $-x^2$을 대입함으로써 간단히 구할 수 있다. 따라서 x의 모든 값에 대하여

$$e^{-x^2}=\sum_{n=0}^{\infty}\frac{(-x^2)^n}{n!}=\sum_{n=0}^{\infty}(-1)^n\frac{x^{2n}}{n!}=1-\frac{x^2}{1!}+\frac{x^4}{2!}-\frac{x^6}{3!}+\cdots$$

이다. 이것을 항별로 적분하면

$$\begin{aligned}\int e^{-x^2}dx&=\int\left(1-\frac{x^2}{1!}+\frac{x^4}{2!}-\frac{x^6}{3!}+\cdots+(-1)^n\frac{x^{2n}}{n!}+\cdots\right)dx\\&=C+x-\frac{x^3}{3\cdot 1!}+\frac{x^5}{5\cdot 2!}-\frac{x^7}{7\cdot 3!}+\cdots+(-1)^n\frac{x^{2n+1}}{(2n+1)n!}+\cdots\end{aligned}$$

이다. 여기서 e^{-x^2}에 대한 원래 급수가 모든 x에 대하여 수렴하기 때문에 이 급수 역시 모든 x에 대하여 수렴한다.

(b) 미적분학의 기본정리에 의해

$$\begin{aligned}\int_0^1 e^{-x^2}dx&=\left[x-\frac{x^3}{3\cdot 1!}+\frac{x^5}{5\cdot 2!}-\frac{x^7}{7\cdot 3!}+\cdots+(-1)^n\frac{x^{2n+1}}{(2n+1)n!}+\cdots\right]_0^1\\&=1-\frac{1}{3}+\frac{1}{10}-\frac{1}{42}+\frac{1}{216}-\cdots\\&\approx 1-\frac{1}{3}+\frac{1}{10}-\frac{1}{42}+\frac{1}{216}\\&\approx 0.7475\end{aligned}$$

이고, 이 근사값의 오차는

$$\frac{1}{11\cdot 5!}=\frac{1}{1320}<0.001$$

보다 작다. ■■

[이항급수]

이항정리는 임의의 두 실수 a, b 및 양의 정수 k에 대하여

$$(a+b)^k=\sum_{n=0}^{k}\binom{k}{n}a^{k-n}b^n$$

임을 알고 있다. 여기서 $\binom{k}{0}=1$이고 $\binom{k}{n}=\dfrac{k(k-1)\cdots(k-n+1)}{n!}$, $n=1, \cdots, k$이다. 특히 $a=1$이고 $b=x$이면

$$(1+x)^k=\sum_{n=0}^{\infty}\binom{k}{n}x^n \tag{1}$$

뉴턴의 업적 중의 하나는 이항정리(식 (1))를 k가 양의 정수가 아닌 임의의 실수까지 확장시킨 것이다. 이 경우 $(1+x)^k$에 관한 식은 더 이상 유한합이 아니고 하나의 무한급수가 된다. 이 급수를 구하기 위해 $(1+x)^k$의 매클로린 급수를 구하여 보면

$$\begin{aligned}
f(x)&=(1+x)^k & f(0)&=1\\
f'(x)&=k(1+x)^{k-1} & f'(0)&=k\\
f''(x)&=k(k-1)(1+x)^{k-2} & f''(0)&=k(k-1)\\
f'''(x)&=k(k-1)(k-2)(1+x)^{k-3} & f'''(0)&=k(k-1)(k-2)\\
&\vdots & &\vdots\\
f^{(n)}(x)&=k(k-1)\cdots(k-n+1)(1+x)^{k-n} & f^{(n)}(0)&=k(k-1)\cdots(k-n+1)
\end{aligned}$$

이다. 따라서 $f(x)=(1+x)^k$의 매클로린 급수는

$$\sum_{n=0}^{\infty}\frac{f^{(n)}(0)}{n!}x^n=\sum_{n=0}^{\infty}\frac{k(k-1)\cdots(k-n+1)}{n!}x^n$$

이다. 이 급수를 **이항급수**라고 한다. 이때 a_n을 급수의 n번째 항이라 하면

$$\begin{aligned}
\lim_{n\to\infty}\left|\frac{a_{n+1}}{a_n}\right|&=\lim_{n\to\infty}\left|\frac{k(k-1)\cdots(k-n+1)(k-n)x^{n+1}}{(n+1)!}\cdot\frac{n!}{k(k-1)\cdot(k-n+1)x^n}\right|\\
&=\lim_{n\to\infty}\frac{|k-n|}{n+1}|x|=\lim_{n\to\infty}\frac{\left|1-\dfrac{k}{n}\right|}{1+\dfrac{1}{n}}|x|=|x|
\end{aligned}$$

이다. 그러므로 비판정법에 의해 이 이항급수는 $|x|<1$이면 수렴하고, $|x|>1$이면 발산한다. 다음 정리는 $(1+x)^k$가 매클로린 급수의 합과 같다는 것을 말해준다. 증명은 어려우므로 생략한다.

정리 6.24 k가 임의의 실수이고 $|x| < 1$이면

$$(1+x)^k = 1 + kx + \frac{k(k-1)}{2!}x^2 + \frac{k(k-1)(k-2)}{3!}x^3 + \cdots$$

$$= \sum_{n=0}^{\infty} \binom{k}{n} x^n$$

단, $\binom{k}{n} = \dfrac{k(k-1)(k-2)\cdots(k-n+1)}{n!}$ $(n \geq 1)$, $\binom{k}{0} = 1$이다.

이항급수는 항상 $|x| < 1$일 때 수렴하지만 양 끝점 $x = \pm 1$에서의 수렴여부는 k의 값에 따라 달라진다. 이항급수는 매클로린 급수의 특수한 경우지만, 종종 나오는 문제로서 기억할 가치가 있다.

예제 5 $\dfrac{1}{(1+x)^2}$을 멱급수로 전개하여라.

풀이 $k = -2$인 경우의 이항급수를 이용하자. 이항계수는

$$\binom{-2}{n} = \frac{(-2)(-3)(-4)\cdots(-2-n+1)}{n!}$$

$$= \frac{(-1)^n 2 \cdot 3 \cdot 4 \cdot \cdots \cdot n(n+1)}{n!} = (-1)^n(n+1)$$

이므로 $|x| < 1$일 때

$$\frac{1}{(1+x)^2} = (1+x)^{-2} = \sum_{n=0}^{\infty} \binom{-2}{n} x^n$$

$$= \sum_{n=0}^{\infty} (-1)^n (n+1) x^n$$

$$= 1 - 2x + 3x^2 - 4x^3 + \cdots$$

이다. ■■

연 습 문 제 6.7

1. 다음 함수들에 대한 매클로린 급수를 구하여라(f는 멱급수 확장을 가짐을 가정하여라.). 또한 수렴구간도 구하여라.

   (1) $f(x) = (1+x)^{-3}$　　　　(2) $f(x) = e^{5x}$

2. 다음 함수의 a에 대한 테일러 급수를 구하여라(f는 멱급수 확장을 가짐을 가정하여라.).

   (1) $f(x) = 1 + x + x^2, \quad a = 2$　　　　(2) $f(x) = e^x, \quad a = 3$

   (3) $f(x) = \cos x, \quad a = \pi$

3. $\sinh x$에 관한 매클로린 급수를 구하여라. 또 그 급수가 모든 x에 대하여 $\sinh x$를 나타냄을 보여라.

4. 이항급수를 이용하여 다음 함수를 멱급수로 전개하고, 수렴반경을 구하여라.

   (1) $\sqrt{1+x}$　　　　(2) $\dfrac{1}{(2+x)^3}$

미적분학

Chapter 07

벡터와 공간기하

7.1 삼차원 좌표계와 벡터

[좌표계]

공간상의 한 점의 위치를 결정하기 위하여 3개의 서로 수직인 좌표축으로 구성되는 **좌표계**(coordinate system)를 설정하는 것이 필요하다. 직선과 평면에 좌표계를 도입하는 것과 같은 방법으로, 3차원 공간 속에 하나의 고정된 점 O(원점)를 정하고, O에서 서로 수직인 세 직선을 생각하고 원점과 각 직선의 양의 방향을 정하면 x축, y축, z축으로 구성되는 **직교**(rectangular) **좌표계**가 만들어진다(그림 7.1). 그러면 공간 속의 한 점 P는 세 실수의 순서모임 $(a,\ b,\ c)$로 표시된다. 그때 $(a,\ b,\ c)$를 점 P의 직교좌표라 부르고, $a,\ b,\ c$를 각각 점 $P=(a,\ b,\ c)$의 x성분, y성분, z성분 또는 x좌표, y좌표, z좌표라 부른다(그림 7.2). 역으로 세 실수의 순서모임 $(a,\ b,\ c)$가 주어지면 공간상에 점의 좌표가 $(a,\ b,\ c)$인 점이 대응된다. 이러한 일대일 대응관계가 공간상의 기하학적인 대상을 방정식으로 표현할 수 있게 해준다. 그리고 공간상의 각 점이 세 개의 좌표를 가지기 때문에 공간을 3차원 공간이라 부르고, 세 실수의 순서쌍 전체의 집합을 $R^3 = R \times R \times R = \{(x,\ y,\ z) \mid x,\ y,\ z \in R\}$으로 나타낸다. 세 좌표축은 세 개의 좌표평면을 결정한다. 즉 x성분이 0인 점들 전체의 집합을 yz평면, y성분이 0인 점들 전체의 집합을 zx평면, z성분이 0인 점들 전체의 집합을 xy평면이라 부른다. 그리고 세 좌표평면 $x=0$, $y=0$, $z=0$은 공간을 팔분공간이라 하는 8개의 조각으로 나누고, 이 중 좌표점이 모두 양인 공간을 제1팔분공간이라 한다. y성분과 z성분이 동시에 0인 점들 전체의 집합을 x축, z성분과 x성분이 동시에 0인 점들 전체의 집합을 y축, x성분과 y성분이 동시에 0인 점들 전체의 집합을 z축이라고 부른다. x성분, y성분, z성분이 모두 0이 되는 점 $(0,\ 0,\ 0)$을 **원점**이라 부르고, 단순히 O으로 나타내기로 한다. 상황에 따라서 공간의 점을 표현하는데 다른 방법을 사용하면 더 편리할 때가 있다. 그 중에는 원기둥 좌표계, 구면 좌표계가 있는데 그것은 10장에서 다시 논의하기로 한다.

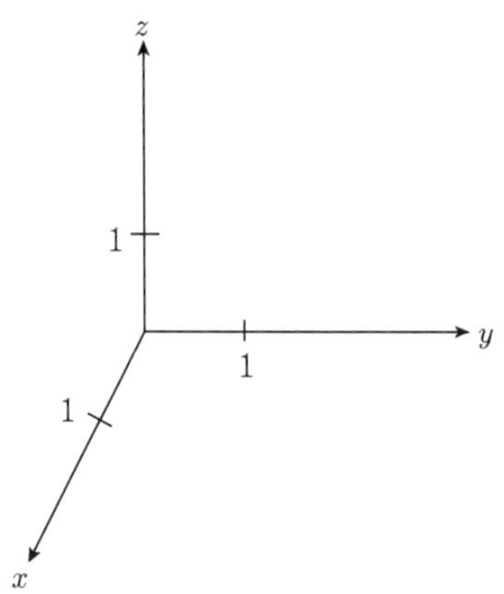

그림 7.1

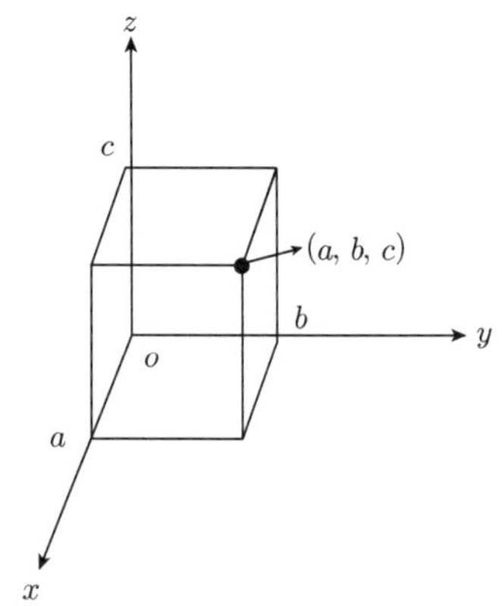

그림 7.2

평면에서와 같이 공간 속의 두 점 $P=(x_0, y_0, z_0)$와 $Q=(x_1, y_1, z_1)$ 사이의 거리 $|PQ|$는 피타고라스 정리에 의해

$$|PQ| = \sqrt{(x_1-x_0)^2+(y_1-y_0)^2+(z_1-z_0)^2} \tag{1}$$

으로 주어진다. 점 Q가 원점 O이면 $|PO|=|OP|=\sqrt{x_0^2+y_0^2+z_0^2}$ 이 된다.

예제 1 점 $P=(-1, 3, 6)$과 점 $Q=(4, 0, 5)$ 사이의 거리를 구하여라.

풀이 식 (1)로부터

$$|PQ| = \sqrt{(4-(-1))^2+(0-3)^2+(5-6)^2} = \sqrt{35}.$$ ■■

세 점 사이의 거리 관계에는 다음과 같은 삼각부등식이 있다(그림 7.3).

$$|PQ| \le |PR| + |RQ|$$

공간의 한 점 $P_0=(x_0, y_0, z_0)$를 중심으로 하고, 반경 a인 **구**(sphere)는 $|P_0X|=a$를 만족시키는 모든 점 $X=(x, y, z)$의 집합으로 정의된다(그림 7.4). 따라서 점 $X=(x, y, z)$가 구 위에 있을 필요충분조건은

$$\sqrt{(x-x_0)^2+(y-y_0)^2+(z-z_0)^2} = a$$

이다. 공간의 한 점 $P_0=(x_0, y_0, z_0)$를 중심으로 하고, 반경 a인 **공**(ball)은 $|P_0X| \le a$를 만족시키는 모든 점 $X=(x, y, z)$의 집합을 의미한다. 이것은

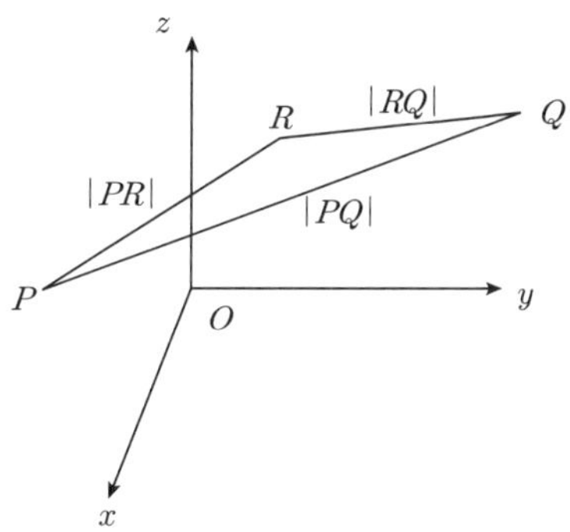

그림 7.3

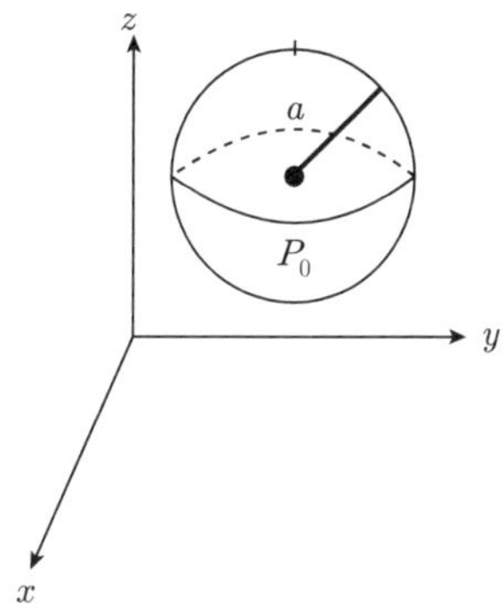

7.4

$$\sqrt{(x-x_0)^2+(y-y_0)^2+(z-z_0)^2} \le a$$

를 만족시키는 모든 점 $X=(x,\ y,\ z)$의 집합과 같다. 공은 구에 의해 둘러싸인 입체영역이다. 한편 평면 좌표계에서 원에 의해 둘러싸인 영역을 **원판**(disk)이라 부른다. 중심 $P=(x_0,\ y_0)$이고 반경이 a인 원판은

$$\sqrt{(x-x_0)^2+(y-y_0)^2} \le a$$

되는 점 $X=(x,\ y)$들의 집합이다.

예제 2 다음 식은 $\mathbf{R}^3$에서 어떤 곡선 또는 곡면을 나타내는가?

(a) $x=-3$ (b) $y=-1,\ z=1$

(c) $z=0,\ x\ge 0,\ z\ge 0$ (d) $x^2+y^2=2,\ z=1$

풀이 (a) 식 $x=-3$은 $\mathbf{R}^3$에서 x좌표가 -3인 모든 점들의 집합 $\{(x,\ y,\ z)\,|\,x=-3\}$을 나타낸다. 즉 점 $x=-3$에서 x축에 수직인 평면이다.

(b) 두 평면 $y=-1$와 $z=1$의 교선으로써 점 $(0,\ -1,\ 1)$를 지나고 x축에 평행한 직선이다.

(c) xy평면의 제1사분면

(d) 평면 $z=1$ 위의 원 $x^2+y^2=z$를 나타낸다. ■■

[벡터]

물리학이나 기하학 등에서는 어떤 척도에 따른 크기나 또는 단위의 수가 주어질 때 특성을 지니는 양이 있다. 예를 들면 물체의 질량, 전자의 전하, 물의 비열, 원의 지름, 삼각형의 넓이, 육면체의 부피 등이다. 이들 각각의 양은 측정 단위의 적당한 선택으로 단일

숫자만으로 기술되며, 이와 같은 양을 **스칼라**(scalar)라 부른다. 이에 대해 크기뿐 아니라, 방향으로써 특성되는 양이 있는데, 이와 같은 양을 **벡터**(vector)라 부른다. 예를 들면 역학에서의 힘과 속도 등과 같은 것이다. 벡터를 표현하는 좋은 방법은 그 벡터를 나타내는 유향선분의 시점과 종점의 좌표를 주는 것이다(그림 7.5).

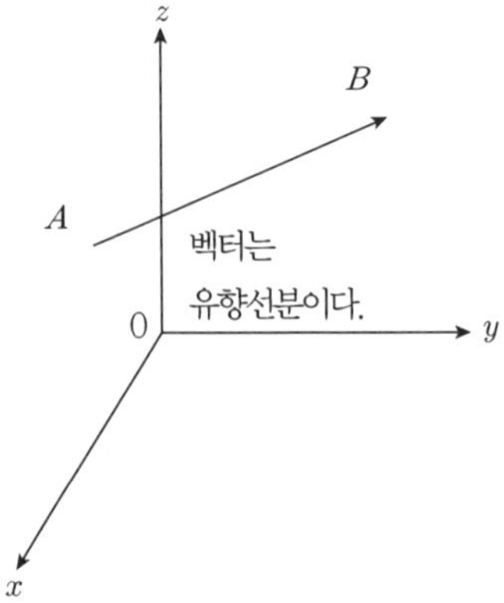

그림 7.5

정의 7.1 벡터는 직관적으로 공간상의 유향선분인데, 벡터 $\overrightarrow{AB}$에서 A를 시점, B를 종점이라 한다. 벡터 $\overrightarrow{AB}$의 길이를 $\|\overrightarrow{AB}\|$로 나타내고, 두 벡터의 크기와 방향이 같으면 두 벡터는 서로 같다. 벡터를 표현할 때, 두 벡터의 크기가 같고, 같은 방향을 가리킨다면 시점에 관계없이 동일한 벡터를 나타낸다.
벡터의 방향을 더 구체적으로 표현하기 위해서는 좌표계를 도입해서 대수적으로 표현하는 방법이 필요하다.
시점 $P=(x_0, y_0, z_0)$와 종점 $Q=(x_1, y_1, z_1)$을 갖는 유향선분에 대응되는 벡터 $\overrightarrow{PQ}$는 $(x_1-x_0, y_1-y_0, z_1-z_0)$으로 정의된다. 이때 $\overrightarrow{PQ}$는 시점이 원점이고 종점이 $(x_1-x_0, y_1-y_0, z_{1-}z_0)$인 벡터와 동일한 벡터가 된다. 그래서 벡터 $\overrightarrow{PQ}$와 동치인 벡터는 수없이 많게 된다. 3차원 공간에서 시점이 원점인 벡터 $\mathbf{a}=\overrightarrow{OP}=(a_1, a_2, a_3)$를 점 $P(a_1, a_2, a_3)$의 위치벡터라 한다. 그때 실수 a_1, a_2, a_3를 $\mathbf{a}$의 성분이라 부른다. 벡터 $(0, 0, 0)$를 영벡터라 부르고, $\mathbf{0}$으로 표시하고, 벡터를 문자로 표현할 때는 볼드체 소문자 **a**, **b**, **c** 등으로 나타낸다.

벡터 $\mathbf{a}=(a_1, a_2, a_3)$의 길이를 벡터의 **크기**(length)라 부르고 $\|\mathbf{a}\|$으로 표시한다. 즉

$$\|\mathbf{a}\| = \sqrt{a_1^2+a_2^2+a_3^2}$$

이고, 길이가 1인 벡터를 **단위벡터**(unit vector)라 부른다.

예를 들어, 벡터 $\mathbf{a} = (-2, 3, 5)$의 크기는

$$\| \mathbf{a} \| = \sqrt{(-2)^2 + 3^2 + 5^2} = \sqrt{38}$$

이다. x축, y축, z축의 양의 방향으로 길이가 1인 벡터를 각각 $\mathbf{i}, \mathbf{j}, \mathbf{k}$로 표시한다(그림 7.6). 즉

$$\mathbf{i} = (1, 0, 0),\ \mathbf{j} = (0, 1, 0),\ \mathbf{k} = (0, 0, 1)$$

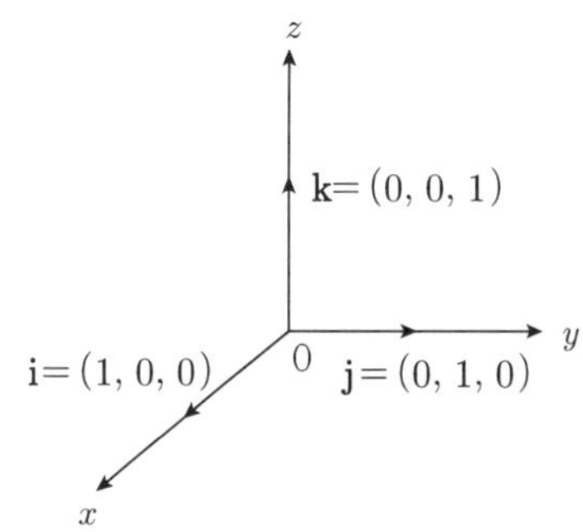

그림 7.6

예제 2 4개의 점 $P = (1, 3, 7)$, $Q = (-1, 0, 6)$, $R = (0, -1, -2)$, $S = (-2, -4, -3)$이 있을 때 두 벡터 $\overrightarrow{PQ}$와 $\overrightarrow{RS}$가 같음을 보여라.

풀이 $\overrightarrow{PQ} = (-2, -3, -1) = \overrightarrow{RS}$. ■■

[벡터의 연산]

벡터에 관한 2개의 주요한 연산이 벡터의 합(vector addition)과 스칼라곱(scalar multiplication)이다. 여기서 스칼라는 실수를 의미한다.

정의 7.2 두 벡터를 $\mathbf{a} = (a_1, a_2, a_3)$와 $\mathbf{b} = (b_1, b_2, b_3)$라 하고, k를 임의의 실수라 할 때,

벡터의 덧셈 : $\mathbf{a} + \mathbf{b} = (a_1 + b_1, a_2 + b_2, a_3 + b_3)$

$\mathbf{a} - \mathbf{b} = (a_1 - b_1, a_2 - b_2, a_3 - b_3)$

스칼라 곱 : $k\mathbf{a} = (ka_1, ka_2, ka_3)$

로 정의된다.

정의 7.2로부터 아래의 성질이 성립한다.

$$\mathbf{0}+\mathbf{a}=\mathbf{a}+\mathbf{0}=\mathbf{0} \qquad 0\,\mathbf{a}=\mathbf{0}$$
$$\mathbf{a}+\mathbf{b}=\mathbf{b}+\mathbf{a} \qquad 1\,\mathbf{a}=\mathbf{a}$$
$$\mathbf{a}-\mathbf{b}=\mathbf{a}+(-1)\mathbf{b} \qquad \mathbf{a}+(\mathbf{b}+\mathbf{c})=(\mathbf{a}+\mathbf{b})+\mathbf{c}$$
$$k(\mathbf{a}+\mathbf{b})=k\mathbf{a}+k\mathbf{b}$$

일반적으로 벡터끼리의 곱은 정의되지 않는다. 그래서 벡터의 몫도 생각할 수 없다. 벡터의 덧셈과 스칼라곱을 이용하면 임의의 벡터를 세 개의 단위벡터로 표현할 수 있다. 즉

$$\begin{aligned}\mathbf{a} &= (a_1,\ a_2,\ a_3) = (a_1,\ 0,\ 0)+(0,\ a_2,\ 0)+(0,\ 0,\ a_3)\\ &= a_1(1,\ 0,\ 0)+a_2(0,\ 1,\ 0)+a_3(0,\ 0,\ 1)\\ &= a_1\mathbf{i}+a_2\mathbf{j}+a_3\mathbf{k}\end{aligned}$$

이다. 예를 들어 $(1,\ -2,\ 3)=\mathbf{i}-2\mathbf{j}+3\mathbf{k}$로 표시할 수 있다.

벡터 $\mathbf{a}$의 표현은 다음과 같이 4가지로 표현할 수 있다.

1. 실수의 순서쌍 $(a_1,\ a_2,\ a_3)$
2. 공간 속의 점 $(a_1,\ a_2,\ a_3)$
3. 시점 $(x_0,\ y_0,\ z_0)$와 종점 $(x_0+a_1,\ y_0+a_2,\ z_0+a_3)$를 갖는 유향선분
4. $a_1\mathbf{i}+a_2\mathbf{j}+a_3\mathbf{k}$

[벡터 연산의 기하학적 해석]

두 벡터 $\mathbf{a}=a_1\mathbf{i}+a_2\mathbf{j}+a_3\mathbf{k}$, $\mathbf{b}=b_1\mathbf{i}+b_2\mathbf{j}+b_3\mathbf{k}$가 주어졌을 때 $\mathbf{a}$의 종점에 $\mathbf{b}$의 시점을 놓으면 $\mathbf{a}$와 $\mathbf{b}$의 **합**을 $\mathbf{a}$의 시점에서 $\mathbf{b}$의 종점까지 그린 벡터 $\mathbf{a}+\mathbf{b}$로 정의된다(그림 7.7). 그래서 두 벡터 $\mathbf{a}$, $\mathbf{b}$는 그들의 대각선이 $\mathbf{a}+\mathbf{b}$인 평행사변형을 결정한다. 두 벡터의 차 $\mathbf{a}-\mathbf{b}$는 $\mathbf{a}+(-\mathbf{b})$으로 쓴다(그림 7.7). 만약 두 벡터 $\mathbf{a}$와 $\mathbf{b}$를 나타내는 유향선분이 같은 시점 P를 갖는다면, 그때 벡터 $\mathbf{b}$의 종점에서 벡터 $\mathbf{a}$의 종점을 잇는 유향선분이 $\mathbf{a}-\mathbf{b}$이다. k를 임의의 실수라 할 때 $k\mathbf{a}$의 길이는 아래와 같이 주어진다(그림 7.8).

$$\|k\mathbf{a}\|=|k|\,\|\mathbf{a}\|$$

$\mathbf{a}\neq\mathbf{0}$이고 $k>0$이면 $k\mathbf{a}$는 $\mathbf{a}$와 같은 방향을 갖는다.

$\mathbf{a}\neq\mathbf{0}$이고 $k<0$이면 $k\mathbf{a}$는 $\mathbf{a}$와 반대 방향을 갖는다.

$\mathbf{a}=\mathbf{0}$이고 $k=0$이면 $k\mathbf{a}=\mathbf{0}$이다.

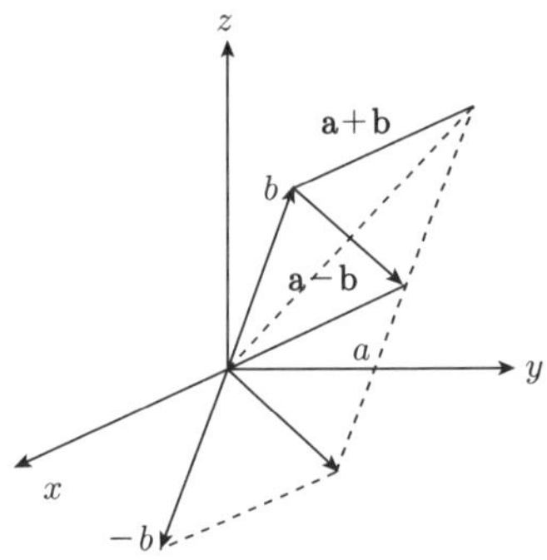

그림 7.7

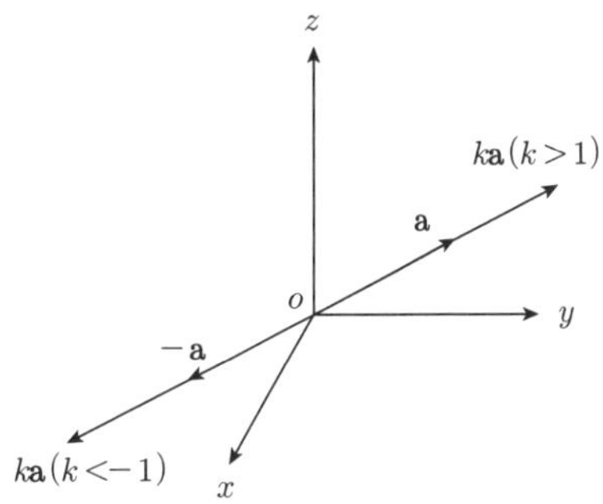

그림 7.8

> **정의 7.3** 영이 아닌 두 벡터 $\mathbf{a}$, $\mathbf{b}$에 대하여 $\mathbf{b}=k\mathbf{a}$인 실수 k가 존재하면 $\mathbf{a}$와 $\mathbf{b}$는 **평행**(parallel)하다고 한다.

예제 3 두 벡터 $\mathbf{a}=6\mathbf{i}-2\mathbf{j}+4\mathbf{k}$, $\mathbf{b}=-3\mathbf{i}+\mathbf{j}-2\mathbf{k}$가 있을 때 두 벡터가 서로 평행한가를 알아보아라.

풀이 $\mathbf{b}=-\dfrac{1}{2}\mathbf{a}$이므로 $\mathbf{a}$와 $\mathbf{b}$는 서로 평행하다. ■■

단위벡터(unit vector)는 크기가 1인 벡터이다. 영이 아닌 벡터 $\mathbf{a}$와 같은 방향의 단위벡터는 $\dfrac{\mathbf{a}}{\|\mathbf{a}\|}$로 주어진다.

예제 4 벡터 $4\mathbf{i}-\mathbf{j}-3\mathbf{k}$와 같은 방향의 단위벡터를 구하여라.

풀이 $\|4\mathbf{i}-\mathbf{j}-3\mathbf{k}\| = \sqrt{4^2+(-1)^2+(-3)^2}=\sqrt{26}$ 이므로 구하고자 하는 단위벡터는

$$\frac{1}{\sqrt{26}}(4\mathbf{i}-\mathbf{j}-3\mathbf{k}).$$ ■■

연 습 문 제 7.1

1. 두 점 P와 Q 사이의 거리를 구하고, $a\mathbf{i}+b\mathbf{j}+c\mathbf{k}$ 형태로 $\overrightarrow{PQ}$를 나타내어라.
   (1) $P=(0, 0, 0)$, $Q=(2, -3, 9)$

(2) $P=(0,-3,2)$ $Q=(3,-2,3)$
(3) $P=(0,2,0)$ $Q=(2,-1,\sqrt{7})$
(4) $P=(2,1,2)$ $Q=(2,1+\sqrt{2},2+\sqrt{3})$

2. 다음 벡터들의 길이를 구하여라.
(1) $\mathbf{a}=\mathbf{i}-2\mathbf{j}+\mathbf{k}$　(2) $\mathbf{b}=2\mathbf{i}+\mathbf{j}-3\mathbf{k}$
(3) $\mathbf{c}=-3\mathbf{i}+4\mathbf{j}-11\mathbf{k}$　(4) $\mathbf{d}=3\mathbf{i}-8\mathbf{k}$

3. 다음 벡터와 같은 방향의 단위벡터를 구하여라.
(1) $\mathbf{a}=-\mathbf{i}-2\mathbf{j}-3\mathbf{k}$　(2) $\mathbf{b}=4\mathbf{i}-4\mathbf{j}-6\mathbf{k}$
(3) $\mathbf{c}=1992\mathbf{i}+1992\mathbf{j}+1992\mathbf{k}$　(4) $\mathbf{d}=3\mathbf{i}+4\mathbf{j}$

4. 중심이 $(2,1,-7)$이고 반경이 5인 구의 방정식을 구하여라.

5. (1) $\mathbf{a}$를 xy평면에 영이 아닌 벡터라고 하고, θ를 양의 x축으로부터 시계 반대 방향으로 벡터 $\mathbf{a}$까지의 사이각이라 할 때

$$\mathbf{a}=\|\mathbf{a}\|(\cos\theta\,\mathbf{i}+\sin\theta\,\mathbf{j})$$

임을 증명하여라.

(2) 만약 $\mathbf{u}$를 평면상의 단위벡터라 할 때, 어떤 θ에 대해서

$$\mathbf{u}=\cos\theta\,\mathbf{i}+\sin\theta\,\mathbf{j}$$

임을 증명하여라.

7.2 벡터의 내적과 외적

벡터의 내적은 물리학에서 어떤 물체에 힘 F를 가하여 힘의 방향과 $\theta\ (0\le\theta\le\pi)$의 각을 이루는 다른 방향으로 물체를 d만큼 평행이동하였을 대, 힘이 물체에 대하여 한 일의 양을 구할 때 필요로 하는 개념이다.

정의 7.4 3차원 공간에서 두 벡터 $\mathbf{a} = a_1\mathbf{i} + a_2\mathbf{j} + a_3\mathbf{k}$와 $\mathbf{b} = b_1\mathbf{i} + b_2\mathbf{j} + b_3\mathbf{k}$의 **내적**(dot product)은 $\mathbf{a} \cdot \mathbf{b}$로 쓰며

$$\mathbf{a} \cdot \mathbf{b} = a_1b_1 + a_2b_2 + a_3b_3$$

와 같이 정의된다.

예제 1 두 벡터 $\mathbf{a} = 3\mathbf{i} - \mathbf{j} - 2\mathbf{k}$와 $\mathbf{b} = 2\mathbf{i} - 3\mathbf{j} + \frac{1}{2}\mathbf{k}$가 주어졌을 때 $\mathbf{a}$와 $\mathbf{b}$의 내적을 구하여라.

풀이 $\mathbf{a} \cdot \mathbf{b} = 3(2) + (-1)(-3) + (-2)\left(\frac{1}{2}\right) = 8.$ ■■

정의로부터 내적은 다음과 같은 성질들이 성립한다.

$$\mathbf{a} \cdot \mathbf{b} = \mathbf{b} \cdot \mathbf{a}, \qquad (k\mathbf{a}) \cdot \mathbf{b} = k(\mathbf{a} \cdot \mathbf{b}) = \mathbf{a} \cdot (k\mathbf{b})$$
$$\mathbf{a} \cdot (\mathbf{b} + \mathbf{c}) = \mathbf{a} \cdot \mathbf{b} + \mathbf{a} \cdot \mathbf{c}, \qquad (\mathbf{a} + \mathbf{b}) \cdot \mathbf{c} = \mathbf{a} \cdot \mathbf{c} + \mathbf{b} \cdot \mathbf{c}$$

단, k는 상수이다. 영이 아닌 두 벡터 $\mathbf{a}$와 $\mathbf{b}$ 사이의 각을 θ $(0 \le \theta \le \pi)$로 나타낼 때, 내적과 두 벡터 사이의 각의 관계는 아주 밀접하다.

정리 7.5 영이 아닌 두 벡터 $\mathbf{a} = a_1\mathbf{i} + a_2\mathbf{j} + a_3\mathbf{k}$와 $\mathbf{b} = b_1\mathbf{i} + b_2\mathbf{j} + b_3\mathbf{k}$가 주어졌을 때

$$\mathbf{a} \cdot \mathbf{b} = \|\mathbf{a}\| \|\mathbf{b}\| \cos\theta$$

이다.

증명 $\mathbf{a}$, $\mathbf{b}$, $\mathbf{a} - \mathbf{b}$에 대해 코사인 제2법칙을 적용하면

$$\|\mathbf{a} - \mathbf{b}\|^2 = \|\mathbf{a}\|^2 + \|\mathbf{b}\|^2 - 2\|\mathbf{a}\| \|\mathbf{b}\| \cos\theta$$

이므로

$$\begin{aligned}&(a_1 - b_1)^2 + (a_2 - b_2)^2 + (a_3 - b_3)^2 \\ &= (a_1^2 + a_2^2 + a_3^2) + (b_1^2 + b_2^2 + b_3^2) - 2\|\mathbf{a}\| \|\mathbf{b}\| \cos\theta\end{aligned}$$

이다. 그러므로

$$-2a_1b_1 - 2a_2b_2 - 2a_3b_3 = -2\|\mathbf{a}\| \|\mathbf{b}\| \cos\theta$$

이다. 따라서

$$\mathbf{a} \cdot \mathbf{b} = a_1 \cdot b_1 + a_2 \cdot b_2 + a_3 \cdot b_3 = \|\mathbf{a}\| \|\mathbf{b}\| \cos\theta$$

이다.

위의 정리에서 영이 아닌 두 벡터의 내적이 0이면 서로 직교함을 알 수 있다. 그리고 정의에서 $\mathbf{a} \cdot \mathbf{a} = \|\mathbf{a}\|^2$이므로 벡터의 길이를 내적으로 표현할 수 있다.

$$\|\mathbf{a}\| = \sqrt{\mathbf{a} \cdot \mathbf{a}} \geq 0$$

예제 2 두 벡터 $\mathbf{a} = 2\mathbf{i} - \mathbf{j} + 2\mathbf{k}$와 $\mathbf{b} = \mathbf{i} - \mathbf{j}$ 사이의 각을 구하여라.

풀이 $\|\mathbf{a}\| = \sqrt{2^2 + (-1)^2 + 2^2} = 3$, $\|\mathbf{b}\| = \sqrt{1^2 + (-1)^2 + 0^2} = \sqrt{2}$
이고

$$\mathbf{a} \cdot \mathbf{b} = 2(1) + (-1)(-1) + 2(0) = 3$$

이므로

$$\cos\theta = \frac{3}{3\sqrt{2}} = \frac{1}{\sqrt{2}} = \frac{\sqrt{2}}{2}$$

따라서

$$\theta = \frac{\pi}{4}$$

이다. ■■

[정사영]

두 벡터 $\mathbf{a}$와 $\mathbf{b}\ (\neq 0)$가 주어졌을 때 $P_{\mathbf{a}}(\mathbf{b}) = k\mathbf{a}$로 표시되는 벡터로써 $\mathbf{b} - P_{\mathbf{a}}(\mathbf{b})$가 $\mathbf{a}$에 수직이 될 때 $P_{\mathbf{a}}(\mathbf{b})$를 **a에 대한 b의 정사영**(projection of b onto a)이라 부른다. 이때

$$(\mathbf{b} - P_{\mathbf{a}}(\mathbf{b})) \cdot \mathbf{a} = 0$$

이므로

$$k = \frac{\mathbf{b} \cdot \mathbf{a}}{\mathbf{a} \cdot \mathbf{a}}$$

이고, k를 a에 대한 b의 성분이라 하며 a가 단위벡터이면 a에 대한 b의 성분은 $\mathbf{b} \cdot \mathbf{a}$로 주어진다(그림 7.9).

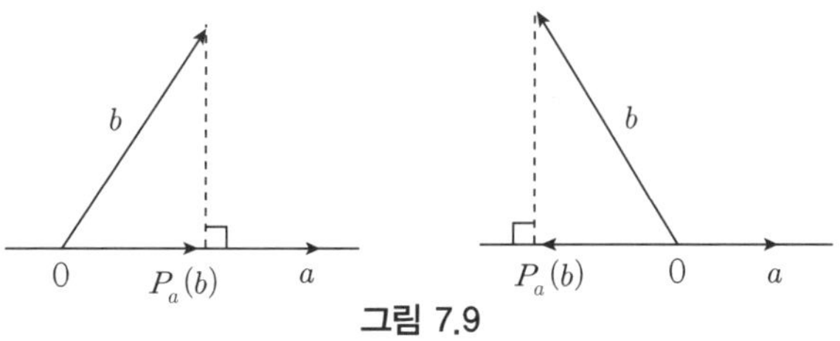

그림 7.9

예제 3 두 벡터 $\mathbf{a} = 3\mathbf{i} - \mathbf{j} - 2\mathbf{k}$와 $\mathbf{b} = 2\mathbf{i} - 3\mathbf{j} + \frac{1}{2}\mathbf{k}$가 주어졌을 때 a에 대한 b의 정사영을 구하여라.

풀이 $\mathbf{a} \cdot \mathbf{b} = 8$이고 $\|\mathbf{a}\|^2 = 14$이므로

$$P_{\mathbf{a}}(\mathbf{b}) = \frac{8}{14}(3\mathbf{i} - \mathbf{j} - 2\mathbf{k}).$$

■■

정의 7.6 3차원 공간에서 두 벡터가 $\mathbf{a} = a_1\mathbf{i} + a_2\mathbf{j} + a_3\mathbf{k}$, $\mathbf{b} = b_1\mathbf{i} + b_2\mathbf{j} + b_3\mathbf{k}$일 때 a와 b의 **외적**(cross product)은 $\mathbf{a} \times \mathbf{b}$로 표시하고

$$\mathbf{a} \times \mathbf{b} = (a_2b_3 - a_3b_2)\mathbf{i} + (a_3b_1 - a_1b_3)\mathbf{j} + (a_1b_2 - a_2b_1)\mathbf{k}$$

로 정의된다.

외적의 성분을 기억하기 쉽게 아래와 같이 행렬식으로 표현할 수 있다.

$$\mathbf{a} \times \mathbf{b} = \begin{vmatrix} \mathbf{i} & \mathbf{j} & \mathbf{k} \\ a_1 & a_2 & a_3 \\ b_1 & b_2 & b_3 \end{vmatrix}$$

예제 4 $\mathbf{i} \times \mathbf{j} = \mathbf{k}$, $\mathbf{j} \times \mathbf{k} = \mathbf{i}$, 그리고 $\mathbf{k} \times \mathbf{i} = \mathbf{j}$ 임을 보여라.

풀이 $\mathbf{i}\times\mathbf{j} = \begin{vmatrix} \mathbf{i} & \mathbf{j} & \mathbf{k} \\ 1 & 0 & 0 \\ 0 & 1 & 0 \end{vmatrix} = (0\cdot 0-0\cdot 1)\mathbf{i} + (0\cdot 0-1\cdot 0)\mathbf{j} + (1\cdot 1-0\cdot 0)\mathbf{k}$

같은 방법으로 $\mathbf{j}\times\mathbf{k}=\mathbf{i}$, $\mathbf{k}\times\mathbf{i}=\mathbf{j}$ 이다. ■■

예제 5 두 벡터 $\mathbf{a}=2\mathbf{i}-\mathbf{j}+3\mathbf{k}$, $\mathbf{b}=-\mathbf{i}-2\mathbf{j}+4\mathbf{k}$일 때 $\mathbf{a}\times\mathbf{b}$와 $\mathbf{b}\times\mathbf{a}$ 를 구하여라.

풀이 $\mathbf{a}\times\mathbf{b} = \begin{vmatrix} \mathbf{i} & \mathbf{j} & \mathbf{k} \\ 2 & -1 & 3 \\ -1 & -2 & 4 \end{vmatrix} = 2\mathbf{i}-11\mathbf{j}-5\mathbf{k}$ $\qquad \mathbf{b}\times\mathbf{a} = \begin{vmatrix} \mathbf{i} & \mathbf{j} & \mathbf{k} \\ -1 & -2 & 4 \\ 2 & -1 & 3 \end{vmatrix} = -2\mathbf{i}+11\mathbf{j}+5\mathbf{k}$ ■■

정의로부터 외적에 관해 다음 성질이 성립한다.

$$\mathbf{a}\times\mathbf{b}=-(\mathbf{b}\times\mathbf{a})$$
$$\mathbf{a}\times\mathbf{a}=0$$
$$\mathbf{a}\times(\mathbf{b}+\mathbf{c})=(\mathbf{a}\times\mathbf{b})+(\mathbf{a}\times\mathbf{c})$$
$$(k\mathbf{a})\times\mathbf{b}=k(\mathbf{a}\times\mathbf{b})=\mathbf{a}\times(k\mathbf{b})$$
$$(\mathbf{a}+\mathbf{b})\times\mathbf{c}=(\mathbf{a}\times\mathbf{c})+(\mathbf{b}\times\mathbf{c})$$
$$(\mathbf{a}\times\mathbf{b})\times\mathbf{c}\neq\mathbf{a}\times(\mathbf{b}\times\mathbf{c})$$

정리 7.7 a와 b를 영이 아닌 두 벡터라 할 때

(a) $\mathbf{a}\cdot(\mathbf{a}\times\mathbf{b})=0$, $\mathbf{b}\cdot(\mathbf{a}\times\mathbf{b})=0$

그리하여 $\mathbf{a}\times\mathbf{b}\neq 0$이면 $\mathbf{a}\times\mathbf{b}$는 a와 b에 서로 수직이다.

(b) θ가 두 벡터 사잇각이면($0\le\theta\le\pi$),

$$\|\mathbf{a}\times\mathbf{b}\|=\|\mathbf{a}\|\,\|\mathbf{b}\|\sin\theta$$

증명 (a) 내적과 외적의 정의로부터 쉽게 알 수 있다.

(b) $\|\mathbf{a}\times\mathbf{b}\|^2=(a_2b_3-a_3b_2)^2+(a_3b_1-a_1b_3)^2+(a_1b_2-a_2b_1)^2$

$$=(a_1^2+a_2^2+a_3^2)(b_1^2+b_2^2+b_3^2)-(a_1b_1+a_2b_2+a_3b_3)^2$$
$$=\|\mathbf{a}\|^2\|\mathbf{b}\|^2-(\mathbf{a}\cdot\mathbf{b})^2=\|\mathbf{a}\|^2\|\mathbf{b}\|^2-(\|\mathbf{a}\|\,\|\mathbf{b}\|\cos\theta)^2$$
$$=\|\mathbf{a}\|^2\|\mathbf{b}\|^2(1-\cos^2\theta)=\|\mathbf{a}\|^2\|\mathbf{b}\|^2\sin^2\theta$$

$0\le\theta\le\pi$ 범위에서 $\sin\theta\ge 0$이므로

$$\|\mathbf{a}\times\mathbf{b}\|=\|\mathbf{a}\|\,\|\mathbf{b}\|\sin\theta$$

이다.

> **따름정리 7.8** 영이 아닌 두 벡터 a, b가 평행할 필요충분조건은 $\mathbf{a} \times \mathbf{b} = 0$이다.

기하학적으로 두 벡터의 외적은 두 벡터가 이루는 평면에 수직인 벡터이고, 그것의 길이는 두 벡터가 이루는 평행사변형의 넓이와 같다는 것을 알 수 있다(그림 7.10).

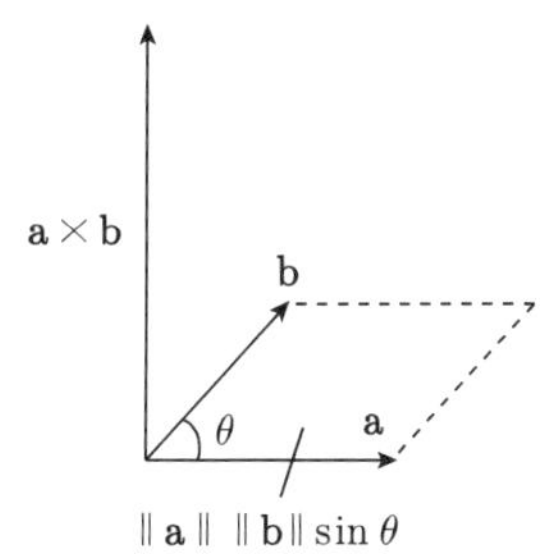

그림 7.10

예제 6 두 벡터 $\mathbf{a} = 4\mathbf{i} - \mathbf{j} + 3\mathbf{k}$, $\mathbf{b} = 2\mathbf{i} + 3\mathbf{j} - \mathbf{k}$일 때 a와 b에 수직인 벡터를 구하여라.

풀이 a와 b 동시에 수직인 벡터는 정리 7.7의 (a)에 의하여 다음과 같다.

$$\mathbf{a} \times \mathbf{b} = \begin{vmatrix} \mathbf{i} & \mathbf{j} & \mathbf{k} \\ 4 & -1 & 3 \\ 2 & 3 & -1 \end{vmatrix} = -8\mathbf{i} + 10\mathbf{j} + 14\mathbf{k}$$ ■

예제 7 세 점이 $P = (3, -2, 1)$, $Q = (7, -3, 4)$, $R = (5, 1, 0)$일 때 삼각형 PQR의 면적 A를 구하여라.

풀이 $\mathbf{a} = \overrightarrow{PQ} = 4\mathbf{i} - \mathbf{j} + 3\mathbf{k}$, $\mathbf{b} = \overrightarrow{PR} = 2\mathbf{i} + 3\mathbf{j} - \mathbf{k}$라 하면

$$\mathbf{a} \times \mathbf{b} = -8\mathbf{i} + 10\mathbf{j} + 14\mathbf{k}$$

이므로 삼각형의 면적은

$$A = \frac{1}{2}\|\mathbf{a} \times \mathbf{b}\| = 3\sqrt{10}$$

이다. ■

[삼중적]

세 벡터의 스칼라 삼중적 $\mathbf{a} \cdot (\mathbf{b} \times \mathbf{c})$, $(\mathbf{a} \times \mathbf{b}) \cdot \mathbf{c}$과 벡터 삼중적 $(\mathbf{a} \times \mathbf{b}) \times \mathbf{c}$, $\mathbf{a} \times (\mathbf{b} \times \mathbf{c})$ 등이 있다.

세 벡터를 $\mathbf{a} = a_1\mathbf{i} + a_2\mathbf{j} + a_3\mathbf{k}$, $\mathbf{b} = b_1\mathbf{i} + b_2\mathbf{j} + b_3\mathbf{k}$, $\mathbf{c} = c_1\mathbf{i} + c_2\mathbf{j} + c_3\mathbf{k}$라고 하면 **스칼라 삼중적**(triple scalar product)은

$$\mathbf{a} \cdot (\mathbf{b} \times \mathbf{c}) = (a_1\mathbf{i} + a_2\mathbf{j} + a_3\mathbf{k}) \cdot \begin{vmatrix} \mathbf{i} & \mathbf{j} & \mathbf{k} \\ b_1 & b_2 & b_3 \\ c_1 & c_2 & c_3 \end{vmatrix} = \begin{vmatrix} a_1 & a_2 & a_3 \\ b_1 & b_2 & b_3 \\ c_1 & c_2 & c_3 \end{vmatrix}$$

으로 주어진다. 인접 변이 a, b, c인 평행육면체의 부피는 스칼라 삼중적의 절대값과 같다(그림 7.11).

$$\begin{aligned} |\mathbf{a} \cdot (\mathbf{b} \times \mathbf{c})| &= \|\mathbf{a}\| \, \|\mathbf{b} \times \mathbf{c}\| \, |\cos \beta| \\ &= \|\mathbf{a}\| \, |\cos \beta| \, \|\mathbf{b} \times \mathbf{c}\| \end{aligned}$$

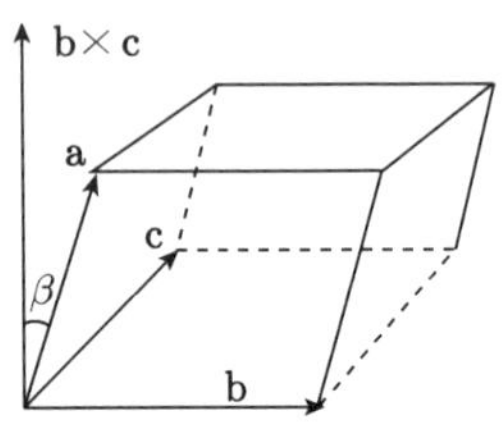

그림 7.11 스칼라 삼중적의 기하학적 설명

예제 8 세 벡터 $\mathbf{a} = \mathbf{i} - \mathbf{j}$, $\mathbf{b} = 2\mathbf{i} + 3\mathbf{j} - \mathbf{k}$, $\mathbf{c} = -\mathbf{i} + 2\mathbf{k}$가 만드는 평행육면체의 부피 V를 구하여라.

풀이 부피 V는 $|\mathbf{a} \cdot (\mathbf{b} \times \mathbf{c})|$로 주어진다. 따라서

$$|\mathbf{a} \cdot (\mathbf{b} \times \mathbf{c})| = \begin{vmatrix} 1 & -1 & 0 \\ 2 & 3 & -1 \\ -1 & 0 & 2 \end{vmatrix} = 9$$

이므로 부피는 9이다. ■■

응용에서 자주 나타나는 중요한 공식은 아래와 같다.

(1) $\mathbf{b} \times (\mathbf{c} \times \mathbf{d}) = (\mathbf{b} \cdot \mathbf{d})\mathbf{c} - (\mathbf{b} \cdot \mathbf{c})\mathbf{d}$ (라그랑주의 항등식)

(2) $(\mathbf{a} \times \mathbf{b}) \cdot (\mathbf{c} \times \mathbf{d}) = (\mathbf{a} \cdot \mathbf{c})(\mathbf{b} \cdot \mathbf{d}) - (\mathbf{a} \cdot \mathbf{d})(\mathbf{b} \cdot \mathbf{c})$

(3) $(\mathbf{a} \times \mathbf{b}) \times (\mathbf{c} \times \mathbf{d}) = (\mathbf{a} \cdot \mathbf{b} \times \mathbf{d})\mathbf{c} - (\mathbf{a} \cdot \mathbf{b} \times \mathbf{c})\mathbf{d}$

(4) $\mathbf{a} \perp \mathbf{c}$이면, $\mathbf{a} \times (\mathbf{a} \times \mathbf{c}) = -\|\mathbf{a}\|^2 \mathbf{c}$

연 습 문 제 7.2

1. 두 벡터의 내적과 사이각을 구하여라.

(1) $\mathbf{a} = \mathbf{i} + \mathbf{j} - \mathbf{k}$, $\mathbf{b} = 2\mathbf{i} - 3\mathbf{j} + 4\mathbf{k}$

(2) $\mathbf{a} = \frac{1}{2}\mathbf{i} + \frac{1}{3}\mathbf{j} - 2\mathbf{k}$, $\mathbf{b} = 2\mathbf{i} - 2\mathbf{j} + \mathbf{k}$

(3) $\mathbf{a} = 2\mathbf{i} + 3\mathbf{j} - \mathbf{k}$, $\mathbf{b} = 2\mathbf{i} + 3\mathbf{j} - \mathbf{k}$

(4) $\mathbf{a} = \sqrt{2}\,\mathbf{i} + 4\mathbf{j} + \sqrt{3}\,\mathbf{k}$, $\mathbf{b} = -\sqrt{2}\,\mathbf{i} - \sqrt{3}\,\mathbf{j} + 2\mathbf{k}$

2. 두 벡터의 외적 $\mathbf{a} \times \mathbf{b}$와 스칼라 삼중적 $\mathbf{c} \cdot (\mathbf{a} \times \mathbf{b})$를 구하여라.

(1) $\mathbf{a} = \mathbf{i} + \mathbf{j}$, $\mathbf{b} = \mathbf{j} + \mathbf{k}$, $\mathbf{c} = -\mathbf{i} - 3\mathbf{j} + 4\mathbf{k}$

(2) $\mathbf{a} = \mathbf{i} + \mathbf{j} + \mathbf{k}$, $\mathbf{b} = \mathbf{i} - \mathbf{k}$, $\mathbf{c} = \mathbf{i} + \mathbf{j} + \mathbf{k}$

(3) $\mathbf{a} = 2\mathbf{i} + 3\mathbf{j} - \mathbf{k}$, $\mathbf{b} = -\mathbf{i} + 4\mathbf{j} + 5\mathbf{k}$, $\mathbf{c} = 2\mathbf{i} + 3\mathbf{j} + 4\mathbf{k}$

3. 벡터 $\mathbf{a}$에 대한 $\mathbf{b}$의 정사영 $P_{\mathbf{a}}(\mathbf{b})$를 구하여라.

(1) $\mathbf{a} = 2\mathbf{i} - \mathbf{j} + 2\mathbf{k}$, $\mathbf{b} = \mathbf{i}$

(2) $\mathbf{a} = \mathbf{i}$, $\mathbf{b} = -2\mathbf{i} + 3\mathbf{j} - 4\mathbf{k}$

(3) $\mathbf{a} = \mathbf{i} + \mathbf{j}$, $\mathbf{b} = -\mathbf{i} + 2\mathbf{j} + 4\mathbf{k}$

(4) $\mathbf{a} = \sqrt{3}\,\mathbf{i} + 2\mathbf{j} - 3\mathbf{k}$, $\mathbf{b} = 4\mathbf{i} - \mathbf{j} + 2\mathbf{k}$

4. (1) 코시-슈바르츠(Cauchy-Schwarz) 부등식을 증명하여라.

$$|\mathbf{a} \cdot \mathbf{b}| \le \|\mathbf{a}\|\,\|\mathbf{b}\|$$

(2) (1)로부터 임의의 실수 $a_1, a_2, a_3, b_1, b_2, b_3$에 대하여 다음 부등식을 증명하여라.

$$(a_1b_1 + a_2b_2 + a_3b_3)^2 \le (a_1^2 + a_2^2 + a_3^2)(b_1^2 + b_2^2 + b_3^2)$$

(3) (2)에서 $b_1 = b_2 = b_3 = 1$일 때 임의의 실수 a_1, a_2, a_3에 대하여 다음 부등식을 증명하여라.

$$\left(\frac{a_1 + a_2 + a_3}{3}\right)^2 \le \frac{a_1^2 + a_2^2 + a_3^2}{3}$$

5. 외적의 정의를 사용하여 다음 등식을 증명하여라.

$$\mathrm{a} \times (\mathrm{b} + \mathrm{c}) = \mathrm{a} \times \mathrm{b} + \mathrm{a} \times \mathrm{c}$$

6. $\mathrm{a} + \mathrm{b} + \mathrm{c} = 0$이면 $\mathrm{a} \times \mathrm{b} = \mathrm{b} \times \mathrm{c} = \mathrm{c} \times \mathrm{a}$를 증명하여라.

7. 세 벡터 $2\mathrm{i} - 3\mathrm{j} + 4\mathrm{k}$, $\mathrm{i} + \mathrm{j} - \mathrm{k}$, $4\mathrm{i} - \mathrm{j} - \mathrm{k}$로 만들어지는 평행육면체의 부피를 구하여라.

8. 다음의 등식을 증명하여라.

$$\mathrm{a} \times (\mathrm{b} \times \mathrm{c}) + \mathrm{b} \times (\mathrm{c} \times \mathrm{a}) + \mathrm{c} \times (\mathrm{a} \times \mathrm{b}) = 0$$

7.3 공간 내에서 직선과 평면

[직선]

평면에서는 한 점과 기울기가 주어지면 직선이 결정되듯이, 공간에서 직선은 한 점과 직선의 방향을 나타내는 벡터에 의해서 결정된다. 벡터 L과 직선 l이 평행하다는 것을 l 위의 서로 다른 두 점 P_0와 P를 잇는 벡터 $\overrightarrow{P_0P}$가 L에 평행할 때로 해석하면 유클리드 기하학으로부터 공간상의 한 직선 l은 l 위의 한 점 $P_0 = (x_0, y_0, z_0)$와 직선 l에 평행한 벡터 L에 의하여 유일하게 결정된다. 따라서 점 $P = (x, y, z)$가 직선 l에 있을 필요충분조건은 $\overrightarrow{P_0P}$가 벡터 L에 평행할 조건이다. 즉 적당한 상수 t에 대하여

$$\overrightarrow{P_0P} = tL \tag{1}$$

이다. 만약 $\mathrm{r}_0 = x_0\mathrm{i} + y_0\mathrm{j} + z_0\mathrm{k}$, $\mathrm{r} = x\mathrm{i} + y\mathrm{j} + z\mathrm{k}$이면

$$\overrightarrow{P_0P} = \mathrm{r} - \mathrm{r}_0 \text{이고 } \mathrm{r} = \mathrm{r}_0 + tL \tag{2}$$

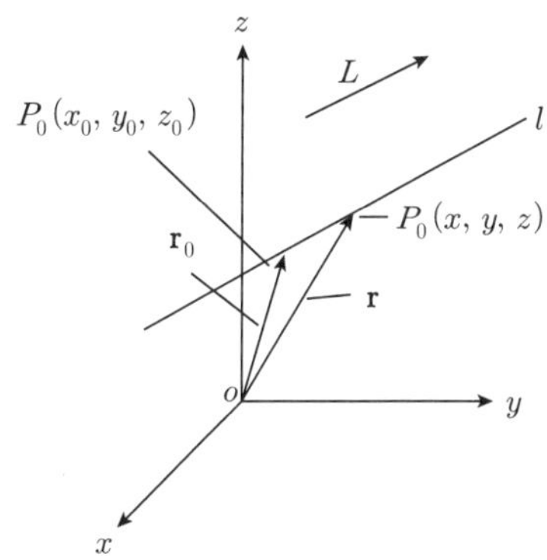

그림 7.12

이다. 이것은 l의 **벡터방정식**(vector equation of l)이라 한다. 이때 t를 **매개변수**(parameter)라 한다. $L = a\mathbf{i} + b\mathbf{j} + c\mathbf{k}$이면 (2)는

$$x\mathbf{i} + y\mathbf{j} + z\mathbf{k} = (x_0\mathbf{i} + y_0\mathbf{j} + z_0\mathbf{k}) + t(a\mathbf{i} + b\mathbf{j} + c\mathbf{k})$$

또는

$$\begin{aligned} x &= x_0 + at \\ y &= y_0 + bt \\ z &= z_0 + ct \end{aligned}$$

이 된다. 이것을 l의 **매개변수방정식**(parametric equation)이라고 부른다. 만약 a, b, c가 모두 0이 아닌 경우 매개변수를 소거하면 위 식은

$$\frac{x - x_0}{a} = \frac{y - y_0}{b} = \frac{z - z_0}{c} \tag{3}$$

이 되고 식 (3)을 l에 대한 **대칭방정식**(symmetric equation)이라 부른다. 이때 분모가 0이 되는 항은 분자도 0인 것으로 이해한다. 만약 $a = 0$이지만 b와 c는 0이 아닌 경우 식 (3)은 $x = x_0$, $\dfrac{y - y_0}{b} = \dfrac{z - z_0}{c}$를 얻는다.

예제 1 점 $(-1, 3, 0)$을 지나고 벡터 $2\mathbf{i} - 3\mathbf{j} - \mathbf{k}$에 평행한 직선의 벡터방정식을 구하여라.

풀이 식 (2)로부터

$$\begin{aligned} \mathbf{r} &= (-\mathbf{i} + 3\mathbf{j}) + t(2\mathbf{i} - 3\mathbf{j} - \mathbf{k}) \\ &= (-1 + 2t)\mathbf{i} + (3 - 3t)\mathbf{j} - t\mathbf{k} \end{aligned}$$

■■

예제 2 점 $(2, -4, 1)$를 지나고 벡터 $3\mathrm{i} + \frac{1}{2}\mathrm{j} - \mathrm{k}$에 평행한 직선의 매개방정식을 구하여라.

풀이 $(x_0, y_0, z_0) = (2, -4, 1)$, $a\mathrm{i} + b\mathrm{j} + c\mathrm{k} = 3\mathrm{i} + \frac{1}{2}\mathrm{j} - \mathrm{k}$라고 하면 매개방정식은

$$x = 2 + 3t,\ y = -4 + \frac{1}{2}t,\ z = 1 - t$$

로 주어진다. ■■

예제 3 두 점 $P_1 = (4, -6, 5)$, $P_2 = (2, -3, 0)$을 지나는 직선 l의 대칭방정식을 구하여라.

풀이 먼저 l에 평행한 벡터 L은

$$L = \overrightarrow{P_1P_2} = -2\mathrm{i} + 3\mathrm{j} - 5\mathrm{k}$$

이고 $P_1 = (4, -6, 5)$가 l 위에 있으므로, l의 대칭방정식은

$$\frac{x-4}{-2} = \frac{y+6}{3} = \frac{z-5}{-5}$$

이 된다. 또는 $P_2 = (2, -3, 0)$도 l 위에 있으므로 l의 대칭방정식은

$$\frac{x-2}{-2} = \frac{y+3}{3} = \frac{z}{-5}$$

으로도 나타낼 수 있다. ■■

예제 4 점 $(10, -1, 1)$를 지나고 벡터 $2\mathrm{i} - 3\mathrm{k}$에 평행한 직선 l의 대칭방정식을 구하여라.

풀이 이 경우는 $b = 0$이므로

$$x = 10 + 2t,\ y = -1 + 0t,\ z = 1 - 3t$$

이고, t를 소거하면

$$y = -1,\ \frac{x-10}{2} = \frac{z-1}{-3}$$

이 된다. ■■

[공간 내에서의 평면]

주어진 점을 포함하고 주어진 직선에 수직인 평면이 단 하나 존재한다는 것은 주어진 점

을 포함하고 주어진 영이 아닌 벡터에 수직인 평면이 단 하나 존재하는 것으로 해석이 가능하다. 즉 평면도 점과 벡터에 의해 결정된다.

점 $P_0 = (x_0, y_0, z_0)$와 영이 아닌 벡터 $\mathbf{N} = a\mathbf{i} + b\mathbf{j} + c\mathbf{k}$가 주어져 있을 때 점 $P = (x, y, z)$가 P_0를 지나고 벡터 $\mathbf{N}$에 수직인 평면 $\mathscr{P}$ 위에 있을 필요충분조건은 $\overrightarrow{P_0P} = (x - x_0)\mathbf{i} + (y - y_0)\mathbf{j} + (z - z_0)\mathbf{k}$가 $\mathbf{N}$에 수직인 것이다(그림 7.13). 이것은

$$a(x - x_0) + b(y - y_0) + c(z - z_0) = 0 \tag{4}$$

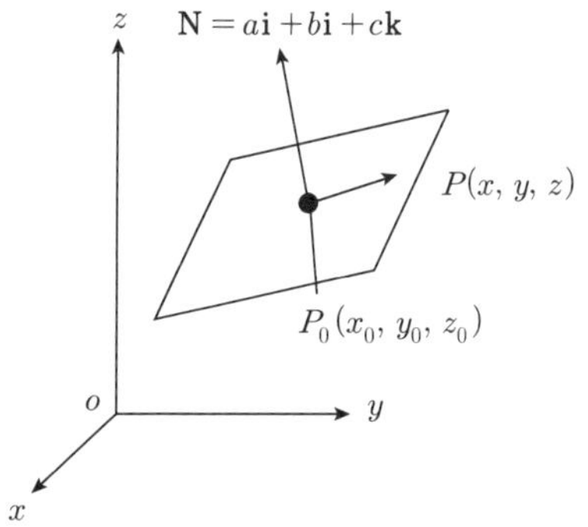

그림 7.13

와 동치인데, 만약 $d = ax_0 + by_0 + cz_0$라 하면

$$ax + by + cz = d \tag{5}$$

형태로 쓸 수 있다. 식 (4), (5)를 $\mathbf{N}$에 수직이고 P_0를 포함하는 평면 $\mathscr{P}$의 방정식이라 부르고, 이때 벡터 $\mathbf{N}$을 평면 $\mathscr{P}$의 **법선**(normal vector)이라 한다.

예제 5 점 $(-2, 4, 5)$를 지나고 법선벡터가 $7\mathbf{i} - 6\mathbf{k}$인 평면의 방정식을 구하여라.

풀이 $7(x+2) + 0(y-4) - 6(z-5) = 0$

이므로

$$7x - 6z = -44$$

이다. ■

예제 6 점 $\left(\frac{1}{2}, 0, 3\right)$을 지나며 직선 l : $\frac{x+1}{4} = \frac{y-2}{-1} = \frac{z}{5}$에 수직인 평면 $\mathscr{P}$의 방정식을 구하여라.

풀이 직선 l이 평면 $\mathscr{P}$에 수직이므로, l에 평행인 벡터는 평면 $\mathscr{P}$에 수직이므로

$\mathbf{N} = 4\mathbf{i} - \mathbf{j} + 5\mathbf{k}$이 $\mathscr{P}$의 법선벡터가 된다. 따라서 평면의 방정식은

$$4\left(x - \frac{1}{2}\right) + (-1)(y - 0) + 5(z - 3) = 0$$

또는

$$4x - y + 5z = 17$$

이다. ■■

예제 7 세 점 $P_0 = (1, 0, 2)$, $P_1 = (-1, 3, 4)$, $P_2 = (3, 5, 7)$를 포함하는 평면의 방정식을 구하여라.

풀이 두 벡터 $\overrightarrow{P_0P_1} = -2\mathbf{i} + 3\mathbf{j} + 2\mathbf{k}$, $\overrightarrow{P_0P_2} = 2\mathbf{i} + 5\mathbf{j} + 5\mathbf{k}$가 평행이 아니므로 P_0, P_1, P_2는 평면을 결정한다. 평면의 법선벡터

$$\mathbf{N} = \overrightarrow{P_0P_1} \times \overrightarrow{P_0P_2} = \begin{vmatrix} \mathbf{i} & \mathbf{j} & \mathbf{k} \\ -2 & 3 & 2 \\ 2 & 5 & 5 \end{vmatrix} = 5\mathbf{i} + 14\mathbf{j} - 16\mathbf{k}\text{이므로}$$

$P_0 = (1, 0, 2)$를 지나고 법선벡터 $\mathbf{N}$를 가지는 평면의 방정식은

$$5(x - 1) + 14(y - 0) - 16(z - 2) = 0$$

또는

$$5x + 14y - 16z = -27$$

이다. ■■

연 습 문 제 7.3

1. 점 $(-2, 1, 0)$을 지나고 벡터 $L = 3\mathbf{i} - \mathbf{j} + 5\mathbf{k}$에 평행한 직선의 방정식을 구하여라.

2. 두 점 $(1, 1, -1)$과 $(-2, 1, 3)$을 지나는 직선의 방정식을 매개변수를 써서 표시하여라.

3. $(0, 0, 5)$와 $(1, -1, -4)$를 지나는 직선이 직선 $\dfrac{x}{7} = \dfrac{y - 3}{4} = \dfrac{z + 9}{3}$에 수직임을 증명하

여라.

4. 벡터 $(-1, 2, 3)$에 수직이고 점 $\left(-4, 15, -\frac{1}{2}\right)$를 지나는 평면의 방정식을 구하여라.

5. 다음 세 점을 지나는 평면의 방정식을 구하여라.

$$(2, 1, 1),\ (3, -1, 1),\ (4, 1, -1)$$

6. 다음 두 평면의 교선의 방정식을 구하여라.
   (1) $2x-y+z=1,\ 3x+y+z=2$
   (2) $2x+y+5z=2,\ 3x-2y+z=3$

7. 점 $(1, 3, 5)$를 지나고 방향이 $(-2, 1, 1)$인 직선과 평면 $2x+3y-z=1$과의 교점을 구하여라.

8. 두 평행선 $\frac{x-1}{3}=\frac{y+1}{2}=\frac{z-5}{4}$, $\frac{x+3}{3}=\frac{y-4}{2}=\frac{z}{4}$를 포함하는 평면의 방정식을 구하여라.

9. 직선 l을 두 평면 $2x-3y+4z=2,\ x-z=1$의 교선이라 할 때
   (1) 직선 l의 벡터방정식을 구하여라.
   (2) 점 $(-9, 12, 14)$를 지나면서 l에 수직인 평면의 방정식을 구하여라.

10. 직선 l은 $\frac{x+1}{2}=\frac{y+3}{3}=-z$이고 평면 P가 $3x-2y+4z=-1$일 때
   (1) l과 P의 교점 P_0을 구하여라.
   (2) P_0에서 l에 수직인 평면의 방정식을 구하여라.
   (3) P_0에서 P에 수직인 직선의 대칭방정식을 구하여라.

11. 점 $(3, -1, 4)$에서 평면 $2x-y+z=5$에 이르는 거리를 구하여라.

12. 다음 두 평면의 교각의 코사인(cosine)을 구하여라.
   (1) $x+y+z=1,\ x-y-z=5$
   (2) $2x+y+z=3,\ -x-y+z=\pi$

미적분학

Chapter 08

벡터함수

8.1 벡터함수

하나의 물체가 공간에서 움직일 때, 그 물체의 위치를 시간의 벡터함수로 표현하면 유용하다. 이 장에서는 정의구역은 실수이고 치역이 벡터인 함수에 대하여 극한, 연속, 미분과 적분의 개념을 소개한다.

정의 8.1 **벡터함수**(vector-valued function)란 실직선 $\mathbf{R}$의 한 구간 I에서 정의된

$$F : I \longrightarrow R^3$$

함수를 의미한다. 이때 함수 F를 성분으로 나타내면

$$F(t) = (f_1(t),\ f_2(t),\ f_3(t)),\ t \in I$$

가 되고, 또는

$$F(t) = f_1(t)\mathbf{i} + f_2(t)\mathbf{j} + f_3(t)\mathbf{k}$$

으로도 나타낼 수 있다. 이것은 한 입자가 주어진 시간 구간 I에서 공간을 움직일 때 I에서 정의된 입자의 좌표가

$$x = f_1(t),\ y = f_2(t),\ z = f_3(t),\ t \in I$$

로 해석된다.
이때 점들 $(x, y, z) = (f_1(t),\ f_2(t),\ f_3(t)),\ t \in I$은 그 입자의 경로를 나타내는 공간상의 곡선이 되고, 곡선에 대한 매개방정식이 된다.

예제 1 $F(t) = \cos t\mathbf{i} + \sin t\mathbf{j}$ 이라 할 때 $F(t)$는 중심이 원점인 xy평면상의 단위원을 나타냄을 보여라.

풀이 모든 t에 대하여 $\| F(t) \| = \sqrt{\cos^2 t + \sin^2 t} = 1$이므로 $F(t)$는 단위원상에 놓여 있다. 그리고 $F(t)$는 양의 x축과 t라디안의 각을 이루고 t가 모든 실수를 가정하므로(그림 8.1의 (a)) 단위원상의 임의의 점은 어떤 t에 대하여 $F(t)$가 된다. 그러므로 t가 증가할 때 벡터 $F(t)$는 단위원상을 따라 시계반대 방향으로 움직인다. 반면에 $G(t) = \cos t\mathbf{i} - \sin t\mathbf{j}$는 시계방향으로 단위원상을 따라 움직인다(그림 8.1의 (b)). ■■

일반적으로 벡터함수의 그래프는 4차원 공간이 필요로 하기 때문에 그리는 것이 불가능하다. 그러나 그 치역만을 그림으로써 벡터함수 개형을 묘사할 수 있다.

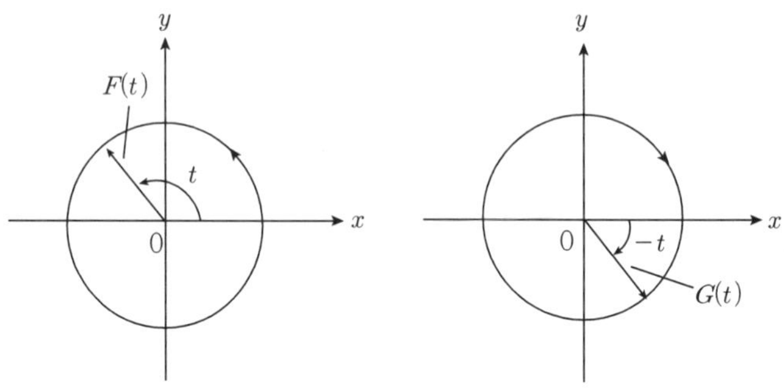

$F(t) = \cos t\mathbf{i} - \sin t\mathbf{j}$
(a)

$G(t) = \cos t\mathbf{i} - \sin t\mathbf{j}$
(b)

그림 8.1

예제 2 벡터함수 $F(t) = \cos t\mathbf{i} + \cos t\mathbf{j} + \sqrt{2}\sin t\mathbf{k}$가 만드는 곡선의 개형을 그려라.

풀이 (x, y, z)가 곡선 $F(t)$ 위의 점이라면 $x = \cos t$, $y = \cos t$, $z = \sqrt{2}\sin t$이므로

$$x^2 + y^2 + z^2 = \cos^2 t + \cos^2 t + 2\sin^2 t = 2, \quad x = y$$

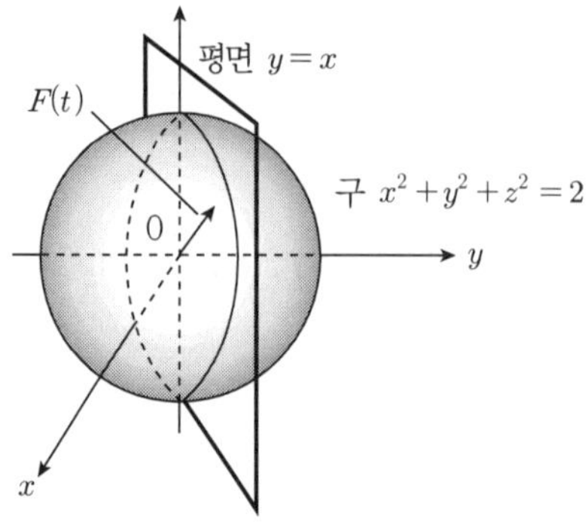

$F(t) = \cos t\mathbf{i} + \cos t\mathbf{j} + \sqrt{2}\sin t\mathbf{k}$

그림 8.2

이다. 따라서 점 (x, y, z)는 반경 $\sqrt{2}$인 구 위에 있고, 동시에 평면 $x=y$ 위에 놓여 있다. 그러므로 $F(t)$가 그리는 곡선의 개형은 원이다(그림 8.2). ■■

벡터함수의 여러 가지 연산을 정의하여 보자.

예제 3 $H(t)=\cos t\mathbf{i}+\sin t\mathbf{j}+t\mathbf{k}$가 그리는 곡선의 개형을 그려라.

풀이 $F(t)=\cos t\mathbf{i}+\sin t\mathbf{j}$, $G(t)=t\mathbf{k}$라 하면,

$$H(t)=F(t)+G(t)$$

이므로 $H(t)$에 해당하는 곡선상의 점은 $F(t)$에 해당하는 점을 위, 아래로 $|t|$만큼 이동한 점이다. 그런데 $F(t)$가 단위원상을 따라 움직이므로 $H(t)$가 그리는 개형은 그림 8.3과 같은 원형나선형이 된다. ■■

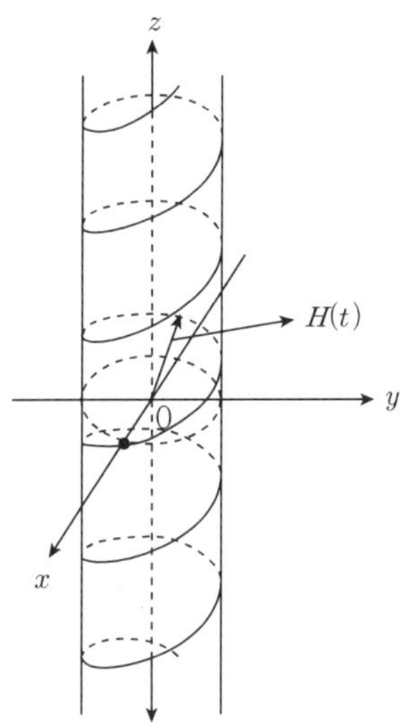

원형나선

그림 8.3

정의 8.2 F와 G를 벡터함수라 하고 f와 g를 실함수라 하자. 이때

$$(F+G)(t)=F(t)+G(t),\quad (F\cdot G)(t)=F(t)\cdot G(t)$$
$$(F-G)(t)=F(t)-G(t),\quad (F\times G)(t)=F(t)\times G(t)$$
$$(fF)(t)=f(t)F(t),\quad (F\circ g)(t)=F(g(t))$$

으로 정의한다.

[벡터함수의 극한, 연속, 미분]

벡터함수 $F(t)=f_1(t)\mathbf{i}+f_2(t)\mathbf{j}+f_3(t)\mathbf{k}$의 각 $f_i(t)$가 $t=t_0$에서 극한이 존재하면 $F(t)$가 $t=t_0$에서 극한이 존재한다하고

$$\lim_{t\to t_0} F(t)=L$$

로 표시하고

$$\lim_{t\to t_0} F(t)=\lim_{t\to t_0} f_1(t)\mathbf{i}+\lim_{t\to t_0} f_2(t)\mathbf{j}+\lim_{t\to t_0} f_3(t)\mathbf{k}$$

가 된다. 그리고 극한의 연산도 일변수에서와 같이 유사하게 성립한다. 벡터함수 $F(t)=f_1(t)\mathbf{i}+f_2(t)\mathbf{j}+f_3(t)\mathbf{k}$의 각 성분함수 $f_i(t)$가 연속(미분가능)이면 $F(t)$가 연속(미분가능)이라 한다. 즉 $\lim_{t\to t_0} F(t)=F(t_0)$일 때 $F(t)$는 $t=t_0$에서 연속이고,

$$F'(t_0)=\lim_{t\to t_0}\frac{F(t)-F(t_0)}{t-t_0}$$

가 존재할 때 $F(t)$는 $t=t_0$에서 미분가능이라 한다. 이때

$$F'(t_0)=f_1{}'(t_0)\mathbf{i}+f_2{}'(t_0)\mathbf{j}+f_3{}'(t_0)\mathbf{k}$$

되고 $F'(t)$를 $F(t)$의 도함수라 한다.

예제 4 극한 $\lim_{t\to 0}\left(2\cos t\,\mathbf{i}+\frac{\sin t}{t}\mathbf{j}+t^3\mathbf{k}\right)$를 구하여라.

풀이 $\lim_{t\to 0}\left(2\cos t\,\mathbf{i}+\frac{\sin t}{t}\mathbf{j}+t^3\mathbf{k}\right)$

$$=\left(\lim_{t\to 0} 2\cos t\right)\mathbf{i}+\left(\lim_{t\to 0}\frac{\sin t}{t}\right)\mathbf{j}+\left(\lim_{t\to 0} t^3\right)\mathbf{k}=2\mathbf{i}+\mathbf{j}$$

■■

예제 5 $F(t)=t\cos t\,\mathbf{i}+t\sin t\,\mathbf{j}+t\mathbf{k}$라 할 때 $F'(\pi)$를 구하여라.

풀이 $F'(t)=(\cos t-t\sin t)\mathbf{i}+(\sin t+t\cos t)\mathbf{j}+\mathbf{k}$

이므로

$$F'(\pi) = (-1-\pi(0))\mathbf{i} + [0+\pi(-1)]\mathbf{j} + \mathbf{k}$$
$$= -\mathbf{i} - \pi\mathbf{j} + \mathbf{k}$$

■■

벡터함수의 미분에 관한 성질은 제2장의 실함수의 미분에 관한 성질과 유사하다.

정리 8.3 벡터함수 F, G와 함수 f가 t_0에서 미분가능하고, $g(s_0) = t_0$인 함수 g가 s_0에서 미분가능하면

(a) $(F \pm G)'(t_0) = F'(t_0) \pm G'(t_0)$

(b) $(fF)'(t_0) = f'(t_0)F(t_0) + f(t_0)F'(t_0)$

(c) $(F \cdot G)'(t_0) = F'(t_0) \cdot G(t_0) + F(t_0) \cdot G'(t_0)$

(d) $(F \times G)'(t_0) = F'(t_0) \times G(t_0) + F(t_0) \times G'(t_0)$

(e) $(F \circ G)'(s_0) = F'(g(s_0))g'(s_0) = F'(t_0)g'(s_0)$

예제 6 $F(t) = \arctan t\,\mathbf{i} + 5\mathbf{k}$, $G(t) = \mathbf{i} + \ln t\,\mathbf{j} - 2t\mathbf{k}$라 할 때 $(F \cdot G)'(t)$와 $(F \times G)'(t)$를 구하여라.

풀이 두 가지 방법으로 구할 수 있는데 여기서는 한 가지 방법만 소개하기로 한다. $(F \cdot G)(t) = \arctan t - 10t$이므로 $(F \cdot G)'(t) = \dfrac{1}{t^2+1} - 10$이다. 그리고 $(F \times G)'(t)$를 구하기 위하여 $F'(t) = \dfrac{1}{t^2+1}\mathbf{i}$, $G'(t) = \dfrac{1}{t}\mathbf{j} - 2\mathbf{k}$을 이용하면,

$$F'(t) \times G(t) = \begin{vmatrix} \mathbf{i} & \mathbf{j} & \mathbf{k} \\ \dfrac{1}{t^2+1} & 0 & 0 \\ 1 & \ln t & -2t \end{vmatrix} = \frac{2t}{t^2+1}\mathbf{j} + \frac{\ln t}{t^2+1}\mathbf{k}$$

이고

$$F(t) \times G'(t) = \begin{vmatrix} \mathbf{i} & \mathbf{j} & \mathbf{k} \\ \arctan t & 0 & 5 \\ 0 & \dfrac{1}{t} & -2 \end{vmatrix} = -\frac{5}{t}\mathbf{i} + 2\arctan t\,\mathbf{j} + \frac{\arctan t}{t}\mathbf{k}$$

이므로

$$(F \times G)'(t) = F'(t) \times G(t) + F(t) \times G'(t)$$
$$= -\frac{5}{t}\mathbf{i} + \left(\frac{2t}{t^2+1} + 2\arctan t\right)\mathbf{j} + \left(\frac{\ln t}{t^2+1} + \frac{\arctan t}{t}\right)\mathbf{k}$$

■■

따름정리 8.4 $F(t)$가 구간 I에서 미분가능하고 I에 있는 모든 t에 대하여 $\| F(t) \| = c$되는 c가 존재하면 $F(t) \cdot F'(t) = 0$이다.

증명 가정에 의하여

$$F(t) \cdot F(t) = \| F(t) \|^2 = c^2, \ t \in I$$

이다. 정리 8.3의 (c)에 의하여 $F'(t) \cdot F(t) + F(t) \cdot F'(t) = 0$이므로

$$F(t) \cdot F'(t) = 0, \ t \in I$$

역시 t_0에서 F의 2차 미분은 t_0에서 $F'(t)$의 미분으로 정의되고, $F''(t_0)$로 표시한다. $F(t) = f_1(t)\mathbf{i} + f_2(t)\mathbf{j} + f_3(t)\mathbf{k}$이면,

$$F''(t_0) = f_1''(t_0)\mathbf{i} + f_2''(t_0)\mathbf{j} + f_3''(t_0)\mathbf{k}$$

로 정의된다.

[속도와 가속도]

어떤 물체가 공간상에서 움직일 때, 그 위치를 나타내는 좌표 x, y, z는 t의 함수가 된다. 이때 위치벡터, 속도벡터, 속력, 가속도는 아래와 같이 정의된다.

위치벡터(position) : $\mathbf{r}(t) = x(t)\mathbf{i} + y(t)\mathbf{j} + z(t)\mathbf{k}$

속도벡터(velocity) : $\mathbf{V}(t) = \dfrac{d\mathbf{r}}{dt} = \dfrac{dx}{dt}\mathbf{i} + \dfrac{dy}{dt}\mathbf{j} + \dfrac{dz}{dt}\mathbf{k}$

속력(speed) : $\| \mathbf{V}(t) \| = \sqrt{\left(\dfrac{dx}{dt}\right)^2 + \left(\dfrac{dy}{dt}\right)^2 + \left(\dfrac{dz}{dt}\right)^2}$

가속도(acceleration) : $\mathbf{a}(t) = \dfrac{d\mathbf{V}}{dt} = \dfrac{d^2\mathbf{r}}{dt^2} = \dfrac{d^2x}{dt^2}\mathbf{i} + \dfrac{d^2y}{dt^2}\mathbf{j} + \dfrac{d^2z}{dt^2}\mathbf{k}$

예제 7 위치벡터 $\mathbf{r}(t) = (x_0 + at)\mathbf{i} + (y_0 + bt)\mathbf{j} + (z_0 + ct)\mathbf{k}$의 속도, 속력, 가속도를 구하여라.

풀이 속도벡터 $\mathbf{V}(t) = \dfrac{d\mathbf{r}}{dt} = a\mathbf{i} + b\mathbf{j} + c\mathbf{k}$가 일정하므로

$$\mathbf{a}(t) = \frac{d\mathbf{V}}{dt} = 0$$

이다. 속력은 $\| V(t) \| = \sqrt{a^2 + b^2 + c^2}$이다. ■■

[벡터함수의 적분]

정의 8.5 벡터함수 $F(t)=f_1(t)\mathbf{i}+f_2(t)\mathbf{j}+f_3(t)\mathbf{k}$가 $[a,\ b]$ 상에서 연속이라 할 때 부정적분 $\int F(t)dt$를

$$\int F(t)dt=\left(\int f_1(t)dt\right)\mathbf{i}+\left(\int f_2(t)dt\right)\mathbf{j}+\left(\int f_3(t)dt\right)\mathbf{k}$$

와

$$\int_a^b F(t)dt=\left(\int_a^b f_1(t)dt\right)\mathbf{i}+\left(\int_a^b f_2(t)dt\right)\mathbf{j}+\left(\int_a^b f_3(t)dt\right)\mathbf{k}$$

로 정의한다.

예제 8 $F(t)=t\mathbf{i}+t^2\mathbf{j}+\sin t\mathbf{k}$의 $\int F(t)dt$와 $\int_0^\pi F(t)dt$를 구하여라.

풀이

$$\int F(t)dt=\left(\int t\,dt\right)\mathbf{i}+\left(\int t^2dt\right)\mathbf{j}+\left(\int \sin t\,dt\right)\mathbf{k}$$

$$=\left(\frac{1}{2}t^2+C_1\right)\mathbf{i}+\left(\frac{1}{3}t^3+C_2\right)\mathbf{j}+(-\cos t+C_3)\mathbf{k}$$

이므로

$$\int_0^\pi F(t)dt=\left(\frac{1}{2}t^2\Big|_0^\pi\right)\mathbf{i}+\left(\frac{1}{3}t^3\Big|_0^\pi\right)\mathbf{j}+\left(-\cos t\Big|_0^\pi\right)\mathbf{k}$$

$$=\frac{1}{2}\pi^2\mathbf{i}+\frac{1}{3}\pi^3\mathbf{j}+2\mathbf{k}$$

이다. ■■

$F(t)=f_1(t)\mathbf{i}+f_2(t)\mathbf{j}+f_3(t)\mathbf{k}$의 각 성분이 연속인 도함수를 갖는 함수라면

$$\int F'(t)=\int[f_1'(t)\mathbf{i}+f_2'(t)\mathbf{j}+f_3'(t)\mathbf{k}]dt$$

$$=\left(\int f_1'(t)dt\right)\mathbf{i}+\left(\int f_2'(t)dt\right)\mathbf{j}+\left(\int f_3'(t)dt\right)\mathbf{k}$$

$$=[f_1(t)+C_1]\mathbf{i}+[f_2(t)+C_2]\mathbf{j}+[f_3(t)+C_3]\mathbf{k}$$

$$=F(t)+C_1\mathbf{i}+C_2\mathbf{j}+C_3\mathbf{k}=F(t)+\mathbf{C}$$

이다. 따라서 속도벡터와 가속도벡터를 적분하면,

$$\int \mathrm{V}(t)dt = \int \mathrm{r}'(t)dt = \mathrm{r}(t) + C,$$

$$\int \mathrm{a}(t)dt = \int \mathrm{V}'(t)dt = \mathrm{V}(t) + C$$

이다.

연 습 문 제 8.1

1. 다음 벡터함수가 그리는 곡선의 개형을 그리고 방향을 표시하여라.

(1) $F(t) = t\mathrm{i},\quad -1 \le t \le \dfrac{1}{2}$　　(2) $F(t) = \cos \pi t\mathbf{k},\quad -1 \le t \le \dfrac{1}{3}$

(3) $F(t) = t\mathrm{i} + t\mathrm{j} + t\mathbf{k}$　　(4) $F(t) = \cos t\mathrm{i} + \sin t\mathrm{j},\quad 0 \le t \le \dfrac{\pi}{2}$

(5) $F(t) = \cos t\mathrm{i} + \sin 3t\mathrm{j},\quad 0 \le t \le \dfrac{\pi}{2}$

(6) $F(t) = \cos t\mathrm{i} + \sin t\mathrm{j} + t^2\mathbf{k}$

2. 다음 극한이 존재하면 구하고, 존재하지 않으면 그 이유를 설명하여라.

(1) $\lim\limits_{t \to 4}(\mathrm{i} + \mathrm{j} + \mathbf{k})$　　(2) $\lim\limits_{t \to 1}(3\mathrm{i} + t\mathrm{j} + t^5\mathbf{k})$

(3) $\lim\limits_{t \to \pi}(\tan t\mathrm{i} + 3t\mathrm{j} - 4\mathbf{k})$　　(4) $\lim\limits_{t \to 0}\left(\dfrac{\sin t}{t}\mathrm{i} + e^t\mathrm{j} + (t + \sqrt{2})\mathbf{k}\right)$

(5) $\lim\limits_{t \to 0} F(t),\quad F(t) = \begin{cases} t\mathrm{i} + e^{-\frac{1}{t^2}}\mathrm{j} + t^2\mathbf{k}, & t \ne 0 \\ \mathrm{j}\quad , & t = 0 \end{cases}$

3. 다음 벡터함수를 미분하여라.

(1) $F(t) = \mathrm{i} + t\mathrm{j} + t^5\mathbf{k}$　　(2) $F(t) = 3\mathrm{i} + (t^2 + t)\mathrm{j} - t\mathbf{k}$

(3) $F(t) = t^2\cos t\mathrm{i} + t^3\sin t\mathrm{j} + t^4\mathbf{k}$　　(4) $F(t) = e^t\cos t\mathrm{i} - e^t\sin t\mathbf{k}$

(5) $F(t) = 2\sec t\mathrm{i} - 3\mathrm{j} + \csc t\mathbf{k}$

(6) $F(t) \times G(t),\quad F(t) = \dfrac{3}{t}\mathrm{i} - \mathrm{j},\quad G(t) = t\mathrm{i} - e^t\mathrm{j}$

4. 다음 벡터함수를 적분하여라.

(1) $\int \left(t^2 \mathbf{i} - (3t-1)\mathbf{j} - \frac{1}{t^3}\mathbf{k} \right) dt$ (2) $\int (t\cos t\mathbf{i} + t\sin t\mathbf{j} + 3t^4\mathbf{k}) dt$

(3) $\int_0^1 (e^t\mathbf{i} + e^{-t}\mathbf{j} + 2t\mathbf{k}) dt$ (4) $\int_{-1}^1 (\cosh t\mathbf{i} + \sinh t\mathbf{j} + \mathbf{k}) dt$

5. 다음 위치벡터의 속도, 속력, 가속도를 구하여라.

(1) $\mathbf{r}(t) = 3t\mathbf{i} + 2t\mathbf{j} - 16t\mathbf{k}$ (2) $\mathbf{r}(t) = \cos t\mathbf{i} + \sin t\mathbf{j} - 16t^2\mathbf{k}$

(3) $\mathbf{r}(t) = e^{-t}\mathbf{i} + e^{-t}\mathbf{j}$ (4) $\mathbf{r}(t) = 2t\mathbf{i} + t^2\mathbf{j} + \ln t\mathbf{k}$

8.2 곡선과 곡선의 길이

정의 8.6 곡선이란 실직선 $\mathbf{R}$의 한구간 I에서 정의된 연속함수

$$\mathbf{r}(t) : I \longrightarrow \mathbf{R}^3(\mathbf{R}^n)$$

을 의미한다. 앞으로 곡선은 C로 나타내고 $\mathbf{r}(t)$는 곡선 C를 치역으로 갖는 벡터함수라고 할 때, 곡선 C는 $\mathbf{r}(t)$에 의해 매개화되었다(parametrized by $\mathbf{r}$)고 말하고 $\mathbf{r}(t)$는 곡선 C의 **매개화**(parametrization)라고 말한다.

예제 1 실수 α, β에 대하여

$$\mathbf{r}_\alpha(t) = (\cos(t+\alpha),\ \sin(t+\alpha)),\quad 0 \le t \le 2\pi \qquad \text{(그림 8.4의 (a))}$$

$$\mathbf{r}_\beta(t) = (\cos(\beta - t),\ \sin(\beta - t)),\quad 0 \le t < 2\pi \qquad \text{(그림 8.4의 (b))}$$

는 모두 단위원의 매개화이다. 또한

$$\mathbf{r}(t) = \left(\frac{1-t^2}{1+t^2},\ \frac{2t}{1+t^2} \right),\quad -\infty < t < \infty \qquad \text{(그림 8.4의 (c))}$$

도 단위원의 매개화임을 알 수 있다.

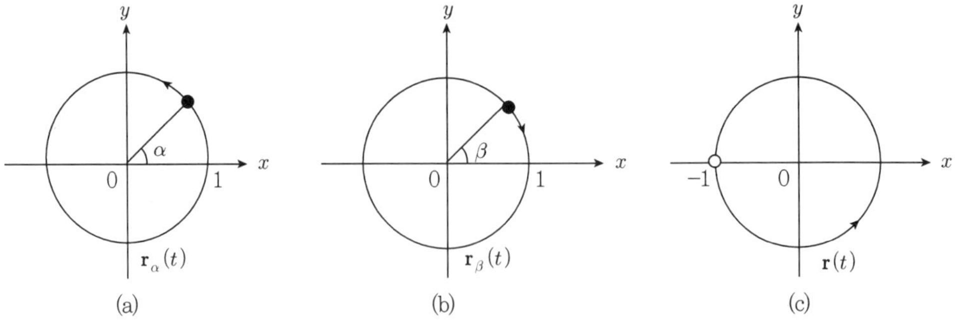

그림 8.4

> **정의 8.7** (a) **폐곡선** C(closed curve)란 C의 매개화 $\mathbf{r}(t) : [a, b] \longrightarrow \mathbf{R}^3$이 존재하여 $\mathbf{r}(a) = \mathbf{r}(b)$가 되는 것을 의미한다(그림 8.5의 (a)).
>
> (b) 벡터함수 $\mathbf{r}(t) : I \longrightarrow \mathbf{R}^3$이 **매끄러운**(smooth)이라는 것은 $\mathbf{r}(t)$가 구간 I상에서 연속인 도함수를 갖고, 구간 I의 내부에서 $\mathbf{r}'(t) \neq 0$인 것을 의미한다. 그리고 곡선 C가 매끄러운이라는 것은 매끄러운 매개화 $\mathbf{r}(t)$를 갖는 경우를 의미한다(그림 8.6의 (a)).
>
> (c) 연속인 벡터함수 $\mathbf{r}(t) : I \longrightarrow \mathbf{R}^3$이 **부분적으로 매끄러운**(piecewise smooth)이라는 것은 구간 I에서 $\mathbf{r}(t)$가 매끄러운 유한 개의 곡선의 합으로 되어 있고 $\mathbf{r}(t)$가 구간내부의 각 점에서 적어도 좌미분값이나 우미분값을 갖는 경우를 의미한다. 곡선 C가 부분적으로 매끄러움은 부분적으로 매끄러운 매개화 $\mathbf{r}(t)$를 갖는 경우를 의미한다(그림 8.6의 (b)).

직관적으로 곡선이 매끄러운이라는 것은 첨점을 갖지 않는 하나의 곡선으로 구성되어 있다는 것을 의미한다.

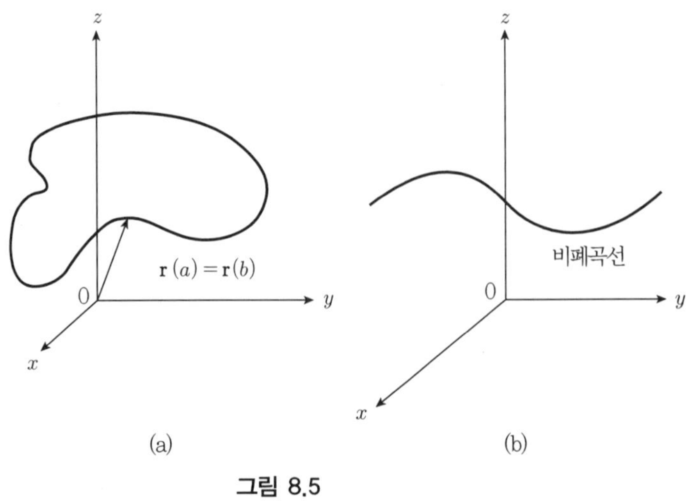

그림 8.5

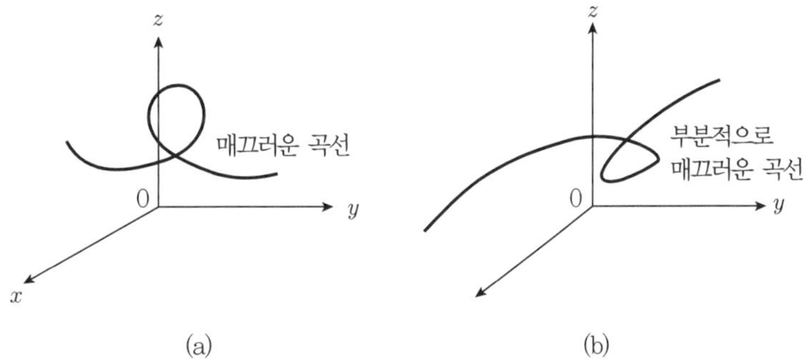

그림 8.6

예제 2 나선형 $\mathbf{r}(t)=\cos t\mathbf{i}+\sin t\mathbf{j}+t\mathbf{k}$가 매끄러운 곡선임을 보여라.

풀이 $\mathbf{r}'(t)=-\sin t\mathbf{i}+\cos t\mathbf{j}+\mathbf{k}$이므로 $\mathbf{r}'(t)$는 연속이고, 모든 t에 대해서 $\mathbf{r}'(t)\neq 0$이므로 나선형은 매끄러운 곡선이다(그림 8.3).

예제 3 구간 $[-2\pi, 2\pi]$에서 사이클로이드(cycloid)의 매개화

$$\mathbf{r}(t)=r(t-\sin t)\mathbf{i}+r(1-\cos t)\mathbf{j}$$

는 부분적으로 매끄러운 곡선임을 보여라.

풀이 $\mathbf{r}'(t)=r(1-\cos t)\mathbf{i}+r\sin t\mathbf{j}$ 이므로 $\mathbf{r}'$는 연속이다. 그러나 $\mathbf{r}'(0)=0$이므로 $\mathbf{r}$는 매끄럽지 않다. 한편 t가 2π, 0 또는 2π가 아니면 $\mathbf{r}'(t)\neq 0$이므로, $\mathbf{r}$는 $(-2\pi, 0)$, $(0, 2\pi)$ 위에서 매끄러운이므로 $\mathbf{r}(t)$는 부분적으로 매끄러운 곡선이다.

[곡선의 길이]

C는 $[a, b]$ 위에서 정의된 부분적으로 매끄러운 매개화 $\mathbf{r}(t)$를 갖는 곡선이라 하자. 즉 $\mathbf{r}(t)=x(t)\mathbf{i}+y(t)\mathbf{j}+z(t)\mathbf{k}$, $a\leq t\leq b$이다.

곡선의 길이를 구하기 위해 구간 $[a, b]$의 한 분할

$$a=t_0<t_1<t_2<\cdots<t_n=b$$

를 생각하면 그림 8.7과 같은 다각곡선의 길이는

$$\begin{aligned} L_n &= \sum_{k=1}^{n}|\mathbf{r}(t_k)-\mathbf{r}(t_{k-1})| \\ &= \sum_{k=1}^{n}\sqrt{(x(t_k)-x(t_{k-1}))^2+(y(t_k)-y(t_{k-1}))^2+(z(t_k)-z(t_{k-1}))^2} \end{aligned}$$

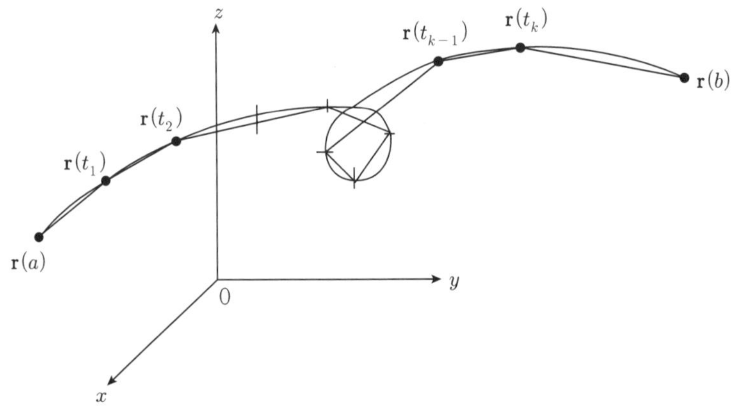

그림 8.7

이다. 평균값 정리를 사용하면

$$x(t_k)-x(t_{k-1})=x'(u_k)\Delta t_k, \quad t_{k-1}<u_k<t_k$$
$$y(t_k)-y(t_{k-1})=y'(v_k)\Delta t_k, \quad t_{k-1}<v_k<t_k$$
$$z(t_k)-z(t_{k-1})=z'(w_k)\Delta t_k, \quad t_{k-1}<w_k<t_k$$

를 얻는다. 따라서

$$|\mathbf{r}(t_k)-\mathbf{r}(t_{k-1})|=\sqrt{x'(u_k)^2+y'(v_k)^2+z'(w_k)^2}\,\Delta t_k$$

이 되고, 분할을 충분히 작게 하면 부분합 L_n은 수렴하여 곡선의 길이는

$$\begin{aligned} L &= \lim_{n\to\infty}\sum_{k=1}^{n}\sqrt{x'(u_k)^2+y'(v_k)^2+z'(w_k)^2}\,\Delta t_k \\ &= \int_a^b \sqrt{x'(t)^2+y'(t)^2+z'(t)^2}\,dt \\ &= \int_a^b \|\mathbf{r}'(t)\|\,dt \end{aligned}$$

으로 정의된다.

예제 4 원형나선형 곡선 $\mathbf{r}(t)=\cos t\mathbf{i}+\sin t\mathbf{j}+t\mathbf{k},\ 0\le t\le 2\pi$의 길이는

$$L=\int_0^{2\pi}\sqrt{(-\sin t)^2+(\cos t)^2+1}\,dt$$

$$= \int_0^{2\pi} \sqrt{2}\, dt = 2\sqrt{2}\,\pi$$ ■■

모든 곡선은 많은 매개화를 갖는데 곡선의 길이는 곡선을 어떻게 매개화하더라도 변하지 않는다. 예를 들어 두 점 $\left(\frac{1}{4}, \frac{1}{4}, \frac{1}{4}\right)$, (1, 1, 1) 사이의 직선을 다음 두 가지 방법으로 매개화시킬 때 길이는 같다.

$$\mathbf{r}_1(t) = t\mathbf{i} + t\mathbf{j} + t\mathbf{k}, \quad \frac{1}{4} \le t \le 1$$

$$\mathbf{r}_2(t) = (t-2)\mathbf{i} + (t-2)\mathbf{j} + (t-2)\mathbf{k}, \quad \frac{9}{4} \le t \le 3$$

[극좌표로 표시된 곡선의 길이]

폐구간 $[\alpha, \beta]$에서 $f'(\theta)$가 연속인 $r = f(\theta)$의 극좌표 그래프는

$$\mathbf{r}(\theta) = \underbrace{r\cos\theta}_{x}\,\mathbf{i} + \underbrace{r\sin\theta}_{y}\,\mathbf{j} = f(\theta)\cos\theta\,\mathbf{i} + f(\theta)\sin\theta\,\mathbf{j}$$

에 의하여 매개화된 곡선이 된다. 이때

$$\mathbf{r}'(\theta) = [f'(\theta)\cos\theta - f(\theta)\sin\theta]\mathbf{i} + [f'(\theta)\sin\theta + f(\theta)\cos\theta]\mathbf{j}$$

이므로

$$\begin{aligned}\|\mathbf{r}'(\theta)\|^2 &= [f'(\theta)\cos\theta - f(\theta)\sin\theta]^2 + [f'(\theta)\sin\theta + f(\theta)\cos\theta]^2 \\ &= [f(\theta)]^2 + [f'(\theta)]^2\end{aligned}$$

이다. 따라서 곡선의 길이는 아래와 같이 정의된다.

$$L = \int_\alpha^\beta \sqrt{(f(\theta))^2 + (f'(\theta))^2}\, d\theta$$

예제 5 극좌표 $r = 1 - \cos\theta\ (0 \le \theta < 2\pi)$로 주어진 곡선의 길이를 구하여라(그림 8.8).

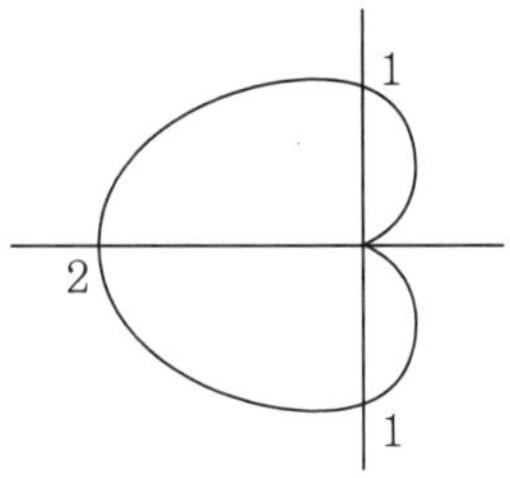

그림 8.8

풀이 $f(\theta)=1-\cos\theta$이고 $f'(\theta)=\sin\theta$이므로

$$
\begin{aligned}
L &= \int_0^{2\pi}\sqrt{(1-\cos\theta)^2+\sin^2\theta}\,d\theta = \int_0^{2\pi}\sqrt{2(1-\cos\theta)}\,d\theta \\
&= \int_0^{2\pi}\sqrt{4\sin^2\frac{1}{2}\theta}\,d\theta = \int_0^{2\pi}2\sin\frac{1}{2}\theta\,d\theta \\
&= 8
\end{aligned}
$$

■■

[호의 길이 함수]

곡선의 중요한 성질은 대체로 매개변수에 의존하지 않으므로, 과연 어떠한 매개변수로 곡선을 표시하는 것이 가장 자연스러운가 하는 질문을 할 수 있다. 다음은 호의 길이를 매개변수로 하여 곡선을 나타내어 보자. 이때 곡선은 단위속력으로 움직이는 것을 알 수 있다. C를 $\mathbf{r}(t): I=[a, b] \longrightarrow \mathbf{R}^3$에 의해 매개화된 매끄러운 곡선이라 하고, a를 I에 있는 고정된 점이라 하자. 그때 **호의 길이 함수**(arc length function)는

$$
\begin{aligned}
s(t) &= \int_a^t \|\mathbf{r}'(u)\|\,du \\
&= \int_a^t \sqrt{(x'(u))^2+(y'(u))^2+(z'(u))^2}\,du, \qquad t\in I
\end{aligned}
$$

로 정의한다. 만약 $t \geq a$이면 $s(t)$는 $\mathbf{r}(a)$와 $\mathbf{r}(t)$ 사이의 호의 길이가 되고

$$
s'(t) = \|\mathbf{r}'(t)\| = \sqrt{(x'(t))^2+(y'(t))^2+(z'(t))^2} = \frac{ds}{dt} \geq 0
$$

이다. 그런데 $\mathbf{r}(t)$가 매끄러우므로 구간 I의 내부에서는 $\dfrac{ds}{dt}>0$가 된다. 따라서 역함수가

존재하여 t는 s의 함수로 볼 수 있다. t에 의존하는 양은 역시 s에도 의존한다. 만약 C가 $[a, b]$상에서 $\mathbf{r}(t)$에 의해 매개화된 곡선이고 C의 길이가 L이면 C는 $[0, L]$상에서 $\mathbf{r}(t(s))$에 의하여 매개화 될 수 있다. 이때 곡선 C는 호의 길이를 매개변수로 하여 표시되었다고 말한다. 그리고 호의 길이를 매개변수로 한 곡선의 속력이 항상 1이 됨을 알 수 있다.

예제 6 $\mathbf{r}(t) = (\cos t,\ \sin t,\ t)$를 호의 길이를 매개변수로 하여 표시하라.

풀이 $\| \mathbf{r}'(t) \| = \sqrt{2}$이므로 $\dfrac{ds}{dt} = \sqrt{2}$가 되어 $s = \sqrt{2}\,t$를 얻는다. $s(0) = 0$으로 두어도 상관없다. $Y(s) = \mathbf{r}(t(s)) = \mathbf{r}\left(\dfrac{s}{\sqrt{2}}\right) = \left(\cos \dfrac{s}{\sqrt{2}},\ \sin \dfrac{s}{\sqrt{2}},\ \dfrac{s}{\sqrt{2}}\right)$가 곡선 $\mathbf{r}(t)$의 호의 길이를 매개변수로 한 곡선이다. ■■

연 습 문 제 8.2

1. 다음 곡선의 매개화가 매끄러운지, 부분적으로 매끄러운지, 둘 다 아닌지를 결정하여라.
   (1) $\mathbf{r}(t) = t\mathbf{i} + t^2\mathbf{j} + t^3\mathbf{k}$
   (2) $\mathbf{r}(t) = |t|\mathbf{i} + t\mathbf{j} + t\mathbf{k}$
   (3) $\mathbf{r}(t) = \sin t\,\mathbf{i} + \cos t\,\mathbf{j} + t^2\mathbf{k}$
   (4) $\mathbf{r}(t) = 2t\mathbf{i} + t^2\mathbf{j} + \ln t\,\mathbf{k}$

2. 다음 곡선의 매끄러운 매개화를 구하여라.
   (1) 점 $(-3, 2, 1)$에서 점 $(4, 0, 5)$까지의 직선
   (2) xy평면상의 원점에 중심을 갖고 반경이 6인 원
   (3) $f(x) = x^2 + 1$의 그래프
   (4) $f(x) = \tan x$의 그래프, $0 \le x \le \dfrac{\pi}{4}$

3. 다음 곡선의 부분적으로 매끄러운 매개화를 구하여라.
   (1) 꼭지점 $(3, 0)$, $(3, 3)$, $(0, 3)$, $(0, 0)$을 갖는 xy평면상의 정사각형
   (2) 곡지점 $(0, 0)$, $(2, 0)$, $(0, 2)$를 갖는 xy평면상의 삼각형

4. 다음 곡선의 길이를 구하여라.
   (1) $\mathbf{r}(t) = 2t\mathbf{i} + t^2\mathbf{j} + \ln t\,\mathbf{k}$, $\quad l \le t \le 2$
   (2) $\mathbf{r}(t) = e^t\mathbf{i} + e^{-t}\mathbf{j} + \sqrt{2}\,t\mathbf{k}$, $\quad 0 \le t \le 1$
   (3) $\mathbf{r}(t) = \cos^3 t\,\mathbf{i} + \sin^3 t\,\mathbf{j}$, $\quad 0 \le t \le 2$

(4) $\mathbf{r}(t) = (3t - t^3)\mathbf{i} + 3t^2\mathbf{j} + (3t + t^3)\mathbf{k}, \quad 0 \le t \le 1$

(5) $\mathrm{r} = a\cos\theta, \quad -\dfrac{\pi}{2} \le \theta \le \dfrac{\pi}{2}, \quad a > 0$

(6) $\mathrm{r} = a\sin\theta, \quad 0 \le \theta \le \pi, \quad a > 0$

8.3 곡선의 접선과 법선

[곡선의 접선]

매끄러운 곡선 C가 구간 I에서 정의된 매개화 $\mathbf{r}(t)$를 갖는다고 하면 구간 I의 내점 t_0에 대해, $\mathbf{r}(t_0)$에서의 **접선벡터**(tangent vector)는

$$\mathbf{T}(t_0) = \frac{\mathbf{r}'(t_0)}{\| \mathbf{r}'(t_0) \|}$$

로 정의된다. 정의에 의하여 $\mathbf{T}(t_0)$는 단위벡터이다. 일반적으로 구간 I의 내점 t에 대하여 접선벡터는

$$\mathbf{T}(t) = \frac{\mathbf{r}'(t)}{\| \mathbf{r}'(t) \|} = \frac{d\mathbf{r}/dt}{\| d\mathbf{r}/dt \|}$$

로 정의된다. 더욱이 $\mathbf{r}'(t)$가 매끄럽고, 구간 I의 어떠한 내점 t_0에서 $\mathbf{T}'(t_0) \ne 0$일 때 $\mathbf{r}(t_0)$에서의 **법선벡터**(normal vector)는

$$\mathbf{N}(t_0) = \frac{\mathbf{T}'(t_0)}{\| \mathbf{T}'(t_0) \|}$$

로 정의된다. 일반적으로 구간 I의 임의의 내점 t에 대하여 법선벡터는

$$\mathbf{N}(t) = \frac{\mathbf{T}'(t)}{\| \mathbf{T}'(t) \|} = \frac{d\mathbf{T}/dt}{\| d\mathbf{T}/dt \|}$$

로 정의된다.

예제 1 반경 r인 원이 $\mathbf{r}(t) = r\cos t\,\mathbf{i} + r\sin t\,\mathbf{j}$, $0 \le t \le 2\pi$에 의하여 매개화되었을 때, 접선벡터 $\mathbf{T}(t)$와 $\mathbf{T}\left(\dfrac{\pi}{3}\right)$, 법선벡터 $\mathbf{N}(t)$를 구하여라(그림 8.9).

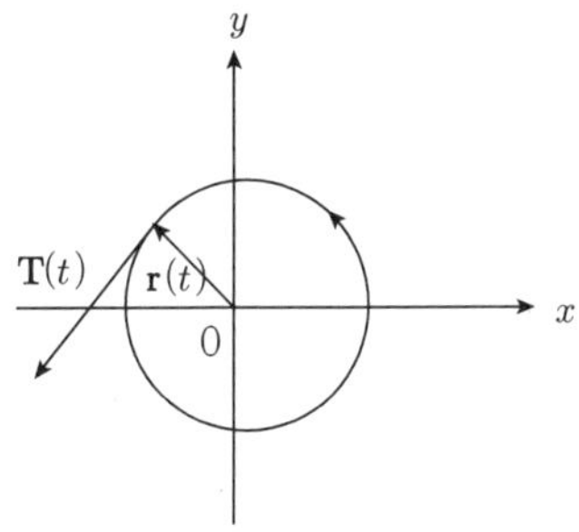

그림 8.9

풀이 $\mathbf{r}'(t) = -r\sin t\mathbf{i} + r\cos t\mathbf{j}$ 이므로, $\|\mathbf{r}'(t)\| = r$이다. 따라서 접선벡터는

$\mathbf{T}(t) = \dfrac{\mathbf{r}'(t)}{\|\mathbf{r}'(t)\|} = -\sin t\mathbf{i} + \cos t\mathbf{j}$ 이고 $\mathbf{T}\left(\dfrac{\pi}{3}\right) = -\dfrac{\sqrt{3}}{2}\mathbf{i} + \dfrac{1}{2}\mathbf{j}$ 이다.

$\mathbf{T}'(t) = -\cos t\mathbf{i} - \sin t\mathbf{j}$ 이므로 $\|\mathbf{T}'(t)\| = 1$이다. 따라서

$$\mathbf{N}(t) = \frac{\mathbf{T}'(t)}{\|\mathbf{T}'(t)\|} = -\cos t\mathbf{i} - \sin t\mathbf{j} = -\frac{1}{r}\mathbf{r}(t)$$

이다.

예제 2 원형나선형 $\mathbf{r}(t) = 2\cos t\mathbf{i} + 2\sin t\mathbf{j} + 3t\mathbf{k}$의 접선벡터 $\mathbf{T}(t)$와 법선벡터 $\mathbf{N}(t)$를 구하여라.

풀이 $\dfrac{d\mathbf{r}}{dt} = -2\sin t\mathbf{i} + 2\cos t\mathbf{j} + 3\mathbf{k}$이므로 $\left\|\dfrac{d\mathbf{r}}{dt}\right\| = \sqrt{13}$ 이다.

$\mathbf{T}(t) = \dfrac{d\mathbf{r}/dt}{\|d\mathbf{r}/dt\|} = -\dfrac{2}{\sqrt{13}}\sin t\mathbf{i} + \dfrac{2}{\sqrt{13}}\cos t\mathbf{j} + \dfrac{3}{\sqrt{13}}\mathbf{k}$이고

$\mathbf{T}'(t) = -\dfrac{2}{\sqrt{13}}\cos t\mathbf{i} - \dfrac{2}{\sqrt{13}}\sin t\mathbf{j}$ 이므로 $\|\mathbf{T}'(t)\| = \dfrac{2}{\sqrt{13}}$ 이다.

따라서 $\mathbf{N}(t) = -\cos t\mathbf{i} - \sin t\mathbf{j}$ 이다.

[곡선의 향]

곡선 C의 부분적으로 매끄러운 매개화 $\mathbf{r}(t) = x(t)\mathbf{i} + y(t)\mathbf{j} + z(t)\mathbf{k}$는 C의 유한 개의 점을 제외하고는 접선벡터를 갖는다. 각 접선벡터의 방향은 곡선 C가 $\mathbf{r}(t)$에 의하여 그려지는 방향과 같다. 따라서 $\mathbf{r}(t)$는 곡선의 향(orientation)을 결정한다(그림 8.10의 (a)).

$\mathbf{r}(t)$를 $[a, b]$ 위에서 곡선 C의 부분적으로 매끄러운 매개화라 하고,

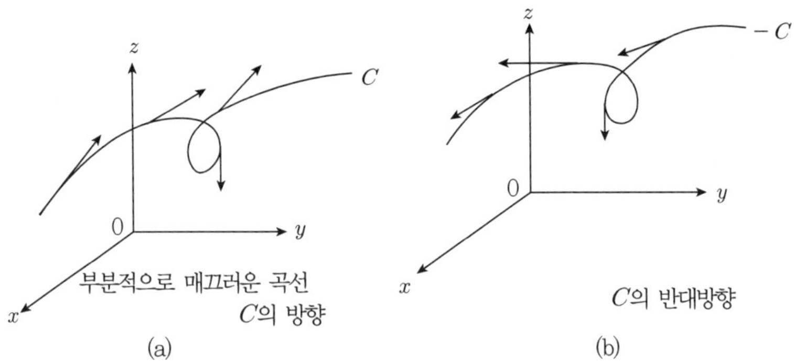

그림 8.10

$$\mathbf{r}_1(t) = \mathbf{r}(a+b-t), \quad a \le t \le b$$이라 하면,

이때 $\mathbf{r}_{1(t)}$도 역시 $[a, b]$상에서 곡선 C의 부분적으로 매끄러운 곡선이 되지만, $\mathbf{r}$에 의하여 결정되는 향과 반대방향을 갖는다(그림 8.10의 (b)). 주어진 곡선 C와 반대방향을 갖는 곡선을 $-C$로 표시한다. 그리고 폐곡선이고 자신과의 교차점을 갖지 않는 평면곡선은 **시계방향**(clockwise orientation)과 **시계반대방향**(counterclockwise orientation)이라 부르는 두 가지의 방향을 갖는다.

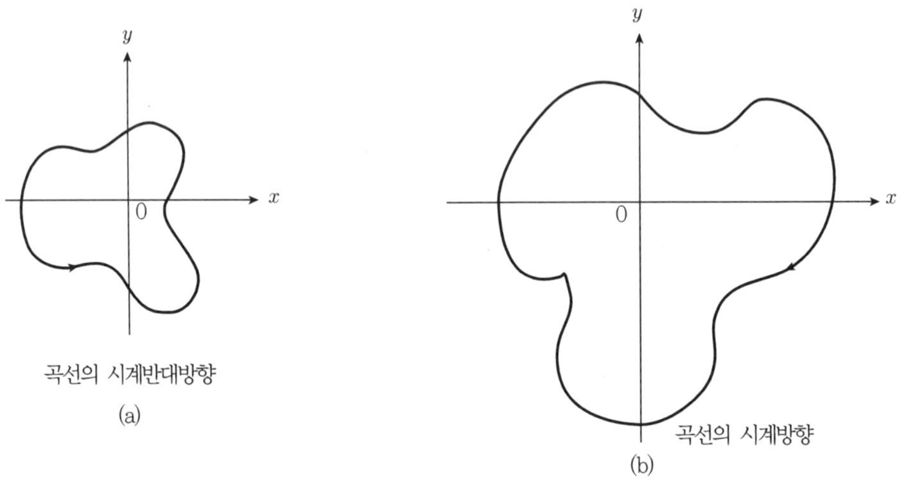

그림 8.11

향을 갖는 곡선(oriented curve)이란 그 곡선에 대응되는 특별한 방향을 갖는 부분적으로 매끄러운 곡선을 말한다.

[곡률]

매끄러운 곡선 C의 접선벡터의 길이는 항상 1이고, 접선벡터의 방향은 곡선의 성질에 따라 점마다 달라진다. 예를 들어, 직선이면 항상 일정하고(그림 8.12의 (a)), 그림 8.12의 (b)와 같이 완만하게 변하면 접선벡터도 곡선을 따라 느리게 변하고 그림 8.12의 (c)에서와 같으면 접선벡터도 빠르게 변한다.

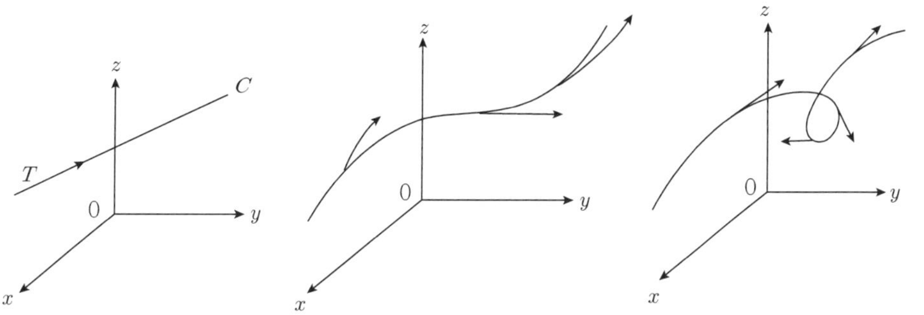

접선벡터가 일정 (a) 접선벡터가 느리게 변한다 (b) 접선벡터가 빠르게 변한다 (c)

그림 8.12

그림 8.12의 (a)~(c)부터 호의 길이 s에 대한 접선벡터의 변화율 $\dfrac{d\mathbf{T}}{ds}$는 곡선의 휨과 회전율에 밀접한 관계가 있음을 알 수 있다.

$$\frac{d\mathbf{T}}{dt} = \frac{d\mathbf{T}}{ds}\frac{ds}{dt} \text{ 이므로}$$

$$\frac{d\mathbf{T}}{ds} = \frac{d\mathbf{T}/dt}{ds/dt} = \frac{d\mathbf{T}/dt}{\| d\mathbf{r}/dt \|}$$

곡선 C는 $\mathbf{r}'$이 미분가능한 매개화 $\mathbf{r}$를 갖는 매끄러운 곡선이라 하자. 이때 곡선 C의 곡률(curvature)은

$$k(t) = \frac{\| \mathbf{T}'(t) \|}{\| \mathbf{r}'(t) \|} = \frac{\| d\mathbf{T}/dt \|}{\| d\mathbf{r}/dt \|}$$

으로 정의된다. 정의에 의하면, $k(t)$는 음이 아닌 실수이다.

예제 3 반경 r인 원의 곡률은 $\dfrac{1}{r}$인 것을 보여라.

풀이 원의 중심이 (x_0, y_0)이면, 원은

$$\mathbf{r}(t) = (x_0 + r\cos t)\mathbf{i} + (y_0 + r\sin t)\mathbf{j}$$

으로 매개화된다. 이때 $\mathbf{r}'(t) = -r\sin t\mathbf{i} + r\cos t\mathbf{j}$

$$\| \mathbf{r}'(t) \| = r, \quad \mathbf{T}(t) = -\sin t\mathbf{i} + \cos t\mathbf{j}$$

이다. 따라서 곡률은

$$k(t) = \frac{\| \mathbf{T}'(t) \|}{\| \mathbf{r}'(t) \|} = \frac{1}{r}$$

이다. ■■

반경 r인 원의 곡률이 $\frac{1}{r}$이기 때문에, 어떤 곡선 C의 매개변수 t에 대응하는 점 P에서 곡선 C의 **곡률반경**(radius of curvature)은

$$\rho(t) = \frac{1}{k(t)}$$

로 정의된다. 따라서 원의 곡률반경은 바로 그 원의 반경이 된다.

예제 4 $\mathbf{r}(t) = t\mathbf{i} + t^2\mathbf{j}$ 으로 매개화된 포물선의 곡률을 구하여라.

풀이 $\frac{d\mathbf{r}}{dt} = \mathbf{i} + 2t\mathbf{j}, \quad \left\| \frac{d\mathbf{r}}{dt} \right\| = \sqrt{1+4t^2}$

$$\mathbf{T}(t) = \frac{1}{\sqrt{1+4t^2}}\mathbf{i} + \frac{2t}{\sqrt{1+4t^2}}\mathbf{j}$$

$$\frac{d\mathbf{T}}{dt} = \frac{-4t}{(1+4t^2)^{\frac{3}{2}}}\mathbf{i} + \frac{2}{(1+4t^2)^{\frac{3}{2}}}\mathbf{j}$$

$$\left\| \frac{d\mathbf{T}}{dt} \right\| = \frac{2}{1+4t^2}$$

이므로

$$k(t) = \frac{\| d\mathbf{T}/dt \|}{\| d\mathbf{r}/dt \|} = \frac{2/(1+4t^2)}{(1+4t^2)^{\frac{1}{2}}} = \frac{2}{(1+4t^2)^{\frac{3}{2}}}$$

이다. ■■

예제 4에서 포물선의 곡률은 $t=0$일 때 가장 크고, $|t|$이 클수록 점점 작아진다(그림 8.13).

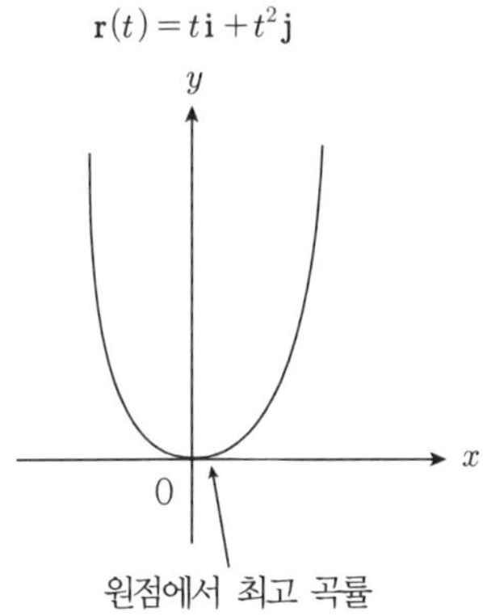

그림 8.13

$\mathbf{r}(t)$가 xy평면상에서 곡선을 따라 움직이는 물체의 위치를 나타내면

$$\mathbf{r}=x(t)\mathbf{i}+y(t)\mathbf{j}, \quad \mathbf{v}(t)=\frac{d\mathbf{r}}{dt}=\left\| \frac{d\mathbf{r}}{dt} \right\| T=\|\mathbf{v}\| T$$

이고,

$$\mathbf{a}=\frac{d\mathbf{v}}{dt}=\frac{d\|\mathbf{v}\|}{dt}T+\|\mathbf{v}\|\frac{d\mathbf{T}}{dt}$$

이다. 앞의 정의에 의해

$$\frac{d\mathbf{T}}{dt}=\left\| \frac{d\mathbf{T}}{dt} \right\| N\text{이므로}$$

$$\mathbf{a}=\frac{d\|\mathbf{v}\|}{dt}T+\|\mathbf{v}\|\left\| \frac{d\mathbf{T}}{dt} \right\| N$$

이다. $\mathbf{T}\times\mathbf{T}=0$이므로

$$\mathbf{v}\times\mathbf{a}=(\|\mathbf{v}\|\mathbf{T})\times\left(\frac{d\|\mathbf{v}\|}{dt}T+\|\mathbf{v}\|\left\| \frac{d\mathbf{T}}{dt} \right\| N\right)$$

$$=\left(\|\mathbf{v}\|^2\left\| \frac{d\mathbf{T}}{dt} \right\|\right)\mathbf{T}\times N$$

이다. 그러므로 $\|\mathbf{v}\times\mathbf{a}\|=\|\mathbf{v}\|^2\left\| \frac{d\mathbf{T}}{dt} \right\|$ 이다. 곡률

$$k=\frac{\left\|\frac{d\mathbf{T}}{dt}\right\|}{\left\|\frac{d\mathbf{r}}{dt}\right\|}=\frac{\left\|\frac{d\mathbf{T}}{dt}\right\|}{\|\mathbf{v}\|}$$

를 속도벡터와 가속도벡터를 사용하여 나타내면

$$k=\frac{\|\mathbf{v}\times\mathbf{a}\|}{\|\mathbf{v}\|^3}$$

가 된다. 따라서

$$k=\frac{\left|\frac{dx}{dt}\frac{d^2y}{dt^2}-\frac{d^2x}{dt^2}\frac{dy}{dt}\right|}{\left[\left(\frac{dx}{dt}\right)^2+\left(\frac{dy}{dt}\right)^2\right]^{\frac{3}{2}}}$$

이고, $x=t$이면

$$k=\frac{\left|\frac{d^2y}{dt^2}\right|}{\left(1+\left(\frac{dy}{dt}\right)^2\right)^{\frac{3}{2}}}$$

이다.

예제 5 사이클로이드의 한 호

$$\mathbf{r}(t)=r(t-\sin t)\mathbf{i}+r(1-\cos t)\mathbf{j},\quad 0<t<2\pi$$

의 곡률을 구하여라.

풀이 $x(t)=r(t-\sin t),\ y(t)=r(1-\cos t),$

$$\frac{dx}{dt}=r(1-\cos t),\quad \frac{dy}{dt}=r\sin t,\quad \frac{d^2x}{dt^2}=r\sin t,\quad \frac{d^2y}{dt^2}=r\cos t$$

이므로

$$k=\frac{|r(1-\cos t)(r\cos t)-(r\sin t)(r\sin t)|}{[r^2(1-\cos t)^2+r^2\sin^2 t]^{\frac{3}{2}}}$$

$$= \frac{1}{\sqrt{8}\,r\sqrt{1-\cos t}}$$

이다. ■■

연 습 문 제 8.3

1. $\mathbf{r}(t)$로 매개화된 다음 곡선의 속력, 접선벡터, 법선벡터, 곡률을 구하여라.
   (1) $\mathbf{r}(t) = (t^2+4)\mathbf{i} + 2t\mathbf{j}$
   (2) $\mathbf{r}(t) = \cos^3 t\mathbf{i} + \sin^3 t\mathbf{j}, \quad \frac{\pi}{6} \le t \le \frac{\pi}{3}$
   (3) $\mathbf{r}(t) = \cos t\mathbf{i} + \cos t\mathbf{j} + \sqrt{2}\sin t\mathbf{k}$
   (4) $\mathbf{r}(t) = 2t\mathbf{i} + t^2\mathbf{j} + \frac{1}{3}t^3\mathbf{k}$
   (5) $\mathbf{r}(t) = \frac{4}{5}\cos t\mathbf{i} + (1-\sin t)\mathbf{j} - \frac{3}{5}\cos t\mathbf{k}$
   (6) $\mathbf{r}(t) = e^t\mathbf{i} + e^t\mathbf{j} + \sqrt{2}t\mathbf{k}$
   (7) $\mathbf{r}(t) = \cosh t\mathbf{i} + \sinh t\mathbf{j} + t\mathbf{k}$
   (8) $\mathbf{r}(t) = \frac{1}{3}(1+t)^{\frac{3}{2}}\mathbf{i} + \frac{1}{3}(1-t)^{\frac{3}{2}}\mathbf{j} + \frac{\sqrt{2}}{2}t\mathbf{k}$

2. $\mathbf{r}(t)$로 매개화된 다음 곡선의 곡률을 구하여라.
   (1) $\mathbf{r}(t) = (2t-1)\mathbf{i} + (t^2+1)\mathbf{j}$
   (2) $\mathbf{r}(t) = \cos t\mathbf{i} + t\sin t\mathbf{j}$
   (3) $\mathbf{r}(t) = e^t\sin t\mathbf{i} + e^t\cos t\mathbf{j} + t\mathbf{k}$
   (4) $\mathbf{r}(t) = \sin t\mathbf{i} + \cos t\mathbf{j} + \frac{2}{3}t^{\frac{3}{2}}\mathbf{k}$

3. 다음 주어진 점 t_0에 대응하는 곡선상의 점에서의 곡률반경을 하여라.
   (1) $\mathbf{r}(t) = 2\cos t\mathbf{i} + 3\sin t\mathbf{j}, \quad t_0 = 0$
   (2) $\mathbf{r}(t) = 2\cos t\mathbf{i} + 3\sin t\mathbf{j}, \quad t_0 = \frac{\pi}{2}$
   (3) $\mathbf{r}(t) = 2\cosh t\mathbf{i} + 3\sinh t\mathbf{j}, \quad t_0 = 0$
   (4) $\mathbf{r}(t) = t\mathbf{i} + \frac{1}{3}t^3\mathbf{j}, \quad t_0 = 1$

4. 다음 함수의 그래프의 곡률을 구하여라.

(1) $y = \sin x$

(2) $y = \ln x$

(3) $y = x^{\frac{1}{3}}, \quad x > 0$

(4) $y = \dfrac{1}{x}, \quad x < 0$

5. 가속도벡터가 항상 속도벡터에 수직이면, 속력은 상수임을 보여라.

6. $\mathbf{r}(t)$는 반경 1인 구면상에 있는 미분가능한 곡선이다. 이때 속도벡터는 위치벡터에 수직임을 보여라.

7. 곡선 $\mathbf{r}(t) = \left(\int_0^t \cos \dfrac{\pi u^2}{2}\, du,\ \int_0^t \sin \dfrac{\pi u^2}{2}\, du \right)$의 곡률을 호의 길이 s를 써서 표시하여라.

8. 곡선 $\mathbf{r}(t) = (t,\ \log t)$에서 곡률반경이 최소인 점을 구하여라.

미적분학

Chapter 09

편도함수

9.1 다변수함수

공간 $\mathbf{R}^3$의 한 부분집합 U에서 정의된 함수 $f: U \longrightarrow \mathbf{R}$가 주어졌을 때 U속의 각 원소 $X=(x_1, x_2, x_3)$에 대하여 실수 $f(X)=f(x_1, x_2, x_3)$가 대응된다. 이때 f를 **3변수함수**(function of three variables)라 부르고 f의 그래프는

$$\{(x_1, x_2, x_3, z) \in \mathbf{R}^4 \mid (x_1, x_2, x_3) \in U,\ z=f(x_1, x_2, x_3)\}$$

이 된다. 예를 들면, 지구표면 위의 한 점에서의 온도 T는 그 점의 경도 x와 위도 y뿐만 아니라 시간 t에도 의존한다. 따라서 이것을 $T=f(x, y, t)$로 쓸 수 있다. 우리는 f의 정의역을 n차원으로 그대로 확장할 수 있다. n변수함수는 원소 $(x_1, x_2, \cdots, x_n)$에 오직 하나의 실수 $z=f(x_1, x_2, \cdots, x_n)$가 대응된다. 정의역이 평면상의 부분집합일 때 f를 **2변수함수**라 부르고, 일반적으로 2변수 이상의 함수를 **다변수함수**(function of several variables)라 부른다.

예제 1 2변수함수 $f(x, y)=x^2+y^2$의 그래프는 점(x, y, x^2+y^2)들로 이루어져 있고 그림 9.1과 같은 회전 포물면이 된다. ■■

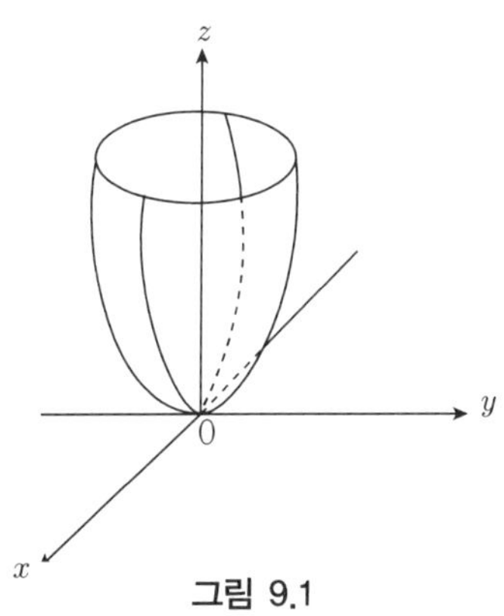

그림 9.1

두 개의 다변수함수 f와 g의 합, 곱, 몫 그리고 합성도 일변수함수의 경우와 똑같은 방법으로 정의된다.

3변수함수 f는 그 그래프가 4차원 공간에 있으므로 그래프에 의해서 가시화하기 곤란하다. 그러나 상수 c에 대하여 $f(x, y, z) = c$로 정의되는 곡면을 조사함으로써 그 구조를 살펴볼 수 있다.

정의 9.1 함수 $f: U \longrightarrow \mathbf{R}$과 실수 c에 대하여 집합

$$f^{-1}(c) = \{x \in U : f(x) = c\}$$

를 f의 c**-등위면**(c-level surface) 또는 단순히 **등위면**($n = 2$인 경우는 등위선)이라고 부른다.

2변수함수 f의 그래프를 그릴 때 f의 그래프와 평면 $z = c$와의 교차선을 평면 $z = c$에서 f의 그래프의 **자취**(trace)라 부른다(그림 9.2).

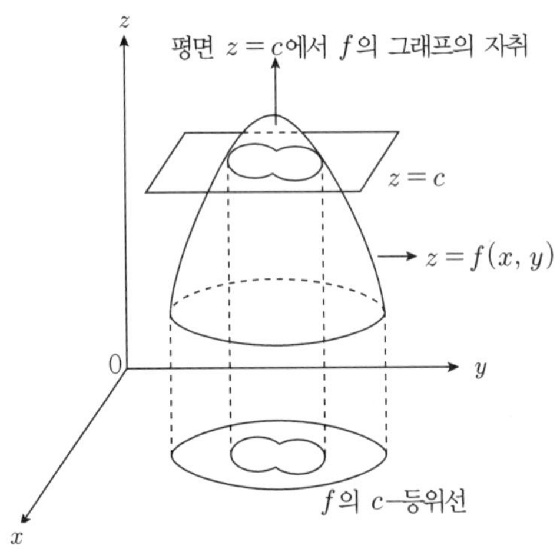

그림 9.2

예제 2 함수 $f(x, y) = x^2 + y^2$의 그래프와 등위선을 구하여라.

풀이 $c > 0$이면 c-등위선 $f(x, y) = c$는 xy평면 위의 원 $x^2 + y^2 = c$로 주어진다. 그러므로 평면 $z = c$에서 그래프의 자취는 반경 $\sqrt{c}$인 원이다(그림 9.3). ■■

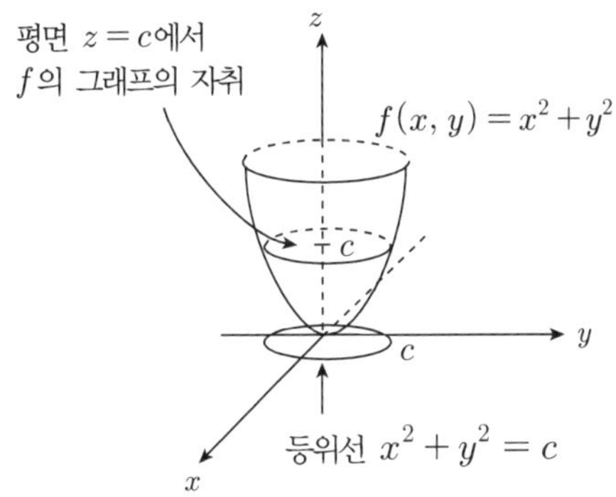

그림 9.3

예제 3 함수 $f(x, y)=\sqrt{9-x^2-y^2}$ 의 그래프와 등위선을 구하여라.

풀이 $z=f(x, y)$라고 하면 $z \geq 0$이고 $x^2+y^2+z^2=9$이므로 f의 그래프는 반구가 된다(그림 9.4). $0 \leq c < 3$이면 c—등위선 $f(x, y)=c$는 원 $x^2+y^2=9-c^2$이고, $c=3$이면 등위선 $f(x, y)=c$는 점 $(0, 0)$이다. ■■

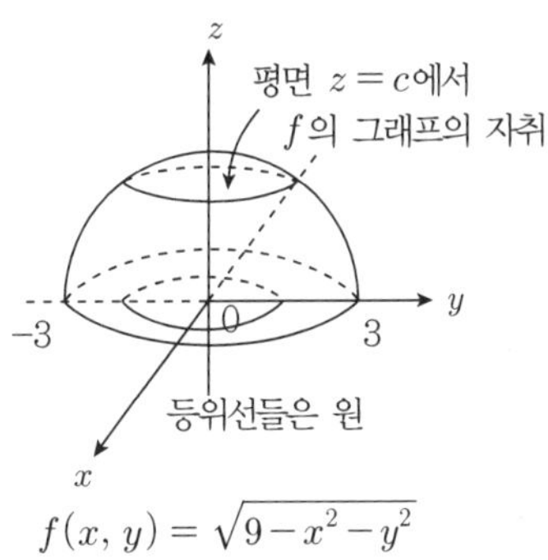

그림 9.4

예제 4 함수 $f(x, y)=\sin y$의 그래프를 그려라.

풀이 f의 그래프는 x에 독립이기 때문에 $(0, y, \sin y)$가 그래프 위의 점이면 x축으로 평행이동시킨 $(x, y, \sin y)$도 그래프 위에 있다. 따라서 f의 그래프는 yz평면상의 사인곡선에 의하여 결정된다. ■■

예제 5 함수 $f(x, y, z)=x^2+y^2+z^2$의 등위면을 결정하여라.

풀이 c—등위면 $f(x, y, z)=c$는 원점을 중심으로 하고 반경이 $\sqrt{c}$ 인 구가 된다. ■■

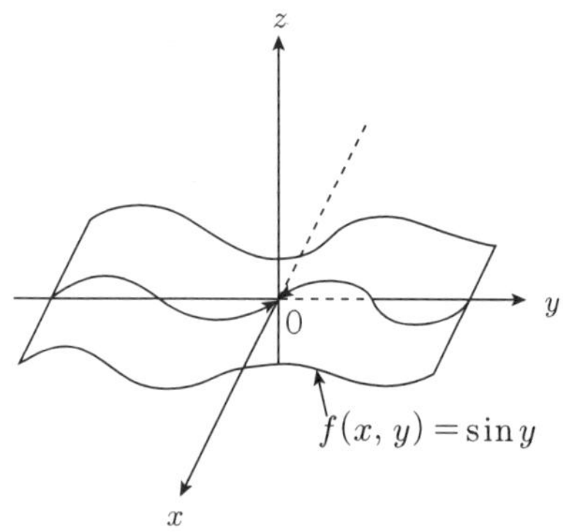

그림 9.5

[극한]

직관적으로 $\lim_{(x,\,y)\to(x_0,\,y_0)} f(x, y) = L$이라는 것은 (x, y)가 (x_0, y_0)에 충분히 가까워질 때 $f(x, y)$는 우리가 원하는 만큼 L에 가까워짐을 의미한다. 이때 $f(x, y)$는 (x_0, y_0)에서 정의가 되지 않더라도 (x_0, y_0)근방에서 정의가 되면 극한은 정의가 가능하다. 이것을 수학적인 $\epsilon-\delta$개념으로 표현하면 임의의 $\epsilon > 0$에 대하여 이에 대응하는 적당한 $\delta > 0$가 존재하여 $0 < \sqrt{(x-x_0)^2+(y-y_0)^2} < \delta$이면 $|f(x, y) - L| < \epsilon$이 되는 것과 동치가 된다. 이때 (x_0, y_0)에서 $f(x, y)$의 극한이 존재한다. 또는 $f(x, y)$는 L에 **수렴**(converge)한다고 한다. 그리고 L을 (x_0, y_0)에서 $f(x, y)$의 **극한값**(limit)이라 한다. 극한이 존재한다면, (x, y)를 (x_0, y_0)에 접근시키는 방법에는 상관없이 $f(x, y)$는 같은 극한을 가져야 한다. 만약 c_1경로를 따라 $(x, y) \to (x_0, y_0)$일 때 $f(x, y) \to L_1$이고, c_2경로를 따라 $(x, y) \to (x_0, y_0)$일 때 $f(x, y) \to L_2$이며 $L_1 \neq L_2$이면, $\lim_{(x,\,y)\to(x_0,\,y_0)} f(x, y)$는 존재하지 않는다.

예제 6 $\lim_{(x,\,y)\to(0,\,0)} \dfrac{xy}{x^2+y^2}$가 존재하지 않음을 보여라.

풀이 $x \neq 0$, $y = 0$이면 $\dfrac{xy}{x^2+y^2} = 0$이고, $x = y \neq 0$이면

$$\frac{xy}{x^2+y^2} = \frac{x^2}{2x^2} = \frac{1}{2}$$

이다. 그래서 원점의 아무리 작은 근방을 잡더라도 $f(x, y)$의 값이 0이 되는 점이 존재하고, 동시에 $\dfrac{1}{2}$이 되는 점도 존재하므로 $(0, 0)$에서의 극한은 존재하지 않는다. 더 편리한 방

법으로는 직선 $y=tx$를 따라 (x, y)가 $(0, 0)$에 접근하면

$$\lim_{(x, y)\to(0, 0)} \frac{xy}{x^2+y^2} = \frac{t}{1+t^2}$$

가 되어 기울기 t에 따라 극한값이 달라지므로 극한이 존재하지 않는다. ■■

일변수함수에서와 유사하게 이변수함수에도 다음과 같은 정리가 성립한다.

정리 9.2 함수 f, g가 $\mathbf{R}^2$의 한 부분집합 U에서 정의된 실함수라 하고, $\lim_{(x, y)\to(x_0, y_0)} f(x, y)$와 $\lim_{(x, y)\to(x_0, y_0)} g(x, y)$가 존재할 때,

(a) $\lim_{(x, y)\to(x_0, y_0)} (f\pm g)(x, y) = \lim_{(x, y)\to(x_0, y_0)} f(x, y) \pm \lim_{(x, y)\to(x_0, y_0)} g(x, y)$

(b) $\lim_{(x, y)\to(x_0, y_0)} (fg)(x, y) = \lim_{(x, y)\to(x_0, y_0)} f(x, y) \cdot \lim_{(x, y)\to(x_0, y_0)} g(x, y)$

(c) $\lim_{(x, y)\to(x_0, y_0)} \left(\frac{f}{g}\right)(x, y) = \frac{\lim_{(x, y)\to(x_0, y_0)} f(x, y)}{\lim_{(x, y)\to(x_0, y_0)} g(x, y)}$,

단 $\lim_{(x, y)\to(x_0, y_0)} g(x, y) \neq 0$

예제 7 다음 극한을 구하여라.

(1) $\lim_{(x, y)\to(-1, 2)} \frac{x^3+y^3}{x^2+y^2}$

(2) $\lim_{(x, y)\to(0, 0)} \frac{x^3+y^3}{x^2+y^2}$

풀이 (1) $\lim_{(x, y)\to(-1, 2)} x=-1$, $\lim_{(x, y)\to(-1, 2)} y=2$이므로

$$\lim_{(x, y)\to(-1, 2)} x^3=-1, \quad \lim_{(x, y)\to(-1, 2)} y^3=8$$

$$\lim_{(x, y)\to(-1, 2)} x^2=1, \quad \lim_{(x, y)\to(-1, 2)} y^2=4$$

이다. 따라서

$$\lim_{(x, y)\to(-1, 2)} \frac{x^3+y^3}{x^2+y^2} = \frac{\lim_{(x, y)\to(-1, 2)} (x^3+y^3)}{\lim_{(x, y)\to(-1, 2)} (x^2+y^2)}$$

$$= \frac{\lim_{(x,\, y)\to(-1,\, 2)} x^3 + \lim_{(x,\, y)\to(-1,\, 2)} y^3}{\lim_{(x,\, y)\to(-1,\, 2)} x^2 + \lim_{(x,\, y)\to(-1,\, 2)} y^2} = \frac{7}{5}$$

(2) $\lim_{(x,\, y)\to(0,\, 0)} (x^2+y^2) = 0$이므로 몫에 대한 극한 공식을 사용할 수 없다. 우리에게 익숙하지 않은 $\epsilon - \delta$개념을 사용하면, 우선 임의의 $\epsilon > 0$에 대해 $\delta = \epsilon$으로 잡자. $0 < \sqrt{x^2+y^2} < \delta$이면 $|x| = \sqrt{x^2} < \delta = \epsilon$이므로

$$\left| \frac{x^3}{x^2+y^2} \right| = |x| \left| \frac{x^2}{x^2+y^2} \right| \le |x| \cdot 1 < \epsilon$$

이다. 따라서

$$\lim_{(x,\, y)\to(0,\, 0)} \frac{x^3}{x^2+y^2} = 0$$

같은 방법으로

$$\lim_{(x,\, y)\to(0,\, 0)} \frac{y^3}{x^2+y^2} = 0$$

이다. 그러므로

$$\lim_{(x,\, y)\to(0,\, 0)} \frac{x^3+y^3}{x^2+y^2} = \lim_{(x,\, y)\to(0,\, 0)} \frac{x^3}{x^2+y^2} + \lim_{(x,\, y)\to(0,\, 0)} \frac{y^3}{x^2+y^2} = 0$$

이다. ■■

다변수함수에 대한 대입정리도 성립하는데, 즉

$$\lim_{(x,\, y)\to(x_0,\, y_0)} f(x,\, y) = L$$

이고 g가 L에서 연속인 일변수함수일 때,

$$\lim_{(x,\, y)\to(x_0,\, y_0)} g(f(x,\, y)) = g(L)$$

이 성립된다.

예제 8 $\lim_{(x,\,y)\to(e,\,1)} \ln\frac{x}{y}$를 찾아라.

풀이 $f(x,\,y)=\frac{x}{y},\; g(t)=\ln t$라 하자.

$$\lim_{(x,\,y)\to(e,\,1)} f(x,\,y)=\frac{\lim_{(x,\,y)\to(e,\,1)} x}{\lim_{(x,\,y)\to(e,\,1)} y}=\frac{e}{1}=e$$

g가 e에서 연속이므로, $g(e)=1$이고 대입 공식에 의해

$$\lim_{(x,\,y)\to(e,\,1)} \ln\frac{x}{y}=\lim_{(x,\,y)\to(e,\,1)} g(f(x,\,y))=g(e)=1$$

이다. ■■

[연속]

$\mathbf{R}^3$공간의 한 부분공간 U에서 정의된 실함수 f가 U의 한 점 $(x_0,\,y_0,\,z_0)$에서

$$\lim_{(x,\,y,\,z)\to(x_0,\,y_0,\,z_0)} f(x,\,y,\,z)=f(x_0,\,y_0,\,z_0)$$

을 만족하면 f는 점 $(x_0,\,y_0,\,z_0)$에서 연속이라 하고, 또 함수 f가 U의 모든 점에서 연속이면 f는 U에서 연속이라 한다.

일변수함수처럼 연속함수들의 합, 곱, 몫도 역시 연속이다. 그러므로 다항함수와 유리함수는 연속이 된다. 그리고 f가 2변수함수(혹은 3변수함수)이고 g가 일변수함수일 때, f가 $(x_0,\,y_0)$에서 연속이고 g가 $f(x_0,\,y_0)$에서 연속이면 합성함수 $g\circ f$도 $(x_0,\,y_0)$에서 연속이 된다.

예제 9 함수 $f(x,\,y)=\begin{cases}\dfrac{xy}{\sqrt{x^2+y^2}}, & (x,\,y)\neq(0,\,0)\\[2ex] 0\quad, & (x,\,y)=(0,\,0)\end{cases}$

는 $(0,\,0)$에서 연속임을 보여라.

풀이 $|xy|\le\frac{1}{2}(x^2+y^2)$이므로 $|f(x,\,y)|\le\frac{1}{2}\sqrt{x^2+y^2}$이고, 따라서

$$\lim_{(x,\,y)\to(0,\,0)} f(x,\,y)=0=f(0,\,0)$$

이다. ■■

예제10 $F(x, y) = \sin \dfrac{xy}{1+x^2+y^2}$이 연속함수임을 보여라.

풀이 $f(x, y) = \dfrac{xy}{1+x^2+y^2}$, $g(t) = \sin t$라 하자.

그때 $F = g \circ f$이므로, 그런데 f, g가 연속이므로 합성함수도 연속이 된다. ■■

연 습 문 제 9.1

1. 다음 함수들의 등위선을 그려라.

(1) $f(x, y) = 3x - y\,;\, c = 2, 3$

(2) $f(x, y) = 6x^2\,;\, c = 6, 24$

(3) $f(x, y) = x^2 + 4y^2\,;\, c = 1, 4$

(4) $f(x, y) = x^2 - y\,;\, c = -2, 2$

2. 다음 함수들의 그래프를 그려라.

(1) $f(x, y) = x + 2y$

(2) $f(x, y) = 2x - 3y + 4$

(3) $f(x, y) = \sqrt{4 - x^2 - y^2}$

(4) $f(x, y) = \sqrt{4x^2 + 9y^2}$

3. 다음 방정식의 그래프를 3차원 공간 $\mathbf{R}^3$ 상에 그려라.

(1) $z = 2$

(2) $x = -3$

(3) $z = y^2$

(4) $z = x^3 + 1$

(5) $x = \sqrt{1 - y^2}$

(6) $y = \sqrt{1 - x^2 - z^2}$

4. 다음 함수들의 등위면 $f(x, y, z) = c$를 그려라.

(1) $f(x, y, z) = 2x - 4y + z\,;\, c = -1$

(2) $f(x, y, z) = x^2 + y^2 + z^2\,;\, c = 2$

(3) $f(x, y, z) = 4x^2 + 4y^2 + z^2\,;\, c = 1$

(4) $f(x, y, z) = x^2 + y^2 - z^2\,;\, c = 0$

5. $f(x, y) = \dfrac{x^2 - y^2}{x^2 + y^2}$, $((x, y) \neq (0, 0))$이라 할 때, 다음 극한을 구하여라.

(1) $\displaystyle\lim_{(x, y) \to (0, y)} f(x, y)$

(2) $\displaystyle\lim_{(x, y) \to (x, 0)} f(x, y)$

(3) $\displaystyle\lim_{(0, y) \to (0, 0)} \left(\lim_{(x, y) \to (0, y)} f(x, y) \right)$

(4) $\displaystyle\lim_{(x, 0) \to (0, 0)} \left(\lim_{(x, y) \to (x, 0)} f(x, y) \right)$

6. 다음 극한값을 구하여라.

(1) $\lim_{(x,\ y) \to (1,\ 0)} \dfrac{x^2 - xy + 1}{x^2 + y^2}$ (2) $\lim_{(x,\ y,\ z) \to (2,\ 1,\ -1)} \dfrac{2x^2y - xz^2}{y^2 - xz}$

(3) $\lim_{(x,\ y) \to (\ln 2,\ 0)} e^{2x + y^2}$ (4) $\lim_{(x,\ y) \to (0,\ 0)} \dfrac{\sin(x^2 + y^2)}{x^2 + y^2}$

(5) $\lim_{(x,\ y) \to (1,\ 0)} xy\dfrac{x^2 - y^2}{x^2 + y^2}$ (6) $\lim_{(x,\ y,\ z) \to (0,\ 0,\ 0)} \dfrac{x^3 + y^3 + z^3}{x^2 + y^2 + z^2}$

7. $f(x,\ y) = e^{x^2y}$, $g(t) = \ln t$일 때 $\lim_{(x,\ y) \to (-1,\ 1)} g(f(x,\ y))$를 구하여라.

8. 다음 함수의 연속성을 조사하여라.

(1) $f(x,\ y) = \begin{cases} \dfrac{\sin xy}{x^2 + y^2}, & (x,\ y) \neq (0,\ 0) \\ 0, & (x,\ y) = (0,\ 0) \end{cases}$

(2) $f(x,\ y,\ z) = 3x^2z - \pi\dfrac{xy}{z}$

(3) $f(x,\ y) = \begin{cases} \dfrac{xy^2}{x^2 + y^4}, & (x,\ y) \neq (0,\ 0) \\ 0, & (x,\ y) = (0,\ 0) \end{cases}$

(4) $f(x,\ y) = \begin{cases} \dfrac{x^2y + xy^2}{x^2 + y^2}, & (x,\ y) \neq (0,\ 0) \\ 0, & (x,\ y) = (0,\ 0) \end{cases}$

9.2 편도함수

2변수 x, y의 함수 f에 대하여 y를 일정한 값 $y = b$로 고정시키면 f는 x만의 함수가 되고, x를 일정한 값 $x = a$로 고정시키면 f는 y만의 함수가 되므로 일변수함수의 미분을 적용할 수 있다.

정의 9.3 2변수함수 f에 대해 임의의 $(x,\ y)$에서 극한

$$f_x(x,\ y) = \lim_{h \to 0} \frac{f(x + h,\ y) - f(x,\ y)}{h}$$

가 존재할 때 $f_x(x, y)$를 x**에 관한** f**의 편도함수**(partial derivative)라고 부른다. 또 극한

$$f_y(x, y) = \lim_{h \to 0} \frac{f(x, y+h) - f(x, y)}{h}$$

가 존재할 때 $f_y(x, y)$를 y**에 관한** f**의 편도함수**라고 부른다.
편도함수 $f_x(x, y)$를 구하기 위해서는 y를 상수로 보고 x에 관하여 미분하며, $f_y(x, y)$를 구하기 위해서는 x를 상수로 보고 y에 관하여 미분한다.

일반적으로 $f_x(x, y)$, $f_y(x, y)$를 각각 x에 관한 f의 편도함수, y에 관한 f의 편도함수라고 부르며 $\frac{\partial f}{\partial x}$, $\frac{\partial f}{\partial x}$로도 쓴다. 2변수함수 $z = f(x, y)$의 x 및 y에 관한 편도함수는 다음과 같은 기호가 사용된다.

$$f_x,\ f_x(x, y),\ \frac{\partial f}{\partial x},\ \frac{\partial}{\partial x} f(x, y),\ \frac{\partial z}{\partial x},\ z_x$$

$$f_y,\ f_y(x, y),\ \frac{\partial f}{\partial y},\ \frac{\partial}{\partial y} f(x, y),\ \frac{\partial z}{\partial y},\ z_y$$

또 f의 편도함수를 구하는 것을 f를 편미분한다고 한다.

예제 1 $z = x^2 \cos y$에서 $\frac{\partial z}{\partial x}$, $\frac{\partial z}{\partial y}$를 구하여라.

풀이 $\frac{\partial z}{\partial x} = 2x \cos y$, $\quad \frac{\partial z}{\partial y} = -x^2 \sin y$ ■■

편도함수에서도 합, 곱, 몫의 도함수의 연산이 그대로 성립한다.
f와 g가 편도함수를 가질 때 다음과 같은 성질이 성립한다.

$$(f \pm g)_x = f_x \pm g_x, \quad (f \pm g)_y = f_y \pm g_y$$
$$(fg)_x = f_x g + f g_x, \quad (fg)_y = f_y g + f g_y$$
$$\left(\frac{f}{g}\right)_x = \frac{f_x g - f g_x}{g^2}, \quad \left(\frac{f}{g}\right)_y = \frac{f_y g - f g_y}{g^2}$$

따라서 다항함수나 유리함수는 정의역의 각 점에서 편도함수를 갖는다.

예제 2 함수 $f(x, y) = \dfrac{x^3y - xy^3}{x^2 + y^2}$에서 f_x, f_y를 구하여라.

풀이 f는 유리함수이므로, $x^2 + y^2 \neq 0$인 모든 (x, y)에 대해서 $f_x(x, y)$, $f_y(x, y)$가 존재하고 편도함수의 몫의 법칙에 의해

$$f_x(x, y) = \frac{(3x^2y - y^3)(x^2 + y^2) - (x^3y - xy^3)2x}{(x^2 + y^2)^2}$$

$$= \frac{x^4y + 4x^2y^3 - y^5}{(x^2 + y^2)^2}$$

같은 방법으로

$$f_y(x, y) = \frac{x^5 - 4x^3y^2 - xy^4}{(x^2 + y^2)^2}$$

이다. ■■

예제 3 함수 f를 다음처럼 정의할 때, $f_x(0, 0) = 0 = f_y(0, 0)$임을 보여라.

$$f(x, y) = \begin{cases} \dfrac{x^3y - xy^3}{x^2 + y^2}, & (x, y) \neq (0, 0) \\ 0, & (x, y) = (0, 0) \end{cases}$$

풀이 모든 h에 대하여 $f(h, 0) = 0$이므로

$$f_x(0, 0) = \lim_{h \to 0} \frac{f(h, 0) - f(0, 0)}{h} = \lim_{h \to 0} \frac{0 - 0}{0} = 0$$

또, 모든 h에 대하여 $f(0, h) = 0$이므로

$$f_y(0, 0) = \lim_{h \to 0} \frac{f(0, h) - f(0, 0)}{h} = \lim_{h \to 0} \frac{0 - 0}{0} = 0$$

이다. ■■

[편도함수의 기하학적 의미]

3차원 공간 $\mathbf{R}^3$상에서 $z = f(x, y)$는 곡면의 방정식이다. $y = y_0$로 고정시키고, $z = f(x, y_0)$를 x만의 함수로 보면, 이것은 곡면 $z = f(x, y)$를 xz평면에 평행한 평면

$y=y_0$로 자를 때 생기는 곡면상의 곡선이다. 이러한 뜻에서, 곡선 $z=f(x, y_0)$, $z=f(x_0, y)$를 각각 x-곡선, y-곡선이라고 부른다. 따라서 곡면 $z=f(x, y)$는 x-곡선 및 y-곡선의 망으로 덮혀 있고, $f_x(x_0, y_0)$ 및 $f_y(x_0, y_0)$는 각각 x-곡선 및 y-곡선 위의 점 $P(x_0, y_0, z_0)$에서 접선의 기울기이다(그림 9.6).

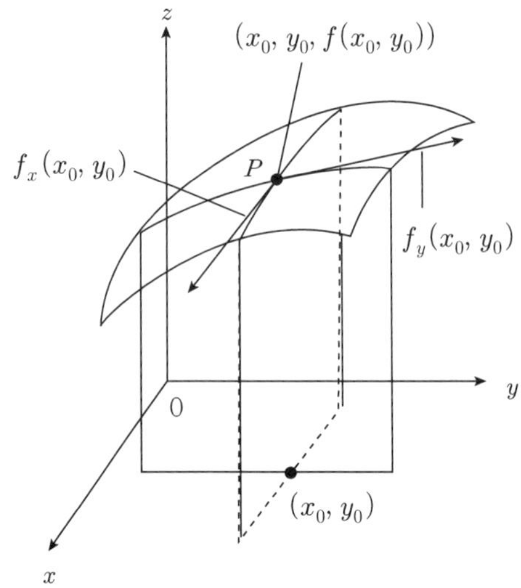

그림 9.6

변수가 3개 이상일 때도 2변수일 때와 마찬가지로 편도함수를 다음과 같이 정의할 수 있다.

$$f_x(x, y, z)=\lim_{h\to 0}\frac{f(x+h, y, z)-f(x, y, z)}{h}$$

$$f_y(x, y, z)=\lim_{h\to 0}\frac{f(x, y+h, z)-f(x, y, z)}{h}$$

$$f_z(x, y, z)=\lim_{h\to 0}\frac{f(x, y, z+h)-f(x, y, z)}{h}$$

예제 4 함수 $f(x, y, z)=e^{2x}\cos z+e^{3y}\sin z$의 편도함수 $\frac{\partial f}{\partial x}$, $\frac{\partial f}{\partial y}$, $\frac{\partial f}{\partial z}$를 구하여라.

풀이 y, z를 상수로 고정하고, x에 관하여 미분하면

$$\frac{\partial f}{\partial x}=2e^{2x}\cos z$$

이다. x, z를 상수로 고정하고, y에 관하여 미분하면

$$\frac{\partial f}{\partial y} = 3e^{3y}\sin z$$

이다. x, y를 상수로 고정하고, z에 관하여 미분하면

$$\frac{\partial f}{\partial z} = -e^{2x}\sin z + e^{3y}\cos z$$

이다. ■■

[고차 편도함수]

$z = f(x, y)$의 편도함수 $f_x(x, y)$, $f_y(x, y)$ 또한 x 및 y의 2변수함수이므로 이들의 편도함수를 다시 생각할 수 있다. 이것을 **2차 편도함수**(partial derivative of second order)라 부르고, 다음과 같이 나타낸다.

$$\frac{\partial}{\partial x}\left(\frac{\partial z}{\partial x}\right) = \frac{\partial^2 z}{\partial x^2} = (z_x)_x = (f_x)_x = f_{xx}(x, y)$$

$$\frac{\partial}{\partial y}\left(\frac{\partial z}{\partial x}\right) = \frac{\partial^2 z}{\partial y \partial x} = (z_x)_y = (f_x)_y = f_{xy}(x, y)$$

$$\frac{\partial}{\partial x}\left(\frac{\partial z}{\partial y}\right) = \frac{\partial^2 z}{\partial x \partial y} = (z_y)_x = (f_y)_x = f_{yx}(x, y)$$

$$\frac{\partial}{\partial y}\left(\frac{\partial z}{\partial y}\right) = \frac{\partial^2 z}{\partial y^2} = (z_y)_y = (f_y)_y = f_{yy}(x, y)$$

같은 방법으로 3, 4, $\cdots$, n차 편도함수를 정의할 수 있다.

예제 5 함수 $f(x, y) = \sin xy^2$의 2차 편도함수들을 구하여라.

풀이 $f_x(x, y) = y^2\cos xy^2$, $f_y(x, y) = 2xy\cos xy^2$이므로

$f_{xx}(x, y) = -y^4\sin xy^2$,

$f_{xy}(x, y) = 2y\cos xy^2 - 2xy^3\sin xy^2$,

$f_{yx}(x, y) = 2y\cos xy^2 - 2xy^3\sin xy^2$,

$f_{yy}(x, y) = 2x\cos xy^2 - 4xy^2\sin xy^2$. ■■

예제 6 $f(x, y) = \begin{cases} \dfrac{x^3y - xy^3}{x^2 + y^2}, & (x, y) \neq (0, 0) \\ 0, & (x, y) = (0, 0) \end{cases}$일 때

$f_{xy}(0, 0) \neq f_{yx}(0, 0)$임을 보여라.

풀이 예제 2로부터

$$f_x(0, y) = \frac{0^4 y + 4(0^2)y^3 - y^5}{(0+y^2)^2} = -y, \quad y \neq 0$$

$$f_y(x, 0) = \frac{x^5 - 4x^3(0^2) - x(0^4)}{(x^2+0^2)^2} = x, \quad x \neq 0$$

더욱이 예제 4로부터 $f_x(0, 0) = 0 = f_y(0, 0)$이므로,

$$f_{xy}(0, 0) = \lim_{h\to 0} \frac{f_x(0, h) - f_x(0, 0)}{h-0} = \lim_{h\to 0} \frac{-h-0}{h-0} = -1$$

$$f_{yx}(0, 0) = \lim_{h\to 0} \frac{f_y(h, 0) - f_y(0, 0)}{h-0} = \lim_{h\to 0} \frac{h-0}{h-0} = 1$$

따라서 $f_{xy}(0, 0) \neq f_{yx}(0, 0)$이다. ■■

예제 5에서는 $f_{xy} = f_{yx}$이었으나, 예제 6에서는 $f_{xy} \neq f_{yx}$임을 알 수 있다. 아래의 정리는 $f_{xy} = f_{yx}$를 보장한다.

정리 9.4 (x_0, y_0)의 어떤 근방 D에서 f_x, f_y, f_{xy}가 존재하고, f_{xy}가 (x_0, y_0)에서 연속이면, 그때 $f_{yx}(x_0, y_0)$도 존재하고,

$$f_{xy}(x_0, y_0) = f_{yx}(x_0, y_0)$$

이 성립한다.

연습문제 9.2

1. 다음 함수들의 1차 편도함수를 구하여라.

(1) $f(x, y) = 9 - x^2 - 4y^2$ (2) $f(x, y) = \sqrt{x^2 + y^2}$

(3) $w = \cos\frac{u}{v}$ (4) $z = \arcsin\frac{1}{1+xy}$

(5) $w = e^x(\cos y + \sin z)$ (6) $z = x^y$

2. 다음 함수들의 f_{xy}와 f_{yx}를 구하여라.

(1) $f(x, y, z) = z\cos xy$ (2) $f(x, y) = \sqrt{x^2 + y^2}$

3. 편미분방정식 $\dfrac{\partial^2 y}{\partial x^2} + \dfrac{\partial^2 y}{\partial y^2} = 0$을 라플라스(Laplace, p.s. : 1749~1827)의 이름을 따서 **라플라스 방정식**이라 하며, 이 방정식의 해를 **조화함수**(harmonic function)라 한다. 함수 $u(x, y) = e^x \sin y$가 조화함수임을 보여라.

4. $z = e^{-ay}\cos ax$일 때, $\dfrac{\partial^2 z}{\partial x^2} = a\dfrac{\partial z}{\partial y}$임을 보여라.

5. $z = x^c e^{-\frac{y}{x}}$에서 $\dfrac{\partial z}{\partial x} = y\dfrac{\partial^2 z}{\partial y^2} + \dfrac{\partial z}{\partial y}$되는 상수 c를 구하여라.

6. **파동방정식** $\dfrac{\partial^2 y}{\partial x^2} = a^2\dfrac{\partial^2 y}{\partial y^2}$은 파동 모양의 운동을 묘사한다. f, g가 두 번 미분가능한 일변수함수이면

$$u(x, y) = f(x + ay) + g(x - ay)$$

가 파동방정식의 해임을 보여라.

9.3 연쇄법칙

$u = f(x)$, $y = g(u) = g(f(x))$에서 $\dfrac{dy}{dx} = \dfrac{dy}{du}\dfrac{du}{dx}$임을 알 수 있듯이 일변수함수에 대한 연쇄법칙은 두 함수 f와 g의 합성함수에 대한 미분법칙을 제공한다. 여기서 변형된 연쇄법칙의 네 가지 경우를 제시하며, 언급하는 모든 함수는 요구되는 미분성을 만족하는 것으로 가정한다.

(a) $z = f(x, y)$, $x = g_1(t)$, $y = g_2(t)$라 할 때, $z = f(g_1(t), g_2(t))$이고,

$$\frac{dz}{dt} = \frac{\partial z}{\partial x} \cdot \frac{dx}{dt} + \frac{\partial z}{\partial y} \cdot \frac{dy}{dt}. \tag{1}$$

(b) $z=f(x, y)$, $x=g_1(u, v)$, $y=g_2(u, v)$라 할 때, $z=f(g_1(u, v), g_2(u, v))$이고,

$$\frac{\partial z}{\partial u}=\frac{\partial z}{\partial x}\cdot\frac{\partial x}{\partial u}+\frac{\partial z}{\partial y}\cdot\frac{\partial y}{\partial u},$$
$$\frac{\partial z}{\partial v}=\frac{\partial z}{\partial x}\cdot\frac{\partial x}{\partial v}+\frac{\partial z}{\partial y}\cdot\frac{\partial y}{\partial v}. \tag{2}$$

(c) $w=f(x, y, z)$, $x=g_1(t)$, $y=g_2(t)$, $z=g_3(t)$라 할 때, $w=f(g_1(t), g_2(t), g_3(t))$이고,

$$\frac{dw}{dt}=\frac{\partial w}{\partial x}\cdot\frac{dx}{dt}+\frac{\partial w}{\partial y}\cdot\frac{dy}{dt}+\frac{\partial w}{\partial z}\cdot\frac{dz}{dt}. \tag{3}$$

(d) $w=f(x, y, z)$, $x=g_1(u, v)$, $y=g_2(u, v)$, $z=g_3(u, v)$라 할 때 $w=f(g_1(u, v), g_2(u, v), g_3(u, v))$이고,

$$\frac{\partial w}{\partial u}=\frac{\partial w}{\partial x}\cdot\frac{\partial x}{\partial u}+\frac{\partial w}{\partial y}\cdot\frac{\partial y}{\partial u}+\frac{\partial w}{\partial z}\cdot\frac{\partial z}{\partial u},$$
$$\frac{\partial w}{\partial v}=\frac{\partial w}{\partial x}\cdot\frac{\partial x}{\partial v}+\frac{\partial w}{\partial y}\cdot\frac{\partial y}{\partial v}+\frac{\partial w}{\partial z}\cdot\frac{\partial z}{\partial v}. \tag{4}$$

예제 1 $z=x^2e^y$, $x=\sin t$, $y=t^3$일 때, $\frac{dz}{dt}$를 구하여라.

풀이 $$\frac{dz}{dt}=\frac{\partial z}{\partial x}\cdot\frac{dx}{dt}+\frac{\partial z}{\partial y}\cdot\frac{dy}{dt}=2xe^y\cos t+x^2e^y(3t^2)$$
$$=2(\sin t)e^{(t^3)}\cos t+3(\sin^2 t)e^{(t^3)}t^2.$$

■■

예제 2 $z=x\ln y$, $x=u^2+v^2$, $y=u^2-v^2$일 때, $\frac{\partial z}{\partial u}$, $\frac{\partial z}{\partial v}$를 구하여라.

풀이 $$\frac{\partial z}{\partial u}=\frac{\partial z}{\partial x}\cdot\frac{\partial x}{\partial u}+\frac{\partial z}{\partial y}\cdot\frac{\partial y}{\partial u}=(\ln y)(2u)+\left(\frac{x}{y}\right)(2u)$$
$$=2u\ln(u^2-v^2)+2u\frac{u^2+v^2}{u^2-v^2},$$
$$\frac{\partial z}{\partial v}=\frac{\partial z}{\partial x}\cdot\frac{\partial x}{\partial v}+\frac{\partial z}{\partial y}\cdot\frac{\partial y}{\partial v}=(\ln y)(2v)+\left(\frac{x}{y}\right)(-2v)$$
$$=2v\ln(u^2-v^2)-2v\frac{u^2+v^2}{u^2-v^2}.$$

■■

예제 3 $w = x\cos yz^2$, $x = \sin t$, $y = t^2$, $z = e^t$라 할 때, $\dfrac{dw}{dt}$를 구하여라.

풀이
$$\frac{dw}{dt} = \frac{\partial w}{\partial x}\cdot\frac{dx}{dt} + \frac{\partial w}{\partial y}\cdot\frac{dy}{dt} + \frac{\partial w}{\partial z}\cdot\frac{dz}{dt}$$
$$= \cos yz^2 \cos t - xz^2(\sin yz^2)(2t) - 2xyz(\sin yz^2)(e^t)$$
$$= \cos(t^2e^{2t})\cos t - 2te^{2t}\sin t\sin(t^2e^{2t}) - 2t^2e^{2t}\sin t\sin(t^2e^{2t}).$$

■■

예제 4 $w = \sqrt{x} + y^2z^3$, $x = 1 + u^2 + v^2$, $y = uv$, $z = 3u$라 할 때, $\dfrac{\partial w}{\partial u}$, $\dfrac{\partial w}{\partial v}$를 구하여라.

풀이
$$\frac{\partial w}{\partial u} = \frac{\partial w}{\partial x}\cdot\frac{\partial x}{\partial u} + \frac{\partial w}{\partial y}\cdot\frac{\partial y}{\partial u} + \frac{\partial w}{\partial z} + \frac{\partial z}{\partial u}$$
$$= \frac{1}{2\sqrt{x}}(2u) + 2yz^2(v) + 3y^2z^2(3)$$
$$= \frac{u}{\sqrt{1+u^2+v^2}} + 54u^4v^2 + 81u^4v^2$$
$$= \frac{u}{\sqrt{1+u^2+v^2}} + 135u^4v^2,$$
$$\frac{\partial w}{\partial v} = \frac{\partial w}{\partial x}\cdot\frac{\partial x}{\partial v} + \frac{\partial w}{\partial y}\cdot\frac{\partial y}{\partial v} + \frac{\partial w}{\partial z}\cdot\frac{\partial z}{\partial v}$$
$$= \frac{1}{2\sqrt{x}}(2v) + 2yz^3(u) + 3y^2z^2(0)$$
$$= \frac{v}{\sqrt{1+u^2+v^2}} + 54u^5v.$$

■■

예제 5 $z = f(u-v,\ v-u)$일 때, $\dfrac{\partial z}{\partial u} + \dfrac{\partial z}{\partial v} = 0$임을 보여라.

풀이 $x = u - v$, $y = v - u$라 하면, $z = f(x, y)$이고

$$\frac{\partial z}{\partial u} = \frac{\partial z}{\partial x}\cdot\frac{\partial x}{\partial u} + \frac{\partial z}{\partial y}\cdot\frac{\partial y}{\partial u} = \frac{\partial z}{\partial x}(1) + \frac{\partial z}{\partial y}(-1),$$
$$\frac{\partial z}{\partial v} = \frac{\partial z}{\partial x}\cdot\frac{\partial x}{\partial v} + \frac{\partial z}{\partial y}\cdot\frac{\partial y}{\partial v} = \frac{\partial z}{\partial x}(-1) + \frac{\partial z}{\partial y}(1)$$

이므로

$$\frac{\partial z}{\partial u} + \frac{\partial z}{\partial v} = 0$$

이다.

■■

[음함수 미분법]

2.4절에서 소개했던 음함수의 미분법을 연쇄법칙을 이용하여 더 완전하게 서술하여 보자.

$f(x, y)=0$에서 y가 x의 미분가능한 함수이고, f_x, $f_y(\neq 0)$가 존재할 때, $z=f(x, y)$, $x=t$, $y=g(t)$와 같이 생각하여 연쇄법칙을 이용하면

$$0=\frac{dz}{dt}=\frac{\partial z}{\partial x}\cdot\frac{dx}{dt}+\frac{\partial z}{\partial y}\cdot\frac{dy}{dt}=\frac{\partial z}{\partial x}+\frac{\partial z}{\partial y}\cdot\frac{dy}{dx}$$

이다. 따라서

$$\frac{dy}{dx}=-\frac{\partial z/\partial x}{\partial z/\partial y} \quad \text{또는} \quad \frac{dy}{dx}=-\frac{f_x}{f_y}$$

이다. ■■

예제 6 $x^3+y^3=2xy$일 때, $\dfrac{dy}{dx}$를 구하여라.

풀이 $z=x^3+y^3-2xy$라 하면,

$$\frac{\partial z}{\partial x}=3x^2-2y,\ \frac{\partial z}{\partial y}=3y^2-2x$$

이므로

$$\frac{dy}{dx}=\frac{(3x^2-2y)}{3y^2-2x}=\frac{2y-3x^2}{3y^2-2x}$$

이다. ■■

[다변수 미분]

연쇄법칙을 증명할 때, 다음의 정리를 이용할 것이고, 그것은 다변수함수의 미분개념을 낳는다.

정리 9.5 함수 f에 대해서 f_x, f_y가 점 (x_0, y_0)의 어떤 근방 D에서 존재하고, 또 f_x, f_y가 점 (x_0, y_0)에서 연속이면, 그때

$$f(x, y) - f(x_0, y_0)$$
$$= f_x(x_0, y_0)(x - x_0) + f_y(x_0, y_0)(y - y_0) + \epsilon_1(x, y)(x - x_0)$$
$$+ \epsilon_2(x, y)(y - y_0), \ (x, y) \in D,$$
$$\lim_{(x, y) \to (x_0, y_0)} \epsilon_1(x, y) = 0, \quad \lim_{(x, y) \to (x_0, y_0)} \epsilon_2(x, y) = 0$$

을 만족하는 이변수함수 ϵ_1, ϵ_2가 존재한다.

정의 9.6 점 (x_0, y_0)의 어떤 근방에서 정의된 함수 f가 $f_x(x_0, y_0)$, $f_y(x_0, y_0)$이 존재하며, 또 다음을 만족할 때, f는 (x_0, y_0)에서 **미분가능**이라고 한다.

$$f(x, y) - f(x_0, y_0) = f_x(x_0, y_0)(x - x_0) + f_y(x_0, y_0)(y - y_0)$$
$$+ \epsilon_1(x, y)(x - x_0) + \epsilon_2(x, y)(y - y_0), \ (x, y) \in D,$$
$$\lim_{(x, y) \to (x_0, y_0)} \epsilon_1(x, y) = 0, \quad \lim_{(x, y) \to (x_0, y_0)} \epsilon_2(x, y) = 0.$$

정리 9.5에 의하면 f의 편도함수 f_x, f_y가 점 (x_0, y_0)의 어떤 근방 D에서 존재하고, f_x, f_y가 점 (x_0, y_0)에서 연속이면 함수 f가 점 (x_0, y_0)에서 미분가능임을 보인다. 이것은 함수의 미분가능성을 검토할 때 정의를 사용하는 것보다 일반적으로 더 쉽다. 이 사실을 적용하여 모든 유리함수는 정의역의 모든 점에서 미분가능함을 보일 수 있다.

이 절 처음에 이야기했던 연쇄법칙 (1)에 대응하는 정리를 미분의 정의를 사용해 증명할 것이다.

정리 9.7 (연쇄법칙)
함수 f가 (x_0, y_0)에서 미분가능한 이변수함수라 하고, g_1, g_2는 t_0에서 미분가능한 일변수함수라 할 때, $x_0 = g_1(t_0)$, $y_0 = g_2(t_0)$, $F(t) = f(g_1(t), g_2(t))$라 하면 그때 F는 t_0에서 미분가능하고, 다음과 같다.

$$F'(t_0) = f_x(x_0, y_0)\, g_1{}'(t_0) + f_y(x_0, y_0)\, g_2{}'(t_0)$$

증명 g_1, g_2가 t_0에서 미분가능하므로 t_0에서 연속이다. 따라서

$$\lim_{t \to t_0} g_1(t) = x_0, \quad \lim_{t \to t_0} g_2(t) = y_0$$

이고, f는 (x_0, y_0)에서 미분가능하므로 정의 9.6에 나온 $\epsilon_1(x, y)$, $\epsilon_2(x, y)$의 (x_0, y_0)에서 극한이 0이 된다. 따라서

$$\lim_{t \to t_0} \epsilon_1(g_1(t), g_2(t)) = 0, \qquad \lim_{t \to t_0} \epsilon_2(g_1(t), g_2(t)) = 0$$

이다. 정리 9.5에 의하면 다음과 같다.

$$\begin{aligned}
F'(t_0) &= \lim_{t \to t_0} \frac{F(t) - F(t_0)}{t - t_0} \\
&= \lim_{t \to t_0} \left(\frac{f(g_1(t), g_2(t)) - f(g_1(t_0), g_2(t_0))}{t - t_0} \right) \\
&= \lim_{t \to t_0} \left(f_x(x_0, y_0) \frac{g_1(t) - g_1(t_0)}{t - t_0} + f_y(x_0, y_0) \frac{g_2(t) - g_2(t)}{t - t_0} \right. \\
&\quad \left. + \epsilon_1(g_1(t), g_2(t)) \frac{g_1(t) - g_1(t_0)}{t - t_0} + \epsilon_2(g_1(t), g_2(t)) \frac{g_2(t) - g_2(t_0)}{t - t_0} \right) \\
&= f_x(x_0, y_0) g_1'(t_0) + f_y(x_0, y_0) g_2'(t_0) + 0 \cdot g_1'(t_0) + 0 \cdot g_2'(t_0) \\
&= f_x(x_0, y_0) g_1'(t_0) + f_y(x_0, y_0) g_2'(t_0)
\end{aligned}$$

이 절 처음에 말했던 연쇄법칙 (2)에 대응되는 정리는 정리 9.7과 증명이 유사하므로 진술만 하기로 한다.

정리 9.8 (연쇄법칙)
함수 f는 (x, y)에서 미분가능한 2변수함수라 하고, g_1, g_2는 (x, y)에서 편도함수를 갖는 2변수함수이고, $x = g_1(u, v)$, $y = g_2(u, v)$, $F(u, v) = f(g_1(u, v), g_2(u, v))$라 하면 그때 F는 (u, v)에서 편도함수가 존재하고

$$F_u(u, v) = f_x(x, y)(g_1)_u(u, v) + f_y(x, y)(g_2)_u(u, v),$$
$$F_v(u, v) = f_x(x, y)(g_1)_v(u, v) + f_y(x, y)(g_2)_v(u, v)$$

이다.

연 습 문 제 9.3

1. 다음 함수에서 $\dfrac{dz}{dt}$을 구하여라.

(1) $z = \ln(3x^2 + y^3), \quad x = e^{2t}, \quad y = t^{\frac{1}{3}}$

(2) $z = \arctan(y^2 - x^2), \quad x = \sin t, \quad y = \cos t$

2. 다음 함수에서 $\dfrac{\partial z}{\partial u}, \dfrac{\partial z}{\partial v}$를 구하여라.

(1) $z = 16 - 4x^2 - y^2, \quad x = u \sin v, \quad y = v \cos u$

(2) $z = 2e^{x^2 y}, \quad x = \sqrt{uv}, \quad y = \dfrac{1}{u}$

3. 다음 방정식에서 음함수 미분법을 이용하여 $\dfrac{dy}{dt}$를 구하여라.

(1) $x^{\frac{2}{3}} + y^{\frac{2}{3}} = 2$

(2) $e^{\frac{x}{y}} + \ln\dfrac{y}{x} + 15 = 0$

※ 다음에 주어진 모든 함수는 미분가능하다고 가정한다.

4. $w = f(x-y, y-x)$일 때 $\dfrac{\partial w}{\partial x} + \dfrac{\partial w}{\partial y} = 0$임을 보여라.

5. $w = x^3 f\left(\dfrac{y}{x}, \dfrac{z}{x}\right)$일 때 $x\dfrac{\partial w}{\partial x} + y\dfrac{\partial w}{\partial y} + z\dfrac{\partial w}{\partial z} = 3w$임을 보여라.

6. $z = g(r, \theta) = f(r\cos\theta, r\sin\theta)$에서 $x = r\cos\theta, \ y = r\sin\theta$일 때 다음을 보여라.

$$\left(\frac{\partial g}{\partial r}\right)^2 + \frac{1}{r^2}\left(\frac{\partial g}{\partial \theta}\right)^2 = \left(\frac{\partial f}{\partial x}\right)^2 + \left(\frac{\partial f}{\partial y}\right)^2$$

7. $g(x, y) = f(x+y, x-y)$이고, $x+y = u, \ x-y = v$일 때 다음을 보여라.

$$\frac{\partial g}{\partial x} \cdot \frac{\partial g}{\partial y} = \left(\frac{\partial f}{\partial u}\right)^2 - \left(\frac{\partial f}{\partial v}\right)^2$$

8. $z = f(x, y)$이고 $x = r\cos\theta, \ y = r\sin\theta$일 때

$$\frac{\partial^2 z}{\partial x^2}+\frac{\partial^2 z}{\partial y^2}=\frac{\partial^2 z}{\partial r^2}+\frac{1}{r^2}\frac{\partial^2 z}{\partial \theta^2}+\frac{1}{r}\frac{\partial z}{\partial r}$$

임을 보여라.

9.4 방향도함수

함수의 편도함수는 좌표축에 평행한 직선을 따라 변하는 함수의 변화율을 의미하는데 좌표축에 평행하지 않는 직선을 따라 변하는 함수의 변화율을 생각할 수 있다.

정의 9.9 $f(x, y)$는 점 (x_0, y_0)의 근방에서 정의된 함수이고, $\mathbf{u}=a_1\mathbf{i}+a_2\mathbf{j}$를 단위벡터라 하자. 그때 점 (x_0, y_0)에서 $\mathbf{u}$방향으로 f의 **방향도함수**(directional derivatives)는 $D_{\mathbf{u}}f(x_0, y_0)$으로 표시하며,

$$D_{\mathbf{u}}f(x_0, y_0)=\lim_{h\to 0}\frac{f(x_0+ha_1, y_0+ha_2)-f(x_0, y_0)}{h}$$

으로 정의한다.

$\mathbf{u}=\mathbf{i}$이면

$$D_{\mathbf{u}}f(x_0, y_0)=\lim_{h\to 0}\frac{f(x_0+h, y_0)-f(x_0, y_0)}{h}=f_x(x_0, y_0)$$

이고, $\mathbf{u}=\mathbf{j}$이면

$$D_{\mathbf{u}}f(x_0, y_0)=\lim_{h\to 0}\frac{f(x_0, y_0+h)-f(x_0, y_0)}{h}=f_y(x_0, y_0)$$

이다. 따라서 f의 1차 편도함수는 방향도함수의 특별한 경우이다. 만약 f가 점 (x_0, y_0)에서 미분가능이면 어떤 방향도함수도 f_x와 f_y로 표현할 수 있다.

정리 9.10 $f(x, y)$가 (x_0, y_0)에서 미분가능할 때, f는 점 (x_0, y_0)에서 모든 방향의 방향도함수를 갖는다. 더욱이 $\mathbf{u} = a_1\mathbf{i} + a_2\mathbf{j}$가 단위벡터이면,

$$D_{\mathbf{u}}f(x_0, y_0) = f_x(x_0, y_0)a_1 + f_y(x_0, y_0)a_2$$

이다.

증명 $F(h) = f(x_0 + ha_1, y_0 + ha_2)$라 하면

$$\frac{F(h) - F(0)}{h - 0} = \frac{f(x_0 + ha_1, y_0 + ha_2) - f(x_0, y_0)}{h}$$

이므로 $D_{\mathbf{u}}f(x_0, y_0)$가 존재하는 것과 $F'(0)$가 존재하는 것은 동치가 된다. $g_1(h) = x_0 + ha_1$, $g_2(h) = x_0 + ha_2$라 하면 $F(h) = f(g_1(h), g_2(h))$이고, $g_1(0) = x_0$, $g_2(0) = y_0$가 된다. 정리 9.7에 의하여 $F'(0)$가 존재하고

$$\begin{aligned} D_{\mathbf{u}}f(x_0, y_0) = F'(0) &= f_x(x_0, y_0)g_1'(0) + f_y(x_0, y_0)g_2'(0) \\ &= f_x(x_0, y_0)a_1 + f_y(x_0, y_0)a_2. \end{aligned}$$

예제 1 $f(x, y) = 6 - 3x^2 - y^2$일 때 점 $(1, 2)$에서 $\mathbf{u} = \frac{1}{\sqrt{2}}\mathbf{i} - \frac{1}{\sqrt{2}}\mathbf{j}$ 방향으로 f의 방향도함수를 구하여라.

풀이 정리 9.10을 이용하면, $f_x(x, y) = -6x$, $f_y(x, y) = -2y$이므로

$$\begin{aligned} D_{\mathbf{u}}f(1, 2) &= f_x(1, 2)\left(\frac{1}{\sqrt{2}}\right) + f_y(1, 2)\left(-\frac{1}{\sqrt{2}}\right) \\ &= (-6)\left(\frac{1}{2}\right) + (-4)\left(-\frac{1}{\sqrt{2}}\right) \\ &= -\sqrt{2} \end{aligned}$$

이다. ■

방향도함수 $D_{\mathbf{u}}f(x_0, y_0)$에서, $\mathbf{u}$는 반드시 단위벡터이다. 만약 임의의 영이 아닌 벡터 $\mathbf{a}$ 방향의 방향도함수는 $D_{\mathbf{a}}f(x_0, y_0) = (f_x(x_0, y_0),\ f_y(x_0, y_0)) \cdot \left(\frac{\mathbf{a}}{\|\mathbf{a}\|}\right)$로 정의한다.

예제 2 $f(x, y) = xy^2$일 때 점 $(-3, 1)$에서 $\mathbf{a} = \mathbf{i} - 2\mathbf{j}$ 방향으로 f의 방향도함수를 구하여라.

풀이 $\mathbf{a} = \mathbf{i} - 2\mathbf{j}$는 단위벡터가 아니므로, $\mathbf{a}$방향의 단위벡터는

$$\mathbf{u} = \frac{\mathbf{a}}{\| \mathbf{a} \|} = \frac{1}{\sqrt{5}}\mathbf{i} - \frac{2}{\sqrt{5}}\mathbf{j}$$

이 되고

$$f_x(x, y) = y^2, \ f_y(x, y) = 2xy$$

이므로,

$$\begin{aligned} D_{\mathbf{u}} f(-3, 1) &= f_x(-3, 1)\left(\frac{1}{\sqrt{5}}\right) + f_y(-3, 1)\left(\frac{-2}{\sqrt{5}}\right) \\ &= \left(\frac{1}{\sqrt{5}}\right) + (-6)\left(\frac{-2}{\sqrt{5}}\right) = \frac{13}{5}\sqrt{5} \end{aligned}$$

이다. ■■

방향도함수의 개념은 임의의 n차원으로 확장할 수 있다. 3변수함수 $f(x, y, z)$에 대하여 $\mathbf{u} = a_1\mathbf{i} + a_2\mathbf{j} + a_3\mathbf{k}$를 3차원 공간상의 단위벡터라 하면 점 (x_0, y_0, z_0)에서 $\mathbf{u}$방향으로 f의 방향도함수는

$$D_{\mathbf{u}} f(x_0, y_0, z_0) = \lim_{h \to 0} \frac{f(x_0 + ha_1, y_0 + ha_2, z_0 + ha_3) - f(x_0, y_0, z_0)}{h}$$

으로 정의하고 f가 (x_0, y_0, z_0)에서 미분가능하면

$$D_{\mathbf{u}} f(x_0, y_0, z_0) = f_x(x_0, y_0, z_0)a_1 + f_y(x_0, y_0, z_0)a_2 + f_z(x_0, y_0, z_0)a_3$$

이다.

예제 3 $f(x, y, z) = xe^{y^2 z}$일 때 점 $(2, 1, 0)$에서 $\mathbf{a} = \mathbf{i} - \mathbf{j} + \sqrt{2}\mathbf{k}$ 방향으로 f의 방향도함수를 구하여라.

풀이 먼저 $f_x(x, y, z) = e^{y^2 z}$, $f_y(x, y, z) = 2xyze^{y^2 z}$, $f_z(x, y, z) = xy^2 e^{y^2 z}$이고 $\| \mathbf{a} \| = 2$이므로 $\mathbf{u} = \frac{1}{2}\mathbf{a} = \frac{1}{2}\mathbf{i} - \frac{1}{2}\mathbf{j} + \frac{\sqrt{2}}{2}\mathbf{k}$가 되어

$$D_{\mathbf{u}} f(2, 1, 0) = f_x(2, 1, 0)\left(\frac{1}{2}\right) + f_y(2, 1, 0)\left(-\frac{1}{2}\right) + f_z(2, 1, 0)\left(\frac{\sqrt{2}}{2}\right)$$

$$= 1\left(\frac{1}{2}\right) + 0\left(-\frac{1}{2}\right) + 2\left(\frac{\sqrt{2}}{2}\right)$$

$$= \frac{1}{2} + \sqrt{2}$$

이다. ■■

연 습 문 제 9.4

1. 점 P에서 $\mathbf{a}$방향으로 f의 방향도함수를 구하여라.

(1) $f(x, y) = \dfrac{x^2 - y^2}{x^2 + y^2}$, $P = (3, 4)$, $\mathbf{a} = \dfrac{1}{2}\mathbf{i} - \dfrac{\sqrt{3}}{2}\mathbf{j}$

(2) $f(x, y) = e^{4xy}$, $P = \left(\dfrac{1}{2}, \dfrac{1}{4}\right)$, $\mathbf{a} = 4\mathbf{i}$

(3) $f(x, y) = \sin xy^2$, $P = \left(\dfrac{1}{\pi}, \pi\right)$, $\mathbf{a} = \mathbf{i} - 3\mathbf{j}$

(4) $f(x, y, z) = 3x - 2y + 4z$, $P = (1, -1, 2)$, $\mathbf{a} = \mathbf{i} + \mathbf{j} + \mathbf{k}$

(5) $f(x, y, z) = x^3y^2z$, $P = (2, -1, 2)$, $\mathbf{a} = 2\mathbf{i} - \mathbf{j} - 2\mathbf{k}$

(6) $f(x, y, z) = \dfrac{x - y - z}{x + y + z}$, $P = (2, 1, -1)$, $\mathbf{a} = -2\mathbf{i} - \mathbf{j} - \mathbf{k}$

2. $\mathbf{a} = \mathbf{i} - \mathbf{j}$, $\mathbf{b} = 3\mathbf{i} + 3\mathbf{j}$라 하고, $D_{\mathbf{a}}f(1, 2) = 6\sqrt{2}$, $D_{\mathbf{b}}f(1, 2) = -2\sqrt{2}$라 할 때, $f_x(1, 2)$, $y(1, 2)$를 구하여라.

9.5 그래디언트

그래디언트는 함수의 1차 편도함수로써 정의되는데 방향도함수를 표현할 때라든지, 함수 그래프의 접평면을 구할 때 중요한 역할을 한다.

정의 9.11 $f(x, y)$를 (x_0, y_0)에서 미분가능한 2변수함수라 하자. 이때 (x_0, y_0)에서 f의 **그래디언트**(gradient)는 $\text{grad} f(x_0, y_0)$, 또는 $\nabla f(x_0, y_0)$으로 표시하며, 다음과 같이 정의한다.

$$\text{grad}\, f(x_0,\ y_0) = \nabla f(x_0,\ y_0) = f_x(x_0,\ y_0)\mathbf{i} + f_y(x_0,\ y_0)\mathbf{j}$$

같은 방법으로, 3변수함수 $f(x,\ y,\ z)$에서

$$\begin{aligned}\text{grad}\, f(x_0,\ y_0,\ z_0) &= \nabla f(x_0,\ y_0,\ z_0)\\ &= f_x(x_0,\ y_0,\ z_0)\mathbf{i} + f_y(x_0,\ y_0,\ z_0)\mathbf{j} + f_z(x_0,\ y_0,\ z_0)\mathbf{k}\end{aligned}$$

으로 정의한다.

예제 1 $f(x,\ y) = \sin xy$라 할 때 f의 그래디언트와 $\text{grad}\, f\left(\dfrac{\pi}{3},\ 1\right)$를 구하여라.

풀이 정의로부터

$$\begin{aligned}\text{grad}\, f(x,\ y) &= f_x(x,\ y)\mathbf{i} + f_y(x,\ y)\mathbf{j}\\ &= y\cos xy\mathbf{i} + x\cos xy\mathbf{j}\end{aligned}$$

이다. 따라서

$$\text{grad}\, f\left(\frac{\pi}{3},\ 1\right) = \cos\frac{\pi}{3}\mathbf{i} + \frac{\pi}{3}\cos\frac{\pi}{3}\mathbf{j} = \frac{1}{2}\mathbf{i} + \frac{\pi}{6}\mathbf{j}$$

이다. ■■

예제 2 $f(x,\ y,\ z) = \dfrac{1}{\sqrt{x^2+y^2+z^2}}$일 때, $\text{grad}\, f(2\sqrt{2},\ 2\sqrt{2},\ -3)$를 구하여라.

풀이 정의에 의하여, 다음과 같다.

$$\begin{aligned}\nabla f &= f_x\mathbf{i} + f_y\mathbf{j} + f_z\mathbf{k}\\ &= -\frac{x}{(x^2+y^2+z^2)^{\frac{3}{2}}}\mathbf{i} - \frac{y}{(x^2+y^2+z^2)^{\frac{3}{2}}}\mathbf{j} - \frac{z}{(x^2+y^2+z^2)^{\frac{3}{2}}}\mathbf{k}\\ &= \frac{-1}{(x^2+y^2+z^2)^{\frac{3}{2}}}(x\mathbf{i} + y\mathbf{j} + z\mathbf{k})\\ &= \frac{1}{125}(-2\sqrt{2}\mathbf{i} - 2\sqrt{2}\mathbf{j} + 3\mathbf{k})\end{aligned}$$

■■

함수 $f(x,\ y)$가 $(x_0,\ y_0)$에서 미분가능하고, $\mathbf{u} = a_1\mathbf{i} + a_2\mathbf{j}$가 단위벡터일 때, $\mathbf{u}$방향의 방향도함수 $D_{\mathbf{u}}f(x_0,\ y_0)$를 그래디언트로 표현해보면

$$D_{\mathbf{u}}f(x_0, y_0) = \text{grad}\, f(x_0, y_0) \cdot \mathbf{u}$$

이 된다. 따라서 $\text{grad}\, f(x_0, y_0) = \mathbf{0}$이면 모든 방향으로의 $D_{\mathbf{u}}f(x_0, y_0) = 0$이다. 그리고 ϕ를 벡터 $\mathbf{u}$와 $\text{grad}\, f(x_0, y_0)$ 사이의 각이라면,

$$\begin{aligned} D_{\mathbf{u}}f(x_0, y_0) &= \text{grad}\, f(x_0, y_0) \cdot \mathbf{u} \\ &= \| \mathbf{u} \| \ \| \text{grad}\, f(x_0, y_0) \| \cos \phi \\ &= \| \text{grad}\, f(x_0, y_0) \| \cos \phi \end{aligned}$$

이다. 그러므로 방향도함수 $D_{\mathbf{u}}f(x_0, y_0)$가 최대가 되는 방향은 바로 $\nabla f(x_0, y_0)$의 방향이고, 최소가 되는 방향은 $-\nabla f(x_0, y_0)$의 방향이 된다. 예를 들어 f가 어떤 물체의 온도의 분포상태를 나타낸다고 하자. 한 점 P로부터 $\nabla f(P)$방향으로 이동하면 가장 빨리 따뜻해질 것이고, $-\nabla f(P)$방향으로 이동하면 가장 빨리 서늘해질 것이다.

예제 3 $f(x, y) = 6 - 3x^2 - y^2$일 때 $(1, 2)$에서 f의 최대로 증가하는 방향과 최대로 감소하는 방향을 구하여라.

풀이 $f_x(x, y) = -6x$, $f_y(x, y) = -2y$이므로

$$\text{grad}\, f(1, 2) = -6\mathbf{i} - 4\mathbf{j}$$

그런데 f가 $(1, 2)$에서 최대로 증가하는 방향은 $\nabla f(1, 2)$방향이므로 $-6\mathbf{i} - 4\mathbf{j}$이고 최대로 감소하는 방향은 $6\mathbf{i} + 4\mathbf{j}$이다. n변수에서도 같은 방법이 적용된다. ■

[법선벡터로서의 그래디언트]

함수 f의 등위선 C가 매끄러운 곡선이고 곡선 위의 점 (x_0, y_0)에서 f는 미분가능하다고 하자. 점 (x, y)가 C를 따라 움직일 때 $f(x, y)$의 값은 일정하므로 곡선의 접선벡터 $\mathbf{u}$방향으로 f의 변화율은 0이다. 즉 $D_{\mathbf{u}}f(x_0, y_0) = 0$이다. 그런데 $D_{\mathbf{u}}f(x_0, y_0) = \text{grad}\, f(x_0, y_0) \cdot \mathbf{u}$이므로 $D_{\mathbf{u}}f(x_0, y_0) = 0$으로부터 $\text{grad}\, f(x_0, y_0)$가 $\mathbf{0}$벡터가 아니면 접선벡터 $\mathbf{u}$에 수직이라고 추측할 수 있다. 즉 $\text{grad}\, f(x_0, y_0)$가 점 (x_0, y_0)에서 곡선 C의 법선벡터이다.

정리 9.12 함수 f가 점 (x_0, y_0)에서 미분가능하고, $f(x_0, y_0) = c$라 하자. 등위선 $f(x, y) = c$가 매끄러운 곡선이고, $\text{grad}\, f(x_0, y_0) \neq \mathbf{0}$이면, $\text{grad}\, f(x_0, y_0)$가 (x_0, y_0)에서 등위선 $f(x, y) = c$의 법선벡터이다.

증명 곡선 C가 구간 I 위에서의 주어진 등위선이라 하자.

$$\mathbf{r}(t) = x(t)\mathbf{i} + y(t)\mathbf{j} \qquad t \in I$$

를 곡선 C의 매끄러운 매개화라고 하면 $\dfrac{d\mathbf{r}}{dt}$은 곡선 C의 접선이다. $f(x(t), y(t)) = c$, $t \in I$이므로 연쇄법칙에 의하여

$$\begin{aligned} 0 = \frac{dc}{dt} &= \frac{d}{dt} f(x(t), y(t)) = \frac{\partial f}{\partial x} \cdot \frac{dx}{dt} + \frac{\partial f}{\partial y} \cdot \frac{dy}{dt} \\ &= \operatorname{grad} f(x(t), y(t)) \cdot \frac{d\mathbf{r}}{dt} \end{aligned}$$

이다. 이것은 점 (x_0, y_0)에서 $\operatorname{grad} f(x_0, y_0)$가 곡선 C의 접선에 수직인 것을 의미하므로 $\operatorname{grad} f(x_0, y_0)$는 (x_0, y_0)에서 C의 접선벡터이다.

예제 4 매끄러운 곡선 $x^2 - xy + 3y^2 = 5$상의 점 $(1, -1)$에 수직인 단위벡터를 구하여라.

풀이 주어진 곡선은 $f(x, y) = x^2 - xy + 3y^2$에서 등위선 $f(x, y) = 5$이므로 정리 9.12에 의하여 곡선상의 점 $(-1, 1)$에서 $\operatorname{grad} f(1, -1)$은 주어진 곡선에 수직이다. 즉

$$\begin{aligned} &\operatorname{grad} f(x, y) = (2x - y)\mathbf{i} + (-x + 6y)\mathbf{j} \\ &\operatorname{grad} f(1, -1) = 3\mathbf{i} - 7\mathbf{j} \end{aligned}$$

이므로 수직단위벡터는 $\dfrac{1}{\sqrt{58}}(3\mathbf{i} - 7\mathbf{j})$이다. ■■

3변수함수 $f(x, y, z)$가 점 (x_0, y_0, z_0)에서 미분가능하고, $f(x_0, y_0, z_0) = c$이며, $\operatorname{grad} f(x_0, y_0, z_0) \neq 0$라 하자. 또 곡선 C를 점 (x_0, y_0, z_0)를 지나는 등위면 $f(x, y, z) = c$ 위의 어떤 매끄러운 곡선이라면, 앞에서와 같이 $\operatorname{grad} f(x_0, y_0, z_0)$가 점 (x_0, y_0, z_0)에서 C의 접선벡터에 수직이다. 그런데 $\operatorname{grad} f(x_0, y_0, z_0)$는 점 (x_0, y_0, z_0)를 지나는 등위면 $f(x, y, z) = c$상의 어떠한 곡선의 접선에도 수직이므로 점 (x_0, y_0, z_0)에서의 모든 접선벡터는 접평면이라 부르는 평면 위에 놓여 있다(그림 9.7).

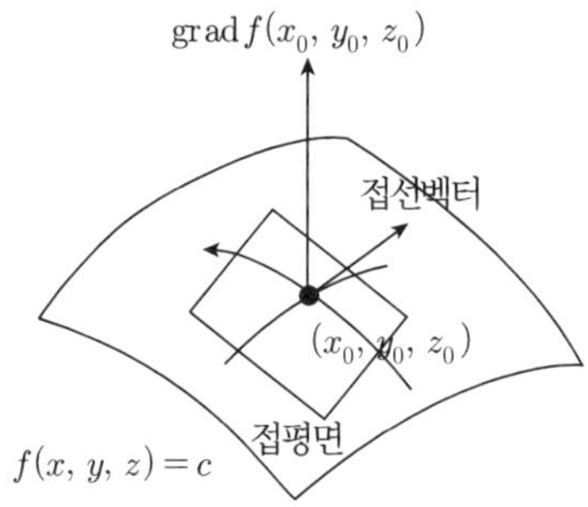

그림 9.7

> **정의 9.13** 함수 $f(x, y, z)$가 f의 등위면 S 위의 점 (x_0, y_0, z_0)에서 미분가능이고, $\operatorname{grad} f(x_0, y_0, z_0) \neq \mathbf{0}$이라 하자. 이때 (x_0, y_0, z_0)를 지나면 $\operatorname{grad} f(x_0, y_0, z_0)$를 법선벡터로 갖는 평면을 (x_0, y_0, z_0)에서 S의 **접평면**(tangent plane)이라 한다.

위의 정의에서 (x_0, y_0, z_0)에서 접평면의 방정식은

$$f_x(x_0, y_0, z_0)(x - x_0) + f_y(x_0, y_0, z_0)(y - y_0) + f_z(x_0, y_0, z_0)(z - z_0) = 0$$

이 된다.

점 (x_0, y_0, z_0)를 통과하고, 접평면에 수직인 직선을 (x_0, y_0, z_0)에서의 곡면 S에 대한 법선(normal line)이라 한다. 법선의 방향은 $\operatorname{grad} f(x_0, y_0, z_0)$에 의하여 주어지며, 법선의 대칭방정식은

$$\frac{x - x_0}{f_x(x_0, y_0, z_0)} = \frac{y - y_0}{f_y(x_0, y_0, z_0)} = \frac{z - z_0}{f_z(x_0, y_0, z_0)}$$

이다.

예제 5 점 $(-1, 1, \sqrt{2})$에서 구 $x^2 + y^2 + z^2 = 4$의 접평면의 방정식을 구하여라.

풀이 주어진 구 $f(x, y, z) = x^2 + y^2 + z^2$의 등위면을 $f(x, y, z) = 4$로 생각할 수 있다. 점 $(-1, 1, \sqrt{2})$에서 f의 1차 편도함수가

$$f_x(-1, 1, \sqrt{2}) = -2,\ f_y(-1, 1, \sqrt{2}) = 2,\ f_z(-1, 1, \sqrt{2}) = 2\sqrt{2}$$

이므로 $(-1, 1, \sqrt{2})$에서 접평면의 방정식은

$$-2(x-(-1))+2(y-1)+2\sqrt{2}(z-\sqrt{2})=0$$

이다. 즉 $-x+y+\sqrt{2}z=4$이다. ■■

f를 (x_0, y_0)에서 미분가능한 2변수함수라 하고, $g(x, y, z)=f(x, y)-z$라 하면, f의 그래프는 등위면 $g(x, y, z)=0$이다. 따라서 $(x_0, y_0, f(x_0, y_0))$에서 f의 그래프의 접평면은 $(x_0, y_0, f(x_0, y_0))$에서 등위면 $g(x, y, z)=0$의 접평면으로 정의할 수 있다. 그러므로 $(x_0, y_0, f(x_0, y_0))$에서 f의 접평면은

$$\operatorname{grad} g(x_0, y_0, z_0)=f_x(x_0, y_0)\mathbf{i}+f_y(x_0, y_0)\mathbf{j}-\mathbf{k}$$

이므로

$$f_x(x_0, y_0)(x-x_0)+f_y(x_0, y_0)(y-y_0)-[z-f(x_0, y_0)]=0$$

이다. 즉

$$z=f(x_0, y_0)+f_x(x_0, y_0)(x-x_0)+f_y(x_0, y_0)(y-y_0).$$

예제 6 $f(x, y)=6-3x^2-y^2$라 할 때, $(1, 2, -1)$에서 f의 그래프의 법선벡터를 구하고, 그 점에서 f의 접평면의 방정식을 구하여라.

풀이 $f_x(x, y)=-6x$, $f_y(x, y)=-2y$이므로 $f_x(1, 2)=-6$, $f_y(1, 2)=-4$이다. 따라서 $(1, 2, -1)$에서 f의 법선벡터는

$$f_x(1, 2)\mathbf{i}+f_y(1, 2)\mathbf{j}-\mathbf{k}=-6\mathbf{i}-4\mathbf{j}-\mathbf{k},$$

f의 접평면 방정식은

$$-6(x-1)-4(y-2)-(z+1)=0$$
$$6x+4y+z=13$$

이다. ■■

연습문제 9.5

1. 다음 함수의 $\text{grad}\, f$를 구하여라.

   (1) $f(x, y) = y^2 + x\sin x^2 y$ (2) $f(x, y) = e^{-2x}\ln(y-4)$

   (3) $f(x, y, z) = -x^2 y^3 e^{z^2}$ (4) $f(x, y, z) = (2x + y^2 + z^3)^{\frac{5}{2}}$

2. 다음 함수들의 주어진 점에서 최대로 빠르게 증가하는 방향을 구하여라.

   (1) $f(x, y) = e^x(\cos y + \sin y)$, $(0, 0)$

   (2) $f(x, y) = 3x^2 + 4y^2$, $(-1, 1)$

   (3) $f(x, y, z) = \ln(x^2 + y^2 + z^2)$, $(2, 0, 1)$

   (4) $f(x, y, z) = e^x + e^y + e^z$, $(1, 1, -1)$

3. 다음 주어진 점에서의 방정식 그래프에 대한 법선벡터를 구하여라.

   (1) $\sin \pi xy = \dfrac{\sqrt{3}}{2}$, $\left(\dfrac{1}{6}, 2\right)$ (2) $e^{x^2 y} = 2$, $(1, \ln 2)$

4. 다음 주어진 점 P에서 곡면에 대한 접평면의 식을 구하여라.

   (1) $8x^2 + y^2 + 8z^2 = 16$, $P = \left(1, 2, \dfrac{\sqrt{2}}{2}\right)$

   (2) $\sin xy + \sin yz + \sin xz = 1$, $P = \left(1, \dfrac{\pi}{2}, 0\right)$

5. 다음 두 곡면의 교선상의 점 P에서 접선의 방정식을 구하여라.

   (1) $x^2 + y^2 + z^2 = 49$, $x^2 + y^2 = 13$, $P = (3, 2, -6)$

   (2) $x^2 - y^2 - z^2 = 1$, $x^2 - y^2 + z^2 = 9$, $P = (3, 2, 2)$

6. 곡면 $\dfrac{x^2}{a^2} + \dfrac{y^2}{b^2} + \dfrac{z^2}{c^2} = 1$ 위의 점 (x_1, y_1, z_1)에서 접평면의 식을 구하여라.

7. 곡면 $x^2 + \dfrac{y^2}{4} - \dfrac{z^2}{9} = 1$ 위의 점 $(1, 2, 3)$에서 접평면의 식을 구하여라.

8. 점 $(1, 1, 2)$에서 곡면 $x = e^{2y-z}$에 대한 접평면의 식을 구하여라.

9. 다음은 온도의 분포함수이다.

$$f(x,\ y) = 10 + 6\cos x \cos y + 3\cos 2x + 4\cos 3y$$

점 $\left(\frac{\pi}{3},\ \frac{\pi}{3}\right)$에서 온도의 증가율이 최대인 방향과, 온도의 감소율이 최대인 방향을 구하여라.

9.6 접평면의 근사식과 미분

함수 f가 점 $(x_0,\ y_0)$에서 미분가능하면

$$\begin{aligned} f(x,\ y) - f(x_0,\ y_0) &= f_x(x_0,\ y_0)(x - x_0) + f_y(x_0,\ y_0)(y - y_0) \\ &\quad + \epsilon_1(x,\ y)(x - x_0) + \epsilon_2(x,\ y)(y - y_0) \end{aligned}$$

$$\lim_{(x,\ y)\to(x_0,\ y_0)} \epsilon_1(x,\ y) = \lim_{(x,\ y)\to(x_0,\ y_0)} \epsilon_2(x,\ y) = 0$$

이다. 따라서 $(x,\ y)$가 $(x_0,\ y_0)$에 접근할 때 $f(x,\ y) - f(x_0,\ y_0)$과 $f_x(x_0,\ y_0)(x - x_0) + f_y(x_0,\ y_0)(y - y_0)$은 근사적으로 같게 된다. 즉

$$f(x,\ y) - f(x_0,\ y_0) \approx f_x(x_0,\ y_0)(x - x_0) + f_y(x_0,\ y_0)(y - y_0)$$
$$f(x,\ y) \approx f(x_0,\ y_0) + f_x(x_0,\ y_0)(x - x_0) + f_y(x_0,\ y_0)(y - y_0)$$

이다. 그런데 곡면 $z = f(x,\ y)$ 위의 점 $(x_0,\ y_0,\ f(x_0,\ y_0))$에서 접평면의 방정식은

$$z = f(x_0,\ y_0) + f_x(x_0,\ y_0)(x - x_0) + f_y(x_0,\ y_0)(y - y_0)$$

이므로 $(x,\ y)$가 점 $(x_0,\ y_0)$에 접근할 때 $f(x,\ y)$의 근사값으로

$$f(x_0,\ y_0) + f_x(x_0,\ y_0)(x - x_0) + f_y(x_0,\ y_0)(y - y_0)$$

를 택할 수 있다. 이런 의미에서 $f(x,\ y)$의 근사식을 **접평면 근사식**(tangent plane approximation)이라 한다. 다른 표현 방법으로는 작은 실수 h, k에 대하여

$$f(x_0 + h,\ \ y_0 + k) \approx f(x_0,\ y_0) + f_x(x_0,\ y_0)h + f_y(x_0,\ y_0)k$$

로 쓸 수 있다.

예제 1 $\sqrt{(3.012)^2+(3.997)^2}$ 의 근사값을 구하여라.

풀이 3.012는 3에 가깝고, 3.997은 4에 가깝고, $\sqrt{3^2+4^2}=5$이므로 $f(x, y)=\sqrt{x^2+y^2}$이라 하고 $x_0=3$, $y_0=4$, $h=0.012$, $k=-0.003$으로 잡는다.

$$f_x(x, y)=\frac{x}{\sqrt{x^2+y^2}}, \quad f_y(x, y)=\frac{y}{\sqrt{x^2+y^2}},$$
$$f_x(3, 4)=\frac{3}{5}, \quad f_y(3, 4)=\frac{4}{5}$$

따라서

$$\begin{aligned}\sqrt{(3.012)^2+(3.997)^2}&=f(3.012, 3.997)\\&\approx f(3, 4)+f_x(3, 4)(0.012)+f_y(3, 4)(-0.003)\\&=5+\frac{3}{5}(0.012)+\frac{4}{5}(-0.003)=5.0048\end{aligned}$$

이다. ■■

마찬가지로 3변수함수의 근사식도 다음과 같이 생각할 수 있다.

$$\begin{aligned}&f(x_0+h, y_0+k, z_0+l)\\&\approx f(x_0, y_0, z_0)+f_x(x_0, y_0, z_0)h+f_y(x_0, y_0, z_0)k+f_z(x_0, y_0, z_0)l\end{aligned}$$

만약 f가 2변수함수이고, (x_0, y_0)를 f가 미분가능한 점 (x, y)로 바꾸면

$$f(x+h, y+k)-f(x, y)\approx f_x(x, y)h+f_y(x, y)k$$

으로 쓸 수 있고, $f_x(x, y)h+f_y(x, y)k$를 점 (x, y)에서 **f의 전미분**(total differential)이라 부르고, 보통 df로 표시한다. 즉

$$df=f_x(x, y)h+f_y(x, y)k$$

이다. 두 함수 g_1, g_2를 $g_1(x, y)=x$, $g_2(x, y)=y$로 정의하면

$$\begin{aligned}&(g_1)_x(x, y)=1, \quad (g_1)_y(x, y)=0,\\&(g_2)_x(x, y)=0, \quad (g_2)_y(x, y)=1\end{aligned}$$

이므로

$$dx = dg_1 = 1 \cdot h + 0 \cdot k = h, \quad dy = dg_2 = 0 \cdot h + 1 \cdot k = k$$

이다. 따라서

$$df = f_x(x, y)dx + f_y(x, y)dy = \frac{\partial f}{\partial x}dx + \frac{\partial f}{\partial y}dy$$

을 얻는다. 같은 방법으로 f가 3변수함수일 때

$$\begin{aligned} df &= f_x(x, y, z)dx + f_y(x, y, z)dy + f_z(x, y, z)dz \\ &= \frac{\partial f}{\partial x}(x, y, z)dx + \frac{\partial f}{\partial y}(x, y, z)dy + \frac{\partial f}{\partial z}(x, y, z)dz \end{aligned}$$

이 된다.

예제 2 $f(x, y) = xy^2 + y\sin x$에서 전미분 df를 구하여라.

풀이 $\dfrac{\partial f}{\partial x} = y^2 + y\cos x, \quad \dfrac{\partial f}{\partial y} = 2xy + \sin x$

따라서 $df = (y^2 + y\cos x)dx + (2xy + \sin x)dy$이다. ■

예제 3 $f(x, y, z) = x^2 \ln(y - z)$에서 전미분 df를 구하여라.

풀이 $\dfrac{\partial f}{\partial x} = 2x\ln(y-z), \quad \dfrac{\partial f}{\partial y} = \dfrac{x^2}{y-z}, \quad \dfrac{\partial f}{\partial z} = \dfrac{-x^2}{y-z} = \dfrac{x^2}{z-y}$

따라서 $df = 2x\ln(y-z)dx + \dfrac{x^2}{y-z}dy + \dfrac{x^2}{z-y}dz$이다. ■

연습문제 9.6

1. 다음 함수들의 주어진 점에서 근사값을 구하여라.

(1) $f(x, y) = \ln(x^2 + y^2)$, $(-0.03, 0.98)$

(2) $f(x, y) = \tan xy$, $(0.99\pi, 0.24)$

(3) $f(x, y) = xyz^2$, $(-2.1, 1.01, 0.989)$

(4) $f(x, y, z) = \sqrt{x^2 + y^2 + z^2}$, $(3.01, 4.02, 11.98)$

2. 다음 식의 근사값을 구하여라.

(1) $e^{0.1}\ln 0 \cdot 9$ (2) $\sin\dfrac{9}{20}\pi\cos\dfrac{9}{30}\pi$

3. 다음 함수들의 전미분 df를 구하여라.

(1) $f(x, y) = y\ln\dfrac{1+x}{1-x}$ (2) $f(x, y) = x\tan y + y\cot x$

(3) $f(x, y, z) = z^2\sqrt{1+x^2+y^2}$ (4) $f(x, y, z) = xe^{y^2-z^2}$

9.7 함수의 최대값 · 최소값

다변수함수의 극대, 극소를 구하는 문제는 일변수함수에서 훨씬 어렵다. $f(x, y)$를 영역 R 상에서 정의된 2변수함수라 하자. $f(x, y)$가 점 (x_0, y_0)의 적당한 근방 D 내의 모든 점 (x, y)에 대하여 $f(x_0, y_0) \geq f(x, y)$일 때, 점 (x_0, y_0)에서 극대값을 갖는다 하고 D 내의 모든 점 (x, y)에 대하여 $f(x_0, y_0) \leq f(x, y)$이면, $f(x, y)$는 점 (x_0, y_0)에서 극소값을 갖는다고 한다. 지금 $f(x, y)$가 점 (x_0, y_0)에서 극값(극대값 또는 극소값)을 가진다면, $g(x) = f(x, y_0)$, $h(y) = f(x_0, y)$라 할 때 $g(x)$는 x_0에서 극값을 갖고, $h(y)$는 y_0에서 극값을 갖는다. 따라서 만약 $f_x(x_0, y_0)$, $f_y(x_0, y_0)$가 존재하면,

$$f_x(x_0, y_0) = g'(x_0) = 0, \quad f_y(x_0, y_0) = h'(y_0) = 0$$

이다. 그러므로 $f(x, y)$의 극값은 $f(x, y)$의 1차 편도함수들이 0이 되는 점 또는 1차 편도함수가 존재하지 않는 점에서만 갖는다.

$f_x(x_0, y_0) = f_y(x_0, y_0) = 0$이 되는 점 (x_0, y_0)이거나 1차 편도함수 중의 하나가 존재하지 않는 점 (x_0, y_0)를 f의 **임계점**(critical point)이라 한다.

예제 1 $f(x, y) = 3 - x^2 + 2x - y^2 - 4y$의 임계점을 구하여라.

풀이 모든 점에서 f의 편도함수가 존재하므로 1차 편도함수가 모두 0인 점에서만 극점이 될 수 있다.

$$f_x(x, y) = -2x + 2, \; f_y(x, y) = -2y - 4$$

따라서 $f_x(x_0, y_0) = f_y(x_0, y_0) = 0$인 점 $(1, -2)$이 f의 임계점이 된다. 실제로 $(1, -2)$는 f의 극대점이다.

$$\begin{aligned} &3-x^2+2x-y^2-4y \\ &\quad =3-(x^2-2x+1)-(y^2+4y+4)+1+4 \\ &\quad =8-(x-1)^2-(y+2)^2 \end{aligned}$$

$(x-1)^2 \geq 0$, $(y+2)^2 \geq 0$이므로 $(1, -2)$가 극대점이고 $f(1, -2)=8$이 극대값이다. ■■

예제 2 $f(x, y)=y^2-x^2$일 때 점 $(0, 0)$이 f의 유일한 임계점이지만 $f(0, 0)$는 극값이 아님을 보여라.

풀이 $f_x(x, y)=-2x$, $f_y(x, y)=2y$이므로 $(0, 0)$는 f의 임계점이다. 그런데 $x \neq 0$이면 $f(x, 0)=-x^2<0$이고, $y \neq 0$이면 $f(0, y)=y^2>0$이므로 x축 선상에서 보면 $(0, 0)$이 극대점이 되고 y축 선상에서 보면 $(0, 0)$이 극소점이 되어 점 $(0, 0)$은 극대점도 극소점도 아니다. 이러한 점을 **안장점**(saddle point)이라 한다. ■■

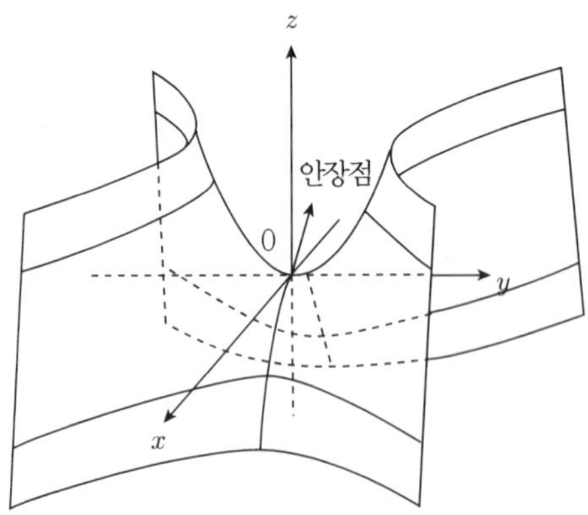

$f(x, y)=y^2-x^2$

그림 9.8

점 (x_0, y_0)가 f의 임계점일 때 $f(x, y)$가 (x_0, y_0)에서 극값을 가지는지 아닌지를 어떻게 판정할 수 있을까? 다음 정리는 임계점에서 극대점, 극소점을 판정하는 방법을 증명없이 소개한다.

정리 9.14 $f(x, y)$가 점 (x_0, y_0)에서 임계점을 갖고, (x_0, y_0)의 근방에서 연속인 2차 편도함수를 가지면서,

$$D(x, y) = f_{xx}(x, y)f_{yy}(x, y) - (f_{xy}(x, y))^2$$

일 때

(a) $D(x_0, y_0) > 0$, $f_{xx}(x_0, y_0) < 0$이면, $f(x, y)$는 (x_0, y_0)에서 극대값을 갖고,

(b) $D(x_0, y_0) > 0$, $f_{xx}(x_0, y_0) > 0$이면, $f(x, y)$는 (x_0, y_0)에서 극소값을 갖고,

(c) $D(x_0, y_0) < 0$이면, $f(x, y)$는 (x_0, y_0)에서 안장점을 갖는다.

(d) $D(x_0, y_0) = 0$이면, $f(x, y)$는 (x_0, y_0)에서 극값을 가질 수도 있고 안 가질수도 있다.

예제 3 다음 함수의 임계점, 극점 또는 안장점을 구하여라.

$$f(x, y) = x^2 - 2xy + \frac{1}{3}y^3 - 3y$$

풀이 $f_x(x, y) = 2x - 2y$, $f_y(x, y) = -2x + y^2 - 3$이므로 $f_x(x, y) = f_y(x, y) = 0$이 되는 점은 $(3, 3)$, $(-1, -1)$이다.

$$f_{xx}(x, y) = 2,\ f_{yy}(x, y) = 2y,\ f_{xy}(x, y) = -2$$

이므로, $D(3, 3) = 8 > 0$, $D(-1, -1) = -8 < 0$이고, 정리 9.14에 의하여 f는 $(3, 3)$에서 극소값을 갖고, f는 $(-1, -1)$에서 안장점을 가진다. ■

[집합에서 극값문제]

정리 9.15 유계인 폐집합에서 연속인 함수는 최대값과 최소값을 가진다.

R을 유계인 폐집합이라 할 때 f가 (x_0, y_0)에서 R 위의 극값을 가진다면, 점 (x_0, y_0)는 f의 임계점이거나 R의 경계점이다.

예제 4 함수 $f(x, y) = x^2 + 2y^2$의 $R = \{(x, y) \mid x^2 + y^2 \le 1\}$에서 최대값과 최소값을 구하여라.

풀이 R이 유계인 폐집합으므로 f는 R에서 최대값과 최소값을 가진다.

$$\frac{\partial f}{\partial x} = 2x = 0,\ \frac{\partial f}{\partial y} = 4y = 0$$

으로부터 $f(x, y) \geq 0$이므로 $(0, 0)$이 임계점이고 동시에 최소점이 되는 것은 알 수 있다. 따라서 개집합 $\{(x, y) \mid x^2 + y^2 < 1\}$에서는 최대값이 존재하지 않고, 원주 $x^2 + y^2 = 1$ 상에서 존재한다. 이때 원주 $x^2 + y^2 = 1$을 매개화하여 $x = \cos t$, $y = \sin t$, $(-\pi < t < \pi)$로 놓으면

$$g(t) = f(\cos t, \sin t) = \cos^2 t + 2\sin^2 t = 1 + \sin^2 t$$

이 되어 $t = \pm \frac{\pi}{2}$ (즉 $(x, y) = (0, \pm 1)$)일 때 최대값 2를 가진다. ■■

[라그랑즈 승수법]

어떤 제약이 있는 상태에서 다변수함수의 극값을 구하는 문제는 예제 4와 같이 경계선에서 최대값을 구하기 위하여 경계를 매개화하여야 하는 데 일반적인 경우에는 매개화가 되지 않는다. 이러한 경우에 사용하는 **라그랑즈 승수법**(Lagrange multipliers)이 있다.

정리 9.16 f, g가 (x_0, y_0)에서 미분가능하고, 등위선 $g(x, y) = c$가 점 (x_0, y_0)를 포함하는 매끄러운 곡선이며, 점 (x_0, y_0)는 그 곡선의 끝점이 아니라고 하자. 그리고 $\operatorname{grad} g(x_0, y_0) \neq 0$이고 f가 등위선 위의 (x_0, y_0)에서 극값을 가지면 다음 식을 만족하는 λ가 존재한다.

$$\operatorname{grad} f(x_0, y_0) = \lambda \operatorname{grad} g(x_0, y_0)$$

증명 C를 등위선 $g(x, y) = c$라 하고, $\mathbf{r}(t) = x(t)\mathbf{i} + y(t)\mathbf{j}$, $t \in I$를 C의 매끄러운 매개화라 하자. $F(t) = f(x(t), y(t))$라 하면, $f(x_0, y_0)$가 C 위에서 f의 극값이 되는 것은 $F(t_0) = f(x_0, y_0)$가 F의 극값이 되는 것을 의미한다. 따라서 $F'(t_0) = 0$이고, 연쇄법칙에 의하면

$$\begin{aligned} 0 = F'(t_0) &= f_x(x_0, y_0)x'(t_0) + f_y(t_0, y_0)y'(t_0) \\ &= \operatorname{grad} f(x_0, y_0) \cdot \mathbf{r}'(t_0) \end{aligned}$$

$\operatorname{grad} f(x_0, y_0) \neq 0$이면 $\operatorname{grad} f(x_0, y_0)$는 곡선 C의 접선인 $\mathbf{r}'(t_0)$에 수직이다. 그러나 $\operatorname{grad} g(x_0, y_0)$는 등위선 C에서 법선벡터이므로 $\operatorname{grad} f(x_0, y_0)$과 $\operatorname{grad} g(x_0, y_0)$이 서로 평행하다. 따라서 $\operatorname{grad} f(x_0, y_0) \neq 0$이면 $\operatorname{grad} f(x_0, y_0) = \lambda \operatorname{grad} g(x_0, y_0)$를 만족하는 실수 λ가 존재한다.

위의 정리에서 λ를 f와 g의 라그랑즈 승수라 한다.

예제 5 원점을 중심으로 하고 반지름이 1인 원주 위에서 함수 $f(x, y) = x^2 - y^2$의 최대값과 최소값을 구하여라.

풀이 우선 $g(x, y) = x^2 + y^2$의 1–등위선에서의 극값을 구하기 위하여 식

$$\begin{cases} \operatorname{grad} f(x, y) = \lambda \operatorname{grad} g(x, y) \\ g(x, y) = 1 \end{cases} \tag{1}$$

으로부터

$$\begin{cases} 2x = 2\lambda x \\ 2y = -2\lambda y \\ x^2 + y^2 = 1 \end{cases} \tag{2}$$

을 얻고, (2)로부터

x	y	λ	$f(x, y)$	
0	±1	−1	−1	최소
±1	0	1		최대

을 얻는다. ■■

같은 방법으로 라그랑즈의 승수법은 일반적인 다변수함수에서도 성립한다.

연습문제 9.7

1. 다음 함수들의 임계점을 구하고 각 임계점들이 극대점, 극소점 또는 안장점이 되는지를 알아보아라.
   (1) $f(x, y) = x^2 + 2y^2 - 6x + 8y - 1$
   (2) $f(x, y) = e^x \sin y$
   (3) $f(x, y) = e^{xy}$
   (4) $f(x, y) = \sin x + \sin y,\ 0 < x < \dfrac{\pi}{2},\ 0 < y < \dfrac{\pi}{2}$

2. $\frac{x^2}{8}+\frac{y^2}{2}=1$일 때 xy의 최대값과 최소값을 구하여라.

3. 다음 함수들을 다음과 같이 제한하였을 때의 극값을 구하여라.

(1) $f(x, y)=x+y,\ x^2+y^2=1$

(2) $f(x, y)=x-y,\ x^2-y^2=2$

(3) $f(x, y)=3x+2y,\ 2x^2+3y^2 \le 3$

(4) $f(x, y)=xy,\ 2x+3y \le 10,\ 0 \le x,\ 0 \le y$

4. 다음 함수에 대하여 원점이 안장점임을 보여라.

(1) $z=f(x, y)=x^2-3xy^2$

(2) $z=f(x, y)=4x^2y-4xy^3$

Chapter 10 다중적분

10.1 이중적분

일변수함수 $f(x)$의 정적분의 개념을 확장하여 2차원 영역에서 이중적분을 정의해보자. 먼저 f의 정의역이 직사각형

$$R = \{(x,\ y) \mid a \le x \le b,\ c \le y \le d\}$$

인 경우에 대하여 생각하여 보자. 구간 $[a,\ b]$를 m등분하여 길이가 $\Delta x = \dfrac{b-a}{m}$인 작은 부분구간 $[x_{i-1},\ x_i]$ $(1 \le i \le m)$을 만들고, $[c,\ d]$를 n등분하여 길이가 $\Delta y = \dfrac{d-c}{n}$인 작은 부분구간 $[y_{j-1},\ y_j]$ $(1 \le j \le n)$을 만든다. 이렇게 만든 작은 부분구간의 끝 점에서 좌표축에 평행한 직선들을 그려 영역 R을 작은 부분사각형 영역 R_{ij} $(1 \le i \le m,\ 1 \le j \le n)$들로 분할한다(그림 10.1). 그리고 작은 직사각형 영역 R_{ij}에서 임의의 한 점 $(x_i{}^*,\ x_j{}^*)$, $(x_{i-1} \le x_i{}^* \le x_i,\ y_{j-1} \le y_j{}^* \le y_j)$를 선택하여

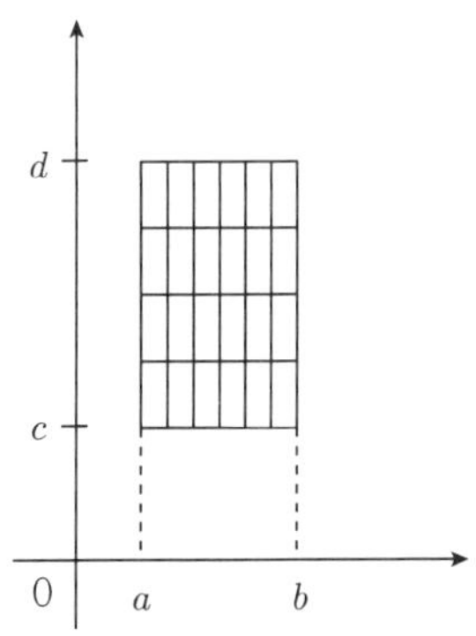

그림 10.1

$f(x_i^*,\ y_j^*)\Delta A$, $(\Delta A = \Delta x \cdot \Delta y)$를 만든다. 이러한 값들을 모두 더하여 얻어지는 값을 S라 하면

$$S = \sum_{i=1}^{m}\sum_{i=1}^{n} f(x_i^*,\ y_j^*)\Delta A$$

이다. 이 값은 영역 R을 분할하는 방법과 점 $(x_i^*,\ y_j^*)$를 어떻게 잡는가에 따라 여러 가지 값을 취할 수 있다. 그러나 함수 f가 적당히 좋은 함수라고 가정하고 m과 n의 크기를 충분히 크게 할 때 부분합 S의 극한값이 존재하면 이 값을 R에서 f의 **이중적분**(double integral)이라 하고

$$\lim_{\substack{m\to\infty \\ n\to\infty}} \sum_{i=1}^{m}\sum_{j=1}^{n} f(x_i^*,\ y_j^*)\Delta A = \int\int_R f(x,\ y)\,dA$$

로 표시한다. 이때 함수 f를 R 위에서 **적분가능**(integrable)이라 한다.

만약 R의 모든 점 $(x,\ y)$에 대하여 $f(x,\ y) \geq 0$이면, $\int\int_R f$는 직사각형 R 위로, 그리고 그래프 f의 아래로 경계 지어지는 입체의 부피를 나타낸다. 또 f가 R에서 밀도함수를 나타낼 때 $\int\int_R f$는 R의 질량을 나타내는 것으로 볼 수 있다. 그러나 실제로 이중적분을 계산한다는 것은 어려운 일인데 이것은 f의 정의역과 함수의 조건에 많이 의존한다. 일반적으로 함수 f가 적분가능하려면 유계이어야 하고 불연속인 점도 유한 개(가산 개) 정도로 제한을 받는다. 심지어 함수 f가 연속이더라도 적분불가능인 영역도 존재한다. 엄밀한 이론을 말한다는 것은 많은 준비가 필요하므로 함수 f가 유계이고 불연속인 점이 몇 개 있더라도 적분할 수 있는 영역만을 가정한다.

위와 같은 이중적분의 개념은 일반적인 n차원 공간에서도 정의할 수 있다. 예를 들어 $n=3$인 경우 직육면체

$$R = \{(x, y, z) \mid a_1 \leq x \leq b_1,\ a_2 \leq y \leq b_2,\ a_3 \leq z \leq b_3\}$$

에서 정의된 유계(연속)인 함수 f에 대하여 영역 R을 각 좌표평면에 평행한 평면들로 분할하였을 때 생기는 작은 직육면체 R_{ijk} $(1 \leq i \leq l,\ 1 \leq j \leq m,\ 1 \leq k \leq n)$들의 부분합

$$\sum_{i=1}^{l}\sum_{j=1}^{m}\sum_{k=1}^{n} f(x_i^*, y_j^*, z_k^*)\Delta V,\ \ ((x_i^*, y_j^*, z_k^*) \in R_{ijk},\ \ \Delta V = \Delta x \Delta y \Delta z)$$

을 생각하고 l, m, n의 크기를 충분히 크게 할 때 부분합의 극한값이 존재하면 f는 R에서 **적분가능하다**(integrable)고 말하고 그 극한값을 **삼중적분**(triple integral)이라 부르며

$$\lim_{\substack{l\to\infty \\ m\to\infty \\ n\to\infty}} \sum_{i=1}^{l}\sum_{j=1}^{m}\sum_{k=1}^{n} f(x_i^*, y_j^*, z_k^*)\Delta V = \iiint_R f(x, y, z)\,dV$$

로 표시한다. 이제 f의 정의역이 직사각형(직육면체)뿐만 아니라, 일반적인 영역에서 이중적분에 관하여 알아보자. 우선 영역 R을 포함하는 직사각형 영역 $\overline{R}$을 만들고, 새로운 2변수 함수 $\tilde{f}$를 다음과 같이 정의하자.

$$\tilde{f}(x, y) = \begin{cases} f(x, y), & (x, y) \in R \\ 0 \quad , & (x, y) \notin R \end{cases}$$

이때 영역 R 위에서의 f의 이중적분을 영역 $\overline{R}$ 위에서 $\tilde{f}$의 이중적분으로 다음과 같이 정의한다.

$$\iint_R f(x, y)dA = \iint_{\overline{R}} \tilde{f}(x, y)dA$$

$\tilde{f}$가 R의 바깥에서는 그 값이 0이므로 $\overline{R}$를 택할 때 R을 품는 직사각형이면 어느 것이든 관계없다.

[반복적분]

정의한 대로 다중적분을 구하는 일은 매우 번거롭다. 그래서 이중적분을 계산하는 좀더 간단한 방법을 알아보자. $f(x, y)$를 직사각형 $\{(x, y) \mid a \le x \le b,\ c \le y \le d\}$에서 정의된 함수라고 하자. a와 b 사이에 x를 고정하고 이때 y의 함수 $f(x, y)$가 적분가능하면, 적분

$$A(x) = \int_c^d f(x, y)\,dy$$

를 얻을 수 있고, 이것을 y**에 관한 편적분**이라 한다. 이 값은 x에 관한 함수가 되고, 이 함수가 다시 x에 관하여 적분가능하면,

$$\int_a^b A(x)\,dx = \int_a^b \int_c^d f(x, y)\,dy\,dx$$

를 얻는다(그림 10.2). 같은 방법으로 이중적분

$$\int_c^d \int_a^b f(x, y)\, dx\, dy$$

를 얻을 수 있다. 이때 위의 두 적분을 f의 **반복적분**(iterated integral)이라고 부른다.

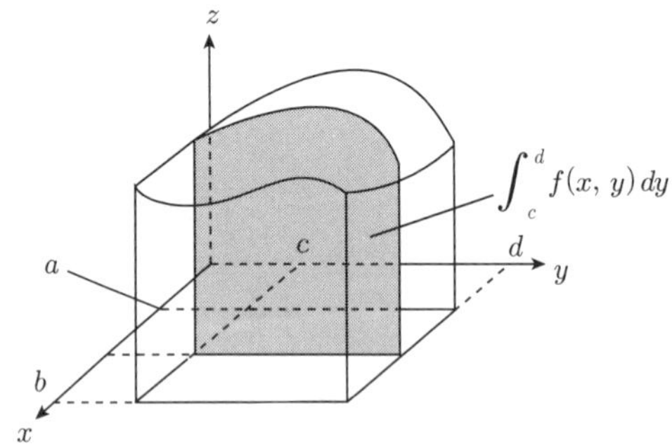

그림 10.2

> **정리 10.1** (푸비니 정리)
> 함수 f가 직사각형 $R = [a, b] \times [c, d]$에서 적분가능하다고 하자. 또 $[a, b]$의 각 x에 대하여 함수 $g(y) = f(x, y)$가 $[c, d]$에서 적분가능하면, 함수 $x \longmapsto \int_c^d f(x, y)dy$는 $[a, b]$에서 적분가능하고
>
> $$\int\int_R f(x, y)dA = \int_a^b \int_c^d f(x, y)dy\,dx = \int_c^d \int_a^b f(x, y)\,dx\,dy$$
>
> 이다.

g_1, g_2가 구간 $[a, b]$에서 정의된 함수이고 $[a, b]$의 임의의 x에 대하여

$$c < g_1(x) \le g_2(x) < d$$

를 만족할 때, 영역 $R = \{(x, y) \mid a \le x \le b,\ g_1(x) \le y \le g_2(y)\}$를 **수직단순영역**이라고 한다(그림 10.3).

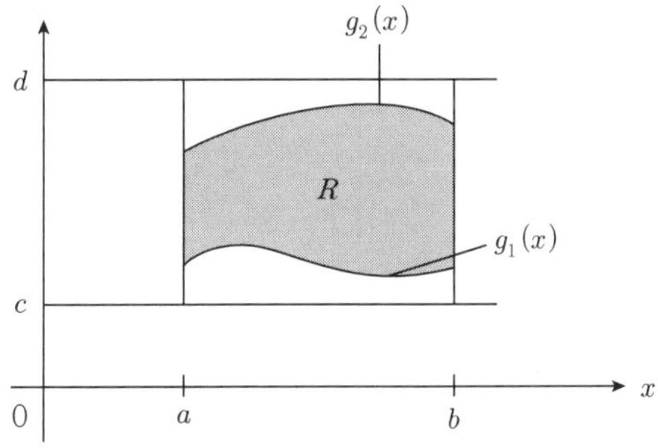

그림 10.3

이때 f가 위의 수직단순영역 R에서 연속이면

$$\int\int_R f(x, y)\,dA = \int_a^b \int_c^d \tilde{f}(x, y)\,dy\,dx$$

이고

$$\begin{aligned}\int_c^d \tilde{f}(x, y)\,dy &= \int_c^{g_1(x)} \tilde{f}(x, y)dy + \int_{g_1(x)}^{g_2(x)} \tilde{f}(x, y)\,dy + \int_{g_2(x)}^{d} \tilde{f}(x, y)dy \\ &= \int_{g_1(x)}^{g_2(x)} \tilde{f}(x, y)dy = \int_{g_1(x)}^{g_2(x)} f(x, y)dy\end{aligned}$$

이므로

$$\int\int_R f dA = \int_a^b \int_{g_1(x)}^{g_2(x)} f(x, y)\,dy\,dx$$

이다. 여기서 $\tilde{f}$는 f의 확장을 의미한다. 식 $\int_{g_1(x)}^{g_2(x)} f(x, y)\,dy$를 다룰 때 x를 $f(x, y)$뿐만 아니라 적분의 양끝 $g_1(x)$, $g_2(x)$에서도 상수로 취급한다.

영역 R이 그림 10.4와 같으면 수평단순영역이라 한다.

같은 방법으로 이중적분

$$\int\int_R f\,dA = \int_c^d \int_{g_1(y)}^{g_2(y)} f(x, y)\,dx\,dy$$

이다.

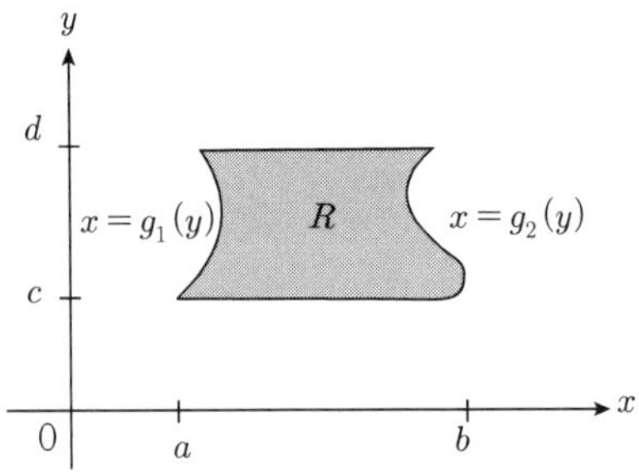

그림 10.4

함수 f가 임의의 영역 R에서 연속이고, R을 수직단순영역 또는 수평단순영역들로 분해할 수 있을 때, 즉 $R = R_1 \cup \cdots \cup R_n$ (R_i는 수직 또는 수평단순영역)이면

$$\iint_R f(x,\ y)dA = \iint_{R_1} f(x,\ y)dA + \cdots + \iint_{R_n} f(x,\ y)dA$$

이 된다.

예제 1 네 개의 직선 $x = -1$, $x = 2$, $y = 0$, $y = 2$로 둘러싸인 직사각형을 R이라 할 때 R에서 $f(x,\ y) = x^2y$의 적분을 구하여라.

풀이 $\iint_R x^2y\,dA = \int_{-1}^{2}\int_0^2 x^2y\,dy\,dx = \int_{-1}^{2} x^2 \int_0^2 y\,dy\,dx = \int_{-1}^{2} 2x^2dx = 6$ ■

예제 2 세 개의 직선 $y = 0$, $y = x$, $x + y = 2$로 둘러싸인 삼각형을 R이라 할 때 $\iint_R 2xy\,dA$를 구하여라.

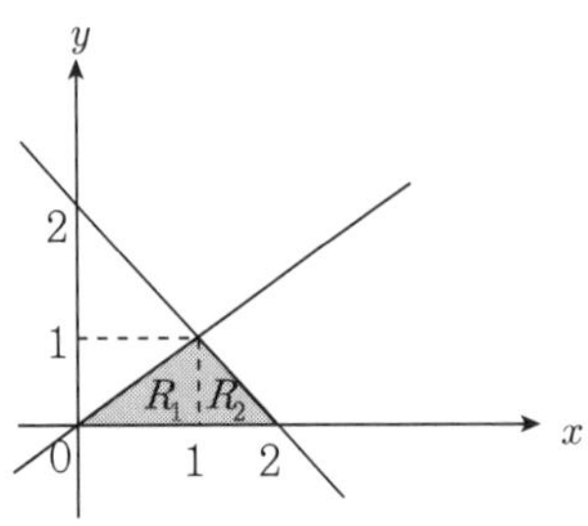

그림 10.5

풀이 영역 A를 그림 10.5와 같이 R_1, R_2로 나누면

$$\iint_R f\,dA = \iint_{R_1} f\,dA + \iint_{R_2} f\,dA$$

이고,

$$\iint_{R_1} 2xy\,dA = \int_0^1 \int_0^x 2xy\,dy\,dx = \int_0^1 x^3 dx = \frac{1}{4}$$

$$\iint_{R_2} 2xy\,dA = \int_1^2 \int_0^{2-x} 2xy\,dy\,dx = \int_1^2 x(2-x)^2 dx = \frac{5}{12}$$

이므로 따라서 $\iint_R 2xy\,dA = \frac{2}{3}$ 이다. 또한 $\int_0^1 \int_y^{2-y} 2xy\,dx\,dy$로도 구할 수 있다.

■■

예제 3 반복적분 $\int_0^1 \int_{\sqrt{x}}^1 \sqrt{1+y^3}\,dy\,dx$를 구하여라.

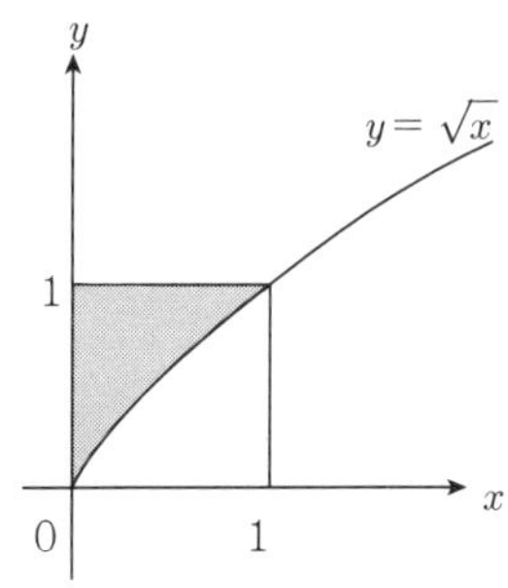

그림 10.6

풀이 순서대로 y에 관해 적분하면 $\sqrt{1+y^3}$의 부정적분 계산이 어렵다. 적분순서를 바꾸면(그림 10.6)

$$\int_0^1 \int_{\sqrt{x}}^1 \sqrt{1+y^3}\,dy\,dx = \int_0^1 \int_0^{y^2} \sqrt{1+y^3}\,dx\,dy$$

$$= \int_0^1 y^2\sqrt{1+y^3}\,dy = \frac{2}{9}(2\sqrt{2}-1)$$

이다. ■■

예제 4 입체 V는 xy평면에 의하여 아래로 유계이고, 포물면 $z=4-x^2-y^2$에 의해 위로 유계인 영역이라 할 때 V의 체적을 구하여라(그림 10.7).

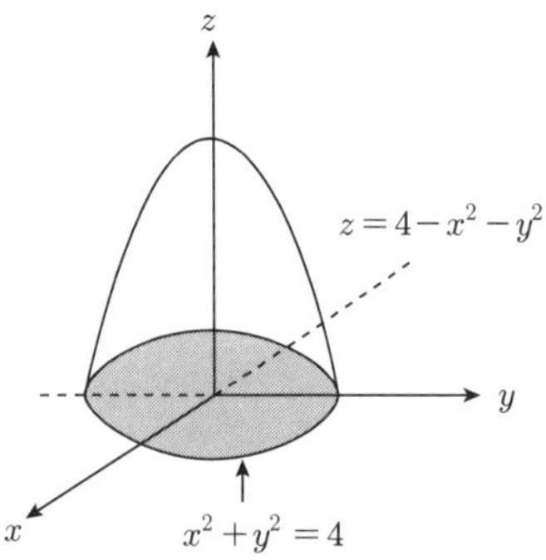

그림 10.7

풀이 R은 평면상의 원 $x^2+y^2=4$에 의하여 둘러싸인 영역이다. 따라서

$$V=\iint_R (4-x^2-y^2)\,dA=\int_{-2}^{2}\int_{-\sqrt{4-x^2}}^{\sqrt{4+x^2}}(4-x^2-y^2)\,dy\,dx$$

$$=\frac{4}{3}\int_{-2}^{2}(4-x^2)^{\frac{3}{2}}\,dx=\frac{64}{3}\int_{-\frac{\pi}{2}}^{\frac{\pi}{2}}\cos^4\theta\,d\theta$$

$$=8\pi$$

이다. ■■

연 습 문 제 10.1

1\. 다음 반복적분의 값을 구하여라.

(1) $\displaystyle\int_0^1\int_0^1 e^{x+y}\,dx\,dy$　　(2) $\displaystyle\int_0^1\int_1^5 \frac{1}{r}\,dr\,ds$

(3) $\displaystyle\int_0^{\pi}\int_0^{x} x\sin y\,dy\,dx$　　(4) $\displaystyle\int_1^3\int_0^x \frac{2}{x^2+y^2}\,dy\,dx$

2\. 다음 반복적분의 값을 구하여라.

(1) $\displaystyle\int_0^3\int_0^3\int_0^3 (y-xz)\,dz\,dy\,dx$　　(2) $\displaystyle\int_0^{\frac{\pi}{2}}\int_0^1\int_0^{\sqrt{1-x^2}} x\cos z\,dy\,dx\,dz$

(3) $\displaystyle\int_0^{\ln 3}\int_0^1\int_0^y (z^2+1)e^{y^2}\,dx\,dz\,dy$　　(4) $\displaystyle\int_0^{\frac{\pi}{2}}\int_0^z\int_0^y \sin(x+y+z)\,dx\,dy\,dz$

3. 다음 이중적분을 반복적분으로 표현하고, 값을 구하여라.

(1) R이 네 개의 직선 $x=2$, $x=3$, $y=4$, $y=6$으로 둘러싸인 직사각형 영역일 때

$$\int\int_R (x+y)dA$$

(2) R이 세 개의 직선 $y=2x$, $x=0$, $y=4$로 둘러싸인 삼각형 영역일 때

$$\int\int_R (x+y)dA$$

(3) R이 $[-1, 1]$ 위의 x축과 포물선 $y=4-x^2$ 사이의 영역일 때

$$\int\int_R xy^2 dA$$

(4) R이 원 $x^2+y^2=1$의 내부에서 직선 $y=1-x$ 위쪽부분 영역일 때

$$\int\int_R xy^2 dA$$

10.2 극좌표에서의 이중적분

원이나 심장형 곡선으로 둘러싸인 영역은 직교좌표보다는 극좌표로 표현하는 것이 더 편리하다. 극장방형(polar rectangle)이라 부르는(그림 10.8) 평면영역 $R=\{(r,\theta)\mid a \le r \le b,\ \alpha \le \theta \le \beta\}$ 위에서의 함수 f의 이중적분을 계산하여 보자.

먼저 극장방형 R을 그림 10.9와 같이 방사선 모양의 직선들과 동심원에 의한 그물 모양으로 영역 R을 분할한다. 즉 구간 $[a, b]$를 m등분하여 작은 구간 $[r_{i-1}, r_i]$ $(1 \le i \le m)$를 얻는다. 마찬가지로 구간 $[\alpha, \beta]$를 n등분하여 작은 구간 $[\theta_{j-1}, \theta_j]$ $(1 \le j \le n)$를 얻는다. 그러면 반지름 $r=r_i$인 원들과 반직선 $\theta=\theta_j$들로 극장방형 R을 작은 극장방형 R_{ij} $(1 \le i \le m,\ 1 \le j \le n)$으로 분할할 수 있다.

이때 영역 R 상의 모든 연속함수 f는 적분가능하여 $\int\int_R f(x, y)dA$가 존재하여 분할된 각 부분영역 안의 한 점과 그 점에서 f의 값에 그 부분영역의 면적을 곱한 값을 합하면 R 위에서 f의 적분의 근사값이 된다. 영역 R의 한 분할영역 R_{ij}(그림 10.9)를 택하고 $(r_i{}^*, \theta_j{}^*)$를 R_{ij}의 중심의 극좌표라 하면

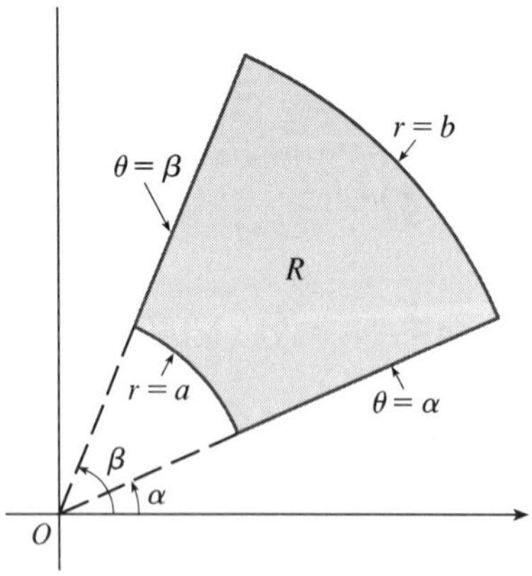

그림 10.8 극장방형

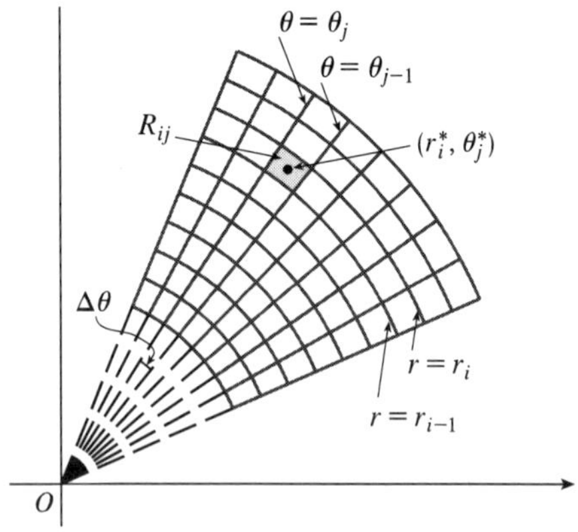

그림 10.9 R의 분할

$$r_i{}^* = \frac{1}{2}(r_{i-1} + r_i),\ \ \theta_j{}^* = \frac{1}{2}(\theta_{j-1} + \theta_j)$$

이 되고, R_{ij}의 면적은 반지름 r, 중심각 θ인 부채꼴의 넓이가 $\frac{1}{2}r^2\theta$라는 사실을 이용하면

$$\frac{1}{2}r_i^2(\theta_j - \theta_{j-1}) - \frac{1}{2}r_{i-1}^2(\theta_j - \theta_{j-1})$$

$$= \frac{1}{2}(r_i + r_{i-1})(r_i - r_{i-1})(\theta_j - \theta_{j-1})$$

$$= r_i{}^*(r_i - r_{i-1})(\theta_j - \theta_{j-1})$$

가 된다. 따라서 밑면이 R_{ij}이고 높이가 $f(r_i{}^* \cos\theta_j{}^*,\ r_i{}^* \sin\theta_j{}^*)$인 입체의 체적은 $r_i{}^*(r_i - r_{i-1})(\theta_j - \theta_{j-1}) \cdot f(r_i{}^* \cos\theta_j{}^*,\ r_i{}^* \sin\theta_j{}^*)$이고, R상에서 f의 이중적분의 근사값은

$$\sum_{i=1}^{m}\sum_{j=1}^{n} f(r_i{}^* \cos\theta_j{}^*,\ r_i{}^* \sin\theta_j{}^*)\, r_i{}^*(r_i - r_{i-1})(\theta_j - \theta_{j-1})$$

$$= \sum_{i=1}^{m}\sum_{j=1}^{n} f(r_i{}^* \cos\theta_j{}^*,\ r_i{}^* \sin\theta_j{}^*)\, r_i{}^* \Delta A_{ij}\ \ (\Delta A_{ij} = (r_i - r_{i-1}) \cdot (\theta_j - \theta_{j-1}))$$

$$= \Delta r_i \Delta\theta_j$$

이다. 그러므로

$$\sum_{i=1}^{m}\sum_{j=1}^{n} f(r_i{}^* \cos\theta_j{}^*,\ r_i{}^* \sin\theta_j{}^*) r_i{}^* \Delta A_{ij}$$
$$\approx \int\int_R f(x, y)dA$$

이고, 영역 R을 충분히 작게 나눈 분할에 대하여 f가 R 위에서 연속이면 위의 리만합(부분합)이 존재하여

$$\int\int_R f(x, y)dA = \int_\alpha^\beta\int_a^b f(r\cos\theta,\ r\sin\theta)\,dr\,d\theta$$

가 성립한다. 직교좌표로 주어진 중적분을 극좌표로 변환하려면 $x = r\cos\theta$, $y = r\sin\theta$로 바꾸고 적분구간도 r, θ에 대한 구간으로 바꾼다. 또한 dA를 $r\,dr\,d\theta$로 바꾼다. 이때 r이 첨가되는 사실을 잊어서는 안된다. 이런 사실을 기억하는 전통적인 방법이 그림 10.10에 설명되어 있다. 여기서 무한히 작은 극장방형을 직사각형으로 생각하면 각 변의 길이는 $r\,d\theta$와 dr이므로 넓이는 $dA = r\,dr\,d\theta$가 된다.

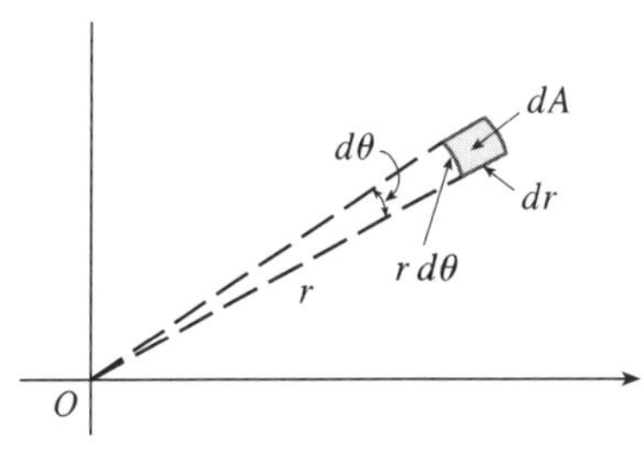

그림 10.10

만약 함수 h_1, h_2가 구간 $[\alpha, \beta]$ 위에서 연속이고, $0 \le h_1(\theta) \le h_2(\theta)$, $\alpha \le \theta \le \beta$이라 하고, 영역 R을 직선 $\theta = \alpha$, $\theta = \beta$와 함수 $r = h_1(\theta)$, $r = h_2(\theta)$의 그래프로 둘러싸인 xy평면상의 영역이라고 하자(그림 10.11). f가 R 위에서 음이 아닌 실수값이면, 영역 R과 그래프 f 사이의 체적은

$$V = \int_\alpha^\beta\int_{h_1(\theta)}^{h_2(\theta)} f(r\cos\theta,\ r\sin\theta)\,r\,dr\,d\theta$$

이고, 그 영역 R의 면적은

$$A = \int_\alpha^\beta\int_{h_1(\theta)}^{h_2(\theta)} r\,dr\,d\theta$$

로 주어진다.

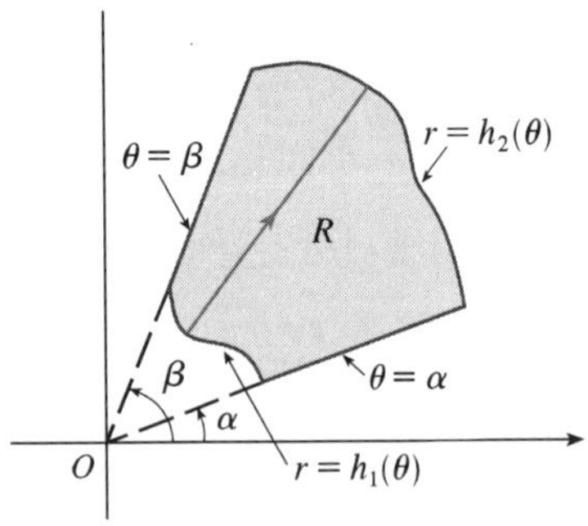

그림 10.11 $R=\{(r,\theta)\mid \alpha\le\theta\le\beta,\ h_1(\theta)\le r\le h_2(\theta)\}$

예제 1 $r(\theta)=1-\cos\theta$로 둘러싸인 영역에서 $f(x,y)=x^2$의 적분을 극좌표로 이용하여 구하여라.

풀이 주어진 함수 f의 극좌표를 이용하여 나타내면, $f=r^2\cos^2\theta$이고, 주어진 영역은

$$0\le r\le 1-\cos\theta,\quad 0\le\theta\le 2\pi$$

이다(그림 10.12). 따라서 구하는 값은

$$\int_0^{2\pi}\int_0^{1-\cos\theta} r^3\cos^2\theta\,dr\,d\theta=\int_0^{2\pi}\frac{1}{4}(1-\cos\theta)^4\cos^2\theta\,d\theta$$

$$=\frac{49}{32}\pi$$

이다. ■■

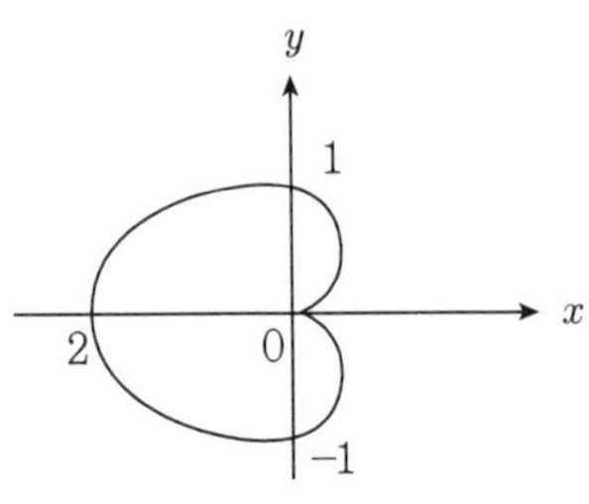

그림 10.12

예제 2 D를 xy평면과 포물면 $z=4-x^2-y^2$에 의해 둘러싸인 입체영역이라 할 때, D의 체적

V를 구하여라(그림 10.13).

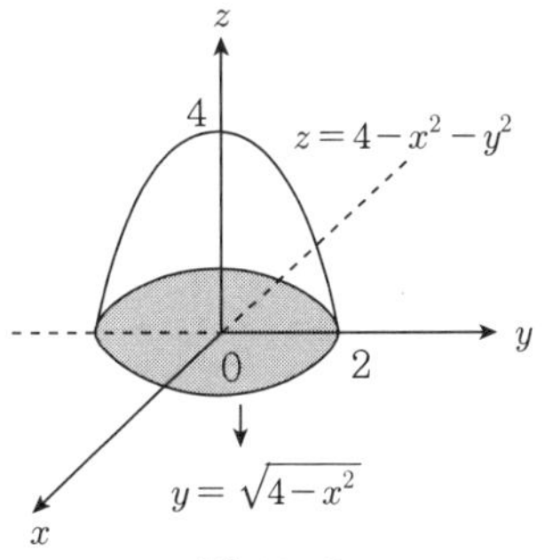

그림 10.13

풀이 포물면 $z = 4 - x^2 - y^2$은 xy평면상의 원 $x^2 + y^2 = 4$에 의하여 둘러싸인 영역 R 위에서 정의되어 있다. 원의 극좌표 표현은 $r = 2$이므로

$$V = \int\int_R (4 - x^2 - y^2)dA = \int_0^{2\pi}\int_0^2 (4 - r^2)\, r\, dr\, d\theta$$

$$= \int_0^{2\pi}\int_0^2 (4r - r^3)\, dr\, d\theta = \int_0^{2\pi} 4 d\theta = 8\pi$$

이다.

예제 3 R을 극그래프 $r = \theta$, $r = 2\theta$, $0 \leq \theta \leq 3\pi$ 사이의 영역이라 할 때 $\int\int_R (x^2 + y^2)dA$를 구하여라(그림 10.14).

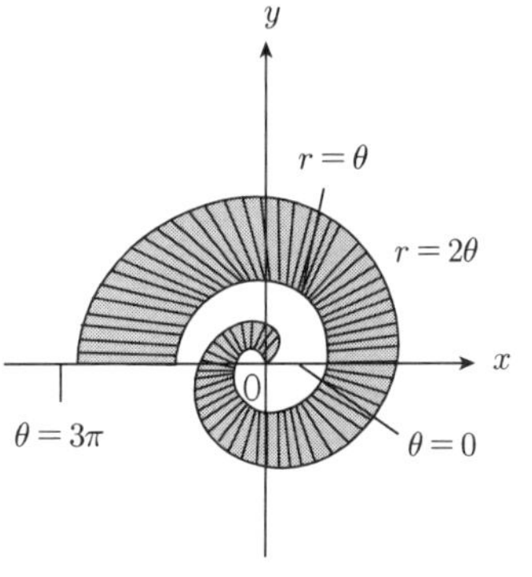

그림 10.14

풀이 $\displaystyle\iint_R (x^2+y^2)dA = \int_0^{3\pi}\int_\theta^{2\theta} r^2 \cdot r\,dr\,d\theta = \int_0^{3\pi}\int_\theta^{2\theta} r^3 \cdot dr\,d\theta$

$$= \int_0^{3\pi} \frac{r^4}{4}\Big|_\theta^{2\theta} d\theta = \frac{15}{4}\int_0^{3\pi}\theta^4 d\theta = \frac{729}{4}\pi^5.$$

연 습 문 제 10.2

1. 다음 적분을 극좌표의 반복적분으로 표시하고, 값을 구하여라.
   (1) R은 원 $r=5$로 둘러싸인 영역, $\displaystyle\iint_R xy\,dA$
   (2) R은 원 $r=\cos\theta$로 둘러싸인 영역, $\displaystyle\iint_R y\,dA$
   (3) R은 직선 $y=0$, $y=\sqrt{3}x$와 원 $r=2$로 둘러싸인 제1사분면상의 영역, $\displaystyle\iint_R (x+y)\,dA$
   (4) R은 $r=2+\cos\theta$에 의하여 둘러싸인 영역, $\displaystyle\iint_R (x^2+y^2)^{\frac{1}{2}}\,dA$
   (5) R은 $r=2(1+\sin\theta)$에 의하여 둘러싸인 영역, $\displaystyle\iint_R (x^2+y^2)\,dA$
   (6) R은 원 $r=4\sin\theta$에 의하여 둘러싸인 영역, $\displaystyle\iint_R x^2\,dA$

2. 다음 극좌표로 주어진 영역의 면적을 구하여라.
   (1) $r=4\cos\theta$의 내부와 $r\ge 2$의 공통부분
   (2) $r=a\sin\theta$의 한 호가 둘러싼 내부
   (3) $r=a(1+\cos\theta)$의 내부

3. 다음 입체의 체적을 극좌표를 이용하여 구하여라.
   (1) 반경 3인 반구에 의하여 둘러싸인 입체영역
   (2) 평면 $z=0$, $z=4$와 원기둥 $r=2\cos\theta$로 둘러싸인 입체영역
   (3) 평면 $z=4+x+2y$, 원기둥 $x^2+y^2=1$의 한 면에 의해 위로 유계이고 xy평면에 의하여 아래로 유계인 입체영역
   (4) 포물면 $z=4-x^2-y^2$, 평면 $z=3$, xy평면에 의하여 둘러싸인 입체영역

4. 다음 값을 구하여라.

(1) $\int_0^1 \int_0^{\sqrt{1-x^2}} 1 \cdot dy\,dx$ (2) $\int_0^1 \int_0^{\sqrt{1-y^2}} \sin(x^2+y^2)\,dx\,dy$

(3) $\int_0^1 \int_0^{\sqrt{1-x^2}} e^{-(x^2+y^2)}\,dy\,dx$ (4) $\int_0^1 \int_{\sqrt{x-x^2}}^{\sqrt{1-x^2}} 1 \cdot dy\,dx$

10.3 곡면의 넓이

xy평면의 한 영역 R에서 정의된 함수 $z=f(x,\,y)$의 그래프로 주어지는 곡면의 넓이를 구하는 문제를 생각해보자. f를 R 위에서 연속인 편도함수를 갖는 함수라 하자. R'은 R을 포함하는 직사각형이라 하고, R'을 작은 직사각형 R_{ij} $(1 \le i \le m,\ 1 \le j \le n)$로 분할하자. R_{ij}의 네 꼭지점을 $(x_i,\,y_j)$, $(x_i+\Delta x_i,\,y_j)$, $(x_i,\,y_j+\Delta y_j)$, $(x_i+\Delta x_i,\ y_j+\Delta y_j)$이라 하면 그래프 위의 대응되는 네 점은

$$P_1=(x_i,\,y_j,\,f(x_i,\,y_j))$$

$$\begin{aligned}P_2&=(x_i+\Delta x_i,\,y_j,\ f(x_i+\Delta x_i,\,y_j))\\&\approx(x_i+\Delta x_i,\,y_j,\ f(x_i,\,y_j)+f_x(x_i,\,y_j)\Delta x_i)\end{aligned}$$

$$\begin{aligned}P_3&=(x_i,\,y_j+\Delta y_j,\ f(x_i,\ y_j+\Delta y_j))\\&\approx(x_i,\,y_j+\Delta y_j,\ f(x_i,\,y_j)+f_y(x_i,\,y_j)\Delta y_j)\end{aligned}$$

$$\begin{aligned}P_4&=(x_i+\Delta x_i,\ y_j+\Delta y_j,\ f(x_i+\Delta x_i,\ y_j+\Delta y_j))\\&\approx(x_i+\Delta x_i,\ y_j+\Delta y_j,\ f(x_i,\,y_j)+f_x(x_i,\ y_j)\Delta x_i+f_y(x_i+y_j)\Delta y_j)\end{aligned}$$

이고, 사각형 $P_1P_2P_3P_4$는 거의 평행사변형을 이룬다. 이 평행사변형의 넓이는 벡터

$$\begin{aligned}&(\Delta x_i,\ 0,\ f_x(x_i,\,y_j)\Delta x_i)\times(0,\ \Delta y_j,\ f_y(x_i,\,y_j)\Delta y_j)\\&=(-f_x(x_i,\,y_j)\Delta x_i\Delta y_j,\ -f_y(x_i,\,y_j)\Delta x_i\Delta y_j,\ \Delta x_i\Delta y_i)\end{aligned}$$

의 크기인

$$\sqrt{1+f_x(x_i,\,y_j)^2+f_y(x_i,\,y_j)^2}\,\Delta x_i\Delta y_j$$

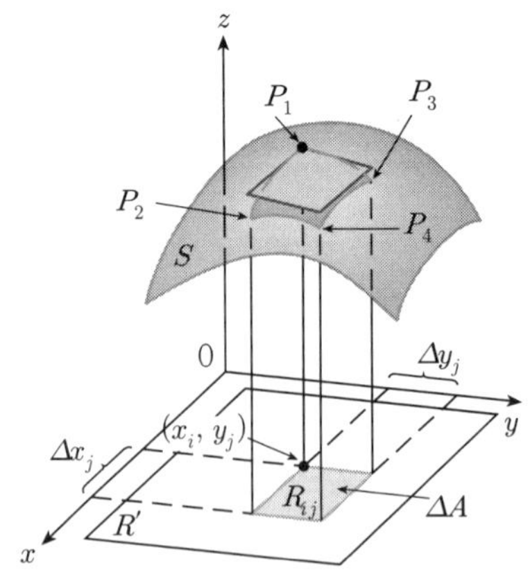

그림 10.15

이고, 이들의 합

$$\sum_{i=1}^{m}\sum_{j=1}^{n}\sqrt{1+f_x(x_i,\, y_j)^2+f_y(x_i,\, y_j)^2}\,\Delta x_i \Delta y_j$$

이 곡면넓이의 근사값이 되고, 중적분의 정의로부터 영역 R을 충분히 작게 분할하면 부분합의 극한이 존재하여 곡면의 넓이는

$$S=\int\int_R \sqrt{1+f_x(x,\, y)^2+f_y(x,\, y)^2}\, dA$$

이 된다.

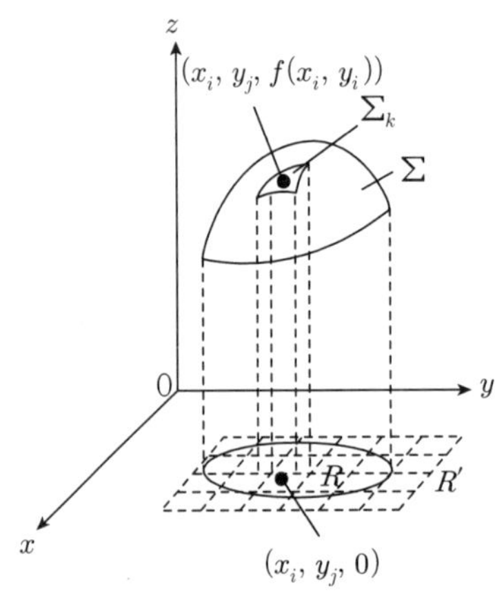

그림 10.16

예제 1 xy평면 위에 놓여 있는 포물면 $z=4-x^2-y^2$에 대한 곡면의 넓이 S를 구하여라(그림 10.17).

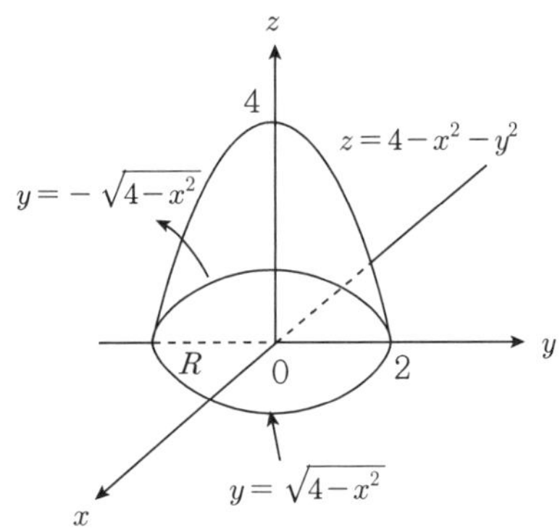

그림 10.17

풀이 R은 $x^2+y^2=4$에 의해 둘러싸인 xy평면상의 영역이 되고, $f(x,y)=4-x^2-y^2$이므로 $f_x=-2x$, $f_y=-2y$이다. 이때 곡면의 넓이는

$$S=\iint_R \sqrt{4x^2+4y^2+1}\,dA$$

$$=\int_0^{2\pi}\int_0^2 \sqrt{4r^2+1}\,r\,dr\,d\theta$$

$$=\frac{1}{12}\int_0^{2\pi}(4r^2+1)^{\frac{3}{2}}\Big|_0^2 d\theta=\frac{1}{6}\pi(17^{\frac{3}{2}}-1)$$

이다. ■■

예제 2 $a>0$이라 하고, 최소반경 r_1, 최대반경 r_2를 갖는 원뿔

$$z=a\sqrt{x^2+y^2}$$

의 원뿔대에 대한 곡면의 넓이 S를 구하여라(그림 10.18).

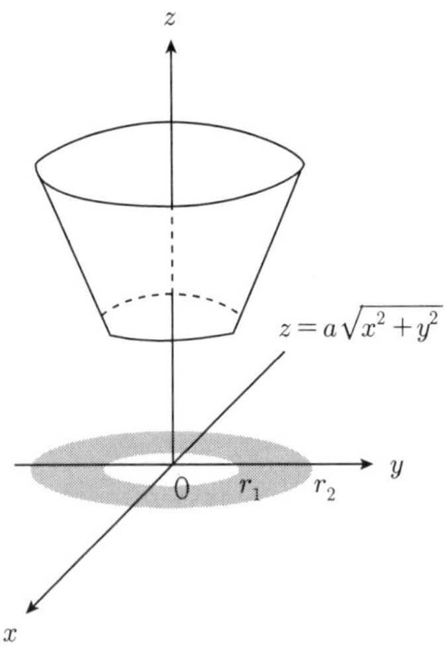

그림 10.18

풀이 주어진 곡면은 환형 $r_1^2 \le x^2+y^2 \le r_2^2$으로 둘러싸인 xy평면상의 영역 R 위에 놓여 있다. $f(x, y)=a\sqrt{x^2+y^2}$이라 하면

$$f_x(x, y)=\frac{ax}{\sqrt{x^2+y^2}}, \ f_y(x, y)=\frac{ay}{\sqrt{x^2+y^2}}$$

이므로

$$\begin{aligned} S &= \iint_R \sqrt{\left(\frac{ax}{\sqrt{x^2+y^2}}\right)^2+\left(\frac{ay}{\sqrt{x^2+y^2}}\right)^2+1}\, dA \\ &= \iint_R \sqrt{a^2+1}\, dA = \sqrt{a^2+1} \cdot (R\text{의 면적}) \\ &= \pi\sqrt{a^2+1}\,(r_2^2-r_1^2) \end{aligned}$$

이다. ■■

연 습 문 제 10.3

1. 주어진 영역에 대하여 다음 곡면의 넓이를 구하여라.
   (1) 제1팔분원의 평면 $x+2y+3z=6$
   (2) 원기둥 $x^2+y^2=1$ 안에 놓인 구 $x^2+y^2+z^2=4$

(3) 세 개의 정점 $(0, 0, 0)$, $(1, 0, 0)$, $(1, 1, 0)$을 꼭지점으로 갖는 삼각형 바로 위에 있는 원기둥 $x^2 + z^2 = 9$

(4) 포물면 $x^2 + y^2 = 5z$ 안에 놓인 구 $x^2 + y^2 + z^2 = 14z$

10.4 원기둥좌표계와 구면좌표계에서의 삼중적분

이중적분에서와 마찬가지로 삼중적분에서도 원기둥좌표나 구면좌표를 이용하여 계산하는 것이 편리한 경우가 있다.

[원기둥좌표계]

점 P의 직교좌표가 (x, y, z)일 때 xy평면상의 점 (x, y)를 극좌표 (r, θ)로 나타낼 때 (r, θ, z)를 점 P의 **원기둥좌표**(cylindrical coordinates)라 부른다(그림 10.19). 즉 (r, θ, z)는

$$x = r\cos\theta$$
$$y = r\sin\theta$$
$$z = z$$

을 만족한다.

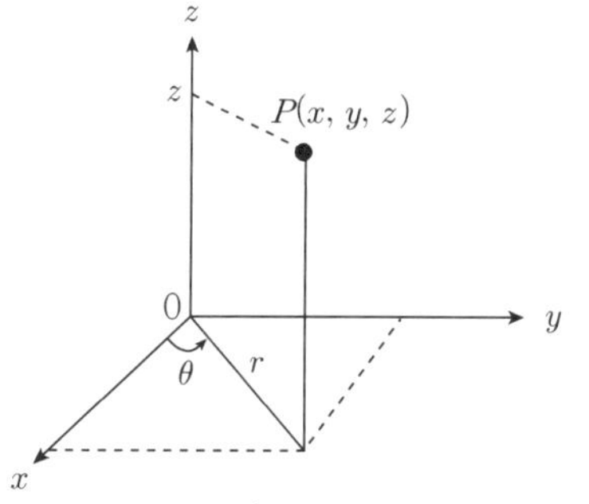

그림 10.19

우리가 잘 알고 있는 곡면을 직교좌표와 원기둥좌표로 비교해보면 다음과 같다.

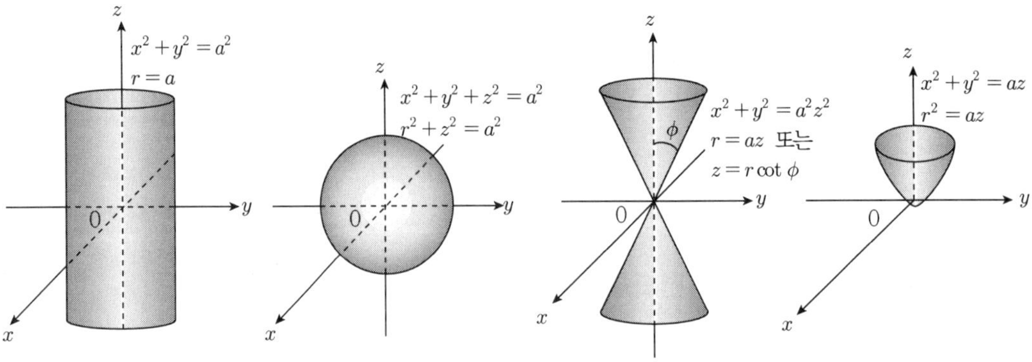

(a) 원기둥 (b) 구 (c) 이중원추체 (d) 원형 포물면

그림 10.20

곡 면	직교좌표	원기둥 좌표
원기둥	$x^2+y^2=a^2$	$r=a$
구	$x^2+y^2+z^2=a^2$	$r^2+z^2=a^2$
이중원추체	$x^2+y^2=a^2z^2$	$r=az$, 또는 $z=r\cot\phi$
원형 포물면	$x^2+y^2=az$	$r^2=az$

[원기둥좌표에서의 삼중적분]

$D=\{(x, y, z) \mid (x, y)\in R,\ F_1(x, y) \le z \le F_2(x, y)\}$이라 하고, $F_1(x, y)$과 $F_2(x, y)$를 R 위에서 연속이라 하자. 이때 f가 D 위에서 연속이면

$$\iiint_D f(x, y, z)\,dV=\iint_R\left(\int_{F_1(x, y)}^{F_2(x, y)} f(x, y, z)\,dz\right)dA$$

이다. 이때 다시 R을 극좌표 $R=\{(r, \theta) \mid 0 \le h_1(\theta) \le r \le h_2(\theta),\ \alpha \le \theta \le \beta,\ 0 \le \beta-\alpha \le 2\pi\}$로 표현하면, 10.2절에 의하여

$$\iiint_D f(x, y, z)\,dV=\iint_R\left(\int_{F_1(x, y)}^{F_2(x, y)} f(x, y, z)\,dz\right)dA$$

$$=\int_\alpha^\beta\int_{h_1(\theta)}^{h_2(\theta)}\int_{F_1(r\cos\theta,\ r\sin\theta)}^{F_2(r\cos\theta,\ r\sin\theta)} f(r\cos\theta,\ r\sin\theta,\ z)\,r\,dz\,dr\,d\theta$$

이다.

예제 1 $D=\{(x, y, z) \mid 0 \le z \le 4-y,\ x^2+y^2 \le 16\}$일 때, 다음을 구하여라(그림 10.21).

$$\iiint_D \sqrt{x^2+y^2}\, dV$$

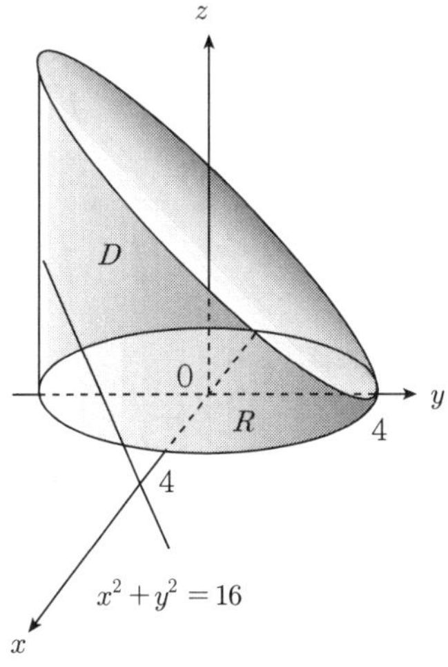

그림 10.21

풀이 $R=\{(x,\ y) \mid x^2+y^2 \le 16\}$을 극좌표로 나타내면

$$R=\{(r,\ \theta) \mid 0 \le r \le 4,\ \ 0 \le \theta \le 2\pi\}$$

가 된다. 따라서 D를 원기둥좌표로 나타내면

$$D=\{(r,\ \theta,\ z) \mid 0 \le r \le 4,\ \ 0 \le \theta \le 2\pi,\ \ 0 \le z \le 4-r\sin\theta\}$$

이다. 따라서

$$\begin{aligned}\iiint_D \sqrt{x^2+y^2}\, dV &= \int_0^{2\pi}\int_0^4\int_0^{4-r\sin\theta} r\cdot r\, dz\, dr\, d\theta \\ &= \int_0^{2\pi}\int_0^4 (4r^2-r^3\sin\theta)\, dr\, d\theta \\ &= \frac{512}{3}\pi\end{aligned}$$

이다. ■■

예제 2 구 $x^2+y^2+z^2=a^2$의 내부와 원기둥 $r=a\cos\theta$의 내부로 둘러싸인 영역의 부피를 구하여라.

풀이 입체영역 $D=\{(r,\theta,z)\mid 0\le r\le a\cos\theta,\ -\frac{\pi}{2}\le\theta\le\frac{\pi}{2},\ -\sqrt{a^2-r^2}\le z\le\sqrt{a^2-r^2}\}$이고, 대칭성을 이용하여,

$$V=\iiint_D dV=\int_{-\frac{\pi}{2}}^{\frac{\pi}{2}}\int_0^{a\cos\theta}\int_{-\sqrt{a^2-r^2}}^{\sqrt{a^2-r^2}}1\cdot r\,dz\,dr\,d\theta$$

$$=4\int_0^{\frac{\pi}{2}}\int_0^{a\cos\theta}\int_0^{\sqrt{a^2-r^2}}r\,dz\,dr\,d\theta$$

$$=4\int_0^{\frac{\pi}{2}}\int_0^{a\cos\theta}r\sqrt{a^2-r^2}\,dr\,d\theta$$

$$=\frac{2}{9}a^3(3\pi-4)$$

이다. ■

예제 3 $\int_{-2}^{2}\int_{-\sqrt{4-x^2}}^{\sqrt{4-x^2}}\int_{(x^2+y^2)^2}^{1}x^2dz\,dy\,dx$를 구하여라.

풀이 xy적분영역을 표시하면 $R=\{(x,y)\mid -2\le x\le 2,\ -\sqrt{4-x^2}\le y\le\sqrt{4-x^2}\}$이고, 극좌표로 바꾸면 $R=\{(r,\theta)\mid 0\le r\le 2,\ 0\le\theta\le 2\pi\}$가 된다. 따라서

$$\int_{-2}^{2}\int_{-\sqrt{4-x^2}}^{\sqrt{4-x^2}}x^2dz\,dy\,dx=\int_0^{2\pi}\int_0^2\int_{r^4}^{1}(r\cos\theta)^2r\,dz\,dr\,d\theta$$

$$=\int_0^{2\pi}\int_0^2[r^3\cos^2\theta\, z]_{r^4}^{1}dr\,d\theta=\int_0^{2\pi}\int_0^2(r^3-r^7)\cos^2\theta\,dr\,d\theta$$

$$=-28\int_0^{2\pi}\cos^2\theta\,d\theta=-28\pi$$

이다. ■

[구면좌표계]

점 P의 직교좌표가 (x,y,z)일 때

$$\begin{cases} x = r\cos\theta = \rho\sin\phi\cos\theta \\ y = r\sin\theta = \rho\sin\phi\sin\theta \\ z = \rho\cos\theta \end{cases}$$

을 만족하는 (ρ, ϕ, θ)를 P의 **구면좌표**(spherical coordinate)라 한다. 여기서 ρ는 선분 OP의 길이이고, ϕ는 선분 OP가 양의 z축과 이루는 각이고$(0 \le \phi \le \pi)$, r과 θ는 x와 y의 극좌표를 의미한다.

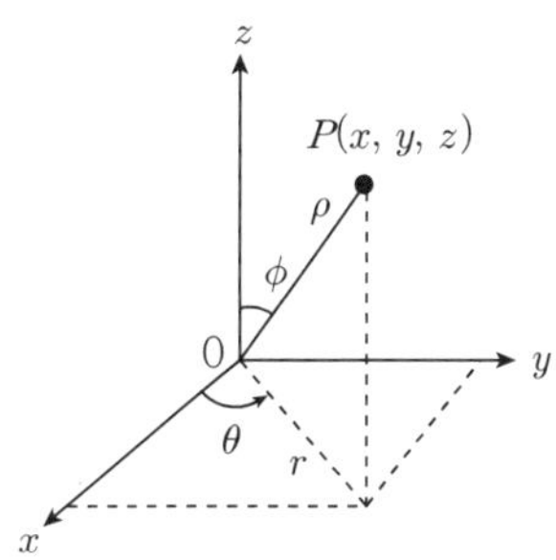

그림 10.22

곡 면	방정식
구	$\rho = a$
원 뿔	$\phi = a$
반평면	$\theta = a$

회전체를 표현할 때는 원기둥좌표계를 쓰는 것이 편리하고, 구면 위의 점을 표현할 때는 구면좌표계를 쓰는 것이 편리하다. 원기둥좌표계에서는 $r > 0$, $0 \le \theta \le 2\pi$, $-\infty < z < \infty$의 범위에서 공간의 모든 점을 표현할 수 있고, 구면좌표계에서는 $\rho \ge 0$, $0 \le \phi \le \pi$, $0 \le \theta < 2\pi$의 범위에서 모든 점을 표현할 수 있다.

그러나 이 좌표계들은 직교좌표계와는 달리 일대일 대응관계를 주지는 않는다. 직교좌표계에서 작은 직육면체가 적분의 기본입체영역이듯이, 구면쐐기형이 구면좌표계에서 적분의 기본입체영역이 된다. 일반적으로 **구면쐐기형**(spherical wedge)은

$$D = \{(\rho, \phi, \theta) \mid 0 \le \rho_0 \le \rho \le \rho_1,\ 0 \le \phi_0 \le \phi \le \phi_1 \le \pi,\ 0 \le \theta_0 \le \theta \le \theta_1 \le 2\pi\}$$

로 주어진다.

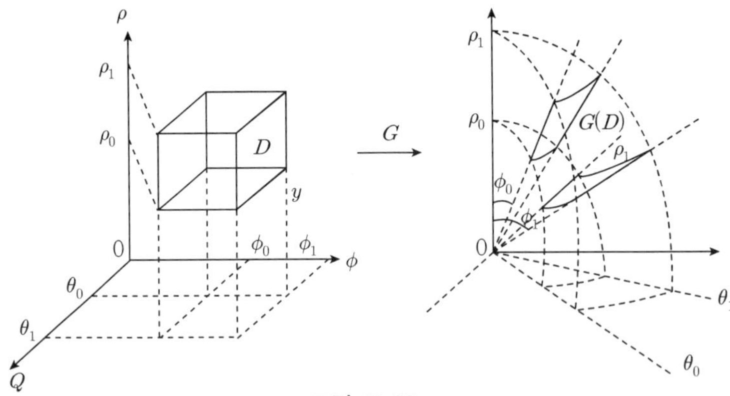

그림 10.23

예제 4 앞에서 준 구면쐐기형 D의 체적 V는

$$\frac{\rho_1^3-\rho_0^3}{3}(\cos\phi_0-\cos\phi_1)(\theta_1-\theta_0)$$

으로 주어지는 것을 보여라.

풀이 먼저 구 $r^2+z^2=a^2$과 양의 z축과 ϕ를 이루는 위쪽 원뿔곡면 $z=r\cot\phi$ 사이에 있는 입체영역의 체적 V_1를 $0\le\phi\le\frac{\pi}{2}$일 때 구해보자(그림 10.24). 구와 원뿔과의 교차점을 구하면 $r^2(1+\cot^2\phi)=a^2$이 되어 $r\csc\phi=a$ 혹은 $r=a\sin\phi$가 된다.
따라서 주어진 입체는 원 $r=a\sin\phi$에 의하여 둘러싸인 영역 R상에서 구와 원뿔 사이의 입체영역이 된다. 즉

$$V_1=\iiint_D dV=\int_0^{2\pi}\int_0^{a\sin\phi}\int_{r\cot\phi}^{\sqrt{a^2-r^2}}1\cdot r\,dz\,dr\,d\theta$$

$$=\frac{2\pi a^3}{3}(1-\cos\phi)$$

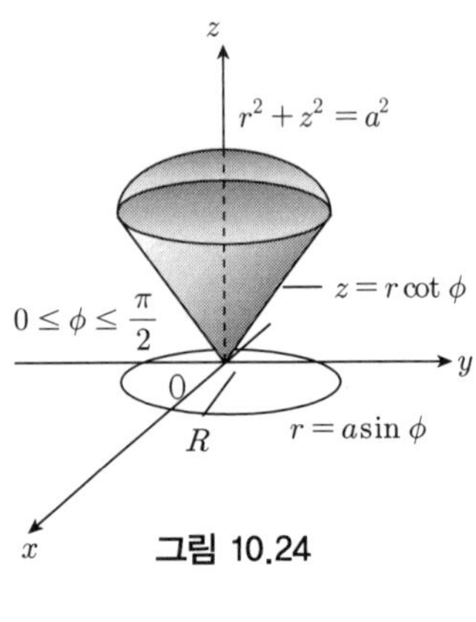

그림 10.24

다음으로 구 $\rho=\rho_0$와 $\rho=\rho_1$ 사이에 있는 원뿔곡면의 일부분인 $\phi=\phi_1$의 체적 V_2는

$$\frac{2\pi\rho_1^3}{3}(1-\cos\phi_1)-\frac{2\pi\rho_0^3}{3}(1-\cos\phi_1)$$
$$=2\pi\left(\frac{\rho_1^3-\rho_0^3}{3}\right)(1-\cos\phi_1)$$

또 두 개의 원뿔 $\phi=\phi_0$, $\phi=\phi_1$과 두 개의 구 $\rho=\rho_0$, $\rho=\rho_1$ 사이에 있는 입체의 체적 V_3는

$$2\pi\left(\frac{\rho_1^3-\rho_0^3}{3}\right)(1-\cos\phi_1)-2\pi\left(\frac{\rho_1^3-\rho_0^3}{3}\right)(1-\cos\phi_0)$$
$$=2\pi\left(\frac{\rho_1^3-\rho_0^3}{3}\right)(\cos\phi_0-\cos\phi_1)$$

마지막으로 우리가 구하고자 하는 구면쐐기형 D는 xy평면상에 $\theta=\theta_0$와 $\theta=\theta_1$ 사이에 있으므로 체적 V는

$$2\pi\left(\frac{\rho_1^3-\rho_0^3}{3}\right)(\cos\phi_0-\cos\phi_1)\left(\frac{\theta_1-\theta_0}{2\pi}\right)$$
$$=\left(\frac{\rho_1^3-\rho_0^3}{3}\right)(\cos\phi_0-\cos\phi_1)(\theta_1-\theta_0)$$

로 주어진다. ■

예제 4에서 구한 체적 V를 더 쓸모 있는 방식으로 표현하기 위해 구간 $[\rho_0,\ \rho_1]$ 위의 함수 ρ^3와 $[\phi_0,\ \phi_1]$ 위의 코사인 함수에 평균값 정리를 적용시키면

$$\rho_1^3-\rho_0^3=3(\rho_1{}^*)^2(\rho_1-\rho_0),\quad \rho_0<\rho_1{}^*<\rho_1$$
$$\cos\phi_1-\cos\phi_0=(-\sin\phi_1{}^*)(\phi_1-\phi_0),\quad \phi_0<\phi_1{}^*<\phi_1$$

이다. 따라서

$$V=\frac{\rho_1^3-\rho_0^3}{3}(\cos\phi_0-\cos\phi_1)(\theta_1-\theta_0)$$
$$=(\rho_1{}^*)^2(\sin\phi_1{}^*)(\rho_1-\rho_0)(\phi_1-\phi_0)(\theta_1-\theta_0)$$

가 된다.

[구면좌표계에서의 삼중적분]

h_1, h_2, F_1과 F_2가 연속함수이고, 입체영역이

$$D=\{(\rho,\ \phi,\ \theta)\,|\,\alpha \le \theta \le \beta,\ 0 \le h_1(\theta) \le \phi \le h_2(\theta) \le \pi,$$
$$F_1(\phi,\ \theta) \le \rho \le F_2(\phi,\ \theta),\ 0 \le \beta - \alpha \le 2\pi\}$$

로 주어지고 f는 D 위에서 연속이라 하자.

$\iiint_D f(x,\ y,\ z)\,dV$를 구하기 위하여 먼저 입체영역 D를 둘러싸는 구면쐐기형 D'를 취하고 D'를 작은 구면쐐기형 D_{ijk} $(1 \le i \le l,\ 1 \le j \le m,\ 1 \le k \le n)$로 분할하면

$$D_{ijk}=\{(\rho,\ \phi,\ \theta)\,|\,\rho_{i-1} \le \rho \le \rho_i,\ \phi_{j-1} \le \phi \le \phi_j,\ \theta_{k-1} \le \theta \le \theta_k\}$$

로 주어진다. 이때 D_{ijk}의 체적 V_{ijk}는

$$(\rho_i{}^*)^2 \sin\phi_j{}^*\,\Delta\rho_i\,\Delta\phi_j\,\Delta\theta_k$$

이므로 $\iiint_D f(x,\ y,\ z)\,dV$의 근사 부분합은

$$\sum_{i=1}^{l}\sum_{j=1}^{m}\sum_{k=1}^{n} f(\rho_i{}^*\sin\phi_j{}^*\cos\theta_k,\ \rho_i{}^*\sin\phi_j{}^*\sin\theta_k,\ \rho_i{}^*\cos\phi_j{}^*)$$
$$(\rho_i{}^*)^2\sin\phi_j{}^*\,\Delta\rho_i\,\Delta\phi_j\,\Delta\theta_k$$

가 된다. 이 합은 함수 $F(\rho,\ \theta,\ \phi)=\rho^2\sin\phi\, f(\rho\sin\phi\cos\theta,\ \rho\sin\phi\sin\theta,\ \rho\cos\phi)$에 대한 리만합이므로 분할을 충분히 작게 하면 극한이 존재하고

$$\iiint_D f(x,\ y,\ z)\,dV$$
$$=\int_\alpha^\beta\int_{h_1(\theta)}^{h_2(\theta)}\int_{F_1(\phi,\ \theta)}^{F_2(\phi,\ \theta)} f(\rho\sin\phi\cos\theta\ ,\ \rho\sin\phi\sin\theta,\ \rho\cos\phi)\rho^2\sin\phi\, d\rho\, d\phi\, d\theta$$

로 주어진다.

예제 5 $D=\{(\rho,\ \phi,\ \theta)\,|\,1 \le \rho \le 2\}$일 때 $\iiint_D z^2\,dV$를 구하여라.

풀이 구체적으로 영역을 표현하면

$$D=\{(\rho,\ \phi,\ \theta)\mid 0\le\theta\le 2\pi,\ 0\le\phi\le\pi,\ 1\le\rho\le 2\}$$

가 되고, $z=\rho\cos\phi$이므로

$$\begin{aligned}\iiint_D z^2\,dV &= \int_0^{2\pi}\int_0^{\pi}\int_1^2(\rho^2\cos^2\phi)\,\rho^2\sin\phi\,d\rho\,d\phi\,d\theta\\ &= \int_0^{2\pi}\int_0^{\pi}\int_1^2\rho^4\cos^2\phi\sin\phi\,d\rho\,d\phi\,d\theta\\ &= \int_0^{2\pi}\int_0^{\pi}\frac{1}{5}\rho^5\cos^2\phi\sin\phi\Big|_1^2\,d\phi\,d\theta\\ &= \int_0^{2\pi}\frac{31}{5}\left[\frac{1}{3}(-\cos^3\phi)\Big|_0^{\pi}\right]d\theta=\frac{124}{15}\pi\end{aligned}$$

이다. ■■

예제 6 도넛츠 $\rho=3\sin\phi$로 둘러싸인 입체영역의 체적을 구하여라(그림 10.25).

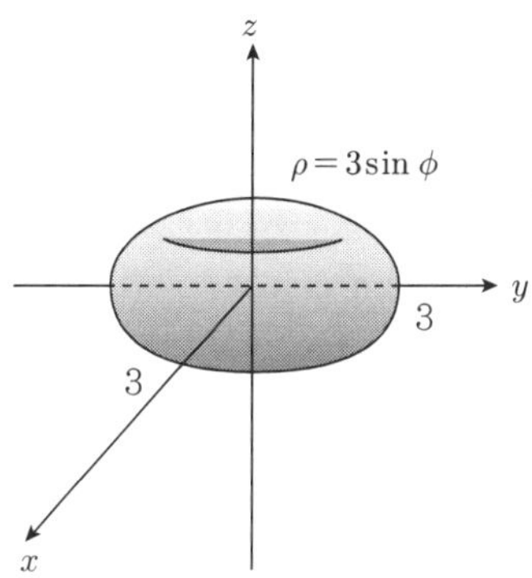

그림 10.25

풀이 주어진 입체가

$$D=\{(\rho,\ \phi,\ \theta\mid 0\le\theta\le 2\pi,\ 0\le\phi\le\pi,\ 0\le\rho\le 3\sin\phi\}$$

로 주어지므로

$$V=\iiint_D dV=\int_0^{2\pi}\int_0^{\pi}\int_0^{3\sin\phi}\rho^2\sin\phi\,d\rho\,d\phi\,d\theta$$

$$=\int_0^{2\pi}\int_0^{\pi}\frac{\rho^3}{3}\sin\phi\Big|_0^{3\sin\phi}d\phi\,d\theta=\int_0^{2\pi}\int_0^{\pi}9\sin^4\phi\,d\phi\,d\theta$$

$$=\int_0^{2\pi}9\left(-\frac{1}{4}\sin^3\phi\cos\phi-\frac{3}{8}\sin\phi\cos\phi+\frac{3}{8}\phi\right)\Big|_0^{\pi}d\theta$$

$$=\frac{27}{4}\pi^2$$

이다. ■■

예제 7 어떤 별을 중심이 원점이고 반경 a인 구(sphere)로 생각하고 밀도가

$$\delta(x,\,y,\,z)=ce^{-[x^2+y^2+z^2/a^2]^{\frac{3}{2}}}$$

으로 주어질 때 별의 질량을 구하여라.

풀이 $m=\iiint_D\delta(x,\,y\,z)\,dV=\iiint_D ce^{-[x^2+y^2+z^2/a^2]^{\frac{3}{2}}}dV$

$$=\int_0^{2\pi}\int_0^{\pi}\int_0^{a}ce^{-\rho^3/a^3}\rho^2\sin\phi\,d\rho\,d\phi\,d\theta$$

$$=\int_0^{2\pi}\int_0^{\pi}-\frac{a^3c}{3}e^{-\rho^3/a^3}\sin\phi\Big|_0^{a}d\phi\,d\theta$$

$$=\int_0^{2\pi}\int_0^{\pi}\left[\frac{a^3c}{3}\left(1-\frac{1}{e}\right)\right]\sin\phi\,d\phi\,d\theta=\frac{4}{3}\pi a^3c\left(1-\frac{1}{e}\right)$$

이다. ■■

연 습 문 제 10.4

1. 다음 방정식을 원기둥좌표계로 나타내어라.

(1) $x=5z$ (2) $x+y+z=3$

(3) $x^2+y^2+z=1$ (4) $4x^2+4y^2-z^2=0$

2. 다음 적분값을 구하여라.

(1) $\int_0^{2\pi}\int_1^2\int_1^5 e^z r\, dz\, dr\, d\theta$ (2) $\int_0^{\frac{\pi}{2}}\int_0^1\int_0^{\sqrt{1-r^2}} r\sin\theta\, dz\, dr\, d\theta$

(3) $\int_{-\frac{\pi}{2}}^0\int_0^{2\sin\theta}\int_0^{r^2} r^2\cos\theta\, dz\, dr\, d\theta$ (4) $\int_0^{\frac{\pi}{4}}\int_0^{1+\cos\theta}\int_1^r dz\, dr\, d\theta$

3. $D=\{(x,\ y,\ z)\mid x^2+y^2\le 1,\ 0\le z\le 4\}$일 때 다음을 구하여라.

$$\iiint_D (x^2+y^2)\,dV$$

4. $D=\{(x,\ y,\ z)\mid x^2+y^2+z^2\le 1,\ x\ge 0,\ y\ge 0,\ z\ge 0\}$일 때 다음을 구하여라.

$$\iiint_D z\,dV$$

5. $D=\{(x,\ y,\ z)\mid$ 원기둥 $x^2+y^2=1,\ x^2+y^2+z^2=4$의 공통 영역$\}$일 때, $\iiint_D y^2 dV$를 구하여라.

6. 다음 적분값을 구하여라.

(1) $\int_0^{2\pi}\int_0^{\frac{\pi}{4}}\int_0^1 \rho^2\sin\phi\, d\rho\, d\phi\, d\theta$

(2) $\int_0^{\pi}\int_0^{\frac{\pi}{2}}\int_0^{\sin\theta} \rho^2\sin\phi\, d\rho\, d\phi\, d\theta$

(3) $\int_{\frac{\pi}{4}}^{\frac{\pi}{3}}\int_0^{\theta}\int_0^{9\sec\phi} \rho\cos^2\phi\cos\theta\, d\rho\, d\phi\, d\theta$

(4) $\int_0^{\frac{\pi}{4}}\int_{\frac{\pi}{4}}^{\arctan 2}\int_0^{\sqrt{6}} \rho\sin d\rho\, d\phi\, d\theta$

7. $D=\{(x,\ y,\ z)\mid x^2+y^2+z^2\le 1\}$일 때 다음을 구하여라.

$$\iiint_D (x^2+y^2)\,dV$$

8. $D=\{(x,\ y,\ z)\mid x^2+y^2+z^2=4$과 $x^2+y^2+z^2=9$ 사이의 영역$\}$일 때

$\iiint_D x^2 dV$를 구하여라.

9. $D = \{(x, y, z) \mid x^2 + y^2 + z^2 = 1$에 의하여 위로 유계이고, $z^2 = x^2 + y^2$의 위쪽 영역에 의하여 아래로 유계인 영역$\}$일 때 $\iiint_D (x^2 + y^2 + z^2)^2 dV$를 구하여라.

10. $D = \{(x, y, z) \mid x^2 + y^2 + z^2 = 1$와 $x^2 + y^2 + z^2 = 2$와 좌표평면에 의하여 유계인 영역 중 $x \geq 0,\ y \geq 0,\ z \geq 0$인 영역$\}$일 때 $\iiint_D (z^2 + 1) dV$를 구하여라.

11. $D = \{(x, y, z) \mid x^2 + y^2 + z^2 = 16$, 평면 $z = 0$, 평면 $x = \sqrt{3}\,y$, 평면 $x = y$에 의하여 $x > 0,\ y > 0,\ z > 0$인 영역$\}$일 때 $\iiint_D \sqrt{z}\, dV$를 구하여라.

10.5 다중적분에서의 치환적분

앞 절에서 중적분에 대하여 직교좌표를 극좌표, 원기둥좌표, 구면좌표로 바꾸어 치환적분을 사용하였다. 좀더 간단하게 이중적분, 삼중적분 등을 계산하기 위하여 치환적분을 이용하는 방법을 공부하기로 한다.

[이중적분의 치환적분]

uv평면상의 한 직사각형을 S라 하고 이것이 개집합 U에 포함되어 있을 때 U상에서의 정의된 연속인 편도함수를 갖는 단사인 함수 $T: U \longrightarrow \mathbf{R}^2$가 주어졌다고 하자. 이때 $(x, y) = T(u, v) = (g_1(u, v),\ g_2(u, v))$라 할 때 T의 **야코비 행렬식**(Jacobian determinant)은

$$\frac{\partial(x, y)}{\partial(u, v)} = \Delta_T(u, v) = \det\begin{pmatrix} \dfrac{\partial g_1}{\partial u}, & \dfrac{\partial g_1}{\partial v} \\ \dfrac{\partial g_2}{\partial u}, & \dfrac{\partial g_2}{\partial v} \end{pmatrix}$$

$$= \frac{\partial g_1}{\partial u}\frac{\partial g_2}{\partial v} - \frac{\partial g_1}{\partial v}\frac{\partial g_2}{\partial u}$$

으로 정의한다.

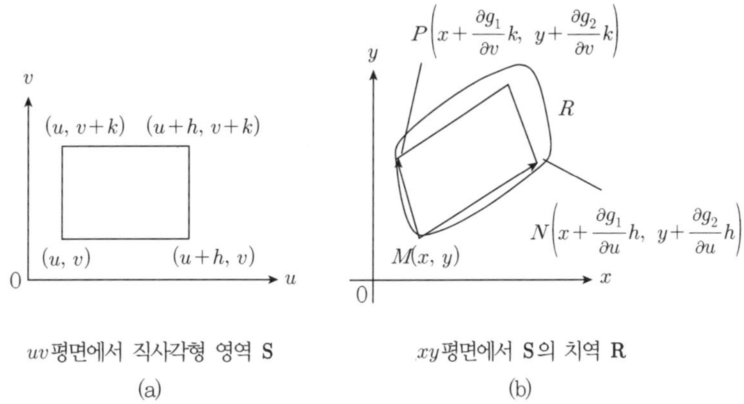

그림 10.26

만약 S가 네 꼭지점 (u, v), $(u+h, v)$, $(u, v+k)$, $(u+h, v+k)$를 갖는 직사각형(그림 10.26의 (a))이라면 S의 면적은 hk이다. h, k가 작은 값이면, g_1, g_2의 연속성에 의하여 $T(S)$는 xy평면상에서 꼭지점 $(g_1(u, v),\ g_2(u, v))$, $(g_1(u+h, v),\ g_2(h+h, v))$, $(g_1(u, v+k),\ g_2(u, v+k))$, $(g_1(u+h, v+k),\ g_2(u+h, v+k))$를 갖는 근사적인 평행사변형으로 볼 수 있다. 그런데 v가 (u, v)와 $(u+h, v)$를 연결하는 직선상에서 일정하기 때문에,

$$g_1(u+h, v) \approx g_1(u, v) + \frac{\partial g_1}{\partial u}h = x + \frac{\partial g_1}{\partial u}h$$

$$g_2(u+h, v) \approx g_2(u, v) + \frac{\partial g_2}{\partial u}h = y + \frac{\partial g_2}{\partial u}h$$

이고, u가 (u, v)와 $(u, v+k)$를 연결하는 직선상에서 일정하기 때문에

$$g_1(u, v+k) \approx g_1(u, v) + \frac{\partial g_1}{\partial v}k = x + \frac{\partial g_1}{\partial v}k$$

$$g_2(u, v+k) \approx g_2(u, v) + \frac{\partial g_2}{\partial v}k = y + \frac{\partial g_2}{\partial v}k$$

이므로, $T(S)$는 $M=(x, y)$, $N=\left(x+\dfrac{\partial g_1}{\partial u}h,\ y+\dfrac{\partial g_2}{u}h\right)$, $P=\left(x+\dfrac{\partial g_1}{\partial v}k,\ y+\dfrac{\partial g_2}{\partial v}k\right)$에 의하여 결정되는 평행사변형과 유사하다(그림 10.26의 (b)). 근사적으로 $T(S)$의 면적은 벡터 $\overrightarrow{MN} \times \overrightarrow{MP}$의 크기와 같다. 따라서

$$\overrightarrow{MN} \times \overrightarrow{MP} = \begin{vmatrix} \mathbf{i} & \mathbf{j} & \mathbf{k} \\ \frac{\partial g_1}{\partial u}h & \frac{\partial g_2}{\partial u}h & 0 \\ \frac{\partial g_1}{\partial v}k & \frac{\partial g_2}{\partial v}k & 0 \end{vmatrix}$$

$$= \left[\left(\frac{\partial g_1}{\partial u}h\right)\left(\frac{\partial g_2}{\partial v}k\right) - \left(\frac{\partial g_2}{\partial u}h\right)\left(\frac{\partial g_1}{\partial v}k\right)\right]\mathbf{k}\text{이고}$$

$$\| \overrightarrow{MN} \times \overrightarrow{MP} \| = \left|\frac{\partial(x, y)}{\partial(u, v)}hk\right|$$

$$= \left|\frac{\partial(x, y)}{\partial(u, v)}\right| \cdot (S\text{의 면적}) \qquad (*)$$

이다. 이제 영역 R의 직사각형이 아니더라도 부분적으로 매끄러운 경계를 갖는 영역이면 R의 충분히 작은 직사각형 분할에서 리만합의 극한이 존재도록 할 수 있다.

> **정리 10.2** S와 R이 각각 부분적으로 매끄러운 경계를 갖는 uv평면, xy평면상의 집합이라 하고 g_1과 g_2가 S 상에서 연속인 편도함수를 갖는 함수라 할 때 변환 $T: S \to R$을 $T(u, v) = (g_1(u, v),\ g_2(u, v)) = (x, y)$로 정의하자. 또 R의 각 점 (x, y)는 S의 유일한 원소 (u, v)의 상이라 하고 유한 개의 점을 제외하고는 S 상에서 $\frac{\partial(x, y)}{\partial(u, v)} \neq 0$이라 하면
>
> $$\iint_R f(x, y)dA = \iint_S f(g_1(u, v),\ g_2(u, v)) \left|\frac{\partial(x, y)}{\partial(u, v)}\right| dA$$
>
> 이다.

이 정리의 증명은 이 책의 정도를 넘게 되므로 생략한다. 앞에서 공부했던 극좌표에 있어서 이중적분을 사용하면 직사각형을 극좌표로 바꾸기 위하여

$$x = r\cos\theta,\ y = r\sin\theta\text{라 놓으면}$$

$$\frac{\partial(x, y)}{\partial(u, v)} = \begin{vmatrix} \frac{\partial x}{\partial r} & \frac{\partial x}{\partial \theta} \\ \frac{\partial y}{\partial r} & \frac{\partial y}{\partial \theta} \end{vmatrix} = \begin{vmatrix} \cos\theta & -r\sin\theta \\ \sin\theta & r\cos\theta \end{vmatrix} = r$$

이므로 $r\theta$평면상의 집합 S가 이 변환에 의해 영역 R에 대응할 때 위 정리에 의해

$$\iint_R f(x,\ y)dA = \iint_S f(r\cos\theta,\ r\sin\theta)r\,dA$$ 이다.

예제 1 $R=\{(x,\ y)\mid x,\ y \geq 0$, 직선 $y=x$, $y=2x$, 쌍곡선 $xy=1$, $xy=3$에 의하여 둘러싸인 영역$\}$일 때 $\iint_R x^3y\,dA$를 구하여라. 단 T는 $x=\dfrac{u}{v}$, $y=v$로 정의된 변환이다(그림 10.27).

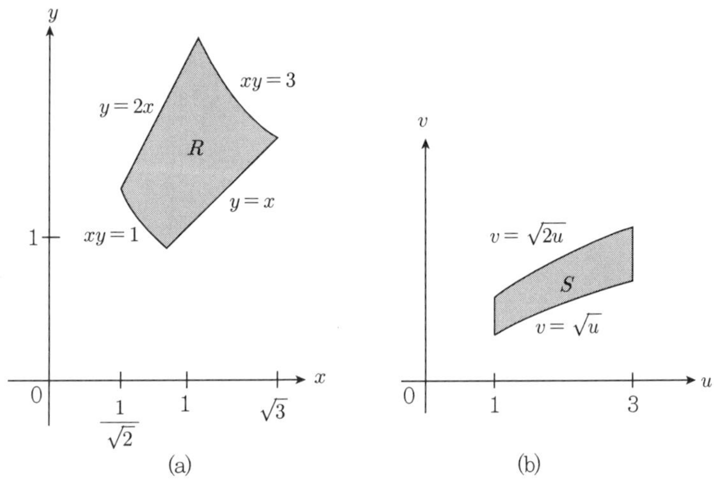

그림 10.27

풀이 $\dfrac{\partial(x,\ y)}{\partial(u,\ v)}=\dfrac{1}{v}$이고 T에 의하여 R 위로 대응되는 uv평면상의 영역 S를 찾아야 한다. 쌍곡선 $xy=1$ 위의 점은 $1=xy=\left(\dfrac{u}{v}\right)v=u$가 되고, 쌍곡선 $xy=3$ 위의 점은 $3=xy=\left(\dfrac{u}{v}\right)v=u$가 되고 직선 $y=x$ 위의 점은 $v=y=x=\dfrac{u}{v}$, 즉 $v^2=u$이 되고, 직선 $y=2x$ 위의 점들은 $v=y=2x=2\left(\dfrac{u}{v}\right)$가 되어 $v^2=2u$가 된다. 따라서

$$S=\{(u,\ v)\mid \text{직선 } u=1,\ u=3,\ v=\sqrt{u},\ v=\sqrt{2u} \text{에 둘러싸인 영역}\}$$

이 된다. 위의 정리에 의하여

$$\iint_R x^3y\,dA = \int_1^3\int_{\sqrt{u}}^{\sqrt{2u}} \frac{u^3}{v^3}v\cdot\frac{1}{v}\,dv\,du$$

$$= \int_1^3 \int_{\sqrt{u}}^{\sqrt{2u}} \frac{u^3}{v^3}\, dv\, du = \int_1^3 -\frac{1}{2}\frac{u^3}{v^2}\Bigg|_{\sqrt{u}}^{\sqrt{2u}} du$$

$$= \frac{13}{6}$$

이다. ■■

예제 2 영역 $R = \{(x, y) \mid$ 직선 $2x+3y=1$, $2x+3y=3$, $x-2y=2$, $x-2y=-2$로 둘러싸인 영역$\}$일 때 $\int\int_R 7xy\, dx\, dy$를 구하여라(그림 10.28).

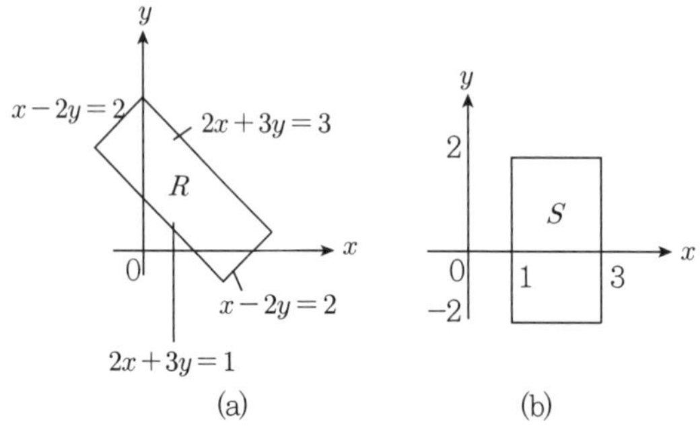

그림 10.28

풀이 $2x+3y$, $x-2y$가 영역 R을 나타내기 때문에 변환 T_R을 $u=2x+3y$, $v=x-2y$로 정의하면 $T_R(R)=S$는 $2x+3y=1$, $2x+3y=3$으로부터 $u=1$, $u=3$을 얻고 $x-2y=2$, $x-2y=-2$로부터 $v=2$, $v=-2$를 얻게 된다. 그러므로 $S=\{(u, v) \mid u=1,\ u=3,\ v=2,\ v=-2$로 둘러싸인 영역$\}$이 된다. 그리고 $x=\frac{1}{7}(2u+3v)$, $y=\frac{1}{7}(u-2v)$이므로

$$\frac{\partial(x, y)}{\partial(u, v)} = \begin{vmatrix} \frac{\partial x}{\partial u} & \frac{\partial x}{\partial v} \\ \frac{\partial y}{\partial u} & \frac{\partial y}{\partial v} \end{vmatrix} = \begin{vmatrix} \frac{2}{7} & \frac{3}{7} \\ \frac{1}{7} & -\frac{2}{7} \end{vmatrix} = -\frac{1}{7}$$

따라서

$$\int\int_R 7xy\, dA = \int\int_S (2u+3v)\cdot\left(\frac{1}{7}(u-2v)\right)\cdot\frac{1}{7}\, dA$$

$$= \iint_S \frac{1}{49}(2u^2 - uv - 6v^2)dA$$

$$= \int_1^3 \int_{-2}^2 \frac{1}{49}(2u^2 - uv - 6v^2)dv\,du$$

$$= \frac{1}{49}\int_1^3 \left(2u^2 v - \frac{1}{2}uv^2 - 2v^3\right)\Big|_{-2}^{2} du$$

$$= \frac{1}{49}(8u^2 - 32)du = \frac{1}{49}\left(\frac{8}{3}u^3 - 32u\right)\Big|_1^3$$

$$= \frac{16}{147}$$

이다. ■■

예제 3 $R = \left\{(x,\ y) \mid x^2 + \frac{y^2}{4} \le 1\right\}$일 때 $\iint_R (x^2 + y^2)\,dA$를 구하여라(그림 10.29).

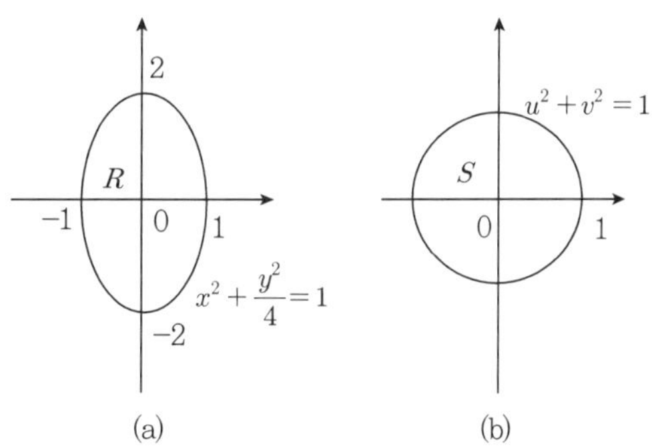

그림 10.29

풀이 변환 T_R을 $u = x,\ v = \frac{1}{2}y$로 정의하면 T_R은 타원을 단위원으로 변화시킨다. 즉 $1 = x^2 + \frac{y^2}{4} = u^2 + v^2$이다. 따라서 $S = \{(u,\ v) \mid u^2 + v^2 \le 1\}$이 되고, $x = u,\ y = 2v$이므로

$$\frac{\partial(x,\ y)}{\partial(u,\ v)} = \begin{vmatrix} \frac{\partial x}{\partial u} & \frac{\partial x}{\partial v} \\ \frac{\partial y}{\partial u} & \frac{\partial y}{\partial v} \end{vmatrix} = 2$$

가 된다. 따라서

$$\begin{aligned}\iint_R (x^2+y^2)dA &= \iint_S (u^2+(2v)^2)\left|\frac{\partial(x,\,y)}{\partial(u,\,v)}\right| dA = \iint_S (u^2+4v^2)2dA \\ &= 2\iint_S (u^2+v^2+3v^2)dA = 2\int_0^{2\pi}\int_0^1 (r^2+3r^2\sin^2\theta)\,r\,dr\,d\theta \\ &= 2\int_0^{2\pi}\int_0^1 (1+3\sin^2\theta)r^3\,dr\,d\theta = 2\int_0^{2\pi}(1+3\sin^2\theta)\,\frac{r^4}{4}\Big|_0^1 d\theta \\ &= \frac{1}{2}\int_0^{2\pi}(1+3\sin^2\theta)d\theta = \frac{1}{2}\left[\theta+3\left(\frac{1}{2}\theta-\frac{1}{4}\sin 2\theta\right)\right]\Big|_0^{2\pi} \\ &= \frac{5}{2}\pi\end{aligned}$$

이다. ■■

때때로 x와 y를 u와 v로 직접 풀지 않고, 역 야코비 행렬식 $\left|\frac{\partial(x,\,y)}{\partial(u,\,v)}\right| = \frac{1}{\left|\frac{\partial(u,\,v)}{\partial(x,\,y)}\right|}$을 사용할 수 있다.

예제 4 $R=\{(x,\,y)\mid$ 직선 $y=0,\ y=x,\ x+y=\frac{\pi}{4}$로 둘러싸인 영역$\}$이라 할 때 $\iint_R \frac{\sin(x-y)}{\cos(x+y)}dA$를 구하여라(그림 10.30).

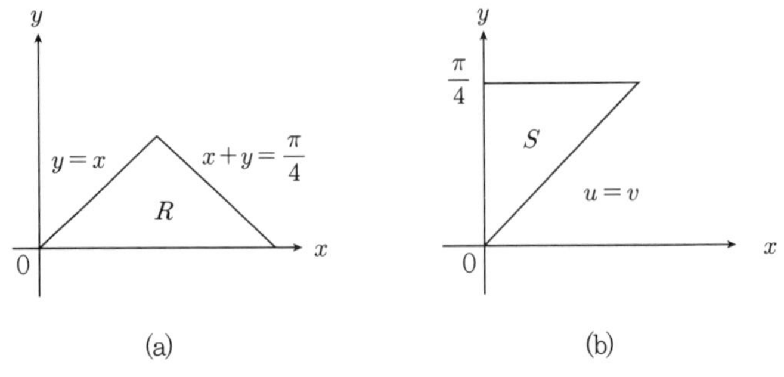

그림 10.30

풀이 변환 T_R을 $u=x-y$, $v=x+y$로 정의하자 S의 영역을 구하기 위하여 $y=0$이면 $u=x=v$가 되고, $y=x$이면 $u=x-y=0$이 되어 $u=0$이며, $x+y=\frac{\pi}{4}$이면 $v=x+y=\frac{\pi}{4}$가 된다. 따라서 $S=\{(u, v) \mid$ 직선 $u=v$, $u=0$, $v=\frac{\pi}{4}$로 둘러싸인 영역$\}$이 되고

$$\frac{\partial(u, v)}{\partial(x, y)}\begin{vmatrix} \frac{\partial u}{\partial x} & \frac{\partial u}{\partial y} \\ \frac{\partial v}{\partial x} & \frac{\partial v}{\partial y} \end{vmatrix}=2$$

이므로

$$\begin{aligned}
&\iint_R \frac{\sin(x-y)}{\cos(x+y)}dA \\
&=\iint_S \frac{\sin u}{\cos v}\left|\frac{\partial(x, y)}{\partial(u, v)}\right|dA=\int_0^{\frac{\pi}{4}}\int_0^v \frac{\sin u}{\cos v}\,\frac{1}{2}\,du\,dv \\
&=\frac{1}{2}\int_0^{\frac{\pi}{4}} -\frac{\cos u}{\cos v}\Big|_0^v dv=\frac{1}{2}\int_0^{\frac{\pi}{4}}\left(-1+\frac{1}{\cos v}\right)dv \\
&=\frac{1}{2}\int_0^{\frac{\pi}{4}}(\sec v-1)\,dv=\frac{1}{2}(\ln|\sec v+\tan v|-v)\Big|_0^{\frac{\pi}{4}} \\
&=\frac{1}{2}\left[\ln(\sqrt{2}+1)-\frac{\pi}{4}\right]
\end{aligned}$$

이다. ■■

[삼중적분에 대한 치환적분]

삼중적분에 대한 치환적분은 이중적분과 마찬가지이다. 만약 변환 T가 $x=f(u, v, w)$, $y=g(u, v, w)$, $z=h(u, v, w)$로 정의되고, E를 uvw공간상의 영역, D를 xyz공간상의 영역이라 할 때, $T(E)=D$라 하면 T의 야코비 행렬식은

$$\frac{\partial(x,\ y,\ z)}{\partial(u,\ v,\ w)} = \begin{vmatrix} \frac{\partial x}{\partial u} & \frac{\partial x}{\partial v} & \frac{\partial x}{\partial w} \\ \frac{\partial y}{\partial u} & \frac{\partial y}{\partial v} & \frac{\partial y}{\partial w} \\ \frac{\partial z}{\partial u} & \frac{\partial z}{\partial v} & \frac{\partial z}{\partial w} \end{vmatrix}$$

이고, 삼중적분에 대한 치환적분은

$$\iiint_D f(x,\ y,\ z)\, dV = \iiint_E f(x,\ y,\ z) \left| \frac{\partial(x,\ y,\ z)}{\partial(u,\ v,\ w)} \right| dV$$

가 된다.

예제 5 구면좌표계에 대한 적분 공식을 치환적분을 이용하여 유도하여 보아라.

풀이 변화 T가 $x = \rho \sin\phi \cos\theta$, $y = \rho \sin\phi \sin\theta$, $z = \rho \cos\phi$로 정의되므로

$$\frac{\partial(x,\ y,\ z)}{\partial(\rho,\ \phi,\ \theta)}$$

$$= \begin{vmatrix} \sin\phi\cos\theta & \rho\cos\phi\cos\theta & -\rho\sin\phi\sin\theta \\ \sin\phi\sin\theta & \rho\cos\phi\sin\theta & \rho\sin\phi\cos\theta \\ \cos\phi & -\rho\sin\phi & 0 \end{vmatrix} = \rho\sin\phi$$

그런데 $0 \le \phi \le \pi$이므로 $\rho^2 \sin\phi \ge 0$이다. 따라서 치환적분의 공식에 의하여

$$\iiint_D f(x,\ y,\ z)\, dV$$

$$= \iiint_D f(\rho\sin\phi\cos\theta,\ \rho\sin\phi\sin\theta,\ \rho\cos\phi)\, \rho\sin\rho\, dV$$

가 된다. $E = \{(\rho,\ \phi,\ \theta) \mid \alpha \le \theta \le \beta,\ h_1(\theta) \le \phi \le h_2(\theta),\ F_1(\phi,\ \theta) \le \rho \le F_2(\phi,\ \theta),\ h_1,\ h_2,\ F_1,\ F_2$는 연속, $0 \le \beta - \alpha \le 2\pi,\ 0 \le h_1 \le h_2 \le \pi,\ 0 \le F_1 \le F_2$라 하면

$$\iiint_D f(x,\ y,\ z)\, dV$$

$$= \int_\alpha^\beta \int_{h_1(\theta)}^{h_2(\theta)} \int_{F_1(\phi,\ \theta)}^{F_2(\phi,\ \theta)} f(\rho\sin\phi\cos\theta,\ \rho\sin\phi\sin\theta,\ \rho\cos\phi)\rho_1 \sin\phi\, d\rho\, d\phi\, d\theta$$

가 된다. ■■

연 습 문 제 10.5

1. 다음 변환들의 야코비 행렬식을 구하여라.

(1) $x = 3u - 4v,\ y = \dfrac{1}{2}u + \dfrac{1}{6}v$

(2) $x = uv,\ y = u^2 + v^2$

(3) $x = \cos u + \sin v,\ y = -\sin u + \cos v$

(4) $x = e^t,\ y = ue^t$

(5) $x = u - \ln v,\ y = v + \ln u$

(6) $x = \dfrac{u}{v^2},\ y = \dfrac{v}{w^2},\ z = \dfrac{w}{u^2}$

2. $R = \{(x, y) \mid$ 직선 $y = 1,\ y = \dfrac{1}{4}x,\ x - 3y = e$로 둘러싸인 영역$\}$이고, 변환 T가 $x = 3u + v,\ y = u$로 정의될 때 $\displaystyle\iint_R \frac{y}{x - 3y}\, dA$를 구하여라.

3. $R = \{(x, y) \mid 4x^2 + 9y^2 \le 1\}$일 때 변환 T는 $x = \dfrac{1}{2}u,\ y = \dfrac{1}{3}v$로 정의될 때, $\displaystyle\iint_R y^2 dA$를 구하여라.

4. $R = \{(x, y) \mid$ 직선 $x - y = 2,\ x - y = -1,\ 2x + 3y = 1,\ 2x + 3y = 0$으로 둘러싸인 영역$\}$이고, T가 $x = \dfrac{1}{5}(3u + v),\ y = \dfrac{1}{5}(v - 2u)$로 정의될 때, $\displaystyle\iint_R xy^2 dA$를 구하여라.

5. $R = \{(x, y) \mid$ 직선 $y = \dfrac{3}{2}x,\ y = 2x,\ y = x + 1$로 둘러싸인 영역$\}$이고, 변환 T가 $x = u + v,\ y = u + 2v$로 정의될 때, $\displaystyle\iint_R e^{(y-x)^2} dA$를 구하여라.

6. R을 타원 $\dfrac{x^2}{a^2} + \dfrac{y^2}{b^2} = 1$로 둘러싸인 영역이라 할 때 $\displaystyle\iint_R y\, dy\, dx$를 구하여라.

7. 다음 변환 T와 영역 R에 대하여 $T(R)$ 상에서의 $f(x, y)$의 적분을 구하여라.

(1) $(x,\ y) = T(u,\ v) = (u^2 - v^2,\ 2uv)$, R은 $u^2 + v^2 \le 1$, $0 \le u$, $0 \le v$인 영역,

$$f(x,\ y) = \frac{1}{(x^2 + y^2)^{\frac{1}{2}}}$$

(2) (1)에서 $f(x,\ y) = x$

(3) $(x,\ y) = T(u,\ v) = (u + v,\ u^2 - v)$, R은 제1사분면에서 양축과 직선 $u + v = 2$로 둘러싸인 내부, $f(x,\ y) = \dfrac{1}{\sqrt{1 + 4x + 4y}}$

미적분학

Chapter 11

벡터해석

11.1 벡터장

지구의 중력장은 지구가 공간상의 한 점 (x, y, z)에 위치한 단위질량에 미치게 되는 힘을 대응시켜 준다. 이와 같이 공간상에 놓여 있는 열린 집합의 각 점에 그 점을 시점으로 하는 하나의 벡터를 대응시키는 함수를 **벡터장**(vecor field)이라고 한다. 3차원 벡터들로 이루어진 벡터장은

$$\begin{aligned} F(x, y, z) &= (f(x, y, z),\ g(x, y, z),\ h(x, y, z)) \\ &= f(x, y, z)\mathbf{i} + g(x, y, z)\mathbf{j} + h(x, y, z)\mathbf{k} \end{aligned}$$

로 쓸 수 있다. 이때 각 성분함수 f, g, h가 연속(또는 미분가능)이면 F를 연속(또는 미분가능)이라고 부른다. 2차원 벡터들로 이루어진 벡터장을 $F(x, y) = f(x, y)\mathbf{i} + g(x, y)\mathbf{j}$ 로 쓸 수 있다. 벡터장을 그리는 방법은 점 (x, y)를 시점으로 하는 벡터 $F(x, y)$를 나타내는 화살을 그리는 것이다. 모든 점 (x, y)에 대해서 아니라, 몇 개의 대표적인 점을 그리면 대략적인 F의 자취를 얻을 수 있다.

예제 1 (1) 벡터장 $F(x, y, z) = \mathbf{j}$, $G(x, y) = x\mathbf{i} + y\mathbf{j}$ 의 그래프는 다음과 같다(그림 11.1 (a), (b)).

(2) 벡터장 $F(x, y) = (-y, x)$의 그래프는 다음과 같다(그림 11.2). ■■

정의 11.1 (그래디언트 장)

(1) f가 3변수의 미분가능한 스칼라 함수라 하면 f의 그래디언트를 그래디언트 벡터장이라 부르고, 기호 grad f 또는 ∇f를 사용하여

$$\begin{aligned} \text{grad } f(x, y, z) &= \nabla f(x, y, z) \\ &= \frac{\partial f}{\partial x}(x, y, z)\mathbf{i} + \frac{\partial f}{\partial y}(x, y, z)\mathbf{j} + \frac{\partial f}{\partial z}(x, y, z)\mathbf{k} \end{aligned}$$

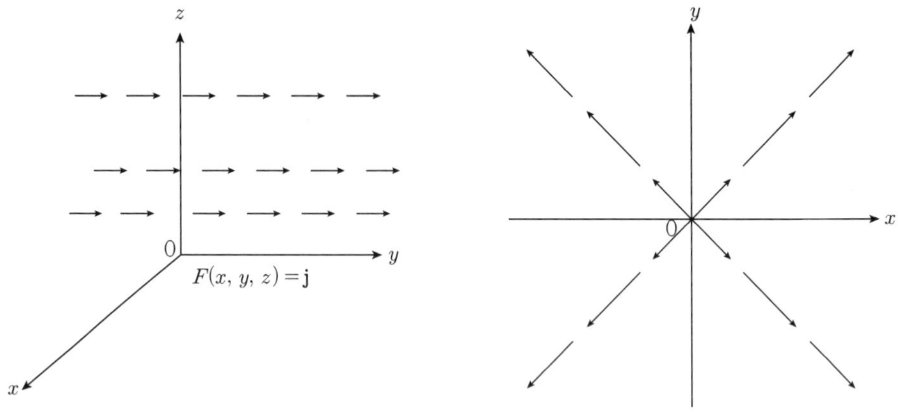

(a) (b)

그림 11.1

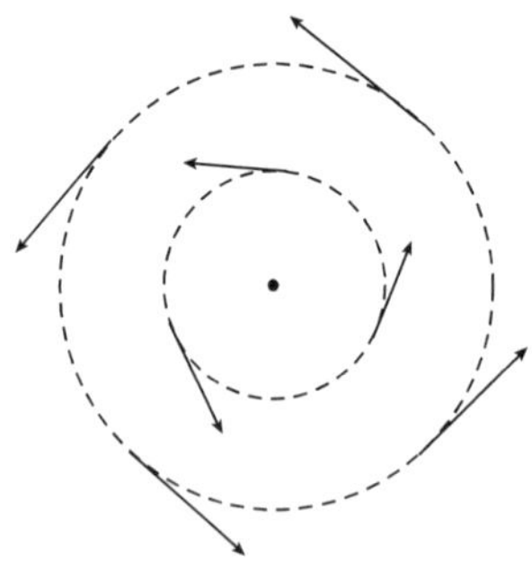

그림 11.2

로 정의한다. 벡터장 F가 어떤 스칼라 함수 f의 그래디언트일 때, 즉 $F = \nabla f$가 될 때 F를 **보존장**(conservative vector field)이라 부르고, f를 F에 대한 **포텐셜 함수**(potential function)라 부른다. 모든 벡터장이 보존적 벡터장이 되는 것은 아니지만, 그러한 벡터장은 물리학에서 자주 나타난다. f가 2변수 스칼라 함수일때도 유사하게 정의된다.

(2) 벡터장 $F(x, y, z) = f(x, y, z)\mathbf{i} + g(x, y, z)\mathbf{j} + h(x, y, z)\mathbf{k}$에 대하여 F의 **회전**을 $\Delta \times F$ 또는 curl F로 나타내고,

$$\text{curl } F(x, y, z)$$

$$= \left(\frac{\partial h}{\partial y} - \frac{\partial g}{\partial x}\right)\mathbf{i} + \left(\frac{\partial f}{\partial z} - \frac{\partial h}{\partial x}\right)\mathbf{j} + \left(\frac{\partial g}{\partial x} - \frac{\partial f}{\partial y}\right)\mathbf{k}$$

로 정의한다. curl $F=0$이면 벡터장 F를 **비회전장**이라고 부른다.

(3) 벡터장 $F(x, y, z)=f(x, y, z)\mathbf{i}+g(x, y, z)\mathbf{j}+h(x, y, z)\mathbf{k}$에 대하여, F의 **발산**(divergence)을 $\nabla \cdot F$ 또는 div F로 나타내고

$$\nabla \cdot F=\frac{\partial f}{\partial x}+\frac{\partial g}{\partial y}+\frac{\partial h}{\partial z}$$

로 정의한다. $\nabla \cdot F=0$인 벡터장 F를 **비압축장**(imcompressible)이라고 부른다.

위의 세 가지 정의 사이에는 유용한 관계식이 많이 있는데 그 중에서

$$\begin{aligned}\text{div}\,(\text{curl}\,F) &= 0\\ \text{curl}\,(\text{gral}\,f) &= 0\\ \text{div}\,(\text{grad}\,f) &= \frac{\partial^2 f}{\partial x^2}+\frac{\partial^2 f}{\partial y^2}+\frac{\partial^2 f}{\partial z^2}\end{aligned}$$

등이 자주 사용된다. 특히 마지막 식의 우변을 f의 **라플라스**(Laplace)라 부르고, 보통 $\nabla^2 f$로 나타낸다.

예제 2 $F=xz\mathbf{i}+xy^2z\mathbf{j}-e^{2y}\mathbf{k}$에 대하여

$$\begin{aligned}\text{curl}\,F &= \begin{vmatrix}\mathbf{i} & \mathbf{j} & \mathbf{k}\\ \dfrac{\partial}{\partial x} & \dfrac{\partial}{\partial y} & \dfrac{\partial}{\partial z}\\ xz & xy^2z & -e^{2y}\end{vmatrix}\\ &=(-2e^{2y}-xy^2)\mathbf{i}+(x-0)\mathbf{j}+(y^2z-0)\mathbf{k}\\ &=(-2e^{2y}-xy^2)\mathbf{i}+x\mathbf{j}+y^2z\mathbf{k}\\ \nabla \cdot F &= z+2xyz\end{aligned}$$

가 된다. ■■

[포텐셜 함수의 존재성]

하나의 벡터장이 주어질 때 그것의 포텐셜 함수가 항상 존재하는가? 그것이 존재하면 유일하게 존재하는가에 대한 의문이 생긴다. 이 문제를 해결하기 위하여 벡터장의 정의역을 제한해야 하는데, 이 책에서는 벡터장의 정의역을 공간 R^3로 한정하기로 한다.

정리 11.2 함수 f, g가 R^3에서 정의된 미분가능한 함수이고 R^3상의 모든 점 X에서 $\operatorname{grad} f(X) = \operatorname{grad} g(X)$이면 다음을 만족하는 상수 C가 존재한다.

$$f(X) = g(X) + C$$

위의 정리에서 포텐셜 함수는 상수의 차를 무시하면 유일하게 결정되는 것을 알 수 있다. 만약 벡터장 $F = f\mathbf{i} + g\mathbf{j} + h\mathbf{k}$의 성분함수 f, g, h가 연속인 편도함수를 가지고 $F = \operatorname{grad}\phi$인 포텐셜 함수 ϕ가 존재하면 $\operatorname{curl} F = \operatorname{curl}(\operatorname{grad}\phi) = 0$이므로

$$\frac{\partial h}{\partial y} = \frac{\partial g}{\partial z}, \quad \frac{\partial f}{\partial z} = \frac{\partial h}{\partial x}, \quad \frac{\partial g}{\partial x} = \frac{\partial f}{\partial y}$$

이 성립한다. 그러나 일반적으로 이것의 역은 성립하지 않고 벡터장 F의 정의역이 R^3일 때는 역도 성립한다. 이것을 아래의 정리로 요약할 수 있다.

정리 11.3 벡터장 $F = f\mathbf{i} + g\mathbf{j} + h\mathbf{k}$가 연속인 편도함수를 갖는 F의 포텐셜 함수를 가지면,

$$\frac{\partial h}{\partial y} = \frac{\partial g}{\partial z}, \quad \frac{\partial f}{\partial z} = \frac{\partial h}{\partial x}, \quad \frac{\partial g}{\partial x} = \frac{\partial f}{\partial y} \qquad (*)$$

가 성립하고 역으로 F의 정의역이 R^3이고 (*)를 만족하면 F의 포텐셜 함수 ϕ를 갖는다.

예제 3 벡터장 $F(x, y) = (y^3, 3xy^2)$의 포텐셜 함수를 구하여라.

풀이 $\frac{\partial f}{\partial x}\mathrm{i} + \frac{\partial f}{\partial y}\mathrm{j} = \operatorname{grad} f(x, y) = y^3\mathrm{i} + 3xy^2\mathrm{j}$ 이고,

$$\frac{\partial f}{\partial x} = y^3, \quad \frac{\partial f}{\partial y} = 3xy^2$$

이므로,

$$f(x, y) = xy^3 + g(y)$$

이다. 그리고

$$\frac{\partial f}{\partial y} = 3xy^2 + \frac{dg}{dy}$$

이므로,

$$\frac{dg}{dy} = 0$$

따라서 $g(y) = C$가 된다. 그러므로 다음과 같다.

$$f(x, y) = xy^3 + C$$

예제 4 벡터장 $F(x, y) = (x^2y,\ \sin xy)$에서 $f(x, y) = x^2y,\ g(x, y) = \sin xy$라 하면

$$\frac{\partial f}{\partial y} = x^2 \neq y \cos xy = \frac{\partial g}{\partial x}$$

따라서 F에 대한 포텐셜 함수는 존재하지 않는다.

연 습 문 제 11.1

1. 다음 벡터장 F의 개형을 그려라.

   (1) $F(x, y) = \frac{1}{3}(\mathbf{i} + \mathbf{j})$ (2) $F(x, y) = y\mathbf{j}$

   (3) $F(x, y) = x\mathbf{i} + \frac{1}{3}\mathbf{j}$

2. 다음 벡터장의 회전과 발산을 구하여라.

   (1) $F(x, y, z) = (yz,\ zx,\ xy)$
   (2) $F(x, y, z) = (\cos x,\ \sin y,\ e^{xy})$
   (3) $F(x, y, z) = (y + z,\ z + x,\ x + y)$
   (4) $F(x, y, z) = (e^x \cos y,\ e^x \sin y,\ z)$

3. 다음 벡터장의 포텐셜 함수가 존재하는지를 판정하고, 존재하면 그것을 구하여라.

   (1) $F(x, y) = e^y\mathbf{i} + (xe^y + y)\mathbf{j}$
   (2) $F(x, y) = \sin xy\mathbf{i} + \cos xy\mathbf{j}$
   (3) $F(x, y, z) = yz\mathbf{i} + xz\mathbf{j} + xy\mathbf{k}$
   (4) $F(x, y, z) = (y^2 + z^2)\mathbf{i} + (z^2 + y^2)\mathbf{j} + (x^2 + z^2)\mathbf{k}$

11.2 선적분

[스칼라 함수의 선적분]

선적분 개념은 구간 $[a, b]$ 위에서 함수 f의 정적분 $\int_a^b f(x)\,dx$를 곡선 C 위에서 함수 f의 적분으로 일반화한 개념이다.

선적분은 19C 초에 전기력, 자기력, 유체의 흐름, 에너지, 힘을 포함한 문제를 풀기 위해서 고안되었다.

선적분을 정의하는 방법은 정적분을 정의하는 방법과 유사하다. 예를 들어 밀도를 알고 있는 철사의 질량을 구하는 방법을 알아보자. 만약 철사가 유한 길이를 가지는 부분적으로 매끄러운 곡선 C로 주어져 있고, 곡선 C의 각 점 (x, y, z)에서의 밀도가 $f(x, y, z)$라 하자. 곡선 C를 적당히 n개의 부분으로 나누어 그 점들을 P_0, $\cdots$, P_n이라고 하고, 점 (x_k, y_k, z_k)을 P_{k-1}와 P_k 사이의 곡선 C상의 임의의 점이라 하자. 그리고 Δs_k를 P_{k-1}와 P_k 사이의 곡선상의 길이라 할 때 Δs_k가 충분히 작으면, P_{k-1}와 P_k 사이의 철사의 질량은 대략 $f(x_k, y_k, z_k)\cdot\Delta s_k$이므로 철사의 질량은 대략 $\sum_{k=1}^{n} f(x_k, y_k, z_k)\cdot\Delta s_k$로 주어진다. 이때 $\|P\|$를 Δs_1, $\cdots$, Δs_n 중에서 길이가 최대인 것이라 하면, 함수 f가 곡선 C상에서 연속이면 $\|P\|$를 0으로 접근시킬 때 부분합의 극한이 존재하고, 이 극한이 철사의 질량이 되고, 곡선 C상에서 f의 **선적분**(line integral)으로 정의된다.

> **정의 11.4** 함수 f가 유한 길이를 가지는 부분적으로 매끄러운(piecewise smooth) 곡선 C상에서 연속이라 할 때, C상에서 f의 선적분은
>
> $$\int_C f(x, y, z)\,ds = \lim_{\|P\|\to 0}\sum_{k=1}^{n} f(x_k, y_k, z_k)\,\Delta s_k$$
>
> 이 된다.

만약 곡선 C가 구간 $[a, b]$ 위에서 매끄러운 벡터함수 $\mathbf{r} = x(t)\mathbf{i} + y(t)\mathbf{j} + z(t)\mathbf{k}$로 매개화될 때

$$\int_C f(x, y, z)\,ds = \int_a^b f(x(t),\ y(t),\ z(t))\left\|\frac{d\mathbf{r}}{dt}\right\|dt$$

로 주어진다.

예제 1 곡선 C가 점 $(0, 0, 0)$에서 점 $(1, -3, 2)$로 연결하는 직선선분일 때 선적분 $\int_C (x+y^2-2z)\,ds$를 구하여라.

풀이 곡선 C를 $\mathbf{r}(t)=t\mathbf{i}-3t\mathbf{j}+2t\mathbf{k}$, $0 \le t \le 1$로 매개화시키면 $x(t)=t$, $y(t)=-3t$, $z(t)=2t$이므로

$$\left\| \frac{d\mathbf{r}}{dt} \right\| = \sqrt{1^2+(-3)^2+2^2} = \sqrt{14}$$

가 되고,

$$\begin{aligned} \int_C (x+y^2-2z)\,ds &= \int_0^1 [t+(-3t)^2-2(2t)]\sqrt{14}\,dt \\ &= \sqrt{14}\int_0^1 (-3t+9t^2)\,dt \\ &= \frac{3}{2}\sqrt{14} \end{aligned}$$

이다. ■■

예제 2 C가 $\mathbf{r}(t)=t\mathbf{i}+t^2\mathbf{j}+t^3\mathbf{k}$, $0 \le t \le \frac{1}{2}$로 매개화된 곡선이라 할 때 $\int_C (8x+36z)ds$를 구하여라.

풀이 $x(t)=t$, $y(t)=t^2$, $z(t)=t^3$이므로 $\frac{d\mathbf{r}}{dt}=\mathbf{i}+2t\mathbf{j}+3t^2\mathbf{k}$가 된다.

$$\left\| \frac{d\mathbf{r}}{dt} \right\| = \sqrt{1^2+(2t)^2+(3t^2)^2} = \sqrt{1+4t^2+9t^4}$$

이므로

$$\begin{aligned} \int_C (8x+36z)ds &= \int_0^{\frac{1}{2}} (8t+36t^3)\sqrt{1+4t^2+9t^4}\,dt \\ &= \frac{2}{3}\left(\frac{41\sqrt{41}}{64}-1\right) \end{aligned}$$

이다. ■■

만약 함수 f가 매끄러운 곡선 C_1, $\cdots$, C_n으로 연결된 부분적으로 매끄러운 곡선 C상에서 연속일 때,

$$\int_C f(x, y, z)\,ds = \int_{C_1} f(x, y, z)\,ds + \cdots + \int_{C_n} f(x, y, z)\,ds$$

가 된다.

예제 3 곡선 C가 그림 11.3과 같이 두 곡선 C_1과 C_2의 합으로 된 곡선이라 할 때 이 $\int_C (1+xy)\,ds$를 구하여라.

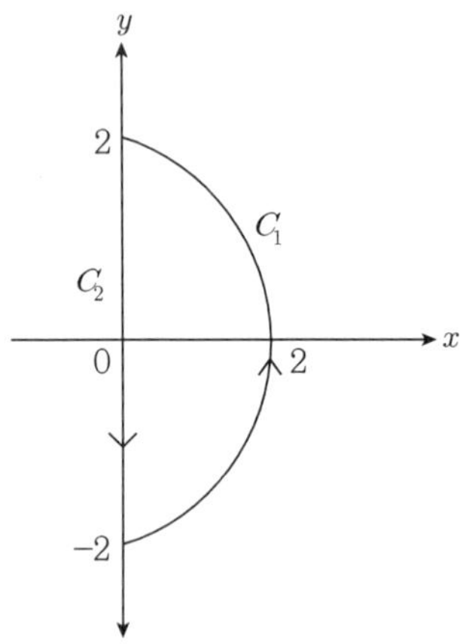

그림 11.3

풀이 곡선 C_1과 C_2는 아래와 같이 매개화시킬 수 있다.

$$C_1 \; : \; \mathbf{r}_1(t) = 2\cos t\mathbf{i} + 2\sin t\mathbf{j}, \qquad -\frac{\pi}{2} \le t \le \frac{\pi}{2}$$

$$C_2 \; : \; \mathbf{r}_2(t) = -2t\mathbf{j}, \qquad -1 \le t \le 1$$

따라서 $\left\| \dfrac{d\mathbf{r}_1}{dt} \right\| = \sqrt{(-2\sin t)^2 + (2\cos t)^2} = 2$, $\left\| \dfrac{d\mathbf{r}_2}{dt} \right\| = 2$이고,

$$\int_{C_1} (1+xy)\,ds = \int_{-\frac{\pi}{2}}^{\frac{\pi}{2}} [1 + (2\cos t)(2\sin t)]2dt = 2\pi$$

$$\int_{C_2} (1+xy)\,ds = \int_{-1}^{1} [1 + 0(-2t)]2dt = 4$$

이다. 그러므로

$$\int_C (1+xy)\,ds = \int_{C_1} (1+xy)\,ds + \int_{C_2} (1+xy)\,ds$$
$$= 2\pi + 4$$

이다. ■■

[벡터장의 선적분]

일정한 힘 F가 공간상의 점 P로부터 점 Q까지 움직이는 물체에 가해질 때 물체에 가해진 일의 양 W는

$$W = F \cdot \overrightarrow{PQ}$$

로 주어진다. 만약 물체가 공간상의 유한 길이를 가진 매끄러운 곡선 C를 따라 움직이고, 벡터장 F가 물체에 연속적인 힘을 가한다고 가정할 때 물체가 C상을 움직일 때 물체에 가해진 일의 양을 구해보자.

물체가 움직이는 방향으로 곡선 C의 방향을 정하고, 곡선 C를 적당히 n개의 부분으로 나누어 그 점들을 P_0, $\cdots$, P_n이라 하고 점 (x_k, y_k, z_k)을 P_{k-1}와 P_k 사이에 있는 곡선 C상의 임의의 점이라 하자. Δs_k를 P_{k-1}와 P_k 사이의 곡선상의 길이라 하고, Δs_k를 충분히 작게 취하면 물체가 C를 따라 P_{k-1}에서 P_k로 움직일 때, 물체는 점 (x_k, y_k, z_k)에서 거의 접선벡터 $T(x_k, y_k, z_k)$ 방향으로 진행한다. 가정에 의하여 F가 곡선 C상에서 연속이므로 물체가 P_{k-1}에서 P_k로 곡선에 따라 움직이면 F의 값은 $F(x_k, y_k, z_k)$에 가까워진다. 따라서 곡선 C 위의 점 P_{k-1}와 P_k 사이의 물체에 가해진 일의 양은 근사적으로

$$F(x_k, y_k, z_k) \cdot [\Delta s_k T(x_k, y_k, z_k)]$$
$$= [F(x_k, y_k, z_k) \cdot T(x_k, y_k, z_k)]\Delta s_k$$

이 된다. 따라서 물체가 곡선 C를 따라 움직일 때 물체에 가해진 일의 양은

$$\sum_{k=1}^{n} F(x_k, y_k, z_k) \cdot T(x_k, y_k, z_k)\Delta s_k$$

으로 주어진다. 이때 $\| P \|$를 Δs_1, $\cdots$, Δs_n 중에서 길이가 최대인 것이라 하면 $\| P \|$를 0으로 접근시킬 때 부분합의 극한이 존재하고 이 극한은 물체가 곡선 C를 움직일 때 물체에 가해진 일의 양이 되고, **곡선 C상의 벡터장 F의 선적분**이라 부른다.

정의 11.5 벡터장 F가 향을 갖는 매끄러운 곡선 C상에서 연속이라 하고, $T(x, y, z)$를 곡선 C의 주어진 향에 대한 (x, y, z)에서의 접선벡터라 하자. 이때 C 상의 벡터장 F의 **선적분**은

$$\int_C F \cdot dr = \int_C F(x, y, z) \cdot T(x, y, z)\, ds$$

로 정의한다.

주 스칼라 함수의 선적분은 곡선 C에 향이 주어질 필요가 없으나, 벡터장의 선적분은 곡선 C에 반드시 향이 주어져야 한다. 그러나 선적분은 곡선 C의 향을 유도하는 어떠한 매끄러운 매개화 방정식에는 의존하지 않는다. $\mathbf{r}(t) = x(t)\mathbf{i} + y(t)\mathbf{j} + z(t)\mathbf{k}$가 정의역 $[a, b]$를 갖는 곡선 C의 매개방정식이고, 이 매개방정식이 C의 향을 유도한다고 가정하면

$$T(x(t),\ y(t),\ z(t)) = \frac{d\mathbf{r}/dt}{\| d\mathbf{r}/dt \|}$$

이므로

$$\begin{aligned}\int_C F \cdot dr &= \int_C \left[F(x(t),\ y(t),\ z(t)) \cdot \frac{d\mathbf{r}/dt}{\| d\mathbf{r}/dt \|} \right] \left\| \frac{d\mathbf{r}}{dt} \right\| dt \\ &= \int_C F(x(t),\ y(t),\ z(t)) \cdot \frac{d\mathbf{r}}{dt}\, dt\end{aligned}$$

이고,

$$\int_C F \cdot d\mathbf{r} = \int_a^b F(x(t),\ y(t),\ z(t)) \cdot \frac{d\mathbf{r}}{dt}\, dt$$

이다.

예제 4 입자가 $\mathbf{r}(t) = \cos t\,\mathbf{i} + \sin t\,\mathbf{j} + t\mathbf{k}$, $0 \le t \le 2\pi$로 매개화된 원형나선 C_1을 따라 움직일 때, $F(x, y, z) = -zy\mathbf{i} + zx\mathbf{j} + xy\mathbf{k}$로 주어지는 힘 F하에서 입자에 가해진 일의 양을 구하여라.

풀이 $\dfrac{d\mathbf{r}}{dt} = -\sin t\,\mathbf{i} + \cos t\,\mathbf{j} + \mathbf{k}$이므로

$$W=\int_{C_1} F \cdot d\mathbf{r} = \int_0^{2\pi} F(x(t),\ y(t),\ z(t)) \cdot \frac{d\mathbf{r}}{dt}\,dt$$

$$= \int_0^{2\pi} (-t\sin t\mathbf{i} + t\cos t\mathbf{j} + \cos t\sin t\mathbf{k}) \cdot$$

$$(-\sin t\mathbf{i} + \cos t\mathbf{j} + \mathbf{k})dt$$

$$= \int_0^{2\pi} (t + \cos t\sin t)dt$$

$$= \left(\frac{1}{2}t^2 + \frac{1}{2}\sin^2 t\right)\Bigg|_0^{2\pi} = 2\pi^2$$

이다. ■■

예제 5 예제 4의 입자가 매개화된 곡선 $C_2\ : \mathbf{r}(t) = \mathbf{i} + t\mathbf{k},\ 0 \le t \le 2\pi$를 움직일 때 힘에 의하여 입자에 가해진 일의 양을 구하여라.

풀이 $\dfrac{d\mathbf{r}}{dt} = \mathbf{k}$이므로,

$$W=\int_{C_2} F \cdot d\mathbf{r} = \int_0^{2\pi} F(x(t),\ y(t),\ z(t)) \cdot \frac{d\mathbf{r}}{dt}\,dt$$

$$= \int_0^{2\pi} (0\mathbf{i} + t\mathbf{j} + 0\mathbf{k}) \cdot \mathbf{k}\,dt = \int_0^{2\pi} 0\,dt = 0$$

곡선 $-C$의 향은 C의 향과 반대방향이다. 따라서 $-C$의 어떤 점에서 접선벡터는 곡선 C 위의 똑같은 점에서 접선벡터와 반대방향이다. 따라서

$$\int_{-C} F \cdot d\mathbf{r} = -\int_C F \cdot d\mathbf{r}$$

이다. ■■

[선적분의 또 다른 형태]

벡터장 $F = f\mathbf{i} + g\mathbf{j} + h\mathbf{k}$가 $\mathbf{r}(t) = x(t)\mathbf{i} + y(t)\mathbf{j} + z(t)\mathbf{k},\ a \le t \le b$로 매개화된 향을 갖는 매끄러운 곡선 C상에서 정의된 연속함수라 하자. 이때

$$\int_C F \cdot d\mathbf{r} = \int_a^b F(x(t),\ y(t),\ z(t)) \cdot \frac{d\mathbf{r}}{dt}\,dt$$

$$= \int_a^b (f\mathbf{i} + g\mathbf{j} + h\mathbf{k}) \cdot \left(\frac{dx}{dt}\mathbf{i} + \frac{dy}{dt}\mathbf{j} + \frac{dz}{dt}\mathbf{k}\right) dt$$

$$= \int_a^b \left[f\frac{dx}{dt} + g\frac{dy}{dt} + h\frac{dz}{dt}\right] dt$$

위의 마지막 식을 간단히 $\int_C f\,dx + g\,dy + h\,dz$로 쓰기도 한다.

예제 6 곡선 C가 $\mathbf{r}(t) = t\mathbf{i} + t^2\mathbf{j} + t^3\mathbf{k}$, $0 \le t \le 1$로 매개화된 곡선이라 할 때, $\int_C xy\,dx + 3zx\,dy - 5x^2y\,dz$를 구하여라.

풀이 $x(t) = t$, $y(t) = t^2$, $z(t) = t^3$이므로

$$\frac{dx}{dt} = 1,\ \frac{dy}{dt} = 2t,\ \frac{dz}{dt} = 3t^2$$

이다. 따라서

$$\int_C xy\,dx + 3zx\,dy - 5x^2y\,dz$$

$$= \int_0^1 [(t)(t^3)1 + 3(t^3)(t)(2t) - 5(t)^2(t^2)(3t^2)]dt$$

$$= \int_0^1 (t^3 + 6t^5 - 15t^9)dt = -\frac{1}{4}$$

이다. ■

예제 7 곡선 C가 $\mathbf{r}(t) = \cos t\mathbf{i} + \sin t\mathbf{k}$, $0 \le t \le 2\pi$로 매개화된 xz평면상의 단위원이라 하자. 이때 $\int_C (y+z)dx$를 구하여라.

풀이 $$\int_C (y+z)dx = \int_0^{2\pi} (0 + \sin t)(-\sin t)dt = -\int_0^{2\pi} \sin^2 t\,dt$$

$$= -\int_0^{2\pi} \left(\frac{1}{2} - \frac{1}{2}\cos 2t\right) dt = -\pi$$ ■

정리 11.6 (선적분의 기본정리)

곡선 C는 벡터함수 $r(t)$, $a \le t \le b$에 의해 주어진 매끄러운 유향곡선이라 하자.

함수 f는 $\text{grad}\, f = F$가 되는 곡선 C 위에서 연속인 이변수 또는 삼변수의 미분가능한 함수라 하자. 그러면

$$\int_C F \cdot d\mathbf{r} = f(r(b)) - f(r(a))$$

증명
$$\begin{aligned}
\int_C F \cdot d\mathbf{r} &= \int_C \text{grad}\, f \cdot d\mathbf{r} \\
&= \int_a^b \text{grad}\, f(x(t),\ y(t),\ z(t)) \cdot \frac{dr}{dt}\, dt \\
&= \int_a^b \left[\frac{\partial f}{\partial x}(x(t),\ y(t),\ z(t)) \frac{dx}{dt} + \frac{\partial f}{\partial y}(x(t),\ y(t),\ z(t)) \frac{dy}{dt} \right. \\
&\qquad \left. + \frac{\partial f}{\partial z}(x(t),\ y(t),\ z(t)) \frac{dz}{dt} \right] dt \\
&= \int_a^b \frac{d}{dt}[f(x(t),\ y(t),\ z(t))]\, dt \\
&= f(x(b),\ y(b),\ z(b)) - f(x(a),\ y(a),\ z(a)) \\
&= f(r(b)) - f(r(a))
\end{aligned}$$

이 정리는 F가 보존벡터장이면 곡선 C상에서의 F의 선적분은 곡선 C의 양끝에서 포텐셜 함수 값의 차로써 얻어짐을 의미한다.

예제 8 곡선 C는 시점이 $(0, 1)$, 종점이 $(2, 8)$인 곡선 $y = x^3$의 부분일 때, $\int_C y\, dx + x\, dy$를 구하여라.

풀이 $f(x,\ y) = xy$이면 $F(x,\ y) = (y,\ x) = \text{grad}\, f$가 되므로

$$\begin{aligned}
\int_C y\, dx + x\, dy &= \int_C F \cdot d\mathbf{r} \\
&= f(2,\ 8) - f(0,\ 1) \\
&= 16 - 0 = 16
\end{aligned}$$

이다. ■■

연습문제 11.2

1. $F(x, y) = (-y, x)$일 때 다음 곡선을 따른 선적분을 구하여라.

(1) $C(t) = (\cos t, \sin t),\ 0 \le t \le 2\pi$

(2) $C(t) = (\sin t, \cos t),\ 0 \le t \le 2\pi$

2. 다음 선적분을 구하여라.

(1) $\int_C (9 + 8y^{\frac{1}{2}})\,ds,\ C:\ \mathbf{r}(t) = 2t^{\frac{3}{2}}\mathbf{i} + t^2\mathbf{j},\ 0 \le t \le 1$

(2) $\int_C xy\,dx + (x+y)\,dy$, C는 곡선 $y = x^2$ 위의 $(-1, 1)$과 $(2, 4)$ 사이의 부분

(3) $\int_C y^2 dx + x\,dy$, C는 곡선 $x = y^3$ 위의 $(-1, 1)$과 $(1, 1)$ 사이의 부분

(4) $\int_C xy\,ds$, C는 $x^2 + y^2 = 4$인 원

(5) $\int_C x^2 y\,dx + xy^3 dy$, C는 $(-1, 1)$에서 $(2, 1)$, $(2, 1)$에서 $(2, 5)$에 이르는 꺾인 선

(6) $\int_C (x+2y)\,dx + (2x-y)\,dy$, C는 $(3, 2)$에서 $(3, -1)$, $(3, -1)$에서 $(-2, -1)$에 이르는 꺾인 선

3. 다음 선적분 $\int_C F \cdot d\mathbf{r}$ (곡선 C는 $\mathbf{r}(t)$에 의해 매개화된 곡선)를 구하여라.

(1) $F(x, y, z) = z\mathbf{i} - y\mathbf{j} - x\mathbf{k},\ \mathbf{r}(t) = 5\mathbf{i} - \sin t\,\mathbf{j} - \cos t\,\mathbf{k},\ 0 \le t \le \frac{\pi}{4}$

(2) $F(x, y, z) = y\mathbf{i} + x\mathbf{j} + z^3\mathbf{k},\ \mathbf{r}(t) = (1-t)\mathbf{i} + t\mathbf{j} + \pi\mathbf{k},\ 0 \le t \le 1$

(3) $F(x, y, z) = y\mathbf{i} + xy\mathbf{j} + z^3\mathbf{k},\ \mathbf{r}(t) = \cos t\,\mathbf{i} + \sin t\,\mathbf{j} + 2t\mathbf{k},\ 0 \le t \le \frac{\pi}{2}$

(4) $F(x, y, z) = -z\mathbf{i} + x\mathbf{k},\ \mathbf{r}(t) = \cos t\,\mathbf{i} + \sin t\,\mathbf{k},\ 0 \le t \le \pi$

4. 벡터장 $F(x, y, z) = -(x, y, z)/r^3$, $r = \sqrt{x^2 + y^2 + z^2}$에 대하여, 점 $(1, 0, 0)$에서 점 $(0, 3, 4)$까지의 곡선에 대한 F의 선적분을 구하여라.

5. $\int_C \frac{1}{1+x^2}\,dx + \frac{1}{1+y^2}\,dy$, C는 단위원상의 점 $(1, 0)$에서 점 $(0, 1)$까지의 사분원이라고 할 때, 선적분을 구하여라.

11.3 그린정리

포텐셜 이론과 더불어 19C 초에 발표된 그린정리는 R^2상의 폐곡선 C를 경로로 하는 벡터장 F에 대한 선적분은 C에 의하여 둘러싸인 폐영역에서의 이중적분과 관계가 있음을 밝혔다. 그린정리는 평면의 영역에는 대부분 적용할 수 있으나 일반 영역에서는 증명이 어렵기 때문에 평면의 단순 영역에 대해서만 그린정리를 증명을 할 것이다. 여기서 단순 영역이라 함은 x축상에 정의된 두 함수의 그래프 사이로 표시할 수 있는 영역을 말하고, 동시에 y축상에 정의된 두 함수의 그래프 사이로 표시할 수 있는 영역을 말한다.

정리 11.7 영역 R을 시계반대방향으로 향을 갖는 부분적으로 매끄러운 경계 C를 갖는 xy평면상의 단순 영역이라 하고, 함수 $M(x, y)$와 $N(x, y)$를 영역 R상에서 연속 편도함수를 갖는 이변수함수라 하면 다음과 같다.

$$\int_C M(x, y)\,dx + N(x, y)\,dy = \int\int_R \left(\frac{\partial N}{\partial x} - \frac{\partial M}{\partial y}\right) dA$$

증명 아래의 두 가지 등식을 증명하면 충분하다.

$$\int_C N(x, y)dy = \int\int_R \frac{\partial N}{\partial x}\,dA \quad (1)$$

$$\int_C M(x, y)dy = -\int\int_R \frac{\partial M}{\partial y}\,dA \quad (2)$$

증명이 비슷하므로 식 (2)만을 증명하자. 영역 R을 구간 $[a, b]$상의 두 함수 g_1, g_2 사이의 영역이라고 하면 우변의 식은

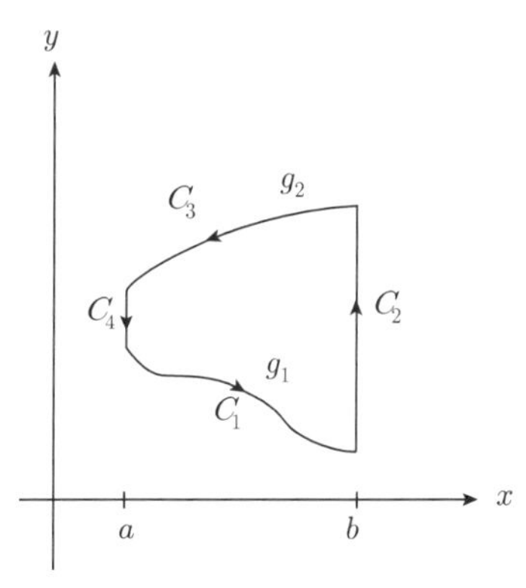

그림 11.4

$$-\iint_R \frac{\partial M}{\partial y}\,dA = -\int_a^b \int_{g_1(x)}^{g_2(x)} \frac{\partial M}{\partial y}\,dy\,dx = -\int_a^b M(x,\,y)\Big|_{g_1(x)}^{g_2(x)} dx$$

$$= -\int_a^b [M(x,\,g_2) - M(x,\,g_1(x))]\,dx$$

$$= \int_a^b [M(x,\,g_1(x)) - M(x,\,g_2(x))]\,dx$$

이다. 한편, R의 경계 C는 다음과 같은 방법으로 매개화되는 네 개의 곡선 C_1, C_2, C_3, C_4 합으로 주어진다.

$$C_1 : \mathbf{r}_1(t) = t\mathbf{i} + g_1(t)\mathbf{j}, \quad a \le t \le b$$
$$C_2 : \mathbf{r}_2(t) = b\mathbf{i} + t\mathbf{j}, \quad g_1(b) \le t \le g_2(b)$$
$$C_3 : \mathbf{r}_3(t) = (a+b-t)\mathbf{i} + g_2(a+b-t)\mathbf{j}, \quad a \le t \le b$$
$$C_4 : \mathbf{r}_4(t) = a\mathbf{i} + [g_1(a) + g_2(a) - t]\mathbf{j}, \quad g_1(a) \le t \le g_2(a)$$

그리고 x가 C_2와 C_4 상에서 일정한 상수이므로 $\frac{dx}{dt} = 0$이다. 그러므로

$$\int_{C_2} M(x,\,y)\,dx = 0, \quad \int_{C_4} M(x,\,y)\,dx = 0$$

이고

$$\int_C M(x,\,y)\,dx = \int_{C_1} M(x,\,y)\,dx + \int_{C_2} M(x,\,y)\,dx$$
$$+ \int_{C_3} M(x,\,y)\,dx + \int_{C_4} M(x,\,y)\,dx$$
$$= \int_{C_1} M(x,\,y)\,dx + \int_{C_3} M(x,\,y)\,dx$$
$$= \int_a^b M(t,\,g_1(t))(1)dt$$
$$+ \int_a^b M(a+b-t,\,g_2(a+b-t))(-1)dt$$

$$= \int_a^b M(t,\ g_1(t))dt + \int_a^b M(u,\ g_2(u))du$$

$$= \int_a^b [M(x,\ g_1(x)) - M(x,\ g_2(x))]\,dx$$

따라서

$$\int_C M(x,\ y)\,dx = -\int\int_R \frac{\partial M}{\partial y}\,dA$$

이다.

예제 1 곡선 $C:\ x^2+y^2=4$를 시계반대방향에 따라 선적분 $\int_C -x^2y\,dx + x^3dy$를 구하여라.

풀이

$$\int\int_R \left(\frac{\partial N}{\partial x} - \frac{\partial M}{\partial y}\right) dA = \int\int_R (3x^2+x^2)\,dA$$

$$= \int_0^{2\pi}\int_0^2 4(r\cos\theta)^2 r\,dr\,d\theta$$

$$= \int_0^{2\pi} (\cos^2\theta)\,r^4 \Big|_0^2 d\theta = 16\pi$$

그린정리는 역으로 선적분에 의하여 이중적분을 구할 수도 있다. 평면 위의 영역 R의 넓이는 $\int\int_R dA$ 인데 그린정리에 의하여

$$\int\int_R 1dA = \int\int_R \left(\frac{\partial N}{\partial x} - \frac{\partial M}{\partial y}\right) dA$$

$$= \int_C M(x,\ y)\,dx + N(x,\ y)\,dy$$

이다. 이때

$$M(x,\ y) = 0, \qquad N(x,\ y) = x$$
$$M(x,\ y) = -y, \qquad N(x,\ y) = 0$$
$$M(x,\ y) = -\frac{1}{2}y, \quad N(x,\ y) = \frac{1}{2}x$$

로 선택하면 영역 R의 넓이를 구할 수 있다.

예제 2 타원 $\dfrac{x^2}{a^2}+\dfrac{y^2}{b^2}\le 1\ (a,\ b<0)$의 넓이를 구하여라.

풀이 타원의 식을 매개화하여 $x=a\cos t,\ y=b\sin t,\ 0\le t\le 2\pi$로 두면

$$\begin{aligned}\text{타원의 넓이} &= \frac{1}{2}\int_C x\,dy-y\,dx \\ &= \frac{1}{2}\int_0^{2\pi}[(a\cos t)(b\cos t)-(b\sin t)(-a\sin t)]\,dt \\ &= \frac{1}{2}\int_0^{2\pi} ab\,dt=\pi ab\end{aligned}$$

■■

연 습 문 제 11.3

1. 곡선 C가 시계반대방향의 향을 가질 때 $\int_C M(x,\ y)\,dx+N(x,\ y)\,dy$를 구하여라.

   (1) $M(x,\ y)=0,\ N(x,\ y)=x,\ C$: 원 $x^2+y^2=9$

   (2) $M(x,\ y)=xy,\ N(x,\ y)=x^{\frac{3}{2}}+y^{\frac{3}{2}},\ C$: 꼭지점이 $(0,\ 0),\ (1,\ 0),\ (1,\ 1),\ (0,\ 1)$인 정사각형

   (3) $M(x,\ y)=y,\ N(x,\ y)=0,\ C$: 원 $x^2+y^2=4$의 제1사분원과 x축의 $[0,\ 2]$와 y축의 $[0,\ 2]$으로 이루어진 곡선

   (4) $M(x,\ y)=y\cos x,\ N(x,\ y)=x\sin y,\ C$: 꼭지점이 $(0,0),\ \left(\frac{\pi}{2},\ 0\right),\ \left(0,\ \frac{\pi}{2}\right)$인 삼각형

2. 그린정리를 이용하여 다음 적분을 구하여라.

   (1) $\int_C (x+y^2)dx+(y+x^2)dy$, C는 네 점 $(\pm 1,\ \pm 1)$을 꼭지점으로 하는 정사각형의 둘레

   (2) $\int_C (x^2+y^2)dx-2xy\,dy$, C는 $x=0,\ y=0,\ x+y=1$로 둘러싸인 삼각형의 둘레

   (3) $\int_C (y+e^x)dx+(2x^2+\cos y)dy$, C는 점 $(0,\ 0),\ (1,\ 1),\ (2,\ 0)$을 꼭지점으로 하

는 삼각형

(4) $\int_C (x^2 - y^2)dx + xy\,dy$, C는 $y = x$와 $y = x^2$으로 둘러싸인 부분의 경계

(5) $\int_C x^2 dy - y^2 dx$, C는 극좌표식 $r = 1 + \cos\theta$로 주어지는 곡선

3. 그린정리를 이용하여 x축과 사이클로이드 $x = a(t - \sin t)$, $y = a(1 - \cos t)$, $0 \le t \le 2\pi$로 둘러싸인 부분의 넓이를 구하여라.

4. $x \ge 0$, $y \ge 0$인 범위에서 $x^3 + y^3 = 3xy$로 둘러싸인 영역의 넓이를 구하여라.

11.4 면적분

곡면상에서 적분은 곡면을 표현하는 방법과 곡면상에서 정의된 함수에 따라 조금씩 표현방식이 달라진다. 10.2절에서 곡면의 넓이를 구하는 방법을 했기 때문에 이 절에서는 곡면상에서 정의된 스칼라 함수에 대한 면적분과 벡터장에 대한 면적분을 공부하기로 한다.

[스칼라 함수에 대한 면적분]

여기서는 연속인 편도함수를 갖는 함수의 그래프로써 곡면을 생각하기로 한다.

곡면 Σ가 방정식 $z = f(x, y)$로 표현되는 경우, xy평면 위로 곡면 Σ의 정사영 R이 부분적으로 매끄러운 곡선의 내부이고, $f(x, y)$의 1차 편도함수들이 연속이고, 곡면상의 두 개 접선벡터의 외적이 모든 점에서 영이 아닐 때 이 곡면을 **매끄러운 곡면**(smooth surface)이라 부른다. 앞으로 모든 곡면은 매끄러운 곡면으로 가정한다. 함수 g가 곡면 Σ 위에서 연속이라 하고, 곡면 Σ의 정사영 영역 R을 포함하는 직사각형 R'를 생각하자. P를 부분 직사각형으로 구성되는 R'의 분할이라고 하자. $\Sigma_1, \cdots, \Sigma_n$을 분할 P상의 곡면 Σ의 분할이라고 하자. 그리고 $\Delta s_1, \cdots, \Delta s_n$을 $\Sigma_1, \cdots, \Sigma_n$의 곡면의 넓이라 하자. 점 (x_k, y_k, z_k) $(1 \le k \le n)$를 Σ_k 위의 임의의 점이라 할 때, 곡면 위의 $\Sigma_1, \cdots, \Sigma_n$에서 g에 대한 면적분의 부분합이

$$\sum_{k=1}^{n} g(x_k, y_k, z_k)\Delta s_k$$

가 된다. 분할 P 중에서 가장 큰 넓이를 가지는 것을 $\| P \|$ 라고 하면 분할을 한없이 할 때 $\| P \|$ 는 0에 수렴하므로 부분합의 극한이 존재하는데 그 극한값을 **곡면 Σ에 대한 $g(x, y, z)$의 면적분**(surface integral)이라 부르고 $\int\int_{\Sigma} g(x, y, z)\,ds$와 같이 쓰고

$$\int\int_{\Sigma} g(x, y, z)ds = \lim_{\| P \| \to 0} \sum_{k=1}^{n} g(x_k, y_k, z_k)\Delta s_k$$

로 정의한다. 곡면 Σ는 $z = f(x, y)$의 그래프이기 때문에

$$\Delta s = \sqrt{f_x^2 + f_y^2 + 1}\,\Delta x\,\Delta y$$

가 성립하므로

$$\int\int_{\Sigma} g(x, y, z)ds = \int\int_{R} g(x, y, f(x, y))\sqrt{f_x^2 + f_y^2 + 1}\,dA$$

가 된다. 만약 곡면 Σ가 얇은 금속으로 이루어져 있고, 각 점에서의 밀도가 함수 $g(x, y, z)$로 주어졌다고 하면 Σ의 무게는 위와 같은 방법으로

$$\int\int_{R} g(x, y, f(x, y))\sqrt{f_x^2 + f_y^2 + 1}\,dA$$

임을 알 수 있다.

예제 1 곡면 Σ가 $1 \le x^2 + y^2 \le 4$에서 정의된 원뿔곡면 $z = \sqrt{x^2 + y^2}$의 부분이라 할 때 $\int\int_{\Sigma} z^2 ds$를 구하여라.

풀이 영역 R을 환형 $1 \le x^2 + y^2 \le 4$이라 하고, 영역 R 내의 임의의 점 (x, y)에 대하여 $f(x, y) = \sqrt{x^2 + y^2}$라 할 때 Σ는 R에서 f의 그래프가 된다. 그러므로 위의 공식에 의하여

$$\sqrt{f_x^2 + f_y^2 + 1} = \sqrt{2}$$

이므로

$$\int\int_{\Sigma} z^2 ds = \int\int_{R} (x^2 + y^2)\sqrt{2}\,dA = \sqrt{2}\int_0^{2\pi}\int_0^2 r^2 r\,dr\,d\theta$$

$$= \sqrt{2}\int_0^{2\pi}\int_1^2 r^3\,dr\,d\theta = \frac{15\pi\sqrt{2}}{2}$$

이다. ■■

예제 2 곡면 Σ를 $0 \le z \le 1$에서 제1팔분면상의 평면 $x+y=1$의 부분이라 할 때, $\iint_\Sigma (x+y+z)\,ds$를 구하여라.

풀이 영역 R을 $0 \le x \le 1$, $0 \le z \le 1$인 xz평면의 부분이라 하고, $f(x,\,y)=1-x$, $(x,\,y)\in R$라 할 때 곡면 Σ는 f의 그래프가 되고

$$\sqrt{f_x^2+f_y^2+1} = \sqrt{2}$$

이므로

$$\iint_\Sigma (x+y+z)ds = \iint_R (x+(1-x)+z)\sqrt{2}\,dA$$

$$= \sqrt{2}\int_0^1\int_0^1 (1+z)dx\,dz = \frac{3\sqrt{2}}{2}$$

이다. ■■

[벡터장에 대한 면적분]

곡면 위에서의 벡터장의 적분은 선적분의 경우처럼 곡면의 향이 중요한 역할을 한다. 곡면의 향이란 곡면의 각 점에서 법선을 연속적으로 변하도록 택할 수 있을 때, 곡면에 곡면의 향이 주어져 있다고 말하고, 그 곡면을 유향곡면이라 한다. 즉 **유향곡면**(oriented surface)이란 두 개의 면(방향)을 가지는 곡면이다. 한 면은 외부 혹은 양의 법선 방향, 다른 면은 내부 혹은 음의 법선 방향이라고 한다. 각 점 $(x,\,y,\,z)\in\Sigma$에 대하여 두 개의 단위법선벡터 n_1과 n_2가 있고 $n_1 = -n_2$이다. 두 법선은 각각 곡면의 한 면에만 관계한다. 따라서 곡면 Σ의 방향을 나타내기 위하여 각 점에서 곡면의 양의 방향을 나타내는 단위법선벡터를 택한다. 그리고 곡면 Σ가 곡선 C를 경계로 하는 유향곡면일 때 곡면 Σ의 향은 경계 C상에 우수계(right-hand system) 또는 좌수계(left-hand system)에 의하여 향을 줄 수 있다. 이것을 곡선 C상에 유도된 향(induced orientation)이라 한다. 일반적으로 모든 곡면에 향이 존재하는 것은 아니다. 예를 들면 뫼비우스띠에는 향이 없다. 뫼비우스 곡면 M의 각 점에 대하여 두 개의 법선벡터 n_1과 n_2 어느 것도 M의 한 방향만을 나타내고 있지 않다. 이것은 그림 11.6에서 고정된 점 P에서 시작하여 n_1을 폐곡선 C를 따라 연속적으로

움직이면 한바퀴 돌고 나서 같은 점 P에서 법선벡터가 n_1이 아니라 n_2가 된다. 그러므로 M상에서 법선벡터를 연속적으로 줄 수 없다.

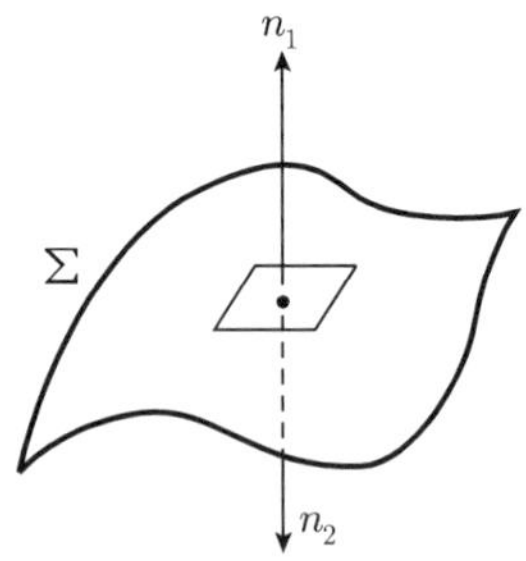

그림 11.5

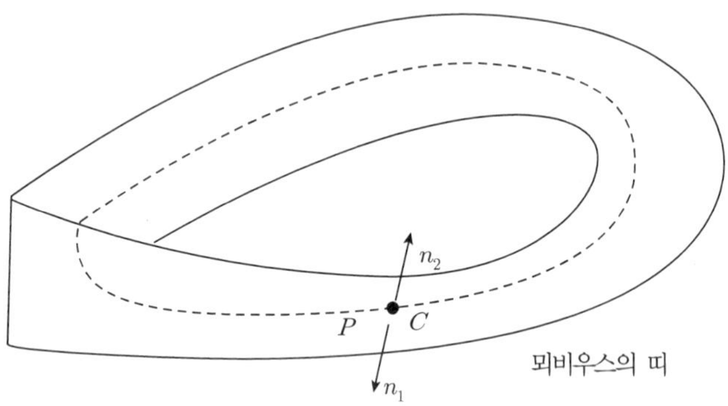

그림 11.6

[플럭스(flux)적분]

유향곡면 Σ를 일정한 밀도 δ를 갖는 유체가 일정한 속도 v로 흐르고 있는 얇은 막으로 생각하자. 우선 곡면 Σ를 통하여 곡면의 단위법선방향으로 흐르고 있는 시간에 대한 질량의 변화율을 구해보자. 곡면 Σ가 넓이 S를 갖는 평면으로서 속도 V와 단위법선벡터 n이 같은 방향인 경우, 시간 t와 $t+h$ 사이에 곡면 Σ를 통하여 흐른 유체의 체적은 $h \parallel V \parallel S$가 된다. 그러므로 시간 h 사이에 n방향으로 곡면 Σ를 통과한 질량은 $\delta h \parallel V \parallel S$이고, n방향으로 곡면 Σ를 통과한 시간에 대한 질량의 변화율은

$$\lim_{h \to 0} \frac{\delta h \parallel V \parallel S}{h} = \delta \parallel V \parallel S$$

이다. 만약 곡면 Σ가 단위법선벡터 n과 속도 V가 같은 방향이 아닌 경우에는 $\theta\ (0 \le \theta \le \pi)$를 n과 속도 V 사이의 각이라 하면 곡면 Σ를 통과한 유체의 부피는 $0 \le \theta \le \frac{\pi}{2}$인 경우에는 $h \parallel V \parallel \cos\theta$가 되고 $\frac{\pi}{2} < \theta \le \pi$인 경우에는 $-h \parallel V \parallel S$가

된다(그림 11.17의 (c)). 따라서 어느 경우이든 n방향으로 곡면 Σ를 통과한 질량은 $\delta h \| V \| \cos\theta\, S = \delta h(V \cdot n)S$이고 질량의 변화율은

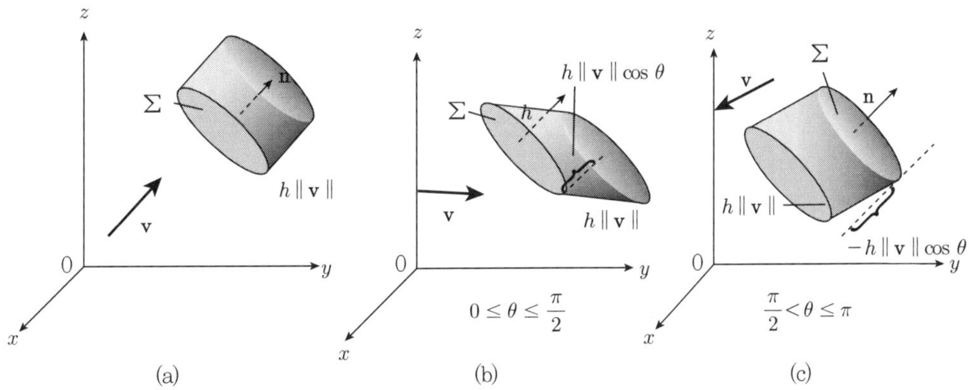

그림 11.7

$$\lim_{h\to 0}\frac{\delta h(V \cdot n)S}{h} = \delta(V \cdot n)S$$

여기에서 곡면 Σ가 평면영역일 필요는 없고, 유체의 속도가 일정할 필요도 없다. 단지 곡면 Σ는 향이 주어져 있고 넓이 S를 갖는다고 하고, 속도 v는 곡면 Σ 위에서 연속인 벡터장이라고 가정한다. 곡면 Σ를 부분곡면 Σ_1, $\cdots$, Σ_n으로 충분히 나누어 각각의 부분곡면이 거의 평면곡면에 가깝도록 분할하자. Δs_k를 곡면 Σ_k의 넓이라 하고, (x_k, y_k, z_k)를 Σ_k 내의 임의의 점이라 할 때 시간 h동안 n방향으로 Σ_k를 통과한 유체의 질량은 근사적으로

$$\delta h[V(x_k, y_k, z_k) \cdot n(x_k, y_k, z_k)]\Delta s_k$$

가 된다. 따라서 곡면 전체를 통과한 유체의 총 질량은 근사적으로

$$\sum_{k=1}^{n}\delta h[V(x_k, y_k, z_k) \cdot n(x_k, y_k, z_k)]\Delta s_k$$

가 된다. 결과적으로 시간에 대한 질량의 변화율은 근사적으로

$$\sum_{k=1}^{n}\delta[V(x_k, y_k, z_k) \cdot n(x_k, y_k, z_k)]\Delta s_k$$

가 된다. 그리하여 곡면 Σ를 통과하는 유체의 질량의 변화율은

$$\iint_{\Sigma} \delta[V(x,\ y,\ z) \cdot n(x,\ y,\ z)]\, ds$$

가 된다. 위의 공식이 유체의 흐름으로부터 유도되기 때문에 위의 적분값을 벡터장 F의 **플럭스**(flux; 유동, 유출)이라 부르고, $F = \delta V$라 하면 간단히

$$\iint_{\Sigma} F \cdot n\, ds$$

로 표시된다. 만약 곡면 Σ가 함수 $z = f(x,\ y)$, $(x,\ y) \in R$의 그래프로 주어질 때, 곡면 Σ의 단위법선벡터 n은 곡면 Σ의 향에 따라

$$n = \frac{-f_x\mathbf{i} - f_y\mathbf{j} + \mathbf{k}}{\sqrt{(f_x)^2 + (f_y)^2 + 1}} \qquad (1)$$

혹은

$$n = \frac{f_x\mathbf{i} + f_y\mathbf{j} - \mathbf{k}}{\sqrt{(f_x)^2 + (f_y)^2 + 1}} \qquad (2)$$

로 주어진다. 만약 벡터장 $F = M\mathbf{i} + N\mathbf{j} + P\mathbf{k}$로 주어지고, n이 (1)로 주어지는 경우

$$\begin{aligned}
&\iint_{\Sigma} F \cdot n\, ds \\
&= \iint_R (M\mathbf{i} + N\mathbf{j} + P\mathbf{k}) \cdot \left(\frac{-f_x\mathbf{i} - f_y\mathbf{j} + \mathbf{k}}{\sqrt{(f_x)^2 + (f_y)^2 + 1}} \right) \sqrt{(f_x)^2 + (f_y)^2 + 1}\, dA \\
&= \iint_R [-M(x,\ y,\ f(x,\ y))f_x(x,\ y) - N(x,\ y,\ f(x,\ y))f_y + P(x,\ y,\ f(x,\ y))]\, dA
\end{aligned}$$

가 된다.

예제 3 곡면 Σ를 xy평면상에서 정의된 포물면 $z = 1 - x^2 - y^2$이라 하고, 외향 법선벡터를 가지는 일정한 밀도 δ를 갖는 속도가 $V(x,\ y,\ z) = x\mathbf{i} + y\mathbf{j} + 2z\mathbf{k}$로 주어질 때, n방향으로 곡면 Σ를 단위시간에 통과하는 유체의 양을 구하여라.

풀이 영역 R을 $x^2 + y^2 \le 1$인 xy평면의 원판이라 하고, $f(x,\ y) = 1 - x^2 - y^2$이라 하면 곡면 Σ는 R 위의 함수 $z = f(x,\ y)$의 그래프가 된다. 위의 공식으로부터

$$\iint_{\Sigma} \delta V \cdot n\, ds$$

$$= \iint_{R} [-\delta x(-2x) - \delta y(-2y) + 2\delta(1 - x^2 - y^2)]\, dA$$

$$= \delta \iint_{R}^{2} 2d\mathbf{A} = \delta \int_{0}^{2\pi} \int_{0}^{1} 2r\, dr\, d\theta = 2\pi\theta$$

이다. ■■

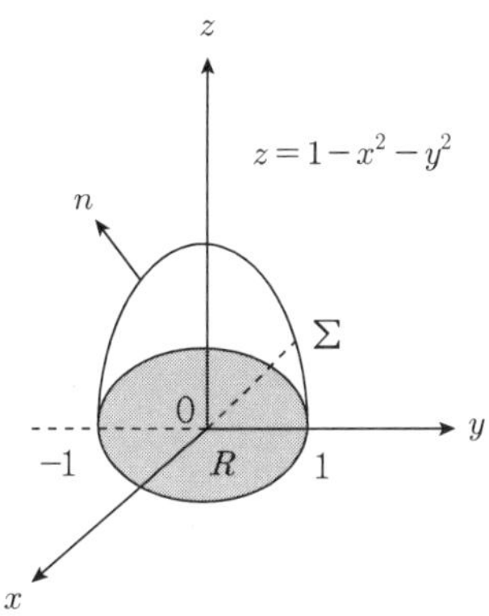

그림 11.8

예제 4 벡터장 $F = x\mathbf{i} + y\mathbf{j} + z\mathbf{k}$에 대하여, 포물면 $z = x^2 + y^2$과 평면 $z = 4$로 둘러싸인 영역으로부터 빠져 나가는 F의 플럭스를 구하여라.

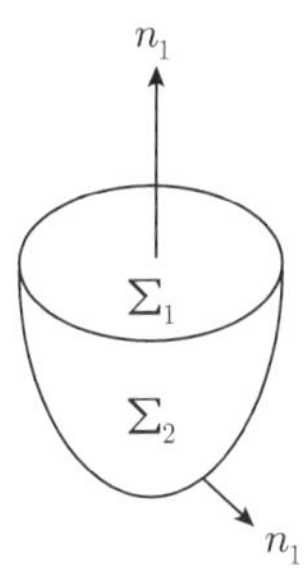

그림 11.9

풀이 위쪽 원판부분을 Σ_1이라 하고 $n_1 = k$를 외향 단위법선벡터라 하고 포물면 부분을 Σ_2라 하고 n_2를 외향 법선벡터라 하자. 그러면 Σ_1의 반지름의 길이가 2이므로

$$\iint_{\Sigma} F \cdot n\, ds = \iint_{\Sigma} 4ds = 16\pi$$

가 된다. 영역 $R=\{(x, y) | x^2+y^2 \le 4\}$에서 정의된 함수 $f(x, y)=x^2+y^2$이면 곡면 Σ_2은 함수 $z=f(x, y)$의 그래프가 된다. 따라서 Σ_2의 외향 법벡터

$$n_2=\left(\frac{\partial f}{\partial x}, \frac{\partial f}{\partial y}, -1\right)=(2x, 2y, -1)$$

로 주어지고

$$\int\int_{\Sigma_2} F \cdot n_2\, ds=\int\int_R (2x^2+2y^2-(x^2+y^2))dx\, dy=8\pi$$

이다. 따라서 구하는 값은 $16\pi+8\pi=24\pi$이다. ■■

연 습 문 제 11.4

1. 다음에서 면적분 $\int\int_{\Sigma} g(x, y, z)\, ds$를 구하여라.

(1) $g(x, y, z)=x$, Σ는 $2x+3y+z=6$의 x, y, z가 양인 부분

(2) $g(x, y, z)=z^2$, Σ는 평면 $z=1$과 평면 $z=3$ 사이의 원뿔곡면 $z=\sqrt{x^2+y^2}$의 부분

(3) $g(x, y, z)=2x^2+1$, Σ는 $z=3x-2$로 주어지고, 원기둥 $x^2+y^2=4$의 내부

(4) $g(x, y, z)=z$, Σ는 원기둥 좌표로 $z=r^2$으로 주어지고 원기둥 $r=2$의 내부

(5) $g(x, y, z)=(x^2+y^2)z$, Σ는 구면좌표로 $\rho=1$이고, $z \ge 0$인 부분

2. 다음 벡터장 F의 곡면 Σ에서의 적분 $\int\int_{\Sigma} F \cdot n\, ds$를 구하여라. 여기서 n은 Σ에 대한 외향 법선벡터이다.

(1) $F(x, y, z)=y\mathbf{i}-x\mathbf{j}8+\mathbf{k}$, Σ는 xy평면 위의 포물면 $z=9-x^2-y^2$의 부분

(2) $F(x, y, z)=\mathbf{i}+\mathbf{j}+2\mathbf{k}$, Σ는 반구 $z=\sqrt{1-x^2-y^2}$의 부분

(3) $F(x, y, z)=x\mathbf{i}+y\mathbf{j}+z\mathbf{k}$, Σ는 꼭지점 $(0, 0, 0)$, $(1, 0, 0)$, $(0, 1, 0)$, $(0, 0, 1)$, $(1, 0, 1)$, $(1, 1, 1)$, $(0, 1, 1)$를 갖는 입체

(4) $F(x, y, z)=x\mathbf{i}+y\mathbf{j}+z\mathbf{k}$, Σ는 평면 $2x+2y+z=3$의 x, y, z가 양인 부분

(5) $F(x, y, z)=2x\mathbf{i}+2y\mathbf{j}+3\mathbf{k}$, Σ는 포물면 $z=4-x^2-y^2$에서 xy 평면의 윗부분

3. Σ을 각 좌표평면들과 평면 $2x+3y+z=6$으로 둘러싸인 부분의 경계라고 할 때, 벡터장

$F = x\mathbf{i} - y\mathbf{j}$의 곡면 Σ로부터 빠져나오는 플럭스를 구하여라.

4. Σ를 포물면 $z = 4 - x^2 - y^2$과 xy평면으로 둘러싸인 부분의 경계라고 할 때, 벡터장 $F = x\mathbf{i} - y\mathbf{j}$의 곡면 Σ로부터 빠져나오는 플럭스를 구하여라.

5. Σ를 두 포물면 $z = x^2 + y^2$과 $z = 18 - x^2 - y^2$으로 둘러싸인 부분의 경계라고 할 때 $F = z^2\mathbf{k}$의 Σ로부터 빠져나오는 플럭스를 구하여라.

11.5 스토크스의 정리

스토크스(stokes)의 정리는 R^3상의 단순 폐곡선 C를 따른 벡터장의 선적분이 C를 경계로 하는 곡면 S위의 면적분과 관계가 있음을 나타내고 있다. 이 점에 있어서 이것은 그린의 정리와 매우 유사함을 알 수 있다. 이 스토크스의 정리를 벡터장에 대한 미적분학의 기본정리라고도 부른다.

정리 11.8 Σ를 유한한 넓이를 갖고, 외향 단위법선벡터 n을 갖는 유향곡면이라 하고, Σ의 경계 C를 Σ의 향에 의하여 유도되는 향을 갖는 닫힌 부분적으로 매끄러운 곡선이라 하자. 그리고 F를 Σ를 포함하는 개집합 위에서 연속인 편도함수를 갖는 벡터장이라 하면

$$\int_C F \cdot d\mathbf{r} = \int\int_\Sigma (\text{curl } F) \cdot n\, ds$$

$F = M\mathbf{i} + N\mathbf{j} + P\mathbf{k}$이면

$$\int_C M(x, y, z)\,dx + N(x, y, z)\,dy + P(x, y, z)\,dz$$
$$= \int\int_\Sigma (\text{curl } F) \cdot n\, ds$$

증명 스토크스 정리의 증명은 매우 복잡하므로 여기에서 곡면 Σ는 xy평면상의 단순 영역 R에서 정의된 연속 편도함수를 갖는 함수 $z = f(x, y)$의 그래프로써 영역 R의 경계 C_R이 부분적으로 매끄러운 곡선이고, C_R의 상(image)이 C가 되는 것이라고 하자. 또한 곡면 Σ는 $y = g(x, z)$, $x = h(y, z)$의 그래프로 주어질 수

있는 곡면이라고 가정한다. n은 곡면 Σ의 단위외향 법선벡터로 택한다. 이때

$$\text{curl } F = \left(\frac{\partial P}{\partial y} - \frac{\partial N}{\partial z}\right)\mathbf{i} + \left(\frac{\partial M}{\partial z} - \frac{\partial P}{\partial x}\right)\mathbf{j} + \left(\frac{\partial N}{\partial x} - \frac{\partial M}{\partial y}\right)\mathbf{k}$$

이기 때문에

$$\begin{aligned}&\int\int_{\Sigma}(\text{curl } F)\cdot n\, ds \\ &= \int\int_{R}\left[-\left(\frac{\partial P}{\partial y} - \frac{\partial N}{\partial z}\right)f_x - \left(\frac{\partial M}{\partial z} - \frac{\partial P}{\partial x}\right)f_y + \left(\frac{\partial N}{\partial x} - \frac{\partial M}{\partial y}\right)\right]dA \\ &= \int\int_{R}\left[-\left(\frac{\partial M}{\partial y} + \frac{\partial M}{\partial z}f_y\right) + \left(\frac{\partial N}{\partial x} + \frac{\partial N}{\partial z}f_x\right) + \left(\frac{\partial P}{\partial x}f_y - \frac{\partial P}{\partial y}f_x\right)\right]dA\end{aligned}$$

이다. 이제

$$\int_C M dx = -\int\int_R\left(\frac{\partial M}{\partial y} + \frac{\partial M}{\partial z}f_y\right)dA$$

임을 증명하자. $M_R(x, y) = M(x, y, f(x, y))$, $(x, y) \in R$라 하면, 연쇄법칙에 의해

$$\frac{\partial M_{\mathrm{R}}}{\partial y} = \frac{\partial M}{\partial y} + \frac{\partial M}{\partial z}f_y$$

가 되고, C_{R}의 매개방정식을 $\mathbf{r}(t) = x(t)\mathbf{i} + y(t)\mathbf{j}$, $a \le t \le b$이라 하면, C의 매개방정식은

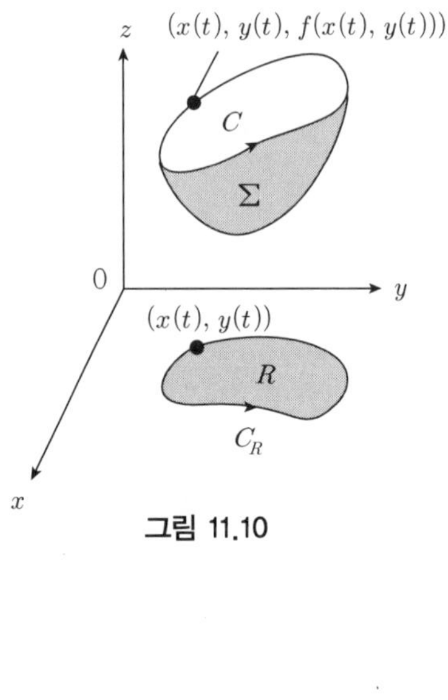

그림 11.10

$$\mathbf{r}(t)=x(t)\mathbf{i}+y(t)\mathbf{j}+f(x(t),\ y(t))\mathbf{k},\ a\le t\le b$$

가 된다. 그러므로

$$\begin{aligned}\int_C M(x,y,z)\,dx &= \int_a^b M(x(t),\ y(t),\ f(x(t),y(t)))x'(t)dt\\ &= \int_a^b M_R(x(t),\ y(t))x'(t)\,dt\\ &= \int_{C_R} M_R(x,y)dx\\ &= -\int\int_R \frac{\partial M_R}{\partial y}dA\ \text{(그린정리에 의하여)}\\ &= -\int\int_R\left(\frac{\partial M}{\partial y}+\frac{\partial M}{\partial z}f_y\right)dA\end{aligned}$$

이다. 같은 방법으로 곡면 Σ를 $y=g(x,z)$, $x=h(y,z)$의 그래프를 이용하여

$$\int_C N dy=\int\int_R\left(\frac{\partial N}{\partial x}+\frac{\partial N}{\partial y}f_x\right)dA$$

$$\int_C P dz=\int\int_R\left(\frac{\partial P}{\partial x}f_y-\frac{\partial P}{\partial y}f_x\right)dA$$

이다. 이 증명은 스토크스의 증명의 특별한 경우에 해당된다. 위의 스토크스의 정리는 어떤 곡면이 증명에서 사용했던 곡면의 유한 개의 합으로 주어지는 경우에도 적용할 수 있다.

예제 1 $F=ye^z\mathbf{i}+xe^z\mathbf{j}+xye^z\mathbf{k}$일 때 곡면 Σ의 경계이고 유향인 단순 폐곡선 C를 따라 F의 적분이 0임을 보여라(Σ는 어떤 함수의 그래프임을 가정하여라).

풀이 스토크스의 정리에 의하면 $\int_C F\cdot d\mathbf{r}=\int\int_\Sigma(\text{curl } F)\cdot n\,ds$인데

$$\text{curl } F=\begin{vmatrix}\mathbf{i} & \mathbf{j} & \mathbf{K}\\ \frac{\partial}{\partial x} & \frac{\partial}{\partial y} & \frac{\partial}{\partial z}\\ ye^z & xe^z & xye^z\end{vmatrix}=0$$

이므로 $\int_C F \cdot d\mathbf{r} = 0$이다. ■■

예제 2 $F = -3y^2\mathbf{i} + 4z\mathbf{j} + 6x\mathbf{k}$이고, 곡선 C를 평면 $z = \dfrac{y}{2}$에 놓여 있는 그림 11.11의 유향삼각형이라 하자. 이때 $\int_C F \cdot d\mathbf{r}$을 구하여라.

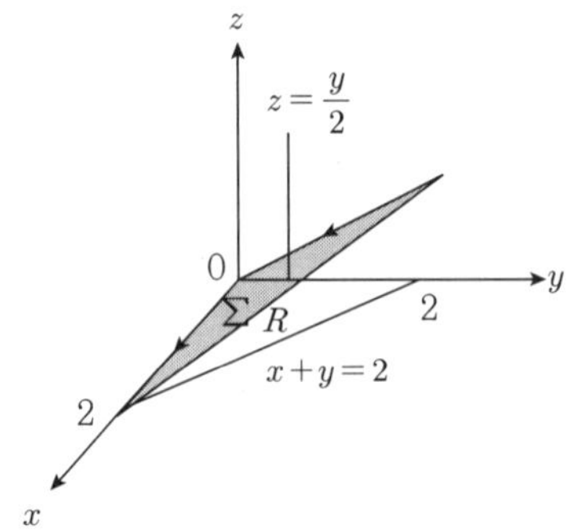

그림 11.11

풀이 선적분 $\int_C F \cdot d\mathbf{r}$을 계산하려면 세 개의 곡선으로 나누어 계산해야 한다. 그러나 스토크스의 정리를 이용하면 곡면 Σ의 경계를 C로 하고, 외향 법선벡터를 가지는 삼각곡면이라 하면,

$$\operatorname{curl} F = \begin{vmatrix} \mathbf{i} & \mathbf{j} & \mathbf{K} \\ \dfrac{\partial}{\partial x} & \dfrac{\partial}{\partial y} & \dfrac{\partial}{\partial z} \\ -3y^2 & 4z & 6x \end{vmatrix} = -4\mathbf{i} - 6\mathbf{j} + 6y\mathbf{k}$$

가 되고, $f(x, y) = \dfrac{y}{2}$로 하면 곡면 Σ는 좌표축과 직선 $x + y = 2$에 의해 유계가 되는 제1사분면상의 삼각영역 R에서 f의 그래프이다. 그러므로

$$\iint_\Sigma \operatorname{curl} F \cdot n\, ds = \int_0^2 \int_0^{2-x} \left[-(-4)0 - (-6)\frac{1}{2} + 6y \right] dy dx$$

$$= \int_0^2 \int_0^{2-x} (3 + 6y)\, dy\, dx = 14$$

따라서 $\int_C F \cdot d\mathbf{r} = 14$이다. ■■

만약 두 개의 유향곡면 Σ_1과 Σ_2가 똑같은 곡선 C를 경계로 하고, C 위에서 같은 향을 가진다고 가정하고, n_1과 n_2를 각각 Σ_1과 Σ_2의 법선벡터라 하면, 스토크스의 정리에 의하여

$$\iint_{\Sigma_1} \operatorname{curl} F \cdot n_1\, ds = \int_C F \cdot d\mathbf{r} = \iint_{\Sigma_2} \operatorname{curl} F \cdot n_2\, ds$$

임을 알 수 있다.

예제 3 $F = x^2\mathbf{i} + y^2\mathbf{j} + z^2 \tan xy\,\mathbf{k}$일 때 곡면 Σ_1이 유향반타원형 $z = 2\sqrt{1-x^2-y^2}$으로써 외향 법선벡터를 택할 때 $\iint_{\Sigma_1} \operatorname{curl} F \cdot n\, ds$를 구하여라.

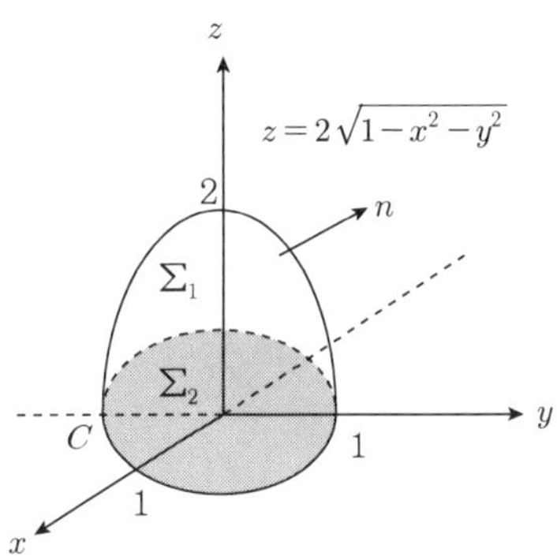

그림 11.12

풀이 $\operatorname{curl} F = \begin{vmatrix} \mathbf{i} & \mathbf{j} & \mathbf{k} \\ \dfrac{\partial}{\partial x} & \dfrac{\partial}{\partial y} & \dfrac{\partial}{\partial z} \\ x^2 & y^2 & z^2 \tan xy \end{vmatrix} = xz^2 \sec^2 xy\,\mathbf{i} - yz^2 \sec^2 xy\,\mathbf{j}$

그런데 xy평면에서 단위원판 Σ_2는 Σ_1과 같은 경계를 갖고 외향 법선벡터를 택하면 Σ_1과 Σ_2의 경계선 상에서 유도된 향이 서로 같기 때문에

$$\iint_{\Sigma_1} \operatorname{curl} F \cdot n\, ds = \iint_{\Sigma_2} \operatorname{curl} F \cdot n\, ds$$

이고 Σ_2 위에서의 적분은 Σ_2 위에서의 법선벡터가 $\mathbf{k}$이므로 curl F에 수직이다. 따라서 $\iint_{\Sigma_2} \operatorname{curl} F \cdot n\, ds = 0$이 되고, $\iint_{\Sigma_1} \operatorname{curl} F \cdot n\, ds = 0$이다. ■

연 습 문 제 11.5

1. 스토크스의 정리를 이용하여 선적분 $\int_C F \cdot d\mathbf{r}$을 구하여라. (단, 곡선 C는 곡면 Σ의 경계로써 Σ에서 유도되는 방향을 가진다.)

   (1) $F = z\mathbf{i} + x\mathbf{j} + y\mathbf{k}$, 곡면 Σ는 제1팔분원면상의 포물면 $z = 1 - x^2 - y^2$의 부분, n은 외향 법선벡터

   (2) $F = z^2\mathbf{i} - y^2\mathbf{j}$, 곡면 Σ는 그림 11.13처럼 법벡터를 가지는 세 개의 정사각형으로 구성된 부분

   (3) $F = 2z\mathbf{i} + 3y\mathbf{j} - 2x\mathbf{k}$, 곡면 Σ는 제1팔분원면상의 구 $x^2 + y^2 + z^2 = 1$부분, n은 외향 법선벡터

   (4) $F = y^2\mathbf{i} + xy\mathbf{j} - 2xz\mathbf{k}$, 곡면 Σ는 반구 $z = \sqrt{4 - x^2 - y^2}$, n은 외향 법선벡터

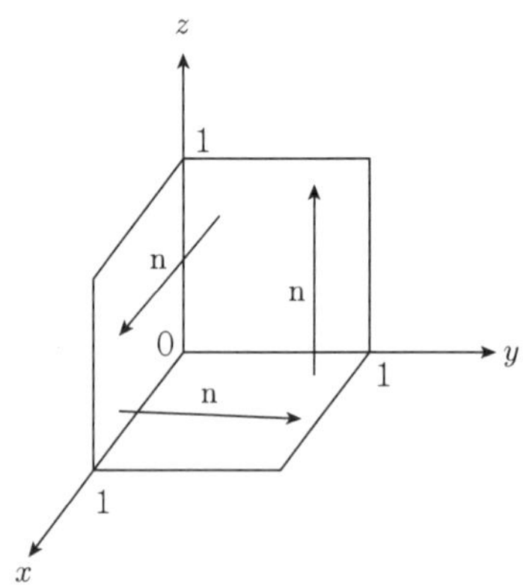

그림 11.13

2. 스토크스의 정리를 이용하여 선적분 $\int_C F \cdot d\mathbf{r}$을 구하여라. (단, 곡선 C는 시계반대방향으로 향을 정한다.)

   (1) $F = \dfrac{1}{\sqrt{x^2 + y^2 + z^2 + 1}}(x\mathbf{i} + y\mathbf{j} + z\mathbf{k})$, 곡선 C는 타원면 $2z = x^2 + y^2$과 원기둥 $x^2 + y^2 = 2x$의 교선

   (2) $F = xz\mathbf{i} + y^2\mathbf{j} + x^2\mathbf{k}$, 곡선 C는 평면 $x + y + z = 5$와 타원기둥 $x^2 + \dfrac{y^2}{4} = 1$의 교선

   (3) $F = 3y\mathbf{i} + 2z\mathbf{j} - x\mathbf{k}$, 곡선 C는 꼭지점으로 $(1, 0, 0)$, $(0, 1, 0)$, $(0, 0, 1)$을 갖는 삼각형

(4) $F=(z-y)\mathrm{i}+y\mathrm{j}+x\mathrm{k}$, 곡선 C는 원기둥 $r=\cos\theta$와 xy평면 위의 구 $x^2+y^2+z^2=1$과의 교선

3. $F=xz\mathrm{i}+(y^2+2x)\mathrm{j}+x\mathrm{k}$, 곡면 Σ는 xy평면 위의 타원형 $z=9-x^2-y^2$의 부분, 법선벡터를 외향으로 택할 때 $\int\int_{\Sigma}\mathrm{curl}\,F\cdot n\,ds$를 구하여라.

4. $F=3y\mathrm{i}-xy\mathrm{j}+yz^2\mathrm{k}$, 곡면 Σ를 타원형 $2z=x^2+y^2$, $z\le 2$라 할 때, $\int\int_{\Sigma}\mathrm{curl}\,F\cdot n\,ds$를 구하여라.

11.6 발산정리

발산정리는 폐곡면으로부터 나오는 벡터장의 플럭스(유동, 유출)는 곡면에 의하여 둘러싸인 영역상에서 벡터장의 발산에 대한 삼중적분과 같다는 것을 나타내고 있다. 이 결과는 폐곡선 혹은 폐곡면상의 적분이 그들에 포함되는 영역상의 적분과 관계가 있다는 면에서 스토크스의 정리와 그린정리와 유사하다. 발산정리를 간단하게 표현하기 위하여 입체영역을 단순 입체영역으로 제한시킨다. 여기서 단순 입체영역 D라는 것은 xy평면상의 영역 R상에서 정의된 두 함수 F_1, F_2의 그래프 사이의 입체영역인 동시에 xz평면, yz평면에 대해서도 같은 성질을 갖는 입체영역을 말한다. 지금부터 생각하는 단순 입체영역은 유향경계곡면을 가지고 있다고 가정하고, 그 곡면의 향은 외향 법벡터로 택한다. 더욱이 발산정리는 어떤 입체영역이 단순 입체영역의 합으로 주어지는 경우에도 적용할 수 있다.

정리 11.9 (발산정리(divergence Theorem))
경계곡면 Σ을 가지는 단순 입체영역을 D라 하고 경계곡면 Σ의 향이 D의 외향 법선벡터로 주어진다고 가정하자. F는 D를 포함하는 개집합 위에서 정의된 연속인 편도함수를 가지는 벡터장이라 하면

$$\int\int_{\Sigma}F\cdot n\,ds=\int\int\int_{D}\mathrm{div}\,F(x,\ y,\ z)\,dV \qquad (*)$$

증명 벡터장을 $F=M\mathrm{i}+N\mathrm{j}+P\mathrm{k}$라 할 때, 위의 정리

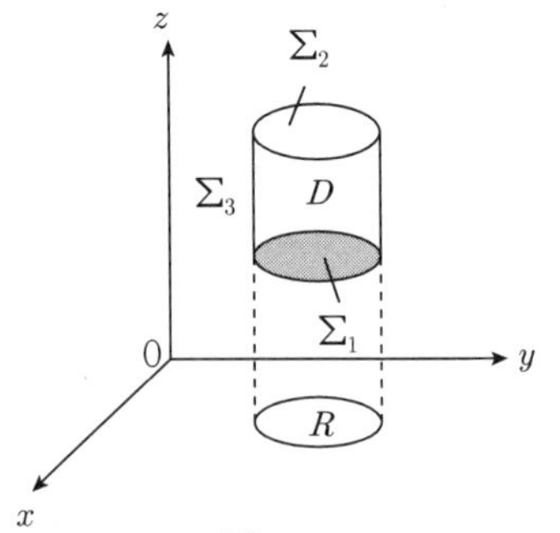

그림 11.14

$$\iint_{\Sigma} F \cdot n\, ds = \iiint_{D} \operatorname{div} F(x,\ y,\ z)\, dV$$

는

$$\iint_{\Sigma} M\mathbf{i} \cdot n\, ds + \iint_{\Sigma} N\mathbf{j} \cdot n\, ds + \iint_{\Sigma} P\mathbf{k} \cdot n\, ds$$
$$= \iiint_{D} \frac{\partial M}{\partial x} dV + \iiint_{D} \frac{\partial N}{\partial y} dV + \iiint_{D} \frac{\partial P}{\partial z} dV \qquad (**)$$

와 동치가 된다. 따라서

$$\iint_{\Sigma} M\mathbf{i} \cdot n\, ds = \iiint_{D} \frac{\partial M}{\partial x} dV \qquad (1)$$

$$\iint_{\Sigma} N\mathbf{j} \cdot n\, ds = \iiint_{D} \frac{\partial N}{\partial y} dV \qquad (2)$$

$$\iint_{\Sigma} P\mathbf{k} \cdot n\, ds = \iiint_{D} \frac{\partial P}{\partial z} dV \qquad (3)$$

임을 증명하면 된다.

가정에 의해 D는 단순 입체영역이기 때문에 xy평면에서 단순 영역 R 위의 두 함수 F_1과 F_2의 그래프 사이의 영역이 된다. 즉

$$F_1(x,\ y) \le z \le F_2(x,\ y), \quad (x,\ y) \in R$$

이 되고, (3)의 삼중적분은

$$\iiint_{D} \frac{\partial P}{\partial z} dV = \iint_{R} \left[\int_{F_1(x,\ y)}^{F_2(x,\ y)} \frac{\partial P}{\partial z}(x,\ y,\ z)\, dz \right] dA$$

$$= \iint_R [P(x, y, F_2(x, y)) - P(x, y, F_1(x, y))]\, dA$$

(3)의 면적분은 세 개의 부분곡면

밑면 $\Sigma_1 = \{(x, y, F_1(x, y)) \mid (x, y) \in R\}$
윗면 $\Sigma_2 = \{(x, y, F_2(x, y)) \mid (x, y) \in R\}$
옆면 $\Sigma_3 = \{(x, y, z) \mid (x, y) \in \partial R,\ F_1(x, y) \le z \le F_2(x, y)\}$

들로 이루어져 있기 때문에 세 가지로 계산해야 한다.
곡면 Σ_1 위에서는 법선벡터 $n = -\mathbf{k}$이므로

$$\iint_{\Sigma_1} P\mathbf{k} \cdot n\, ds = -\iint_R P(x, y, F_1(x, y))\, dA$$

곡면 Σ_2 위에서는 법선벡터 $n = \mathbf{k}$이므로

$$\iint_{\Sigma_2} P\mathbf{k} \cdot n\, ds = \iint_R P(x, y, F_2(x, y))\, dA$$

곡면 Σ_3 위에서는 법벡터 n이 $\mathbf{k}$에 수직이므로

$$\iint_{\Sigma_3} P\mathbf{k} \cdot n\, ds = \iint_{\Sigma_3} 0\, ds = 0$$

이다. 따라서

$$\begin{aligned}
&\iint_{\Sigma} P\mathbf{k} \cdot n\, ds \\
&= -\iint_R P(x, y, F_1(x, y))dA + \iint_R P(x, y, F_2(x, y))dA + 0 \\
&= \iint_R [P(x, y, F_1(x, y)) - P(x, y, F_2(x, y))]dA \\
&= \iiint_D \frac{\partial P}{\partial z}(x, y, z)\, dV
\end{aligned}$$

이다. 같은 방법으로 입체영역 D를 $\widetilde{F_1}(y, z) \le x \le \widetilde{F_2}(y, z)$, $\widetilde{\widetilde{F_1}}(z, x) \le y \le \widetilde{\widetilde{F_2}}(z, x)$를 사용하여 식 (1), (2)를 얻을 수 있고, 식 (**)에 의하여 식 (*)이 성립함을 알 수 있다.

예제 1 곡면 Σ를 구 $x^2+y^2+z^2=4$라 하고, $F(x,\ y,\ z)=4x\mathbf{i}+4y\mathbf{j}+4z\mathbf{k}$라 할 때, $\int\int_{\Sigma} F\cdot n\,ds$를 구하여라.

풀이 $\int\int_{\Sigma} F\cdot n\,ds$의 계산은 두 개의 면적분으로 이루어진다. 그러나 발산정리를 사용하면 D는 $x^2+y^2+z^2\le 4$를 만족하는 공(ball)이 되고,

$$\operatorname{div}\ F(x,\ y,\ z)=4+4+4=12$$

이므로

$$\int\int\int_D \operatorname{div} F(x,\ y,\ z)\,dV=\int\int\int_D 12\,dV$$

$$=12\left(\frac{4}{3}\pi 2^3\right)=128\pi$$

이다. ■■

예제 2 D는 그림 11.15와 같이 xy평면과 반구에 의하여 유계인 영역이라 하고, $F=x^3\mathbf{i}+y^3\mathbf{j}+z^3\mathbf{k}$라 할 때 $\int\int_{\Sigma} F\cdot n\,ds$를 구하여라($\Sigma$는 D의 경계).

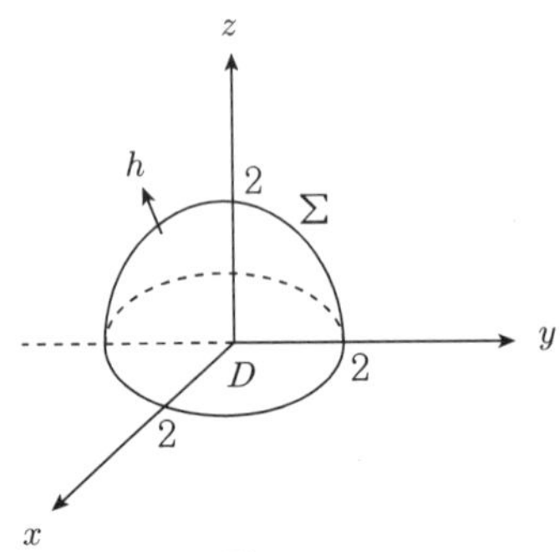

그림 11.15

풀이 $\operatorname{div} F=(x^2+y^2+z^2)$이므로

$$\int\int_{\Sigma} F\cdot n\,ds=\int\int\int_D \operatorname{div} F(x,\ y,\ z)\,dV$$

$$=\int\int\int_D 3(x^2+y^2+z^2)\,dV$$

$$= \int_0^{2\pi}\int_0^{\frac{\pi}{2}}\int_0^{2}(3\rho^2)\rho^2\sin\phi\, d\rho\, d\theta = \frac{192}{5}\pi$$

이다.

예제 3 곡면 Σ는 그림 11.16에서와 같은 입체모양이고, $F = x\,\mathbf{i} + y\,\mathbf{j} + z^2\,\mathbf{k}$일 때 $\iint_\Sigma F\cdot n\, ds$를 구하여라.

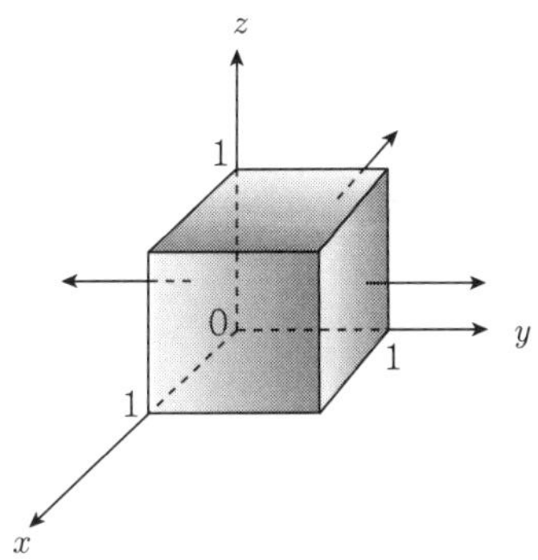

그림 11.16

풀이 면적분 $\iint_\Sigma F\cdot n\, ds$의 계산은 여섯 개의 면으로 되어 있기 때문에 계산과정이 복잡하므로 발산정리를 사용하면

$$\text{div}\, F = 1 + 1 + 2z = 2(1+z)$$

따라서

$$\begin{aligned}\iint_\Sigma F\cdot n\, ds &= \iiint_D 2(1+z)dV\\ &= \int_0^1\int_0^1\int_0^1 2(1+z)\, dz\, dy\, dx\\ &= \int_0^1\int_0^1 (1+z^2)\Big|_0^1 dy\, dx = 3\end{aligned}$$

이다.

연 습 문 제 11.6

1. 발산정리를 이용하여 $\int\int_{\Sigma} F \cdot n\, ds$를 구하여라(법선벡터는 Σ의 외향 법선벡터로 준다.).

(1) $F = x^2\mathbf{i} + xy\mathbf{j} - 2xz\mathbf{k}$, 곡면 Σ는 꼭지점 $(0, 0, 0)$, $(1, 0, 0)$, $(0, 1, 0)$, $(0, 0, 1)$을 갖는 사면체

(2) $F = x^2\mathbf{i} + y^2\mathbf{j} + z^2\mathbf{k}$, 곡면 Σ는 꼭지점 $(0, 0, 0)$, $(1, 0, 0)$, $(1, 2, 0)$, $(0, 2, 0)$, $(0, 0, 3)$, $(1, 0, 3)$, $(1, 2, 3)$, $(0, 2, 3)$을 갖는 평행육면체

(3) $F = 2x\mathbf{i} + xy\mathbf{j} + xz\mathbf{k}$, 곡면 Σ는 구 $x^2 + y^2 + z^2 = 1$

(4) $F = (x + \cos y)\mathbf{i} + (y + \sin z)\mathbf{j} + (z + e^x)\mathbf{k}$, 곡면 Σ는 평면 $z = 0$, $y = 0$, $y = 2$와 포물기둥면 $z = 1 - x^2$으로 둘러싸인 영역 R의 경계

부록

부록 1-1

[정리 1.18의 (a)]

$\lim_{x \to a} f(x)$과 $\lim_{x \to a} g(x)$가 존재한다고 하자. 그러면

$$\lim_{x \to a}[f(x)+g(x)] = \lim_{x \to a} f(x) + \lim_{x \to a} g(x)$$

증명 $\lim_{x \to a} f(x) = L$, $\lim_{x \to a} g(x) = M$, $\epsilon > 0$이라 하자. $\delta > 0$가 존재하여

$$0 < |x-a| < \delta \Longrightarrow |[f(x)+g(x)]-(L+M)| < \epsilon$$

이 성립함을 보이자. ϵ 대신 $\frac{\epsilon}{2}$에 대해서 $\delta > 0$가 존재하여

$$0 < |x-a| < \delta \Longrightarrow |f(x)-L| < \frac{\epsilon}{2},\ |g(x)-M| < \frac{\epsilon}{2}$$

이 성립한다. 그러므로

$$\begin{aligned} |[f(x)+g(x)]-(L+M)| &= |[f(x)-L]+[g(x)-M]| \\ &\le |f(x)-L|+|g(x)-M| \\ &< \frac{\epsilon}{2}+\frac{\epsilon}{2} = \epsilon \end{aligned}$$

이 성립한다. ■■

[정리 1.18의 (b)]

$\lim_{x \to a} f(x)$이 존재하고 c를 임의의 실수라 하자. 그러면

$$\lim_{x \to a} cf(x) = c\lim_{x \to a} f(x)$$

증명 $c = 0$인 경우는 방정식의 양변이 0이므로 정리는 성립한다. $c \neq 0$이고 $\lim_{x \to a} f(x) = L$이라 가정하고 임의의 $\epsilon > 0$을 택하자. $\delta > 0$가 존재하여

$$0 < |x - a| < \delta \Longrightarrow |cf(x) - cL| < \epsilon$$

이 성립함을 보이자. $\frac{\epsilon}{|c|} > 0$에 대해서 $\delta > 0$가 존재하여

$$0 < |x - a| < \delta \Longrightarrow |f(x) - L| < \frac{\epsilon}{|c|}$$

이 성립한다. 따라서

$$|cf(x) - cL| = |c||f(x) - L| < |c|\frac{\epsilon}{|c|} = \epsilon$$

이므로

$$\lim_{x \to a} cf(x) = cL = \lim_{x \to a} f(x)$$

이다. ■

[정리 1.18의 (c)]

$\lim_{x \to a} f(x)$과 $\lim_{x \to a} g(x)$가 존재한다고 하자. 그러면

$$\lim_{x \to a} f(x)g(x) = \lim_{x \to a} f(x) \cdot \lim_{x \to a} g(x)$$

증명 $\lim_{x \to a} f(x) = L$, $\lim_{x \to a} g(x) = M$이라 하자. 정리 1.18의 (a)에 의하여

$$\begin{aligned}\lim_{x\to a}[f(x)-L] &= \lim_{x\to a}[f(x)+(-L)]\\ &= \lim_{x\to a}f(x)+\lim_{x\to a}(-L)\\ &= L+(-L)=0\end{aligned}$$

같은 방법으로 하면

$$\lim_{x\to a}[g(x)-M]=0$$

이다.

$$\lim_{x\to a}[f(x)-L][g(x)-M]=0$$

이고, 정리 1.18의 (b)에 의하여

$$\lim_{x\to a}Lg(x)=LM,\quad \lim_{x\to a}f(x)M=LM,$$

$$\lim_{x\to a}(-LM)=-LM$$

이다.

$$f(x)g(x)=[f(x)-L][g(x)-M]+[Lg(x)+f(x)M]-LM$$

이므로 정리 1.18의 (a)에 의하여

$$\begin{aligned}\lim_{x\to a}f(x)g(x) &= \lim_{x\to a}[f(x)-L][g(x)-M]+\lim_{x\to a}Lg(x)+\lim_{x\to a}f(x)M+\lim_{x\to a}(-LM)\\ &= 0+LM+LM-LM\\ &= LM\end{aligned}$$

을 얻는다. ■

[정리 1.18의 (d)]

$\lim_{x\to a}f(x)$와 $\lim_{x\to a}g(x)$이 존재하고 $\lim_{x\to a}g(x)\neq 0$이라 하자. 그러면

$$\lim_{x \to a} \frac{f(x)}{g(x)} = \frac{\lim_{x \to a} f(x)}{\lim_{x \to a} g(x)}$$

증명 $\lim_{x \to a} f(x) = L$, $\lim_{x \to a} g(x) = M \neq 0$이라 하자. $\delta > 0$가 존재하여

$$0 < |x-a| < \delta \Longrightarrow |g(x)| > \frac{|M|}{2}$$

이고, 그런 x에 대하여

$$\left|\frac{1}{Mg(x)}\right| < \frac{2}{M^2}$$

이다. 따라서

$$\begin{aligned}\left|\frac{f(x)}{g(x)} - \frac{L}{M}\right| &= \left|\frac{Mf(x) - Lg(x)}{Mg(x)}\right| \\ &= |Mf(x) - Lg(x)|\left|\frac{1}{Mg(x)}\right| \\ &\leq |Mf(x) - Lg(x)|\left(\frac{2}{M^2}\right)\end{aligned}$$

즉

$$\begin{aligned}0 < |x-a| < \delta \Longrightarrow 0 &\leq \left|\frac{f(x)}{g(x)} - \frac{L}{M}\right| \\ &\leq |Mf(x) - Lg(x)|\left(\frac{2}{M^2}\right)\end{aligned}$$

이다. 그런데 정리 1.18의 (a), (b)에 의하여

$$\begin{aligned}\lim_{x \to a}[Mf(x) - Lg(x)] &= M\lim_{x \to a} f(x) - L\lim_{x \to a} g(x) \\ &= ML - LM = 0\end{aligned}$$

따라서 $\lim_{x \to a} |Mf(x) - Lg(x)|\left(\frac{2}{M^2}\right) = 0$이다. 그러므로 정리 1.22(squeezing 정리)에 의하여

$$\lim_{x \to a}\left|\frac{f(x)}{g(x)} - \frac{L}{M}\right| = 0$$

즉

$$\lim_{x \to a} \frac{f(x)}{g(x)} = \frac{L}{M}$$

이다. ■■

부록 1-2

[정리 1.21]

$\lim_{x \to a} f(x) = c$이고 a를 포함하는 어떤 개구간에서 a이외의 모든 x에 대하여 $f(x) \neq c$이며 $\lim_{y \to c} g(y)$가 존재하면

$$\lim_{x \to a} g(f(x)) = \lim_{y \to c} g(y)$$

이다.

증명 $\epsilon > 0$이라 하고, $\lim_{y \to c} g(y) = L$이라 하자. 그러면 $\delta_1 > 0$이 존재하여

$$0 < |y - c| < \delta_1 \Longrightarrow |g(y) - L| < \epsilon \tag{1}$$

이 성립한다. $\lim_{x \to a} f(x) = c$이고 $\delta_1 > 0$이므로 $\delta > 0$가 존재하여

$$0 < |x - a| < \delta \Longrightarrow |f(x) - c| < \delta_1$$

이 성립한다. 가정에 의하여 $0 < |x - a| < \delta$일 때 $f(x) \neq c$인 δ를 택할 수 있다. 따라서

$$0 < |x - a| < \delta \Longrightarrow 0 < |f(x) - c| < \delta_1$$

이고, (1)에 의하여

$$|g(f(x)) - L| < \epsilon$$

이다. 그러므로

$$\lim_{x \to a} g(f(x)) = L = \lim_{y \to c} g(y)$$

이다. ■■

부록 1-3

[정리 1.22(squeezing 정리)]

a를 포함하는 어떤 개구간에서 a이외의 모든 x에 대하여 $f(x) \le g(x) \le h(x)$이고 $\lim_{x \to a} f(x) = \lim_{x \to a} h(x) = L$이면

$$\lim_{x \to a} g(x) = L$$

이다.

증명 $\epsilon > 0$이라 하자. $\delta > 0$가 존재해서

$$0 < |x-a| < \delta \Longrightarrow x \in I,\ |f(x)-L| < \epsilon,\ |h(x)-L| < \epsilon$$

이 성립한다. $f(x) \le g(x)$이므로

$$L-\epsilon < f(x) \le g(x) \tag{2}$$

이다. 같은 방법으로, $|h(x)-L| < \epsilon$이고, $g(x) \le h(x)$이므로

$$g(x) \le h(x) < L+\epsilon \tag{3}$$

이다. (2)과 (3)에 의하여

$$L-\epsilon < g(x) < L+\epsilon$$

이므로

$$|g(x)-L| < \epsilon$$

이 성립한다. ■■

부록 2-1

[정리 2.9]

함수 f와 g가 a에서 미분가능하면, fg도 a에서 미분가능하고 다음이 성립한다.

$$(fg)'(a) = f'(a)g(a) + f(a)g'(a)$$

증명 극한정리들을 사용하면

$$\begin{aligned}
(fg)'(a) &= \lim_{t \to a} \frac{(fg)(t) - (fg)(a)}{t-a} \\
&= \lim_{t \to a} \frac{f(t)g(t) - f(a)g(a)}{t-a} \\
&= \lim_{t \to a} \frac{f(t)g(t) - f(a)g(t) + f(a)g(t) - f(a)g(a)}{t-a} \\
&= \lim_{t \to a} \left[\frac{f(t)-f(a)}{t-a} \cdot g(t) \right] + \lim_{t \to a} \left[f(a) \cdot \frac{g(t)-g(a)}{t-a} \right] \\
&= \lim_{t \to a} \frac{f(t)-f(a)}{t-a} \lim_{t \to a} g(t) + \lim_{t \to a} f(a) \lim_{t \to a} \frac{g(t)-g(a)}{t-a} \\
&= f'(a)g(a) + f(a)g'(a)
\end{aligned}$$

이다($\lim_{t \to a} g(t) = g(a)$인 것은 g가 a에서 미분가능하므로 연속인 성질을 이용한 것이다).

■■

부록 2-2

[정리 2.10]

함수 f와 g가 a에서 미분가능하고 $g(a) \neq 0$이면 $\frac{f}{g}$도 a에서 미분가능하고 다음이 성립한다.

$$\left(\frac{f}{g}\right)'(a) = \frac{f'(a)g(a) - f(a)g'(a)}{[g(a)]^2}$$

증명 함수 g가 a에서 미분가능하므로 a에서 연속이다. 즉 $\lim_{t \to a} g(t) = g(a)$이다. 가정에서 $g(a) \neq 0$이므로 $\lim_{t \to a} g(t) \neq 0$이다. a를 포함하는 어떤 개구간에 있는 모든 t에 대해서 $g(t) \neq 0$이다. 그러므로 $\dfrac{f}{g}$는 a를 포함하는 어떤 개구간에서 정의되어 있고, 그 극한은 다음과 같다.

$$\left(\frac{f}{g}\right)'(a) = \lim_{t \to a} \frac{\dfrac{f(t)}{g(t)} - \dfrac{f(a)}{g(a)}}{t-a}$$

$$= \lim_{t \to a} \frac{f(t)g(a) - f(a)g(t)}{(t-a)g(a)g(t)}$$

$$= \lim_{t \to a} \frac{f(t)g(a) - f(a)g(a) + f(a)g(a) - f(a)g(t)}{(t-a)g(a)g(t)}$$

$$= \lim_{t \to a} \frac{f(t)g(a) - f(a)g(a)}{(t-a)g(a)g(t)} + \lim_{t \to a} \frac{f(a)g(a) - f(a)g(t)}{(t-a)g(a)g(t)}$$

$$= \lim_{t \to a} \left(\frac{f(t)-f(a)}{t-a} \cdot \frac{g(a)}{g(a)g(t)} \right) - \lim_{t \to a} \left(\frac{f(a)}{g(a)g(t)} \cdot \frac{g(t)-g(a)}{t-a} \right)$$

$$= \frac{f'(a)g(a)}{[g(a)]^2} - \frac{f(a)g'(a)}{[g(a)]^2}$$

$$= \frac{f'(a)g(a) - f(a)g'(a)}{[g(a)]^2}$$

■

부록 2-3

[정리 2.11(연쇄법칙)]

함수 f가 a에서 미분가능하고, 함수 g가 $f(a)$에서 미분가능하다고 하자. 그러면 $g \circ f$는 a에서 미분가능하고,

$$(g \circ f)'(a) = g'(f(a))f'(a)$$

이다.

증명 $G(x)=\begin{cases} \dfrac{g(x)-g(f(a))}{x-f(a)}, & x\neq f(a) \\ g'(f(a)) &, \quad x=f(a) \end{cases}$

이라 하자. $f(a)$에서 g의 도함수의 정의와 정리 1.21에 의하여

$$\lim_{x\to a} G(f(x))=\lim_{y\to f(a)} G(y)=\lim_{y\to f(a)}\frac{g(y)-g(f(a))}{y-f(a)}$$
$$=g'(f(a))$$

이다. $f(x)=f(a)$와 $f(x)\neq f(a)$를 분리하여 생각하면

$$\frac{g(f(x))-g(f(a))}{x-a}=G(f(x))\left(\frac{f(x)-f(a)}{x-a}\right)$$

을 얻는다. 정리 1.18의 (c)에 의하여

$$\lim_{x\to a}\frac{g(f(x))-g(f(a))}{x-a}=\lim_{x\to a}G(f(x))\lim_{x\to a}\frac{f(x)-f(a)}{x-a}$$
$$=g'(f(a))f'(a)$$

이다. 따라서 $(g\circ f)'(a)=g'(f(a))f'(a)$이다. ■■

부록 3-1

[정리 3.3]

함수 $f(x)$가 폐구간 $[a, b]$에서 정의되었다고 하자. 개구간 (a, b) 내의 c에서 미분가능하고, c에서 폐구간 $[a, b]$ 위의 f의 최대값 또는 최소값을 갖는다면, $f'(c)=0$이다.

증명 $f'(c)$가 존재하고 $f'(c)\neq 0$인 임의의 c에서 최대값과 최소값을 갖지 않음을 보이면 된다. $f'(c)\neq 0$이라 가정하자. $f'(c)>0$인 경우를 증명하자.

$$f'(c)=\lim_{x\to c}\frac{f(x)-f(c)}{x-c}>0$$

이므로 c를 포함하는 어떤 개구간 I 내의 x에 대하여

$$\frac{f(x)-f(c)}{x-c}>0$$

이다. 그런 x에 대하여, 만약 $x > c$이면

$$f(x) - f(c) = (x - c)\left(\frac{f(x) - f(c)}{x - c}\right) > 0$$

이므로, $f(x) > f(c)$이고 f는 c에서 최대값을 갖지 않는다. 한편, $x < c$이면

$$f(x) - f(c) = (x - c)\left(\frac{f(x) - f(c)}{x - c}\right) < 0$$

이므로, $f(x) < f(c)$이고 f는 c에서 최소값을 갖지 않는다. 따라서 $f'(c) > 0$이면 f는 c에서 최대값과 최소값을 갖지 못한다. $f'(c) < 0$인 경우도 같은 방법으로 증명하면 된다. ■■

부록 3-2

[정리 3.10]

함수 f가 구간 I에서 연속이고, I의 각 내점에서 미분가능하다고 하자.

(a) I의 각 내점 x에서 $f'(x) \geq 0$이면, f는 I에서 증가한다. 그 위에, I 내의 많아야 유한 개의 점에서 $f'(x) = 0$이면 f는 I에서 강한증가한다.

(b) I의 각 내점 x에서 $f'(x) \leq 0$이면, f는 I에서 감소한다. 그 위에, I 내의 많아야 유한 개의 점에서 $f'(x) = 0$이면 f는 I에서 강한감소한다.

증명 (a) x와 z를 $x < z$인 구간 I의 임의의 두 점이라 하자. 가정에 의하여 f가 $[x, z]$에서 연속이고 미분가능하므로 평균값 정리에 의하여

$$f'(c) = \frac{f(z) - f(x)}{z - x}$$

인 c가 (x, z) 내에 존재한다. $f'(c) \geq 0$이고, $z - x > 0$이므로

$$f(z) - f(x) = f'(c)(z - x) \geq 0, \text{ 즉 } f(z) \geq f(x)$$

이다. 따라서 f는 I에서 증가한다.

이제 (a)의 두 번째 부분을 보이기 위하여 f가 I에서 강한증가하지 않는다고 가정하자. 위에서 f가 증가한다는 것은 보였으므로 $v < w$일 때, $f(v) = f(w)$가 성립하는 I 내의 서로 다른 두 점 v, w가 존재하여야 한다. 이것은 f가 $[v, w]$에서 상수함수임을 뜻한다. 즉

$v < x < w$일 때, $f'(x) = 0$이다. 따라서 유한 개의 점을 제외하고 I 내의 모든 x에 대하여 $f'(x) > 0$이라는 것에 모순이다. 그러므로 유한 개의 점을 제외하고 $f'(x) > 0$이면 f는 I에서 강한증가한다.

(b) (a)와 같은 방법으로 증명하면 된다. ■■

부록 3-3

[정리 3.16(일반화된 평균값 정리)]

f와 g가 $[a, b]$에서 연속이고 (a, b)에서 미분가능이라고 하자. $a < x < b$에 대해 $g'(x) \neq 0$이면 다음을 만족하는 수 c가 (a, b)에 존재한다.

$$\frac{f(b) - f(a)}{g(b) - g(a)} = \frac{f'(c)}{g'(c)} \tag{1}$$

증명 평균값 정리의 증명에서 나왔던 특별한 함수를 소개하자.

$$h(x) = [f(b) - f(a)]g(x) - [g(b) - g(a)]f(x), \quad a \leq x \leq b$$

f와 g의 결합으로 이루어진 함수 h는 $[a, b]$에서 연속이고, (a, b)에서 미분가능이므로 평균값 정리에 의해

$$\frac{h(b) - h(a)}{b - a} = h'(c)$$

를 만족하는 c가 (a, b)에 존재한다.

그런데 $h(a) = h(b)$이므로 $h'(c) = 0$이다. $h'(x)$을 구해보면

$$h'(x) = [f(b) - f(a)]g'(x) - [g(b) - g(a)]f'(x), \quad a < x < b$$

이다. $h'(c) = 0$이므로

$$[f(b) - f(a)]g'(c) - [g(b) - g(a)]f'(c) = 0 \tag{2}$$

가정에서 $g'(x) \neq 0$이므로 $g'(c) \neq 0$이다. 따라서 $g(a) \neq g(b)$이다(만약, $g(a) = g(b)$이면 평균값 정리는 (a, b)에 있는 어떤 x에 대하여 $g'(x) = 0$임을 의미하는데 이는 가정에 모순이다). 식 (2)의 양변을 $[g(b) - g(a)]g'(c)$로 나누면

$$\frac{f(b)-f(a)}{g(b)-g(a)}-\frac{f'(c)}{g'(c)}=0$$

을 얻고 식 (1)과 동치이다. ■■

부록 3-4

[정리 3.17(로피탈의 법칙)]

(a) f와 g가 (a, b)에서 미분가능이고, $a<x<b$에 대하여 $g'(x) \neq 0$이라고 하자.

$$\lim_{x \to a^+} f(x)=0=\lim_{x \to a^+} g(x), \quad \lim_{x \to a^+} \frac{f'(x)}{g'(x)}=L$$

이면

$$\lim_{x \to a^+} \frac{f(x)}{g(x)}=L=\lim_{x \to a^+} \frac{f'(x)}{g'(x)}$$

이다.

(b) f와 g가 (a, ∞)에서 미분가능이고, $x>a$에 대하여 $g'(x) \neq 0$이라고 하자.

$$\lim_{x \to \infty} f(x)=0=\lim_{x \to \infty} g(x), \quad \lim_{x \to \infty} \frac{f'(x)}{g'(x)}=L$$

이면

$$\lim_{x \to \infty} \frac{f(x)}{g(x)}=L=\lim_{x \to \infty} \frac{f'(x)}{g'(x)}$$

이다.

증명 (a)에 있는 우극한을 포함하는 식을 세우기 위하여 F와 G를 $[a, b)$에서 다음과 같이 정의하자.

$$F(x)=\begin{cases} f(x), & a<x<b \\ 0, & x=a \end{cases}$$

$$G(x)=\begin{cases} g(x), & a<x<b \\ 0, & x=a \end{cases}$$

그러면 $\lim_{x \to a^+} F(x) = \lim_{x \to a^+} f(x) = 0 = F(a)$가 성립하고, F는 $[a, b)$에서 연속이다. G도 마찬가지이다. 더욱이 (a, b)에서 F와 G는 각각 f, g와 일치하므로 미분가능이다. 따라서 (a, b)에 있는 임의의 x에 대해 F와 G는 $[a, x]$에서 연속이고, (a, x)에서 미분가능이므로 일반화된 평균값 정리에 의해

$$\frac{F(x)}{G(x)} = \frac{F(x) - F(a)}{G(x) - G(a)} = \frac{F'(c(x))}{G'(c(x))}$$

를 만족하는 수 $c(x)$가 (a, x)에 존재한다. (a, b)에서 $F = f$이고 $G = g$이므로 위 식은

$$\frac{f(x)}{g(x)} = \frac{f'(c(x))}{g'(c(x))}$$

를 의미한다. $a < c(x) < x$이므로 $\lim_{x \to a^+} c(x) = a$이다.

이제, $y = c(x)$를 대입하면

$$\lim_{x \to a^+} \frac{f(x)}{g(x)} = \lim_{x \to a^+} \frac{f'(c(x))}{g'(c(x))} = \lim_{y \to a^+} \frac{f'(y)}{g'(y)}$$

$$= \lim_{x \to a^+} \frac{f'(x)}{g'(x)} = L$$

을 얻는다. 좌극한에 대한 증명은 비슷하나 (b)의 증명은 어려우므로 생략하기로 한다. ■■

부록 4-1

[미적분학의 기본정리 1]

만약 함수 f가 구간 $[a, b]$ 위에서 연속이면,

$$g(x) = \int_a^x f(t)\, dt, \quad a \le x \le b$$

에 의하여 정의된 함수 g는 구간 $[a, b]$ 위에서 연속이고 구간 (a, b) 위에서 미분가능하며, $g'(x) = f(x)$이다.

증명 만약 x와 $x + h$가 구간 (a, b) 안에 있다면,

$$g(x+h)-g(x)=\int_a^{x+h} f(t)\,dt-\int_a^x f(t)\,dt$$

$$=\left(\int_a^x f(t)\,dt+\int_x^{x+h} f(t)\,dt\right)-\int_a^x f(t)\,dt \quad \text{(성질 5에 의하여)}$$

$$=\int_x^{x+h} f(t)\,dt$$

이며, 따라서 $h \neq 0$인 h에 대하여

$$\frac{g(x+h)-g(x)}{h}=\frac{1}{h}\int_x^{x+h} f(t)\,dt \tag{1}$$

이다. 이제 $h>0$임을 가정하자. f는 $[x,\ x+h]$ 위에서 연속이므로 극값정리(Extreme Value Theorem)에 의하여 $f(u)=m$과 $f(v)=M$을 만족하는 구간 $[x,\ x+h]$ 내에 점 u와 v가 존재한다. 여기에서 m과 M은 구간 $[x,\ x+h]$ 위에서 f의 최소값과 최대값이다 (그림 참조).

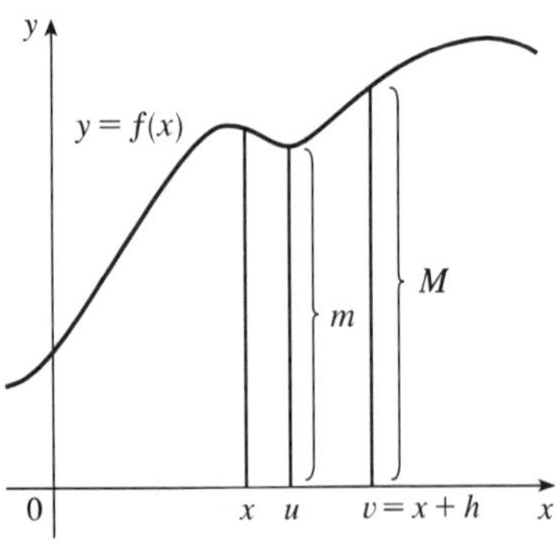

적분의 성질 8에 의하여

$$mh \le \int_x^{x+h} f(t)\,dt \le Mh,$$

$$\text{즉 } f(u)h \le \int_x^{x+h} f(t)\,dt \le f(v)h$$

를 얻는다. $h>0$이므로 위의 부등식을 h로 나누면

$$f(u) \le \frac{1}{h}\int_x^{x+h} f(t)\,dt \le f(v)$$

를 얻는다. 이제 방정식 (1)을 이용하여 위의 부등식의 중앙부분을 대치하면

$$f(u) \leq \frac{g(x+h)-g(x)}{h} \leq f(v) \tag{2}$$

를 얻는다. $h<0$인 경우에도 유사한 방법으로 부등식 (2)를 증명할 수 있다.
이제 $h \to 0$으로 하자. 그러면 u와 v가 x와 $x+h$ 사이에 놓여 있으므로, $u \to x$이고 $v \to x$이다. 그러므로 f가 x에서 연속이고,

$$\lim_{h \to 0} f(u) = \lim_{u \to x} f(u) = f(x),$$
$$\lim_{h \to 0} f(v) = \lim_{v \to x} f(v) = f(x)$$

이다. 식 (2)와 압축 정리(Squeeze Theorem)에 의하여

$$g'(x) = \lim_{h \to 0} \frac{g(x+h)-g(x)}{h} = f(x) \tag{3}$$

임을 밝힐 수 있다. 만약 $x=a$ 또는 b라면 방정식 (3)은 한쪽 극한(one sided limit)으로 해석될 수 있다. 그러면 한쪽 극한에 대한 수정된 정리에 의하여 g는 구간 $[a, b]$ 위에서 연속임을 밝힐 수 있다. ■■

부록 6-1

[정리 6.6]

증가하거나 감소하는 유계수열은 수렴한다.

증명 $\{a_n\}_{n=1}^{\infty}$을 증가하거나 유계수열이라 하면 상한공리에 의하여 집합 $S=\{a_1, a_2, a_3, \cdots\}$의 상한 L이 존재한다. 이제 $\lim_{n \to \infty} a_n = L$임을 보이자. $\epsilon > 0$이라 하면 L이 S의 상한이므로 $S-\epsilon$은 S의 상계가 아니다. 그러므로 a_N이 S에 존재하여

$$L-\epsilon < a_N \leq L$$

이다. 주어진 수열이 증가하므로 $n \geq N$에 대하여 $a_N \leq a_n$이고

$$L-\epsilon < a_N \leq a_n \leq L$$

즉 $n \geq N$에 대하여

$$|a_n - L| < \epsilon$$

따라서

$$\lim_{n \to \infty} a_n = L$$

비슷한 방법으로 감소하는 유계수열도 수렴함이 증명된다. ■■

부록 6-2

[정리 6.19] (여기서는 정리 6.19에서 $a = 0$일 때 증명을 한다.)

$\sum_{n=0}^{\infty} c_n x^n$을 수렴반경이 $R > 0$인 멱급수라고 하면 $\sum_{n=1}^{\infty} nc_n x^{n-1}$의 수렴반경도 R이고, $|x| < R$에 대하여

$$\frac{d}{dx}\left(\sum_{n=0}^{\infty} c_n x^n\right) = \sum_{n=1}^{\infty} nc_n x^{n-1} = \sum_{n=1}^{\infty} \frac{d}{dx}(c_n x^n) \qquad (*)$$

증명 x를 $(-R, R)$에 있는 수라 하고, $|t| < R$에 대하여 $f(t) = \sum_{n=0}^{\infty} c_n t^n$라 할 때

$$\lim_{t \to x}\left(\sum_{n=1}^{\infty} nc_n x^{n-1} - \frac{f(t) - f(x)}{t - x}\right) = 0$$

즉

$$\lim_{t \to x}\left(\sum_{n=1}^{\infty} nc_n x^{n-1} - \frac{\sum_{n=0}^{\infty} c_n t^n - \sum_{n=0}^{\infty} c_n x^n}{t - x}\right) = 0$$

임을 보이면 (*)의 첫 번째 등식이 증명된다. 우선 $|x| < b < R$인 b를 취하면 $\sum_{n=0}^{\infty} |c_n| b^n$은 수렴하고 $\sum_{n=2}^{\infty} n(n-1)|c_n| b^{n-2}$도 수렴한다.

이제 x와 다른 $(-b, b)$에 있는 t에 대하여

$$\begin{aligned}\sum_{n=1}^{\infty} nc_n x^{n-1} - \frac{\sum_{n=0}^{\infty} c_n t^n - \sum_{n=0}^{\infty} c_n x^n}{t-x} &= \sum_{n=1}^{\infty} nc_n x^{n-1} - \sum_{n=0}^{\infty} c_n \frac{t^n - x^n}{t-x} \\ &= \sum_{n=1}^{\infty} nc_n x^{n-1} - \sum_{n=1}^{\infty} c_n n s_n^{n-1} \\ &= \sum_{n=1}^{\infty} nc_n (x^{n-1} - s_n^{n-1}) \\ &= \sum_{n=2}^{\infty} (x - s_n) n(n-1) c_n r_n^{n-2}\end{aligned}$$

이다. s_n의 정의에 의하여

$$|x - s_n| \le |x - t|$$

이고, r_n의 정의에 의하여 $|r_n| < b < R$이므로

$$\begin{aligned}&\lim_{t \to x} \left| \sum_{n=1}^{\infty} nc_n x^{n-1} - \frac{\sum_{n=0}^{\infty} c_n t^n - \sum_{n=0}^{\infty} c_n x^n}{t-x} \right| \\ &= \lim_{t \to x} \left| \sum_{n=2}^{\infty} (x - s_n) n(n-1) c_n r_n^{n-2} \right| \le \lim_{t \to x} |x - t| \sum_{n=2}^{\infty} n(n-1) |c_n| b^{n-2} \\ &= \lim_{t \to x} |x - t| c \\ &= 0\end{aligned}$$

이다. 단, $c = \sum_{n=2}^{\infty} n(n-1) |c_n| b^{n-2}$이다. 따라서 (*)의 첫 번째 등식이 성립하고

$$nc_n x^{n-1} = \frac{d}{dx}(c_n x^n)$$

이므로 두 번째 등식도 성립한다. ▨■

부록 6-3

[정리 6.19] (여기서는 정리 6.19에서 $a=0$일 때 증명을 한다.)

$\sum_{n=0}^{\infty} c_n x^n$을 수렴반경이 $R>0$인 멱급수라 하면 $(-R, R)$에 있는 x에 대하여

$$\int_0^x \left(\sum_{n=0}^{\infty} c_n t^n \right) dt = \sum_{n=0}^{\infty} \frac{c_n}{n+1} x^{n+1} = \sum_{n=0}^{\infty} \left(\int_0^x c_n t^n dt \right)$$

이다.

증명 $\sum_{n=0}^{\infty} c_n x^n$이 구간 $-R<x<R$에서 절대수렴하고

$$\left| \frac{c_n x^n}{n+1} \right| \le |c_n x^n|$$

이므로 비교판정법에 의하여 $\sum_{n=0}^{\infty} \frac{c_n x^n}{n+1}$은 $-R<x<R$에서 수렴한다. 따라서

$$\sum_{n=0}^{\infty} \frac{c_n}{n+1} x^{n+1}$$

도 $-R<x<R$에서 수렴한다. 한편 미적분학의 기본정리로부터

$$\frac{d}{dx} \left(\int_0^x \sum_{n=0}^{\infty} c_n t^n \, dt \right) = \sum_{n=0}^{\infty} c_n x^n$$

이고 미분정리에 의하여

$$\frac{d}{dx} \left(\sum_{n=0}^{\infty} \frac{c_n}{n+1} x^{n+1} \right) = \sum_{n=0}^{\infty} \frac{(n+1)c_n}{n+1} x^n = \sum_{n=0}^{\infty} c_n x^n$$

이므로 적당한 상수 C에 관하여

$$\int_0^x \left(\sum_{n=0}^{\infty} c_n t^n \right) dt = \sum_{n=0}^{\infty} \frac{c_n}{n+1} x^{n+1} + C$$

를 얻는다. 그런데 $x=0$이면

$$0 = \int_0^0 \left(\sum_{n=0}^{\infty} c_n t^n \right) dt = \sum_{n=0}^{\infty} \frac{c_n}{n+1} 0^{n+1} + C = C$$

이므로 $C = 0$이 되어 첫 번째 등식이 증명된다. 두 번째 등식은

$$\int_0^x t^n dt = \frac{x^{n+1}}{n+1}$$

이라는 사실로부터 성립된다.

부록 6-4

[정리 6.23(테일러 부등식)]

$|x-a| \le d$에 대하여 $|f^{(n+1)}(x)| \le M$이면, 그 테일러 급수의 나머지 $R_n(x)$는 다음 부등식을 만족한다. 즉 $|x-a| \le d$에 대하여

$$|R_n(x)| \le \frac{M}{(n+1)!} |x-a|^{n+1}$$

이다.

증명 $n = 1$에 대하여 위 식이 성립함을 보이기 위하여, $|f''(x)| \le M$이라 가정하자. 특히 $f''(x) \le M$이므로 $a \le x \le a+d$에 대하여

$$\int_0^x f''(t)\, dt \le \int_a^x M\, dt$$

f''의 역도함수는 f'이므로 미적분학의 기본정리 2에 의하여

$$f'(x) - f'(a) \le M(x-a) \text{ 또는 } f'(x) \le f'(a) + M(x-a)$$

$$\int_a^x f'(t)\, dt \le \int_a^x [f'(a) + M(t-a)]dt$$

$$f(x) - f(a) \le f'(a)(x-a) + M\frac{(x-a)^2}{2}$$

$$f(x) - f(a) - f'(a)(x-a) \le \frac{M}{2}(x-a)^2$$

이다. 그러나 $R_1(x) = f(x) - T_1(x) = f(x) - f(a) - f'(a)(x-a)$이므로

$$R_1(x) \leq \frac{M}{2}(x-a)^2$$

이다. 같은 방법으로, $f''(x) \geq -M$을 이용하면

$$R_1(x) - \frac{M}{2}(x-a)^2$$

이다. 따라서

$$|R_1(x)| \leq \frac{M}{2}|x-a|^2$$

이 성립한다. 비록 $x > a$라는 가정에서 얻었지만, 비슷한 방법으로 $x < a$에 대해서도 이 부등식이 성립함을 보일 수 있다.

위 과정은 $n = 1$인 경우에 대한 테일러 부등식의 증명이다. 임의의 n에 대한 결과도 같은 방법으로 $n+1$번 적분하여 증명할 수 있다. ■■

미적분 공식

미분법

[일반 공식]

1. $\frac{d}{dx}(c)=0$
2. $\frac{d}{dx}[cf(x)]=cf'(x)$
3. $\frac{d}{dx}[f(x)+g(x)]=f'(x)+g'(x)$
4. $\frac{d}{dx}[f(x)-g(x)]=f'(x)-g'(x)$
5. $\frac{d}{dx}[f(x)g(x)]=f(x)g'(x)+g(x)f'(x)$ (Product Rule)
6. $\frac{d}{dx}\left[\frac{f(x)}{g(x)}\right]=\frac{g(x)f'(x)-f(x)g'(x)}{[g(x)]^2}$ (Quotient Rule)
7. $\frac{d}{dx}[f(g(x))]=f'(g(x))g'(x)$ (Chain Rule)
8. $\frac{d}{dx}(x^n)=nx^{n-1}$ (Power Rule)

[지수와 로그함수]

9. $\frac{d}{dx}(e^x)=e^x$
10. $\frac{d}{dx}(a^x)=a^x\ln a$
11. $\frac{d}{dx}\ln|x|=\frac{1}{x}$
12. $\frac{d}{dx}(\log_a x)=\frac{1}{x\ln a}$

[삼각함수]

13. $\frac{d}{dx}(\sin x) = \cos x$

14. $\frac{d}{dx}(\cos x) = -\sin x$

15. $\frac{d}{dx}(\tan x) = \sec^2 x$

16. $\frac{d}{dx}(\csc x) = -\csc x \cot x$

17. $\frac{d}{dx}(\sec x) = \sec x \tan x$

18. $\frac{d}{dx}(\cot x) = -\csc^2 x$

[역삼각함수]

19. $\frac{d}{dx}(\sin^{-1} x) = \frac{1}{\sqrt{1-x^2}}$

20. $\frac{d}{dx}(\cos^{-1} x) = -\frac{1}{\sqrt{1-x^2}}$

21. $\frac{d}{dx}(\tan^{-1} x) = \frac{1}{1+x^2}$

22. $\frac{d}{dx}(\csc^{-1} x) = -\frac{1}{x\sqrt{x^2-1}}$

23. $\frac{d}{dx}(\sec^{-1} x) = \frac{1}{x\sqrt{x^2-1}}$

24. $\frac{d}{dx}(\cot^{-1} x) = -\frac{1}{1+x^2}$

[쌍곡선함수]

25. $\frac{d}{dx}(\sinh x) = \cosh x$

26. $\frac{d}{dx}(\cosh x) = \sinh x$

27. $\frac{d}{dx}(\tanh x) = \mathrm{sech}^2 x$

28. $\frac{d}{dx}(\mathrm{csch}\, x) = -\mathrm{csch}\, x \coth x$

29. $\frac{d}{dx}(\mathrm{sech}\, x) = -\mathrm{sech}\, x \tanh x$

30. $\frac{d}{dx}(\coth x) = -\mathrm{csch}^2 x$

[역쌍곡선함수]

31. $\frac{d}{dx}(\sinh^{-1} x) = \frac{1}{\sqrt{1+x^2}}$

32. $\frac{d}{dx}(\cosh^{-1} x) = \frac{1}{\sqrt{x^2-1}}$

33. $\frac{d}{dx}(\tanh^{-1} x) = \frac{1}{1-x^2}$

34. $\frac{d}{dx}(\mathrm{csch}^{-1} x) = -\frac{1}{|x|\sqrt{x^2+1}}$

35. $\frac{d}{dx}(\mathrm{sech}^{-1} x) = -\frac{1}{x\sqrt{1-x^2}}$

36. $\frac{d}{dx}(\coth^{-1} x) = \frac{1}{1-x^2}$

적분법

[기본형]

1. $\int u\,dv = uv - \int v\,du$

2. $\int u^n\,du = \frac{u^{n+1}}{n+1} + C,\ n \neq -1$

3. $\int \frac{du}{u} = \ln|u| + C$

4. $\int e^u\,du = e^u + C$

5. $\int a^u\,du = \frac{a^u}{\ln a} + C$

6. $\int \sin u\,du = -\cos u + C$

7. $\int \cos u\,du = \sin u + C$

8. $\int \sec^2 u\,du = \tan u + C$

9. $\int \csc^2 u\,du = -\cot u + C$

10. $\int \sec u \tan u\,du = \sec u + C$

11. $\int \csc u \cot u\,du = -\csc u + C$

12. $\int \tan u\,du = \ln|\sec u| + C$

13. $\int \cot u\,du = \ln|\sin u| + C$

14. $\int \sec u\,du = \ln|\sec u + \tan u| + C$

15. $\int \csc u\,du = \ln|\csc u - \cot u| + C$

16. $\int \frac{du}{\sqrt{a^2 - u^2}} = \sin^{-1}\frac{u}{a} + C$

17. $\int \frac{du}{a^2 + u^2} = \frac{1}{a}\tan^{-1}\frac{u}{a} + C$

18. $\int \frac{du}{u\sqrt{u^2 - a^2}} = \frac{1}{a}\sec^{-1}\frac{u}{a} + C$

19. $\int \frac{du}{a^2 - u^2} = \frac{1}{2a}\ln\left|\frac{u+a}{u-a}\right| + C$

20. $\int \frac{du}{u^2 - a^2} = \frac{1}{2a}\ln\left|\frac{u-a}{u+a}\right| + C$

[$\sqrt{a^2 + u^2}$, $a > 0$를 포함하는 적분]

21. $\int \sqrt{a^2+u^2}\,du = \frac{u}{2}\sqrt{a^2+u^2} + \frac{a^2}{2}\ln\left(u + \sqrt{a^2+u^2}\right) + C$

22. $\int u^2\sqrt{a^2+u^2}\,du = \frac{u}{8}(a^2+2u^2)\sqrt{a^2+u^2} - \frac{a^4}{8}\ln\left(u + \sqrt{a^2+u^2}\right) + C$

23. $\int \frac{\sqrt{a^2+u^2}}{u}\,du = \sqrt{a^2+u^2} - a\ln\left|\frac{a + \sqrt{a^2+u^2}}{u}\right| + C$

24. $\int \frac{\sqrt{a^2+u^2}}{u^2}\,du = -\frac{\sqrt{a^2+u^2}}{u} + \ln\left(u + \sqrt{a^2+u^2}\right) + C$

25. $\int \frac{du}{\sqrt{a^2+u^2}} = \ln\left(u + \sqrt{a^2+u^2}\right) + C$

26. $\int \frac{u^2\,du}{\sqrt{a^2+u^2}} = \frac{u}{2}\sqrt{a^2+u^2} - \frac{a^2}{2}\ln\left(u + \sqrt{a^2+u^2}\right) + C$

27. $\int \frac{du}{u\sqrt{a^2+u^2}} = -\frac{1}{a}\ln\left|\frac{\sqrt{a^2+u^2}+a}{u}\right| + C$

28. $\int \frac{du}{u^2\sqrt{a^2+u^2}} = -\frac{\sqrt{a^2+u^2}}{a^2u}+C$

29. $\int \frac{du}{(a^2+u^2)^{\frac{3}{2}}} = \frac{u}{a^2\sqrt{a^2+u^2}}+C$

[$\sqrt{a^2-u^2}$, $a>0$를 포함하는 적분]

30. $\int \sqrt{a^2-u^2}\,du = \frac{u}{2}\sqrt{a^2-u^2}+\frac{a^2}{2}\sin^{-1}\frac{u}{a}+C$

31. $\int u^2\sqrt{a^2-u^2}\,du = \frac{u}{8}(2u^2-a^2)\sqrt{a^2-u^2}+\frac{a^4}{8}\sin^{-1}\frac{u}{a}+C$

32. $\int \frac{\sqrt{a^2-u^2}}{u}\,du = \sqrt{a^2-u^2}-a\ln\left|\frac{a+\sqrt{a^2-u^2}}{u}\right|+C$

33. $\int \frac{\sqrt{a^2-u^2}}{u^2}\,du = -\frac{1}{u}\sqrt{a^2-u^2}-\sin^{-1}\frac{u}{a}+C$

34. $\int \frac{u^2\,du}{\sqrt{a^2-u^2}} = -\frac{u}{2}\sqrt{a^2-u^2}+\frac{a^2}{2}\sin^{-1}\frac{u}{a}+C$

35. $\int \frac{du}{u\sqrt{a^2-u^2}} = -\frac{1}{a}\ln\left|\frac{a+\sqrt{a^2-u^2}}{u}\right|+C$

36. $\int \frac{du}{u^2\sqrt{a^2-u^2}} = -\frac{1}{a^2u}\sqrt{a^2-u^2}+C$

37. $\int (a^2-u^2)^{\frac{3}{2}}\,du = -\frac{u}{8}(2u^2-5a^2)\sqrt{a^2-u^2}+\frac{3a^4}{8}\sin^{-1}\frac{u}{a}+C$

38. $\int \frac{du}{(a^2-u^2)^{\frac{3}{2}}} = \frac{u}{a^2\sqrt{a^2-u^2}}+C$

[$\sqrt{u^2-a^2}$, $a>0$를 포함하는 적분]

39. $\int \sqrt{u^2-a^2}\,du = \frac{u}{2}\sqrt{u^2-a^2}-\frac{a^2}{2}\ln\left|u+\sqrt{u^2-a^2}\right|+C$

40. $\int u^2\sqrt{u^2-a^2}\,du = \frac{u}{8}(2u^2-a^2)\sqrt{u^2-a^2}-\frac{a^4}{8}\ln\left|u+\sqrt{u^2-a^2}\right|+C$

41. $\int \frac{\sqrt{u^2-a^2}}{u}\,du = \sqrt{u^2-a^2}-a\cos^{-1}\frac{a}{|u|}+C$

42. $\int \frac{\sqrt{u^2-a^2}}{u^2}\,du = -\frac{\sqrt{u^2-a^2}}{u}+\ln\left|u+\sqrt{u^2-a^2}\right|+C$

43. $\int \frac{du}{\sqrt{u^2-a^2}} = \ln\left|u+\sqrt{u^2-a^2}\right|+C$

44. $\int \frac{u^2\,du}{\sqrt{u^2-a^2}} = \frac{u}{2}\sqrt{u^2-a^2} + \frac{a^2}{2}\ln\left|u+\sqrt{u^2-a^2}\right| + C$

45. $\int \frac{du}{u^2\sqrt{u^2-a^2}} = \frac{\sqrt{u^2-a^2}}{a^2 u} + C$

46. $\int \frac{du}{(u^2-a^2)^{\frac{3}{2}}} = -\frac{u}{a^2\sqrt{u^2-a^2}} + C$

[$a+bu$를 포함하는 적분]

47. $\int \frac{u\,du}{a+bu} = \frac{1}{b^2}(a+bu-a\ln|a+bu|) + C$

48. $\int \frac{u^2\,du}{a+bu} = \frac{1}{2b^3}\left[(a+bu)^2 - 4a(a+bu) + 2a^2\ln|a+bu|\right] + C$

49. $\int \frac{du}{u(a+bu)} = \frac{1}{a}\ln\left|\frac{u}{a+bu}\right| + C$

50. $\int \frac{du}{u^2(a+bu)} = -\frac{1}{au} + \frac{b}{a^2}\ln\left|\frac{a+bu}{u}\right| + C$

51. $\int \frac{u\,du}{(a+bu)^2} = \frac{a}{b^2(a+bu)} + \frac{1}{b^2}\ln|a+bu| + C$

52. $\int \frac{du}{u(a+bu)^2} = \frac{1}{a(a+bu)} - \frac{1}{a^2}\ln\left|\frac{a+bu}{u}\right| + C$

53. $\int \frac{u^2\,du}{(a+bu)^2} = \frac{1}{b^3}\left(a+bu - \frac{a^2}{a+bu} - 2a\ln|a+bu|\right) + C$

54. $\int u\sqrt{a+bu}\,du = \frac{2}{15b^2}(3bu-2a)(a+bu)^{\frac{3}{2}} + C$

55. $\int \frac{u\,du}{\sqrt{a+bu}} = \frac{2}{3b^2}(bu-2a)\sqrt{a+bu} + C$

56. $\int \frac{u^2\,du}{\sqrt{a+bu}} = \frac{2}{15b^3}(8a^2+3b^2u^2-4abu)\sqrt{a+bu} + C$

57. $\int \frac{du}{u\sqrt{a+bu}} = \frac{1}{\sqrt{a}}\ln\left|\frac{\sqrt{a+bu}-\sqrt{a}}{\sqrt{a+bu}+\sqrt{a}}\right| + C, \quad \text{if } a>0$

$$= \frac{2}{\sqrt{-a}}\tan^{-1}\sqrt{\frac{a+bu}{-a}} + C, \quad \text{if } a<0$$

58. $\int \frac{\sqrt{a+bu}}{u}\,du = 2\sqrt{a+bu} + a\int \frac{du}{u\sqrt{a+bu}}$

59. $\int \frac{\sqrt{a+bu}}{u^2}\,du = -\frac{\sqrt{a+bu}}{u} + \frac{b}{2}\int \frac{du}{u\sqrt{a+bu}}$

60. $\int u^n\sqrt{a+bu}\,du = \frac{2}{b(2n+3)}\left[u^n(a+bu)^{\frac{3}{2}} - na\int u^{n-1}\sqrt{a+bu}\,du\right]$

61. $\displaystyle\int \frac{u^n\,du}{\sqrt{a+bu}} = \frac{2u^n\sqrt{a+bu}}{b(2n+1)} - \frac{2na}{b(2n+1)}\int \frac{u^{n-1}\,du}{\sqrt{a+bu}}$

62. $\displaystyle\int \frac{du}{u^n\sqrt{a+bu}} = -\frac{\sqrt{a+bu}}{a(n-1)u^{n-1}} - \frac{b(2n-3)}{2a(n-1)}\int \frac{du}{u^{n-1}\sqrt{a+bu}}$

[삼각함수]

63. $\displaystyle\int \sin^2 u\,du = \frac{1}{2}u - \frac{1}{4}\sin 2u + C$

64. $\displaystyle\int \cos^2 u\,du = \frac{1}{2}u + \frac{1}{4}\sin 2u + C$

65. $\displaystyle\int \tan^2 u\,du = \tan u - u + C$

66. $\displaystyle\int \cot^2 u\,du = -\cot u - u + C$

67. $\displaystyle\int \sin^3 u\,du = -\frac{1}{3}(2+\sin^2 u)\cos u + C$

68. $\displaystyle\int \cos^3 u\,du = \frac{1}{3}(2+\cos^2 u)\sin u + C$

69. $\displaystyle\int \tan^3 u\,du = \frac{1}{2}\tan^2 u + \ln|\cos u| + C$

70. $\displaystyle\int \cot^3 u\,du = -\frac{1}{2}\cot^2 u - \ln|\sin u| + C$

71. $\displaystyle\int \sec^3 u\,du = \frac{1}{2}\sec u\tan u + \frac{1}{2}\ln|\sec u + \tan u| + C$

72. $\displaystyle\int \csc^3 u\,du = -\frac{1}{2}\csc u\cot u + \frac{1}{2}\ln|\csc u - \cot u| + C$

73. $\displaystyle\int \sin^n u\,du = -\frac{1}{n}\sin^{n-1} u\cos u + \frac{n-1}{n}\int \sin^{n-2} u\,du$

74. $\displaystyle\int \cos^n u\,du = \frac{1}{n}\cos^{n-1} u\sin u + \frac{n-1}{n}\int \cos^{n-2} u\,du$

75. $\displaystyle\int \tan^n u\,du = \frac{1}{n-1}\tan^{n-1} u - \int \tan^{n-2} u\,du$

76. $\displaystyle\int \cot^n u\,du = \frac{-1}{n-1}\cot^{n-1} u - \int \cot^{n-2} u\,du$

77. $\displaystyle\int \sec^n u\,du = \frac{1}{n-1}\tan u\sec^{n-2} u + \frac{n-2}{n-1}\int \sec^{n-2} u\,du$

78. $\displaystyle\int \csc^n u\,du = \frac{-1}{n-1}\cot u\csc^{n-2} u + \frac{n-2}{n-1}\int \csc^{n-2} u\,du$

79. $\displaystyle\int \sin au\sin bu\,du = \frac{\sin(a-b)u}{2(a-b)} - \frac{\sin(a+b)u}{2(a+b)} + C$

80. $\displaystyle\int \cos au\cos bu\,du = \frac{\sin(a-b)u}{2(a-b)} + \frac{\sin(a+b)u}{2(a+b)} + C$

81. $\displaystyle\int \sin au\cos bu\,du = -\frac{\cos(a-b)u}{2(a-b)} - \frac{\cos(a+b)u}{2(a+b)} + C$

82. $\int u\sin u\, du = \sin u - u\cos u + C$

83. $\int u\cos u\, du = \cos u + u\sin u + C$

84. $\int u^n \sin u\, du = -u^n \cos u + n\int u^{n-1}\cos u\, du$

85. $\int u^n \cos u\, du = u^n \sin u - n\int u^{n-1}\sin u\, du$

86. $\int \sin^n u \cos^m u\, du = -\dfrac{\sin^{n-1}u \cos^{m+1}u}{n+m} + \dfrac{n-1}{n+m}\int \sin^{n-2}u\cos^m u\, du$

$$= \frac{\sin^{n+1}u\cos^{m-1}u}{n+m} + \frac{n-1}{n+m}\int \sin^n u \cos^{m-2}u\, du$$

[역삼각함수]

87. $\int \sin^{-1}u\, du = u\sin^{-1}u + \sqrt{1-u^2} + C$

88. $\int \cos^{-1}u\, du = u\cos^{-1}u - \sqrt{1-u^2} + C$

89. $\int \tan^{-1}u\, du = u\tan^{-1}u - \dfrac{1}{2}\ln(1+u^2) + C$

90. $\int u\sin^{-1}u\, du = \dfrac{2u^2-1}{4}\sin^{-1}u + \dfrac{u\sqrt{1-u^2}}{4} + C$

91. $\int u\cos^{-1}u\, du = \dfrac{2u^2-1}{4}\cos^{-1}u - \dfrac{u\sqrt{1-u^2}}{4} + C$

92. $\int u\tan^{-1}u\, du = \dfrac{u^2+1}{2}\tan^{-1}u - \dfrac{u}{2} + C$

93. $\int u^n \sin^{-1}u\, du = \dfrac{1}{n+1}\left[u^{n+1}\sin^{-1}u - \int \dfrac{u^{n+1}\, du}{\sqrt{1-u^2}}\right],\quad n \neq -1$

94. $\int u^n \cos^{-1}u\, du = \dfrac{1}{n+1}\left[u^{n+1}\cos^{-1}u + \int \dfrac{u^{n+1}\, du}{\sqrt{1-u^2}}\right],\quad n \neq -1$

95. $\int u^n \tan^{-1}u\, du = \dfrac{1}{n+1}\left[u^{n+1}\tan^{-1}u - \int \dfrac{u^{n+1}\, du}{1+u^2}\right],\quad n \neq -1$

[지수로그함수]

96. $\int ue^{au}\, du = \dfrac{1}{a^2}(au-1)e^{au} + C$

97. $\int u^n e^{au}\, du = \dfrac{1}{a}u^n e^{au} - \dfrac{n}{a}\int u^{n-1}e^{au}\, du$

98. $\int e^{au}\sin bu\, du = \dfrac{e^{au}}{a^2+b^2}(a\sin bu - b\cos bu) + C$

99. $\int e^{au}\cos bu\, du = \dfrac{e^{au}}{a^2+b^2}(a\cos bu + b\sin bu) + C$

100. $\int \ln u\, du = u\ln u - u + C$

101. $\int u^n \ln u\, du = \dfrac{u^{n+1}}{(n+1)^2}[(n+1)\ln u - 1] + C$

102. $\int \dfrac{1}{u\ln u}\, du = \ln|\ln u| + C$

[쌍곡선함수]

103. $\int \sinh u\, du = \cosh u + C$

104. $\int \cosh u\, du = \sinh u + C$

105. $\int \tanh u\, du = \ln\cosh u + C$

106. $\int \coth u\, du = \ln|\sinh u| + C$

107. $\int \operatorname{sech} u\, du = \tan^{-1}|\sinh u| + C$

108. $\int \operatorname{csch} u\, du = \ln\left|\tanh\dfrac{1}{2}u\right| + C$

109. $\int \operatorname{sech}^2 u\, du = \tanh u + C$

110. $\int \operatorname{csch}^2 u\, du = -\coth u + C$

111. $\int \operatorname{sech} u \tanh u\, du = -\operatorname{sech} u + C$

112. $\int \operatorname{csch} u \coth u\, du = -\operatorname{csch} u + C$

[$\sqrt{2au-u^2}$, $a>0$를 포함하는 적분]

113. $\int \sqrt{2au-u^2}\, du = \dfrac{u-a}{2}\sqrt{2au-u^2} + \dfrac{a^2}{2}\cos^{-1}\left(\dfrac{a-u}{a}\right) + C$

114. $\int u\sqrt{2au-u^2}\, du = \dfrac{2u^2-au-3a^2}{6}\sqrt{2au-u^2} + \dfrac{a^3}{2}\cos^{-1}\left(\dfrac{a-u}{a}\right) + C$

115. $\int \dfrac{\sqrt{2au-u^2}}{u}\, du = \sqrt{2au-u^2} + a\cos^{-1}\left(\dfrac{a-u}{a}\right) + C$

116. $\int \dfrac{\sqrt{2au-u^2}}{u^2}\, du = -\dfrac{2\sqrt{2au-u^2}}{u} - \cos^{-1}\left(\dfrac{a-u}{a}\right) + C$

117. $\int \dfrac{du}{\sqrt{2au-u^2}} = \cos^{-1}\left(\dfrac{a-u}{a}\right) + C$

118. $\int \dfrac{u\, du}{\sqrt{2au-u^2}} = -\sqrt{2au-u^2} + a\cos^{-1}\left(\dfrac{a-u}{a}\right) + C$

119. $\int \dfrac{u^2\, du}{\sqrt{2au-u^2}} = -\dfrac{(u+3a)}{2}\sqrt{2au-u^2} + \dfrac{3a^2}{2}\cos^{-1}\left(\dfrac{a-u}{a}\right) + C$

120. $\int \dfrac{du}{u\sqrt{2au-u^2}} = -\dfrac{\sqrt{2au-u^2}}{au} + C$

찾아보기

▪ 강윤수
순천대학교 사범대학 수학교육과 교수

▪ 김권욱
순천대학교 사범대학 수학교육과 교수

▪ 송영무
순천대학교 사범대학 수학교육과 교수

▪ 신향근
순천대학교 사범대학 수학교육과 교수

▪ 양기열
순천대학교 사범대학 수학교육과 교수

▪ 정권수
순천대학교 사범대학 수학교육과 교수

미적분학

지은이 강윤수 · 김권욱 · 송영무 · 신향근 · 양기열 · 정권수
펴낸이 조경희
펴낸곳 경문사
펴낸날 2020년 3월 2일
등 록 1979년 11월 9일 제1979-000023호
주 소 04057, 서울특별시 마포구 와우산로 174
전 화 (02)332-2004 팩스 (02)336-5193
이메일 kyungmoon@kyungmoon.com
facebook facebook.com/kyungmoonsa

값 30,000원

ISBN 978-89-6105-200-9

★ 경문사 홈페이지에 오시면 즐거운 일이 생깁니다.
http://www.kyungmoon.com

한국과학기술출판협회 회원사